Alexander von Humboldt: Die russischen Schriften

SPECIMINA PHILOLOGIAE SLAVICAE

Herausgegeben von
Holger Kuße
und Peter Kosta, Beatrix Kreß, Franz Schindler,
Barbara Sonnenhauser, Nadine Thielemann

BAND 204

Oliver Lubrich / Thomas Nehrlich (Hrsg.)

Alexander von Humboldt:
Die russischen Schriften

Bibliografische Information der Deutschen Nationalbibliothek
Die Deutsche Nationalbibliothek verzeichnet diese Publikation
in der Deutschen Nationalbibliografie; detaillierte bibliografische
Daten sind im Internet über http://dnb.d-nb.de abrufbar.

Diese Publikation wurde gefördert vom Schweizerischen Nationalfonds (SNF).

Umschlagabbildung:
Alexander von Humboldt, Chaînes de montagnes et volcans de l'Asie centrale
selon les observations astronomiques et les mesures hypsométriques
les plus récentes par A. de Humboldt. 1843. [Ausschnitt]

ISSN 0170-1320
ISBN 978-3-631-85254-5 (Print)
E-ISBN 978-3-631-85715-1 (E-Book)
E-ISBN 978-3-631-85716-8 (EPUB)
E-ISBN 978-3-631-85717-5 (MOBI)
DOI 10.3726/b18524

© Peter Lang GmbH
Internationaler Verlag der Wissenschaften
Berlin 2021
Alle Rechte vorbehalten.

Peter Lang – Berlin · Bern · Bruxelles · New York ·
Oxford · Warszawa · Wien

Das Werk einschließlich aller seiner Teile ist urheberrechtlich geschützt.
Jede Verwertung außerhalb der engen Grenzen des Urheberrechtsgesetzes ist ohne
Zustimmung des Verlages unzulässig und strafbar. Das gilt insbesondere für
Vervielfältigungen, Übersetzungen, Mikroverfilmungen und die Einspeicherung und
Verarbeitung in elektronischen Systemen.

Diese Publikation wurde begutachtet.

www.peterlang.com

Inhalt

Einführung

Vom Orinoco nach Sibirien: Alexander von Humboldts russische Schriften 9

Editorische Notiz 32

Karten 35

Die russischen Schriften

Жизненная сила, или геній родосскій (1795) 39

Выписка изъ письма Гумбольда къ Г-ну Фуркруа. Изъ Куманы отъ 16 го Октября 1800 го года (1801) 43

О ловлѣ Електрическихъ угрей (1807) 46

Отрывокъ изъ Обозрѣнія степей (1807) 51

О водопадахъ рѣки Ориноко (1808) 56

Странствованіе Гумбольдта по степямъ и пустынямъ Новаго свѣта (1808) 71

Озеро Такаригва (1808) 87

О внезапномъ прекращеніи пассатнаго восточнаго вѣтра (1808) 91

О хребтахъ Внутренней Азіи (1808) 93

Америка выступила изъ нѣдръ хаоса не позже другихъ частей свѣта (1808) 96

Въ Южномъ полушаріи холоднѣе и сырѣе, нежели в Сѣверномъ (1808) 98

Объ Атласѣ (1808) 99

О первоначальномъ введеніи посѣва пшеницы в Америкѣ (1808) 101

О происхожденіи народонаселенія Америки (1808) 103

О повсемѣстномъ разлитіи жизни (1806, 1826) 105

О растеніяхъ (1806, 1826) 108

[Brief vom 7. Januar 1812 an Carl Jakob Alexander von Rennenkampff; eingeleitet mit: «Я не могу достаточно выразить, как лестна для меня […]»] (1812) 113

О волканическихъ областяхъ (1822) 117

Устройство и дѣятельность вулканов. (Изъ новаго изданія ‹Гумбольдтовыхъ картинъ природы›) (1823) 129

Нынѣшнее состояніе Республики Центро-Американской или Гватемальской (1826) 147

Письмо Барона А. Гумбольдта къ Члену Парижской Академіи Наукъ, Г-ну Арраго (1829) 168

[Brief an die Royal Society; eingeleitet mit: «Изъ письма Г-на *Гумбольдта* къ Лондонской академіи: *Journal des Débats* сообщаетъ слѣдующее […]»] (1829) 173

Новая тяжба о буквѣ ъ (1830) 174

О горныхъ кряжахъ и вулканахъ внутренней Азіи, и о новомъ вулканическомъ изверженіи в Андахъ (1830) 185

О количествѣ золота, добываемаго въ Россійской Имперіи; соч. Барона Гумбольдта (1830) 222

Изслѣдованія о климатахъ Азіи, сдѣланныя Гумбольдтомъ, во время путешествія его по Сибири въ 1829 году (1831) 225

О причинахъ измѣненій въ линеяхъ равной годичной теплоты (1831) 250

Копія с письма Барона Александра Гумбольта (1833) 303

Наблюденія надъ температурою Балтійскаго моря (1834) 307

Восхожденіе Александра Гумбольдта на Чимборасо (1837) 311

Каксамарка и Южное море съ высоты Андовъ (1849) 317

Письмо Александра Гумбольдта к А. П. Болотову (1851) 343

[Brief an Jakov Vladimirovič Chanykov; eingeleitet mit: «Я долженъ казаться вамъ весьма неблагодарнымъ, что столько мѣсяцевъ медлилъ выразить […]»] (1852) 345

Новая попытка измѣрить глубину моря (1853) 348

[Autobiographischer Abriss; eingeleitet mit: «На десятомъ году Гумбольдтъ лишился отца, который […]»] (1853) 350

Письмо барона А. Гумбольдта къ русскому моряку А. И. Бута-
кову (1854) 358

[Brief an Chajim Selig Slonimski; eingeleitet mit: «Многоуважае-
мый господинъ Слонимскій. Я очень виноватъ передъ вами,
[...]»] (1858) 363

О составѣ волканическихъ породъ. Изъ четвертаго тома Гум-
больдтова Космоса, переводъ Горнаго Инженеръ-Штабсъ-Ка-
питана *Барботъ де Марни* (1858) 364

Verzeichnisse

Emendationsverzeichnis 381

Quellenverzeichnis (nach der Chronologie der Vorlagen der russi-
schen Erstdrucke) 389

Chronologie aller russischen Drucke (nach Publikationsdatum) 404

Zeittafel und Itinerar 411

Werkübersicht 421

Abbildungsverzeichnis 427

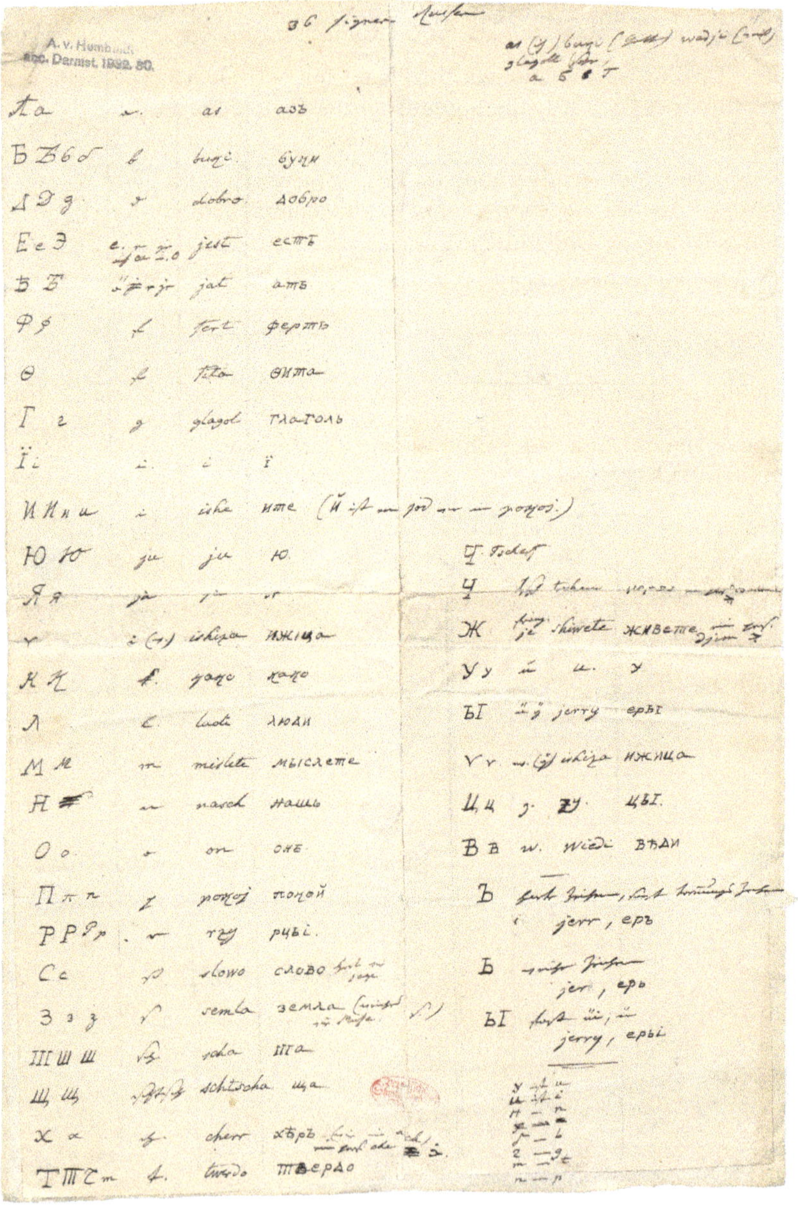

Abbildung 1: Alexander von Humboldt, „36 signes Russes".

Vom Orinoco nach Sibirien: Alexander von Humboldts russische Schriften

Einführung

> «Ich bin überzeugt, daß sämtliche Wilden, bei denen er gewesen war, die rothäutigen wie die kupferfarbenen, ihm weniger Unannehmlichkeiten bereitet haben als der Moskauer Empfang.»
>
> Alexander Herzen

Alexander von Humboldt (1769–1859) unternahm zwei große Expeditionen. Als junger Mann bereiste er die spanischen Kolonien in Amerika (1799–1804). Er sah die Karibik und den Pazifik, er befuhr den Orinoco und bestieg die Anden, er besuchte Caracas, Bogotá, Quito, Lima, México und Havanna. Dreißig Jahre später durchquerte er das russische Reich in Asien (1829). Seine Route führte ihn von Sankt Petersburg und Moskau über Nischni-Nowgorod und Kasan, Katharinenburg und Tobolsk, über den Ural nach Sibirien bis an die chinesische Grenze und von dort zurück über Miask und Orenburg durch die kirgisische Steppe bis nach Astrachan am Kaspischen Meer.

Den preußischen Forscher leiteten dabei zwei leidenschaftliche Interessen: Wie lassen sich fremde Kulturen in ihrer eigenen Lebenswelt verstehen? Und wie ist die Natur als ein komplexes System von Wechselwirkungen zu begreifen? Humboldt erkannte, dass der Mensch ein Teil der Natur ist und diese beeinflusst. Er sah in der Neuen Welt, wie die koloniale Landwirtschaft Wälder vernichtete und Gewässer austrocknete. Und er warnte in Russland, dass eine ineffiziente Nutzung natürlicher Ressourcen die Umwelt zerstörte und das Klima veränderte.

Seine Beobachtungen veröffentlichte Humboldt in zwei Dutzend Büchern sowie in Hunderten von Aufsätzen, Artikeln und Essays. Seine Schriften erschienen zu seinen Lebzeiten in 15 Sprachen an mehr als 400 Orten auf fünf Kontinenten. Ein bedeutender Teil seines Werkes handelt von Russland, und ein bedeutender Teil seines Werkes erschien in Russland. Aber während der amerikanische Humboldt bereits sehr gut bekannt und erforscht ist, bleibt der russische Humboldt in vielem noch zu entdecken.

Das russische Werk

Während und nach seiner Reise durch Zentral-Asien verfasste und veröffentlichte Humboldt zahlreiche Texte, die zusammen sein ebenso umfangreiches wie vielfältiges Russland-Werk bilden. Sie haben verschiedene Formate und unterschiedliche Adressaten – vom geologischen Fachaufsatz für die *scientific community* in Paris bis zur literarischen Beschreibung der Wüsten und Steppen für eine breitere Öffentlichkeit im deutschsprachigen Raum und darüber hinaus.

Als umfangreichste Darstellungen der Ergebnisse seiner russischen Forschungsreise publizierte Humboldt zwei Bücher in französischer Sprache: *Fragmens de géologie et de climatologie asiatiques* (1831, in zwei Bänden) und *Asie centrale. Recherches sur les chaînes de montagnes et la climatologie comparée* (1843, in drei Bänden). Das Hauptwerk, *Asie centrale*, erschien 1844 in einer ersten deutschen Übersetzung und 2009 in einer vollständigen deutschen Fassung mit ergänzendem Material. Hier hat Humboldt eine für ein Reisewerk ungewöhnliche Form gewählt: Er schildert seine Expedition nicht linear von ihrem Beginn bis zu ihrem Ende, und er stellt nicht sich selbst und seine eigenen Erlebnisse in den Mittelpunkt, sondern er versucht, aus den Perspektiven verschiedener Disziplinen einen geographischen Großraum zu beschreiben: Zentral-Asien. Dabei enthält das Werk durchaus zahlreiche Fragmente eines narrativen Reiseberichts, die über den Text verteilt sind. Humboldt erzählt von mühsamen Fahrten in unbequemen Wagen, vom Durchqueren der furchtbaren Baraba-Steppe, von der Bewegung entlang der Kosaken-Linie und von der Ausfahrt aufs Kaspische Meer, von der Begegnung mit Tataren, vom Empfang beim Fürsten der Kalmücken, von der Bekanntschaft mit einem Sultan der Kirgisen und vom Besuch beim chinesischen Grenzwächter.

Zu diesem Buchwerk kommen zahlreiche Artikel mit Forschungsergebnissen der russischen Expedition in verschiedenen Wissensgebieten hinzu, die in der deutschen Ausgabe von *Zentral-Asien* (2009, S. 901–905) aufgeführt wurden und in die Berner Ausgabe seiner *Sämtlichen Schriften* (2019) eingegangen sind: Beiträge zur Geologie der Gebirge und Vulkane, zur Klimatologie der Temperaturen und Schneegrenzen, zur Ökonomie der Bodenschätze und zum Botanischen Garten in Sankt Petersburg. Eine Rede, die Humboldt zum Abschluss seiner Expedition in der russischen Hauptstadt hielt, wurde in mehreren Sprachen veröffentlicht. Hier entwirft er seine Vision internationaler wissenschaftlicher Zusammenarbeit und eines weltumspannenden Netzwerks naturkundlicher Mess- und Beobachtungsstationen.

Nicht alle seine Texte jedoch waren zur Publikation bestimmt. Weil die russische Regierung seine Expedition finanzierte und überwachte, musste sich der Wissenschaftler auf die Bedingung einlassen, kein Wort über die sozialen Zustände im Reich des Zaren zu publizieren. Er werde sich, versprach er dem russischen Finanzminister, Georg von Cancrin, «nur auf die todte Natur beschränken und alles vermeiden was sich auf Menschen-Einrichtungen, Verhältnisse der untern Volksklassen bezieht: was Fremde, der Sprache unkundige, darüber in die Welt bringen, ist immer gewagt, unrichtig und bei einer so complicirten Maschine, als die Verhältnisse und einmal erworbenen Rechte der höhern Stände und die Pflichten der untern darbieten, aufreizend ohne auf irgend eine Weise zu nützen!»

Von den Dissidenten, denen er begegnete, von den Deportierten, die er auf dem Weg nach Sibirien sah, musste Humboldt in der Öffentlichkeit schweigen. Von den prekären Umständen seines Unternehmens konnte er nur privat berichten – zum Beispiel in Briefen an seinen Bruder Wilhelm, zu Hause auf Schloss Tegel bei Berlin. So schrieb er ihm am 21. Juni 1829 aus Katharinenburg:

«Die Vorsorge der Regierung für unsere Reise ist nicht auszusprechen, ein ewiges Begrüßen, Vorreiten und Vorfahren von Polizeileuten, Administratoren, Kosakenwachen aufgestellt! Leider aber auch fast kein Augenblick des Alleinseins, kein Schritt, ohne daß man ganz wie ein Kranker unter der Achsel geführt wird!»

Während seiner Reise führte Humboldt ein Tagebuch, das unveröffentlicht bleiben musste, aber an der Alexander von Humboldt Forschungsstelle der Berlin-Brandenburgischen Akademie der Wissenschaften zu DDR-Zeiten transkribiert wurde: Fragmente des Sibirischen Reise-Journals 1829. (Auszüge wurden 2009 in der deutschen Ausgabe von Zentral-Asien wiedergegeben, S. 787–819.) In seinen privaten Aufzeichnungen können wir nachvollziehen, was Humboldt in Russland gesehen hatte, wovon er aber schweigen musste: «weggeschleppte Seelen», «schuldlos nach Sibirien».

Anders als bei seiner Reise durch Amerika, die er aus eigenen Mitteln bestritt, war Humboldt bei seiner Expedition durch Asien auf die finanzielle Unterstützung des Zaren angewiesen. Weil er sich selbst entsprechend zurückhalten musste, überließ er den eigentlichen erzählenden Reisebericht seinem Kollegen und Begleiter Gustav Rose (1798–1873), der ihn unter dem Titel *Reise nach dem Ural, dem Altai und dem Kaspischen Meere* 1837 und 1842 in zwei Bänden herausbrachte. Zwischen ausführlichen Darstellungen vor allem der mineralogischen und geologischen Forschung enthält Roses Bericht auf 1250 Seiten auch zahlreiche Episoden des Reiseverlaufs und dabei durchaus politische Beobachtungen:

«Auf diesem Wege sahen wir zum ersten Mal einen Transport von Verbannten, die nach Sibirien geschickt wurden. Er bestand aus Frauen und Mädchen, etwa 60–80 an der Zahl. Sie gingen frei, waren also nur leichtere Verbrecher; schwerere, wie wir dergleichen auf der Fortsetzung unserer Reise begegneten, gehen zu beiden Seiten eines langen Taues, an welches sie mit einer Hand befestigt sind. [...] Bei allen Stationen, etwa alle 30 Werst sind auf diesem Wege, der Hauptstrasse nach Sibirien, hölzerne, mit Pallisaden umgebene Häuser erbaut, in welchen die Verschickten, wie man in Russland die nach Sibirien Verbannten nennt, die Nächte zubringen, und den vierten Tag Ruhetag halten. Das öftere Zusammentreffen mit ihnen ist keine Annehmlichkeit der Strasse nach Sibirien.» (Band 1, S. 110–111.)

Im Zusammenhang und im Verlauf der russisch-sibirischen Expedition schrieb Humboldt eine Reihe von Briefen – oder genauer gesagt zwei Reihen von Briefen: einerseits diplomatische an den russischen Finanzminister; und andererseits kritische an seinen Bruder. Sie konnten erst postum ediert werden (1869 und 1880). Der Verlauf der Expedition und ihre politische Problematik lassen sich anhand einer Montage von Humboldts Reisebriefen nachvollziehen, welche die offiziellen und die privaten Dokumente gegenüberstellt (vgl. *Zentral-Asien* 2009, S. IX–CCVIII und *Die Russland-Expedition* 2019). Humboldt spricht in Russland gewissermaßen mit zwei Stimmen.

Ergänzt werden diese schriftlichen Zeugnisse der Reise von botanischen, zoologischen, mineralogischen und ethnographischen Objekten und Sammlungen, die Humboldt aus Russland mitbrachte und die heute in Berliner Museen aufbewahrt werden (vgl. den Abbildungsteil in *Zentral-Asien* 2009). Auch in Russland und in anderen Ländern sind materielle Zeugnisse von Humboldts Reisen zu entdecken, deren Erschließung sich noch in den Anfängen befindet.

Die Werke auf Russisch

Humboldt publizierte indes nicht nur über Russland, sondern auch in Russland. Zahlreiche seiner Texte wurden übersetzt und in russischen Zeitschriften herausgebracht. Was erschien von ihm auf Russisch und wann?

Nur drei seiner Buchwerke kamen zu Humboldts Lebzeiten in russischer Übersetzung heraus:

– *Fragmens de géologie et de climatologie asiatiques* (1831), übersetzt von Ivan Leontevič Neronov, in Sankt Petersburg 1837;

– *Ansichten der Natur* (1808, 1826 und 1849), zunächst übersetzt von Nikolai Christoforovič Ketcer 1853 im Moskauer *Magazin zemlevedenija i putešestvij* (S. 1–351), hier noch ohne die «Erzählung» über die «Lebenskraft»; und dann erstmals vollständig und in Buchform, übersetzt von A. Nazymov, in Moskau 1855 (neu aufgelegt 1862 und 1906); und schließlich

– *Kosmos. Entwurf einer physischen Weltbeschreibung* (5 Bände, 1845–1862), übersetzt von Nikolaj Grigorevič Frolov, Matvej Matveevič Gusev und Jakov Vejnberg, in vier Bänden, in Sankt Petersburg und Moskau 1848–1863.

Ausgerechnet aber das Hauptwerk zur russisch-sibirischen Forschungsreise, *Asie centrale* (1843), erschien auf Russisch, übersetzt von P. I. Borodziča, nur teilweise, lediglich einer von drei Bänden, und erst 1915, während des Ersten Weltkrieges. Nach der Russischen Revolution von 1917 wurde die Ausgabe nicht fortgesetzt. Eine vollständige russische Ausgabe von *Zentral-Asien* steht immer noch aus.

Alexander von Humboldt war in russischer Sprache weniger in Buchform als vielmehr in Form unselbständiger Veröffentlichungen präsent: durch Übersetzungen von Aufsätzen, Artikeln und Briefen sowie von Auszügen aus seinen Büchern, die in Zeitschriften und Zeitungen erschienen. Diese russischen Schriften wurden allerdings noch nie gesammelt herausgegeben. Sie werden hier erstmals zusammengestellt.

Die russischen Schriften

Alexander von Humboldt veröffentlichte von 1789 bis zu seinem Tod im Jahr 1859 nach gegenwärtigem Kenntnisstand rund 750 Schriften, die zusammen mit ihren Bearbeitungen und Übersetzungen in rund 3600 Fassungen weltweit erschienen. Dazu gehören rund 40 unterschiedliche Publikationen in russischer Sprache (wenn wir von Paraphrasen und Zitaten absehen). Von einigen dieser Texte wurden sogar mehrere Varianten gedruckt, zum Teil in verschiedenen Übersetzungen, so dass sich insgesamt rund 60 Drucke ergeben.

Es handelt sich dabei um Übersetzungen deutscher und französischer Vorlagen sowie um einzelne Erstveröffentlichungen aus der Korrespondenz mit russischen Adressaten aus den Jahren 1795 bis 1859, die in den Jahren 1803 bis 1859 in Russland erschienen. Humboldt wurde also bereits deutlich vor seiner russischen Expedition von 1829 im Land publiziert, und er wurde dort keineswegs nur mit seinen Beiträgen zum Zarenreich wahrgenommen, sondern fast aus dem gesamten Zeitraum und in der ganzen Breite seiner publizistischen Tätigkeit über sieben Jahrzehnte. Dabei sind die Übersetzungen auch ein Hinweis auf Humboldts Popularität in Russland – und auf seine Popularisierung. Denn Forscher und Gelehrte von Sankt Petersburg bis Barnaul waren im 19. Jahrhundert in der Regel ohnehin in der Lage, Humboldts Texte im Original zu lesen. Mit den Übertragungen ins Russische wurde daher vor allem – und ganz im Sinne des Autors – eine breitere Öffentlichkeit erreicht.

Humboldts frühester Text, der in russischer Übersetzung gedruckt wurde, ist eine allegorische Erzählung, die er 1795 in Friedrich Schillers Zeitschrift *Die Horen* veröffentlichte und 1826 in die zweite Ausgabe seiner *Ansichten der Natur* aufnahm: «Die Lebenskraft oder der Rhodische Genius». Entstanden in einer Zeit, als er mit schmerzhaften Selbstversuchen dem Phänomen der Bioelektrizität naturwissenschaftlich auf die Spur zu kommen hoffte, schildert Humboldts einziger rein fiktionaler Text, angesiedelt im antiken Syrakus, die «Lebenskraft» als ein rätselhaftes Prinzip, das die organische von der anorganischen Welt und die belebte von der unbelebten Natur unterscheidet. Die Erzählung wurde zweimal auf Russisch veröffentlicht, jeweils mit großem zeitlichen Abstand. 1829, als Humboldt sich selbst in Russland aufhielt, erschien eine erste Übersetzung («Жизненная сила, или гений родосский») im *Moskauer Telegraphen* (*Moskovskij telegraf*); gegen Ende seines Lebens, 1856, folgte in den *Naturwissenschaftlichen Mitteilungen* der Moskauer Gesellschaft der Naturforscher (*Věstnik estestvennych nauk*) eine weitere Übertragung («Жизненная сила или родосскій геній»). In beiden Fällen wurde ein politisch heikler Satz des Originals zensiert, der seinerseits eine bemerkenswerte Geschichte hat: In der Erstfassung der Erzählung von 1795 hatte Humboldt an einer offen monarchiekritischen Stelle festgestellt, dass «Fürstennähe auch den geistreichsten Männern von ihrem Geiste raubt». Dieser Widerspruch gegen absolutistische Herrschaft kam nicht von ungefähr: Obwohl adeliger Herkunft, war Humboldt ein Sympathisant der Französischen Revolution. 1790 hatte er das revolutionäre Paris besucht, zeitlebens verteidigte er das Ideal allgemeiner Menschenrechte. Als er über ein halbes Jahrhundert später notgedrungen als Kammerherr am preußischen Hof diente, erlebte er einen weiteren Versuch politischer Umwälzung. Doch die Märzrevolution 1848 scheiterte, und Humboldt konnte nicht verhindern, dass der Aufstand gewaltsam niedergeschlagen wurde. Als Zeichen seiner Anteilnahme reihte sich der fast 80-Jährige öffentlichkeitswirksam in den Trauerzug für die Gefallenen ein. Diese Geschehnisse fielen in die Zeit, als Humboldt die dritte Ausgabe seiner *Ansichten der Natur* vorbereitete, die 1849 erneut mit der «Lebenskraft»-Erzählung erschien. Vor dem Hintergrund dieser Erfahrungen nahm er, als er den in seiner Jugend verfassten Text überarbeitete, an dem brisanten Satz noch die Zuspitzung vor, nämlich dass «Fürstennähe auch den geistreichsten Männern von ihrem Geiste *und ihrer Freiheit* raubt». In den russischen Übersetzungen wurde der provozierende Satz entschärft beziehungsweise gestrichen: In der Fassung von 1829 heißt es lediglich vage, dass «beim Besuchen der großen Welt nicht selten das Talent seinen Zauber verliert»; und in der Fassung von 1856 wurde die obrigkeitskritische Aussage sogar ganz unterschlagen. Von Fürstennähe ist hier keine Rede mehr – nachdem sie sich während der Expedition in Russland als prekär erwiesen hatte. Nicht nur Humboldts russische Reise, sondern auch seine Publikation und Rezeption im russischen Reich geschahen unter schwierigen politischen Bedingungen.

Aus heutiger Sicht ist die Erzählung noch aus einem anderen Grund brisant: Wenn sie davon handelt, wie in der Natur Gleiches mit Gleichem zur Vereinigung strebt, so lässt sich dies auch auf die Geschlechter beziehen. Wahrscheinlich homosexuell, so die Überzeugung einiger Interpreten, habe Humboldt in dieser dichterischen Verkleidung eigentlich von sich selbst gesprochen. Die Erzählung wäre so auch ein literarisches *Coming-Out*.

Den späten Übersetzungen einer Jugenderzählung voraus ging jedoch eine Reihe von Beiträgen zur amerikanischen Forschungsreise von 1799 bis 1804, die mit geringerer Verzögerung ins Russische übersetzt wurden, darunter ein Brief an Humboldts Freund und Kollegen Antoine François de Fourcroy vom 16. Oktober 1800 aus Cumaná im heutigen Venezuela. Cumaná war eine bedeutende Station auf Humboldts erster großer Expedition, gleichsam ihr Initiationsort: Hier hatte er am 16. Juli 1799 erstmals das amerikanische Festland, die ‹Neue Welt›, betreten. Im Original publiziert auf Französisch im Jahr 1801 («Extrait d'une lettre au C. Fourcroy»), erschien der Brief auf Russisch bereits 1803 («Выписка изъ письма Гумбольда къ Г-ну Фуркруа. Изъ Куманы отъ 16 го Октября 1800 го года») und erneut 1806. Das heißt: Dieser Reisebericht, in dem es unter anderem um chemische Analysen des berühmten Pfeilgifts Curare geht, war in Russland bereits zu lesen, während Humboldt selbst noch in Amerika unterwegs war.

Zum Komplex der amerikanischen Expedition gehören weitere Reise- und Feldforschungsberichte: In «Jagd und Kampf der electrischen Aale mit Pferden» (1807) schildert Humboldt den abenteuerlichen Fang von Zitteraalen, die er wegen ihrer seltenen Eigenschaft, starke Stromschläge hervorbringen zu können, physiologisch untersuchen und sezieren wollte – um so seine Studien zur Bioelektrizität beziehungsweise zur «Lebenskraft» fortzusetzen. Um Verletzungen zu vermeiden und die Aale zu ermüden, wurden zunächst Pferde in die Sümpfe getrieben, an denen sich die elektrischen Fische entluden, bis sie von Menschen gefahrlos gefangen werden konnten. Der Aufsatz, der zoologische Beschreibungen der Aale mit Beobachtungen zur Physiologie, ethnologischen Schilderungen von Jagdpraktiken und sogar etymologischen Überlegungen zu indigenen Begriffen verknüpft, steht beispielhaft für Humboldts multidisziplinäre Forschung. Noch im selben Jahr wie das deutsche Original erschien eine russische Übersetzung («О ловлѣ Електрическихъ угрей»).

In ähnlich fächerübergreifender Weise schildert Humboldt in «Über die erdefressenden Otomaken» (1807) den Brauch des heute ausgestorbenen Volksstamms der Otomaken, Erde zu sich zu nehmen, den er auf den Bedarf an bestimmten Nährstoffen zurückführt. Einer ersten russischen Übersetzung des vielgelesenen Aufsatzes im Jahr 1818 («Отрывокъ изъ Обозрѣнія степей») folgte eine weitere 1834 («Отомаки, питающіеся землею и камедью»).

Eine der berühmtesten Episoden seiner amerikanischen Expedition schildert Humboldt in dem Reise-Essay «Über zwei Versuche den Chimborazo zu besteigen» (1837), der 1840 in Russland erschien («Восхожденіе Александра Гумбольдта на Чимборасо»). Nachdem er bereits in Europa und auf Teneriffa Hochgebirgsforschung betrieben und mit besonderem Interesse Vulkane bestiegen hatte, war Humboldt 1802 zusammen mit seinen Reisebegleitern Aimé Bonpland und Carlos Montúfar auf den Chimborazo gestiegen, einen erloschenen Vulkan im heutigen Ecuador, der damals als der höchste Berg der Welt galt. Mit ungenügender Kleidung und ohne weitere Ausrüstung, wegen der Höhenkrankheit aus Augen und Zahnfleisch blutend, konnten sie den Gipfel wegen einer unüberwindlichen Felsspalte nicht ganz erreichen, stellten mit einer Höhe von rund 5600 Metern jedoch einen jahrzehntelang gültigen Weltrekord auf.

Einem weiteren amerikanischen Thema widmet sich Humboldt in dem Beitrag «Ueber den neuesten Zustand des Freistaats von Centro-Amerika oder Guatemala» (1826; «Нынѣшнее состояніе Республики Центро-Американской или Гватемальской», 1828). Das Land kannte er allerdings nicht aus eigener Anschauung, allenfalls vom Vorbeisegeln auf der Überfahrt von Guayaquil nach Acapulco im Jahr 1803, sondern er behandelte es auf der Grundlage von Quellenmaterial. Nachdem er während seiner Reise Kontakt zu Aktivisten der Unabhängigkeitsbewegung in den spanischen Kolonien gehabt hatte, verfolgte Humboldt die Bolivarische Revolution und die Gründung der eigenständigen Republiken in Zentral- und Südamerika, mit deren politischen und wirtschaftlichen Perspektiven er sich kontinuierlich beschäftigte.

Einem von Humboldts populärsten Büchern, den *Ansichten der Natur*, wurden mehrere Kapitel und Auszüge als separate russische Publikationen entnommen. Nach der Erstausgabe von 1808 erschien der *Bestseller*, der ästhetische Naturbeschreibung mit wissenschaftlicher Genauigkeit verbindet und eine besonders breite Leserschaft ansprach, 1826 und 1849 noch in zwei weiteren, jeweils ergänzten und überarbeiteten Ausgaben. Ein Publikumserfolg waren die Auszüge auch in Russland: Von dem Kapitel «Ueber die Wasserfälle des Orinoco» erschienen drei verschiedene Auszüge in unterschiedlichen Übersetzungen 1818 («О водопадахъ рѣки Ориноко») und 1834 («Оринокскіе водопады» und «О теченіи рѣки Ориноко»). Und noch 1852 wurde eine russische Übertragung des Kapitels «Das Hochland von Caxamarca, der alten Residenzstadt des Inca Atahuallpa» veröffentlicht («Каксамарка и Южное море съ высоты Андовъ»).

Mit insgesamt vier vollständigen Übersetzungen und einer Teil-Übersetzung ist aber «Ueber die Steppen und Wüsten» eindeutig der Spitzenreiter unter den russischen Auszügen aus den *Ansichten der Natur* («Странствованіе Гумбольдта по степямъ и пустынямъ Новаго свѣта» 1818, «О степяхъ» 1829, «Степи и пустыни» 1845, «Пустыни и степи» 1852 und als Auszug außerdem «О ловлѣ гимнотовъ» 1834). Dieser Essay, der in charakteristischer Manier weltweite Vergleiche zieht, die auch nach Zentral-Asien führen, ist damit Humboldts meistpublizierter Text in russischer Sprache.

Darüber hinaus erschienen sogar noch einzelne Anmerkungen, die Humboldt seinem Steppen-Essay als wissenschaftliche Erläuterungen beigegeben hatte, in russischer Übersetzung: «Озеро Такаригва» (Anmerkung 1, über den See Tacarigua, den heutigen Valenciasee in Venezuela), «О внезапномъ прекращеніи пассатнаго восточнаго вѣтра» (Anmerkung 7, über den Westwind der Kapverden), «О хребтахъ Внутренней Азіи» (Anmerkung 10, über das innerasiatische Gebirgsplateau), «Америка выступила изъ нѣдръ хаоса не позже другихъ частей свѣта» (ein Abschnitt aus Anmerkung 17, über die Urvölker Amerikas), «Америка выступила изъ нѣдръ хаоса не позже другихъ частей свѣта» (Anmerkung 18, über Temperatur und Feuchte der nördlichen und südlichen Erdhalbkugel), «Америка выступила изъ нѣдръ хаоса не позже другихъ частей свѣта» (Anmerkung 20, über das Atlasgebirge), «О первоначальномъ введеніи посѣва пшеницы в Америкѣ» (Anmerkung 25, über die Geschichte des Getreideanbaus), «О происхожденіи народонаселенія Америки» (Anmerkung 27, über den Ursprung der menschlichen Sprachen). Diese Auszüge wurden 1834 in aufeinander folgenden Ausgaben der Zeitschrift *Syn otečestva i Sěvernyj archiv* regelrecht als Aufsatzreihe veröffentlicht.

Noch zwei weitere Auszüge aus den *Ansichten der Natur* erschienen auf Russisch, die weniger reiseliterarisch als naturwissenschaftlich konzipiert sind. Entstanden waren sie zunächst als Einzelpublikationen, bevor Humboldt sie in diese Sammlung aufnahm. In der Tat haben sie als programmatische Grundlagenaufsätze eine eigenständige wissenschaftsgeschichtliche Bedeutung erlangt: Der 1806 veröffentlichte Aufsatz «Ideen zu einer Physiognomik der Gewächse» steht am Beginn von Humboldts Auswertung seiner umfangreichen botanischen Beobachtungen und Sammlungen von der Amerika-Reise. Humboldt entwickelt darin das Konzept einer Pflanzengeographie, in dem Gewächse nicht mehr nur anhand ihrer äußeren Merkmale beschrieben, sondern als sich verbreitende, veränderliche und mit ihrer Umwelt interagierende Lebewesen aufgefasst werden. Mit dieser Vorstellung von Botanik als einer Migrationskunde erweiterte Humboldt das starre taxonomische System Carl von Linnés in Richtung eines ökologischen und sogar evolutionären Verständnisses von Natur. (Charles Darwin war ein enthusiastischer Humboldt-Leser.) Der Aufsatz erschien 1834 auf Russisch in zwei Teilen («О повсемѣстномъ разлитіи жизни» und «О растеніяхъ»).

Rund zwei Jahrzehnte später folgte mit dem 1823 entstandenen Aufsatz «Über den Bau und die Wirkungsart der Vulkane in verschiedenen Erdstrichen» außerdem Humboldts wichtigste vulkanologische Studie («Устройство и дѣятельность вулкановъ», 1852). Humboldt fügt darin seine über Jahrzehnte gesammelten geologischen Beobachtungen zum Phänomen des Vulkanismus und zur Funktionsweise von Vulkanen in einem wissenschaftlichen Modell zusammen, das die Entstehung der Erde erklären sollte. Um diese Frage hatte es lange Zeit eine wissenschaftliche Debatte gegeben: die Kontroverse zwischen den «Neptunisten», die das Entstehen der Erdoberfläche durch das Absinken eines Urozeans annahmen, und den «Plutonisten», die vulkanische Aktivität für die Bildung der Erdkruste verantwortlich machten. Humboldt hatte in seiner Jugend, beeinflusst von seinem Lehrer Abraham Gottlob Werner (1749–1817), selbst eher noch der neptunistischen Auffassung angehangen und in den 1790er Jahren entsprechende Artikel veröffentlicht. Durch sein Studium der Vulkane in Europa und Amerika (das er später durch Untersuchungen in Zentral-Asien erweiterte) änderte er seine Position und trug mit seiner geologischen Forschung entscheidend zur Durchsetzung des modernen Verständnisses von der Erdentstehung bei. Die Bedeutung des Aufsatzes «Über den Bau und die Wirkungsart der Vulkane in verschiedenen Erdstrichen» wurde von den Zeitgenossen bereits kurz nach Erscheinen erkannt. Goethe, mit dem Humboldt seit seiner Jugend befreundet war, zeigte sich beeindruckt und arbeitete Elemente daraus in *Faust II* (1832) ein – ein literarisches Denkmal für Humboldts vulkanologische Forschung.

Ebenfalls wissenschaftshistorisch bedeutsam waren die umfangreiche geologische Studie «Indépendance des formations» von 1822, die ein Jahr später in Humboldts Monographie *Essai géognostique sur le gisement des roches dans les deux hémisphères* einging («О вулканическихъ областяхъ», 1832), sowie der 1853 veröffentlichte Versuch, die größte Tiefe des Meeres zu ermitteln («Новая попытка измѣрить глубину моря», 1854). Mit solchen Veröffentlichungen wurde Humboldt in Russland nicht nur als Reisender und Reiseschriftsteller, sondern auch als Naturwissenschaftler wahrgenommen.

Russische Forschung

Die russische Reise von 1829 stellt zweifellos das wichtigste Datum in der russischen Humboldt-Rezeption dar. Ein erster Text, den Humboldt auf dieser Reise verfasste, kam im selben Jahr im französischen Original und in russischer Übersetzung heraus, ein Reisebrief vom August 1829 aus Sibirien, genauer aus Ust-Kamenogorsk im heutigen Kasachstan, an Humboldts langjährigen Freund, den Astronomen und Physiker François Arago in Paris: «Lettre de M. de Humboldt à M. Arrago» («Письмо Барона А. Гумбольдта къ Члену Парижской Академіи Наукъ, Г-ну Аррaго»). Humboldt berichtet darin vom Verlauf der Reise, die ungefähr ihre Halbzeit erreicht hatte, und von ihren vorläufigen Ergebnissen. Der Text erschien also noch während Humboldts Aufenthalt in Russland ebenso in Paris wie in Sankt Petersburg – und darüber hinaus in weiteren Übersetzungen unter anderem in Augsburg, Gotha, Heidelberg, Weimar, Wien, Budapest, Haarlem, Mailand, Vilnius, Edinburgh, London, Baltimore und Charleston. Die große Zahl dieser Nachdrucke veranschaulicht das Interesse, mit dem Humboldts Russland-Reise an vielen Orten der Welt verfolgt wurde.

Es folgten weitere Forschungsergebnisse der Asien-Reise, unter anderem zur Geologie, Klimatologie und Ökonomie des Russischen Reiches, die nun ohne längeren Verzug ins Russische übertragen wurden. Mit «Ueber die Bergketten und Vulcane von Inner-Asien» (1830) nahm Humboldt großräumige geographische Erweiterungen seiner bisherigen Gebirgs- und Vulkan-Forschung vor; aus eigener Anschauung konnte er nun interkontinentale Vergleiche zwischen den Anden, den Alpen und dem Altai ziehen. Seine geologische Perspektive wird hier vollends global. Eine erste russische Übersetzung dieses Aufsatzes erschien 1830 («О горныхъ кряжахъ и вулканахъ внутренней

Азіи, и о новомъ вулканиическомъ изверженіи в Андахъ»), eine weitere wurde 1831 und 1832 gleich zwei Mal veröffentlicht («О горныхъ системахъ Средней Азіи»).

Aufmerksamkeit erregten auch Humboldts Erkenntnisse über die russische Edelmetallproduktion, die er unter staatswirtschaftlichen Gesichtspunkten untersuchte und mit den Erträgen in den spanischen und portugiesischen Kolonien verglich. Sein Aufsatz «Ueber die Goldausbeute im russischen Reiche» (1830) wurde binnen Kurzem in Deutschland, Frankreich, Österreich, England, Schottland, Polen und den USA veröffentlicht – sowie in Russland selbst («О количествѣ золота, добываемаго въ Россійской Имперіи», 1830). Ein ähnliches Thema behandelt ein Brief Humboldts an die Royal Society in London über Gold und Platin im Ural, der 1829 auszugsweise in Sankt Petersburg und in Moskau veröffentlicht wurde (jeweils ohne Titel).

Seit seiner Amerika-Reise hatte Humboldt kontinuierlich Tausende von Messungen der Luft- und Wassertemperatur an den unterschiedlichsten Orten durchgeführt und zusätzliche Angaben aus anderen Quellen zusammengetragen. Als Synthese aus diesen Daten hatte er das Konzept der isothermen Linien, der erdumspannenden Zonen gleicher Durchschnittstemperatur, entwickelt und 1817 in einem Aufsatz beschrieben, der zu den Gründungstexten der modernen Klimawissenschaft gehört («Des lignes isothermes et de la distribution de la chaleur sur le globe»). Im Zuge seiner Reise durch Russland hatte er auch zu diesem Forschungsthema ergänzende Daten erhoben, die er bald darauf publik machte: 1831 in dem umfangreichen Aufsatz «Betrachtungen über die Temperatur und den hygrometrischen Zustand der Luft in einigen Theilen von Asien» («Изслѣдованія о климатахъ Азіи, сдѣланныя Гумбольдтомъ, во время путешествія его по Сибири въ 1829 году», 1832 und im selben Jahr erneut in einer weiteren Übersetzung) und 1832 in «Bemerkungen über die Temperatur der Ostsee» («Наблюденія надъ температурою Балтійскаго моря», 1835 und im selben Jahr an anderer Stelle erneut).

Sogar einen Beitrag zur russischen Sprachwissenschaft hat Humboldt geleistet: «Ein neuer Streit über den Buchstaben ъ» («Новая тяжба о буквѣ ъ», 1830 und erneut 1853). Humboldt hatte in einem Petersburger Salon halb scherzhaft erklärt, das russische Härtezeichen ‹ъ› sei eigentlich überflüssig. Alexander Puškin soll davon berichtet haben. (Vgl. Schmid, S. 259–260.) Auf Humboldts eigensinnigen Reformvorschlag reagierte der Schriftsteller Aleksej Alekseevič Perovskij (1787–1836) mit einem Brief, den er spielerisch als Buchstabe «ъ» unterzeichnete und worin dieser beteuert, er sei keineswegs überflüssig. Humboldt nahm die Vorlage auf und entgegnete umgehend, indem er seine Auffassung mit der Gewohnheit des Naturforschers erklärte, auch in den Sprachen vor allem die «Formen» und die «Physiognomie» zu betrachten. Der Brief von Perovskij und Humboldts Antwort erschienen 1830 in einer Literaturzeitschrift in Sankt Petersburg und 1853 in den Werken Perovskijs (der unter dem Pseudonym Antonij Pogorel'skij publizierte). (Sie sind in der Ausgabe von Humboldts *Briefen aus Russland 1829* wiedergegeben und übersetzt, vgl. S. 238–253.)

Russische Auszüge

Neben dem umfassenden klimatologischen Aufsatz über die Temperatur und Luftfeuchte in Asien, der bereits als Kapitel in Humboldts *Fragmens de géologie et de climatologie asiatiques* (1831) eingegangen war, erschien 1835 in Moskau ein weiterer übersetzter Auszug aus diesem ersten Buch Humboldts zu seiner russisch-sibirischen Reise, nämlich das Kapitel «Recherches sur les causes des inflexions des lignes isothermes» (in mehreren Teilen): «О причинахъ измѣненій въ линеяхъ равной годичной теплоты».

Auch aus Humboldts letztem Werk, dem fünfbändigen *Kosmos* (1845–1862), wurden bereits im Jahr des Erscheinens seines ersten Bandes Auszüge in russischer Sprache veröffentlicht: «Космосъ. Опытъ физическаго мироописанія» (1845). Ein Jahr später folgten weitere Abschnitte unter dem Titel «Kosmos. (Мірозданіе.)» (1846). Beide Übersetzungen sind sehr umfangreich und umfassen den ersten Band des *Kosmos* fast vollständig (noch vor der eigentlichen russischen Buchübersetzung). Wegen ihrer Länge werden sie in der vorliegenden Ausgabe nicht wiedergegeben, sondern nur im Quellenverzeichnis bibliographisch nachgewiesen. Die weniger ausgreifenden Auszüge aus dem vierten Band, die 1859 in Humboldts Todesjahr auf Russisch erschienen, werden hingegen vollständig abgedruckt: «О составѣ волканическихъ породъ. Изъ четвертаго тома Гумбольдтова Космоса». Übersetzt hat sie Nikolai Barbot de Marny (1829–1877), später selbst ein bedeutender russischer Geologe, Bergbauingenieur und Forschungsreisender.

Russische Briefe

Neben Aufsätzen und Buchauszügen erschienen einige Briefe Humboldts, die ins Russische übersetzt wurden. Ihre Adressaten sind Jakob Heinrich Friedrich Albert (1783–1832), russischer Arzt deutscher Herkunft und Inspektor der Medizinischen Verwaltung in Tobolsk («Копія с письма Барона Александра Гумбольта», 1833); Aleksej Pavlovič Bolotov (1803–1853), russischer Offizier, Militärtopograph und Geodät («Письмо Александра Гумбольдта к А. П. Болотову», 1851); Jakov Vladimirovič Chanykov (1818–1862), russischer Geologe und Kartograph sowie Gouverneur von Orenburg (1852, publiziert ohne Titel); und Aleksej Ivanovič Butakov (1816–1869), russischer Seeoffizier und Geograph, der Erforscher des Aralsees («Письмо барона А. Гумбольдта къ русскому моряку А. И. Бутакову», 1854).

Der Brief an Staatsrat Albert handelt, zum Beispiel, vom Permafrost in der russischen Arktis. Humboldt regt an, mit Hilfe von Bohrungen zu untersuchen, wie sich die Sommerwärme auf den Permafrostboden auswirkt, und die Breite der Flüsse Irtysch und Ob zu messen. Zudem interessiert er sich für die Sprache und Grammatik des «Ostjakischen» (heute Chantisch genannt) und für entsprechende Übersetzungen, zum Beispiel: «Ich habe ein großes Rentier», «Vater unser der du bist in den Himmeln», «Der Bruder meines Vaters ist entflohen.» (Vgl. *Briefe aus Russland 1829*, S. 258–263.)

Der Brief an Bolotov bezieht sich auf eine neue Karte von Zentral-Asien, die der General anfertigen ließ, eine Karte der «terra incognita» zwischen den Seen Balchasch und Yssykköl (entlang des Flusses Syrdarja) und der Gebirgskette Astferah (Verlängerung des Tian-Shan). Humboldt bittet um eine Kopie der neuen Karte zwischen 37° und 47° nördlicher Breite und 82° und 83° östlicher Länge.

Die Korrespondenzen deuten das Netzwerk an, das Humboldt im Zusammenhang mit seiner Reise in Russland knüpfte und pflegte. Sie sind eingebettet in ein Geflecht von Kontakten mit Vertretern des Staates und Akteuren aus der *scientific community*, das sich weit über Humboldt und seine Adressaten hinaus über ganz Europa erstreckte. So stand zum Beispiel Bolotov mit den Astronomen und Sternwarten-Direktoren Friedrich Georg Wilhelm Struve (1793–1864) und Heinrich Christian Schumacher (1780–1850) im Austausch, die auch zu Humboldts Korrespondenzpartnern gehörten. Auf einer Reise durch Mitteleuropa besuchte er 1845 den Mathematiker und Geodäten Carl Friedrich Gauß (1777–1855), der zu Humboldts wichtigsten wissenschaftlichen Kooperationspartnern gehörte. Mit Bolotovs Kartierung der innerasiatischen Region zwischen Kaspischem Meer und dem Tian-Shan-Gebirge setzte sich zudem der Geograph Heinrich Berghaus (1797–1884) auseinander, mit dem Humboldt darüber korrespondierte und der den Atlas zu Humboldts *Kosmos* erarbeitete, bevor er selbst 1852 dazu einen Artikel schrieb.

Das Besondere an diesen Briefen an russische Empfänger ist, dass sie, im Gegensatz zu den meisten hier versammelten Quellen, ausschließlich in Russland erschienen und keine weiteren Veröffentlichungen etwa in Deutschland oder Frankreich erfahren haben. (Lediglich der Brief an Butakov ist noch einmal publiziert worden, kurioserweise in schwedischer Übersetzung 1854 in Finnland, das damals allerdings ebenfalls zum Zarenreich gehörte.) Es handelt sich also um Originale, die singuläre Textzeugen darstellen und nur dank einer russischen Humboldt-Rezeption publiziert worden sind. Sie werden in der vorliegenden Ausgabe erstmals zusammen anhand ihrer Erstveröffentlichungen wieder zugänglich gemacht.

Mit einem weiteren Brief, an den deutsch-baltischen Kunsthistoriker und Museumsleiter Carl Jakob Alexander von Rennenkampff (1783–1854), rundet sich schließlich sogar der biographische Kreis von Humboldts Asien-Reise: In der Sankt Petersburger Wochenzeitschrift *Russkoe slovo* erschien 1859, also in Humboldts letztem Lebensjahr, ohne Titel ein Schreiben, das eigentlich am Anfang seiner Russlandpläne gestanden hatte. Verfasst hatte es Humboldt fast ein halbes Jahrhundert zuvor, am 7. Januar 1812. (Vgl. *Briefe aus Russland 1829*, S. 57–66.) Sein Empfänger, der livländische Adelige Rennenkampff, hatte die Jahre zwischen 1805 und 1810 in Deutschland, Frankreich, der Schweiz und Italien verbracht und weitverzweigte Kontakte geknüpft, unter anderem mit Madame de Staël und Goethe. In Rom hatte er Humboldts Bruder Wilhelm als preußischen Gesandten kennengelernt. Als in Russland unter Zar Alexander I. gegen Ende 1811 eine Forschungsreise geplant wurde, beauftragte der Reichskanzler Nikolaj Petrovič Rumjancev (1754–1826), der Humboldt 1811 kennengelernt hatte und seine Arbeiten schätzte, Rennenkampff mit der Einladung. Humboldt hatte sich früher bereits mit Plänen für eine asiatische Reise befasst, nach Persien, Indien, Tibet, zum Himalaya; entsprechend willkommen war ihm die Anfrage. Aus Paris antwortete er Rennenkampff begeistert und kündigte an (im französischen Original): «je me ferai russe, comme je me suis fait espagnol» («ich werde mich zum Russen machen, wie ich mich zum Spanier gemacht habe» [während der Reise durch die spanischen Kolonien]). Aber er stellte auch sehr selbstbewusste Forderungen: Er skizzierte eine großangelegte Expedition von sieben bis acht Jahren Dauer über den gesamten asiatischen Kontinent, mit frei gewählten Begleitern und selbstbestimmter Route. Ob der Zar sich darauf eingelassen hätte, bleibt ungewiss. Denn wie bereits bei der beabsichtigten Reise nach Nordafrika 1798 machte ein Feldzug Napoleons, der im Juni 1812 in russisches Territorium eindrang, Humboldt einen Strich durch die Rechnung. Bis er tatsächlich Zentral-Asien bereisen konnte, sollten noch einmal 17 Jahre vergehen.

Russische Lebenszeichen

In Humboldts letzten Lebensjahren erschienen in Russland schließlich auch biographische Beiträge über den international bekannten Forscher. Ein Eintrag aus der 1853 herausgegebenen Enzyklopädie *Die Gegenwart*, «Alexander von Humboldt» (1855 ohne Titel auf Russisch publiziert), enthält umfangreiche Selbstäußerungen des Portraitierten. Er hatte sie auf Bitten des Brockhaus-Verlags für den Eintrag über sich selbst verfasst. Sie stellen eines der wenigen und daher umso bedeutenderen autobiographischen Zeugnisse Humboldts dar.

Eine Lebensbeschreibung in hebräischer Sprache hatte Chajim Selig Slonimski (1810–1904) zu Humboldts 88. Geburtstag verfasst (veröffentlicht 1858). Humboldts Brief an seinen Biographen (1858 ohne Titel auf Russisch publiziert) zeugt vom bewegten Dank eines greisen Mannes, der am Ende seines langen Lebens mitansieht, wie er historisch wird. Und er ist zu verstehen als öffentliche Bekundung seiner Solidarität mit dem verfolgten jüdischen Volk.

Für die Emanzipation der Juden und die Verteidigung der ihnen «gebühren-
den und so vielfach noch immer entzogenen Rechte», wie er im Original des
Briefs formulierte, engagierte sich Humboldt lebenslang, besonders aber seit
den 1840er Jahren, seit ihre Gleichstellung in Preußen wieder in Frage gestellt
wurde.

Alle diese Texte waren in Russland in russischer Sprache zu lesen. Alexan-
der von Humboldt war der internationalste Publizist seiner Zeit. Und er war
auch präsent als ein russischer Autor.

Epilog: Humboldt in Russland und in der Literatur

Alexander von Humboldt erfuhr eine große Resonanz in der Literatur. Zahl-
reiche Schriftsteller hat er inspiriert: François-René Chateaubriand, Honoré de
Balzac und Jules Verne; Robert Musil, Egon Erwin Kisch, Peter Schneider oder
Hans Magnus Enzensberger; Joaquim de Sousândrade, Euclides da Cunha,
Mário de Andrade; Edgar Allan Poe, Walt Whitman und Saul Bellow; Domingo
Faustino Sarmiento, Alfonso Reyes, José Lezama Lima, Alejo Carpentier, Edu-
ardo Galeano und Gabriel García Márquez.

Zu Humboldts russischer Expedition finden sich bereits zeitgenössische
Zeugnisse, die vor allem eine satirische Note haben. Ortsunkundige Gelehrte,
die von weither kommen, um Gräser und Steine zu sammeln, sorgten bei der
einheimischen Bevölkerung, die ihnen begegnete, für Belustigung. So wun-
derte sich ein begleitender Adjudant über die Forschungspraxis des mitreisen-
den Biologen Ehrenberg:

> «Dieser Herr ist so vertieft in sein Fach, daß er uns oft genug verloren ging; einmal
> fanden ihn die reitenden Kosaken bis an die Knie im Sumpf im bloßen Frack; ganz
> durchnäßt kommt er, umgeben von ihnen, zu Fuß in seinem nassen Sommerkos-
> tüm, nur mit der Pelzmütze auf dem Kopf, in der einen Hand ein ganzes Buschel
> Gräser, in der andern rotes Moos, mit dem der Grund des Roten Meeres bedeckt
> ist, wie er sagte». (Schmid, S. 255–256)

Ein Uralkosake berichtet, wie er für den «verrückten preußischen Prinzen
Gumplot» sinnfreie Verrichtungen habe ausführen müssen. Auf die Frage, was
dieser denn angestellt und verlangt habe, erklärte er: «Na, so das Allernutzlo-
seste, was es gibt: suchte sich Gras zusammen, guckte den Sand an; in den
Salzmoränen sagte er einmal durch den Dolmetscher zu mir: ‹Steig ins Wasser,
hol herauf, was auf dem Grund ist.›» (Herzen, S. 201)

Dieser Dialog findet sich in den Memoiren von Alexander Herzen (1812–
1870). Der russische Intellektuelle erinnert sich vor allem an ein Ereignis, das
neben einer Cholera-Epidemie zu «den außerordentlichen Ereignissen unse-
res Studiums» gehörte und zugleich einen humoristischen Höhepunkt von
Humboldts Aufenthalt in Russland bildet: den Empfang an der Universität von
Moskau, als die Expedition aus Asien zurückgekehrt war.

«Humboldt, der sich auf der Rückreise vom Ural befand, wurde in Moskau mit einer feierlichen Sitzung der Gesellschaft der Naturforscher an der Universität willkommen geheißen. Mitglied in dieser Gesellschaft waren verschiedene Senatoren und Gouverneure – alles in allem Leute, die sich weder mit Naturwissenschaften noch sonst irgendwelchen Wissenschaften befaßten. Der Ruhm Humboldts, eines Geheimen Rates Seiner Preußischen Majestät, dem unser Herr und Kaiser geruht hatte, den Annen-Orden zu verleihen, mit dem Befehl, kein Geld für Material und Diplom von ihm zu verlangen, war auch zu ihnen gedrungen. Sie beschlossen also, sich nicht zu blamieren und dem Manne, der auf dem Chimborazo gewesen war und in Sanssouci lebte, die ihm gebührenden Ehren zu erweisen.

Wir blicken noch heute auf die Europäer und Europa in der Art, wie die Provinzler auf die Bewohner der Residenz blicken; unterwürfig und voller Schuldgefühl, indem wir jeden Unterschied als einen Mangel ansehen, wegen unserer Eigenarten erröten und sie zu verbergen suchen, uns den anderen unterordnen und sie nachahmen. [...]

Der Empfang Humboldts in Moskau und in der Universität war keine Kleinigkeit. Der Generalgouverneur, verschiedene Kommandanten, der Senat – alles erschien: das Ordensband über der Schulter, in voller Uniform, die Professoren kriegerisch mit dem Degen an der Seite und dem Dreispitz unter dem Arm. Humboldt kam nichtsahnend in einem blauen Frack mit goldenen Knöpfen angefahren und war, verständlicherweise, verlegen. Vom Vestibül bis zum Saal der Gesellschaft der Naturforscher – überall waren Hinterhalte vorbereitet: hier der Rektor, dort der Dekan, hier ein angehender Professor, dort ein Veteran, der am Ende seiner Laufbahn stand und eben deshalb sehr langsam sprach, jeder begrüßte ihn – auf lateinisch, auf deutsch, auf französisch, und das alles in diesen fürchterlichen, Korridore genannten steinernen Röhren, in denen man sich keine Minute aufhalten konnte, ohne sich für einen Monat zu erkälten. Humboldt hörte sich entblößten Hauptes alles an und antwortete auf alles. Ich bin überzeugt, daß sämtliche Wilden, bei denen er gewesen war, die rothäutigen wie die kupferfarbenen, ihm weniger Unannehmlichkeiten bereitet haben als der Moskauer Empfang.

Kaum hatte er den Saal erreicht und Platz genommen, hieß es, wieder aufstehen. Der Kurator Pissarew hielt es für notwendig, in kurzen, aber ausdrucksvollen Worten auf russisch in einem ‹Tagesbefehl› die Verdienste Seiner Exzellenz und des berühmten Reisenden zu würdigen; wonach Sergeij Glinka, ein ‹Offizier›, mit einer Stimme aus dem Jahre 1812, einem heißen Baß, sein Gedicht vorlas, das wie folgt begann: ‹Humboldt – Prométhée de nos jours!› Humboldt aber hätte sich gerne über seine Beobachtungen der Magnetnadel unterhalten und seine meteorologischen Notizen vom Ural mit denen der Moskauer Professoren verglichen – statt dessen führte ihn der Rektor herum und zeigte ihm irgend etwas aus den allerhöchsten Haaren Peters I. Geflochtenes...» (Herzen, S. 198–201)

Diese Episode vom zweiten Aufenthalt in Moskau, auf der Rückreise, führt uns wieder zurück zur eigentümlichen Politik dieser sonderbaren Reise. In der absurden Szene mit Gelehrten in Uniform hat der spätere Dissident Herzen den prekären Charakter des Unternehmens sehr treffend erfasst. Die Wissenschaft geriet in die Enge der Politik.

In der DDR wurde Humboldts Russlandreise in den fünfziger Jahren zum Gegenstand eines Comics: in Theo Pianas und Horst Schönfelders *Alexander von Humboldt. Ein deutscher Weltreisender und Naturforscher* (1959). Indem der «‹Jakobiner› Humboldt» hier den zaristischen «Polizeistaat» und das «Ausbeuterleben der Großgrundbesitzer» mit klarer Ablehnung betrachtet, tritt der Klassiker als Vordenker der sozialen Revolution mit einer Gesinnung auf, die ihn für den sozialistischen Staat anschlussfähig machte.

Ebenfalls in der DDR, aber gegenläufig und doppelsinnig, entstand der bemerkenswerteste literarische Text, der Humboldts Expedition durch Zentral-Asien gewidmet ist: Christoph Heins Briefnovelle *Die russischen Briefe des Jägers Johann Seifert* (1980). Sie setzt sich aus den fiktiven Mitteilungen zusammen, die Humboldts Diener unterwegs an seine Frau geschrieben haben könnte und deren Sprache Hein spielerisch nachbildet («viel Reden ueber kuenfftig zu erwartende Unbill seitens der OrdnungsHüter»). Sie schildert die Unternehmung ‹von unten›, aus der Sicht des einfachen Mannes.

Die Reisebeschreibung des Dieners handelt von einem «Blikk ueber die Grenze», von «PolizeiFurcht», «SclavenSprache» und «SelbstCensur». Ein Leitmotiv ist die Bespitzelung: Briefe werden «geoeffnet und copiert». Man beginnt, einander zu misstrauen. Ist ein mitreisender Russe ein Agent der Geheimpolizei? Am Ende erhält Seifert die Aufforderung, einen Informantenbericht abzufassen, über Humboldts «Gedanken» und «Absprachen mit Verbannten und allerley Aufsässigen». Würde er sich weigern, muss er befürchten, dass man ihn nicht wieder ausreisen lässt.

Im Archiv der Gestapo entdeckt, so die Herausgeberfiktion, werden die Briefe nach dem Krieg zunächst als Dämm-Material verklebt. Vor ihrer Edition durch eine «Zentrale Forschungsstelle» steht «die Mißlichkeit, in private Sphären einzudringen und die Tapeten von den Wänden zu entfernen». Seiferts Nachrichten haben ihre Adressatin also nie erreicht, sie wurden «abgefangen». Sämtliche Bögen tragen «die Stempel der Petersburger Geheimpolizei sowie verschiedener Dienstsiegel Preußens und des Deutschen Reiches». Nicht nur der aberwitzige Rahmen, den Hein diesen ‹Dokumenten› gibt, lässt ahnen, dass es unter der Oberfläche einer historischen Handlung eigentlich um das spätere Deutschland und um die gegenwärtige DDR geht.

In der Tradition der Gelehrtensatire steht, wie Christoph Heins Briefroman, auch einer der erfolgreichsten deutschen Romane der Nachkriegszeit: Daniel Kehlmanns *Die Vermessung der Welt* (2005). Bekannte Episoden aus Russland kehren hier wieder im Modus lakonischer Komik: «‹Nicht übel›», wird Humboldt von Gustav Rose gelobt, als im Ural ein Diamant entdeckt worden ist, wie er es vorhergesagt hatte. «‹Nur einige Wochen im Land und schon den ersten Diamanten Russlands gefunden, da spüre man die Hand des Meisters.› Er habe ihn nicht gefunden, sagte Humboldt. Wenn er ihm etwas raten dürfe, sagte Rose, es sei besser, diesen Satz nicht zu wiederholen.»

Aber auch bei Kehlmann geschieht in Russland Bedenkliches. Seine Erzählung über Humboldt geht mit dieser Reise zu Ende. Das Kapitel mit dem Titel «Die Steppe» beginnt mit einer Frage nach dem Tod. Satirische Komik wechselt zu existentieller Melancholie: «Er wisse nichts», entgegnet er einem kalmückischen Geistlichen. «Es gebe keine Botschaft». Und kurz vor der Rückfahrt, in Astrachan, stellt der Weltvermesser sich vor, diese Expedition könne überhaupt sein Ende sein: «Eins werden mit der Weite, endgültig verschwinden in Landschaften, von denen man als Kind geträumt habe, ein Bild betreten, davongehen und nie heimkehren?» Halb Sehnsuchtsort, halb letzte Ruhestätte, würde Russland so zum Schauplatz einer ganz anderen Reise werden: «Einfach verschwinden, sagte Humboldt, am Höhepunkt des Lebens aufs Kaspische Meer fahren und nie zurückkommen?»

Bibliographie

Alexander von Humboldt

«Discours prononcé par M. Alexandre de Humboldt à la Séance extraordinaire de l'Académie Impériale des sciences de St.-Pétersbourg tenue le 16 / 28 Novembre 1829», in: *Hertha* 14 (1829), S. 138–152.

Fragmens de géologie et de climatologie asiatiques, 2 Bände, Paris: Gide 1831.

Asie centrale. Recherches sur les chaînes de montagnes et la climatologie comparée, 3 Bände, Paris: Gide / A. Pihan Delaforest / Delaunay 1843.

Im Ural und Altai. Briefwechsel zwischen Alexander von Humboldt und Graf Georg von Cancrin aus den Jahren 1827–1832 [herausgegeben von W. v. Schneider und F. Russow], Leipzig: F. A. Brockhaus 1869.

Briefe Alexander's von Humboldt an seinen Bruder Wilhelm, herausgegeben von der Familie von Humboldt in Ottmachau, Stuttgart: J. G. Cotta 1880, S. 165–213. (19 Reisebriefe, davon 13 in französischer Sprache.)

Briefe Alexander von Humboldts an seinen Bruder Wilhelm, herausgegeben von der Familie von Humboldt in Ottmachau, Berlin: Verlag der Gesellschaft deutscher Literaturfreunde [1923]. (Briefe im deutschen Original und in deutscher Übersetzung aus dem Französischen.)

Zentral-Asien. Untersuchungen zu den Gebirgsketten und zur vergleichenden Klimatologie, herausgegeben von Oliver Lubrich, Frankfurt: S. Fischer 2009.

Briefe aus Russland 1829, herausgegeben von Eberhard Knobloch, Ingo Schwarz und Christian Suckow, Berlin: Akademie 2009.

Die Russland-Expedition. Von der Newa bis zum Altai, herausgegeben von Oliver Lubrich, mit einem Nachwort von Karl Schlögel, München: C. H. Beck 2019.

Zeugnisse

Alexander Herzen, *Kindheit, Jugend und Verbannung* (1860), übersetzt von Hertha von Schulz, Zürich: Manesse 1989 [1962], S. 198–201 (Endnoten: S. 563–564).

Gustav Rose, *Reise nach dem Ural, dem Altai und dem Kaspischen Meere auf Befehl Sr. Majestät des Kaisers von Russland im Jahre 1829 ausgeführt von A. von Humboldt, G. Ehrenberg und G. Rose. Mineralogisch-geognostischer*

Theil und historischer Bericht der Reise, 2 Bände, Berlin: Sandersche Buchhandlung 1837 / 1842.

Georg Schmid, «Zu Alexander von Humboldts Reise in Rußland. Nach russischen Quellen mitgeteilt», in: *Baltische Monatsschrift* 70 (1910), S. 249-262.

Selig Slonimski, *Alexander von Humboldt. Eine biographische Skizze. Dem Nestor des Wissens gewidmet zu seinem acht und achtzigsten Geburtstage*, Berlin: Veit & Comp. 1858.

Literatur

Christoph Hein, *Die russischen Briefe des Jägers Johann Seifert*, in: *Einladung zum Lever Bourgeois*, Berlin/Weimar: Aufbau 1980, S. 104-183.

Daniel Kehlmann, «Die Steppe», in: Die Vermessung der Welt, Reinbek: Rowohlt 2005, S. 263-293, hier: S. 289.

Theo Piana und Horst Schönfelder, *Alexander von Humboldt. Ein deutscher Weltreisender und Naturforscher* [Comic], Berlin (DDR): Altberliner Verlag Lucie Groszer 1959, S. 32-37.

M. Z. Thomas [Thomas Michael Zottmann], «Quer durch Asien», in: *Draußen wartet das Abenteuer. Alexander von Humboldt und sein Freund Aimé Bonpland auf kühner Fahrt ins Unbekannte*, München: Franz Schneider 1957, S. 242-248.

Forschung

Kerstin Aranda et al., *Александр Гумбольдт и исследования Урала. Материалы российско-германской конференции 20-21 июня 2002 г., Екатеринбург, Россия*, Ekaterinburg: Ural'skij gosudarstvennyj pedagogičeskij universitet 2002.

Hanno Beck, *Alexander von Humboldt*, 2 Bände, Wiesbaden: Franz Steiner 1959/1961, Band 2, S. 88-159.

– Ders., «Graf Georg von Cancrin und Alexander von Humboldt», in: *Alexander von Humboldt 14. 9. 1769 – 6. 5. 1859. Gedenkschrift zur 100. Wiederkehr seines Todestages*, herausgegeben von der Alexander von Humboldt-Kommission der Deutschen Akademie der Wissenschaften zu Berlin, Berlin (DDR): Akademie 1959, S. 69-82.

– Ders., *Alexander von Humboldts Reise durchs Baltikum nach Rußland und Sibirien 1829*, Stuttgart/Wien/Bern: Erdmann 1983.

Kurt-R. Biermann, «Aus der Vorgeschichte der Pläne Alexander von Humboldts für eine russisch-sibirische Forschungsreise», in: *Zeitschrift für geologische Wissenschaften* 4:2 (1976), S. 331–336.

– Ders., *Alexander von Humboldt*, Leipzig: B. G. Teubner 1990, S. 69–81.

– Ders., Ilse Jahn und Fritz G. Lange, *Alexander von Humboldt. Chronologische Übersicht über wichtige Daten seines Lebens*, Berlin (DDR): Akademie 1968, S. 51–57.

– Ders. und Christian Suckow, «Aus dem Nachlaß Alexander von Humboldts: Jan Witkiewicz», in: *Berliner Jahrbuch für osteuropäische Geschichte* 2: Sibirien: Kolonie – Region, Berlin: Akademie 1996, S. 189–198.

Douglas Botting, *Humboldt and the Cosmos*, New York u. a.: Harper & Row, 1973, S. 238–252.

Hans Christoph Buch, «‹Es wandelt niemand ungestraft unter Palmen›. Goethe und Humboldt», in: *Die Nähe und die Ferne. Bausteine zu einer Poetik des kolonialen Blicks*, Frankfurt: Suhrkamp 1991, S. 35–50.

Horst Fiedler und Ulrike Leitner, *Alexander von Humboldts Schriften. Bibliographie der selbständig erschienenen Werke*, Berlin: Akademie 2000, S. 348–365.

Manfred Geier, *Die Brüder Humboldt. Eine Biographie*, Reinbek: Rowohlt 2009, S. 289–297.

Peter Honigmann, «Alexander von Humboldts Journale seiner russisch-sibirischen Reise 1829», in: *Humboldt im Netz* 15:28 (2014), S. 68–77.

Hermann Klencke, *Alexander von Humboldt. Ein biographisches Denkmal*, Leipzig: Otto Spamer 1851, S. 123–141.

Hermann Kletke, *Alexander von Humboldt's Reisen in Amerika und Asien*, 4 Bände, Bände 3 und 4: Alexander von Humboldt's Reisen im europäischen und asiatischen Rußland, Berlin: Hasselberg [⁴1854–1856].

V. V. Kozin, A. V. Maršinin, D. M. Mar'inskich, A. Förster, *Александр фон Гумбольдт и проблемы устойчивого развития Урало-Сибирского региона. Материалы российско-германской конференции, Тюмень, Тобольск, 20-22 сентября 2004 г.*, Tjumen': Izdatel'sko-poligrafičeskij centr «Ekspress» 2004.

Tobias Kraft, «Das Russisch-Sibirische Reisewerk», in: *Alexander von Humboldt-Handbuch. Leben – Werk – Wirkung*, herausgegeben von Ottmar Ette, Stuttgart: J. B. Metzler, 2018, S. 59–72.

Oliver Lubrich, «Die andere Reise des Alexander von Humboldt», in: Alexander von Humboldt, *Zentral-Asien*, Frankfurt: S. Fischer 2009, S. 845–885.

– Ders., «Von Amerika nach Asien. Zehn Thesen über die ‚andere Reise' des Alexander von Humboldt», in: *Ost-westliche Kulturtransfers. Orient–Amerika*, herausgegeben von Alexander Honold, Bielefeld: Aisthesis 2011, S. 111–132.

– Ders., «De América a Asia. El ‹otro viaje› de Alexander von Humboldt», übersetzt von Adrián Herrera, in: *Revista de Indias* 79:276 (2019), S. 497–520.

– Ders., «Путешествие Александра фон Гумбольдта по России», übersetzt von Kirill Levinson, in: *Ausgewählte Vorträge des Deutschen Historischen Instituts Moskau*, Januar 2020, https://perspectivia.net/publikationen/ausgewaehlte-vortraege-dhimoskau/lubrich_humboldt.

– Ders., «Die andere Reise. Humboldt in Sibirien», in: *Humboldt Forum*, September 2019, S. 20–21 (deutsch und englisch).

– Ders., «Forscher in Fürstennähe: Humboldt in Sibirien», in: *Die Russland-Expedition. Von der Newa bis zum Altai*, München: C. H. Beck 2019, S. 185–203.

– Ders., «El otro Humboldt, más allá de América: sus travesías por Asia» (Interview von Emma Julieta Barreiro), in: *Casa del tiempo* 37:5/60, Januar/Februar 2020, S. 28–32.

Nicolaas A. Rupke, *Alexander von Humboldt. A Metabiography*, Chicago: University of Chicago Press, 2008 [2005], S. 21f.

Aaron Sachs, *The Humboldt Current. Nineteenth-Century Exploration and the Roots of American Environmentalism*, New York: Viking 2006, S. 73–108.

Kurt Schleucher, *Alexander von Humboldt. Der Mensch – Der Forscher – Der Schriftsteller*, Darmstadt: Eduard Roether [1984], S. 355–406.

Natal'ja Georgievna Suchova, «Alexander von Humboldt in der russischen Literatur. Eine annotierte Bibliografie» (erstmals 1960), in: *Alexander von Humboldt und Russland. Eine Spurensuche*, herausgeben von Kerstin Aranda, Andreas Förster und Christian Suckow, Berlin: Akademie 2014, S. 411–503.

Christian Suckow, «‹Dieses Jahr ist mir das wichtigste meines unruhigen Lebens geworden›. Alexander von Humboldts russischsibirische Reise im Jahre 1829», in: *Alexander von Humboldt. Netzwerke des Wissens*, Berlin: Haus der Kulturen der Welt 1999, S. 161–177.

- Ders., «Alexander von Humboldt und Rußland», in: *Alexander von Humboldt – Aufbruch in die Moderne*, herausgegeben von Ottmar Ette, Ute Hermanns, Bernd M. Scherer und Christian Suckow, Berlin: Akademie 2001, S. 247–264.

Ju. I. Vinokurov et al., *Александр Гумбольдт и российская география. Материалы международной конференции, Барнаул, Россия, 23-25 мая 1999 г.*, Barnaul: Izdatel'stvo Altajskogo gosuniversiteta 1999.

Andrea Wulf, «Russia», in: *The Invention of Nature. Alexander von Humboldt's New World*, New York: Alfred A. Knopf 2015, S. 201–216.

Editorische Notiz

«Ich werde mich zum Russen machen.»
(«Je me ferai russe.»)
Alexander von Humboldt

Die Edition seiner russischen Aufsätze, Artikel und Essays geht hervor aus der 10-bändigen Berner Ausgabe von Alexander von Humboldts *Sämtlichen Schriften*, erschienen 2019 im dtv, herausgegeben von Oliver Lubrich und Thomas Nehrlich.[1] Diese Gesamtausgabe umfasst rund 750 Schriften, die zusammen mit ihren Bearbeitungen und Übersetzungen in 15 Sprachen erschienen.[2] Einige von ihnen wurden zu Humboldts Lebzeiten ins Russische übertragen. Diese historischen Übersetzungen bilden den Gegenstand der vorliegenden Ausgabe: rund 40 verschiedene Texte, von denen mit ihren Wiederveröffentlichungen und alternativen Fassungen zu Humboldts Lebzeiten bis 1859 rund 60 Drucke erschienen.

Um das Corpus der russischen unselbständigen Veröffentlichungen Humboldts zu konstituieren und die zugehörigen Drucke zu identifizieren, wurden verschiedene Recherchen durchgeführt. Neben früheren Werkverzeichnissen von Julius Löwenberg (1872)[3] und der Berlin-Brandenburgischen Akademie der Wissenschaften[4] wurde vor allem die annotierte Bibliographie von Natal'ja

---

[1] Alexander von Humboldt, *Sämtliche Schriften: Aufsätze, Artikel, Essays (Berner Ausgabe)*, 7 Textbände mit 3 Ergänzungsbänden, herausgegeben von Oliver Lubrich und Thomas Nehrlich, München: dtv 2019. Mitarbeit: Sarah Bärtschi, Michael Strobl, Mitherausgeber: Yvonne Wübben (Band I: Texte 1789–1799), Rex Clark (Band II: Texte 1800–1809), Jobst Welge (Band III: Texte 1810–1819), Norbert D. Wernicke (Band IV: Texte 1820–1829), Bernhard Metz (Band V: Texte 1830–1839), Jutta Müller-Tamm (Band VI: Texte 1840–1849), Joachim Eibach (Band VII: Texte 1850–1859); Redakteure: Norbert D. Wernicke (Band VIII: Apparat), Corinna Fiedler (Band IX: Übersetzungen), Johannes Görbert (Band X: Forschung); Beirat: Michael Hagner (Zürich), Eberhard Knobloch (Berlin), Alexander Košenina (Hannover), Hinrich C. Seeba (Berkeley). Projekt-Website: www.humboldt.unibe.ch.

[2] Vgl. Oliver Lubrich und Thomas Nehrlich, «Alexander von Humboldt als internationaler Publizist. Zur Edition seiner sämtlichen Schriften», in: *Iberoamerikanisches Jahrbuch für Germanistik* 9/2015, S. 71–88; Oliver Lubrich, «Wie verändert die Edition seiner Schriften unser Bild von Alexander von Humboldt?», in: *Abhandlungen der Humboldt-Gesellschaft* 43 (2020), S. 137–158.

[3] Vgl. Julius Löwenberg, «Alexander von Humboldt. Bibliographische Übersicht seiner Werke, Schriften und zerstreuten Abhandlungen», in: *Alexander von Humboldt. Eine wissenschaftliche Biographie*, herausgegeben von Karl Bruhns, 3 Bände, Leipzig: F. A. Brockhaus 1872, Band 2, S. 485–552.

[4] Vgl. «Die unselbständigen Schriften Alexander von Humboldts», http://avh.bbaw.de/uns/.

Georgievnia Suchova ausgewertet, die nach ihrer Erstveröffentlichung 1960 in überarbeiteter Fassung 2014 unter dem Titel «Alexander von Humboldt in der russischen Literatur» neu herausgebracht wurde.[5] Neben einer sprachlich und geographisch auf Russland begrenzten Sammlung zeitgenössischer Rezensionen, historischer Berichte, biographischer Materialien und jüngerer Forschung zu Humboldt umfasst diese Bibliographie auch die größte Anzahl bis dato bekannter Veröffentlichungen von Humboldt-Texten in Russland.

Darüber hinaus wurden Maßnahmen zur Ermittlung weiterer russischer Drucke durchgeführt:[6] In sämtlichen bekannten Texten Humboldts wurden seine Selbstzitationen daraufhin geprüft, ob sie Hinweise auf bisher unbekannte Veröffentlichungen enthalten; desgleichen in allen Briefausgaben. Elektronische Zeitschriften-Datenbanken und Digitalisat-Sammlungen wurden umfassend durchmustert. In Bibliotheken und Archiven wurden einschlägige Bestände und relevante Jahrgänge von Zeitschriften durchsucht. Auf diese Weise wurden neun zusätzliche Drucke ermittelt, die bei Suchova noch nicht verzeichnet waren. Das Corpus der russischen Humboldt-Schriften ist damit gleichwohl nicht für immer vollendet. Weitere Neufunde sind in der Zukunft nicht ausgeschlossen, zumal wenn zusätzliche historische Periodica in Russland digitalisiert werden. Außerdem ist bei einigen Texten Humboldts der Status als eigenständige Publikation diskutabel, zum Beispiel 1838 im Fall einer kurzen Gegendarstellung in der Zeitschrift *Severnaja Pčela* (*Biene des Nordens*), in der Humboldt ein Missverständnis in einem Artikel eines «Herrn Ivanov aus Dorpat» aufklärte.[7]

Sämtliche zum Corpus gehörenden Textzeugen wurden besorgt und bibliographisch erfasst. Dabei konnten frühere Angaben ergänzt und korrigiert werden. Die Reihenfolge im Quellenverzeichnis folgt der Chronologie der Originale, das heißt den Publikationsdaten der deutschen oder französischen Vorlagen, die den russischen Übersetzungen zugrunde lagen. Die entsprechenden selbständigen und unselbständigen Erstveröffentlichungen werden

---

[5] Natal'ja Georgievnia Suchova, «Alexander von Humboldt in der russischen Literatur. Eine annotierte Bibliografie», in: *Alexander von Humboldt in Russland. Eine Spurensuche*, herausgegeben von Kerstin Aranda, Andreas Förster und Christian Suckow, Berlin: Akademie 2014, S. 411–503.

[6] Zum Folgenden vgl. ausführlich Oliver Lubrich und Thomas Nehrlich, «Editorischer Bericht», in: Humboldt, *Sämtliche Schriften*, Band VIII, S. 22–76, hier: S. 27–32.

[7] [Brief vom 28. Februar 1838; eingeleitet mit: «Помѣщаемъ, въ переводѣ, статью, присланную къ намъ изъ Берлина [...]»] [«Poměščaem, v perevodě, stat'ju, prislannuju k nam iz Berlina [...]»], in: *Severnaja Pčela* 54 (8./20. März 1838), S. 215. Vgl. Christian Suckow, «Alexander von Humboldt und die russische Öffentlichkeit. Zu einer Korrespondenz aus dem Jahre 1838», in: *Jahrbücher für Geschichte Osteuropas. Neue Folge* 42/1 (1994), S. 49–63.

in der Bibliographie unter den russischen Drucken angegeben. Russische Originalpublikationen ohne Vorlage wurden gemäß ihrem Erscheinungsdatum eingereiht – mit Ausnahme des ersten Briefes von Humboldt aus dem Jahr 1812, der seiner Reise nach Russland gilt, aber erst viel später (1859) veröffentlicht wurde. Innerhalb eines Jahrgangs wird alphabetisch anhand der Titel sortiert. Voneinander abhängige Drucke eines Texts (Nachdrucke und Wiederveröffentlichungen) sowie unterschiedliche Übersetzungen eines selben Ausgangstexts wurden zu bibliographischen Bündeln zusammengefasst. Die Übersetzer sind angegeben, sofern sie in den Textzeugen genannt oder aus anderen Quellen zuverlässig rekonstruierbar waren. Wo kein Übersetzer identifiziert werden konnte, wird dargelegt, in welchem Verhältnis eine Übersetzung zu anderen Übersetzungen desselben Texts steht, ob die Übersetzungen einander entsprechen oder voneinander abweichen.

Die Textzeugen wurden in Russland transkribiert und anschließend im Abgleich mit den Originalen kollationiert. Orthographie und Interpunktion der edierten Texte entsprechen den Quellen, der historische Sprachstand wird bewahrt (einschließlich zum Beispiel des Härtezeichens ‹ъ›). Emendiert werden nur eindeutige Fehler, die den Textsinn entstellen. Sämtliche Emendationen sind im Emendationsverzeichnis dokumentiert. Schriftbildmerkmale wie etwa Kursivierungen werden nach Möglichkeit beibehalten. Fußnoten werden aufsatzweise numeriert. Die Gestaltung der Überschriften wird vereinheitlicht. Die Seitenzahlen und -umbrüche des Originals sind markiert. Das in deutschsprachigen Textabschnitten gelegentlich vorkommende Lang-s wird in heute üblicher Form als Rund-s wiedergegeben.

In der vorliegenden Ausgabe werden jeweils die russischen Erstveröffentlichungen wiedergegeben. Nachdrucke und spätere zusätzliche Übersetzungen sind bibliographisch verzeichnet.

Bei den bibliographischen Recherchen und Besorgungen von Texten wurden wir unterstützt von Elias Bounatirou, Julia Burger, Corinne Fournier, Anna Gerber, Marco Hunziker, Matthias Stöckli, Nicolas Schupp und Selomie Zürcher (Bern), Christoph Albers und Sabine Kaiser (Staatsbibliothek zu Berlin), Gabriele Trah (Universitätsbibliothek Konstanz) sowie Evgenija Blaschtschuk, Natalia Kuznetsova, Svetlana Kuznetsova und Natalia Suchova (Sankt Petersburg). Die kyrillischen Vorlagen transkribierte Lilija Khuzeeva in Kasan; Luca Querciagrossa hat einzelne Transkriptionen per Schrifterkennungssoftware erstellt, Marco Hunziker hat sie korrigiert. Kollationiert haben sie Irina Gribi und Tamara Ulrich. Paula Steck hat die Einrichtung des Buchmanuskripts betreut. Ihnen allen gilt unser herzlicher Dank für ihre engagierte Unterstützung.

Karten 35

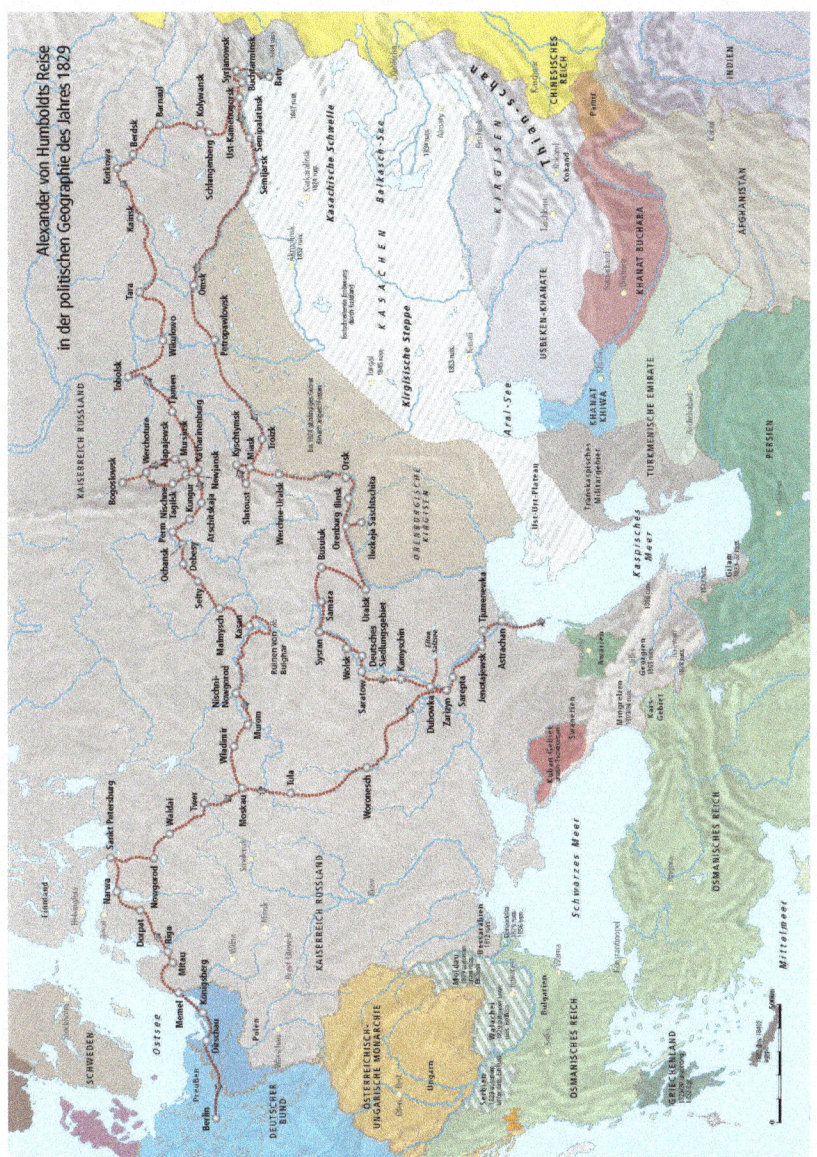

Abbildung 2: *Alexander von Humboldts russische Reise, 1829. Karte des Reiseverlaufs in der politischen Geographie von 1829.*

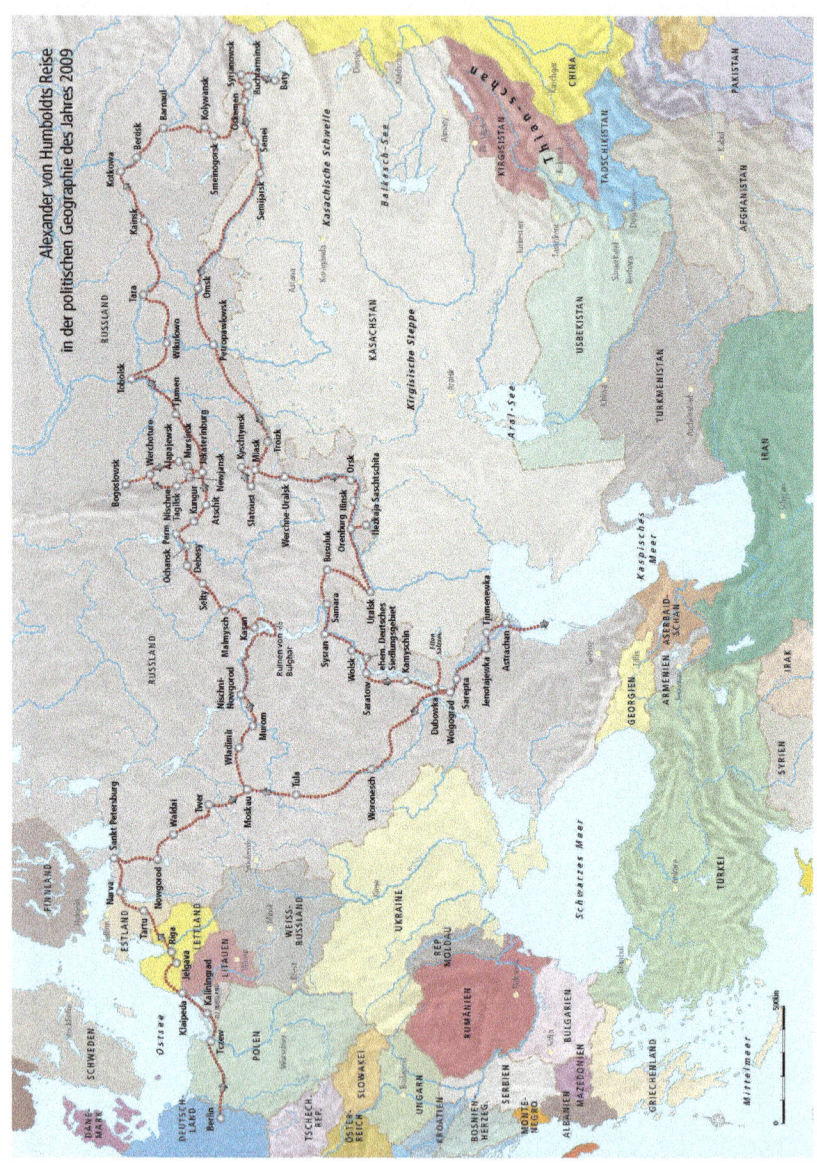

Abbildung 3: *Alexander von Humboldts russische Reise, 1829. Karte des Reiseverlaufs in der politischen Geographie von 2009.*

Die russischen Schriften

ЖИЗНЕННАЯ СИЛА, или ГЕНІЙ РОДОССКІЙ*

(Сочиненіе Б. Александра Гумбольдта[1])

У жителей Сиракузъ, *такъ же какъ* у Аѳинянъ, былъ свой Песилъ. Изображеніе боговъ и героевъ, произведенія искуствъ Италіи и Греціи, украшали различныя залы портика, всегда наполненныя толпою народа. Юные воины прихо |424| дили туда созерцать дѣянія своихъ предковъ; художники изучаться произведеніямъ великихъ геніевъ. Среди безчисленнаго множества картинъ, перенесенныхъ изъ главнаго города дѣятельною ревностью Сиракузянъ, была одна, особенно привлекавшая къ себѣ, въ продолженіе столѣтія, вниманіе мимоходившихъ. Иногда въ портикѣ не было удивляющихся Юпитеру Олимпійскому, Кекропсу, основателю городовъ, и героической смѣлости Гармодія и Аристогитона, но въ *то-же* время народъ тѣсными рядами толпился вокругъ сей картины. Что было причиною такого предпочтенія? Не Апеллесъ-ли былъ творцемъ сего произведенія, избѣгнувшаго *отъ* губительнаго времени? Не изъ школы-ли Каллимаха вышло оно? Нѣтъ: прелесть и красота, правда, были видны въ сей картинѣ, но соединеніе красокъ, и общій характеръ, стиль ея, не могли идти въ сравненіе со многими другими картинами, находившимися в Песилѣ.

Народъ глядитъ съ изумленіемъ и удивляется *тому*, чего онъ не понимаетъ; а такого народа очень много. Картина сія была на своемъ мѣ|425|стѣ уже лѣтъ сто, и, не смотря на то что въ Сиракузахъ искуства процвѣтали съ бо́льшимъ блескомъ нежели во всей остальной Сициліи, никто не могъ разгадать мысли сего живописнаго произведенія. Не знали даже съ *точностью*, въ какомъ храмѣ было оно прежде сего, потому что его сняли съ корабля, сѣвшаго на мѣль, и только по нагруженнымъ на ономъ товарамъ догадались, что корабль шелъ изъ Родоса.

На передней части картины представлены были юноши и молодыя дѣвушки, собравшіяся тѣсными кружками. Всѣ они были безъ одежды; формы тѣла ихъ были удивительно совершенны, но станъ не столь

---

* In: *Moskovskij telegraf* 30:24 (1829), S. 423–431.

[1] Это едва-ли не единственное чисто-литтературное сочиненіе А. Гумбольдта. Оно въ первый разъ было напечатано в Шиллеровомъ Журналѣ: Die Horen, 1795, № 4. Представивъ читателямъ нашимъ ученое сочиненіе знаменитаго путешественника (*О степяхъ*, № 18 М. Т. 1829 г.), представляемъ здѣсь совершенно противоположное оному. Геній вездѣ видѣнъ. *Изд.*

возвышенный, какъ *тотъ*, который удивляетъ въ *статуяхъ* Праксителя и Алкамена. Мощные члены ихъ, носившіе на себѣ слѣды жестокихъ усилій, и совершенно человѣческое выраженіе ихъ желаній и печалей, казалось *отнимали* у нихъ весь небесный или божественный характеръ и приковывали ихъ къ земному обиталищу. Волосы ихъ просто были украшены листьями и цвѣтами полей. Юноши и дѣвы простирали другъ къ другу руки, какъ-бы изъявляя желаніе; но взгляды ихъ были устремлены на генія, окруженнаго блистающимъ свѣтомъ, плававшаго посреди сихъ группъ. На плечѣ его сидѣла бабочка; въ правой рукѣ былъ зажженный факелъ. Формы тѣла его были дѣтскія, круглыя; |426| взглядъ оживлялся небеснымъ огнемъ. Онъ повелительно глядѣлъ на юношей и молодыхъ дѣвушекъ, находившихся у ногъ его. Впрочемъ, въ картинѣ сей не замѣчали ничего особеннаго. Иные думали что въ низу ея можно *прочитать* буквы ζ и ω, и вслѣдствіе этого – *потому что тогдашніе антикваріи* были такъ-же смѣлы какъ и нынѣшніе – сочиняли изъ нихъ, довольно неудачно, имя Зенодора, живописца, соименнаго художнику, впослѣдствіи создавшему Колоссъ Родосскій.

Однакожь геній Родосскій, какъ называли таинственную картину, былъ объясняемъ въ Сиракузахъ многими. Когда молодые любители искуствъ, возвратившись изъ сдѣланнаго на-скоро путешествія въ Коринѳъ или Аѳины, не явились-бы съ какимъ нибудь новымъ объясненіемъ, то они почли-бы себя принужденными отказаться отъ всякаго требованія на познаніе въ искуствахъ. Нѣкоторые почитали генія выраженіемъ духовной любви, запрещающей наслажденія чувственныя; другіе полагали, что это изображеніе власти разсудка надъ желаніями. Благоразумнѣйшіе молчали, угадывая нѣчто возвышенное, и разсматривая съ удовольствіемъ, въ Песилѣ, простое изобрѣтеніе картины.

Однакожь дѣло все оставалось необъясненнымъ. Картина была списана со многими прибавленія |427| ми, служила предметомъ подражанія на барельефахъ, и была въ спискѣ послана въ Грецію; но о происхожденіи ея не могли получить ни малѣйшаго извѣстія. Наконецъ, однажды, во время восхожденія Плеядъ, когда мореплаваніе по Эгейскому морю снова открылось, пришли въ Сиракузскій портъ корабли изъ Родоса. Они привезли драгоцѣнное собраніе статуй, алтарей, архитектурныхъ украшеній и картинъ, по по велѣнію Діонисіевъ, любившихъ искуства, составленное въ Греціи. Въ числѣ картинъ была одна, казалось, служившая парою Родосскому генію. Она была одинакаго съ нимъ размѣра, и сходна колоритомъ, но краски на ней лучше сохранились. Геній также былъ посрединѣ, но безъ бабочки на плечѣ; голова его была наклонена; пламенникъ свой держалъ онъ склонивши къ землѣ; юноши и молодыя дѣвушки крѣпко обнимались; во взорахъ ихъ не было уже ни печали, ни покорности; видно было что они снова получили свободу.

Антикваріи Сиракузскіе начали было перетолковывать свои прежнія изъясненія, дабы они могли быть примѣнены къ сей новой картинѣ, когда Тиранъ приказалъ отнести ее въ домъ Эпихарма. Это былъ философъ Пиѳагоровой школы. Онъ жилъ въ отдаленной части города, называвшейся Тихея. Рѣдко являлся онъ при Дво |428| рѣ Діонисія, не потому чтобы сей Тиранъ не собиралъ вокругъ себя людей съ дарованіями изъ всѣхъ колоній обширной Греціи, но потому что посѣщая великихъ міра, дарованія не рѣдко теряютъ часть своей очаровательности. Эпихармъ неусыпно занимался изученіемъ природы, ея силъ, происхожденія растеній и животныхъ, и гармоническими законами, по которымъ всѣ планетныя тѣла, такъ-же какъ хлопья снѣгу и градины, принимаютъ шаровидную форму, обращаясь сами вокругъ себя. Будучи обремененъ лѣтами, онъ заставлялъ ежедневно провожать себя въ Песилъ, а оттуда въ Ортигію, ко входу въ портъ, гдѣ, по словамъ его, открывалось передъ глазами его зрѣлище безконечнаго, къ которому тщетно усиливался онъ достигнуть умомъ. Онъ былъ уважаемъ народомъ и Тиранами, убѣгая сихъ послѣднихъ и охотно сближаясь съ первымъ.

Эпихармъ, уставшій, отдыхалъ на своей постели, когда къ нему принесли отъ Діонисія новую картину. Ему доставили также вѣрный списокъ съ генія Родосскаго. Философъ велѣлъ поставить обѣ картины передъ своими глазами, долго разсматривалъ ихъ внимательно, и, созвавъ учениковъ своихъ, сказалъ имъ слѣдующее:

«Откройте занавѣсъ окна: дайте мнѣ еще разъ насладиться взглядомъ на оживленную землю. Шестьдесятъ лѣтъ размышлялъ я о вну |429| треннихъ двигателяхъ природы и о различіи веществъ; нынѣ, въ первый разъ, геній Родосскій заставляетъ меня видѣть ясно то, что провидѣлъ я смѣшенно. Если союзъ живыхъ твореній производитъ благодѣтельное и многообразное дѣйствіе, то въ неорганической природѣ вещество грубое двигаютъ подобные-же дѣятели. Даже въ ночи хаоса, начàла сближались или удалялись, смотря потому, дружба или непріязнь оказывали надъ ними свою власть. Небесный огнь ищетъ металла, магнитъ желѣза; натертый янтарь подымаетъ легкія вещества; земля смѣшивается съ землею; соль отдѣляется отъ морской выпаренной воды; квасцы стремятся къ соединенію съ глиною. Все въ неодушевленной природѣ стремится къ соединенію, по особеннымъ законамъ. Изъ этого слѣдуетъ, что ни одно изъ земныхъ началъ, и даже свѣтъ, еслибъ только кто осмѣлился причислить его къ онымъ, не существуетъ въ первобытной своей односложности. Все, отъ начала бытія, стремится къ новымъ соединеніямъ, и только искуство человѣка можетъ отдѣлять и показывать отдѣльно то, чего напрасно ищете вы во внутренности земли и въ движущихся океанахъ воды и воздуха. Въ мертвомъ, неорганическомъ веществѣ царствуетъ совершенный покой, доколѣ не разрушены связи его сродства, до |430| колѣ третье вещество не проникаетъ къ другимъ, и не соединяется съ ними. Но и за сею борьбою снова слѣдуетъ безплодный покой.

Не такъ производится смѣшеніе началъ, составляющихъ тѣло животныхъ и растеній. Тамъ-то жизненная сила повелительно пользуется своими правами: она ни сколько не заботится о дружбѣ или непріязни Демокритовыхъ атомовъ; она соединяетъ вещества, которыя въ неодушевленной природѣ вѣчно убѣгаютъ одно другаго, и раздѣляетъ ищущія взаимнаго соединенія.

Приближьтесь ко мнѣ, милые ученики мои! узнайте въ Родосскомъ геніи, въ выраженіи силы его, соединенной съ юностью, въ бабочкѣ, сидящей на его плечѣ, въ повелительномъ взглядѣ его, символъ жизненной силы, одушевляющей каждое зерно органическаго созданія. У ногъ его, земные элементы согласно хотятъ послѣдовать своимъ склонностямъ и соединиться. Геній, держа въ воздухѣ свой зажженный факелъ, съ грознымъ видомъ повелѣваетъ ими, и принуждаетъ ихъ, не смотря на ихъ древнія права, слѣдовать своимъ законамъ.

Теперь разсмотрите новую картину, присланную ко мнѣ Тираномъ для объясненія. Перенесите ваши взоры отъ изображенія жизни, |431| къ изображенію смерти. Бабочка улетѣла; опущенный къ землѣ факелъ погашенъ; голова юноши склонилась; *духъ* вознесся къ небесной странѣ; жизненная сила уничтожена. Юноши и молодыя дѣвушки держатъ другъ друга за руки; земныя вещества оказываютъ свои права. Освободившись отъ удерживавшихъ ихъ препятствій, они, послѣ долгаго ожиданія, съ пылкостью слѣдуютъ побужденію, заставляющему ихъ соединяться: день смерти, есть для нихъ день брачнаго торжества.

Такъ неподвижная вещественность, одушевленная жизненною силою, перешла безчисленное множество различныхъ видовъ, и въ томъ веществѣ, которое можетъ быть облекало божественный умъ Пиѳагора – ничтожный червь наслаждался минутнымъ существованіемъ.

Иди, Поликлесъ, и скажи Тирану, что́ ты слышалъ. А вы, мои милые, Фрадманъ, Скопій и Тимоклесъ, подойдите ко мнѣ еще ближе. Я чувствую, что ослабѣвшая жизненная сила не долго будетъ властвовать во мнѣ надъ земнымъ веществомъ: оно требуетъ своей прежней свободы. Проводите меня еще разъ въ Песилъ, а оттолѣ на берегъ моря: вскорѣ вы соберете мой пепелъ.»

Съ Французскаго

Выписка изъ письма Гумбольда къ Г-ну Фуркруа. Изъ Куманы отъ 16 го Октября 1800 го года[*]

Въ теченіе 16 мѣсяцовъ, употребленныхъ нами для обозрѣнія обширнаго пространства, заключающагося между морскимъ берегомъ и рѣками Оренокомъ, Черною и Амазонскою, Гражданинъ Бонпланъ высушилъ болѣе 6000 травъ, щитая въ томъ числѣ и дуплеты. Я описалъ съ нимъ на самомъ мѣстѣ болѣе 1200 породъ оныхъ, коихъ большая часть показалась намъ новыми, не описанными еще ни Облетомъ, ни Мутисомъ, ни Домбеемъ. Мы собрали много насѣкомыхъ, раковинъ, красильныхъ травъ; анатомили Крокодиловъ, Морскихъ коровъ (Trichechus manatus) обезьянъ, електрическихъ угрей (Gymnotus electricus), коихъ жидкость есть совершенно галваническая, а не електрическая; мы описали много новыхъ змѣй, ящерицъ и нѣсколькихъ рыбъ.

Я предпринималъ два путешествія; одно къ Индѣйцамъ Хаймасамъ; а другое въ обширную область, или пространство земли, лежащее на сѣверъ отъ рѣки Амазонской, между Папаіономъ и горами Французской Гвіаны. Дважды переходили мы большіе Оренокскіе, Атурскіе и Майрурскіе падуны, отъ устья Гвавіары и рѣкъ Атабаіи, Теми и Туамини. Я велѣлъ перенести мой пирогъ сухимъ путемъ на рѣку Черную и мы сами шли пѣшкомъ посреди лѣсовъ *Гевей, Цинхоны* и проч. Я пустился въ низъ по Ріо Негро или Черной рѣки до С. Карлоса, для опредѣленія долготы сего мѣста посредствомъ Инструмента г-на Бертуда, которымъ я по сихъ поръ весьма доволенъ. Потомъ пошелъ я въ верьхъ по Касигніару, коего берега населены Идапаминарами; они питаются только одними муравьями высушенными надъ дымомъ. Прошедъ огнедышущую Дуидскую гору, достигъ я до источниковъ рѣки Оренока, далѣе же продолжать свой путь не смѣлъ, по причинѣ звѣронравныхъ Индѣйцовъ Гваіакасовъ и Гвакарибосовъ, потомъ плылъ я до самой столицы Гвіаны по Ореноку, несомъ будучи однимъ только быстрымъ теченіемъ сей рѣки; такъ что, не включая дни, въ кои мы останавливались, прошелъ я 500 миль въ 26 дней.

Мы послали къ вамъ молоко, которое Индѣйцы получаютъ изъ дерева и пьютъ; ибо оно ни мало не вредно, и притомъ весьма питательно. Посредствомъ селитряной кислоты сдѣлалъ я изъ онаго Каучукъ или упругую смогу; а къ тому, которое послалъ къ вамъ примѣшалъ я соды; поступая по предписаннымъ вами правиламъ.

---

[*] In: *Beilage zu Sanktpeterburgskija vědomostij* 41 (22. Mai 1803), S. 41–43.

Я старался такъже доставить для васъ Кураръ, или *тотъ* ядъ, которой употребляютъ живущіе на черной рѣкѣ Индѣйцы, во всей его чистотѣ. Для сего я нарочно ѣздилъ въ Эсмералду, дабы видѣть ту Ліану, которая даетъ сей сокъ: къ нещастію она въ то время не имѣла цвѣта. Но вотъ краткое описаніе, какимъ образомъ сей ядъ приготов|42|ляютъ. Растѣніе дающее оный называется *Макарури*; я посылаю вамъ вѣто чки онаго, оно растетъ изъ рѣдка, между гранитными горами Гваіанаи и Юмарикины, подъ тѣнію деревца дающаго Какао (Theobroma cacao) и *Каріокасовъ*. Во первыхъ здираютъ съ него верхнюю кожицу (epidermis), кладутъ оную въ холодную воду, съ начала выжимаютъ изъ нея сокъ, потомъ даютъ ей полежать въ водѣ, которую послѣ процѣживаютъ. Процѣженная влага имѣетъ желтой цвѣтъ; потомъ посредствомъ варенія и выпариванія доводятъ оную до густоты сиропа. Сей сиропъ содержитъ уже самый ядъ, но не имѣетъ еще достаточной густоты, для обмазыванія онымъ стрѣлъ. Для сего смѣшавъ оный съ клейкимъ сокомъ дерева, называемаго Индѣйцами *Кинакигнера*, варятъ до тѣхъ поръ, пока не превратится въ кусокъ бураго цвѣта. Вамъ уже извѣстно, что ядъ сей принимается внутрь для укрѣпленія желудка; онъ тогда только бываетъ вреденъ, когда смѣшается съ кровію, которую лишаетъ онъ кислотворнаго вещества. Въ нѣсколько дней я уже замѣтилъ, что сіе вещество разлагаетъ Атмосферической воздухъ. При семъ посылаю я еще три вещества: *Дапичь*, сокъ изъ дерева называемаго *Пендаръ* и землю *Отомаговъ*.

Даличь есть родъ упругой смолы, открытой нами въ такомъ мѣстѣ, гдѣ совсѣмъ не ростетъ Гевеи, въ болотахъ горы Явиты, въ коихъ водятся ужасныя змѣи Удавы или Полозы (Boa Constrictor). Нашедъ у Индѣйцовъ называемыхъ Поами заносы и Парагани музыкальныя орудія, сдѣланныя изъ Каучука, мы узнали отъ нихъ, что сіе упругое вещество находится въ землѣ. *Дапичь* или *Запись*, есть вещество губчатое,[1] бѣлаго цвѣта, находимое подъ корнями двухъ деревъ, изъ коихъ одно называется *Іаціа*, а другое *Курвана*, которыя показались намъ новыми и кои мы со временемъ опишемъ. Сокъ изъ сихъ деревъ вытекающій подобенъ молоку, но весьма водянистъ; кажется, что таковое истеченіе сего сока изъ корней вредоносно для деревъ. Отъ сего деревья погибаютъ, а сокъ безъ прикосновенія воздуха сгущается въ сырой землѣ. Каучукъ пріуготовляеться изъ Дипича простымъ топленіемъ сего вещества на огнѣ

---

[1] То, которое получили мы въ Академію Наукъ отъ садовника Фрезера; состоитъ изъ губчатыхъ пленокъ бѣлаго цвѣта; и тогда превращается въ упругой сокъ, когда будешь оное топить на свѣчкѣ; при чемъ оно испускаетъ весьма пріятной запахъ, которой сохраняетъ и по своемъ сгущеніи.

Сокъ *Пендара*, есть не что иное, какъ до сухости доведенная млеку подобная жидкость изъ сего дерева истекающая. Онъ составляетъ бѣлой естественной лакъ: молокомъ симъ, когда оно еще жидко наводятъ горшки изъ *Тутумы* сдѣланныя; оно весьма легко сохнетъ и составляетъ изящной лакъ.

Земля *Отомаговъ*, составляетъ въ теченіе трехъ мѣсяцовъ единственную пищу симъ именемъ незываемыхъ Индѣйцовъ, обезображивающихъ себя странными изображеніями, каковыми они расписываютъ свое тѣло. Они ѣдятъ сію землю, когда вода въ Оренокѣ подымается до такой высоты, что имъ не возможно бываетъ ловить черепахъ. Нѣкоторыя изъ нихъ съѣдаютъ до 1 $^{1}/_{2}$ фунта сей земли; они съ начала нѣсколько оную обжигаютъ, а потомъ смачиваютъ водою.[2]

Я посылаю такъ же для Музеума табакерку Отомаговъ и рубашку сосѣдняго съ Піраосцами народа. Сія табакерка весьма велика, ибо она не иное что есть какъ блюдо, на которое кладутъ смѣсь состоящую изъ тертаго гнилаго плода Мимозы, соли и негашеной извести. Отомагъ держитъ одною рукою блюдо, а другою трубку, имѣющую въ верьху два |43| конца, входящіе въ ноздри Отомага, которой такимъ образомъ нюхаетъ сію раздражительную смѣсь.

Рубашка сосѣдняго съ Піраосцами народа нечто иное есть, какъ верхняя тонкая кожица съ дерева, называемаго Марисна. Она никакаго предварительнаго пріуготовленія не требуетъ. И такъ вы видите, что въ сей странѣ рубашки ростутъ на деревьяхъ; страна сія лежитъ подлѣ знаменитой Дорады, гдѣ однакоже я не нашелъ ничего рѣдкаго, кромѣ Мыловки и малаго количества Титана.

А. Севастьяновъ

---

[2] Лабиллардіеръ пишетъ, что жители Новой Каледоніи томимы будучи голодомъ употребляютъ въ пищу мягкой зеленой жировикъ; изъ чего заключить можно, какимъ образомъ доведены были нѣкоторые дикіе народы до пожиранія своихъ непріятелей, когда голодъ заставляетъ ихъ ѣсть землю нималѣйшаго питанія имъ не дающую. Вокеленъ изслѣдовалъ сію послѣднюю землю. Она на осязаніе нѣжна, состоитъ изъ малыхъ волоконъ легко отдѣляющихся; въ жару раскаливается до красна и теряетъ 4/100. Она не содержитъ въ себѣ никакихъ питательныхъ частицъ.

О ловлѣ Електрическихъ угрей[*]
Изъ путешествія Барона А. Гумбольда

Нигдѣ *Електрической угорь* (Gymnotus electricus) не попадается въ толь великомъ множествѣ, какъ въ рѣчкахъ и въ стоячихъ водахъ, или болотахъ той части Гвіаны, которая лежитъ между рѣки Ороноко и берега, называемаго Кордиллере ди Венецуелла, (Cordillere de Venezuela) и состоитъ большею частію изъ безплодныхъ долинъ необъятнаго пространства, называемыхъ *Лланосъ де Караккасъ* или *Лланосъ де Апуре*. Почти на каждой квадратной мили находится по три, или по четыре болота, которыя кажутся нарочно природою устроенными садками для Електрическихъ угрей, во множествѣ въ нихъ обитающихъ. Малая глубина по|99|минутыхъ болотъ облегчаетъ Индійцамъ ловлю сей удивленія достойной рыбы, которую въ большихъ рѣкахъ каковы, *Мета*, *Апуре* и *Ороноко*, по причинѣ глубины и быстроты теченія оныхъ, ловить гораздо труднѣе. Всѣмъ обитающимъ въ Гвіанѣ Индійцамъ извѣстна опасность, коей подвергаются люди купаясь въ водахъ, электрическими угрями изобилующихъ, ибо электрическій ударъ сообщаютъ они прежде, нежели ихъ увидятъ.

Проѣзжая по пространнымъ долинамъ области Караккасъ, пишетъ Г. Гумбольдъ, въ намѣреніи сѣсть на судно въ Фернандо де Апуре, и начать плаваніе по рѣкѣ Ороноко, прожили мы пять дней въ небольшомъ городкѣ Колобоцо, который, по моимъ наблюденіямъ, лежитъ подъ 8° 56′ 56″ сѣверной широты. Здѣсь вознамѣрились мы заняться наблюденіемъ електрическаго угря, которой въ безчисленномъ множествѣ находится въ рѣкахъ страну сію орошающихъ, каковы суть: Гуарико, Канносъ де Растро, де Берито, де ла Палома, и въ пре|100|многихъ стоячихъ водахъ. Меня увѣряли, что неподалеку отъ Урутуку, оставлена по причинѣ електрическаго угря, весьма удобная для проѣзду дорога; слѣдуя по оной должно было переходить въ бродъ ручей, при чемъ ежегодно погибало множество лошаковъ отъ ударовъ, причиняемыхъ електрическимъ угремъ.

Для точнѣйшаго производства нашихъ опытовъ, желали мы, чтобъ принесли къ намъ въ домъ електрическихъ угрей. Хозяинъ нашъ всевозможное употреблялъ стараніе удовлетворить желанію нашему; онъ посылалъ Индійцевъ верхами для ловли оныхъ въ болотахъ. Мертвыхъ електрическихъ угрей приносили намъ въ великомъ множествѣ, а приносить живыхъ препятствовалъ тамошнимъ жителямъ

---

[*] In: *Technologičeskij žurnal* 4:4 (1807), S. 98–112.

страхъ, почти дѣтскому подобный. Въ послѣдствіи же мы и сами удостовѣрились, сколь непріятно обращаться съ сими рыбами, когда онѣ находятся во всей своей силѣ. Но страхъ изъявляемый къ нимъ жителями сей страны, тѣмъ удивительнѣе, |101| что они вѣрятъ, будто до електрическаго угря можно безопасно дотронуться тогда, когда куришь табакъ. Мы давали по 10 франковъ за каждаго живаго угря; но никто ловить ихъ не соглашался; и выше приведенное средство противу ударовъ электрическаго угря ни какого дѣйствія не имѣло. Уроженцы сихъ странъ любятъ весьма чудесное, и часто разсказываютъ утвердительно такія событія, коимъ сами не вѣрятъ. Они думаютъ какъ бы снабжать чудесами природу, которая и безъ нихъ довольно имѣетъ таинствъ и неизъяснимыхъ явленій.

Проживъ трое сутокъ въ городкѣ Колобоцо, получили мы только одного електрическаго угря, который довольно былъ слабъ. Наконецъ рѣшились поѣхать на мѣсто, гдѣ они водятся, и на свободномъ воздухѣ при самыхъ болотахъ дѣлать опыты надъ електрическимъ угремъ. По сему отправились мы во перьыхъ въ деревушку *Растро де Абаско*, откуда проводили насъ Индійцы къ Канно де Бера, |102| которое есть нечто иное, какъ озерко наполненное иловатою водою, и окруженное прекрасными растеніями, какъ то: *розовою Клузіею* (Clusia rosea), породою *Гименеи* (Hymenaea courbaril) и множествомъ Индійскихъ *смоковницъ* и *Мимозъ* съ благоговонными цвѣтами. Мы не мало удивились, услышавъ, что Индійцы вознамѣрились итти къ близлежащимъ Савиннамъ, или болотистымъ лугамъ, и пригнать туда до тридцати полуодичавшихъ лошадей, для ловли, посредствомъ оныхъ, електрическихъ угрей. Сей родъ ловли называютъ тамъ, embarbascar con Cavallos, то есть: *упоеніе посредствомъ лошадей*, что представляетъ весьма странное зрѣлище. Подъ именемъ Barbosco, разумѣютъ корни *Жакиніи* (Iaquinia), *Писцидіи* (Piscidia) и другихъ ядовитыхъ растеній, сообщающихъ большому пространству водъ качество убивать рыбъ, или дѣлать ихъ какъ бы бѣшеными, или пьяными. Симъ средствомъ отравленныя рыбы поднявшись со дна, плаваютъ по верху; а какъ лошади, кото|103|рыхъ гоняютъ по болотамъ во всѣ стороны, тоже производятъ, что и помянутыя корни, ибо заставляютъ испугавшихся рыбъ всплывать со дна; то смѣшавъ дѣйствіе съ причиною, оба рода ловленія угрей, называютъ одинаковымъ именемъ.

Между тѣмъ какъ хозяинъ нашъ разсказывалъ намъ о семъ удивительномъ средствѣ ловить електрическихъ угрей, пригнали стадо лошадей и лошаковъ. Индійцы окруживъ оныхъ, и оставя только одинъ выходъ къ болоту, стали ихъ гнать въ оное. Не возможно описать словами того любопытнаго зрѣлища, какое представляетъ драка електрическихъ угрей съ лошадьми. Индійцы, съ весьма длинными шестами и вооруженные небольшими носками или гарпунами, стали кругомъ болота, и иные изъ нихъ взлѣзли на древесныя вѣтви, надъ водою висящія. Крикомъ и долгими шестами прогоняли они обратно въ болото лошадей приближавшихся къ берегу. Електрическіе угри |104| устрашенные шумомъ, происходящимъ отъ лошадей, опоражнивая електрическія свои батареи, защищались многократными ударами, и нѣсколько времени казалось, что они одержатъ верхъ надъ лошадьми и лошаками. Многіе изъ сихъ послѣднихъ лишившись чувствъ отъ множества полученныхъ ими електрическихъ ударовъ, падали въ воду; нѣкоторые изъ нихъ вставая со дна и выбившись изъ силъ отъ труда, не смотря на бдительность Индійцовъ, выходили на берегъ и бросались безъ чувствъ на землю, ибо всѣ члены ихъ страдали отъ електрическихъ побоевъ.

Я желалъ бы, чтобъ искусной живописецъ изобразилъ то мгновеніе, когда явленіе сіе происходило со всевозможнымъ жаромъ. Труппы Индійцевъ окружавшихъ болото, лошади съ подъятыми гривами, съ ужасомъ и страданіями, которыя видны были въ глазахъ ихъ, старающіеся избѣгнуть представшаго имъ нещастія; желтоватые и слизкіе угри, подобные |105| большимъ водянымъ зміямъ, плавающіе по поверхности, и гонящіеся за своими непріятелями: все сіе представляло предметы, достойные кисти живописца. При семъ случаѣ вспомнилъ я о славной картинѣ изображающей гордаго коня, входящаго въ пещеру, и оцѣпенѣвающаго, увидѣвъ въ оной льва. Дѣйствіе ужаса и здѣсь не менѣе выразительно.

Менѣе, нежели въ пять минутъ двѣ лошади потонули. Угри, изъ коихъ многіе простирались въ длину до 5 футовъ, подпалзывали подъ брюхо лошадямъ и лошакамъ, и тогда изъ всего електрическаго органа производили удары, которые касались вдругъ сердца, черевьевъ, а наипаче всей связи желудочныхъ нервовъ. По сему не должно казаться удивительнымъ, что рыба сія большее производитъ дѣйствіе на большое животное, какова лошадь, нежели на человѣка, которой дотрогивается до оной только конечностями тѣла. Я сомнѣваюсь однакожъ, чтобъ електрической угорь могъ умерщвлять лоша|106|шадей; онъ какъ кажется только что лишаетъ ихъ чувствъ, сообщая ударъ за ударомъ; онѣ падаютъ въ глубокой обморокъ, и безчувственны повергаются въ воду; прочія лошади и лошаки, бѣгая по болоту, топчутъ ихъ своими копытами, и въ нѣсколько минутъ лишаютъ жизни.

По таковому началу, ожидалъ я, что ловля кончится плачевнымъ образомъ, и что лошади одна за другою перетонутъ. Хозяевамъ погибшихъ лошадей платятъ за каждую по 8 франковъ. Индійцы увѣряли насъ, что ловля скоро кончится, и что одно только перьвое нападеніе угрей бываетъ опасно. Въ самомъ дѣлѣ, угри пришли чрезъ нѣсколько времени въ состояніе разрядившихся електрическихъ батарей, или по тому что гальваническое електричество отъ покоя въ нихъ, такъ сказать, сосредоточилось, или отъ того, что ихъ электрическое орудіе отъ частаго употребленія ослабѣло и здѣлалось неспособнымъ къ дальнѣйшему употребленію. Однакожъ движеніе |107| мышцъ происходитъ въ нихъ съ тою же живостью, какъ и въ началѣ, но лишаются они способности сообщать весьма сильные удары. По прошествіи четверти часа, страхъ лошадей и лошаковъ уменьшился; они не подымали болѣе гривъ; изъ глазъ не усматривалось ни ощущенія великой боли, ни страха, и ни одна лошадь не падала въ воду. Угри плавали такъ, что половина тѣла ихъ находилась на поверхности воды; и вмѣсто того чтобъ нападать на лошадей, убѣгали отъ нихъ и приближались къ берегу. Индійцы увѣряли насъ, что если лошадей двое сутокъ гонять такимъ образомъ по болоту, то на вторые сутки ни одна изъ нихъ не падетъ. Дабы електрическіе угри могли произвести или скопить большое количество галвано-електрической жидкости, должны они имѣть покой и достаточную пищу.

Опыты дѣланные въ Италіи надъ *Гнюсемъ* (Raja torpedo) показали слѣдующее: когда перерѣзать или перевязать чувст|108|венныя жилы, идущія въ Електрической органъ, то оный точно такъ лишится своего дѣйствія, какъ лишается движенія мышца, коей главная біючая или чувственная жила перевязана. Изъ сего вывести можно заключеніе, что Електрическіе органы, какъ Електрическаго угря, такъ и Гнюса подчинены системѣ чувственножильной, а ни мало не суть обыкновеннымъ образомъ устроенныя Електрическія орудія, которыя бы извлеченное изъ нихъ вещество могли вновь пріобрѣтать изъ окружающей водяной массы. Когда сіе справедливо, должны мы удивляться тому, что сила Електрическихъ ударовъ Електрическаго угря, зависитъ отъ состоянія его здоровья, и что покой, пища, возрастъ, а можетъ быть многія другія, какъ физическія такъ и нравственныя обстоятельства имѣютъ на сіе вліяніе.

Плывущія къ берегу угри легко бываютъ поиманы, маленькими къ веревкѣ привязанными носками, кои въ нихъ бросаютъ. |109|
Иногда однимъ носкомъ зацѣпляютъ двухъ угрей: если веревка весьма суха и достаточной длины, то можно ихъ вытаскивать на берегъ не опасаясь Електрическаго удара. Въ нѣсколько минутъ вытащили пять большихъ угрей. Мы бы могли добыть ихъ и до двадцати, еслибъ нужно было сіе число для нашихъ опытовъ. Иные повреждены были весьма мало около хвоста, а другіе тяжело ранены въ голову; и легко было можно замѣтить, какъ Естественное Електричество сей рыбы измѣнялось, сообразно слабости или крѣпости жизненной силы.

Опыты наши надъ достопамятными явленіями, производимыми Електрическимъ угремъ, дѣлали мы нетолько съ тѣми, кои были въ нашемъ присутствіи изловлены, но также надъ Електрическимъ угремъ чрезвычайной величины, которой принесенъ былъ къ намъ по возвращеніи нашемъ изъ Растро въ Колобоцо. Его поймали неводомъ, и ни мало не поврежденна принесли къ намъ въ ушатъ. Пое|110|лику онъ находился въ той же водѣ, въ которой былъ пойманъ, и въ коей привыкъ жить, то нельзя было думать, чтобы Електрико-гальваническая сила могла ослабѣть.

Мы вскорѣ удостовѣрились, что опыты надъ Галвано-Електрическимъ явленіемъ, чинимыя тогда, когда угри были ранены, и по сему не столь сильны, гораздо поучительнѣе, нежели когда имѣли они всю жизненную силу. Когда Електрической потокъ исходитъ изъ тѣла угрей съ великою быстротою, въ которомъ случаѣ, открываетъ онъ себѣ путь съ равною силою, какъ чрезъ самые лучшіе, такъ и чрезъ менѣе совершенные проводники, тогда отъ глазъ наблюдателя скрываются многія явленія.

Увидя падающихъ на землю лошадей отъ удара Електрическаго угря, человѣкъ опасаться долженъ дотронуться до него, когда онъ будетъ вытащенъ на берегъ. |111| Сей страхъ столь силенъ у жителей, что ни кто изъ нихъ не отважился снимать изловленныхъ угрей съ носковъ, и переносить въ небольшія ямины, вырытыя нами на берегу и наполненныя свѣжею водою. Мы должны были сами подвергаться перьвымъ пойманныхъ угрей ударамъ, которые не весьма были сносны. Самые сильнѣйшіе изъ нихъ были чувствительнѣе самыхъ сильныхъ ударовъ Електрической машины. И такъ мы повѣрили Индійцамъ, которые разсказывали, что плавающій человѣкъ, непремѣнно долженъ утонуть, когда Електрической угорь сообщитъ ударъ ногамъ или рукамъ его. Толь сильное потрясеніе можетъ, на нѣсколько минутъ, лишить движенія помянутые члены; но человѣкъ можетъ во мгновеніе ока умереть, если сія рыба извиваясь около чрева или груди сообщитъ сильной ударъ, ибо тогда лишены будутъ движенія благороднѣйшія части человѣческаго тѣла, какъ то: сердце, и система |112| желудочныхъ (plexus coeliacus) и всѣхъ отъ оныя зависящихъ чувственныхъ жилъ. Всѣмъ извѣстно, что только слабое Електричество напрягаетъ жизненныя силы, а сильное оныя истребляетъ.

А. Севастьяновъ.

Отрывокъ изъ Обозрѣнія степей, соч. славнаго Путешественника Гумбольдта[*]

Монахи Францисканскаго ордена, изъ Гвіяны, распространили слухъ на берегахъ Куманы, Новой Барцеллоны и Каракассы о томъ, что жители прилежащихъ къ рѣкѣ Ореноко странъ *ѣдятъ землю*. Возвращаясь изъ Ріо-Негро 6 Іюня 1800 года, плыли мы 36 дней внизъ по сей рѣкѣ и одинъ день пробыли въ селеніи *Оттомаковъ*, земледовъ. Селеніе называется *Conceptio Uruanae*, лежитъ на отлогости большой гранитной скалы и представляетъ собою прекрасный видъ. Сѣверная широта его, по наблюденію моему, простирается на 7° 8′ 3″ и на 4° 38′ |30| къ западу отъ Парижа. Земля, которую ѣдятъ жители, состоитъ изъ жирной и липкой глины, весьма похожей на горшечную, цвѣтомъ изъ желта – сѣроватой и мѣстами испещренной желѣзною ржавчиною. Они тщательно выбираютъ ее, и хранятъ на особыхъ отмѣляхъ рѣкъ *Ореноко и Меты*. Оттомаки посредствомъ вкуса умѣютъ весьма искусно отличать всѣ роды земли одинъ отъ другаго, и никакой столько имъ не нравится, какъ сія глина, которую скатываютъ въ шарики и потомъ варятъ на маломъ огнѣ, до тѣхъ поръ, пока наружность покраснѣетъ; когда же хотятъ употреблять ихъ въ пищу, то всегда напередъ обмачиваютъ. Народъ сей вообще чрезвычайно суровъ и отличается самыми гнусными обыкновеніями. Даже въ удаленныхъ странахъ употребляется слѣдующая пословица: *ето так отвратительно, что съѣлъ бы только развѣ Оттомакъ*.

Пока во́ды не выходятъ еще изъ береговъ своихъ, землеѣды сіи питаются рыбою и черепахами. Лишь только рыба показывается на поверхности воды, то они убиваютъ ее изъ лука съ такою ловкостію, которая насъ крайне удивляла. Но при разлитіи водъ рыбная ловля прекращается, и во все время наводненія, продолжающагося два или три мѣсяца, употребляютъ они въ большом количествѣ землю, которой цѣлыя груды мы на|31|ходили въ ихъ хижинахъ. Каждый изъ сихъ Американцевъ съѣдаетъ ежедневно по три четверти, или по четыре пятыхъ фунта. Извѣстіе о семъ доставилъ намъ Фрай-Рамонъ-Буено, монахъ съ большими свѣдѣніями, уроженецъ изъ Мадрита, проведшій 12 лѣтъ между *Оттомаками*. Они сами говорятъ, что пища сія есть у нихъ главная, и что всякая другая не столь питательна. Впрочемъ, мѣлкая рыба, ящерицы и коренья папоротника также служатъ имъ для утоленія голода. При большомъ даже изобиліи рыбы и въ сухое время не

---

[*] In: *Věstnik Evropy* 97:1:2 (1818), S. 29–37.

могутъ они обойтись, чтобы каждый день послѣ обѣда не съѣсть этой глины хотя малое количество. Цвѣтъ тѣла ихъ весьма походитъ на потусклую мѣдь; черты лица ихъ столь же непріятны, какъ и у Татаръ; они дородны, но имѣютъ небольшое брюхо. Миссіонеръ живущій съ ними увѣрялъ насъ, что онъ не примѣтилъ никакой перемѣны въ ихъ здоровьи во все время, когда ѣдятъ они землю.

Индѣйцы съѣдаютъ большое количество глины, нимало не причиняя вреда своему здоровью, и почитаютъ ее за вещество питательное, то есть за такую пищу, которая единственно, а не какая-либо другая, утоляетъ ихъ голодъ. Ежели спросить *Оттомака*, чѣмъ запасается онъ на зиму (зимою же называется въ жарчайшей странѣ |32| южной Америки такое время года, когда безпрестанно идутъ дожди); то онъ, вмѣсто отвѣта, указываетъ на цѣлые кучи земли, нагроможденныя въ его хижинѣ. Но частныя сіи обстоятельства не могутъ еще рѣшить слѣдующихъ вопросовъ: глина сія можетъ ли быть въ самомъ дѣлѣ существомъ питательнымъ? Можетъ ли земля, какъ всякая другая пища, превращаться въ физическое существо человѣка, или она только отягчаетъ желудокъ? Не пристаетъ ли она только къ желудочнымъ перепонкамъ, и такимъ образомъ не служитъ ли къ утоленію голода? Странно, что Отецъ Гумила, столь впрочемъ легковѣрный и въ сочиненіи котораго почти вовсе нѣтъ здравой критики, отрицаетъ совершенно то мнѣніе, что Индѣйцы ѣдятъ голую землю [1]; онъ утверждаетъ, будто бы глиняные шарики смѣшаны съ маисовой мукой и крокодиловымъ жиромъ; между тѣмъ какъ Миссіонеръ Фрай-Романъ-Буено и Фрай-Юанъ-Гонзалесъ, бывшій сопутникъ нашъ и хорошій пріятель, котораго съ большею частію нашихъ коллекцій поглотило море на берегахъ Африканскихъ, увѣряли насъ, что *Оттомаки* въ семъ случаѣ совсѣмъ неупотребляютъ крокодиловаго жиру. Мы сами, бывши въ Уруанѣ, о маисовой мукѣ вовсе неслыхали. Земля, привезенная |33| нами въ Европу, чиста, сіе и г. Вокеленъ доказалъ, разложивъ оную химически. Гумила, смѣшивая нелѣпыя обстоятельства, не желалъ ли тѣмъ намѣкнуть на родъ хлѣба, приготовляемаго изъ продолговатой шелухи растѣнія *инго*? Плодъ сей зарывается въ землю для скорѣйшаго окисанія. Употребленіе въ столь большомъ количествѣ земли не причиняетъ Оттомакамъ никакихъ болѣзней, и ето меня крайне удивляетъ. – Народъ сей не получилъ ли съ давняго времени пристрастія къ употребленію етой пищи? Всѣ жители жаркаго пояса имѣютъ почти непреодолимую страсть къ землѣ, какъ къ лакомой пищѣ, но совсѣмъ не къ щелочной или известковой для уничтоженія острыхъ соковъ, а къ землѣ глинистой, чрезвычайно жирной и съ крѣпкимъ запахомъ. Даже

---

[1] Исторія Рѣки Ореноко, Т. I, ст. 285.

часто, какъ скоро прекращаются дожди, принуждены бываютъ тамъ связывать дѣтей, чтобъ онѣ не выбѣгали вонъ и не ѣли земли. Въ деревнѣ Банко, на берегу рѣки Магдалины, женщины занимаются дѣланіемъ горшковъ и во время сей работы, какъ я самъ замѣтилъ, кладутъ глину большими кусками себѣ въ ротъ². |34| Другіе же Американскіе народы получаютъ всегда боѣзни отъ етой странной привычки. Въ селеніи Санъ-Борія мы видѣли одного мальчика, который, по словамъ его матери, нехотѣлъ ничего ѣсть, кромѣ земли. Пища сія истощила его до такой степени, что онъ сталъ походить на скелетъ.

Отъ чего въ умѣренныхъ и холодныхъ поясахъ чрезвычайное побужденіе къ землѣ бываетъ столь рѣдко, и не существуетъ ли оное отчасти только у дѣтей и беременныхъ женщинъ?

Можно утвердительно сказать, что во всѣхъ странахъ между тропиками примѣчено сіе побужденіе. Въ Гвинеѣ Негры ѣдятъ желтоватую землю, которую называютъ они *кауакъ*. Невольники, привозимые въ Европу, всячески стараются достать себѣ такого лакомства, но всегда ко вреду здоровья.

Другая причина боли въ желудкѣ у многихъ изъ Негровъ, пріѣхавшихъ съ береговъ «Твіяны» говоритъ одинъ изъ новѣйшихъ путешественниковъ: «есть та, что они употребляютъ землю не отъ испорченнаго вкуса и не по одному только слѣдствію болѣзни, но по привычкѣ, полученной ими еще въ отечествѣ своемъ, гдѣ, по увѣренію ихъ, употребляли они непрестанно въ пищу нѣкую землю, которая имъ очень нравилась. |35| Будучи въ нашихъ странахъ, они стараются отыскивать болѣе на нее походящую, и въ семъ случаѣ предпочитаютъ, обыкновенно, прочимъ красный торфъ, у насъ на островахъ весьма не рѣдкій. Торфъ *етотъ* продается тайно и на нашихъ рынкахъ подъ названіемъ кауака (путешественникъ былъ на островѣ Мартиникѣ въ 1751 году).... Тѣ кои имѣютъ случай отвѣдать его, столько къ нему становятся пристрастны, что никакія угрозы и наказанія не могутъ удержать ихъ отъ сего лакомства³.» Въ деревняхъ острова *Явы*, между Сурабаіею и Самаронгомъ, маленькія, красноватыя, четвероугольныя лепешечки выносятся на продажу – о семъ свидѣтельствуетъ г. Биллардье.

Разсматривая вблизи, узналъ онъ, что лепешечки состоятъ изъ красноватой же глины, которую утоляютъ тамъ голодъ⁴. Такимъ же

---

² Гили то же самое замѣтилъ, о семъ пишетъ онъ въ своемъ *Saggio di Storia dall' Amorica Т. 2, p.* 311. Зимою и волки питаются землею. Любопытно бы было разложить испражненія людей и животныхъ, кои употребляютъ землю въ пищу. Соч.

³ Смотри *Путешествіе на остр. Мартинику Тибо де Шеваллона,* стр. 80.

⁴ Смотри *Путешествіе по случаю отысканія Лаперуза.*

образомъ и жители *Новой Каледоніи* употребляютъ рухлый горшечный камень, разбивъ оный прежде на куски, величиною съ кулакъ.[5] Природные обитатели *Попаіена* и *Перу* покупаютъ на рынкахъ, вмѣстѣ съ другими припасами, известковую землю, и когда хотятъ употреблять ее въ пищу, то при|36|мѣшиваютъ къ ней, такъ называемаго, *Кокко*, или листы *Erythroxylon Peruviani*.

И такъ мы видимъ изъ сего, что побужденіе къ употребленію въ пищу земли, которое Природа долженствовала бы, кажется, предоставить жителямъ безплоднаго Сѣвера, распространилось по всему жаркому поясу между сими безпечными народами, населяющими прекраснѣйшія и обильнѣйшія страны свѣта.

Извлеченіе изъ письма г. *Лешено* (бывшаго Ботаниста при експедиціи, отправленной для открытія Австральныхъ земель) къ г. *Гумбольдту*, касательно рода земли, упортебляемаго въ пищу на островѣ Явѣ.

Земля, употребляемая иногда обитателями Явы въ пищу, есть родъ нѣкоей желѣзистой глины, цвѣтомъ красноватой. Изъ нее дѣлаютъ они тоненькія лепешечки, сушатъ ихъ на желѣзныхъ листахъ и потомъ свертываютъ въ трубочки наподобіе продаваемой корицы. Въ такомъ видѣ называется она *ампо*, и продается подъ симъ именемъ на публичныхъ рынкахъ. Огонь придаетъ ему отвратительный вкусъ; оно липнетъ къ языку и становится веществомъ вбирающимъ въ себя желудочныя остроты. Однѣ почти женщины ѣдятъ его, особенно же во время ихъ |37| беременности, или въ болѣзни называемой въ Европѣ *разстроеннымъ позывомъ на пищу*. Многія изъ нихъ ѣдятъ также помянутое *ампо*, для того чтобъ не быть толстыми, поелику сухощавость составляетъ у Яванцевъ нѣкоторую красоту. Желаніе остаться на долгое время красавицею заставляетъ ихъ забыть о пагубныхъ послѣдствіяхъ сего употребленія. *Ампо* истребляетъ въ нихъ обыкновенной позывъ на пищу, и онѣ не иначе какъ съ отвращеніемъ подкрѣпляются ею. Я полагаю, что *ампо* дѣйствуетъ какъ вещество вбирающее въ себя острые соки, что оно прикрываетъ, такъ сказать, потребности желудка, не удовлетворяя онымъ, и не только не питаетъ тѣла, но даже лишаетъ его побужденія къ пищѣ, сей главной подпорѣ, служащей къ нашему сохраненію, и отъ частаго употребленія доводитъ до чахотки и самой смерти.

---

[5] См. тамъ же, ст. 205.

Чрезвычайно было бы полезно имѣть хотя нѣсколько сего *ампо* при такомъ обстоятельствѣ, когда человѣкъ лишенъ бываетъ на нѣкоторое время пищи, или когда для замѣненія оной находятся вещества вредныя и нездоровыя.

Съ Нѣм. Лохтинъ.

О водопадахъ рѣки Ориноко[*]

Въ послѣднемъ публичномъ собраніи сей Академіи[1] изобразилъ я неизмѣримыя равнины, коихъ свойство дѣлается разнообразнымъ отъ климата: иногда являются онѣ въ видѣ пространствъ отъ растѣній обнаженныхъ; иногда же въ видѣ степей или обширныхъ зеленѣющихся луговъ. Льяносамъ, въ Южной части Новаго Свѣта лежащимъ, я противоположилъ ужасное песчаное море, |181| заключающее внутренность Африки, а сему возвышенную степь средней Азіи, обиталище народовъ-пастырей и завоевателей, которые нѣкогда исходя изъ нѣдръ Востока, распространяли по всей землѣ варварство и опустошеніе. Тогда дерзнулъ я соединить великіе феномены въ одну картину природы и представить сему Собранію предметы, коихъ точное изображеніе соотвѣтствовало душевному расположенію нашему; нынѣ же заключивъ себя въ тѣсный кругъ феноменовъ, я хочу представить взорамъ пріятный видъ роскошнѣйшаго прозябенія и долины орошаемыя пѣнящимися водами. Я описываю два великія зрѣлища, заключенныя природою въ нѣдрѣ Гваяны, въ пустынныхъ мѣстахъ Атуресскихъ и Майпурессскихъ – сіи водопады рѣки Ориноко, столь знаменитые, но до меня мало посѣщаемые Европейцами.

Впечатлѣніе, производимое въ насъ зрѣлищемъ природы, опредѣляется не |182| столько подробными описаніями какой-либо страны, сколько блескомъ, при которомъ являются горы и долины; иногда видимъ оныя при ясномъ лазоревомъ небѣ, а иногда озаренныя слабымъ свѣтомъ, проницающимъ сквозь сгущенныя облака. Равнымъ образомъ изображенія сего разнообразнаго зрѣлища дѣйствуютъ на насъ сильнѣе или слабѣе, смотря по соотношенію ихъ къ нашей чувствительности: ибо во глубинѣ души нашей отражается живо и точно образъ физическаго міра. Очертаніе горъ, которыя въ туманной отдаленности ограничиваютъ небосклонъ, мракъ еловыхъ лѣсовъ, быстрая рѣка стремящаяся съ шумомъ и яростію между нависшими скалами – словомъ, все то, что составляетъ отличительный видъ сельской картины, имѣло всегда таинственное соотношеніе съ сущностію жизни человѣка. Изъ сего-то соотношенія проистекаетъ благороднѣйшая часть насла-

---

[*] In: *Sorevnovatel' prosvěščenija i blagotvorenija. Trudy vysočajše utverždennago vol'nago obščestva ljubitelej Rossijskoj slovesnosti* 3 (1818), S. 180–203, 288–309.

[1] О водопадахъ Ориноко, какъ и помѣщенное въ семъ Журналѣ о *степяхъ и пустыняхъ*, читаны были Гумбольдтомъ въ публичныхъ собраніяхъ Берлинской Академіи Наукъ въ 1806 и 1807 годахъ.

жде|183|ній, даруемыхъ намъ природою. Нигдѣ она столь сильно не поражаетъ насъ своимъ величіемъ, нигдѣ столь разительно не говоритъ намъ, какъ подъ небомъ Индіи. И такъ осмѣливаюсь нынѣ еще представить Собранію новую картину сихъ странъ, надѣясь, что оно не будетъ равнодушно ко всѣмъ красотамъ оной. Воспоминаніе объ отдаленной и плодородной странѣ, зрѣлище свободнаго и роскошнаго прозябенія, обновляютъ и укрѣпляютъ душу, а стѣсняемый настоящимъ положеніемъ духъ, охотно занимается младенчествомъ рода человѣческаго и величественною простотою онаго. Пасатные вѣтры, а съ ними и теченіе водъ къ Западу, благопріятствуютъ плаванію по Тихому морю[2], |184| наполняющему пространную долину, лежащую между Новымъ Свѣтомъ и Западною Африкою.

Прежде, нежели появится берегъ Америки изъ-за округлой поверхности водъ, слухъ поражается клокотаніемъ пѣнящихся волнъ. Мореплаватели, незнающіе сихъ прибрежныхъ мѣстъ, могутъ полагать, что близь оныхъ должно быть или мѣлководіе, или источникъ прѣсной воды по срединѣ Океана, какъ у Антильскихъ острововъ[3]. |185| Ближе къ гранитному берегу Гваяны, представляется взорамъ большое устье быстрой рѣки, выступающей подобно безбрежному озеру и разливающей прѣсныя воды свои далеко въ Океанѣ. Зеленоватыя, а на отмѣляхъ млеку по|186|добныя волны сей рѣки, весьма отличаются отъ синевы моря, отдѣляющаго оныя яркою чертою.

---

[2] Атлантическій Океанъ между 23 и 70 градусами Сѣверной широты имѣетъ видъ длинной долины. Мнѣніе о семъ изложилъ я пространнѣе въ одномъ изъ моихъ сочиненій, подъ заглавіемъ: Essai d'un Tableau géologique de l'Amérique Meridionale, помѣщенномъ въ Физическомъ Журналѣ Т. 53 стр. 61. Отъ Канарскихъ острововъ, преимущественно отъ 21 градуса Сѣверной широты и 25 Западной долготы до Сѣверо-Западнаго берега Южной Америки, поверхность моря пребываетъ въ такой тишинѣ и имѣетъ столь малое движеніе, что открытый шлюпъ безопасно можетъ ѣздить по сей части моря.

[3] Подлѣ Южнаго берега острова Кубы, на Юго-Западѣ отъ гавани Ботабано, въ заливѣ Ксагвы, въ двухъ или трехъ морскихъ миляхъ отъ твердой земли, выступаютъ по среди соляныхъ водъ, вѣроятно чрезъ гидростатическое давленіе источники прѣсной воды. Они исторгаются съ такою силою, что приближеніе къ симъ самымъ мѣстамъ опасно для малыхъ судовъ, по причинѣ большихъ и пресѣкающихся волнъ. Прибрежные корабли посѣщаютъ иногда сіи источники, дабы запастись посреди Океана, прѣсною водою. Чѣмъ глубже черпаютъ воду, тѣмъ она прѣснѣе. Здѣсь часто бьютъ моржей (Trichechus manati), которые не водятся въ морской водѣ. Сіе удивительное явленіе, о коемъ никто до сихъ поръ не упоминалъ, изслѣдовано было въ точности Францискомъ Лемауромъ, который снялъ также тригонометрически заливъ Ксагва. Я былъ на островахъ, именуемыхъ Королевскими садами (Jardines del Rey), но не въ самомъ заливѣ.

Имя Ориноко, данное сей рѣкѣ первыми ея открытелями и безъ сомнѣнія происходящее отъ смѣшенія языковъ, совершенно неизвѣстно во внутренности страны; ибо дикіе и необразованные народы означаютъ собственными именами токмо такіе предметы, которые могутъ быть смѣшаны съ другими. Рѣки Ориноко, Амазонская и Магдалена именуются иногда, то просто рѣкою, то большою водою, между тѣмъ, какъ прибрежные жители даютъ малѣйшимъ ручьямъ собственныя имена.

Теченіе Ориноко между Америкою и островомъ Троицею, который изобилуетъ асфальтомъ, столь сильно, что, суда при попутномъ Западномъ вѣтрѣ и полныхъ парусахъ, едва могутъ преодолѣть оное. Сія уединенная и ужасъ наводящая страна, названа печальнымъ заливомъ (Golfo triste). Входъ въ оный |187| образуетъ пасть драконову (bocca del Drago). Здѣсь-то посреди ярящихся волнъ возвышаются огромныя отдѣльно стоящія скалы, остатокъ древней плотины[4], разрушенной стремленіемъ водъ и соединявшей нѣкогда островъ Троицу съ берегомъ Паріи.

Видъ страны сей удостовѣрилъ въ первый разъ отважнаго міро-открытеля Колумба о существованіи твердой земли – Америки. «Столь чрезмѣрное количество прѣсной воды», такъ разсуждалъ сей мужъ, «знавшій совершен» но природу, могло токмо собраться |188| при теченіи большой рѣки. Страна, откуда проистекаетъ сія вода, должна быть материкъ, а не островъ.» Подобно какъ спутники Александровы, перешедъ покрытый снѣгомъ Паропамисъ[5], предполагали, что изобилующій, крокодилами Индъ составляетъ рукавъ Нила, такъ и Колумбъ, не зная сходства наружнаго вида, которое имѣютъ между собою всѣ произведенія климата, гдѣ произрастаютъ величественныя пальмы, думалъ, что новая твердая земля есть продолженіе Восточнаго берега Азіи. Пріятная прохлада вечерняго воздуха, эфирная лазурь усѣяннаго звѣздами небеснаго свода, благоуханіе цвѣтовъ разливающееся по окрестнымъ мѣстамъ, все заставляло его предполагать. |189| (такъ повѣствуетъ Геррера[6] въ своихъ Декадахъ), что онъ недалеко отъ

---

[4] Во времена Страбона и Плинія находилась также въ Гибралтарскомъ проливѣ между Геркулесовыми столпами отмѣль, которая соединяла оба материка и которую весьма справедливо именовали порогомъ Средиземнаго моря. Когда исчезли таковыя опасныя мѣли для Финикійскихъ кораблей и когда сокрылись тѣ острова, которые по свидѣтельству Страбона и Мелы лежали въ семъ проливѣ?

[5] Читая сообщенное намъ Діодоромъ въ Кн. XVII. стр. 553 описаніе Паропамиса, можно прочесть оное вѣрнымъ изображеніемъ Андовъ въ Перу. Воины проходили обитаемыя мѣста, гдѣ ежедневно шелъ снѣгъ.

[6] Arrian. hist. lib. 6. initio.

Эдемскаго сада, священнаго жилища первыхъ человѣковъ. Ориноко почелъ онъ одною изъ четырехъ рѣкъ, которыя по общему преданію первобытнаго міра проистекали изъ земнаго рая для орошенія и раздѣленія новоукрашенной произрастѣніями земли. Сіе піитическое мѣсто въ путешествіи Колумбовомъ имѣетъ много привлекательнаго. Оно показываетъ, что творческое воображеніе стихотворца дѣйствуетъ какъ на мореплавателя, открывшаго міръ, такъ и на всѣхъ людей великими свойствами одаренныхъ. Разсматривая чрезвычайное количество водъ, текущихъ изъ рѣки Ориноко въ Атлантическій Океанъ, можно предложить себѣ вопросъ: которая изъ рѣкъ больше – Ориноко, Амазонская или Ла-Плата? Сей вопросъ слишкомъ обши|190|ренъ, какъ и понятіе о физической величинѣ. Устье рѣки Ла-Платы чрезвычайно широко: оно содержитъ 23 географическія мили. Но относительно къ двумъ послѣднимъ рѣкамъ, Ла-Плата, такъ какъ и другія въ Англійскихъ владѣніяхъ находящіяся рѣки, протекаетъ малое пространство. Мѣлководіе ея у города Буэносъ-Айреса затрудняетъ судоходство. Рѣка Амазонская есть величайшая. Ея теченіе отъ озера Лаурикоха, гдѣ беретъ она свое начало, до устья, содержитъ 720 географическихъ миль. Напротивъ того, широта ея въ области Жанъ де Бракамороса неподалеку отъ Рентамскаго водопада, гдѣ измѣрялъ я ее у подошвы живописной горы Патахумы, едва равняется ширинѣ Рейна у Майнца.

Ориноко при устьѣ своемъ гораздо уже Ла-Платы и рѣки Амазонской. Длина его по моимъ астрономическимъ наблюденіямъ содержитъ токмо 260 географическихъ миль. Но далѣе во внутренности |191| Гваяны, во 140 миляхъ отъ устья, я нашелъ при высокой водѣ, что рѣка сія имѣла въ ширину болѣе 16200 футовъ. При періодическомъ приливѣ сей рѣки, поверхность воды возвышается отъ 48–52 футовъ. Ориноко представляетъ разительное сходство съ Ниломъ какъ рукавами, раздѣляющимися на безчисленное множество другихъ, такъ и правильностію своего прилива и отлива, величиною и множествомъ крокодиловъ. Есть еще и другое сходство между сими рѣками: онѣ съ шумомъ стремятся изъ лѣсу между гранитными и сіенитными горами и достигнувъ безлѣсныхъ береговъ, протекаютъ тихо и медленно по горизонтальной поверхности. Отъ знаменитаго Гогамскаго озера, лежащаго въ Абиссинскихъ Альпахъ до Сіэны и Элефантины, течетъ Нилъ чрезъ горы Шангальскія и Сеннаарскія. Такимъ образомъ стремится и Ориноко съ Южной пологости горной цѣпи, простирающейся подъ 4 и 5 гра|192|дусами Сѣверной широты, отъ Французской Гвіяны на Западъ къ Андамъ Новой Гранады. Источники рѣки Ориноко не были посѣщаемы ни однимъ Европейцемъ, даже ни однимъ, который бы имѣлъ съ Европейцами какое либо сношеніе. Лѣтомъ 1800 года, во время плаванія нашего по верховьямъ Ориноки, прибыли мы къ устьямъ рѣкъ Содомони и Гуапо. Здѣсь возносится превыше облаковъ гора Дуида, коей навѣсистая вершина являетъ одно изъ прекраснѣйшихъ зрѣлищъ подъ тропиками. Южная пологость сей горы есть безлѣсная равнина. Влажный вечернiй воздухъ разливаетъ здѣсь благоуханiе ананасовъ, коихъ сочные стебли возвышаются посреди низкихъ луговыхъ растѣнiй. Подъ синимъ лиственнымъ вѣнцемъ, блеститъ вдали златовидный плодъ. Гдѣ горные источники выступаютъ изъ подъ зеленаго ковра, тамъ стоятъ уединенно кусты высокихъ вѣерообразныхъ пальмъ. |193| Прохладное вѣянiе воздуха никогда въ сей знойной странѣ не колеблетъ ихъ листьевъ. На Востокъ отъ Дуиды начинается глушь дикихъ какаовыхъ деревъ, которыя окружаютъ знаменитое древо Bertholletia excelsa[7], плодоноснѣйшее произведенiе странъ подъ тропиками лежащихъ. Здѣсь-то Индѣйцы выдѣлываютъ для себя изъ длинныхъ тростей свирѣли, коихъ колѣнца бываютъ длиною въ 17 футовъ. Нѣкоторые Францисканскiе монахи достигнули до устья Гигвиры, гдѣ рѣка Ориноко столь узка, что близъ порога Гвахарибскаго, тамошнiе жители сдѣлали изъ плетней чрезъ нее мостъ. Гваикасы (бѣлое, малорослое народопоколѣнiе), вооруженные отравленными стрѣлами, преграждаютъ робкому страннику дальнѣйшiй путь на Востокъ. |194| И такъ все то баснословно, что повѣствуютъ объ озерѣ, откуда беретъ свои источники Ориноко. Тщетно ищутъ въ природѣ озера Дорады, которое на новѣйшей картѣ Арошмита означено моремъ, въ срединѣ земли на 20 миль въ длину простирающимся. Не было ли поводомъ къ сему баснословiю, то малое, тростникомъ покрытое озеро, изъ котораго течетъ Пирара, вѣтвь рѣки Мао? Но сiе болото имѣетъ свое положенiе 5 градусовъ къ Западу далѣе той страны, гдѣ можно предположить, что находятся источники рѣки Ориноко. Посреди онаго лежитъ островъ Пумасена, вѣроятно скала изъ слюдистаго сланца состоящая, коей блескъ со временъ шестнадцатаго столѣтiя, произведя баснословiе Дорады, былъ достопамятнымъ, но часто пагубнымъ игралищемъ для обманутаго человѣчества.

По преданiю многихъ тамошнихъ жителей облака Южнаго неба надъ Ма|195|гелланскою землею, даже великолѣпныя туманныя пятна корабля Аргоса, суть токмо отсвѣтокъ металлическаго блеска серебряной горы Паримы. Впрочемъ есть древнее мнѣнiе всѣхъ землеописателей однимъ умозрѣнiемъ занимающихся предполагать, что будто всѣ величайшiя рѣки свѣта должны проистекать изъ озеръ. Ориноко принадлежитъ къ тѣмъ удивленiя достойнымъ рѣкамъ, кои послѣ мно-

---

[7] Juvia. S. das 5. Heft Humboldts plantes équinoxiales.

гочисленныхъ къ Западу и Востоку изворотовъ, текутъ наконецъ возвратно такимъ образомъ, что устья ихъ находятся почти подъ однимъ меридiаномъ съ ихъ источниками. Отъ Хигвиры и Гехетты до Гваviары, простирается Ориноко на Западъ, какъ бы желая доставить воды свои Тихому океану. Въ семъ пространствѣ направляетъ онъ на Югъ достопримѣчательный, но мало извѣстный въ Европѣ рукавъ, именуемый Кассиквiарскимъ, который соединяется съ рѣкою Негромъ или (какъ |196| называютъ ее тамошнiе жители) Гваинiею, – что представляетъ единственный примѣръ соединенiя двухъ величайшихъ рѣкъ.

Качество почвы и паденiе Гваviары и Атабапо въ рѣку Ориноко, побуждаютъ сiю послѣднюю принять мгновенно свое направленiе къ Сѣверу. Отъ незнанiя Географiи, почитали долгое время Гваviару истиннымъ источникомъ рѣки Ориноко. Я надѣюсь, что сомнѣнiе, которое возъимѣлъ съ 1797 года одинъ знаменитый землеописатель[8] о возможности соединенiя сей рѣки съ Амазонскою, уничтожено совершенно моими путешествiями. При непрерывномъ плаванiи нашемъ 472 географическихъ миль по удивительной сѣти рѣкъ, прибылъ я отъ рѣки Негро чрезъ Кассиквiару въ Ориноко, или отъ Бразильскихъ границъ чрезъ внутренность материка до Каракасскихъ береговъ. |197|

Въ сей верхней части богатой рѣками области, между 3 и 4 градусомъ Сѣверной широты, природа многократно повторяла непонятное и чудесное явленiе такъ именуемыхъ черныхъ водъ. Атабапо, коей брега украшены древообразными черными растѣнiями (Carolinea Melastoma), Теми, Туамини и Гваинiя суть рѣки темнокофейнаго цвѣта. Сей цвѣтъ въ тѣни пальмовыхъ кустовъ переходитъ въ черный. Въ прозрачныхъ же сосудахъ вода златовидна. Съ удивительною ясностiю отражается въ сихъ черныхъ рѣкахъ образъ Южныхъ созвѣздiй. Гдѣ протекаютъ тихо воды, тамъ наблюдательному съ орудiемъ отраженiя въ рукахъ созерцателю, являютъ онѣ превосходнѣйшiй, искуственный горизонтъ.

Недостатокъ въ крокодилахъ и рыбахъ, умѣренный холодъ, малое количество жалящихъ москитовъ, здоровый воздухъ, знаменуютъ страну черныхъ рѣкъ. Вѣроятно, онѣ обязаны своимъ |198| удивительнымъ цвѣтомъ нѣкоторому растворенiю углеводотвора, роскошнѣйше-му изобилiю прозябаемыхъ подъ тропиками лежащихъ странъ и множеству различныхъ травъ, покрывающихъ землю, по которой рѣки сiи протекаютъ. Въ самомъ дѣлѣ я примѣтилъ, что на Западной пологости горы Шимборазо, къ берегамъ Тихаго моря, выступившiя изъ

---

[8] Г. Буахъ. Смотри его картину Гвiяны. 1789.

рѣки Гваяквилы воды, принимали мало до малу златовидный, почти кофейный цвѣтъ, когда цѣлыя недѣли покрывали луга.

Не подалеку отъ устья Гвавіары и Атабапо произрастаетъ величественнаго вида пальма, именуемая Piriguao, коей гладкій на 60 футовъ высокій пень, украшенъ нѣжными тростникообразными, а по краямъ кудрявыми листьями. Я не знаю ни одной пальмы, на которой бы росли такіе большіе и прекрасные цвѣтомъ плоды. Они походятъ весьма на персики и имѣютъ желтый цвѣтъ, смѣшенный съ багрянымъ. Отъ сем|199|десяти до восьмидесяти таковыхъ плодовъ образуютъ ужасной величины кисти, изъ коихъ токмо три на каждомъ пнѣ ежегодно созрѣваютъ. Сіе великолѣпное растѣніе, можно бы было назвать персиковою пальмою. Сочные его плоды безсѣменны; но они доставляютъ тамошнимъ жителямъ питательное и мучное яство, которое, какъ пизангъ и картофель, можетъ приуготовляемо быть многоразличнымъ образомъ. До сего мѣста или до устья Гвавіары, течетъ Ориноко вдоль Южной пологости Паримской горы. Отъ лѣваго берега его до 15 градуса Южной широты, по другую сторону экватора, простирается неизмѣримая, лѣсами покрытая равнина Амазонской рѣки. Но при Санъ-Фернандо де Атабапа Ориноко перемѣнивъ мгновенно свое теченіе къ Сѣверу, просѣкаетъ даже часть горной цѣпи. Здѣсь лежатъ великіе водопады Атуресъ и Майпуресъ. Здѣсь-то русло рѣки стѣснено повсюду ужасной ве|200|личины скалами и раздѣлено въ то же время самою природою устроенными плотинами на особенные водоемы. Противъ устья Меты стоитъ среди пучины клокочащихъ водъ уединенная скала, которую тамошніе жители весьма прилично именуютъ *камнемъ терпѣнія*; ибо плывущіе въ верхъ рѣки во время высокихъ водъ, должны пробыть здѣсь иногда двое сутокъ. Рѣка, протекающая далеко во внутренность страны, образуетъ въ скалахъ живописные бухты. Противъ Миссіи Индѣйцевъ, Кариханы, поражается странникъ удивительнымъ зрѣлищемъ. Взоръ невольно устремляется на крутую, кубической фигуры гранутную скалу, именуемую Моготъ де Кокуиза, которой стороны возвышены на двѣсти футовъ и на плоской поверхности коей стоитъ высокій лѣсъ. Подобно Циклопову памятнику, возвышается сія громада скалъ высоко надъ вершиною вокругъ нея стоящихъ пальмъ, и въ яркомъ очертаніи отдѣ|201|ляясь отъ темной лазури неба, являетъ лѣсъ надъ лѣсомъ.

Естьли отправишься водою далѣе внизъ къ Миссіи Кариханы, то достигнешь того мѣста, гдѣ рѣка проложила себѣ дорогу чрезъ узкій Барагванскій проливъ. Здѣсь повсюду встрѣчаешь какъ бы слѣды опустошенія. Далѣе къ Сѣверу близъ Уруаны и Энкарамады возвышаются гранитныя горы страннаго вида (grotesque), которыя, будучи раздѣлены на чудесные зубцы, блестятъ высоко изъ-за кустовъ ослѣпляющею бѣлизною.

Въ сей странѣ, рѣка отъ устья Апуры покидаетъ цѣпь гранитныхъ горъ. Направляя къ Востоку свое теченіе, отдѣляетъ она до Атлантическаго Океана непроницаемые Гвіянскіе лѣса отъ зеленыхъ луговъ, на коихъ въ безпредѣльной отдаленности покоится сводъ небесный. – Такимъ образомъ Ориноко обтекаетъ съ трехъ сторонъ, Юга, Запада и Сѣвера высокій горный хре|202|бетъ, занимающій великое пространство между источниками Яо и Кауры. Отъ Карыханы до устья его теченіе не преграждается ни скалами, ни водоворотами, исключая токмо такъ назы-ваемой пасти Ада (Bocca del Infierno) близъ Муйтака лежащей, гдѣ пороги производятъ нѣкоторое круженіе водъ, не препятствуя однако же совершенному теченію оныхъ, какъ въ Атуресѣ и Майпуресѣ. Въ сей приморской странѣ не знаютъ плаватели другой опасности кромѣ той, которая происходитъ отъ плотовъ, самою природою устроенныхъ, о кои нерѣдко въ ночное время разбиваются ихъ суда. Сіи плоты состоятъ изъ большихъ деревъ, вырываемыхъ и увлекаемыхъ съ береговъ рѣкою во время ея разлива. Покрытые, подобно лугамъ, цвѣтущими водяными растѣніями, они напоминаютъ намъ о плавающихъ садахъ Мексиканскихъ озеръ.

Обозрѣвъ быстрымъ окомъ теченіе рѣки Ориноко, и все, что ни являетъ |203| она намъ вообще достопримѣчательнаго, перехожу я къ описанію водопадовъ и собственно такъ называемыхъ пороговъ Атуреса и Майпуреса.

(Окончаніе въ слѣд. книжкѣ.)

|288|

О ВОДОПАДАХЪ РѢКИ ОРИНОКО
(Окончаніе.)

Отъ высокаго горнаго кряжа Кунавами, между источниками рѣкъ Сипапо и Вентуари, простирается далеко на Западъ къ Уніамскимъ горамъ гранитный хребетъ, съ котораго низпадаютъ четыре ручья, ограничивающіе въ то же время водопадъ Майпуресскій: Сипапо и Санаріапо на Восточномъ берегу рѣки Ориноко, Камеи и Топаро на Западномъ. Тамъ, гдѣ лежитъ деревня Майпуресъ, горы образуютъ пространный, на Юго-западъ открытый заливъ.

Здѣсь пѣнящаяся рѣка низвергается съ Восточной горной пологости. Но вдали Западной стороны узнаешь древній, |289| покинутый ею берегъ. Между обѣими холмистыми цѣпями простирается обширная зеленая долина, гдѣ Езуиты выстроили маленькую церковь изъ пальмовыхъ деревъ. Сія равнина возвышается надъ поверхностію рѣки едва на 30 футовъ.

Геологическій видъ сихъ странъ, скалы Кери и Око, лежащія въ видѣ острововъ, рытвины, образованныя въ первомъ изъ сихъ холмовъ великими водами и находящіяся совершенно на равной высотѣ съ тѣми, которыя видны на противулежащемъ острову Уивитари, – всѣ сіи явленія доказываютъ, что Ориноко наполнялъ нѣкогда сей изсякшій нынѣ заливъ. Вѣроятно воды составляли до толѣ пространное озеро, доколѣ Сѣверная плотина имъ противустояла; но когда она была расторгнута, тогда зеленая долина, обитаемая нынѣ Гвареками, явилась въ видѣ острова. Можетъ быть рѣка долгое время окружала скалы Кери и Око, которыя по|290|добно нагорнымъ замкамъ, выходя изъ древняго русла ея, являютъ живописное зрѣлище. Воды убывая мало по малу, удалились наконецъ совершенно къ Восточной цѣпи горъ.

Сіе мнѣніе подтверждается многими обстоятельствами. Ориноко имѣетъ здѣсь, подобно Нилу, близь Филе и Сіэны достопримѣчательное свойство чернить краснобѣлыя гранитныя горы, которыя онъ цѣлыя тысячи лѣтъ омываетъ. Куда досягаютъ воды, тамъ каменистый берегъ покрытъ нѣкоторымъ угольнымъ свинцоваго цвѣта веществомъ, проницающимъ во внутренность камня едва на одну десятую долю линіи. Таковое очерненіе и рытвины, о коихъ мы выше сего говорили, знаменуютъ древнюю высоту водъ рѣки Ориноко. Въ скалахъ Кери, на островахъ водопадовъ, въ холмистой цѣпи Кумадаминари, лежащей выше острова Томо, |и наконецъ въ устьѣ рѣки Яо, видны |291| сіи черныя рытвины, возвышенныя отъ 150–180 футовъ надъ нынѣшнею поверхностію водъ. Существованіе ихъ показываетъ (впрочемъ сіе видно во всѣхъ рѣкахъ въ Европѣ протекающихъ), что рѣки, заслуживающія нынѣ наше удивленіе, суть токмо слабые остатки чрезмѣрнаго количества водъ первобытнаго міра. Таковыя простыя, замѣчанія не избѣгли и отъ дикихъ обитателей Гваяны. Вездѣ Индѣйцы показывали намъ слѣды древней высоты водъ. На зеленомъ лугу близь Уруаны лежитъ уединенно гранитная скала, на которой (по повѣствованію достойныхъ вѣроятія людей) въ вышинѣ на 80 футовъ начертаныпо чти рядами изображенія солнца, луны и разнообразныхъ животныхъ, преимущественно крокодиловъ и полозовъ. Нынѣ никто не можетъ взойти безъ подмостокъ на сію отвѣсно-стоящую стѣну, заслуживающую тщательное изслѣдованіе будущихъ путешест|292|венниковъ. Въ таковомъ же удивленія достойномъ положеніи находятся гіероглифическіе знаки, начертанные на горахъ Уруаны и Энкарамады. Если вопрошаешь тамошнихъ жителей, какимъ образомъ сіи изображенія могли быть тамъ начертаны, то они отвѣчаютъ, что сіе произошло во время высокихъ водъ, когда прародители ихъ плавали по онымъ. Слѣдовательно сія высота водъ была прежде грубыхъ памятниковъ трудовъ человѣка. – Она показываетъ состояніе земли, которое не должно смѣшивать съ тѣмъ, когда первое прозябѣніе нашей планеты, исполинскія тѣла пресѣкшихся породъ животныхъ и обитатели Океана первобытнаго міра, обрѣли свою могилу подъ затвердѣлою корою земною.

Сѣверный выходъ пороговъ извѣстенъ изображеніями солнца и луны. Скала Кери, о коей я неоднократно упоминалъ, получила свое названіе отъ |293| бѣлаго, вдали блестящаго пятна, въ которомъ Индѣйцы находятъ великое сходство съ полною луною. Я не могъ взобраться на сію крутую скалу; но вѣроятно, что бѣлое пятно есть ничто иное, какъ токмо большое кварцовое гнѣздо, образуемое соединеніемъ жилъ въ сѣроваточерномъ гранитѣ.

Противъ Кери, Индѣйцы показываютъ съ таинственнымъ удивленіемъ на горѣ, какъ бы изъ базальта состоящей, таковой же кругъ, почитаемый ими за образъ солнца (Camosi). Можетъ быть самое положеніе сихъ скала было причиною къ таковому ихъ наименованію: ибо я нашелъ, что скала Кери обращена была къ Западу, а Камози къ Востоку. Изслѣдователи языковъ найдутъ въ Американскомъ словѣ *Камози* (Camosi) великое сходство со словомъ *Камозъ* (Camosch), означающимъ солнце на одномъ изъ Финикійскихъ нарѣчій. Водопады Майпуресскіе не содержатъ въ себѣ великой массы мгновенно |294| низвергающихся водъ, подобно Ніагарскому паденію на 140 футовъ возвышенному и не состоятъ также въ тѣсныхъ проливахъ, чрезъ которые рѣка стремится съ ускоряющею быстротою, какъ Понго Манзеригъ въ Амазонской рѣкѣ; но они являются въ видѣ безчисленнаго множества маленькихъ каскадовъ, которые, подобно ступенямъ, одинъ за другимъ слѣдуютъ. Сей родъ водопадовъ, именуемой Испанцами Raudal, образуется Архипелагомъ острововъ и скалъ, которые такъ стѣсняютъ русло рѣчное, имѣющее въ ширину 8000 футовъ, что едва остается онаго 20 футовъ для свободнаго плаванія. Восточная сторона нынѣ неприступнѣе и опаснѣе Западной. Въ устьѣ Камеи выгружаютъ товары, что бы пустое судно, здѣсь именуемое Пираго, провесть знающими сіи водопады или пороги Индѣйцами, до устья Топары, гдѣ опасность почитаютъ уже минувшею. Если отдѣльныя |295| скалы или ступени (каждая изъ оныхъ означается особымъ именемъ) не возвышены на 2–3 фута, то Негры отваживаются спускаться внизъ на лодкѣ. Если же должно имъ итти вверхъ рѣки, то они плывутъ впереди ея, зацѣпляютъ послѣ многихъ и тщетныхъ усилій веревку за край вытедшаго изъ воды утеса и посредствомъ уже сей веревки притягиваютъ къ себѣ лодку, которая часто во время сей многотрудной работы опрокидывается или совершенно наполняется водою.

Иногда, и сего токмо случая опасаются тамошніе жители, лодка разбивается о скалу. Тогда окровавленный кормщикъ старается избѣгнуть водоворота и достигнуть берега вплавь. Гдѣ ступени чрезвычайно высоки и скалы преграждаютъ теченіе рѣки, тамъ легкія суда, помощію подкладываемыхъ подъ оныя бревенъ, вытаскиваются на ближній берегъ.

Знаменитѣйшіе пороги суть: Пури|296|мариміи Маними. Они возвышены на 9 футовъ. Я нашелъ съ удивленіемъ посредствомъ измѣреній барометромъ (геодезическое нивелированіе содѣлалось здѣсь невозможнымъ по причинѣ неприступныхъ мѣстъ, при заразительномъ воздухѣ, наполненномъ безчисленнымъ множествомъ москитовъ), что паденіе водъ (Raudal) отъ устья Камеи до устья Топары едва содержитъ 28 до 30 футовъ. Я говорю съ удивленіемъ: ибо чрезъ то познаешь, что ужасный шумъ и дикій ревъ пѣнящихся волнъ рѣки происходятъ единственно отъ быстраго теченія, преграждаемаго многочисленными скалами и островами. Въ истинѣ мнѣнія сего удостовѣриться лучше, когда отъ деревни Майпуресъ перешедъ скалу Маними, низходишь на самый берегъ рѣки. Въ семъ-то мѣстѣ наслаждаешся совершенно чудеснымъ зрѣлищемъ. Мгновенно является взорамъ пѣнящаяся поверхность рѣки на цѣлую милю длины. |297|

Черныя желѣзовидныя громады скалъ выникаютъ изъ нѣдръ ея подобно нагорнымъ башнямъ. Каждый островъ, каждый камень, украшенъ вѣтвистыми сплетшимися деревьями. Густый туманъ вѣчно носится надъ водами. Сквозь пѣнистое облако паровъ проницаетъ вершина высокихъ пальмъ. Когда горящій лучъ заходящаго солнца преломится во влажномъ воздухѣ, тогда начинается оптическое очарованіе. Разноцвѣтныя радуги, то исчезаютъ, то вновь появляются. Игра вѣтерковъ колеблетъ ихъ эфирный образъ.

Медленно текущія воды составили острова изъ земли, наносимой въ дождливое время на голыя скалы. Острова сіи, украшенные росниками (drosera), сребрянолиственными мимозами и другими различными растѣніями, образуютъ цвѣтники, разбросанные на обнаженныхъ скалахъ. Они напоминаютъ Европейцу о тѣхъ гранитныхъ уединенныхъ и покрытыхъ цвѣтами горахъ, которыя |298| Альпійскіе обитатели именуютъ Courtils и которыя выходятъ изъ льдяныхъ горъСавойскихъ.

Въ синеватой отдаленности взоръ покоится на длиннопростирающемся горномъ хребтѣ Кунавами, который оканчивается высокою, тупоконечною вершиною. Послѣдняя цѣпь сихъ горъ, именуемая тамошними жителями Калитамини, представилась намъ при захожденіи солнца, какъ бы въ огнѣ, пылающею.

Явленіе сіе возобновляется ежедневно. Никто не былъ близь сихъ горъ, но вѣроятно, что блескъ происходитъ отъ отраженія мыловки или слюдистаго сланца.

Во время пятидневнаго пребыванія нашего близь водопадовъ мы замѣтили, что шумъ рѣки былъ во время ночи сильнѣе, нежели днемъ. Сіе явленіе примѣчаешь у всѣхъ водопадовъ въ Европѣ. Что можетъ быть причиною сего явленія въ пустынѣ, гдѣ ничто не нарушаетъ тишины природы? Вѣроятно, |299| что сіе происходитъ отъ стремящагося вверхъ знойнаго воздуха, который препятствуетъ днемъ распространенію звука и прекращается во время ночи, когда поверхность земли прохладится.

Индѣйцы показывали намъ слѣды колесъ и разсказывали съ удивленіемъ о волахъ, возившихъ на телѣгахъ лодки на лѣвый берегъ рѣки Ориноко, отъ устья Камеи до устья Топары, въ то время, когда Езуиты обращали здѣшнихъ жителей въ Христіанскую вѣру. Тогда суда оставались нагруженными и не были, какъ нынѣ, повреждаемы встрѣчающимися мѣлями и безпрестанными удареніями объ остроконечныя скалы. Составленный мною планъ всей окрестной страны показываетъ, что весьма удобно открыть сообщеніе между Камеи и Топаро. Долина, орошаемая сими рѣками совершенно ровна. Въ 1800 году предложилъ я Генералъ Губернатору Венезуэлы провести здѣсь каналъ, который содѣлался бы судоходнымъ ру|300|кавомъ рѣки Ориноко, замѣнивъ древніе и опасные проливы оной.

Водопадъ Атуресскій совершенно подобенъ Майпуресскому. Онъ также низвергается съ высокихъ скалъ; пальмовый лѣсъ возвышается посреди пѣнящихся водъ. Знаменитѣйшіе пороги онаго лежатъ между островами Авагури, Яваривени, Сурипаманы и Уирапури.

Возвращаясь съ Г. Бонпланомъ съ береговъ рѣки Негро, мы отважились спуститься по водопаду Атуресскому въ нагруженной лодкѣ. Неоднократно выходили мы на утесы, которые подобно плотинамъ, соединяли острова съ островами. Иногда вода стремилась чрезъ сіи плотины или падала съ глухимъ шумомъ во внутренность оныхъ; отъ чего рѣка въ нѣкоторыхъ мѣстахъ совершенно омѣлѣла: ибо она нашла себѣ путь въ подземныхъ проходахъ. Въ сей дикой и уединенной странѣ вьютъ. гнѣзды златовидные пѣтухи (pipra rupicola), одна изъ прекраснѣйшихъ птицъ |301| подъ тропиками, которая имѣетъ двойной движущійся изъ перьевъ хохолокъ и не уступаетъ въ дракѣ Остъ-Индскому дворовому пѣтуху.

Близъ Канукари гранитные утесы образуютъ каменную плотину. Здѣсь вошли мы въ пещеру, коей влажныя стѣны покрыты были водянымъ мхомъ (Conferva) и блестящимъ виссомъ (Byssus). Съ ужаснымъ шумомъ рѣка протекала надъ пещерою. Мы долго наслаждались симъ величественнымъ зрѣлищемъ природы, потому что Индѣйцы оставили насъ однихъ посреди пороговъ. Лодка должна была объѣхать узкій островъ, дабы взять насъ на нижнемъ берегу онаго. Мы пробыли здѣсь полтора часа подъ сильнымъ дождемъ. Ночь наступила и тщетно искали мы себѣ убѣжища въ пещерахъ гранитныхъ скалъ. Маленькія обезьяны, которыхъ мы цѣлыя недѣли носили съ собою въ плетеныхъ клѣткахъ, привлекали своимъ жалобнымъ воемъ крокодиловъ, коихъ вели|302|чина и свинцовосѣрый цвѣтъ означали великія лѣта. Я не упомянулъ бы о семъ обыкновенномъ явленіи рѣки Ориноко, если бы не увѣряли насъ Индѣйцы, что въ порогахъ никогда не видали крокодиловъ. Полагаясь на ихъ слова, мы часто осмѣливались купаться въ сей части рѣки.

Между тѣмъ каждую минуту возраждалось въ насъ опасеніе быть принужденными провести у водопада длинную ночь тропиковъ, кромѣ того, что были вымочены и оглушены чрезвычайнымъ шумомъ паденія водъ, какъ вдругъ явились Индѣйцы съ нашею лодкою. Ступень, по которой хотѣли они спуститься, нашли совершенно неприступную: ибо вода была чрезвычайно низка, а потому и принуждены они были искать въ Лабиринтѣ проливовъ удобнаго выхода.

При южномъ входѣ Атуресскаго водопада лежитъ на лѣвомъ берегу рѣки знаменитая у Индѣйцовъ Атаруипская |303| пещера. Окрестная ея страна имѣетъ величественный и грозный видъ, приличествующій токмо погребалищу цѣлаго народа. Съ трудомъ и не безъ опасности всходить на сію крутую, совершенно обнаженную гранитную стѣну и ступить твердо на гладкую скалу было бы совершенно не возможно, если бы не находились на оной кристаллы полеваго шпата въ дюймъ длиною.

Едва достигнешь вершины сей скалы, какъ поражаешься величественнымъ зрѣлищемъ окрестъ лежащей страны. Изъ пѣнящихся водъ рѣки Ориноко возвышаются холмы, украшенные лѣсами. По ту сторону рѣки, на западномъ берегу ея, взоръ покоится на неизмѣримой зеленой долинѣ, орошаемой Метою. Подобно грозящей собирающейся тучѣ, является на горизонтѣ гора Уніама. Такова-то отдаленность; но вокругъ созерцателя все обнажено и стѣснено. Пустынный коршунъ и кричащій полунощникъ парятъ уединенно надъ воздѣланною до|304|линою и кружащаяся тѣнь ихъ медленно носится по голымъ скаламъ. Сія пропасть ограничена горами, на округленныхъ вершинахъ коихъ стоятъ величайшіе гранитные шары, имѣющіе, въ поперечникѣ отъ 40 до 50 футовъ. Они кажутся прикосновенными единою точкою къ горѣ ихъ поддерживающей, и какъ бы долженствующими скатиться въ пропасть при слабѣйшемъ ударѣ землетрясенія.

Отдаленнѣйшій конецъ сей долины покрытъ густымъ лѣсомъ. Въ семъ-то сѣнистомъ мѣстѣ является Атаруипская пещера. Она не есть собственно пещера, но сводъ, далеко нависшая скала или бухта размытая водами, кои нѣкогда досязали до сей высоты. Сія пещера есть погребалище истребленнаго здѣсь народнаго племени. Мы сочли тамъ до шести сотъ сохранившихся человѣческихъ остововъ; каждый изъ оныхъ былъ заключенъ въ корзинкѣ, изъ лиственныхъ жилокъ пальмы сплетенной. |305| Корзинки, именуемыя Индѣйцами *малиресъ*, образуютъ родъ четвероугольныхъ мѣшковъ, которые по возрасту умершаго сдѣланы различной величины, даже и для младенцевъ. Въ нихъ хранящіеся остовы совершенно невредимы.

Кости сохраняютъ тремя способами: бѣлятъ, красятъ сокомъ добываемымъ изъ растѣнія Bixa orellana, или мажутъ оныя благовонными смолами, смѣшанными съ пизанговыми листьями.

Индѣйцы разсказываютъ, что умершаго закапываютъ тотчасъ на нѣсколько мѣсяцевъ въ сырую землю, которая истребляетъ мало по малу мускуловое тѣло; потомъ вынувъ, оскабливаютъ оное отъ костей острыми камнями. Многія Гваянскія племена хранятъ и по нынѣ сіе обыкновеніе. Послѣ корзинокъ (Mapires) находятъ также урны изъ полуобожженной глины, заключающія, какъ кажется, кости цѣлыхъ семействъ. |306| Величайшія изъ сихъ урнъ бываютъ вышиною въ 3, а шириною въ 5 $1/2$ футовъ; онѣ имѣютъ овальный, довольно пріятный видъ, зеленоваты и украшены ручками въ видѣ крокодиловъ и змѣй, а по краямъ меандрами и лабиринтами. Таковыя украшенія совершенно подобны тѣмъ, которыя покрываютъ стѣны Мексиканскаго замка близь Митлы. Ихъ находятъ во всѣхъ странахъ земныхъ и у народовъ различнаго образованія: у Грековъ и Римлянъ, въ храмѣ называемомъ Deus Rediculus въ Римѣ и на щитахъ Таитянъ; словомъ: повсюду, гдѣ мѣрное повтореніе правильныхъ видовъ прельщало взоры. – Таковое подобіе основывается на физическихъ причинахъ, на внутреннемъ свойствѣ нашихъ душевныхъ расположеній, доказывающихъ общее происхожденіе и древнее сношеніе народовъ.

Наши толмачи не могли сообщить намъ достовѣрныхъ свѣденій о древности сихъ сосудовъ. Большая часть остововъ не имѣла, какъ казалось, свыше |307| *ста* лѣтъ. Но преданіе Гварековъ гласитъ, что храбрые Атуры, преслѣдуемые людоѣдами Карибскими, спаслись на скалахъ пороговъ – плачевное мѣстопребываніе, гдѣ погибло утѣсненное народопоколѣніе, а съ нимъ и языкъ его. Въ неприступныхъ частяхъ водопадовъ находятся подобныя пещеры ⁹. Вѣроятно, что послѣднее семейство Атуровъ вымерло весьма поздно: ибо въ Майпурессѣ живетъ еще старый попугай, о которомъ повѣствуютъ тамошніе жители, что они не могутъ понимать его по той причинѣ, что говоритъ онъ на языкѣ Атуровъ.

При наступленіи ночи, оставили мы сію пещеру, взявъ съ собою, къ вели|308|кой досадѣ нашего путеводителя, нѣсколько череповъ и полный остовъ пожилаго человѣка. Одинъ изъ сихъ череповъ былъ срисованъ Г. Блюменбахомъ въ превосходномъ его сочиненіи, но къ сожалѣнію вышеупомянутый остовъ, равно какъ и большая часть нашихъ собраній, погибли въ бывшемъ подлѣ Африканскихъ береговъ кораблекрушеній, гдѣ окончилъ жизнь юный Францисканскій монахъ, другъ и спутникъ нашъ Жуанъ-Гонзалецъ. Какъ будто движимые предчувствіемъ прискорбной для насъ потери, въ мрачности и мечтаніи удалились мы отъ сей пещеры, сокрывающей погибшее народное племя. Ночь была ясная и прохладная, какъ обыкновенно бываетъ въ странахъ подъ тропиками лежащихъ. Луна въ раскрашенныхъ кругахъ стояла высоко въ зенитѣ. Она освѣщала края тумана, который въ яркомъ очертаніи, подобно облаку, покрывалъ пѣнящуюся рѣку. Безчисленное мно|309|жество насѣкомыхъ изливали свой красноватый фосфорическій свѣтъ по землѣ, различными растѣніями устланной. Поверхность ея блистала живымъ огнемъ, какъ будто усѣянный звѣздами сводъ небесный, опустился на зеленую долину. Вьющійся трубоцвѣтъ (Bignonia), душистая ванилла и желтоцвѣтное Банистерово растѣніе, украшали входъ пещеры. Вершина пальмъ колебалась съ шумомъ надъ гробницею.

Такъ умираютъ цѣлые народы и слава ихъ преселяется въ неизвѣстность. Но когда каждый цвѣтъ ума увядаетъ, когда произведенія творческаго искусства погибаютъ въ бурѣ временъ: тогда возраждается новая жизнь изъ нѣдръ земли. Неутомимо зиждущая природа разверзаетъ свои силы, не заботясь о томъ, что злобный и ни съ чѣмъ не примиримый человѣкъ попираетъ созрѣвающій плодъ ея.

Г.......

---

[9] Въ 1800 году, когда я проѣзжалъ Оринокскіе лѣса, дѣлались по повелѣнію Короля нѣкоторые поиски въ пещерахъ, хранящихъ кости человѣческія. Обвинили ложно Миссіонера, имѣющаго наблюденіе за сими порогами въ томъ, что будто нашелъ онъ въ сихъ пещерахъ сокровища, которыя погребены были Езуитами до отъѣзда ихъ изъ сихъ странъ.

Странствованіе Гумбольдта по степямъ и пустынямъ Новаго свѣта[*]

Сколь великую признательность и уди- вленіе заслуживаютъ тѣ, кои не щадя своего имущества, даже самой жизни, жертвуютъ всѣмъ для пользы человѣчества! – Гумбольдтъ, знаменитый путешественникъ, первый обратилъ нынѣ взоры наши на отдаленную страну – Америку. Еще въ юныхъ лѣтахъ желаніе къ путешествію по отдаленнымъ землямъ воспламенило его душу. Ботаническія прогулки, Геологическія изслѣдованія, путешествіе по Англіи, Голландіи и Франціи, совершенное имъ въ сопровожденіи славнаго Георга Форсте|26|ра, спутника Кукова, утвердили младаго Гумбольдта въ его намѣреніи и на 18-мъ году сдѣлалъ онъ уже планъ своихъ странствованій. «Не страсть къ блуждающей и перемѣнчивой жизни привлекала меня, говоритъ онъ, въ сіи страны жаркаго пояса; но желаніе созерцать вблизи дикую, – величественную и разнообразную въ произведеніяхъ своихъ природу, и надежда собрать нѣкоторые плоды, полезные для успѣха наукъ. Обстоятельства не дозволяли мнѣ тогда же привесть въ дѣйствіе сіи намѣренія, занимавшія безпрестанно духъ мой, и я въ продолженіи шести лѣтъ приготовлялся къ наблюденіямъ, которыя долженъ былъ дѣлать въ Новомъ Свѣтѣ, объѣхать многія страны Европы и обратить особенное вниманіе на высокую цѣпь Альпійскихъ горъ, дабы быть въ состояніи сравнить устроеніе оныхъ съ устроеніемъ Андовъ въ Квито и Перу.» Таковыя предуготовленія даютъ намъ понятіе о важности сего стран|27|ствованія; но содержащіяся въ немъ извѣстія о странахъ, видѣнныхъ Гумбольдтомъ, тѣмъ болѣе любопытны, что могутъ назваться совершенно новыми, и что всѣ путешествователи, прежде его бывшіе въ Америкѣ, далеко отстоятъ обширностію свѣдѣній своихъ отъ сего всеобъемлющаго ученаго.

Совершивъ столь трудный подвигъ, каковый долженъ быть при обозрѣніи малоизвѣстныхъ странъ Новаго Свѣта, онъ описалъ ихъ не только какъ Историкъ – очевидецъ; но и какъ великій Поэтъ одушевилъ повѣствованіе свое изображеніями достопамятныхъ явленій. Часто повѣсть его прерывается живописными изображеніями, въ коихъ сочинитель увлекается очарованіемъ природы и собственнымъ восторгомъ. Сердце его не помрачилось множествомъ познаній: въ при-

---

[*] In: *Sorevnovatel' prosvěščenija i blagotvorenija. Trudy vysočajše utverždennago vol'nago obščestva ljubitelej rossijskoj slovesnosti* 1 (1818), S. 25–38, 170–190, 330–341.

родѣ видѣлъ онъ не безобразный скелетъ, не дѣло случая; но мысленнымъ взорамъ его, подобно Невтону, открылась сила творящая, и сей то |28| высокой мысли обязанъ онъ тѣми красноречивыми и восхитительными мѣстами своего путешествія, которыя читателя невольно за собою увлекаютъ.

Странствованіе Гумбольдта по степямъ и пустынямъ Новаго Свѣта будетъ для насъ пріятно и поучительно. «Кто избѣгъ бурнаго волненія житейскаго моря, говоритъ сей отличный Путешественникъ, тотъ охотно послѣдуетъ за мною во мракъ лѣсовъ, по необозримымъ степямъ и на высокіе хребты Андовъ.

Свобода на горахъ! дыханіе гробовъ Не досягаетъ тамъ чистѣйшаго эфира; Печатью совершенствъ блеститъ твореніе міра, Гдѣ воплей смертныхъ нѣтъ и бѣдствія слѣдовъ. |29|

СТРАНСТВОВАНІЕ ГУМБОЛЬДТА

Отъ подошвы высокаго гранитнаго хребта, который во младенчествѣ нашей планеты, при образованіи Антильскаго залива противустоялъ напору водъ, начинается обширная, необозримая равнина. Когда оставимъ за собою горныя долины Каракаскія и островами осѣненное озеро Такаригва, въ зеркальныхъ водахъ коего смотрятся близъ растущія пизанговыя древа, когда пройдемъ поля, красующіяся нѣжнымъ злакомъ таитскаго сахарнаго тростника и темнолиственныя сѣни какаовыхъ кустовъ, тогда взоръ успокоится въ Южной сторонѣ на степяхъ, которыя, видимо возвышаясь въ изчезающей отдаленности, теряются за небосклономъ.

Изъ роскошныхъ нѣдръ органической |30| жизни, пораженный странникъ вдругъ вступаетъ на край безплодной пустыни. Ни одинъ холмикъ ни одинъ бугорокъ не возвышается на подобіе острова въ неизмѣримомъ пространствѣ. Токмо въ разныхъ мѣстахъ лежатъ отдѣльные флецовые увалы, имѣющіе по двѣсти квадратныхъ миль поверхности и превышающіе всѣ предметы, въ окружности находящіеся. Природные обитатели именуютъ таковыя явленія мѣлями, какъ бы выражая симъ названіемъ первобытное состояніе вещей, когда сіи возвышенія были дѣйствительно мѣли морскія, а степи составляли дно великаго, внутрь земли простирающагося моря.

Нынѣ еще ночные призраки не рѣдко напоминаютъ о сихъ величественныхъ картинахъ первобытности: ибо когда напутствующія страннику звѣзды, при быстромъ возхожденіи и захожденіи озаряютъ край равнины, или когда въ нижнемъ слоѣ волнующагося тумана, при нѣкоторомъ потрясеніи они удвоиваютъ |31| свой образъ[1], тогда кажется, что видишь предъ собою безбрежный Океанъ! – Подобно сему и степь наполняетъ душу чувствомъ безконечности. Зеркальная поверхность моря, на коей кружатся игривыя, тихопѣнящіяся волны, является намъ въ тоже время пріятною. |32| Но степь простирается предъ нашими очами въ мертвомъ безмолвіи, подобно обнаженнымъ скаламъ необитаемой планеты.

Природа являетъ во всѣхъ поясахъ зрѣлище сихъ обширныхъ равнинъ. Въ каждомъ имѣютъ онѣ особенный свой отличительный признакъ, свою наружность (phisiognomia), зависящую отъ различнаго свойства почвы, климата и отъ высоты ихъ положенія надъ морскою поверхностію.

Въ Сѣверной Европѣ можно почесть степями всѣ страны отъ Ютландскаго мыса до истока Шельды простирающіяся, которыя произращаютъ верескъ (erica vulgaris) и покрыты какъ бы одною полосою растѣній, всѣ прочія вытѣсняющихъ. Но сіи не столь пространныя и высокими холмами преисполненныя степи не могутъ сравниться со Льяносами и Пампасомъ Южной Америки, или даже съ зелеными лугами Миссури, гдѣ блуждаютъ косматый буйволъ и длиннорогая Кабарга. |33|

Равнины внутренней Африки являютъ взорамъ величественную и мрачную картину. Въ новѣйшія токмо времена старались изслѣдовать сіи равнины, уподобляющіяся неизмѣримому пространству Тихаго Океана. – Части песчанаго моря отдѣляютъ одну плодоноснѣйшую страну отъ другой, или окружаютъ оныя въ видѣ острововъ подобно пустынѣ, лежащей при подошвѣ Базальтовыхъ горъ, именуемыхъ Гаручь, гдѣ Оазъ Сива, изобилующій Финиковыми древами, сокрываетъ развалины Аммонова храма, достопамятную обитель ранняго образованія человѣка. Ни роса, ни дождь не орошаютъ сей безплодной поверхности и ни одинъ зародышъ растительнаго существа не оживляется въ нѣдрахъ разженной земли; повсюду воздымающіеся знойные столпы

---

[1] Видъ отдаленныхъ степей тѣмъ болѣе поражаетъ путешественника, чѣмъ далѣе устремляется онъ въ глубь лѣсовъ и привыкаетъ къ ограниченному близкими предметами кругу зрѣнія и созерцанію богатоукрашенной природы. Неизгладимо останется во мнѣ то впечатлѣніе, которое произвелъ видъ представившейся намъ степи (Льяносовъ), когда по возвращеніи нашемъ съ верховьевъ Ориноко, въ первый разъ въ великомъ разстояніи увидѣли мы оную съ горы Капуцино противъ устья Апуры. Солнце только что закатилось. Вся степь казалась подъемлющеюся въ видѣ полушарія; возходящія звѣзды отражали ликъ свой въ нижнемъ слоѣ облекшаго оную тумана; ибо когда равнина чрезмѣрно нагрѣется отъ вертикальныхъ лучей солнца, тогда игра поднимающихся паровъ продолжается во всю ночь. (Гумбольдтъ.)

воздуха, уничтожаютъ пары и разсѣеваютъ быстро проходящія надъ оною облака.

Въ тѣхъ мѣстахъ, гдѣ пустыня досягаетъ близко Атлантическаго Океана, |34| какъ между Дарахомъ и Бѣлымъ мысомъ, влажный морской воздухъ стремится наполнить пустоту, производимую вертикальными вѣтрами. Тамъ холодный Западный вѣтръ освѣжаетъ холмистый край пустыни. Мореходецъ, плывя къ устью Гамбіи, по покрытому травою и уподобляющемуся зеленымъ лугамъ морю, гдѣ внезапно оставляетъ его тропическій Восточный вѣтръ, чувствуетъ, что находится близь величайшихъ песковъ, коихъ жаръ весьма далеко простирается.

Стаи дикихъ козъ, быстроногихъ Страусовъ, томимыхъ жаждою барсовъ я львовъ, часто ведущихъ неравный бой между собою, блуждаютъ въ семъ неизмѣримомъ пространствѣ. Естьли исключить всѣ новооткрытые на песчаномъ морѣ богатые источниками острова, на зеленыхъ берегахъ коихъ обитаютъ кочующіе народы Тиббосы и Туариксы, то остальную часть Африканской пустыни можно почесть необитаемою. Образованные народы, живущіе поблизости сей |35| пустыни, посѣщаютъ оную токмо въ извѣстное время. Большіе караваны отправляются по дорогамъ, за тысячи-лѣтія тому назадъ единожды навсегда торговыми сношеніями опредѣленнымъ, изъ Фафилета въ Тамбукту, или изъ Феззана въ Дарфуръ. Совершеніе сихъ отважныхъ предпріятій основывается на существованіи верблюдовъ, названныхъ въ древнихъ сказаніяхъ Восточнаго міра кораблемъ пустыни.

Сіи Африканскія равнины занимаютъ пространство, превосходящее почти втрое Средиземное море. Онѣ лежатъ частію подъ поворотными кругами, а частію близь оныхъ, и сіе положеніе опредѣляетъ нераздѣльное и естественное ихъ свойство. Напротивъ того въ Восточной половинѣ древняго материка, сей же самый геогностическій феноменъ принадлежитъ токмо по свойству своему умѣренному климату.

На горномъ хребтѣ средней Азіи, между Алтаемъ и Мустагомъ, отъ Арала простираются длиною на тысячу |36| миль возвышеннѣйшія степи міра. Однѣ изъ нихъ покрыты травою; другія же украшены сочными, всегда зеленѣющимися колѣнчатыми растѣніями; многія блестятъ вдали отъ соли, подобно мху произрастающей, которая, какъ низпадшій свѣжій снѣгъ, не ровно покрываетъ глинистую землю.

Сіи Монгольскія и Татарскія степи отдѣляютъ древнихъ и просвѣщенныхъ обитателей Тибета и Индостана отъ дикихъ и жестокихъ народовъ сѣверной Азіи. Ихъ существованіе имѣло также разнообразное вліяніе на перемѣняющуюся судьбу человѣческаго рода.

Они стѣснили народонаселеніе къ Югу болѣе, нежели покрытыя вѣчными льдами горы Сиринагуръ и Горка разрушили сношенія народовъ и положили на Сѣверѣ непремѣняемые предѣлы распространенію тихихъ нравовъ и творческой къ искуствамъ способности.

Но Исторія не должна равнину внутренней Азіи почитать токмо единою |37| преградою. Она неоднократно наносила міру бѣдствіе и опустошеніе. Пастушескіе народы сей степи Авары, Монголы, Аланы и Узы потрясли вселенную. Когда въ теченіи столѣтій раннее просвѣщеніе, подобно животворящему солнечному свѣту распространилось отъ Востока къ Западу, тогда въ позднѣйшія времена варварство и дикость нравовъ по сему же направленію угрожали покрыть мракомъ Европу. Смуглое пастушеское народопоколѣніе Гіонгну обитало въ наметахъ на возвышенной степи Гоби. Пришедъ стремительно изъ отдаленныхъ странъ Восточной Азіи, явилось оно (по темному преданію), какъ воинская Орда подъ именемъ Гунновъ, сначала на берегахъ Волги, потомъ въ Панноніи, на Луарѣ и наконецъ на берегахъ рѣки По, опустошая и раззоряя богато воздѣланныя поля, гдѣ со временъ Антенора просвѣщенное человѣчество сооружало памятники на памятникахъ. Такъ вѣяло съ Монгольскихъ пустынь смер|38|тоносное дыханіе, которое истребило на землѣ Цизальпинской нѣжный, съ давнихъ временъ лелѣянный цвѣтъ искуствъ и художествъ.

(Будетъ продолженіе.)

|170|

СТРАНСТВОВАНІЕ ГУМБОЛЬДТА ПО СТЕПЯМЪ И ПУСТЫНЯМЪ НОВАГО СВѢТА.
(Продолженіе.)

Оставимъ Азійскія соляныя степи, безплодныя Европейскія страны, украшающіяся въ лѣтнее время разновидными цвѣтами, и Африканскія обнаженныя пустыни, и возвратимся на равнины Южной Америки, коихъ зрѣлища я началъ изображать дикими чертами.

Удовольствіе, которое наблюдатель чувствуетъ при семъ созерцаніи, есть чистѣйшее удовольствіе, самою природою дарованное. Ни одинъ оазъ не напоминаетъ здѣсь о преждебывшихъ обитателяхъ, ни одинъ тесаный камень, ни одно |171| одичавшее плодовитое древо, свидѣтельствующее труды и раченія погибшихъ поколѣній, не встрѣчается любопытному взору. Сей уголокъ земли какъ бы чуждый въ судьбинахъ людей и существующій токмо для настоящаго времени, являетъ дикое зрѣлище свободной жизни животныхъ и прозябаемыхъ.

Отъ прибрежной Караккаской цѣпи до Гвіанскихъ лѣсовъ, и отъ горъ Мериды, на коихъ кипящіе сѣрные ключи выступаютъ изъ подъ вѣчныхъ снѣговъ, до великой Дельты, образуемой устьями рѣки Ориноко, степь сія простирается подобно морскому рукаву. Она идетъ на Югозападъ, по ту сторону береговъ Меты и Вихады, до неизслѣдованныхъ еще Гваварскихъ источниковъ, или до уединеннаго хребта горъ, который Испанскими воинственными народами, въ игрѣ пылкой ихъ мечтательности, наименованъ *блаженнымъ жилищемъ вѣчнаго мира* (Paramo de la summa paz.)

Степь сія занимаетъ пространство |172| на 14.000 квадратныхъ миль. Отъ незнанія мѣстоположенія сей земли нерѣдко изображали ее непрерывно простирающеюся до Магелланскаго пролива, не упоминая о томъ горномъ хребтѣ, отъ котораго идетъ на Востокъ цѣпь Андовъ и который на Сѣверѣ и Югѣ отдѣляетъ лѣсистую равнину рѣки Амазонской отъ изобилующихъ травою степей Апуры и Лапланты. Послѣднія степи, называемыя Помпасъ-де-Буэносъ-Айресъ, почти въ трое обширнѣе первой (Льяносовъ). На Сѣверѣ ограничиваются они пальмовыми кустарниками, а на Югѣ вѣчными льдами. – Туйу, похожій на Казуара, водится въ семъ Помпасѣ, равно какъ и одичавшіе псы, живущіе стадами въ подземныхъ пещерахъ и часто съ лютостію нападающіе на человѣка, за безопасность коего предки ихъ сражались.

Подобно пустынѣ Заары, лежатъ Льяносы или Сѣверная равнина въ жаркомъ поясѣ Южной Америки. Но въ каждой половинѣ года они перемѣняютъ |173| видъ свой: то являются опустошенными, какъ Ливійское песчаное море; то уподобляются зеленымъ лугамъ возвышенной степи средней Азіи.

Сравнивать естественное свойство отдаленныхъ странъ земныхъ между собою, и представлять въ краткихъ чертахъ всѣ слѣдствія, изъ сравненія сего извлекаемыя, есть полезное, но трудное занятіе въ общемъ землеописаніи. Многоразличныя, а частію еще мало изъясненныя причины, уменьшаютъ засуху и теплоту въ новой части свѣта.

Узкое положеніе твердой земли, въ безчисленныхъ изгибахъ простирающейся; великое ея протяженіе къ Ледовитому полюсу; открытый океанъ, подъ коимъ непрерывно вѣютъ Тропическіе вѣтры; плоскость Восточныхъ береговъ; быстрое теченіе холодныхъ морскихъ водъ, стремящихся на Сѣверъ отъ Огненной земли до Перу; многочисленность богатыхъ източниками горныхъ хребтовъ, коихъ снѣгомъ покрытыя верши|174|ны возвышаются надъ облачною страною; множество величайшихъ рѣкъ, безчисленными излучинами въ отдаленнѣйшія страны протекающихъ; непесчаныя, а потому менѣе знойныя степи, непроницаемые лѣса, покрывающіе богатую рѣками близь Экватора и во внутренности страны лежащую равнину, гдѣ горы и океанъ находятся въ отдаленности, испаряютъ величайшія массы частію поглащаемой и частію возраждаемой воды. – Все сіе производитъ въ низменныхъ частяхъ Америки климатъ, влажностію и прохладою своею весьма противоположной Африканскому. Сіи-то суть единственныя причины толико роскошныхъ прозябеній, составляющихъ отличительное свойство матерой земли Новаго свѣта.

Если говорятъ, что на одной сторонѣ нашей планеты воздухъ влажнѣе, нежели на другой; то созерцаніе настоящаго положенія вещей, довольно достаточно къ разрѣшенію мнѣнія о таковомъ |175| несходствѣ. Естество-испытатель не имѣетъ нужды облекать изъясненіе таковыхъ явленій природы въ покровъ Геологическихъ баснословныхъ догадокъ, и предполагать, что на древнемъ земномъ шарѣ не въ одно время окончилось гибельное бореніе стихій, или что Америка, сей болотный, зміями и крокодилами обитаемый островъ, выступила изъ водныхъ нѣдръ послѣ другихъ странъ свѣта.

Нѣтъ сомнѣнія, что Южная Америка имѣетъ по виду, очертанію и направленію береговъ своихъ великое сходство съ Юго-западнымъ полуостровомъ древняго материка; но внутреннее качество почвы и относительное положеніе къ сосѣдственнымъ странамъ производятъ въ Африкѣ удивительную засуху, которая на неизмѣримыхъ пространствахъ препятствуетъ развитію органической жизни. Четыре пятыхъ доли Южной Америки лежатъ по ту сторону Экватора; слѣдовательно Южная поло|176|вина земнаго шара, по множеству воды и другимъ разнообразнымъ причинамъ, холоднѣе и влажнѣе Сѣверной, и къ сейто послѣдней принадлежитъ значительная часть Африки.

Южная Американская степь (Льяносы) имѣетъ протяженіе отъ Востока къ Западу почти въ трое менѣе Африканскихъ пустынь. Первая бываетъ прохлаждаема Тропическимъ морскимъ вѣтромъ; а послѣднія, лежащія подъ одною широтою съ Аравіею и Южною Персіею, подвергаются вихрямъ, проходящимъ обширныя и жаркія страны матерой земли. Древній историкъ и великій созерцатель природы Иродотъ, коего достоинствамъ не отдавали долгое время должной справедливости, представилъ всѣ пустыни Сѣверной Африки, Гемена, Кермана и Мекарана (Гедрозіи Грековъ), даже до Мултана въ Верхней Индіи, въ видѣ одного непрерывно идущаго песчанаго моря.

Въ Африкѣ къ дѣйствію знойныхъ |177| вѣтровъ присовокупляется, сколько намъ извѣстно, недостатокъ въ большихъ рѣкахъ, озерахъ и высокихъ горахъ. Вѣчные льды покрываютъ токмо западную часть Атласа, коего узкій горный хребетъ, смотря со стороны, казался древнимъ прибрежнымъ мореходцамъ уединено-стоящею воздушною подпорою небесъ. Сей горный кряжъ идетъ на Востокъ до Дукала, гдѣ лежалъ тотъ гордый повелитель морей Карфагенъ, коего даже и развалины нынѣ изчезли. Подобно далеко простирающейся прибрежной цѣпи или Гетульской преграды, останавливаетъ онъ хладные Сѣверные вѣтры, а съ ними и пары изъ средиземнаго моря изходящіе. Лунныя горы al Komri, вѣроятно возвышаются также надъ нижнимъ слоемъ снѣговъ и образуютъ, какъ повѣствуется, параллельную цѣпь горъ между Африканскимъ Квито возвышенными Габешскими равнинами и потоками Сенегала. Самые Кордиліерскія горы Лупата, идущія вдоль по восточ|178|нымъ берегамъ Мозамбикскимъ, подобно хребту Андовъ, на западныхъ Перуанскихъ берегахъ простирающемуся, покрыты вѣчными льдами. Но сіи водами изобилующіе горные кряжи лежатъ весьма далеко отъ величайшей пустыни, которая, начинаясь отъ Южной пологости Атласа, достигаетъ Нигра на Востокъ стремящагося.

Вѣроятно, что всѣ сіи изчисленныя причины засухи и зноя, не могли бы превратить Африканскія равнины въ ужасное песчаное море, если бы не было въ природѣ великаго переворота, когда вторгнувшійся океанъ истребилъ въ сей странѣ плодоносную почву и растѣнія. Но когда произошло таковое явленіе и какая сила дѣйствовала при семъ изверженіи – сіе погребено во мракѣ первобытныхъ временъ. Можетъ быть оно было слѣдствіемъ великаго водоворота, который влечетъ теплыя воды Мексиканскаго залива чрезъ отмѣль отъ новой Фундляндіи до древняго материка, |179| и приноситъ къ Ирландскимъ и Норвежскимъ берегамъ кокосы Антильскихъ острововъ. Еще и нынѣ рукавъ сего морскаго потока направляетъ свое теченіе отъ Азорскихъ острововъ на Юго-Востокъ, и ударяетъ съ ужасною силою о Западные берега Сѣверной Африки. Такъ же доказываютъ всѣ приморскіе берега, (я привожу здѣсь въ примѣръ Перуанскіе, между Амотапе и Комвимбо), что потребны цѣлыя столѣтія на то, дабы въ жаркихъ безводныхъ странахъ движущійся песокъ покрылся какими либо растѣніями.

Таковыя созерцанія могутъ служить къ поясненію, почему, не взирая на наружное сходство положенія Африки и Южной Америки, страны сіи являютъ великую противоположность въ климатѣ и различное свойство прозябаемыхъ. Хотя степь Южной Америки покрыта весьма тонкимъ слоемъ плодоноснѣйшей земли, орошается періодическими дождями и украшается роскошнѣй|180|шимъ злакомъ; однако народныя племена, на границахъ ея живущія, не обольстились ею и не оставили прекрасныхъ горныхъ долинъ Караккаскихъ, или приморскаго берега, или величайшей рѣки Ориноко, дабы блуждать въ сей безлѣсной и источниковъ лишенной пустынѣ. Прибывшіе туда Европейскіе и Африканскіе поселенцы нашли ее почти безлюдною.

Хотя Льяносы и способны для скотоводства, однако хожденіе за млекопитающими животными было совершенно неизвѣстно первоначальнымъ обитателямъ Новаго свѣта. Никакое народное племя не знало употреблять въ пользу тѣхъ выгодъ, какія природа и въ семъ отношеніи ему даровала. Два рода воловъ пасутся на зеленыхъ лугахъ Западной Канады и около колосальныхъ развалинъ Ацтекскаго замка – сей Американской Пальмиры, уединенно въ пустынѣ на берегу рѣки Гилы возвышающейся. Длиннорогая кабарга, коренной родъ овецъ, |181| блуждаетъ по твердымъ и обнаженнымъ известковымъ скаламъ Калифорніи. Верблюдообразныя вигони, алпаки и ламы свойственны токмо Южному полуострову. Но всѣ сіи полезныя животныя, выключая ламы, въ теченіи нѣсколькихъ столѣтій сохранили свою природную свободу; ибо употребленіе молока и сыра, равно какъ обладаніе и обработываніе различныхъ родовъ мучнистыхъ растѣній, составляютъ отличительную черту народовъ, въ древней части міра обитающихъ.

Если нѣкоторые изъ сихъ народовъ перешли чрезъ Сѣверную Азію на западный берегъ Америки и, не любя холода, продолжали путь свой на Югъ чрезъ высокій хребетъ Андовъ; то таковое странствованіе должно было происходить по дорогамъ, по коимъ ни стада, ни нивяныя растѣнія (Cerealien) не могли сопутствовать новымъ пришельцамъ. Можетъ быть поколѣніе народа *Гіонгну*, которое, какъ повѣствуютъ Китайскія |182| лѣтописи, подъ предводительствомъ своего военачальника Пунона, изчезло въ Сѣверной странѣ Сибири, перешло въ Америку и явилось въ Мексикѣ подъ названіемъ Тултековъ или Ацтековъ, подобно другимъ племенамъ, поселившимся въ Паннонiи подъ именемъ Гунновъ, въ Кореѣ подъ названіемъ новыхъ Японцевъ. – Таковое смѣлое предположеніе, которое до сего времени, по неудовлетворительному сравненію языковъ, осталось неизслѣдованнымъ, могло бы по крайней мѣрѣ изъяснить, отъ чего въ Новомъ свѣтѣ происходитъ сей удивительный недостатокъ въ нивяныхъ растѣніяхъ; ибо даже и обитатели Азіатскихъ степей не были земледѣльцами.

Если пастушеская жизнь, сіе благотворительное средство, привязывающее кочующихъ звѣроловцевъ къ богатой произрастѣніями землѣ и пріуготовляющей ихъ въ то же время къ земледѣлію, не было извѣстно кореннымъ народамъ Америки; то сіе самое невѣденіе |183| и составляло причину безлюдности Южно-Американскихъ степей, гдѣ тѣмъ свободнѣе развились силы естества во многоразличныхъ породахъ животныхъ. Будучи свободны, онѣ ограничиваются сами собою, какъ растѣнія въ Оринокскихъ лѣсахъ, гдѣ аминна и величественное лавровое дерево, страшится не опустошительной руки человѣка, но сильнаго стѣсненія прозябаемыхъ. Агути, маленькіе пестрые олени, латами покрытые армадиллы, которые, подобно мышамъ, пугаютъ зайца въ подземномъ его жилищѣ, стада лѣнивыхъ гигвировъ, полосатыя, воздухъ заражающія виверры, большой безгривый левъ, Бразильскіе тигры и многіе другіе звѣри блуждаютъ по безлѣсной равнинѣ, которая ими только можетъ быть обитаема, и не привязывала бы къ себѣ по сей причинѣ ни одного изъ кочующихъ народовъ, ежели бы не росла по ней мѣстами вѣерообразная пальма (Mauritia Flexuosa). Благотворительныя свойства се|184|го жизненнаго дерева почти всѣмъ уже извѣстны. Оно одно питаетъ при устьяхъ рѣки Ориноко независимое племя Гварауновъ, которые между пнями деревъ искустно разпаливаютъ койки изъ лиственныхъ жилокъ сей пальмы сотканныя, дабы въ дождливую пору, во время наводненія Дельта, жить на деревьяхъ подобно обезьянамъ. Сіи качающіяся хижины покрываются по мѣстамъ глиною; на сыромъ же ихъ основаніи женщины разводятъ огонь для домашнихъ потребностей. Плывущій по рѣкѣ мимо тѣхъ мѣстъ видитъ въ ночное время огни, высоко пылающіе въ воздухѣ. Гварауны обязаны сохраненіемъ своей физической, а можетъ быть даже и нравственной независимости, болотной и рыхлой землѣ, по которой бѣгаютъ они съ большею легкостію, и пребыванію своему на деревьяхъ–сему воздушному жилищу, куда набожное изступленіе никогда не направитъ стопъ Американскаго Столбника. |185|

Пальма сія доставляетъ имъ не только надежное жилище; но и служитъ также къ пріуготовленію различныхъ яствъ. Прежде нежели мужеская пальма начнетъ цвѣсти, то есть во время превращенія прозябаемыхъ, сердцевина дерева содержитъ въ себѣ муку, похожую на саго. Скиснувшійся сокъ сего дерева есть сладкое, крѣпкое вино Гварауновъ. Свѣжіе въ скорлупѣ плоды, уподобляющіеся красноватымъ еловымъ шишкамъ, служатъ разнообразною пищею, подобно какъ пизангъ и всѣ почти плоды странъ подъ Тропикомъ лежащихъ. Такъ на низшей степени человѣческаго образованія (подобно насѣкомому на одной части цвѣтка ограниченному) находимъ мы народное племя, вѣчноприкованное къ одному древу.

Съ открытія Новаго свѣта равнина содѣлалась обитаемою. Для удобнаго сообщенія берега и Гваяны построены мѣстами города при степныхъ рѣкахъ. Въ отдаленіи же отъ оныхъ пасутся ста|186|да на неизмѣримомъ пространствѣ. Въ разстояніи на нѣсколько дней пути лежатъ уединенно изъ ремней сплетенныя и звѣриными кожами покрытыя хижины, между коими блуждаютъ безчисленныя стада одичавшихъ быковъ, лошадей и муловъ. Чрезвычайное размноженіе животныхъ древняго свѣта достойно особеннаго примѣчанія въ сей странѣ, – гдѣ должны онѣ бороться съ многоразличными опасностями.

Когда подъ вертикально-устремленными лучами непомрачаемаго тучами солнца переуглившаяся трава распадается въ прахъ, тогда затвердѣлая земля даетъ широкія трещины, какъ будто отъ сильныхъ ударовъ землетрясенія. – Если въ сіе время коснутся до нее дующіе съ другой стороны вѣтры, отъ сопротивленія коихъ разпространится круговое движеніе; то степь сія являетъ удивительное зрѣлище. Песокъ воронко-образными облаками, коихъ узкій конецъ носится по землѣ, подымается |187| въ видѣ дыма сквозь разряженную и можетъ быть электрическо-заряженную средину вихря и походитъ на шумящіе водяные столпы, коихъ опытный мореплаватель избѣгать старается. Мутный палевый полусвѣтъ отражается отъ видимо-понизившагося небеснаго свода на поля пустынныя. Внезапно горизонтъ сближается, стѣсняетъ степь и душу странника. Носящаяся въ Атмосферѣ въ видѣ тумана горячая пыль умножаетъ удушливый жаръ воздуха. Восточные вѣтры, пролетая долгое время жаркія страны, вмѣсто прохлады наносятъ еще большій зной.

Тогда высыхаютъ болота, защищаемыя отъ солнечныхъ лучей сими пальмами. Какъ на ледовитомъ Сѣверѣ животныя засыпаютъ отъ стужи, такъ здѣсь крокодилъ и полозъ (boa) спятъ безъ движенія, зарывшись глубоко въ изсохшую землю. Повсюду засуха предвѣщаетъ смерть и повсюду преслѣдуетъ она томящагося жаждою и обманы|188|ваемаго игрою преломленія лучей, изображающихъ картину зеркальныхъ водъ. Въ густыхъ облакахъ пыли, изнуренные голодомъ и жаждою быки и лошади скитаются по степи. Первые длинно протянувши шею противъ направленія вѣтра, стараются посредствомъ стремленія влажнаго воздуха, открыть вблизи какое нибудь еще неистребленное болото.

Мулы гораздо прозорливѣе и хитрѣе. Они ищутъ другимъ образомъ утолить жажду. Круглое растѣніе Мелонъ-Кактъ содержитъ подъ колючею кожею своею водяной сокъ. Мулъ обламываетъ шипы передними ногами и тогда уже приближаяся осторожно къ оному, пьетъ сей прохладительный сокъ. Но не всегда можетъ онъ безъ вреда утолять жажду изъ сего растительнаго источника; ибо часто случается видѣть муловъ изувѣченныхъ сими шипами. Когда послѣ дневнаго зноя наступаетъ прохлада, когда начинается равноденствіе и тогда |189| сіи животныя не имѣютъ покоя. Величайшіе нетопыри нападаютъ на нихъ во время сна, сосутъ изъ нихъ кровь подобно вампирямъ, вцѣпясь въ спину, на которой производятъ гноючія раны, гдѣ поселяются рои насѣкомыхъ. Такъ проводятъ животныя страждующую жизнь, когда воды изчезаютъ на землѣ отъ солнечнаго зноя.

Когда же наконецъ послѣ долговремянной засухи наступаетъ благотворительное дождливое время, тогда зрѣлище на степи мгновенно перемѣняется. Густая синева безоблачнаго дотолѣ неба становится свѣтлѣе. Едва во время ночи можно примѣтить черное пространство въ созвѣздіи Южнаго креста. Нѣжное фосфорическое сіяніе облаковъ надъ Магелланскою землею потухаетъ; даже стоящія въ зенитѣ созвѣздія Орла и Зміеносца сверкаютъ дрожащимъ свѣтомъ, непохожимъ на сіяніе планетъ. Подобно отдаленнымъ горамъ показываются въ Южной сторонѣ отдѣльныя |190| облака; пары въ видѣ тумана разширяются надъ зенитомъ; удары отдаленнаго грома возвѣщаютъ приближеніе благотворнаго дождя.

(Окончан. въ слѣд. книжкѣ.)

|330|
СТРАНСТВОВАНІЕ ГУМБОЛЬДТА ПО СТЕПЯМЪ И ПУСТЫНЯМЪ НОВАГО СВѢТА
(Окончаніе.)

Едва благотворнымъ дождемъ оросится поверхность земли, какъ уже благоухающая степь одѣвается вѣтковатымъ яглохомъ и другими разнообразными растѣніями. Травянистыя мимозы, возбужденныя свѣтомъ, распущаютъ свои дремлющіе листья и привѣтствуютъ восходящее солнце, равно какъ и птицы раннимъ пѣніемъ и водяныя растѣнія разкрытіемъ своихъ цвѣтовъ. Лошади и волы пасутся теперь въ радостномъ наслажденіи жизни. Красивоиспещренный ягуаръ скрывается въ высокой травѣ и легкимъ скокомъ рыси бросается на ми|331|мопроходящихъ звѣрей, такъ какъ и Азіатскій тигръ.

Иногда видаютъ (такъ повѣствуютъ туземцы) на берегу болотъ влажный илъ, медленно и какъ бы глыбами подымающійся; потомъ вдругъ съ сильнымъ грохотомъ, подобнымъ изверженію маленькихъ вулкановъ подъемлетъ взрытую землю, взлетающую вверхъ подобно тучѣ. Путешественникъ, извѣдавши собственнымъ опытомъ силу сего явленія, бѣжитъ мгновенно отъ онаго; ибо исполинской величины водяный змѣй, или броненосный крокодилъ, выникаютъ изъ подъ земли, пробужденные первымъ дождемъ отъ мнимой смерти.

Когда рѣки Араука, Апура и Паяра, ограничивающія въ Южной сторонѣ равнину, выступаютъ мало по малу изъ бреговъ своихъ; тогда тѣхъ же самыхъ животныхъ, которыя въ первой половинѣ года на безводной и пылью покрытой землѣ томились палящею жаждою, природа принуждаетъ жить подобно |332| земноводнымъ. Часть степи является здѣсь въ видѣ неизмѣримаго озера. Кобылицы съ дѣтьми своими удаляются на возвышенныя мѣли, которыя подобно островамъ видимы бываютъ долгое время на поверхности зеркальныхъ водъ. Вода, ежедневно прибывая, заливаетъ всѣ луговыя мѣста. Отъ недостатка пажитей животныя плаваютъ долгое время и скудно питаются разцвѣтшими растѣніями, возвышающимися надъ мутною и какъ бы въ броженіи находящеюся водою. Многіе жеребята тонутъ; другіе же бываютъ уловляемы и пожираемы крокодилами, или раздираемы зубчатыми ихъ хвостами. Нерѣдко видаютъ также воловъ и лошадей, которые, избѣжавъ пасти сихъ кровожаждущихъ ящерицъ, носятъ на лядвеяхъ знаки острыхъ зубовъ ихъ.

Сіе зрѣлище невольно напоминаетъ строгому наблюдателю о дарованной природою, нѣкоторымъ животнымъ и растѣніямъ, способности жить въ разныхъ странахъ нашей земли. Какъ питатель|333|ные дары Цереры, такъ волъ и лошадь слѣдовали за человѣкомъ по всему шару земному, отъ Гангеса до Ла-Платы, отъ приморскихъ береговъ Африки до горной равнины Антисаны, лежащей выше конусообразной горы Тенерифской. – Здѣсь Сѣверная береза, тамъ финиковая пальма, защищаютъ утомленнаго вола отъ лучей полуденнаго солнца. – Тотъ же самый родъ животныхъ, который въ Восточной Европѣ борется съ медвѣдями и волками, бываетъ въ другомъ поясѣ угрожаемъ тиграми и крокодилами!

Но не одни токмо крокодилы и ягуары преслѣдуютъ Южно-Американскихъ лошадей: онѣ имѣютъ также и между рыбами опаснѣйшаго врага. Болотныя воды Бера и Растро наполнены множествомъ электрическихъ угрей, коихъ слизистое желтоиспещренное тѣло, производитъ изъ каждой части сильно потрясающій ударъ. Сіи угри (Gymnotus) имѣютъ въ длину 5 или 6 футовъ. Они столь сильны, что могутъ убивать ве|334|личайшихъ животныхъ, когда нервистые органы свои разряжаютъ въ удачномъ направленіи.

Дѣйствительно они до того умножились въ одной рѣчкѣ, что должно было перемѣнить дорогу чрезъ степь отъ Уритуку идущую; ибо лошади отъ оглушенія бросались съ дороги въ воду и утопали. Всѣ прочія рыбы также убѣгаютъ приближенія сихъ ужасныхъ угрей. Они пугаютъ даже сидящаго на крутомъ брегу рыбаря, когда мокрая нить сообщаетъ ему издали потрясающій ударъ. Такъ электрическій огнь исторгается изъ глубины водъ.

Ловля электрическихъ угрей являетъ прекрасное зрѣлище. Индѣйцы вгоняютъ муловъ и лошадей въ болото, которое они окружаютъ до тѣхъ поръ, пока необыкновенный шумъ не побудитъ сихъ безбоязненныхъ рыбъ къ нападенію. Тогда угри плаваютъ змѣеобразно на поверхности воды и, ловко извиваясь, прижимаются къ брюху лошадей. Многія |335| изъ сихъ послѣднихъ изнемогаютъ отъ силы невидимыхъ ударовъ; другія же съ яростнымъ дыханіемъ, поднятыми гривами, бѣгутъ отъ свирѣпствующей грозы. Но Индѣйцы вооруженные длинными бамбуковыми тростьми, гонятъ ихъ въ самую средину болота.

Мало по малу жестокость неравнаго боя уменьшается. Утомленные угри разсѣеваются подобно разряженнымъ тучамъ. Тогда имъ нуженъ долговремянный покой и изобильная пища, дабы вновь собрать галваническую силу, которой въ битвѣ они лишились. Тутъ слабѣе и слабѣе дѣлаются ихъ удары. Приведенные въ ужасъ шумнымъ топотомъ лошадей, они приближаются боязненно къ берегу, гдѣ уязвляютъ ихъ гарпунами и вытаскиваютъ на степь, посредствомъ сухаго дерева, непроводящаго электрическую силу.

Такова-то удивительная битва лошадей и рыбъ. Все, что составляетъ невидимо дѣйствующее орудіе сихъ оби|336|тателей водъ, что будучи возбуждаемо чрезъ прикосновеніе влажныхъ и разнородныхъ частей, пробѣгаетъ всѣ органы животныхъ и прозябаемыхъ, что съ громомъ воспламеняетъ пространный сводъ небесный, что соединяетъ желѣзо съ желѣзомъ и склоняетъ тихій возвратный ходъ магнитной стрѣлы, произтекаетъ изъ одного источника, равно какъ и цвѣтъ раздѣленнаго луча свѣта: все сливается купно въ единую, вѣчную, и повсюду распространенную силу.

Я могъ бы окончить здѣсь начертаніе величественныхъ картинъ, представляемыхъ намъ степями, но какъ мечтательность охотно занимается и на Океанѣ зрѣлищами отдаленныхъ береговъ, то прежде нежели изчезнетъ предъ нами пространная равнина, обратимъ взоры наши на страны земныя, степь ограничивающія. |337|

Африканская Сѣверная пустыня раздѣляетъ два народа, кои по произхожденію своему принадлежатъ тойже части свѣта, и между коими вѣчно существующія распри кажутся столь же древними, какъ и баснословіе объ Озиридѣ и Тифонѣ.

Къ Сѣверу отъ Атласа обитаютъ народныя племена, носящія гладкіе и длинно распущенные власы и имѣющія желтый цвѣтъ лица и черты Кавказскихъ обитателей. Напротивъ того къ Югу отъ Сенегала до Судана, живутъ Негры различной степени образованія. Въ средней Азіи Монгольскія степи отдѣляютъ грубость Сибири отъ древняго просвѣщенія Индостана.

Южно-Американскія равнины служатъ также границею области Европейской полуобразованности. Къ Сѣверу между горнымъ хребтомъ Венезуелы и Антильскимъ моремъ, въ разныхъ мѣстахъ лежатъ процвѣтающіе промышленностію города, прекрасныя деревни и |338| прилѣжно воздѣланныя поля. Даже склонность къ наукамъ и расположеніе къ художествамъ давно уже тамъ пробудились.

Съ Южной стороны степь окружена дикою и ужасъ наводящею страною. Тысячилѣтніе лѣса, непроницаемая глушь, наполняютъ влажную страну между Ориномомъ и Амазонскою рѣкою. Величайшія свинцовоцвѣтныя массы гранита отѣсняютъ руслопѣнящіяся воды.

Горы и лѣса повторяютъ ревъ низвергающихся потоковъ, рыканіе ягуаровъ и глухой вой брадатыхъ обезьянъ, дождь предвозвѣщающій.

Гдѣ маловодная рѣка оставляетъ послѣ себя отмѣль, тамъ подобно скаламъ недвижимо лежатъ распростерты; съ растворенною пастію безобразныя и птицами покрытыя тѣла Крокодиловъ. Полозъ, какъ тигръ изпещренный, обвившись хвостомъ около древеснаго сука, подстерегаетъ на берегу рѣки вѣрную свою добычу. Быстро вытянувшись, |339| охватываетъ онъ на пути молодаго быка или другое не столь сильное животное и, обливъ своею слюною, съ усиліемъ его поглащаетъ.

Въ сей величественной и дикой странѣ живутъ разнообразныя народныя племена. Будучи отдѣлены одно отъ другаго разительнымъ отличіемъ языковъ, нѣкоторыя изъ сихъ племенъ ведутъ кочевую жизнь, и будучи чужды земледѣлія, питаются муравьями, смолою и землею, какъ то: Оттомаки и Яруры; другія же (такъ напримѣръ Маквиритане и Макосы) имѣютъ постоянныя жилища, питаются плодами, которые сами насаждаютъ, нѣсколько образованы и имѣютъ нравы болѣе кроткіе. Великое пространство, лежащее между Кассикіаромъ и Атабапо обитаемо только Тапирами и общежительными обезьянами. Начертанныя на скалахъ изображенія доказываютъ, что сія пустыня была также нѣкогда мѣстомъ высшаго образованія. Онѣ являютъ пре|340|вратность судебъ народовъ, равно какъ и измѣненіе языковъ, служащихъ неизгладимыми памятниками человѣчества.

Когда же въ степи тигръ и крокодилъ борется съ лошадьми и быками, тогда напротивъ того мы видимъ на лѣсистыхъ ея брегахъ, въ дикой странѣ Гвіяны, человѣка вѣчно вооруженнаго противъ себѣ подобнаго. Тамъ съ противо-естественною жадностію цѣлыя поколѣнія народовъ пьютъ кровь враговъ своихъ; другія же по видимому не вооруженныя, но пріуготовившіяся къ убійству, умерщвляютъ ихъ ногтемъ, ядомъ напитаннымъ. Слабѣйшія племена проходя по песчаному брегу, рачительно заглаживаютъ послѣ себя слѣды робкихъ шаговъ своихъ.

Такъ человѣкъ пріуготовляетъ себѣ безпокойную и бѣдственную жизнь, когда онъ пребываетъ въ дикомъ и грубомъ состояніи, или когда мнимый блескъ просвѣщенія возводитъ его на высшую степень. Такъ преслѣдуетъ стран|341|ника, протекающаго моря и суши, равно какъ и Историка чрезъ всѣ столѣтія, единообразное и плачевное зрѣлище раздоровъ человѣческаго рода.

И такъ кто посреди вѣчно-непримиримой вражды народовъ стремится къ душевному успокоенію, тотъ охотно устремляетъ свои взоры на мирную жизнь растѣній и углубляется въ священныя и таинственныя силы, движущія вселенную, или предавшись врожденному побужденію, которое съ первобытныхъ временъ воспламеняетъ сердце человѣка, обращаетъ взоръ свой на свѣтила небесныя, совершающія въ ненарушимомъ согласіи вѣчное свое теченіе.

И. Гарижскій.

Озеро Такаригва[*][1]

Когда проникаешь чрезъ внутренность Южной Америки, отъ морскаго берега Каракаса, или Венезуелы къ Бразильской границѣ, отъ 10° сѣв. ш. къ Экватору, тогда встрѣчаешь: прежде высокій хребетъ, идущій отъ В. къ З.; потомъ неизмѣримыя безлѣсныя степи, или равнины (льяносы), простирающіяся отъ подошвы приморской цѣпи до лѣваго берега Ориноко и наконецъ горы – причины Атуресскаго и Майпуресскаго водопадовъ. Сіи горы, названныя мною Сіерра Париме, направляются къ Голландской и Французской Гвіянѣ, между истоками Ріо-Бран|543|ко и Ріо-Есквибо. Онѣ были поводомъ къ странному вымыслу о Дорадѣ[2] и граничатъ къ Ю. съ лѣсистою равниною, на которой лежатъ русла рѣкъ Негро и Амазоны.

Приморская цѣпь Венезуелы, въ географическомъ отношеніи, есть собственно часть Перуанскихъ Андовъ. Къ Ю. отъ Попляна, при великомъ узлѣ горъ, гдѣ лежатъ источники Магдалены (ш. 1° 55′ до 2° 20′), раздѣляется она на три цѣпи. Восточнѣйшая изъ нихъ оканчивается покрытою снѣгами горою Меридою, которая превращается, близъ Парамо де ласъ Розасъ, въ холмистую страну Квиборъ и Токуйо, соединяющую приморскую цѣпь Венезуелы съ Кундинамарскими Кордильерами. Цѣпь сія тянется постоянно въ видѣ стѣны отъ Портокабелло до мыса Паріа. Средняя высота ея не болѣе 750 тоаз., но отдѣльно взятыя вершины, напр., Силла де Каракасъ (называемая также Церро де Авилла), поднимаются надъ поверхностію моря до 1350 m. Берегъ Терры Фирмы представляетъ вездѣ слѣды опустошенія. Вездѣ видно дѣйствіе стремленія водъ отъ В. къ З., по раздробленіи Караибскихъ острововъ изрывшее заливъ Мексиканскій. Косы Арайя и Гупарипари, особенно морской берегъ Куманы и Новой Барселоны представляютъ глазамъ Геолога видъ достопримѣчательный. Острова изъ скалъ: Бораха, Ка|544|ракасъ и Химанасъ, какъ башни, возникаютъ изъ моря,

---

[*] In: *Syn otečestva i Sěvernyj archiv* 41:8 (1834), S. 542–548.

[1] Переводъ съ подлинниковъ, составляющихъ *полное* путешествіе Гумбольдта, – изъ которыхъ одни писаны имъ на Нѣмецкомъ, а другія на Французскомъ языкахъ, оконченъ и здѣсь предлагаются сіи выписки для образца. Все, что пишетъ Гумбольдтъ, обращаетъ на себя всеобщее вниманіе. Ученые найдутъ здѣсь сокровища замѣчаній и наблюденій, а прочіе весьма занимательное, исполненное живописи, чтеніе.

[2] Дорадо была мнимая страна, изобилующая будто золотомъ и серебромъ. *Прим. Перев.*

будто свидѣтели ужаснаго наступательнаго дѣйствія разрушительныхъ волнъ противъ опустошенной цѣпи. Можетъ быть, Антильское море, подобно морю Средиземному, было нѣкогда внутреннимъ водохранилищемъ, которое соединилось внезапно съ Океаномъ. На островахъ Куба, Сентъ-Доминго и Ямайка есть еще остатокъ высокой слюдистосланцовой горы, ограничивавшей оное море съ сѣвера. Достойно замѣчанія, что высочайшія вершины находятся въ томъ самомъ мѣстѣ, гдѣ наиболѣе сближаются сіи три острова между собою. Можно предполагать, что главная основа сего Антильскаго хребта была между мысами Тибуронъ и Морантъ-Пуантъ. Мѣдныя горы (Montanas de Cobre) при С. Яго де Куба еще не измѣрены, но видимо выше *Синихъ горъ* Ямайки (1138 m.), превышающихъ Сентъ-Готардъ (1065 m.). Мысли мои о формѣ русла Атлантическаго Океана и о древнемъ соединеніи материковъ, развиты съ большею точностію въ сочиненіи моемъ, писанномъ въ Куманѣ: *Fragment d'un Tableau géologique de l'Amerique méridionale* (Journal de Physique, Messidor, an 9).

Сѣверная и болѣе прочихъ воздѣланная часть области Каракаса есть страна гористая. Береговая цѣпь, подобно Швейцарскимъ Альпамъ, раздѣляется на многія вѣтви, или хребты, окружающія продолговатыя долины. Между ними извѣстнѣйшая долина Арагуи, производящая |545| въ большомъ количествѣ индиго, сахаръ, хлопчатую бумагу и все, что есть рѣдкаго, даже Европейскую пшеницу. Южная оконечность сей долины граничитъ съ прекраснымъ озеромъ Валенсіею, которое на древнемъ Индійскомъ языкѣ называется *Такаригва*. По разнообразію противоположныхъ береговъ своихъ имѣетъ оно большое сходство съ Женевскимъ озеромъ, хотя дикія Гвигскія и Гвирипскія горы представляютъ менѣе величественной наружности, нежели Савойскія Альпы; но за то берега, густопоросшія пизанговыми рощами и мимозами, превосходятъ живописною красотою всѣ виноградники Ваадтскаго Кантона. Озеро имѣетъ въ длину почти 10 морскихъ миль и усѣяно небольшими островами, которые увеличиваются въ объемѣ, какъ скоро испаренія сего водохранилища превышаютъ вознагражденіе. Въ теченіе нѣсколькихъ лѣтъ песчаныя мели обратились въ настоящіе острова; имъ весьма приличное дали названіе: *Новоявившіеся* (Las Aparecidas). Высота озера надъ моремъ вообще есть 220 m. Оно составляетъ одно изъ прекраснѣйшихъ и пріятнѣйшихъ зрѣлищъ природы, видѣнныхъ мною. Бонпланъ и я часто бывали во время купанья испуганы появленіемъ *бавы*, составляющей еще неописанную породу крокодиловидной ящерицы, длиною отъ 3 до 4 футовъ. Она ужаснаго вида, но не причиняетъ вреда людямъ. Въ смежныхъ съ озеромъ долинахъ Арагуи воздѣлываются два рода сахарнаго тростника: *обыкновенный, Cana creolia*, *и вновь привезенный* съ |546| острововъ Южнаго Океана, *Cana de*

Otaheiti. Зелень послѣдняго гораздо нѣжнѣе и пріятнѣе, такъ что можно отличить издалека поле съ Таитскимъ тростникомъ отъ поля съ обыкновеннымъ. Кукъ и Форстеръ первые сдѣлали извѣстнымъ сіе произрастеніе; но, какъ видно изъ сочиненія Форстера о снѣдныхъ растеніяхъ острововъ Южнаго Океана, мало знали цѣны сему дорогому произведенію. Бугенвиль вывезъ его въ Иль-де-Франсъ, откуда перешло оно въ Кайенну, потомъ въ 1792 году на Мартиникъ, Сентъ-Доминго, или Испаньолу (Haiti) и другіе малые Антильскіе острова. Отважный, но несчастный Капитанъ Бликъ, привезъ его съ хлѣбнымъ деревомъ въ Ямайку. Отъ Тринидата, одного изъ ближайшихъ къ твердой землѣ острововъ, новый сахарный тростникъ (im Süden) дошелъ до морскаго берега Каракаса, гдѣ сдѣлался гораздо важнѣйшимъ предметомъ, нежели хлѣбное дерево, которое никогда не вытѣснитъ столь же благодѣтельное и изобилующее питательнымъ веществомъ растеніе, каково бананы. Таитскій сахарный тростникъ содержитъ въ себѣ болѣе соковъ, нежели обыкновенный, – и происходитъ, какъ полагаютъ, изъ Восточной Азіи. На равномъ пространствѣ даетъ онъ сахару втрое больше, нежели обыкновенный, у котораго трости тоньше и колѣнцы короче. Поелику на Антильскихъ островахъ начинаютъ претерпѣвать большой недостатокъ въ сгараемыхъ веществахъ (на о. Куба сахарныя сковороды нагрѣваются |547| оранжевыми деревьями), то новый сахарный тростникъ тѣмъ важнѣе, что трости его толще и деревянистѣе (bagasso). Если бы введеніе сего новаго произрастенія не случилось почти въ одно время съ началомъ кровопролитной между Неграми войны на Сентъ-Домингѣ, то цѣна на сахаръ въ Европѣ возвысилась бы тогда еще болѣе, нежели отъ разстройства земледѣлія и торговли. Важный представляется вопросъ: не переродился ли Таитскій сахарный тростникъ, вывезенный изъ своего отечества, въ обыкновенный? Нынѣ возможность сего случая подтверждается опытами. На о. Куба *cavalleria*, или поверхность земли въ 34,969 кв. тоаз., засаженая сахарнымъ тростникомъ Южнаго моря, приноситъ 870 центнеровъ сахару. Изъ 261,795 ящиковъ, или 4,188,720 appобасовъ (до 25 Испанскихъ фунтовъ), привезенныхъ въ 1822 году съ о. Куба, только половина была изъ Таитскаго тростника. Довольно странно, что сіе важное произведеніе острововъ Южнаго моря воздѣлывается въ такой части Испанской колоніи, которая весьма отдалена отъ Южнаго моря. Хотя Отаити отстоитъ отъ Перуанскаго берега на 25-дневное плаваніе; но сахарный тростникъ сего острова во время моего путешествія былъ уже извѣстенъ въ Перу и Хили. Жители о. Св. Пасхи,' нуждающіеся въ прѣсной водѣ, пьютъ сокъ сахарнаго тростника и морскую воду (въ

Физіологіи весьма замѣчательное явленіе). На островахъ Товарищества, Дружбы и Сандвичевыхъ, вообще |548| воздѣлываютъ свѣтлозеленый и толстоствольный сахарный тростникъ.

Кромѣ Таитскаго и обыкновеннаго тростниковъ, воздѣлывается въ Америкѣ красноватый Африканскій сахарный тростникъ, называемый *Гвинейскимъ*. Онъ менѣе сочeнъ, нежели обыкновенный Азіятскій; но сокъ его преимущественно почитается выгоднымъ въ производствѣ рома.

Свѣжая зелень Таитскаго тростника представляетъ въ области Каракасъ пріятную противоположность съ густымъ листвіемъ какаовыхъ растеній. Немногіе изъ деревьевъ тропическаго міра столь же густолиственны, какъ шеколадники (Теоброма какао). Сіе величественное растеніе любитъ жаркія и влажныя долины. Чрезвычайное плодородіе почвы и нездоровость воздуха, сіи два обстоятельства тѣсно между собою соединены въ Южной Америкѣ, какъ и въ Южной Азіи. Весьма замѣчательно, что чѣмъ больше обработывается земли въ какой либо странѣ и чѣмъ меньше становится лѣсовъ, тѣмъ почва и климатъ дѣлается суше и меньше преуспѣваютъ какаовыя растенія, которыхъ въ области Каракасъ весьма немного, межъ тѣмъ, какъ быстро умножаются онѣ въ восточныхъ областяхъ Новой Барселоны, особенно, на сырыхъ и лѣсистыхъ мѣстахъ между Карьяко и печальнымъ заливомъ.

О внезапномъ прекращеніи пассатнаго восточнаго вѣтра[*]

Замѣчательное, но для мореходцевъ вообще извѣстное явленіе, что близъ Африканскаго берега (между Канарскими и Зеленаго мыса островами, особливо между мысомъ Боядоръ п устьемъ Сенегала), вмѣсто господствующаго подъ тропиками восточнаго или пассатнаго вѣтра, дуетъ западный вѣтеръ. Причина сего явленія есть далеко разлегающаяся пустыня Сагара. Воздухъ разрѣжается надъ раскаленною песчаною поверхностію и восходитъ въ перпендикулярномъ направленіи. Морской воздухъ стремится наполнить сіе разрѣженное пространство, отъ чего происходитъ, при западныхъ берегахъ Африки, западный вѣтеръ, противный для кораблей, идущихъ въ Америку. Мореходцы, не видя предъ собою материка, ощущаютъ дѣйствіе раскаленныхъ песковъ. На этомъ основывается также и перемѣна материковыхъ и морскихъ вѣтровъ, ко|236|торые на всѣхъ морскихъ берегахъ въ извѣстные часы дня и ночи дуютъ попеременно.

Близъ острововъ Зеленаго Мыса море въ большомъ количествѣ покрыто плавающимъ морскимъ мохомъ (плавающимъ трутенемъ). Другіе мелевые трутени лежатъ сѣверозападнѣе, почти подъ меридіаномъ Азорскихъ острововъ: Куерво и Флоры, между 23° и 35° ш. Древнимъ уже извѣстны были сіи, лугамъ подобныя, мѣста. «Финикійскіе корабли, несомые восточнымъ вѣтромъ,» говоритъ Аристотель[1], «послѣ четырехъ-дневнаго плаванія, пришли изъ Кадикса въ такое время, когда море покрыто тростникомъ и морскимъ мохомъ.» Такое множество морскаго моха нѣкоторые почитаютъ за явленіе, свидѣтельствующее о существованіи поглощенной Атлантиды. Во времена Колумба опять все это было забыто; ибо спутники его были устрашены при видѣ сей части моря, изобилующей растеніями и названной Португальцами *Mar de Sargasso*. Страна, покрытая морскимъ мохомъ близъ острововъ Зеленаго Мыса, описана у Сцилакса (стр. 126). «Море близъ Церни, |237| по причинѣ своего мелководія,

---

[*] In: *Syn otečestva i Sěvernyj archiv* 44:30 (1834), S. 235–237.
[1] Здѣсь очевидно идетъ рѣчь не объ островахъ Зеленаго Мыса, но о мелкихъ мѣстахъ, лежащихъ подъ 35° и 36° ш. Морской мохъ, говоритъ Аристотель, обнажается во время морскаго отлива и затопляется во время прилива. Не исчезло ли сіе мелководіе отъ вулканическихъ переворотовъ, или не принадлежитъ ли къ скаламъ, виденнымъ Капитаномъ Фоббономъ, на С. отъ Мадеры?

тинистаго мѣста и морскаго мха, дѣлается несудоходнымъ. Мохъ лежитъ на одинъ локоть толщиною и такъ востръ, что колется.» – Если Церни, (какъ предполагаетъ ученый Археологъ Г. Идлеръ) есть островъ Аргвинь, то сіе относится до острововъ Зеленаго Мыса.

О хребтахъ Внутренней Азіи[*]

Великая группа горъ, или, какъ обыкновенно выражаютъ, возвышенная равнина Азіи, заключающая въ себѣ малую Бухарію, Туркестанъ, Зюнгарію, Тибетъ, Тангутъ и Монгольскія земли: Халхасъ и Олотенъ,– лежитъ между 30° и 50° ш. Несправедливо думаютъ, что сія часть Внутренней Азіи, которая по величинѣ, даже по виду, можетъ быть сравниваема съ Новою Голландіею, представляетъ будто одну сплошную гору,– подобную горбу, возвышенность которой почти изъ 160 т. географич. квадратн. |99| миль, лежитъ будто постоянно отъ 7 до 9 тыс. фут. выше поверхности моря, подобно возвышеннымъ равнинамъ Квито или Мексики. Что во Внутренней Азіи нѣтъ ни какой въ семъ родѣ возвышенной равнины, я уже упоминалъ о томъ въ *изысканіяхъ о хребтахъ Сѣверной Индіи*. Хотя обширныя полосы между Гималаіей и Алтаемъ, если примемъ ихъ за возвышенныя равнины, а не за горные хребты, превосходятъ высотою равнину de los Pastos на хребтѣ Андесскихъ горъ; но Географія растеній, великолѣпное хлопчатое дерево, виноделіе къ С. отъ Цунг-Лингской и Коен-Лунской цѣпей, напр. въ Халкѣ, между 36° и 42 ш., и теплота, для сего потребная, достаточно доказываютъ, что значительныя пониженія пересѣкаютъ сіи Азіятскія горныя твердыни. Недавно началъ распространяться свѣтъ на положеніе горныхъ хребтовъ чрезъ многотрудныя и основательныя разысканія Юлія Клапрота. Съ тѣхъ поръ, какъ исчезли на картахъ неосновательныя имена Мустага и Музарта (собственно Муссуръ, ледяная гора) горныя цѣпи представляются въ томъ видѣ, въ какомъ изображаютъ ихъ Китайскіе, Манжурскіе и Монгольскіе писатели со свойственнымъ имъ пристрастіемъ къ *Статистикѣ и Географіи*. Въ великой группѣ горъ Внутренней Азіи, отдѣльныя цѣпи соединены между собою какъ бы перегородками: внезапные, почти прямоугольные повороты, встрѣчаемые только въ западнѣйшей части нашихъ Европейскихъ Альпъ, весьма ча|100|сты; впрочемъ сіи многочисленныя, развѣтвившіяся горы раздѣляются на четыре главныя хребта, которые могутъ быть представлены по направленіямъ отъ В. къ З и ONO къ WSW.

---

[*] In: *Syn otečestva i Sěvernyj archiv* 45:35 (1834), S. 98–102.

1.) *Гиммалайскій Хребетъ*, называемый къЗ. Гиндухо, понижающійся къ Герату и Шоразану, и потомъ къ Ю. отъ Каспійскаго моря опять возвышающійся въ Демавендѣ[1] и къ Адцарбиджану[2].

2.) *Цунг-Лингскій Хребетъ*, на многихъ картахъ Мустагъ[3] и Музартъ (ш.36), называемый къ В. Коенъ-Лунъ, къ С. отъ Тибета (Тюбета) и Качи, къ Ю. отъ Котана (Готіана), озера Лопа и Турфана.

3.) *Хребетъ Небесныхъ горъ*, или Тіан-шанъ (ш. 43), между Турфаномъ, или внутреннею рѣчною системою степнаго озера Лопа и Зюнгаріею, или степнымъ озеромъ Зайсанъ. Сей хребетъ (на картахъ Алакъ Музартъ и Богдо) присоединяется къ С. В. къ Номхунскимъ и къ Ю.В. къ Тангутскимъ горамъ. Между обѣими вѣтвями (Номхунскими и Тангутскими горами) находится теплый водоемъ Гамиль или Гами. Къ сей цѣпи Небесныхъ горъ принадлежитъ трех-главая гора Богдо-оола, Священная гора, по которой Палласъ и всю цѣпь назвалъ Богдо. |101|

4) *Большой и Малый Алтайскій Хребетъ* (ш. 47°–52°), соединяющійся съ Тангну и Небесными горами и къ В. исчезающій въ высокомъ хребтѣ Ин-танъ[4], отдѣляющемъ пустыню (Шамо, Гоби, не Коби) отъ водоема Амуръ.

Который изъ сихъ хребтовъ выше, неизвѣстно; ибо даже на Гиммалаіѣ (на части Имауса, котораго простираніе изучали Древніе) высочайшія вершины, можетъ быть, еще не измѣрены. Англійскіе путешественники, перенесенные на носилкахъ чрезъ Сѣверную Индію въ Тибетъ, прибыли изъ Калкуты, гдѣ запаслись барометрами; но чрезъ нихъ мы ничего не узнали о высотѣ Тибетской горной равнины. Тѣмъ болѣе благодарны мы другимъ Англійскимъ путешественникамъ: Колебруку, Веббу, Гудзону, Герберту, Жерару и Блаку за превосходныя тригонометрическія и барометрическія измѣренія, сдѣланныя ими въ послѣднее 20-лѣтіе. Нынѣ нѣтъ ни малѣйшаго сомнѣнія, что отдѣльныя вершины Гиммалаіи[5] превосходятъ Шимборассо по крайней мѣрѣ на 4 m. Парижскихъ футовъ......|102|

---

[1] Волканъ.

[2] Адербиджанъ.

[3] Мустагъ (mus, значитъ *снѣгъ*, a tag гора). Китайцы называютъ сію гористую часть Средней Азіи *Sine Schasi*, желая симъ выразить гору, покрытую снѣгомъ. *Прим. Перев.*

[4] Гардшанъ.

[5] На сей горѣ *снѣжная линія* начинается на высотѣ 17,000 ф., слѣд. еще выше, нежели на Шимборассо. Давалагери, высочайшая вершина Гуммалаіи (въ Тибетѣ), имѣетъ 24,821 ф. или 4,137 саж. *Гелюсакъ* поднимался на воздушномъ шарѣ до 3,500 саж. высоты, самой большой, до которой только смертному достигать случалось; а *Гумбольдтъ*, съ двумя спутниками, *Бонпланомъ* и *Монтюфаромъ*, всходилъ на Шимборассо до высоты 18,186 ф. или 3,000 саж. съ

Тѣснины, идущія чрезъ Гиммалаію отъ Индостана въ Китайскую Татарію, или въ западную часть Тибета, имѣютъ отъ 2,400 до 2,700 т. выс. Проходъ Асуйа въ Андесской цѣпи между Квито[6] и Квенко близъ Ладера де Кадлукъ, какъ найдено мною, имѣетъ 2428 т. выс. Большая часть горной равнины Внутренней Азіи лежала бы подъ вѣчнымъ снѣгомъ и льдомъ въ теченіе цѣлаго года, если бы предѣлъ вѣчнаго льда на Сѣверномъ склонѣ Гиммалаевъ не былъ бы удивительно возвышенъ (можетъ быть, до 2,500 тоазовъ надъ поверхностью моря) отъ силы лучистой теплоты и сильнаго солнечнаго жара, свойственнаго материковому климату, на высотѣ 2,334 тоазовъ находятся пастбища и воздѣланныя поля, межъ тѣмъ какъ на южномъ склонѣ Гиммалаевъ снѣжный предѣлъ понижается до 1,900 тоазовъ. Безъ сего удивительнаго раздѣленія теплоты въ верхнихъ слояхъ воздуха, возвышенная равнина западнаго Тибета не была бы обитаема милліонами людей.

лишнимъ, и отъ вершины находился еще въ 1,400 ф. *Антизанскій дворъ* на горѣ Антизанѣ, есть самое высшее жилье на землѣ, ибо оно находится выше четырехъ верстъ, а гостиница на Сентъ-Готардѣ высшее жилое мѣсто въ Европѣ. *Прим. Перев.*

[6] Квито лежитъ выше вершины Везувія, а *Мексико* немного пониже. *Прим. Перев.*

Америка выступила изъ нѣдръ хаоса не позже другихъ частей свѣта[*]

Обыкновенные, также какъ и извѣстные Писатели, не рѣдко повторяли, что Америка есть новый материкъ въ полномъ значеніи сего слова. Великолѣпіе прозябаемыхъ, чрезвычайное количество воды, разлитое въ большихъ рѣкахъ и неспокойствіе великихъ волкановъ возвѣщаютъ (говорятъ они), что земля, безпрестанно потрясаемая и не совершенно еще обсохшая, менѣе удалена здѣсь отъ первобытнаго состоянія хаоса, нежели древній материкъ. Подобныя мнѣнія, еще за долго до моего путешествія, казались мнѣ не философическими, даже противорѣчащими общимъ извѣстнымъ законамъ Физики. Сіи образы младенчества и безпорядка, возрастающаго осыханіи и цѣпенѣнія старѣющейся земли могутъ только развиться у тѣхъ, которые любятъ схватывать противоположности между обоими полушаріями и не старают|559|ся обнимать однимъ общимъ взглядомъ состава шара земнаго. Не должно ли почитать и южную часть Италіи новѣе сѣверной (Ломбардіи), потому, что она почти безпрестанно бываетъ колеблема землетрясеніями и изверженіями волкановъ? Сверхъ того, не должно ли принимать нынѣшніе волканы и землетрясенія за самыя малыя явленія въ сравненіи съ тѣми переворотами земли, которые долженъ предполагать Геологъ при охлажденіи и растрескиваніи массъ, образовавшихъ горы, когда земля еще заключена была въ объятіяхъ хаоса? Отъ различныхъ причинъ должны быть и различныя дѣйствія силъ природы въ странахъ, отдаленныхъ между собою. Волканы Новаго Свѣта, (которыхъ я считаю нынѣ до 54), должны были горѣтъ дольше, потому что высокіе хребты горъ, накоторыхъ они помѣщены, лежатъ ближе къ морю и что сія близость и вѣчные снѣга, коими они покрыты, кажется, не довольно извѣстнымъ для насъ образомъ измѣняютъ силу подземнаго огня. Землетрясенія и огнедышащія горы дѣйствуютъ здѣсь періодически. Физическій безпорядокъ и политическая тишина царствуютъ нынѣ на новомъ материкѣ, межъ тѣмъ, какъ на старомъ опустошительный раздоръ народовъ возмущаетъ наслажденіе спокойствіемъ въ объятіяхъ природы. Можетъ быть, наступитъ время, когда одна часть свѣта займетъ мѣсто другой относительно сей разительной противоположности между физическими и нравственными |560| силами. Волканы, пребывая спокойными цѣлыя столѣтія, снова пробуждаются; и мнѣніе, будто въ странахъ, болѣе древнихъ,

---

[*] In: *Syn otečestva i Sěvernyj archiv* 41:8 (1834), S. 558–561.

должна царствовать тишина, основано на одной игрѣ воображенія. Одна половина планеты не можетъ быть ни старѣе, ни новѣе другой. Острова, выдвинутые волканами, или мало по малу образованные молюсковыми кораллами, какъ наприм. Азорскіе и многіе другіе острова Тихаго Океана, конечно новѣе гранитныхъ масс Европейской центральной цѣпи. Небольшая полоса земли, окруженная горами, какова Богемія и многія долины Лунныхъ горъ, можетъ быть покрыта водою чрезъ мѣстное наводненіе, подобно озеру, – и почву, по стокѣ съ нее сихъ внутреннихъ водъ, на которой начинаютъ постепенно появляться растенія, можно иносказательно назвать землею наваго происхожденія Но водяную оболочку (каковую представляетъ ее Геологъ при образованіи второзданныхъ горъ) не иначе можно представить по законамъ Гидростатики, какъ одновременною во всѣхъ частяхъ свѣта, во всѣхъ климатахъ. Море не можетъ затопить необозримыхъ равнинъ Оринока и Амазоны, не опустошивъ съ тѣмъ вмѣстѣ и нашихъ Прибалтійскихъ земель. Послѣдовательность и тождество второзданныхъ слоевъ близъ Каракаса, Турингена и Нижняго Египта (какъ сіе изъяснено мною на Геологической картѣ Южной Америки) равномѣрно доказываютъ, что сіи |561| великіе осадки произошли почти въ одно время на всей земной поверхности.

Въ Южномъ полушаріи холоднѣе и сырѣе, нежели в Сѣверномъ[*]

Хили, Буэносъ-Айресъ, южная часть Бразиліи и Перу, по причинѣ малой широты материка, съуживающагося къ Ю., имѣютъ совершенно *островной климатъ*: прохладный лѣтомъ и умѣренный зимою. Сіе *отличіе* Южнаго полушарія ощутительно до 40° юж. ш.; но далѣе къ южному ледовитому полюсу, Южная Америка превращается въ необитаемую пустыню. Проливъ Магеллановъ лежитъ между 53° и 54° ш. и термометръ въ Декабрѣ и Январѣ, когда солнце 18 часовъ бываетъ надъ горизон|335|томъ, понижается до 4° Реомюра. Въ равнинѣ идетъ снѣгъ ежедневно и высшая степень теплоты воздуха, по наблюденіямъ Хуррука въ Декабрѣ 1788, т. е. въ тамошнее лѣто, не превышала 9°. Мысъ Пиларъ, – котораго башнямъ подобныя скалы, имѣютъ только 218 т. высоты, – составляющій какъ-бы южную оконечность Андесской цѣпи, находятся почти подъ одною географическою широтою съ Берлиномъ.

---

[*] In: *Syn otečestva i Sěvernyj archiv* 44:30 (1834), S. 234–235.

Объ Атласѣ[*]

Относительно положенія Атласа древнихъ, нѣсколько разъ предлагаемъ былъ въ новѣйшія времена вопросъ. При семъ изысканіи не должно *смѣшивать* древнѣйшихъ Финикійскихъ преданій съ позднѣйшими вымыслами Грековъ и Римлянъ объ Атласѣ. Г. Идлеръ, соединяющій въ себѣ глубокое познаніе языковъ съ основательнымъ изученіемъ Астрономіи и Математики, первый привелъ въ ясность таковое *смѣшиваніе* понятій. Осмѣливаюсь привести здѣсь то, что сообщилъ мнѣ сей проницательнѣйшій ученый о семъ важномъ предметѣ:

«Финикіяне во времена младенчества нашей планеты отваживались выходить чрезъ Гибралтарскій проливъ. Они основали на берегахъ Атлантическаго моря: на Испанскомъ Гадесъ и Тартессъ, а на Мавританскомъ Ликсъ и многіе другіе города. Отъ сихъ береговъ плавали они къ С. до Касситерскихъ острововъ, гдѣ получали олово, и до береговъ Пруссіи, гдѣ добывали янтарь; а на Ю. чрезъ Мадеру до острововъ Зеленаго Мыса. Сверхъ того открыли Ар|238|хипелагъ Канарскихъ острововъ. Здѣсь поражены были видомъ Тенерифскаго Пика, котораго весьма значительная высота, казалась еще большею потому, что онъ возвышался непосредственно изъ моря. Колоніи, посыланныя ими въ Грецію, особенно подъ предводительствомъ Кадма въ Віотію, принесли туда извѣстіе о сей высокой горѣ, переступающей за предѣлы облаковъ, и о блаженныхъ островахъ, – на которыхъ оная находится, – украшенныхъ всякими плодами и преимущественно золотыми померанцами. Сіе преданіе огласилось пѣснями Бардовъ и дошло до временъ Гомера. Онъ говоритъ объ *Атласъ*, извѣдавшемъ всѣ глубины моря и поддерживающемъ великіе столпы, отдѣляющіе небо отъ земли; (Од. 1,52.), какъ объ *Елисейскихъ поляхъ*[1], изображаемыхъ въ видѣ чрезвычайно восхитительной страны на Западѣ. (II. IV. 561.). Такимъ же образомъ и Гезіодъ выражается объ Атласѣ и помѣщаетъ его близъ Гесперидскихъ Нимфъ, (Theog. V. 517). Елисейскія поля, полагаемыя имъ на западномъ краю земли, называетъ онъ *блаженными островами* (Op. et dies V. 167). Позднѣйшіе Стихотворцы еще болѣе прикрасили сіи миѳы объ Атласѣ, Ге сперидахъ, о ихъ золотыхъ яблокахъ и блаженныхъ островахъ, указанныхъ въ жилище по смерти людямъ добродѣтельнымъ. – Греки много |239| позже начали соперничать въ мореплаваніи съ Фи-

---

[*] In: *Syn otečestva i Sěvernyj archiv* 44:30 (1834), S. 237–240.

[1] Это слово Финикійскаго происхожденія и значитъ: *Мѣсто радостей*.

никіянами и Карѳагенянами. Хотя и посѣщали они берега Атлантическаго моря, но, кажется, никогда не углублялись далеко въ оное. Сомнительно, чтобъ они видѣли Тенерифскій пикъ и Канарскіе острова. Какъ бы то ни было, они думали, что Атласъ, представляемый ихъ Поэтами и народными преданіями въ видѣ высокой горы, лежащей на западномъ краю земли, должно искать на западномъ берегу Африки. Туда перемѣстили его и позднѣйшіе Географы ихъ, Страбонъ, Птоломей и другіе. Но какъ въ Сѣверо-западной Африкѣ нѣтъ никакой горы, достопримѣчательной по высотѣ своей, то оставались въ недоумѣніи о настоящемъ положеніи Атласа и искали его, то на берегу моря, то во внутренности страны, то близъ Средиземнаго моря, то далѣе къ Ю. Теперь (съ перваго столѣтія нашего лѣтосчисленія), когда оружіе Римлянъ проникло въ нѣдра Мавританіи и Нумидіи, обыкновенно называютъ Атласомъ горный хребетъ, простирающійся въ Сѣверной Африкѣ отъ З. къ

В., почти параллельно съ берегами Средиземнаго моря. Но Плиній и Золинъ, чувствуя, что описанія Атласа Греческими и Римскими Поэтами не приличествуютъ сему хребту, – полагали, что Атласъ, о которомъ составляютъ уродливую картину по преданіямъ Поэзіи, должно помѣстить въ неизвѣстной странѣ (*terra incognita*) Средней Африки. Посему Атласъ Гомера и Гезіода есть не что иное, какъ Тене|240|рифскій пикъ, межъ тѣмъ, какъ Атласъ Греческихъ и Римскихъ Географовъ должно искать въ Сѣверной Африкѣ.

Къ сему ученому изъясненію Г. Идлера осмѣливаюсь прибавить нѣсколько своихъ замѣчаній. По словамъ Плинія и Золина, Атласъ возвышается среди песчаной равнины (*e medio arenarum*); слоны, (кои на Тенерифѣ вовсе неизвѣстны), пасутся на его склонѣ. Теперь подъ именемъ Атласа разумѣется длинный хребетъ. Какимъ же образомъ Римляне сей длинный хребетъ Иродота принимали за отдѣльный пикъ? Причина этого не должна ли заключаться въ оптическомъ обманѣ, по которому всякій горный хребетъ съ боку, усматриваемый въ продолженной плоскости направленія, представляется узкимъ пикомъ. Такимъ образомъ наморѣ часто принималъ я длинный хребетъ заотдѣльную гору. По словамъ Гёста, Атласъблизъ Марокко, покрытъ вѣчными снѣгами. Слѣдовательно высота его въ семъ мѣстѣ должна превосходить 1,800 тоаз. Замѣчательно, что варварійскіе народы, древніе Мавританцы, какъ разсказываетъ Плиній, называли Атласъ: *Dyris*. У Арабовъ еще понынѣ Атласскій хребетъ име нуется *Daran*, словомъ, имѣющимъ тѣже самыя согласныя буквы, какъ *Dyris*. Но Горній (*de originibus Americanorum*, стр. 195) находитъ *Dyris* въ словѣ *Aya-dyrma*, которое на Гуанхскомъ нарѣчіи означаетъ Тенерифскій Пикъ.

О первоначальномъ введеніи посѣва пшеницы в Америкѣ[*]

Одно изъ примѣчательнѣйшихъ явленій есть то, что на одной половинѣ нашей планеты существуютъ народы, коимъ совершенно неизвѣстно употребленіе молока и муки, добываемой изъ тонкихъ плодовитыхъ злаковъ; межъ тѣмъ, какъ другое полушаріе въ каждой почти странѣ представляетъ народы, которые воздѣлываютъ хлѣбные растенія и содержатъ млекодающихъ животныхъ. *Воздѣлываніе* разнородныхъ злаковъ составляетъ отличительную черту обѣихъ частей Свѣта. Въ Новомъ Свѣтѣ, отъ 45° сѣв. до 42° юж. ш., встрѣчаемъ одну только воздѣлываемую траву *маисъ*; напротивъ того въ старомъ [1], съ отдаленныхъ временъ, до которыхъ |562| касается Исторія, усматриваемъ повсюду плоды Цереры, *воздѣлываніе* пшеницы, ячменя, ржи и овса. По мнѣнію древнихъ народовъ, пшеница росла въ дикомъ состояніи на поляхъ Леонтинскихъ, какъ и во многихъ другихъ мѣстахъ Сициліи: о семъ упоминаетъ даже *Діодоръ Сицилійскій* (кн. V. стр. 199 и 232). Хлѣбъ найденъ былъ также на возвышенныхъ лугахъ Этны. Г. Спренгель собралъ многія любопытныя мѣста, изъ коихъ видно, что большая часть родовъ Европейскаго хлѣба первоначально произрастала въ дикомъ состояніи въ *Сѣверной части Персіи и Индіи*, а именно: яровая пшеница въ Мусиканской землѣ, въ области Сѣв. Индіи (стр. XV 1017), ячмень, древнѣйшій хлѣбъ, *antiquissimit frumentit*, какъ называетъ Плиній, по мнѣнію Моисея Хоренейскаго [2] (Georg. armen. стр. 360) на берегахъ Аракса и Кура въ Георгіи и по словамъ Марко-Поля, въ Балашамѣ въ Сѣв. Индіи (Ramusio II 10), *овесъ* близъ Гамадана [3]. Но Линкъ въ критическомъ сочиненіи (Abhandl. der Berl. Akad. 1816 стр. 123)

---

[*] In: *Syn otečestva i Sěvernyj archiv* 41:8 (1834), S. 561–563.

[1] Для тѣхъ, кои въ преданіяхъ объ Атлантидѣ (a) полагаютъ найти темныя сказанія о великой землѣ, лежащей на западѣ (Америкѣ), должно быть любопытно мѣсто въ 3 кн. Діодора Сицилійскаго. Географъ говорилъ ясно: жители Атлантиды *не знали плодовъ Цереры*; ибо отъ прочаго рода человѣческаго отдѣлены были прежде, нежели сіи плоды сдѣлались извѣстными смертнымъ (Діод. стр. 130). Гуанхи Канарскихъ острововъ обработывали ячмень, изъ котораго приготовляли *gofio*. (a) Платовъ упоминаетъ объ островѣ *Атлантидѣ*, который находился противъ Иракловыхъ столбовъ и превосходилъ обширностію Ливію и Азію. *Прим. Перев.*

[2] Одинъ изъ ученѣйшихъ и знаменитѣйшихъ Историковъ Армянскихъ. *Прим. Перев.*

[3] По словамъ Мишо. *Прим. Перев.*

показалъ, что мѣста Древнихъ подвержены многимъ сомнѣніямъ. Я самъ прежде (Essai sur la géographie des Plantes, 1807, стр. 28) сомнѣвался въ существованіи дикихъ родовъ хлѣба въ Азіи и принималъ ихъ за одичалыя. Одинъ Негръ, невольникъ вели|563|каго Кортеса, первый посѣялъ пшеницу въ Новой Испаніи. Онъ нашелъ три зерна оной въ сарацинскомъ пшенѣ, привезенномъ изъ Испаніи для *продовольствія Арміи*. Въ Францисканскомъ монастырѣ въ Квитѣ хранится, какъ священная вещь, глиняный сосудъ, заключавшій въ себѣ первую пшеницу, которую посѣялъ въ семъ городѣ Францистканскій монахъ Фрай Жодокко Рикеи де Гранте. Рикеи былъ уроженецъ Гентскій (Гантскій изъ Фландріи.) Первое зерно воздѣлано было предъ монастыремъ на площади Св. Франциска (plazuela de S. Francisco), гдѣ вырубили лѣсъ, простиравшійся до подошвы волкана Пихинхи. Монахи, которыхъ я часто посѣщалъ во время пребыванія моего въ Квитѣ, просили меня истолковать имъ надпись, начертанную на томъ сосудѣ, которая, по мнѣнію ихъ, имѣла таинственное отношеніе къ пшеницѣ. Но я нашелъ на немъ изреченіе на древнемъ Нѣмецкомъ діалектѣ: «*Кто изъ меня пьетъ, не забудь своего Бога.*» Сей древній Нѣмецкій для питья сосудъ былъ для меня нѣчто достойное почтенія! Въ Новомъ Свѣтѣ повсюду можно найти имена тѣхъ, которые, вмѣсто того, чтобы опустошать землю, ввѣрили ей первые плоды *Цереры*.

(Будетъ продолженіе.)

О происхожденіи народонаселенія Америки[*]

Сравненіемъ Мексиканскаго и Тибетско-Японскаго календарей, восточныхъ пирамидъ и древнѣйшихъ миѳъ о четырехъ вѣкахъ, или опустошеніи міра (до распространенія человѣческаго рода послѣ великаго потопа), я старался доказать въ моемъ сочиненіи о *Памятникахъ первобытныхъ обитателей Америки*, что народы Новаго Свѣта за долго до прибытія Испанцевъ, имѣли торговыя сношенія съ Восточною Азіею. Древнее сношеніе между Западною Америкою и Восточною Азіею я принимаю за достовѣрное; но по какимъ дорогамъ и съ какимъ Азіятскимъ народомъ оно существовало, – нельзя еще нынѣ опредѣлить. Не многаго числа людей изъ образованной касты жрецовъ могло быть достаточно къ произведенію великихъ перемѣнъ въ Западной Америкѣ. Баснословныя преданія о Китайской экспедиціи въ Новый Свѣтъ относятся къ мореплаванію въ Фузанъ, или Японію. Но Японцы и Тіанъ-Ии, занесенные изъ Кореи, бурею, могли пристать къ Американскому берегу. Бонценъ и другіе искатели приключеній переплыли Восточное Китайское море для отысканія лекарства, которое дѣлало бы людей безсмертными. Такимъ образомъ за 209 лѣтъ до Р. Х. во время Тжинъ-хи-Гуангъ-Тзю посылано было войско въ Японію, состоявшее изъ 300 молодыхъ людей обоего пола. Вмѣсто того, чтобъ возвратиться |104| въ Китай, они поселились на островѣ. Не было ли подобной экспедиціи на Лисьи острова, Алашку, или въ Новую Калифорнію? Поелику морскіе берега имѣютъ направленіе отъ NW къ SO, то удаленіе въ такую страну, гдѣ развитіе климата подъ 45° широты пріятнѣе и благорастворенеѣе, кажется весьма естественнымъ[1]. Посему должно положить, что первая высадка на берегъ случилась въ необитаемомъ климатѣ подъ 52° и 55°, и просвѣщеніе шло быстрыми шагами, какъ и общее движеніе народовъ къ Ю. На берегахъ Сѣверной Дорады (именуемой Квивира и Сибора) въ началѣ 16 столѣтія пытались найти остатки корабля изъ Китао, т. е. изъ Японіи и Китая.

До сихъ поръ мы знаемъ немногіе Американскіе языки, такъ что, при великой ихъ многосложности, не могли имѣть надежды къ открытію нѣкогда нарѣчія, которое съ извѣстнымъ измѣненіемъ было бы выговариваемо на берегахъ Амазоны и во Внутренней Азіи. Это

---

[*] In: *Syn otečestva i Sěvernyj archiv* 45:35 (1834), S. 103–104.

[1] Замѣчательно, что именно въ то время, когда Ацтеки около 1600 г., вышедъ изъ неизвѣстной страны *Ацтланъ*, появились въ Апахвакѣ и поселились на берегахъ *Гиссы*, впадающей въ Калифорнскій заливъ, послѣдовало великое переселеніе народовъ въ Сѣверной Азіи.

было бы одно изъ блестящихъ открытій, какого молги бы ожидать въ Исторіи рода человѣческаго!!!

О повсемѣстномъ разлитіи жизни[*]

Когда человѣкъ съ чувствомъ любопытства изслѣдываетъ природу, или въ воображеніи измѣряетъ обширныя пространства, населенныя органическими тварями; то между множествомъ впечатлѣній, въ немъ тогда возбуждающихся, ни одно столь глубоко и сильно на него не дѣйствуетъ, какъ то, которое производитъ повсемѣстно разлитая жизнь. Повсюду, даже у Ледовитаго полюса, воздухъ оглашается пѣніемъ птицъ и жужжаніемъ насѣкомыхъ. Не одни только нижніе слои атмосферы, наполненные густыми испареніями, но и верхніе чистые-эѳирные, дышатъ жизнію. Ибо восходя на хребты Перуанскихъ Кордилльеровъ, или съ южной стороны отъ Женевскаго озера на вершину Мон-Блана[1], открывали еще и въ сихъ пустыняхъ животныхъ. На Шимборассѣ, почти вдвое выше Этны, видѣли мы бабочекъ и другихъ крылатыхъ насѣкомыхъ. Хотя они, какъ странники, отвѣсными теченіями воздуха занесены были на тѣ высоты, куда безпокойное любопытство заводитъ человѣка, но существованіе ихъ тамъ |106| доказываетъ, что царство животныхъ, болѣе приспособленное къ перенесенію воздушныхъ перемѣнъ, простирается гораздо далѣе предѣловъ царства растеній. Кондоръ–великанъ изъ коршуновъ, часто носился надъ нами выше Тенерифской остроконечной сопки, вознесенной надъ Пиренеями, покрытыми снѣгами, выше всѣхъ вершинъ Андескаго хребта: хищность и преслѣдованіе мягкошерстныхъ викуннъ, блуждающихъ стадами, подобно дикимъ козамъ, по оснѣженнымъ травянистымъ равнинамъ, привлекаютъ мощнаго пернатаго въ сіи области.

Если уже простой глазъ показываетъ всю атмосферу оживленною, то большее чудо открываетъ глазъ вооруженный. Кружилки, цвѣточники и множество микроскопическихъ тварей поднимаются вѣтромъ изъ пересохшихъ болотъ. Недвижимыя и какъ бы мертвыя, носятся онѣ въ воздухѣ, пока съ росою не падутъ на питательную почву, пока не развернется оболочка, заключающая прозрачное и кружащееся ихъ тѣло, и не сообщится (по видимому, посредствомъ жизненнаго вещества, содержащагося во всякой водѣ) органамъ новой раздражительности.

---

[*] In: *Syn otečestva i Sěvernyj archiv* 45:35 (1834), S. 105–108.

[1] При обозрѣніи Мон-Блана, кромѣ вершины его, замѣчательны мѣста: куполъ Гуте; шпицы: Біона-Сей, Гуте, Пляндъ, Блетьеръ, Шармо и Южный шпицъ; ледники: Гріазскій, Такконейскій и Боссонскій; также Гранъ-Мюле, проходъ Воза, Флежерскій Креетъ и наконецъ прелестная долина Шамуни. *Прим. Перев.*

Вмѣстѣ съ развернувшимися тварями, атмосфера носитъ въ себѣ и безчисленные зародыши будущихъ образованій: яички насѣкомыхъ и сѣмена растеній, способныя посредствомъ волосяныхъ и пушистыхъ вѣнчиковъ къ совершенію продолжительныхъ осеннихъ путешествій. Даже |107| плодотворная пыль, при раздѣльныхъ полахъ[2] разсѣваемая мужескими цвѣтами, переносится вѣтромъ и крылатыми насѣкомыми чрезъ моря и земли къ уединеннымъ женскимъ. Вездѣ, куда ни проникнулъ бы взоръ Естествоиспытателя, распространена жизнь, или зародышъ жизни.

Но если и движущееся воздушное море, въ которое мы погружены и надъ поверхностію котораго не можемъ вознестись, служитъ необходимою пищею для многихъ органическихъ тварей, то нужна имъ сверхъ того еще грубѣйшая пища, представляемая только дномъ сего газообразнаго Океана. Сіе дно двоякаго рода: меньшую часть его составляетъ суша, непосредственно обтекаемая воздухомъ, а большую образуетъ вода, можетъ быть, за нѣсколько тысячъ лѣтъ слившаяся чрезъ посредство электрическаго огня изъ газообразнаго вещества и нынѣ безпрестанно разлагаемая въ лабораторіи облаковъ, какъи въ біючихъ сосудахъ животныхъ и растеній.

Не рѣшено, гдѣ болѣе разлито жизни: на поверхности ли земли, или въ бездонныхъ моряхъ. Въ послѣднихъ представляются студенистыя морскія черви, то живые, то мертвые, какъ свѣтящіяся звѣзды. Фосфорическій свѣтъ ихъ блуждаетъ по зеленоватой поверхност неизмѣримаго Океана въ видѣ пламеннаго моря. Неиз|108|гладимо останется во мнѣ впечатлѣніе, произведенное одною изъ тѣхъ тихихъ тропическихъ ночей Южнаго моря, когда величественное созвѣздіе Корабля и Западный крестъ проливали изъ густой синевы неба кроткій планетный свѣтъ и въ то же время по пѣнящимся зыбямъ моря дельфины пролагали блестящіе слѣды.

Но не одинъ Океанъ, даже и болотныя воды скрываютъ безчисленное множество червей чудеснаго строенія. Почти непримѣтныя для глазъ циклиды, триходы и стада наидъ, раздѣляющіяся на вѣтьви, подобно *Лемнѣ*, въ тѣни которой они ищутъ сокрыться. Окруженныя многоразличными смѣшеніями воздуха и незнакомыя со свѣтомъ, дышатъ: пестрая Аскарида въ кожѣ дождеваго червя, сребровидная Бевкофра во внутренности прибрежной наиды, и Шипоносъ въ широкихъ

---

[2] Т. е. когда мужескій и женскій полы, тычинки и пестикъ находятся не на одномъ деревѣ вмѣстѣ, какъ то обыкновенно бываетъ, но на разныхъ деревьяхъ, принадлежащихъ одному *виду* и *роду*. *Прим. Перев.*

ячеяхъ легкихъ тропическаго гремучаго змѣя. – Такимъ образомъ и самыя сокровенныя мѣста въ животныхъ преисполнены жизни!

и. *Нрне.*

ПУТЕШЕСТВІЯ*
(ИЗЪ ГУМБОЛЬДТА)[1]
О РАСТЕНІЯХЪ[2]

Не равно сотканъ коверъ, который цвѣтоносная Флора растилаетъ по обнаженному земному шару: ткань его *чаще*, – гдѣ выше вос|84|ходитъ солнце на безоблачномъ небѣ, и *рѣже* къ унылымъ полосамъ, – гдѣ скорое возвращеніе мороза то умерщвляетъ развивающіяся почки, то похищаетъ созрѣвающіе плоды. Но человѣкъ вездѣ можетъ наслаждаться питательными растеніями. Когда волканъ расторгаетъ на днѣ морскомъ кипящія волны и внезапно выдвигаетъ окалистую скалу (какъ нѣкогда между Греческими островами) или (возмемъ въ примѣръ спокойное явленіе природы), когда дружныя Нереиды возвышаютъ ячейныя свои жилища, до тѣхъ поръ, пока чрезъ нѣсколько тысячелѣтій поднявъ оныя надъ зеркаломъ водъ, умрутъ[3], и образуютъ плоскій коралловый островъ: тогда тотчасъ готовы оживить мертвую скалу органическія силы. Что такъ скоро приноситъ туда семена? – пролетная ли птица, или вѣтеръ, или волны морскія? – Рѣшить это трудно, по причинѣ величайшей отдаленности морскихъ береговъ. Но на голомъ камнѣ отъ перваго прикосновенія къ нему воздуха образуется въ сѣверныхъ странахъ ткань изъ волоконъ, подобныхъ бархату, которыя простому глазу кажутся цвѣтными пятнами. Одни изъ нихъ ограничиваются въ одинъ, или въ два раза выдавшимися линіями; другія пересѣкаются бороздками и раздѣляются |85| на полянки. Свѣтлый цвѣтъ, старѣясь, темнѣетъ. Издали-свѣтящаяся желтина дѣлается бурою, а изголуба-сѣрый видъ лепраріевъ мало по малу переходитъ въ чёрный, пыли подобный цвѣтъ. Предѣлы старѣющейся покрышки сливаются между собою и на темномъ основаніи образуются новые, кругообразные лишаи ослѣпительной бѣлизны. Такимъ образомъ органическая ткань ложится одна на другую слоями; и какъ родъ человѣческій, принимая гдѣ-либо осѣдлость, долженъ пройти опредѣленныя степени нравственнаго образованія, такъ и постепенное распространеніе

---

* In: *Syn otečestva i Sěvernyj archiv* 45:35 (1834), S. 83–92.

[1] См. NNo 8 и 30 С. О и С. А. сего года.

[2] Въ Юговосточной Азіи, во внутренности Африки и Новой Голландіи, также въ Южной Америкѣ отъ Амазоны до Чиквитской области, растенія вовсе намъ не извѣстны.

[3] Кораллъ растётъ до тѣхъ поръ, пока остается подъ водою; ибо внѣ воды тотчасъ гибнутъ его построители. *Прим. Перев.*

растеній подчиняется опредѣленнымъ физическимъ законамъ. Тамъ, гдѣ нынѣ высокія деревья подъемлютъ гордыя вершины,- прежде нѣжные мхи покрывали поверхность камня, лишенную земли. Лиственные мхи [4], злаки, низкія растенія и кустарники наполняли пространство длиннаго, но неизмѣреннаго промежутка времени. Что совершается на Сѣверѣ чрезъ *лишаи* и *мхи*, то подъ тропиками – чрезъ *портулаки*, *гомфрены* и другія низкія береговыя растенія. Исторія растительнаго покрывала и постепенное его распространеніе по |86| обнаженной земной корѣ, какъ и Исторія позднѣйшаго рода человѣческаго, имѣетъ свои эпохи.

Подъ тропическимъ небомъ, при палящихъ лучахъ солнца, произрастаютъ самые величественные виды растеній [5]. Вмѣсто *поростовъ*, толстыхъ *мховъ*, покрывающихъ въ холодномъ Сѣверѣ кору деревьевъ, – подъ тропиками *пестроцвѣтники* и душистая *ваниль* оживляютъ стволы анакардовъ и исполинскаго роста *смоковницъ* [6]. Свѣжая зелень листьевъ *могутки* и *драконцій* является въ противоположности съ цвѣтами *ятрышниковъ*, испещренныхъ различными красками [7]. Вьющіяся *баугиніи* [8], *кавалерники* |87| и желтоцвѣтныя *банистеріи* обвиваютъ стволы лѣсныхъ деревьевъ. Нѣжные цвѣты выростаютъ на корняхъ *шеколадниковъ* и на толстой, грубой корѣ *кресценціи* и *густавія*. При такомъ множествѣ цвѣтовъ и плодовъ, при такой роскошной растительности и смѣси вьющихся растеній, испытатель природы приходитъ въ недоумѣніе: къ какому стеблю отнести эти листья и плоды? Одно только дерево, обвитое *пауліниями*, *биньоніями* и *дендробіями*, составляетъ такую массу растеній, которыя, будучи

---

[4] Мхи (по разсказамъ Неккера), *лежавшіе въ травникѣ болѣе 60 лѣтъ, будучи положены въ воду, ожили*. Въ теченіе столь долгаго времени жизнь была въ нихъ скрытная, безъ движенія и непримѣтная для нашихъ чувствъ, подобясь жизни сѣмени, или яйца. *Прим. Перев.*

[5] Величина и развертываніе органовъ зависитъ отъ благопріятствующаго климата: такъ малорослый *наружный видъ* нашей ящерицы въ южныхъ странахъ возрастаетъ до ужасной огромности броненосныхъ крокодиловъ.

[6] Исполинскаго роста *драконово дерево* въ городѣ *Оротава*, которое приноситъ еще цвѣты и плоды, кажется, составляетъ *величайшій* и *древнѣйшій* органическій памятникъ на нашей планетѣ.

[7] Цѣлой жизни живописца не довольно для срисованія всѣхъ разнообразныхъ и прекрасныхъ *ятрышниковъ*, украшающихъ глубокія долины Перуанскихъ Андовъ.

[8] Безлистныя вѣтви *баугиніи* на берегахъ Ориноки, простираются на 40 фут. въ длину, то спускаются отвѣсно съ самыхъ вершинъ высочайшихъ анакардовъ, то протягиваются, на-подобіе корабельныхъ веревокъ, отъ одного дерева къ другому. *Прим. Перев.*

отдѣлены одни отъ другихъ, покрыли бы значительное пространство земли....

Изъ всѣхъ растеній, *пальмы*[9] выше и красивѣе. Высокіе, гибкіе, кольчатые, иногда |88| усаженные колючками, стволы ихъ оканчиваются блестящими листьями: крылатыми, или расположенными въ видѣ опахала. Иногда листья завиты на-подобіе травы, а гладкой стволъ достигаетъ до 180 ф. высоты[10]. Но сія красота и величина пальмъ умаляется по мѣрѣ удаленія отъ Экватора къ умѣреннымъ поясамъ. Европа между свойственными ей растеніями имѣетъ только одного представителя сей формы: *малорослую прибрежную пальму* (Chamaerops), растущую въ Испаніи и Италіи до 44° сѣв. ш. Въ настоящемъ климатѣ пальмъ средняя теплота 19–22° Реом. Но привезенная къ намъ изъ Африки *финиковая пальма*, не столь уже красивая, какъ другіе пальмовые роды, растетъ еще въ такихъ странахъ Южной Европы, гдѣ средняя температура 13–14°. Въ Сѣверной Европѣ лежатъ погребенными въ нѣдрахъ земли пальмовые пни и слоновые остовы; и по ихъ положенію съ вѣроятностію заключить можно, что не водою занесены отъ тропиковъ къ сѣверу, но что климаты и опредѣляемая ими физіономія природы многократно измѣнялись въ великихъ переворотахъ нашей планеты.

Къ пальмамъ во всѣхъ частяхъ свѣта при|89|соединяется *пизангъ* или *бананникъ*[11]. Стволъ не столь высокій, но болѣе сочный, почти травянистый, увѣнчанъ при вершинѣ листьями нѣжными, какъ шелкъ блестящими, сотканными изъ тонкорѣдкаго сплетенія жилокъ. Ихъ-то плодами питаются обитатели жаркаго пояса.

---

[9] Близъ устья Гваіары и Атабапо произрастаетъ величественная *персиковидная* пальма *Piriquao*. Гладкій стволъ въ 60 футовъ высоты украшенъ нѣжными тростниковидными листьями, имѣющими по краямъ складочки. Мясистые плоды, для большей роскоши растенія – безъ сѣмянъ. Они походятъ на персики и цвѣтомъ изжелта-пурпуровые. Отъ 70 до 80 плодовъ составляютъ огромную кисть. На каждомъ деревѣ вызрѣваетъ только по три кисти. Еще замѣчательна: *вѣерообразная* пальма *Маурицiя*, растущая при устьѣ Ориноко. Стволъ – въ 25 фут. высоты: но сего роста, повидимому, достигаетъ отъ 120–150 лѣтъ. Она одна питаетъ непобѣдимое племя Гварауновъ, живущихъ во время разлитія Оринокской Дельты, подобно обезьянамъ, на деревьяхъ, протягивая отъ одной лѣсины до другой цыновки, сплетенныя изъ лиственныхъ жилокъ сей пальмы.

[10] Около 30 саж. Они, по выраженію *Сентъ-Пьера*, возвышаются въ видѣ портиковъ надъ лѣсами. – *Прим. Перев.*

[11] *Адамово дерево* (Musa paradisiaca). Одного листа достаточно для прикрытія наготы всего тѣла. Такъ великъ и широкъ листъ!

Сіи деревья, какъ и мучнистые плоды Цереры, или нивныя растенія Сѣвера, сопутствовали человѣку отъ самаго младенчества его образованія. Если сіи послѣднія, распространившіяся въ сѣверныхъ странахъ посредствомъ сѣянія и представляющія однообразныя обширныя поля, не составляютъ особенной красоты въ природѣ, то напротивъ того, жители тропиковъ, селясь, размножаютъ, чрезъ разведеніе пизанговыхъ деревъ, растенія самыя величественныя и красивыя.

Одному только Новому Свѣту принадлежатъ *кактусы*. Они представляются то въ видѣ шаровъ, то въ видѣ соединенныхъ между собою колѣнцовъ, то поднимаются вверхъ въ видѣ многостороннихъ столбиковъ, на-подобіе трубочекъ у органовъ. Они принадлежатъ къ тѣмъ растеніямъ, которыя *Бернардинъ де Сентъ-Пьеръ* такъ удачно назвалъ *растительными источниками пустынь*. Въ безводныхъ равнинахъ |90| Южной Америки животныя, томимыя жаждою, ищутъ *дынеобразнаго кактуса*[12], шаровиднаго растенія, до половины сокрытаго въ пескѣ, котораго внутренность, изобилующая сокомъ, ограждена большими колючками. Стволы кактусовъ, растущихъ столбиками, выростаютъ до 30 ф. высоты и, представляя видъ подсвѣчниковъ, походятъ по наружности на нѣкоторые Африканскія *молочаи* (Euphorbia). Подъ тропиками растенія имѣютъ болѣе соковъ, зелень свѣжѣе, листья больше и блестящѣе, нежели въ сѣверномъ климатѣ. Одинокихъ растеній, во множествѣ находящихся въ одномъ мѣстѣ и дѣлающихъ столь однообразными Европейскія страны, – почти нѣтъ подъ Экваторомъ. Тамъ деревья, вдвое выше нашихъ дубовъ, красуются цвѣтами, столь же великими и пышными, какъ наши лиліи. На тѣнистыхъ берегахъ Магдалены въ Южной Америкѣ произрастаетъ вьющійся *кирказонъ*, котораго цвѣты, имѣющіе въ окружности 4 фу|91|та, Индійскіе мальчики надѣваютъ ихъ въ играхъ на голову. Въ Южно-Индійскомъ Архипелагѣ цвѣты *раффлезіи* имѣютъ почти 3. ф. въ діаметрѣ и вѣсятъ 14. фунт.

Чрезвычайная высота, до которой поднимаются подъ поворотными кругами не только отдѣльныя горы, но и цѣлыя страны, и холодъ – слѣдствіе таковой высоты, доставляютъ жителю тропиковъ необычайное зрѣлище. Кромѣ пальмъ и бананниковъ, откружаютъ

---

[12] Сей *мело кактусъ* имѣетъ 10 дюйм. въ діаметрѣ и большею частію 14 сторонъ. Тамъ лошади, томимыя жаждою, протягивая шею противъ вѣтра, вбираютъ воздухъ и чрезъ навѣваемую онымъ влажность, отыскиваютъ близость не вовсе изсякшаго болота, но лошаки, болѣе прозорливые и лукавые, ищутъ другимъ способомъ утолить жажду: сбиваютъ передними ногами колючки кактуса и осторожно прикасаясь губами, пьютъ изъ сего *живаго источника* прохладительный сокъ, – но не всегда безъ опасности; ибо не рѣдко они бываютъ уязвлены въ копыта иглами кактуса. *Прим. Перев.*

его и растенія, принадлежащія, по видимому, однѣмъ сѣвернымъ странамъ. *Кипарисы, ели и дубы, барбарисы и ольхи,* (похожіе на наши), покрываютъ горныя долины Южной Мексики и Айдересскаго хребта подъ Экваторомъ. Такимъ образомъ природа въ жаркомъ поясѣ даровала человѣку, не покидая родины, видѣть всѣ формы растеній земнаго шара, равно и сводъ небесный не скрываетъ [13] отъ него ни одного свѣтила, отъ полюса до полюса свѣтящагося *міра*!

Сего и многихъ другихъ естественныхъ прелестей лишены жители Сѣвера. Множество созвѣздій и растеній и притомъ изъ сихъ послѣднихъ, самыя красивыя (пальмы, бананники, древовидные злаки и мелколиственные крылатыя *мимозы*) пребудутъ навсегда имъ неизвѣстны.[14] |92| Больныя растенія, заключенныя въ нашихъ *теплицахъ*, даютъ только слабое изображеніе величія тропическихъ прозябаемыхъ. Но въ замѣнъ открытъ намъ неизчерпаемой источникъ въ дарѣ слова, въ пламенной фантазіи Стихотворца и въ представительномъ искуствѣ Живописца. Изъ него почерпаетъ воображеніе живые образы чужеземной природы. Въ холодномъ Сѣверѣ, въ безплодныхъ пустыняхъ, уединившійся человѣкъ можетъ присвоить себѣ то, что испытуется въ отдаленныхъ краяхъ земли, – и такимъ образомъ можетъ создать въ самомъ себѣ міръ, который есть твореніе собственнаго его духа, и который, какъ и сей, свободенъ и безсмертенъ!

---

[13] Для Европы сокрыта навсегда великолѣпная часть южнаго неба, на которомъ блистаютъ: *Центавръ, Корабль Аргосъ* и *Южный Крестъ*.

[14] Сіе чувствительное растеніе при наступленіи ночи, до появленія утра, свертываетъ свои листья.

[Brief vom 7. Januar 1812 an Carl Jakob Alexander von Rennenkampff: «Я не могу достаточно выразить, как лестна для меня [...]»][*]

«Я не могу достаточно выразить, какъ лестна для меня память человѣка, познанія и высокая степень образованія котораго давно уже интересовали меня. Осмѣливаюсь отвѣчать вамъ на французскомъ языкѣ потому, что вы, вѣроятно, захотите сообщить это письмо тѣмъ лицамъ, которымъ менѣе доступенъ языкъ нѣмецкій. Кромѣ изданія моихъ сочиненій объ Америкѣ, я въ настоящее время приготовляюсь къ экспедиціи. Я имѣлъ это намѣреніе еще до возвращенія моего въ Европу и увѣренъ, что приведу его въ исполненіе; но раньше не уѣду изъ Парижа пока, не кончу все мое изданіе, $^2/_4$ котораго уже окончены совершенно. Я уже издалъ «Aequinoctialpflanzen,» 2 тома, in F°; «Melastomen», 1 т., in F°; Beobachtungen über Zoologie und vergleichende Anatomie, 1 т., in 4°; Abhandlung über die Pflanzen-Geographie, 1 т.; Monumente der amerikanischen Geborenen mit denen des asiatischen Orients verglichen, 1 т., in F°; Politische Abhandlung über Mexiko, 2 т. in 4°, съ атласомъ и 20 картами; Astronomische Beobachtungen, Barometermessungen auf den Cordilleren, 2 т., in 4°; – въ настоящее время печатаются: Species der Pflanzen, гдѣ помѣщено 1800 новыхъ родовъ, которые мы привезли съ собой; одинъ томъ Beobachtungen über die Abweichung der Magnetnadel und die Stärke des Magnetismus и 4 тома Historischer Bericht – также въ печати. Цѣль моего азіятскаго путешествія – изученіе большой цѣпи горъ отъ источниковъ Индуса до источниковъ Ганга. Мнѣ хочется увидѣть Тибетъ; но страна эта не главный предметъ моихъ изслѣдованій; я, по всей вѣроятности, отправлюсь также на мысъ Доброй Надежды. Мысль заняться уклоненіями (вертикальной отлогости отъ экватора) южныхъ созвѣздій – прельщала меня давно. Я остался бы въ Бенаресѣ или Тибетѣ и тогда имѣлъ бы возможность посѣтить Индѣйскій полуостровъ, Малакскія берега, островъ Цейлонъ, Яву или Филипинскіе острова.

Предпочитаю Индію потому, что тамъ, я увѣренъ, мнѣ предстоитъ путешествіе, богатое открытіями. Политическое положеніе Европы таково, что я поѣхалъ бы немедленно, еслибъ могъ ѣхать черезъ Константинополь, Бассору и Бомбей. Но такъ какъ главная цѣль – Индія и горы центральной Азіи, лежащія подъ 35–38 град. широты, то я довольно равно-

---

[*] In: anonym, «Aleksandr fon-Gumbol'dt», in: *Russkoe slovo* 3 (Juli 1859), S. 1–33, hier: S. 11–14.

душно гляжу на предстоящую мнѣ дорогу. Вотъ взгляды и планы, дорогой другъ, которыми я теперь занятъ. До-сихъ-поръ у меня еще достаточно |12| средствъ для исполненія моихъ намѣреній. Радуюсь весьма участію, какое оказываетъ мнѣ Петербургъ. Имена Сперанскаго и Уварова не безъизвѣстны тѣмъ, кто слѣдитъ за успѣхами наукъ на сѣверѣ. Графъ Румянцевъ, министръ торговли, во время пребыванія своего въ Парижѣ, удостоилъ меня предложеніемъ; я отвѣчалъ не уклончиво; а, напротивъ, выразилъ искреннее желаніе содѣйствовать той великой и благородной цѣли, которая одушевляла императора Александра. Я приму охотно предложеніе которое сдѣлаетъ мнѣ русское правительство офиціальнымъ образомъ, если будутъ расположены прислать мнѣ географическія данныя тѣхъ странъ, какія я захочу изслѣдовать. Мнѣ тяжело будетъ отказаться отъ надежды увидѣть берега Ганга съ ихъ бананами и пальмами; мнѣ теперь 42 года, а экспедиція, которую я желаю предпринять, продолжится отъ 7–8 лѣтъ; но, чтобы пожертвовать тропическими странами Азіи, надобно дабы планъ, предначертанный мнѣ, былъ широкъ. Кавказъ не такъ меня тянетъ, какъ Байкальское озеро и волканы полуострова Камчатки. Можно ли пробраться въ Самаркандъ, Кабулъ и Кашемиръ? Развѣ нѣтъ надежды измѣрить Мустагъ и плоскую возвышенность Шамо? Есть ли хоть одинъ человѣкъ въ россійской имперіи, который будучи въ Лассѣ и Тибетѣ не прошелъ по обыкновеннымъ дорогамъ Тегерана, Камана, Герата и Калькутты? Россія начала войну со всѣми народами на южной границѣ; можно ли будетъ сдѣлать что-нибудь для науки посреди шума оружія?

Геогнозія, наука трактующая о слояхъ горъ и однообразіи ихъ образованія, батаническая географія, метеорологія, наблюденія надъ пенделемъ, теорія магнитизма – вотъ предметы нашихъ изслѣдованій. Изученіе людей, породъ, языковъ; надежда открыть на югѣ торговыя дороги и тысячи другихъ предметовъ, представляются нашимъ изслѣдованіямъ. Чтобы тотчасъ получить общій вѣрный взглядъ на наше предпріятіе, я бы желалъ позволенія сначала *изъѣздитъ* всю Азію отъ 58 до 60 град. широты, черезъ Екатеринбургъ, Тобольскъ, Енисейскъ, Якутскъ до волкановъ Камчатки и на берегъ Южнаго океана. Земля эта возвышена на сѣверѣ, и здѣсь можно было бы замѣтить всѣ новѣйшія образованія горъ; или же можно было бы повернуть съ востока на западъ подъ 48 град. широты, къ Байкальскому озеру, чтобы сдѣлать здѣсь изслѣдованія, которыя начались бы на югѣ этого параллельнаго круга и продолжались бы отъ 4–5 лѣтъ. Эти поѣздки вовсе недороги, хотя и необходимы инструменты, по конструкціи легкіе и удобоперевозимые и притомъ, все таки, |13| вѣрные. Я бы желалъ, чтобы мнѣ сопутствовали *русскіе* ученые, они не такъ скоро падаютъ духомъ, переносятъ съ большимъ терпѣніемъ трудности и не такъ скоро захотятъ возвращенія домой. Я не понимаю ни слова по-русски, но сдѣлаюсь Русскимъ, какъ сдѣлался Испанцемъ, потому что предпринимаемое мною исполняю съ рвеніемъ.

Нѣсколько важныхъ цѣлей могли бы быть достигнуты вдругъ: во 1-хъ, успѣхи въ точныхъ наукахъ: общей физикѣ, геологіи и ботаникѣ и по всѣмъ другимъ частямъ естественной исторіи; въ ученіи о магнитной стрѣлкѣ, метеорологіи; во 2-хъ, исправленіе картъ, при посредствѣ астрономическихъ наблюденій, безъ пособія обременительной тригонометріи; барометрическія измѣренія; начертаніе разрѣза возвышеній земной поверхности, какъ сдѣлано это въ моемъ мексиканскомъ атласѣ; въ 3-хъ, собраніе точныхъ свѣдѣній объ экономическихъ, политическихъ и торговыхъ отношеніяхъ въ странахъ, малоизвѣстныхъ правительству; въ 4-хъ, историческія изслѣдованія о народахъ и языкахъ, какъ матеріалы для всеобщаго, сравнительнаго словаря; въ 5-хъ, обогащеніе русскихъ коллекцій естественной исторіи, въ систематическомъ порядкѣ породъ камней, распредѣленномъ по провинціямъ, на пространствѣ 1500 миль.

Какъ ни прекрасны, какъ ни полезны труды Гмелина, Палласа, Крашенинникова и Германна, они могли бы быть развиты и расширены при современномъ взглядѣ на природу. Если только подумаешь о всемъ, что можно было бы сдѣлать при совокупномъ усиліи ученыхъ лицъ, одушевленныхъ добрымъ желаніемъ, снабженныхъ точными инструментами, подъ руководствомъ и покровительствомъ щедраго, твердаго въ своихъ планахъ и довѣривщагося правительства – легко убѣдиться, что кругосвѣтныя путешествія болѣе всего способствуютъ развитію науки. Я весьма тщательно разсмотрѣлъ описаніе путешествія Крузенштерна. Въ предисловіи къ первому тому моихъ астрономическихъ изслѣдованій, я отдалъ честь этому ученому и опытному мореплавателю. Онъ служитъ лучшимъ украшеніемъ царствованія императора Александра, который при самомъ вступленіи на престолъ показалъ, двумя большими, учеными экспедиціями, благородное сочувствіе къ успѣхамъ просвѣщенія въ своемъ обширномъ государствѣ.

Итакъ вы видите, милостивый государь, что я былъ бы очень радъ принять предложеніе, которымъ меня почтили, еслибъ планъ былъ начертанъ въ большихъ размѣрахъ, достойныхъ, по |14| моему мнѣнію, монарха, управляющею самою большою частью стараго материка. Опасенія на счетъ войны на сѣверѣ отдалятъ, можетъ быть, исполненіе большихъ плановъ; но я твердо надѣюсь, что эта часть Европы еще долго будетъ наслаждаться миромъ. Если же надежда моя не оправдается, то должно предполагать, что послѣ войны правительства, съ умѣренными денежными пожертвованіями, съумѣютъ сдѣлать все, чтобы поддержать внутреннее благосостояніе. Я не могу быть въ Петер-бургѣ раньше зимы 1814 года; но это промедленіе не помѣшаетъ дѣлу, потому что надо болѣе года для изготовленія физическихъ и астрономическихъ инструментовъ, которые можно заказать у Фортена, Брегета или Ленуара въ Парижѣ, у Тровтона, Рудже, Рамздена сына въ Лондонѣ или у Рейхенбаха въ Мюнхенѣ; нужно также время, чтобы собрать ученыхъ и художниковъ и болѣе точныя свѣдѣнія о томъ, можно ли пробраться на югъ Европы.

Ослабленіе правой руки, которое я получилъ въ Ореноко, отъ сырости, дѣлаетъ мой почеркъ неяснымъ, и потому смѣю ли просить васъ, чтобы вы, когда вздумаете сообщить письмо мое кому нибудь изъ вашихъ друзей, приказывали переписывать его.

Я говорю съ вами съ тою-же откровенностью, съ какою говорилъ въ 1799 году, при Дворѣ въ Арангуэцо. Я желалъ-бы болѣе подробныхъ объясненій по этому дѣлу; не требую ничего положительнаго; но пусть это будетъ хоть что-нибудь приблизительное. Я понимаю, что, при теперешнемъ политическомъ положеніи, правительству не до того; но зная впередъ, что монархъ желаетъ, чтобы я началъ путешествіе съ азіятской Россіи, я-бы избѣжалъ лишнихъ издержекъ. Соглашаюсь на всѣ условія, лишь-бы служить столь полезной цѣли и готовъ отправиться изъ Тобольска до мыса Коморина, еслибъ зналъ даже, что изъ девяти лицъ хоть одно возвратится оттуда съ успѣхомъ. Умѣренный въ своихъ потребностяхъ, вооруженный нравственною независимостью, поддерживаемый силою воли, я иду своимъ путемъ твердо и спокойно. Я измѣнилъ бы своему характеру, если-бъ, вмѣсто-того, чтобы отвѣчать на предложенія, сталъ ихъ дѣлать самъ.

Можете-ли вы сказать точно, подъ какимъ градусомъ широты лежитъ въ Сибири самое сѣверное селеніе, обитаемое зимой; подъ селеніемъ я разумѣю хотя два, три домика? Было бы очень интересно узнать ежечасное измѣненіе магнитной стрѣлки и силу магнетизма при сѣверномъ сіяніи, длинною ночью.»

О волканическихъ областяхъ[*]

(Отрывокъ изъ сочиненія Г. Гумбольдта: Essai géogn. sur le gisement des roches, пер. Гурьевымъ.)

Вышеизложенныя причины побудили меня помѣстить въ семъ сочиненіи вторичныя и волканическія формаціи за областію переходною[1], въ видѣ двухъ параллельныхъ столбцовъ. Порядокъ сей имѣетъ то преимущество, что онымъ сближаются порфиры и переходные сіениты, содержащіе пузыристые и пироксеновые подчиненные пласты[2] съ порфирами, миндальными камнями и долеритами краснаго песчаника[3]; съ трахитами, фонолитами и базальтами, принадлежащими къ областямъ исключительно огненнаго происхожденія. Въ таблицѣ напластованія уже много выигрывается чрезъ то, когда въ оной не раздѣляется соединенное въ природѣ связью |2| истинно-геогностическую. Можно разсматривать систему горнокаменныхъ породъ, соединяемыхъ обыкновенно въ области волканической, въ двоякомъ отношеніи: во первыхъ по нѣкоторому сходству, замѣчаемому въ положеніи и напластованіи сихъ породъ, и во вторыхъ по отношенію общаго ихъ состава и происхожденія. Въ первомъ случаѣ, не противополагая образа происхожденія трахитовъ и базальтовъ образу происхожденія формацій первозданныхъ и переходныхъ, разсматриваютъ только мѣсто, принадлежащее, какъ членамъ геогностической свиты, огромнымъ системамъ горнокаменныхъ породъ, состоящихъ изъ полеваго шпата, пироксена, амфиболи, оливина и титанистаго желѣза; породъ, какъ на Сѣверѣ, такъ и на Югѣ Экватора, никакими иными породами ненакрытыхъ и какъ бы разсѣянныхъ по другимъ древнѣйшимъ толщамъ повсюду при одинаковыхъ обстоятельствахъ. Сей способъ разсматриванія и раздѣленія волканическихъ породъ наиболѣе соотвѣтствуетъ потребностямъ положительной Геогнозіи. Трахитовыя и базальтовыя породы соединяются въ одну область не по минералогическому составу и очевидному сходству ихъ образованія, но по совокупленію и расположенію оныхъ, либо распредѣляютъ ихъ по прочимъ горнокаменнымъ породамъ, судя по ихъ относительной |3| древности, подобно тому,

---

[*] In: Gornyj žurnal 1:4 (1832), S. 1–25.
[1] Uebergangsgebirge.
[2] §§. 23 и 24, Гольмстрандъ въ Норвегіи; Анды Попаянскіе, Кордильеры Мексиканскіе.
[3] § 26 Пойянъ и Фижакъ во Франціи; Шотландія.

какъ поступали въ областяхъ первозданныхъ и переходныхъ съ различными формаціями зернистыхъ известняковъ[4], эфотидовъ[5] и порфировъ[6]. Во второмъ отношеніи, подъ названіемъ волканическихъ породъ, совокупляютъ всѣ тѣ породы, кои предполагаются несомнѣнно огненнаго происхожденія, и члены огненной свиты противупоставляются другимъ горнокаменнымъ породамъ водянаго происхожденія. Симъ средствомъ отдѣляется рѣзкою чертою все то, что представляется въ природѣ въ видѣ постепенныхъ переходовъ; и вмѣсто того, чтобы изслѣдовать напластованіе или помѣщать горпокаменныя породы въ ихъ послѣдовательномъ порядкѣ, преимущественно обратились къ разрѣшенію историческихъ вопросовъ о происхожденіи формацій.

Скажу откровенно, что держась неотступно началъ науки, признаю классификаціи, основанныя на различныхъ гаданіяхъ о первоначальномъ происхожденіи вещей, не только неосновательными и произвольными, но даже вредными успѣхамъ *Геогнозіи напластованія;* ибо въ сихъ гаданіяхъ утверждается то, что повержено еще большому сомнѣнію. Раздѣляя формаціи по старинному |4| обыкновенію на первозданныя, переходныя, вторичныя, третичныя и волканическія, должно допустить, такъ сказать, двѣ системы раздѣленія: одну, основанную на относительной древности или послѣдовательномъ образованіи формацій, и другую, на происхожденіи оныхъ. Когда между потоками лавъ, собственно горнокаменными породами, или даже между породами волканическими замѣчены будутъ породы водянаго происхожденія, либо вещества, образованныя такъ называемымъ водяноогненнымъ путемъ; тогда гранитамъ, порфирамъ, переходнымъ сіенитамъ, долеритамъ и миндальнымъ камнямъ краснаго песчаника, приписываютъ рѣшительно образъ происхожденія, совершенно противуположный огненному плавленію. Разсуждая такимъ образомъ, что́ болѣе принадлежитъ къ Геогоніи, нежели къ положительной Геогнозіи, все, что не входитъ въ составъ *волканическихъ областей* сихъ трахитовъ и базальтовъ, лежащихъ обыкновенно поверхъ прочихъ породъ, должно почитать произведеніемъ *мокраго пути* или осадкомъ изъ *водянаго раствора.* При нынѣшнемъ состояніи физическихъ наукъ, почти безполезно напоминать, сколь мало свойственъ водяной путь къ истолкованію образованія гранитовъ, гнейсовъ, порфировъ, сіенитовъ, эфотидовъ и яшмъ. Не рѣшаясь излагать всѣхъ обсто|5|ятельствъ, могущихъ сопровождать первое образованіе окисленнаго черепа земли, не могу однакожъ не согласиться съ мнѣніемъ тѣхъ Геогностовъ, кои охотнѣе приписываютъ кремнистымъ кристаллическимъ толщамъ

---

[4] §§. 10 и 20. сего сочиненія.
[5] §§. 19 и 25.
[6] §§. 18, 22, 25 и 26 сего сочиненія.

огненное происхожденіе, нежели водяное, на подобіе травертиновъ и прочихъ прѣсноводнаго происхожденія известняковъ. Слова: лава и волканическая порода, столь же сбивчивы, какъ и самое слово волканъ, означающее либо гору, оканчивающуюся огнедышущимъ жерломъ, либо подземную причину всякаго *волканическаго явленія*. Трахиты, возвышающіеся на хребтѣ Кордильеровъ, принадлежатъ несомнѣнно къ породамъ огненнаго происхожденія, не смотря на то, что они образовались не изъ потоковъ лавы, истекавшей послѣ образованія нашихъ долинъ. Дѣйствіе волканическаго огня по уединеннымъ сопкамъ или кратерамъ новѣйшихъ волкановъ, должно необходимо разлагаться отъ дѣйствія сего огня по трещинамъ древняго черепа земнаго.

Разсматривая волканическія явленія во всей обширности и совокупляя все, что о семъ предметѣ было замѣчено въ различныхъ странахъ Земнаго шара – находимъ, даже въ наше время, самое разительное разнообразіе въ сихъ явленіяхъ. Волканы Средиземнаго моря, кои одни и разысканы съ нѣкоторою |6| точностію, не могутъ еще служить образцемъ для всѣхъ прочихъ волкановъ, при рѣшеніи великихъ задачъ Геогоніи. Собственная высота огнедышущихъ жерлъ, измѣняясь отъ 100 до 2950 туазовъ[7], не только имѣетъ вліяніе на обыкновенность изверженій, но измѣняетъ даже самую сущность извергаемыхъ веществъ. Нѣкоторые волканы дѣйствуютъ только сквозь бока свои, хотя имѣютъ еще кратеры на вершинахъ[8]; другіе, не бывъ никогда отверстыми на вершинахъ своихъ, производятъ также боковыя изверженія[9]; нѣкоторые наконецъ, заключая, подобно другимъ во внутренности своей пустоту, доказываемую многими явленіями[10], не имѣютъ ни на вершинахъ, ни на отклонахъ[11] своихъ ни одного постояннаго отверстія; и дѣйствуютъ, такъ сказать, только динамически, потрясая окружающую землю, переламывая пласты и измѣняя поверхность почвы. Волканъ Руку-Пихинха (Rucu Pichincha[12]), бывшій особеннымъ предметомъ моихъ изслѣдованій, никогда не изливалъ потоковъ лавы послѣ образованія нынѣшнихъ |7| долинъ; такъ какъ и Капакъ-Урку (Сарас-Urcus[13]), превосходившій высотою прежде обрушенія своей вершины самую Шимборазо. Напротивъ того, огромный Мексиканскій волканъ Попокатепетлъ (Popokatepetl[14]) подобно неболь-

---

[7] Стромболи и Котопакси.
[8] Тенерифскій пикъ.
[9] Антизано, въ Андахъ Квитскихъ на 2140 туазахъ высоты.
[10] Трахитовая вершина Шимборазо въ 3350 туаз. высоты.
[11] Малая, извергающая сопка Іана-Урку, лежащая въ долинѣ Калпи.
[12] 2490 туазовъ высоты.
[13] Близь Новой Ріобамбы (Riobamba nuevo).
[14] 2771 туазовъ высоты.

шимъ волканамъ Оверньи и Южной Италіи, извергалъ лаву въ видѣ узкихъ потоковъ. Острова, возникшіе изъ глубины морей, не суть[15] скопленія огарины, какъ многіе ошибочно думаютъ, уподобляя сіи острова Пуццольской горѣ Монте-Ново; но они суть приподнятыя горныя толщи, въ коихъ жерла образовались уже послѣ ихъ возстанія[16]. Въ Мексикѣ, посреди самаго материка, на возвышенной равнинѣ, состоящей изъ трахитовъ, которая лежитъ далеко отъ всѣхъ горящихъ волкановъ, и болѣе нежели въ 36 миляхъ отъ моря, горы въ 1600 футовъ вышиною[17], возстали изъ земной трещины и выбрасывали лаву, заключавшую въ себѣ обломки гранитовые. Вся окружность, занимающая площадь въ 4 квадратныя мили, вздулась в видѣ пузыря и тысячи небольшихъ сопокъ[18], состоящихъ изъ глины и базальтовыхъ шаровъ съ одноцен|8|тральными слоями, усѣяли сію выпуклую поверхность. Всѣ горящіе волканы и сопки Новой Испаніи, кои возносятъ вершины свои выше вѣчныхъ снѣговъ, заключаются[19] въ узкомъ поясѣ земли, простирающемся вертикально къ главной цѣпи горъ. Они представляютъ какъ бы разсѣлину въ 137 миль длиною, которая отъ береговъ Атлантическаго Океана простирается до Южнаго моря, продолжаясь, кажется, еще далѣе, по крайней мѣрѣ на 120 миль, къ Архипелагу Ревиллагигедо (Revillagigedo), покрытому пемзовыми туфами.

Сіи ряды волкановъ, по одному направленію простирающіеся, сіи возстанія изъ непрерывныхъ разсѣлинъ, сей подземный шумъ[20], слышимый среди сланцевыхъ областей и переходныхъ порфировъ, словомъ, все, показываетъ намъ въ силахъ новаго свѣта силы древнія, коими воздвигались цѣпи горныя, разверзалась земля, и посреди, еще прежде сего отвердѣвшихъ, слоевъ земныхъ исторгались потоки расплавленныхъ земель (лавы, жидкія породы волканическія). Даже въ наше время расплавленныя земли сіи не всегда вытекаютъ изъ одного и того же жерла го|9|ры[21], либо изъ трещинъ на бокахъ ея; но иногда[22], разверзается земля въ долинахъ изрыгая потоки лавы, кои текутъ крестообразно, либо одинъ на встрѣчу другому, либо накучиваются другъ на друга; иногда же,

---

[15] въ нѣкоторыхъ мѣстахъ они возникаютъ періодически.
[16] Relation histor. de mon Voyage aux regions equinox. T. 1 p. 171 et Essai politique T. 1 p. 254.
[17] 29 Сентября 1759 года.
[18] Hornitos de Jorullo.
[19] Parallèle des grandes hauteurs entre les 18° 59′ et 19° 12′ de latitude.
[20] Bramidos y truenos subteraneos de Guanaxuato, en 1784.
[21] Кратеры на вершинѣ волкановъ.
[22] Въ Исландіи и на возвышенной равнинѣ Квито.

вмѣсто сихъ древнихъ потоковъ, выходятъ на поверхность земли небольшія конусообразныя сопки, состоящія изъ грязи[23], которая по видимому представляетъ не что иное, какъ пемзовый трахитъ, смѣшанный съ углеродистымъ водородомъ: она мараетъ пальцы и горюча[24].

Горнокаменныя породы, обыкновенно причисляемыя къ волканической (исключительно) области, были разсматриваемы до сихъ поръ болѣе въ отношеніи ориктогностическаго и химическаго ихъ состава и происхожденія, нежели въ отношеніи геогностическаго положенія и относительной древности ихъ. Волканическій огнь дѣйствовалъ во всѣ эпохи, со времени первоначальнаго окисленія корыземной, сквозь толщи переходныя, вторичныя и третичныя. За исключеніемъ нѣкоторыхъ прѣсноводныхъ осадковъ, однѣ только |10|волканическія породы продолжаютъ образованіе свое въ наше время. Если лавы[25], изливаемыя въ различные времена одними и тѣми же волканами, различны между собою, то легко понять, что волканическія вещества, въ продолженіе нѣсколькихъ тысячелѣтій, постепенно возникавшія на поверхность земную, при столь различныхъ обстоятельствахъ смѣшенія, давленія и охлажденія, должны представлять и сходство и различіе однѣ въ отношеніи къ другимъ. Трахиты, фонолиты, базальты, обсидіаны и перловые камни бываютъ разновременнаго происхожденія, подобно различнымъ формаціямъ гранитовъ, гнейсовъ, слюдяныхъ сланцевъ, известняковъ, сѣрой вакки, сіенитовъ и порфировъ. Чѣмъ болѣе приближаемся мы къ новѣйшимъ временамъ, тѣмъ болѣе волканическія формаціи кажутся намъ уединенными, прибавочными и чуждыми той почвѣ, по коей онѣ распространены. Долговременные промежутки между изверженіями потоковъ лавы, даже въ нынѣ-дѣйствующихъ волканахъ, производятъ, кажется, большое разнообразіе въ произведеніяхъ сихъ изверженій и препятствуютъ скопленію однородныхъ массъ. Въ переходныхъ формаціяхъ[26], различные члены Гео|11|гностической свиты связуются одни съ другими, представляясь въ той взаимной зависимости, которая примѣчается между порфирами и сіенитами, глинистыми сланцами, зелеными камнями и переходными известняками; между змѣевиками яшмами и эфотидами. Въ семъ лабиринтѣ разновременныхъ волканическихъ формацій до сихъ поръ были познаны только нѣкоторые законы напластованія, кои, не будучи общими, представляютъ по крайней мѣрѣ нѣкоторое сходство съ явленіями, замѣченными въ обширныхъ областяхъ обоихъ материковъ, и

---

[23] Мойя Пелплеосская и Ріобамбійская 4 Февраля 1797.
[24] Humb. Essai politique sur la Nouv. Espagne T. I p. 47, 254. Id., Relat. hist. T. I. p. 129, 148, 154, 315. T. II. p. 16, 20, 23. Klaproth Chem. Unter. der Min. T. IV. p. 289.
[25] Отъ времени до времени прерывающійся потокъ расплавленныхъ земель.
[26] Анды Новой Гренады и Перу, Мексик. Кордильеры.

сіи только отношенія въ Геогностическомъ положеніи земныхъ толщъ могутъ быть предметомъ нашего здѣсь сужденія; все же прочее, что касается на примѣръ, до волканическихъ породъ, до механическаго анализа ихъ сложенія, до ихъ ориктогностической классификаціи – всѣ сіи важные предметы, столь хорошо разсмотрѣнные въ двухъ знаменитыхъ запискахъ Гг. Флёрьо де Бельвю и Кордье[27], въ предѣлы Геогнозіи формацій входить не могутъ. Можно, конечно, назначить нѣкоторые признаки, по коимъ горнокаменныя породы очевиднѣе сходствуютъ съ новѣйшими волканическими произведеніями; но черный цвѣтъ, ноздреватость въ видѣ продолговатыхъ |12|ячеекъ, покрытыхъ какъ бы глазурью; свойство производить съ кислотами студенистую массу; отсутствіе кварца, обыкновеннаго полеваго шпата и металлическихъ жилъ[28]; присутствіе пироксена, титанистаго желѣза, стекловатаго и истрескавшагося полеваго шпата либо щелочей, не могутъ, при нынѣшнемъ состояніи нашихъ познаній, почитаться общими признаками породъ волканическихъ[29].

Волканическія или таковыми почитаемыя массы[30] встрѣчаются въ видѣ жилъ[31], постороннихъ пластовъ[32], или наконецъ въ видѣ наложенныхъ и *накученныхъ* толщъ, кои покоятся на формаціяхъ весьма различной древности. Противуположность между посторонними волканическими либо таковыми почитаемыми, породами (roches empyrodoxes) и тѣми, въ коихъ онѣ заключаются, содѣлывается тѣмъ болѣе разительною, когда сіи послѣднія суть несомнѣнно не волканическаго происхожденія; когда онѣ представляютъ известняки[33], либо |13| породы обломочныя[34]. Если волканическими почитаемыя (empyrodoxes) массы находятся въ видѣ подчиненныхъ пластовъ между слоями переходныхъ кристаллическихъ породъ[35], или въ видѣ жилъ, пересекающихъ первозданные слои[36], то (по мнѣнію нѣкоторыхъ Геогностовъ) сіи первозданныя и переходныя полевошпатовыя толщи, должны быть также огненнаго происхожденія, какъ и массы включенныхъ пластовъ, либо жилъ[37] не смотря на то, что

---

[27] Journ. de Physique T. LI, LX. et LXXXIII.
[28] Среброносныхъ и золотоносныхъ.
[29] См. §§ 21, 23 и 26 сего сочиненія.
[30] Roches empyrodoxes de M. Mohs, Charakter der Classen. 1821 p. 177.
[31] Жилы, назыв. Диками, кои находятся во всѣхъ формаціяхъ, начиная отъ первозданнаго гранита, до мѣла и третичныхъ формацій въ Шотландіи, Германіи, Италіи.
[32] Известняки и переходные порфиры; красный песчаникъ.
[33] Дербишайръ.
[34] Сѣрая вакка; каменноугольный песчаникъ.
[35] Порфиры и сіениты.
[36] Гранитогнейсъ.
[37] Миндальные камни, долериты и базальты.

эпохи образованія ихъ и обстоятельства, при коихъ дѣйствовали волканическія силы, ихъ произведшія, могли быть различны. Границы между жилами и включенными пластами, траповыми, пироксеновыми и порфировыми, не всегда такъ примѣтны, какъ бы можно думать, судя по тѣмъ опредѣленіямъ, кои дѣлаются особеннымъ мѣсторожденіемъ минераловъ. Многіе изъ сихъ пластовъ суть не что иное, какъ толщи, состоящія изъ множества жилъ, перепутанныхъ между собою. Когда сіи послѣднія, имѣя огромную толщину, тянутся по простиранію и паденію слоевъ горнокаменной породы, тогда онѣ принимаютъ совершенный видъ пластовъ. Мы обращаемъ особенноевниманіе на сей предметъ, потому что новая |14| Геогонія скорѣе соглашается допустить наполненіе трещинъ расплавленными веществами чрезъ поднятіе оныхъ снизу вверхъ; между тѣмъ какъ старая теорія объясняетъ сіе явленіе осажденіемъ изъ раствора, и слѣдовательно движеніемъ по совершенно противному направленію. Можно думать, что сіи направленія были различны по свойству отвердѣвавшихъ веществъ: были ль сіи послѣднія кристаллическія и кремнеземныя, или известковыя либо обломочныя. Положительная Геогнозія много выиграла отъ сихъ преній объ огненномъ или водяномъ происхожденіи горнокаменныхъ породъ, однако же классификація ея осталась независимою отъ заключеній Геогоническихъ: она не отдѣляетъ подчиненныхъ массъ отъ тѣхъ формацій, въ коихъ онѣ заключаются и совокупляетъ подъ названіемъ волканическихъ породъ, составляющихъ предметъ нашего сужденія, только такія формаціи, кои лежатъ поверхъ первозданныхъ переходныхъ, вторичныхъ и третичныхъ формацій.

Мѣсто, которое должна занять нѣкоторая порода (δ) въ ряду Геогностическомъ, опредѣляется самою *новѣйшею изъ породъ*, которыя она покрываетъ (γ) и самою *древнѣйшею изъ тѣхъ*, коими она покрыта (ε). Если порода δ лежитъ на породѣ ε, то весьма естественно, что мы найдемъ ее также ле|15|жащею на породахъ еще древнѣйшихъ α, β и γ, кои составляютъ предыдущіе члены ряда сего. Приложеніе столь простаго правила Геогнозіи напластованія, требуетъ однако же большой осторожности при разсматриваніи породъ трахитовыхъ, фонолитовыхъ и базальтовыхъ. Одинъ и тотъ же потокъ лавы, одна и та же толща пироксеновая, распространенныя въ одно и то же время по граниту, слюдяному сланцу и прѣсноводной формаціи безъ сомнѣнія представятъ неоспоримыя доказательства позднѣйшаго образованія своего противъ самыхъ новѣйшихъ третичныхъ формацій. Но гораздо труднѣе опредѣлить древность такой волканической формаціи, которая не имѣетъ достаточнаго распространенія, и когда смѣшиваются подъ однимъ общимъ названіемъ вещества собственно изверженныя съ тѣми, кои выступали на земную поверхность посредствомъ воздыманія, прошедъ сквозь толщи первобытныя. Въ тѣхъ мѣстахъ, гдѣ трахиты и базальты соединяются между собою, новѣйшая формація, на которую налегаютъ базальты, не можетъ опредѣлить времени происхожденія трахитовъ; поелику обѣ породы сіи образовались, безъ сомнѣнія, различными способами и не въ одно время. Можетъ даже случиться, что и въ мало обширной странѣ, многія уединенныя массы трахитовъ, не смотря на |16| сходство состава своего, не образуютъ одной формаціи, если однѣ изъ нихъ возникли изъ переходныхъ сіенитовъ, а другіе изъ первозданныхъ породъ. Скопленіе трахитовыхъ конгломератовъ, часто до такой степени скрываетъ образъ належанія самыхъ трахитовъ, что напластованіе оныхъ постигнуть невозможно. Такимъ образомъ полагаютъ, что трахиты Зибенгебиргскіе, близъ Бонна, возникли изъ сѣрой вакки, а Овернскіе изъ гранитной равнины, могущей принадлежать къ переходнымъ областямъ. Такъ съ одной стороны настоящіе базальтовые потоки весьма внимательно различать должно съ заключеннымъ въ нихъ оливиномъ, отъ массъ пироксеновыхъ, черныхъ, и пузыристыхъ, заключенныхъ въ трахитахъ и въ нѣкоторыхъ переходныхъ порфирахъ; такъ и съ другой стороны не должно смѣшивать настоящихъ трахитовъ[38] съ полевошпатовыми лавами[39], которыя текли узкими потоками[40] и могли распространиться по туфовому конгломерату[41].

Въ Венгріи, трахитовая область, образовалась, по видимому, между періодами обла|17|стей вторичныхъ и третичныхъ. Г. Беданъ, сообщившій о Венгерскихъ Трахитовыхъ толщахъ самое подробное разсужденіе, видѣлъ ихъ лежащими на зеленомъ камнѣ[42] и переходомъ известнякѣ[43]. Венгерскіе трахитовые конгломераты покоятся также на сланцеватой сѣрой ваккѣ и горькоземистомъ известнякѣ, принадлежащемъ, по видимому, къ Юрской формаціи. Въ сей-то восточной части Европы лигнитовые песчаники, грубые известняки и прочія третичныя породы, покоятся въ свою очередь на трахитовыхъ конгломератахъ. Подобное сему належаніе песчаниковъ, гипса и самыхъ новѣйшихъ известняковъ, было

---

[38] Драхенфельзъ, Шимборазо, Антизана.
[39] Левкостиновыми.
[40] Древній Сольфатарскій кратеръ, близъ Неаполя.
[41] Доломье въ Journal des mines N° 41, 42 et 69; Nose; Niederrh. Reise T. II. p. 428. Спаланцани въ Voyage dans les deux Siciles. T. III. p. 196. Рамонъ, въ Nivell. géogn. de l'Auvergne, p. 11, 91. Бухъ, Geogn., Beob., T. II, p. 178, 205; онъ же въ Mem. de l'Acad. de Berlin, 1812, p. 129–154; Беданъ, въ Voy. en Hongrie, T. III, p, 508–513, 521–527 et 530–544.)
[42] Кремницъ, Дрегели, Матра.
[43] Глас-гютте, Нейзоль.

замѣчено Г. Бухомъ и мною, на Канарскихъ островахъ и въ Андскихъ кордильерахъ. По мнѣнію превосходнаго наблюдателя Г. Брейслака[44], трахиты горъ Эвганеонскихъ[45] покоятся на Юрскомъ известнякѣ; но въ странѣ обильнѣйшей трахитовыми произведеніями, какова западная часть Новаго свѣта, какъ на Сѣверѣ, |18| такъ и на Югѣ Экватора, я нигдѣ не встрѣчалъ трахитовъ, выходящихъ на дневную поверхность чрезъ столь новыя формаціи.

Важнѣйшія слѣдствія моего путешествія по волканическому поясу Андовъ[46], въ отношеніи къ належанію толщъ, ограничиваются слѣдующими наблюденіями: всѣ самыя возвышенныя вершины кордильеровъ, состоятъ изъ трахита, всѣ нынѣ дѣйствующіе волканы производятъ изверженія свои по отверстіямъ, проходящимъ сквозь трахитовыя толщи. Сія волканическая область занимаетъ поясами великую часть кордильеровъ, но она рѣдко простирается въ долины, и здѣшніе еще горящіе волканы, будучи далеки отъ того, чтобы стоять уединенно, либо совокупляться въ неправильныя болѣе или менѣе круглыя группы, какъ въ Европѣ[47], слѣдуютъ, подобно волканамъ Оверньи и горящимъ кратерамъ острова Явы, одни за другими, располагаясь по одной, либо по двумъ параллельнымъ линіямъ. Сіи линіи простираются обыкновенно[48] по направленію оси кордльеровъ, иногда же[49] составляютъ онѣ съ сею осью уголъ въ 70°, даже въ тѣхъ мѣстахъ, гдѣ трахиты своимъ нагроможденіемъ |19| не покрываютъ всей почвы, находятся они небольшими разсѣянными массами на хребтѣ Андовъ, возвышаясь, въ видѣ остроконечныхъ скалъ, среди первозданныхъ и переходныхъ породъ. Трахиты и базальты рѣдко встрѣчаются вмѣстѣ, и сіи системы породъ какъ бы отталкиваютъ одна другую. Настоящіе базальты съ оливиномъ, никогда не заключаются въ видѣ подчиненныхъ пластовъ въ трахитѣ; если же они обжигаются съ симъ послѣднимъ,[50] то обыкновенно лежатъ на ономъ, имѣя видъ собственно базальта, либо миндальныхъ камней. Трахиты преимущественно встрѣчаются въ переходной области, въ обширныхъ формаціяхъ сіенитовъ и порфировъ[51], какъ древнѣйшаго, такъ и новѣйшаго образованія въ отношеніи къ сѣрой ваккѣ и глинистымъ сланцамъ, особенно же они свойственны первой изъ сихъ формацій, покоящейся непосредственно на

---

[44] Atlas géol. pl. 39.
[45] Шиваноя, близъ Кастель-Нуово (Chivanoja près de Castelnuovo.)
[46] 1801–1804 годъ.
[47] Ramond, Niv. p. 45; Humb. Relation histor. T. 11 p. 16.
[48] Горы Гватималы, Попаяна, Пасто, Квито, Перу и Хили.
[49] Мексика.
[50] Между Квито и Вилла Ибара; Гюлюмито къ Западу отъ Попайяна; долина Сантіаго въ Новой Испаніи; Серро да ла Кюева и Каноасъ близъ волкана Іорулло.
[51] § 21 и 23.

первозданныхъ породахъ. Когла въ Андахъ трахитъ кажется покрывающимъ граниты съ амфиболомъ, или гнейсы и зеленые, тальковатыя слюдяные сланцы, тогда представляется сомнѣніе, что сіи послѣднія породы, будучи далеки отъ первозданныхъ, не принадлежатъ ли |20| къ переходнымъ. Сіе кажущееся *належаніе*, сіе напластованіе породъ трахитовыхъ на древнѣйшихъ формаціяхъ, подлежитъ равномѣрно сомнѣнію: не представляетъ ли явленіе сіе, въ существѣ своемъ, одного *прислоненія* породъ; или, что трахиты приподнявъ и раздробивъ древній черепъ земли, возникли вертикально изъ оной, въ видѣ колоколовъ[52], или развалинъ, укрѣпленныхъ замковъ[53]? Андскіе и Мексиканскіе трахиты, содержащіе перловый камень и обсидіанъ, покрыты вообще однѣми только волканическими породами[54]. Иногда небольшія частныя формаціи, известковыя и гипсовыя, которыя можно почитать третичными, поелику онѣ несомнѣнно новѣе мѣла, лежатъ поверьхъ трахитовъ; но у подошвы, сіи же самые трахиты кордильерскіе и преимущественно тогда, когда они ничѣмъ *не покрыты*, имѣютъ тѣсную геогностическую связь со скважистыми и трещинами преисполненными порфирами переходныхъ областей; порфирами несодержащими кварца, а вмѣсто онаго заключающими въ себѣ пироксенъ, и стекловатый полевой шпатъ; богатыми серебряными жилами и въ нѣкоторыхъ мѣстахъ не |21| сущими на себѣ вторичныя формаціи, либо даже черный углеродомъ проникнутый переходный известнякъ[55]. Сія связь должна со временемъ измѣнить понятіе наше о породахъ волканическихъ, кои, по образу происхожденія и началу своему, почитаются составляющими совершенную противуположность съ породами всѣхъ прочихъ областей. Находятся волканическія толщи въ переходной области и въ красномъ песчаникѣ, такъ какъ и наоборотъ породы обломочныя, измѣненныя водою, встрѣчаются въ области волканической. Чтобы дать постоянное значеніе названію породъ волканическихъ, надлежало бы разумѣть подъ нимъ произведенія тѣхъ только волкановъ, кои начали дѣйствіе свое послѣ образованія нашихъ долинъ.

Хотя изъ наблюденій, произведенныхъ въ обоихъ материкахъ, и слѣдуетъ, что трахиты и прочія сходныя съ ними породы, кои обязаны происхожденіемъ своимъ одинакому дѣйствію волканическихъ силъ и въ коихъ стекловатый или плотный полевой шпатъ преизобилуетъ предъ амфиболомъ и пироксеномъ, находятся преимущественно въ переходной

---

[52] Шимборазо.
[53] Вершина Перуанскихъ Кордильеровъ, между Локсою и Каксамаркою.
[54] Фонолитомъ, базальтомъ, миндальнымъ камнемъ, конгломератомъ и пемзовымъ туфомъ.
[55] Стран. 110, 118–144, 171–180 и 181 сего сочиненія.

области, либо на границахъ оной съ древнѣйшими вторичными формаціями; однако сего заключенія не льзя распростра|22|нить на базальты, кои столь часто заключаются въ первозданномъ гранитѣ[56], и можетъ быть, древнѣе нѣкоторыхъ формацій трахитовыхъ? Въ странѣ весьма ограниченнаго пространства, въ одной и той же группѣ волканическихъ породъ, зернистые трахиты, или трахитовые порфиры, кои недолжно смѣшивать съ обломковыми породами, или трахитовыми конгломератами гораздо новѣйшими первыхъ, суть вообще древнѣе базальтовыхъ потоковъ, коими они покрыты. Напротивъ того, базальты, новѣйшіе трахитовыхъ и пемзовыхъ конгломератовъ бываютъ, большею частію, древнѣе конгломератовъ и туфовъ базальтовыхъ. Но еще повторяю, что до тѣхъ поръ, пока ими будемъ сравнивать одни разсѣянные отрывки области трахитовой, фонолитовой, либо базальтовой, отрывки не покрытые другими породами, имѣющіе пребываніе въ формаціяхъ гранитовыхъ, переходныхъ и вторичныхъ, до тѣхъ поръ говорю я, сіи трахиты, базальты и фонолиты не могутъ быть почитаемы членами одного и того же Геогностическаго ряда. Массы, возникшія изъ нѣдръ древнѣйшаго гранита, могли быть новѣе подобныхъ имъ, кои выступали на земную поверхность, пройдя сквозь породы переходныя. Ориктогнозія или опи|23|сательная Минералогія, разсматривающая сложеніе волканическихъ веществъ, можетъ быть со временемъ найдетъ имъ мѣста въ системѣ своей, руководствуясь правилами, кои столь хорошо изложены Г. Кордье, въ сочиненіи его о составѣ породъ огненнаго происхожденія всѣхъ извѣстныхъ эпохъ (mèmoire sur la composition des roches pyrogènes de tous les âges); но Геогнозія, разсуждающая только объ относительной древности и напластованіи породъ, должна почитать многія изъ нихъ incertae sedis (не извѣстными, непостижимыми) даже и тогда, когда гораздо большая часть Земнаго шара будетъ изслѣдована внимательно. Таковая неизвѣстность не можетъ быть отнесена къ несовершенству методъ, но единственно къ невозможности сравнивать между собою разсѣянныя и ничѣмъ не покрытыя горнокаменныя массы, въ отношеніи къ ихъ постепенному порядку, либо эпохѣ происхожденія. Историкъ природы, подобно историку, описывающему перевороты рода человѣческаго, собираетъ, сравниваетъ и соображаетъ событія; но ни тотъ, ни другой, не можетъ привести сихъ событій въ порядокъ систематическій, если сіи событія не имѣютъ никакихъ хронологическихъ признаковъ.

Въ семъ положеніи вещей, не смѣшивая сужденій Ориктогностическихъ съ классификаціями положительной Геогнозіи, должно, |24| по

---

[56] Шнекоппъ въ Силезіи; *красная* скала близъ Серасака въ Веле.

мнѣнію моему, распредѣлять волканическія породы по правиламъ *напластованія*, наиболѣе свойственнаго имъ въ обоихъ полушаріяхъ, и при томъ въ тѣхъ мѣстахъ, гдѣ породы сіи находятся въ наибольшемъ совокупленіи между собою. Великая масса веществъ, въ коихъ преизобилуетъ полевой шпатъ[57], въ системѣ Геогностической, подобно, какъ и въ Ориктогностической, должны быть поставлены напереди столь же огромной массы веществъ, въ коихъ первенствуетъ пироксенъ[58]; но сіе кажущееся согласіе между методами, основанными на двухъ различныхъ началахъ: на составѣ и порядкѣ напластованія, исчезаетъ вдругъ; коль скоро мы разсматриваемъ частныя или подчиненныя формаціи. Тогда Геогностъ принужденъ различать фонолиты трахитовые отъ фонолитовъ базальтовыхъ; онъ помѣщаетъ плотный левкостинъ[59] въ область пироксеновую, и на оборотъ формацію долеритовую[60] поставляетъ онъ среди левкостиновъ или трахитовъ. На сихъ самыхъ основаніяхъ утверждено, сдѣланное мною распредѣленіе волканическихъ породъ, которое помѣстилъ |25| я въ концѣ переходныхъ областей[61]. Распредѣленіе сіе подтверждается наблюденіями истинно Геогностическими, кои обнародованы Гг. Леопольдомъ Бухомъ, Брейслакомъ, Буэ и Беданомъ, и также собственными моими, кои я имѣлъ случай произвести въ Италіи, на Тенерифскомъ пикѣ, въ кордильерахъ Новой Гренады, въ Квито и въ Мексикѣ.

---

[57] Массы сіи, Авторъ именуетъ левкостиномъ (leucostines).
[58] Базальтъ, долеритъ.
[59] Трахитъ, въ коемъ преизобилуетъ полевой шпатъ.
[60] Смѣшеніе полеваго шпата и пироксена, въ коемъ сей послѣдній преимущественно находится.
[61] Стр. 202 сего сочиненія.

Устройство и дѣятельность вулканов[*]
(Изъ новаго изданія «Гумбольдтовыхъ картинъ природы»[1].)

Если мы[2] внимательно разсмотримъ вліяніе, оказываемое на изученіе природы расширенными познаніями о земной поверхности и далекими странствованіями въ малоизвѣстныя страны, то вскорѣ замѣтимъ разновидность этого вліянія, смотря по тому, обращались ли преимущественно наблюденія на формы органическаго міра, или на неорудный островъ нашей планеты, |2| относительную древность и происхожденіе горно-каменныхъ породъ. Каждый поясъ земной поверхности одушевляется формами растеній и животныхъ, неизвѣстными прочимъ поясамъ, потому ли, что въ равнинахъ, которыхъ гладкая поверхность похожа на гладь океана, теплота атмосферы измѣняется съ географическою широтою и многочисленными изгибами изотермическихъ линій[3] или потому, что эта теплота возвышается или понижается почти отвѣсно на крутыхъ склонахъ горныхъ цѣпей. Органическая природа придаетъ всякой странѣ ея отличительную физіономію; но этого нельзя сказать о природѣ неорганической, даже и въ тѣхъ мѣстахъ, гдѣ твердая поверхность земной коры является совершенно обнаженною отъ растительнаго покрова. Отъ экватора до полюсовъ, однѣ и тѣ же каменныя породы являются въ обоихъ полушаріяхъ, сохраняя постоянно взаимныя свои отношенія. Мореплаватель, заброшенный на далекій островъ, окруженный чуждою для глазъ растительностью, подъ сводомъ неба, на которомъ горятъ непривычныя его взору звѣзды, узнаетъ, съ радостнымъ удивленіемъ, глинистые сланцы и другія каменныя породы, напоминающія ему далекую родину.

Эта независимость геологическихъ явленій отъ настоящаго устройства земныхъ климатовъ нисколько не мѣшаетъ счастливому вліянію, оказываемому на успѣхи минералогіи и геологіи наблюденіями, собранными въ далекихъ странствованіяхъ. Впрочемъ оно подчиняется своеобразному направленію упомянутыхъ наукъ. Каждая новая экспедиція обогащаетъ естественную исторію новыми формами животныхъ и растеній.

---

[*] In: Syn otečestva 3: Nauki i chudožestva (1852), S. 1–23.
[1] Первыя двѣ «Картины», переведенныя мною, именно: «Каксамарка» и «Пустыни и Степи», напечатаны въ январской и февральской книжкахъ Современника» за 1852 годъ. *Примѣч. Переводчика.*
[2] Личныя мѣстоименія я и мы постоянно относятся здѣсь къ самому Александру фонъ Гумбольдту.
[3] То есть – линій одинаковыхъ сре днихъ температуръ года.

Иногда открываются виды, примыкающіе къ давно извѣстнымъ типамъ и пополняющіе разрозненный гармоническій рядъ созданій; иногда же эти формы представляются отдѣльными остатками, какъ бы уцѣлѣвшими отъ истребленія исчезнувшихъ поколѣній, или возбуждающими ожиданія въ будущемъ, какъ члены новыхъ, еще неоткрытыхъ группъ.

Должно признаться, что изученіе земной коры далеко не представляетъ подобнаго разнообразія. Скорѣе можно согласиться, что разсматриваніе устройства твердой оболочки земнаго-шара, и послѣдовательность составляющихъ ее массъ и напластованій, |3| выказываютъ удивительный порядокъ, невольно поражающій геолога. Идите цѣпью Андовъ или горами центральной Европы, – вездѣ одна формація влечетъ за собою неизмѣнно другую. Одноименныя массы располагаются вездѣ по однимъ типамъ или образцамъ. Вездѣ базальтъ и долеритъ дѣлятся на сосѣднія и какъ бы родственныя горы; вездѣ доломитъ, квадерзандштейнъ и порфиръ воздымаются крутыми отвѣсными склонами, а стекловатый трахитъ, обильно перемѣшанный съ полевымъ шпатомъ, округляется возвышенными куполами. Подъ самыми различными поясами, большіе кристаллы одинаково проявляются въ-слѣдствіе внутренняго своего развитія, однообразно выдѣляясь изъ плотной массы первозданныхъ породъ. Они всегда сопровождаютъ другъ-друга, располагаются подчиненными другъ-другу пластами, и часто указываютъ на сосѣдство новой и независимой формаціи. Такимъ-образомъ, въ каждой обширной каменной породѣ отражается съ бо́льшею или ме́ньшею ясностію весь неорганическій міръ.

Чтобы вполнѣ и удовлетворительно постичь важныя явленія, касающіяся состава, относительной древности и происхожденія различныхъ каменныхъ породъ, необходимо сличить между-собою наблюденія, собранныя въ самыхъ разнообразныхъ странахъ. Задачи, остававшіяся долгое время неразрѣшимыми для геолога сѣверныхъ странъ, легко могутъ быть разгаданы близъ экватора. Если, какъ мы выше сказали, различные земные поясы не представляютъ различія въ горныхъ породахъ, то-есть, не открываютъ намъ новыхъ, неизвѣстныхъ группировокъ простыхъ веществъ, зато открываютъ великіе законы, по которымъ пласты земной коры поддерживаютъ другъ-друга въ вездѣ однообразномъ порядкѣ, проникаясь въ видѣ жилъ, или приподнимаясь въ-слѣдствіе упругихъ силъ.

Если справедливо, что изслѣдованія обширныхъ странъ такъ полезны для геологіи, а съ другой стороны, если подумаешь, сколькихъ усилій, трудовъ и даже опасностей сто́итъ открытіе сравнительныхъ образцовъ, то неудивительно, что геологическія явленія были понынѣ разсматриваемы съ весьма ограниченной точки зрѣнія. То, что́, напримѣръ, знали въ концѣ прошлаго вѣка относительно формы вулкановъ и дѣйствія ихъ подземныхъсилъ, основывалось единственно на наблюденіяхъ двухъ италь|4|янскихъ горъ – Везувія и Этны. Особенно Везувій, по своей доступности и часто повторяющимся изверженіямъ (слѣдствіямъ малой высоты горы), служилъ какъ бы типомъ другихъ огнедышащихъ горъ; такъ что по образцу этого холма геологи представляли себѣ неизвѣстный еще для нихъ міръ грозныхъ вулкановъ, воздымающихся правильными рядами въ Мексикѣ, Южной-Америкѣ и островахъ Азіи. Такая метода невольно приводитъ на память пастуха, воспѣтаго Виргиліемъ, который по своей тѣсной и бѣдной хижинѣ хотѣлъ составить себѣ понятіе о величіи вѣчнаго города, о Римѣ временъ Императоровъ.

Полное и тщательное изслѣдованіе Средиземнаго-моря, особенно восточныхъ его острововъ и береговъ, гдѣ человѣчество впервые пробудилось для благородныхъ чувствованій и умственной культуры, такое изслѣдованіе, говорю я, могло бы исправить столь исключительный методъ разсматриванія природы. Среди спорадовъ, скалы трахита возникли изъ глубины моря, и образовали острова, похожіе на тотъ Асорскій островъ, который трижды въ три вѣка появлялся, почти чрезъ равные промежутки времени. Между Эпидавромъ и Трезеною, близъ Метона, существовала въ Пелопонисѣ *Новая-гора*, описанная Страбономъ, и въ-послѣдствіи Додвелемъ.[4] Выше *Новой-горы* Флегрейскихъ полей, близъ Баій, эта возвышенность превосходитъ, можетъ-быть, высотою новый вулканъ Хорульо,[5] который я видѣлъ на равнинахъ Мексики, возвышающимся надъ тысячами маленькихъ базальтовыхъ конусовъ, поднятыхъ вокругъ него изъ земныхъ нѣдръ, и понынѣ дымящихся. Въ самомъ бассейнѣ Средиземнаго-моря, подземный огонь прорывается не только одними постоянными отдушинами, или кратерами отдѣльныхъ горъ, сообщающихся съ внутренностію тѣла планеты, каковы, напримѣръ, Стромболи, Везувій и Этна. Въ Исхіи, на Эпомейской-горѣ, и по разсказу древнихъ, въ Лелантійской-долинѣ, близъ Халкиса, лавы текли изъ внезапно открывшихся трещинъ. Кромѣ этихъ историческихъ явленій, принадлежащихъ къ тѣсной области достовѣрныхъ преданій, берега Средиземнаго-моря представляютъ во многихъ мѣстахъ слѣды древняго дѣйствія огня. Во Фран|5|ціи, гористая Овернь также является особливою системою стоящихъ рядомъ вулкановъ. Здѣсь трахитовые куполы перемежаются коническими кратерами, изъ которыхъ потоки лавы излились длинными полосами. Долина Ломбардіи, гладкая, какъ поверхность воды, и составлявшая нѣкогда внутренній заливъ Адріатическаго-моря, заключаетъ трахитъ Эвганейскихъ холмовъ, на которыхъ возвышаются куполы зернистаго трахита, обсидіана и перлита, трехъ породъ, раждающихся другъ изъ друга и пробивающихся сквозь нижній слой мѣла и нуммулитоваго

---

[4] Dodwell.
[5] Iorullo.

известняка. Подобные же слѣды земныхъ переворотовъ находятся во многихъ мѣстахъ Греціи и малой Азіи, въ странахъ, обѣщающихъ современемъ богатую жатву наблюденіямъ геологовъ, надъ мѣстами, откуда впервые излился на Европу лучъ греческаго просвѣщенія.

Я припоминаю близость этихъ многочисленныхъ явленій для того, чтобы показать, что бассейнъ Средиземнаго-моря и ряды заключающихся въ немъ островов могутъ представить внимательному наблюдателю разнообразныя формы, въ-послѣдствіи времени открытыя въ Южной-Америкѣ, на островѣ Тенерифѣ, или, наконецъ, вблизи полярнаго круга, на Алеутскихъ островахъ. Тамъ встрѣчается еще особое преимущество – видѣть въ совокупности всѣ предметы наблюденія; но путешествія въ далекія страны и сравненіе обширныхъ пространствъ внутри и внѣ Европы были необходимы для яснаго познанія общаго характера всѣхъ вулканическихъ явленій и ихъ взаимной зависимости.

Обыкновенный способъ выраженія, столь часто служащій для поддержанія ошибочныхъ воззрѣній, указываетъ иногда инстинктивнымъ образомъ на истину. Обыкновенно называютъ *вулканическими* всѣ изверженія подземнаго огня и расплавленныхъ веществъ. Сюда же относятся: отдѣльные спорадическіе столбы дыма или паровъ, поднимающихся изъ средины скалъ[6]; грязь, асфальтъ и водородъ, извергаемые изъ сальзъ, или глинистыхъ конусовъ, какъ въ Гиргенти[7] и въ Тубало[8]; горячіе ключи, или *гейзеры*, поднимающіеся подъ дав|6|леніемъ упругихъ паровъ, и вообще всѣ произведенія неодолимыхъ силъ природы, заключенныхъ въ земной внутренности. Впрочемъ, въ Центральной Америкѣ, въ Гватемалѣ и на Филиппинскихъ островахъ туземцы опредѣлительно различаютъ *водяные вулканы*[9] отъ *вулкановъ огненныхъ*[10]. Подъ первымъ названіемъ они разумѣютъ горы, извергающія по-временамъ подземныя воды, каковыя явленія сопровождаются глухимъ трескомъ и могучими потрясеніями почвы.

Не отвергая внутренней связи сейчасъ упомянутыхъ явленій, кажется, было бы осторожнѣе и благоразумнѣе избрать болѣе точный образъ выраженій для физической и минералогической частей геогнозіи, и не смѣшивать подъ безразличнымъ названіемъ вулкановъ всѣ подземныя причины вулканическихъ изверженій, потому-что чаще всего подъ словомъ *вул- канъ* разумѣются горы, отличающіяся постояннымъ кратеромъ, или жерломъ. Въ настоящемъ состояніи земли и на всей ея поверхности,

---

[6] Напримѣръ, въ Коларѣ (Colares), послѣ большаго лиссабонскаго земл е трясенія.
[7] Въ Сициліи.
[8] Въ Южной-Америкѣ.
[9] Volcanes de agua.
[10] Volcanes de fuego.

форма отдѣльныхъ конусовъ, каковы Везувій, Этна, Тенерифскій пикъ, Тунгурагуа и Котопахи, есть самая общая и обыкновенная въ вулканахъ. Что касается до высоты вулкановъ, то я видѣлъ ее измѣняющеюся отъ самыхъ низменныхъ холмовъ до гигантовъ, возвышающихся на 18 тысячъ футовъ надъ уровнемъ океана.

Кромѣ коническихъ возвышеній, кратеры, постоянно находящіеся въ сообщеніи съ внутренностью земли, встрѣчаются еще на хребтахъ горъ, увѣнчаннымъ зубчатымъ гребнемъ, и не всегда среди оплотовъ, образуемыхъ ихъ вершинами, но часто на окраинахъ, близъ склоновъ. Такова, напримѣръ, Пичинча, лежащая между Южнымъ-моремъ и городомъ Квито, гора прославленная въ наукѣ первыми барометрическими формулами Бугера.[11] Таковы еще вулканы, воздымающіеся въ степи «de los Pastos», лежащей на высотѣ десяти тысячъ футовъ надъ уровнемъ океана. Всѣ эти разнообразно очерченныя вершины состоятъ изъ трахита, называвшагося прежде трапповымъ порфи|7|ромъ. Это зернистая и истрескавшаяся горная порода, состоящая, въ свою очередь, изъ различныхъ видовъ полеваго шпата (олигоклаза, албита, лабрадорита), пироксена и амфиболи[12] съ примѣсью иногда частичекъ слюды и даже кварца. Тамъ гдѣ вполнѣ сохранились свидѣтельства перваго изверженія, то-есть, образованная имъ насыпь, коническая гора окружена высокою стѣною лежащихъ другъ на другѣ слоевъ, одѣвающихъ ее какъ бы покровомъ. Эти стѣны или ограды, называемыя кратерами поднятія, составляютъ великое и знаменательное явленіе, обратившее на себя особенное вниманіе перваго геолога нашего времени, знаменитаго Леопольда фонъ-Буха[13] у котораго я заимствовалъ многія идеи выраженныя въ этой статьѣ.

Такимъ-образомъ вулканы, сообщающіеся съ атмосферою постоянными отверзтіями, конусы базальта и куполы трахита безъ кратеровъ, иногда низменныя какъ Саркуи, иногда воздымающіеся до вершины гигантскаго Чимборасо, представляютъ разновидныя группы. Въ противуположность системамъ отдѣльныхъ или уединенныхъ горъ, похожихъ на малые архипелаги, которые въ Канарскихъ и Асорскихъ островахъ представляютъ кратеры, изъ коихъ извергаются потоки лавы, сравнительная географія указываетъ на системы вулкановъ безъ кратеровъ и потоковъ лавы, какъ, напримѣръ, въ Евганейскихъ островахъ и въ Боинскомъ Седмигоріи[14]. Иногда еще наука представляетъ намъ описанія вулкановъ, ко-

---

[11] Французскій академикъ (Bouguer), посѣтившій южную экваторіальную Америку въ половинѣ минувшаго вѣка.
[12] Иначе – *роговой обманки*.
[13] Леопольдъ фонъ-Бухъ представилъ объ этомъ явленіи обширную записку въ берлинскую академію наукъ (въ 1818 году).
[14] Siebengebirge von Bonn.

торые тянутся одинакими или двойными рядами на продолженіи многихъ сотенъ верстъ, то параллельно горнымъ цѣпямъ[15], то перерѣзывая послѣднія подъ прямыми углами[16]. Только въ Мексикѣ, горы трахита, извергающія пламя, достигаютъ линіи вѣчныхъ снѣговъ. Расположенныя подъ одною параллелью, и, вѣроятно, поднятые сквозь одну трещину, они поперегъ перерѣзываютъ материкъ па протяженіи семи-сотъ верстъ, отъ Южнаго-моря до Атлантическаго-океана. |8|

Эти массы вулкановъ, то группированныя кружками, то расположенныя двойными рядами, представляютъ неопровержимое доказательство того мнѣнія, что вулканическія причины не могутъ быть незначительными и близкими къ земной поверхности. Они заставляютъ насъ допустить, что великія явленія вулканизма берутъ свое начало въ глубинѣ нашей планеты. Вся восточная часть американскаго материка, небогато надѣленная въ металлургическомъ отношеніи, въ нынѣшнемъ своемъ состояніи не представляетъ ни кратеровъ, ни трахитовыхъ массъ; тамъ, можетъ-быть, не находится даже базальта, смѣшаннаго съ оливиномъ. Всѣ американскіе вулканы собраны на берегу, противуположномъ Азіи, въ цѣпи Андовъ, идущей вдоль по меридіану, на протяженіи болѣе десяти тысячъ верстъ.

Возвышенная долина Квито, которой вершины суть Пичинча, Котопахи и Тунгурагу, составляетъ одинъ вулканическій очагъ, если мы смѣемъ такъ выразиться. Подземный огонь пробивается то чрезъ одну, то чрезъ другую изъ этихъ отдушинъ, считаемыхъ обыкновенно за отдѣльные вулканы. Въ-теченіе послѣднихъ трехъ вѣковъ, послѣдовательный ходъ подземнаго огня принялъ, въ этихъ странахъ, направленіе отъ сѣвера къ югу. Опустошительныя землетрясенія сами свидѣтельствуютъ о существованіи подземныхъ сообщеній не только между странами, неимѣющими вулкановъ (фактъ, давно уже доказанный), но и между огнедышащими жерлами, раздѣленными огромнымъ разстояніемъ. Такъ, въ 1797 году, высокій столбъ дыма поднимавшійся безпрерывно, въ-теченіе трехъ мѣсяцевъ, изъ вулкана Пасто, исчезъ въ то самое мгновеніе, когда за 400 верстъ оттуда, страшное землетрясеніе Ріобамбы и изверженіе грязи (извѣстное подъ техническимъ названіемъ *моя*[17] погубило отъ 30 до 40 тысячъ Индѣйцевъ.

Внезапное появленіе острова Сабрины, въ Асорской группѣ, 30 января 1811 года, служило предвѣстникомъ ужасныхъ землетрясеній, которыя, далеко къ западу, потрясали, отъ мая 1811 до іюня 1813 года, сперва Антильскій архипелагъ, потомъ долины Охайо и Миссисипи, и наконецъ берега

---

[15] Въ Гватемалѣ, Перу и на Явѣ.
[16] Въ тропической части Мексики.
[17] Моуа.

Венецуэлы и Каракаса. Тридцать дней послѣ разрушенія прекраснаго города, |9| бывшаго столицею этой области, вулканъ св. Викентія, лежащій на одномъ изъ ближнихъ къ берегу острововъ и долгое время находившійся въ покоѣ, внезапно началъ дѣйствовать. Въ то же мгновеніе[18], подземный гулъ раздался въ Южной-Америкѣ, и распространилъ ужасъ на протяженіи 6400 квадратныхъ лье[19]. Индѣйцы, живущіе на берегахъ Ріо-Апуре, близъ сліянія ея съ Ріо-Нула, точно также, какъ и жители крайнихъ береговъ Венецуэлы, сравнивали этотъ гулъ съ сильнымъ грохотомъ. А отъ сліянія Нулы съ Апурою до береговъ Венецуэлы считается, по прямой линіи, по-крайней-мѣрѣ тысяча верстъ. Этотъ грохотъ, котораго распространеніе совершилось конечно не посредствомъ воздуха, долженъ былъ необходимо произойти отъ подземной, глубоко лежащей причины. Грохотъ едва былъ громче на берегахъ Антильскаго-моря, чѣмъ во внутренности материка, въ бассейнахъ Апуры и Ориноко.

Не для чего собирать бо́льшее число примѣровъ. Я ограничусь напоминаніемъ о явленіи, имѣющемъ для Европы значительную историческую важность, именно о знаменитомъ лиссабонскомъ землетрясеніи. Въ самую минуту потрясенія не только сильно заволновались швейцарскія озера и море, омывающее берега Швеціи, но даже на восточныхъ Антильскихъ островахъ, на берегахъ Мартиники, Антигуи и Барбадоса, приливъ внезапно поднялся на 20 футовъ, тамъ гдѣ онъ никогда не бываетъ выше 28 дюймовъ. Эти явленія доказываютъ, что подземныя силы обнаруживаются двумя способами: *динамически*, колебаніями земли, и *химически*, внутри огнедышащихъ горъ, разложеніями и преобразованіями расплавленныхъ веществъ. Тѣ же явленія доказываютъ, что упомянутыя силы не исходятъ изъ земной коры, и дѣлаются чувствительными только близъ земной поверхности, но истекаютъ изъ глубокихъ нѣдръ планеты и дѣйствуютъ совокупно, сквозь трещины и жилы, представляющія имъ свободный проходъ, на весьма удаленныхъ другъ отъ друга точкахъ поверхности земнаго-шара.

Чѣмъ разнообразнѣе устройство вулкановъ, то-есть, поднятій, окружающихъ каналъ, чрезъ который расплавленныя массы ис-|10| текаютъ изъ внутренности земли на ея поверхность, тѣмъ необходимѣе, помощію точныхъ измѣреній, составить себѣ истинную идею объ этомъ устройствѣ. Интересъ подобныхъ наблюденій, бывшихъ однимъ изъ главныхъ предметовъ моихъ изысканій въ Новомъ-Свѣтѣ, увеличивается еще мыслію, что протяженіе измѣряемаго предмета весьма разнообразно

---

[18] 30 апрѣля 1811 года.
[19] Около ста тысячъ квадратныхъ верстъ.

во многихъ пунктахъ. Окруженный измѣнчивыми явленіями, наблюдатель, посвятившій себя философскому изслѣдованію природы, безпрерывно стремится связывать явленія настоящего съ прошедшимъ.

Чтобы постигнуть періодическій возвратъ явленій, измѣняющихъ видъ природы, или проникнуть законы, управляющіе этими послѣдовательными измѣненіями, необходимо имѣть нѣсколько постоянныхъ точекъ, нѣсколько точныхъ наблюденій, которыя, связываясь съ опредѣленными эпохами, могли бы доставить *базисъ*, или основу численныхъ сравненій. Еслибы, напримѣръ, послѣдовательно, чрезъ каждое тысячелѣтіе, опредѣлена была средняя температура атмосферы и земли подъ различными широтами, или средняя высота барометра при поверхности океана, мы могли бы узнать, въ какомъ отношеніи климаты сдѣлались теплѣе или холоднѣе, и измѣнилась ли въ чемъ-нибудь высота атмосферы. Не менѣе было бы необходимо имѣть положительныя данныя для сравненія наклоненія и склоненія магнитной стрѣлки, равно какъ и напряженія электромагнитныхъ силъ, столь тщательно изслѣдованныхъ Зеебекомъ и Эрманомъ. Если ученыя общества считаютъ долгомъ неукоснительно слѣдить за всѣми перемѣнами, могущими имѣть вліяніе на экономію природы, какъ-то, на измѣненія температуры, давленія атмосферы, направленія и напряженія магнитныхъ силъ, то, съ другой стороны, путешествующему геологу, изучающему неровности земной поверхности, необходимо замѣчать измѣненія, происшедшія въ высотѣ вулкановъ. Послѣ возвращенія въ Европу, я имѣлъ случай нѣсколько разъ повторить надъ Везувіемъ опыты, сдѣланные нѣкогда надъ горами Мексики – вулканомъ Толука, Попокатепетлемъ, Кофре-де-Пероте или Наукампатепетлемъ и Хорульо, и въ Андахъ Квито, надъ Пичинчею. Если невозможно добыть полныхъ измѣреній – тригонометрическихъ или барометрическихъ, то ихъ должно замѣнять |11| углами высотъ, тщательно взятыми на хорошо опредѣленныхъ пунктахъ. Часто случается, что такіе углы, измѣренные въ различныя эпохи и сравненные между-собою, предпочитаются, по удобству и простотѣ исполненія, другимъ, болѣе сложнымъ, но зато и болѣе точнымъ способамъ.

Въ 1773 году, когда Соссюръ измѣрялъ Везувій, оба края жерла – сѣверо-западный и юго-восточный – показались ему одинаковой высоты, равнявшейся 609 туазамъ надъ поверхностью моря. Изверженіе 1794 года причинило на югѣ обвалъ, измѣнившій высоту краевъ жерла до такой степени, что она уже издали поражаетъ самый непривычный глазъ. Леопольдъ фонъ-Бухъ, Ге-Люссакъ и я самъ, въ 1805 году, трижды измѣряли Везувій, и нашли, что сѣверный край – Рокка-дель-Пало[20] – имѣлъ точно ту самую высоту, которую нашелъ Соссюръ; но южный край сдѣлался 75

---

[20] Находящійся напротивъ Соммы.

туазами ниже, чѣмъ въ 1773 году. Общая высота вулкана близъ Торре-
дель-Греко, то-есть, съ той стороны на которую, въ теченіе послѣднихъ
30 лѣтъ, преимущественно направляется дѣятельность огня, кажется, по-
низилась въ эту эпоху на одну восьмую.

Конусъ пепла относится къ общей высотѣ горы:
на Везувіи,   какъ 1 : 3
на Пичинчѣ   – 1 :13
на Тенерифскомъ пикѣ – 1 : 22

Слѣдовательно, изъ упомянутыхъ трехъ вулкановъ зольный конусъ,
или кегель относительно выше на Везувіѣ. Вѣроятная причина этому за-
ключается въ малой высотѣ горы, которая, слѣдовательно, преимуще-
ственно дѣйствуетъ чрезъ самую вершину.

Въ 1822 году мнѣ удалось нетолько возобновить на Везувіѣ прежнія
мои барометричскія наблюденія, но и предпринять, въ продолженіе трех-
кратныхъ восхожденій, полное измѣреніе всѣхъ краевъ жерла[21]. Этотъ
трудъ можетъ казаться достойнымъ нѣкотораго вниманія по тому обсто-
ятельству, что въ немъ заклю|12|чается долгій періодъ большихъ извер-
женій (отъ 1805 до 1822 г.), и еще потому, что, сколько мнѣ извѣстно, до-
нынѣ не обнародованы ни объ одномъ вулканѣ столь полныя наблю-
денія, которыхъ отдѣльныя части могутъ быть легко сравниваемы между
собою. Трудъ мой доказываетъ, что вездѣ края жерла подвержены
меньшимъ измѣненіямъ, чѣмъ то казалось при бѣглыхъ и поверхност-
ныхъ наблюденіяхъ. Я говорю *вездѣ*, а не только на вулканахъ, края ко-
торыхъ видимо состоятъ изъ трахита, какъ на Тенерифскомъ и на вулка-
нахъ Андской цѣпи. По моимъ послѣднимъ измѣреніямъ, можно почти
утвердительно сказать, что сѣверо-западный край жерла Везувія, совре-
менъ Соссюра, то есть, въ-теченіе 49 лѣтъ, не потерпѣлъ никакого
измѣненія высоты, и что юго-восточный край[22], имѣвшій въ 1797 году че-
тыреста футовъ, потерялъ съ той поры отнюдь не болѣе 60 футовъ.

Если при описаніяхъ изверженій Везувія въ газетахъ и журналахъ упо-
миналось о совершенномъ измѣненіи формы вулкана, что, по-видимому,
подтверждается живописными видами, снятыми въ Неаполѣ съ натуры,
то недолжно забывать, что заблужденіе рождается отъ того, что почти
всегда смѣшивали очерки жерлъ съ очерками конусовъ изверженія, об-
разующихся случайно среди кратера, на краяхъ огнедышущаго жерла,
поднятыхъ силою паровъ. Одинъ изъ конусовъ изверженія, состоявшій
изъ неплотнаго конгломерета огаринъ, незамѣтно поднялся въ 1816, 1817

---

[21] Въ поясненіяхъ, приложенныхъ къ этой статьѣ въ подлинникѣ, находимъ подроб-
ные результаты различныхъ измѣреній разныхъ частей Везувія, сравненныя
между собою.
[22] Находящійся противъ *Rosche-Tre-Case*.

и 1818 годахъ надъ юго-восточнымъ краемъ кратера. Февральское изверженіе 1822 года увеличило его до того, что онъ превосходилъ даже сѣверо-западный край[23] ста-десятью футами. Этотъ конусъ, который Неаполитанцы привыкли считать истинною вершиною Везувія, обрушился съ страшнымъ трескомъ, при послѣднемъ изверженіи, въ ночи 22 октября, такъ-что дно кратера, которое съ 1811 года было повсюду ровное и на одинаковой высотѣ, углубилось нынѣ на 750 футовъ противъ сѣвернаго и даже на 200 футовъ противъ южнаго края. Измѣнчивая форма и относительное положеніе конусовъ изверженія, которыхъ не должно смѣши|13|вать[24] съ отверзтіями жерла вулкана, придавалъ Везувію въ различныя эпохи характерную физіономію. Такъ геологъ, который бы задумалъ писать исторію этого вулкана, могъ бы, глядя на пейзажи Хакерта, (въ дворцѣ Портичи) узнать по контурамъ горы, моментъ въ который художникъ чертилъ свои эскизы.

Въ ночи съ 23 на 24 октября, сутки спустя послѣ того, какъ обрушился четырехсотфутовой конусъ огаринъ и когда уже текли небольшіе, но весьма многочисленные потоки лавы, началось огненное изверженіе пепла и камней. Оно продолжалось безпрерывно въ-теченіе двѣнадцати дней, хотя и не съ такою силою, какъ въ первые четыре дни. Во все продолженіе этого времени, грохотъ внутри вулкана былъ такъ силенъ, что отъ одного сотрясенія воздуха, безъ всякихъ слѣдовъ землетрясенія, потрескались потолки залъ во дворцѣ Портичи.

Ближайшія деревни – Резина, Торре дель Греко, Торре дель Аннунціата и Боске Тре Казе – были свидѣтелями страннаго явленія. Атмосфера была совершенно наполнена пепломъ, и, среди дня, вся страна оставалась погруженною на нѣсколько часовъ въ самый глубокій мракъ. Въ полдень ходили на улицахъ съ фонарями, какъ то часто случается въ Квито во-время изверженій Пичинчи. Жители почти всѣ спаслись бѣгствомъ. Нынѣ изверженій пепла боятся больше, чѣмъ потоковъ лавы. Ни разу, въ новѣйшія времена, это явленіе не выказывалось съ такою силою, и темное преданіе о разрушеніи Геркуланума, Помпеи и Стабіи понынѣ населяетъ воображеніе ужасными призраками.

Разгоряченный водяной паръ, вылетавшій изъ вулкана во-время изверженія, распространился въ воздухѣ и образовалъ, при охлажденіи, густое облако вокругъ столба пламени и пепла вышиною въ 9000 футовъ. Внезапное сгущеніе этихъ паровъ и, какъ показалъ Ге-Люссакъ, самое образованіе облака, увеличили напряженіе воздушнаго электричества. Изъ столба пепла излетали, по всѣмъ направленіямъ, молніи, и раскаты грома явственно различались среди грохота, гремѣвшаго внутри горы. Ни въ

---

[23] Рокка-дель-Пало.
[24] Какъ часто дѣлали прежде.

одномъ изъ прежнихъ изверженій, электрическія силы не производили столь поразительныхъ эффектовъ. |14| Утромъ 26 октября прошла странная вѣсть, что потокъ кипящей воды извергается изъ кратера и падаетъ на зольный конусъ. Неутомимый наблюдатель Везувія, ученый Монтичелли, вскорѣ однакожъ убѣдился, что такая вѣсть была слѣдствіемъ оптическаго обмана. Воображаемый потокъ былъ ничто-иное, какъ огромное количество сухаго пепла, подобнаго зыбучему песку, излетавшаго изъ трещины, образовавшейся въ верхнемъ краю жерла. Изверженію Везувія предшествовала засуха поразившая нивы безплодіемъ; въ тоже мгновеніе какъ оканчивалось изверженіе, облака разрѣшились вліяніемъ вулканической грозы, сейчасъ описанной, и страшный ливень продолжался весьма долгое время, несмотря на свою чрезвычайную силу.

Подобнаго рода явленія ознаменовываютъ окончанія вулканическихъ изверженій, во всѣхъ странахъ земли. Такъ какъ во все продолженіе изверженія зольный конусъ остается, обыкновенно, скрытымъ въ облакахъ, а вокругъ него хлещетъ самый сильный ливень, то-естественнымъ образомъ отвсюду появляются страшные потоки грязи. Испуганный земледѣлецъ считаетъ ихъ результатами воды, извергнутой жерломъ и падающей по окрайнамъ жерла. Даже геологъ, обманутый ложнымъ призракомъ, думаетъ видѣть здѣсь морскую воду и вулканическія вещества, извѣстныя подъ названіемъ *грязныхъ* изверженій, которыя древніе французскіе писатели, на своемъ систематическомъ языкѣ, называли продуктами огненно-водянаго растворенія или плавленія[25].

Когда вершины вулкановъ поднимаются за линію вѣчныхъ снѣговъ, какъ мы то встрѣчаемъ почти постоянно въ Андской цѣпи, гдѣ они достигаютъ иногда двойной высоты Этны, таяніе и осѣданіе снѣговъ дѣлаютъ упомянутыя выше наводненія еще болѣе обильными и опустошительными. Эти явленія, имѣющія съ изверженіями вулкановъ метеорологическую связь, видоизмѣняются высотою горы, очертаніемъ снѣговой вершины и теплотою, изливаемою краями зольнаго конуса. Они не должно, однакожъ быть разсматриваемы, собственно говоря, какъ вулканическія явленія. Обширныя пустоты существующія обыкно|15|венно вдоль склоновъ и у подошвы вулкановъ, заключаютъ въ себѣ подземныя озера, соединяющіяся различными путями съ горными потоками. Когда колебанія земли, предшествующія, въ Андской цѣпи, всѣмъ огненнымъ изверженіямъ, сильно потрясаютъ вулканическую массу, изъ тѣхъ скрытыхъ резервуаровъ истекаетъ могучими порывами, сквозь разные каналы, большая масса водъ съ рыбой и глинистымъ туфомъ. Это странное явленіе имѣетъ свидѣтеля своей дѣйствительности циклопическаго

---

[25] Liquéfaction igno-aqueuse.

силура²⁶ котораго жители Квито называють *Преньядилья*²⁷. Когда въ ночи съ 19 на 20 іюня 1698 года, вершина Каргайразо, возвышающаяся на 18,000 футовъ, къ сѣверу отъ Чимборасо, начала свое изверженіе, всѣ окрестныя поля, на протяженіи почти 100 квадратныхъ верстъ, покрылись грязью, перемѣшанною съ рыбами. Злокачественныя лихорадки, за семь лѣтъ до того открывшіяся въ городѣ Ибарра, приписываются подобному же изверженію рыбъ изъ подземныхъ озеръ вулкана Имбабуру.

Я привожу здѣсь всѣ эти факты, потому-что они кидаютъсвѣтъ на разность, существующую между изверженіями сухаго пепла и насыпями туфа и траса, которыхъ грязная масса уноситъ съ собою деревья, уголь и раковины. Количество пепла, извергнутаго Везувіемъ въ послѣднее свое изверженіе, необыкновенно преувеличено газетами, какъ вообще всѣ вулканическія и другія великія явленія природы, сильно потрясающія и пугающія воображеніе. Два неаполитанскихъ химика – Виченцо Пепе и Джіузеппе-ди-Нобили, несмотря на всѣ отрицанія Монтичелли и Ковелли, упорно утверждали, что въ изверженной золѣ находилось золото и серебро. Мои собственныя наблюденія привели къ заключенію, что слой пепла, накопившійся въ-теченіе двѣнадцати дней со стороны Боске-Тре-Казе, имѣлъ на склонѣ конуса только три фута толщины, а въ долинѣ не болѣе 15 или 18 дюймовъ. Прошло то время, когда, по примѣру древнихъ, обращалось преимущественное вниманіе на одну чудесную сторону вулканическихъ явленій. Теперь уже не |16| явится второй Ктезій, разсказывавшій, какъ пепелъ Этны летѣлъ до Индейскаго полуострова.

Что же касается до содержанія золота и серебра въ вулканическомъ пеплѣ, то хотя часть золотоносныхъ и серебросныхъ жилъ, открытыхъ въ Мексикѣ, дѣйствительно находится въ трахитовомъ порфирѣ; но знаменитый химикъ²⁸, разлагавшій, по моей просьбѣ, пепелъ, привезенный мною съ Везувія, не могъ открыть въ немъ ни малѣйшихъ слѣдовъ золота или серебра.

Какъ ни велика разница между этими результатами²⁹ и общимъ мнѣніемъ, распространившимся въ публикѣ, зрѣлище Везувія съ 24 по 28 октября представляло самое достопамятное и поразительное зрѣлище, о которомъ сохранилось достовѣрное извѣстіе со времени смерти Плинія старшаго. Количество пепла, изверженное въ 1822 году, было, можетъ-быть, втрое значительнѣе, чѣмъ всѣ выброшенныя тѣмъ же путемъ, съ-тѣхъ-поръ, какъ вулканическія явленія сдѣлались въ Италіи предметомъ

---

²⁶ Pimelodes Cyclopum, особаго рода рыба, живущая въ подземныхъ водахъ и описанная Гумбольдтомъ.
²⁷ Prenadilla.
²⁸ Генрихъ Розе.
²⁹ Совершенно согласными съ наблюденіями Монтичелли, отличающимися своею особенною точностію.

тщательныхъ наблюденій. Съ перваго взгляда, слой въ 15 или 18 дюймовъ пепла покажется незначительнымъ въ-сравненіи съ массою, покрывающею нынѣ Помпею. Но, уже не говоря о дождевыхъ потокахъ, наносахъ и насыпяхъ, увеличившихъ въ-теченіе вѣковъ эту массу, не возобновляя споровъ о причинахъ, разрушившихъ три кампанійскіе города, должно вспомнить, что никакъ нельзя сравнивать между-собою относительной силы вулканическихъ изверженій, раздѣленныхъ значительными промежутками времени. Всѣ выводы, основанные на аналогіяхъ, недостаточны, когда идетъ дѣло о опредѣленіи количества лавы и пепла, о высотѣ столбовъ пара и о силѣ взрывовъ.

Изъ географическаго описанія Страбона и сужденія Витрувія о вулканическомъ происхожденіи пемзы, видно, что до кончины Веспасіана, случившейся въ томъ самомъ году, какъ была засыпана Помпея, Везувій скорѣе походилъ на угасшій вулканъ, чѣмъ на солфатару[30]. Если допустить, что послѣ долгаго спо|17|койствія, подземныя силы внезапно открыли себѣ новые пути и вновь начали пробивать первозданныя толщи и пласты трахита, то, отъ этого должны были произойти результаты, о которыхъ никакъ нельзя судить по послѣдовавшимъ явленіямъ. Знаменитое письмо, въ которомъ младшій Плиній описываетъ Тациту смерть своего дяди, ясно доказываетъ, что Везувій, воспрянувъ отъ сна, ознаменовалъ сильнымъ изверженіемъ пепла возвратъ свой къ дѣятельности. То же самое замѣчено и въ-отношеніи къ Хорульо, когда, въ сентябрѣ 1759 года, этотъ вулканъ, пробивъ пласты сіенита и трахита, внезапно выдвинулся горою изъ земныхъ нѣдръ среди плоской долины. Обитатели сосѣднихъ полей бѣжали отъ пепла, который, вылетая изъ разверзшейся утробы земной, потоками падалъ на кровли ихъ жилищъ.

Въ обыкновенномъ ходѣ вулканическихъ явленій пепельный дождь означаетъ конецъ изверженія. Письмо младшаго Плинія содержитъ еще явное доказательство, что, съ самаго начала, сухой пепелъ, падавшій изъ воздуха, не будучи гонимъ вѣтромъ, достигалъ толщины отъ четырехъ до пяти футовъ. Младшій Плиній говоритъ положительно:

«Дворъ, на которомъ отдыхалъ мой дядя, былъ такъ наполненъ пепломъ и пемзою, что еслибы онъ промедлилъ еще нѣсколько времени, то не могъ бы найти выхода».

Ясно, что въ закрытомъ пространствѣ двора, дѣйствіе вѣтра на скопленіе золы не могло быть значительнымъ.

Я прервалъ сравнительное разсматриваніе вулкановъ частными наблюденіями надъ Везувіемъ, изъ уваженія къ интересу, возбужденному послѣднимъ его изверженіемъ, и потому-что не возможно говорить о

---

[30] Солфатара – родникъ сѣры.

сильномъ пепельномъ дождѣ, не обращаясь невольнымъ образомъ къ классической почвѣ Геркуланума и Помпеи.

Мы донынѣ разсматривали форму и дѣйствія вулкановъ, находящихся, посредствомъ жерла, въ постоянномъ сообщеніи съ внутренностью земли. Вершины этихъ вулкановъ состоятъ изъ массъ трахита и лавы, поднятыхъ силою паровъ и прорѣзанныхъ по всѣхъ направленіямъ жилами. По постоянству ихъ дѣйствія можно представить себѣ сложность ихъ устройства. Они, такъ-|18|сказать, отличаются индивидуальнымъ характеромъ, неизмѣняющимся въ-теченіе долгихъ періодовъ времени. Эти горы, несмотря даже на близкое свое сосѣдство, чаще всего даютъ совершенно различные продукты: лавы изъ левкита и полеваго шпата, обсидіанъ, смѣшанный съ пемзою и базальтовыя массы, содержащія оливинъ. Эти продукты пробиваютъ, обыкновенно, всѣ осадочные пласты, и принадлежатъ къ самымъ новѣйшимъ изъ земныхъ явленій. Ихъ изверженія и потоки лавъ имѣли мѣсто позже образованія нашихъ долинъ.

Жизнь этихъ вулкановъ, если позволено выразиться такимъ-образомъ, зависитъ отъ способа и продолжительности ихъ сообщеній съ внутренностью земли. Часто они покоятся въ-продолженіе вѣковъ, и вдругъ оживляются, извергая, подобно солфаторамъ, водяные пары, газы и кислоты. Впрочемъ иногда, какъ то замѣчено на Тенерифскомъ пикѣ, ихъ вершина сдѣлалась уже лабораторіею возгнанной сѣры, а потоки лавы текутъ еще изъ реберъ горы. Эти лавы, похожія въ нижней части на базальтъ, принимаютъ въ верхней, тамъ гдѣ давленіе слабѣе, видъ обсидіана и пемзы[31].

Кромѣ этихъ горъ съ постоянными кратерами, существуетъ еще другой видъ вулканическихъ явленій, болѣе рѣдкихъ, но зато особенно поучительныхъ для геолога. Явленія, о которыхъ мы хотимъ теперь говорить, переносятъ насъ въ первобытный міръ, къ временамъ первыхъ переворотовъ, обурѣвавшихъ лицо нашей планеты. Горы трахита внезапно разверзаются, извергаютъ лаву и пепелъ, и потомъ опять закрываются, можетъ-быть, навсегда. Таковы – могучій вулканъ Антизана въ Андскомъ хребтѣ, и Эпомейская-гора на островѣ Исхіи[32]. Иногда такія изверженія случаются въ долинѣ: примѣры тому встрѣчались на плоскогоріи Квито, въ Исландіи[33], и на островѣ Эвбеѣ, среди Лелантійскихъ полей. Къ этимъ же преходящимъ явленіямъ принадлежатъ и многочисленные

---

[31] О Тенерифскомъ пикѣ см. Леопольда фонъ-Буха въ *Description physique des iles Canaries*, p. 167 французск. перевода, и въ *Abhandlungen der Königl. Akadem. zu Berlin*, 1820–1821, p. 99.

[32] Въ 1302 году.

[33] Въ значительномъ отдаленіи отъ вулкана Геклы.

остро|19|ва, поднятые со дна морскаго. Здѣсь нѣтъ постояннаго и непрерывнаго канала, соединяющаго поверхность земнаго-шара съ его внутренностью, и дѣйствіе прекращается, какъ скоро трещина или сообщающій каналъ закроется.

Тѣмъ же причинамъ, вѣроятно, одолжены своимъ происхожденіемъ жилы базальта, долерита и порфира, перерѣзывающія въ различныхъ странахъ почти всѣ формаціи, массы сіенита, пироксеническаго порфира и миндальнаго камня, характеризующихъ самые новые слои переходныхъ формацій и самые древніе осадочныхъ породъ. Въ юности нашей планеты, внутреннія вещества, сохранившія свою текучесть, пробились сквозь трещины, повсюду перерѣзывавшія земную кору, то отвердѣвая въ видѣ тонкихъ жилъ, то распространяясь и налегая пластами другъ-на-друга. Исключительно вулканическія каменныя породы первобытнаго міра не истекли узкими полосами, какъ лавы отдѣльныхъ конусовъ. Смѣси пироксена, титанистаго желѣза, полеваго штата и амфиболи[34] были одинаковы въ различныя эпохи, то приближаясь къ базальту, то походя болѣе на трахитъ. Ученые труды Мичерлиха и сходство огненныхъ продуктовъ, происходящихъ при искусственныхъ операціяхъ, показали, что химическія вещества могли улечься рядомъ подъ кристаллическою формою. Это не мѣшаетъ намъ признать, что вещества, составленныя сходнымъ образомъ, явились на земную поверхность весьма различными путями – или простымъ поднятіемъ, или прониканіемъ чрезъ временныя трещины, или пробиваясь сквозь древнѣйшія породы (то-есть, сквозь окислившуюся уже земную кору), они попадали назадъ потоками лавы съ коническихъ вершинъ горъ, имѣющихъ постоянные кратеры. Смѣшеніе этихъ явленій, столь различныхъ между-собою, повергло бы вулканическую геологію въ мракъ, изъ котораго ее мало-по-малу начали извлекать новѣйшія многочисленныя сравнительныя наблюденія.

Часто удается слышать вопросы: Что́ такое горитъ въ вулканахъ? Откуда происходитъ жаръ, поддерживающій смѣсь земель и металловъ въ расплавленномъ состояніи?

Новѣйшая химія пыталась отвѣчать на эти вопросы. Въ вул|20|канахъ, говорила она, горятъ самые металлы, земли, щелочи или, лучше сказать, металлическія ихъ основанія. Твердая и уже окислившаяся кора земная отдѣляетъ атмосферный океанъ, содержащій много кислорода отъ воспламеняющихся и еще неокисленныхъ веществъ, наполняющихъ внутренность планеты. Жаръ освобождается отъ взаимнаго соединенія металлическихъ основаній и кислорода.

Остроумный и знаменитый химикъ – сэръ Гумфри Деви – предложившій такую ипотезу, для объясненія вулканическихъ явленій, самъ

---

[34] Роговой обманки.

вскорѣ отъ нея отказался. Опыты, произведенные во всѣхъ поясахъ земли, въ глубинѣ рудниковъ и пещеръ, и собранные мною, вмѣстѣ съ Ф. Д. Араго̀, въ особой статьѣ, доказываютъ, что на умѣренной глубинѣ температура земнагошара уже гораздо выше средней температуры атмосферы близъ земной поверхности. Этотъ замѣчательный фактъ, повсюду подтверждающійся дальнѣйшими изысканіями, совершенно согласуется съ тѣмъ, что̀ мы извлекаемъ изъ изученія вулканическихъ явленій. Вычислили, на какой глубинѣ можно разсматривать тѣло земли, какъ расплавленную массу. Первоначальная причина этого подземнаго жара одинакова для земли и для прочихъ планетъ, и заключается въ самомъ фактѣ послѣдовательнаго образованія. Это результатъ разъединенія между округляющеюся отвердѣвающею массою и газообразною жидкостію, ее окружающею; это результатъ охлажденія земныхъ слоевъ на различныхъ глубинахъ, въ-слѣдствіе лучеиспусканія[35].

Всѣ эти вулканическія явленія происходятъ, вѣроятно, отъ постояннаго или временнаго сообщенія между наружностію и внутренностію нашей планеты. Упругіе пары продавливаютъ снизу вверхъ, сквозь глубокія щели, расплавленныя и окисляющіяся вещества. Слѣдовательно, вулканы похожи на перемежающіеся источники. Жидкія смѣшенія металловъ, щелочей и земль, образующія потомъ пласты отвердѣвшей лавы, |21| текутъ спокойно, пока упругостію и расширеніемъ паровъ ненайдутъ себѣ истока.

Такимъ точно образомъ древніе, слѣдуя Платонову *Федону*, разсматривали вулканическія изверженія, какъ истеченія единственнаго источника, названнаго ими *Пирифлегетономъ*.

Къ этимъ соображеніямъ я позволю себѣ присовокупить новое и довольно смѣлое.

Подземный жаръ, засвидѣтельствованный термометрическими изслѣдованіями ключей, бьющихъ съ различной глубины, а также и изученіемъ вулкановъ, не составляетъ ли причины одного изъ поразительнѣйшихъ явленій, представляемыхъ намъ палеонтологіею[36]. Животныя формы, свойственныя тропикамъ, древообразные папортники, пальмы и бамбуки погребены подъ хладною почвою сѣверныхъ пустынь. Вездѣ первобытный міръ представляетъ намъ распредѣленіе организмовъ, противорѣчащее нынѣшнему состоянію климатовъ. Для объясненія этой

---

[35] Увеличеніе температуры въ нашихъ широтахъ равняется одному градусу Реомюра на каждые 113 футовъ глубины. Ней–Зальцверкскій артезіанскій колодецъ близъ Миндена, достигающей наибо̀льшей понынѣ извѣстной глубины подъ уровнемъ моря, представляетъ на 2094 футахъ температуру 26° 2 Реом. при средней температурѣ атмосферы въ 7° 7.

[36] Наука объ ископаемыхъ или окаменѣлыхъ остаткахъ и растеній первобытнаго міра.

важной задачи были предложены многія ипотезы: сближеніе съ кометою, измѣненіе въ наклонности эклиптики, бо́льшее напряженіе солнечнаго свѣта и т. п. Но ни одна изъ этихъ ипотезъ не могла удовлетворить одновременно астронома, физика и геолога. Что́ до меня касается, я охотно оставляю ось земную въ нынѣшнемъ ея положеніи, и вовсе не намѣренъ допускать измѣненій въ солнечномъ освѣщеніи, подобно знаменитому астроному[37], который солнечными пятнами хотѣлъ объяснить урожайные и неурожайные годы. Но мнѣ кажется, что во всякой планетѣ, независимо отъ ея отношеній къ центральному тѣлу и ея астрономическаго состоянія, существуетъ множество причинъ, могущихъ произвести отдѣленіе теплоты. Подобнаго рода явленіе можетъ произойти отъ окисленія и осажденія тѣлъ, или отъ измѣненій, происшедшихъ въ ихъ теплоемкости, въ-слѣдствіе химическихъ соединеній, или отъ усиленія электромагнитнаго напряженія, или, наконецъ, отъ прямыхъ сообщеній между внутренностью и поверхностью планеты.

Когда, въ первобытномъ мірѣ, земная кора испускала лучи- |22|стую теплоту, чрезъ бороздившія ее глубокія трещины, то весьма было возможно пальмамъ и древообразнымъ папортникамъ, а также животнымъ формамъ тропиковъ, развиваться, въ-теченіе цѣлыхъ вѣковъ, на всей поверхности земнаго-шара. По этому образу воззрѣнія, изложенному уже мною въ другомъ сочиненіи[38], температура вулкановъ представляетъ именно температуру внутренности земнаго-шара, и причины, производящія нынѣ столь разрушительное дѣйствіе, порождали нѣкогда роскошную растительность, развивавшуюся подъ всѣми широтами. То что производитъ нынѣ землетрясенія и изверженія огнедышащихъ горъ, испускало нѣкогда живительный жаръ сквозь глубокія трещины только-что окислившейся земной коры.

Если для объясненія удивительнаго распредѣленія тропическихъ формъ въ могилахъ, гдѣ они нынѣ погребены, мы вздумали допустить, что длинношерстный слонъ, находимый нынѣ въ льдистыхъ тундрахъ Сибири, былъ нѣкогда туземнымъ обитателемъ сѣверныхъ климатовъ; если допустимъ, что сходныя и относящіяся къ одному основному типу формы (напримѣръ *львы и рыси*) могли одновременно жить въ весьма различныхъ климатахъ; то подобнаго рода объясненіе отнюдь не можетъ относиться къ растительному царству. По причинамъ, неопровержимо объясняемымъ физіологіею растеній – пальмы, бананы и древообразныя односѣмяннодольныя не могли никогда существовать въ климатахъ, соотвѣтствующихъ нынѣшнимъ сѣвернымъ. А въ геологической задачѣ, о

---

[37] Сэръ У. Гершель.
[38] Геогностическій опытъ распредѣленія горнокаменныхъ породъ въ обоихъ полушаріяхъ земнаго-шара.

которой теперь идетъ рѣчь, мнѣ кажется невозможнымъ отдѣлять растительныя формы отъ формъ животныхъ. Одна и та же причина должна удовлетворительно объяснять одновременное существованіе какъ тѣхъ, такъ и другихъ.

Оканчивая эту картину, къ фактамъ, собраннымъ въ разнообразнѣйшихъ странахъ, я присовокупилъ ипотетическія умозаключенія. Философское изученіе природы не должно заключаться въ предѣлахъ простаго описанія, и не можетъ ограничиваться безплоднымъ сближеніемъ отдѣльныхъ явленій. А |23| потому дозволимъ дѣятельной пытливости человѣка восходить отъ настоящаго въ мракъ прошедшаго, предчувствовать то, что не можетъ еще быть обнаружено, и насладиться древними геологическими мифами, возвращающимися постоянно подъ новыми формами.

Перевелъ М. ХОТИНСКІЙ.

Нынѣшнее состояніе Республики Центро-Американской или Гватемальской[*]

Соч. А. Гумбольда

Въ прежней Испанской Америкѣ, между 37° 48′ Сѣверной широты, и 41° 43′ южной широты, образовались семь соединенныхъ республикъ: Мексика, Гватемала, Колумбія, Нижній Перу, Хили, Верхній Перу[1], ила-Плата: Гватемала лежитъ почти въ самой срединѣ. Жители сей гористой страны начали сражаться за независимость свою въ Сентябрѣ мѣсяцѣ 1821 года. Уступая видамъ постороннимъ, они принуждены были присоединиться къ Мексикѣ; но 21 Января 1823 года зависимость сія прекратилась, и Гватемала, провозгласивъ |111| торжественно свою независимость, объявила себя отдѣльнымъ федеральнымъ Государствомъ.

Названіе сей страны было нѣсколько разъ перемѣняемо. Въ постановленіи изданномъ 25 Января 1824 года Исполнительнымъ Совѣтомъ о поселеніи иностранцевъ, Соединенныя Провинціи были названы Provincias unidas del Centro de America[2]; а 22 Ноября тогоже года было опредѣлено нынѣшнее наименованіе: Republica federal del Centro-America. Это имя принято было для того, чтобы не подавать частнымъ Государствамъ Сан-Сальвадору, Гондурасу и Никарагвѣ, повода къ зависти.

Изо всѣхъ Испанскихъ владѣній въ Америкѣ доселѣ всѣхъ менѣе извѣстна Гватимала. Объ этой странѣ есть одно только статистическое сочиненіе подъ заглавіемъ: Compendio de la Historia de la |112| Ciudad de Guatemala, Доминго Хуарроса; оно въ двухъ частяхъ, изданныхъ въ 1809 и 1818 годѣ и сокращенныхъ въ Англійскомъ переводѣ, вышедшемъ въ Лондонѣ въ 1823 году. Къ несчастію, авторъ занимался наиболѣе тѣмъ, что происходило въ духовномъ управленіи сей страны; однакоже въ книгѣ сей есть много свѣдѣній о положеніи горъ, теченіи

---

[*] In: Sĕvernyj archiv 33–34:7 (1828), S. 110–131; 33–34:8 (1828), S. 253–275.

[1] Rebublica de Bolivar или Верхній-Перу, состоящій изъ прежнихъ провинцій Сіерры; а именно: Харкаса, Потози, ла-Паца, Кохабамбы, Моксоса, и Хикитоса, отдѣленныхъ отъ ла-Платы или Буэносъ-Айреса.

[2] Слово сіе не сообразно съ правилами Грамматики. По духу Испанскаго языка надобно было бы сказать: Central America; но нужно было такое имя, изъ котораго бы можно было составить прилагательное для означенія жителей: они называются Centro Americanos. Точно такимъ же образомъ, вопреки Грамматикѣ, жителей Соединенныхъ штатовъ Сѣверной Америки привыкли называть los Nort-Americanos.

рѣкъ, о нравахъ жителей и о слѣдахъ древняго ихъ просвѣщенія; но Историки и Географы доселѣ еще не пользовались сими матеріялами. При семъ твореніи нѣтъ Географическихъ картъ, а та, которая приложена къ Англійскому переводу, гораздо хуже сочиненной Г. Брюэ и присоединенной къ копіи съ моей карты Новой-Испаніи. Чтобы въ точности узнать морскіе берега, для этого необходимо нужны двѣ морскія карты, изданныя въ 1803 и 1822 годахъ отъ Мадритскаго Deposito hydrografico.³

Я писалъ въ Гватималу, чтобы узнать, нѣтъ ли въ Государственныхъ Архивахъ |113| или гдѣ либо въ другомъ мѣстѣ карты или Географической съемки сей страны; мнѣ отвѣчали, что нѣтъ нигдѣ; я получилъ только небольшой весьма рѣдкій планъ равнины лежащей между Новою Гватемалою и озеромъ Атитанскимъ; планъ сей выгравированъ тамъ на мѣди въ 1800 году. Я въ послѣдствіи буду употреблять эту карту⁴, составленную по приказанію одного главнаго Алькада (alcade mayor) провинціи Сухилтепекской, для показанія новой дороги, проведенной имъ между столицею и мостомъ Ріо де Нагвалате, равно какъ и планъ прожектированнаго канала Никварагскаго, рисованный въ 1822 году Г. Антоніо де ла Церда и который я недавно досталъ.

По совершенному недостатку въ статистическихъ свѣдѣніяхъ, не должно удивляться тому, что краткія сочиненія, которыми страли́сь удовлетворить любопытству въ Англіи и Франціи такъ мало занимательны. Только одинъ путевый |114| журналъ Доктора Лаваньино⁵ не заслуживаетъ важныхъ упрековъ, хотя и не представляетъ общей картины новой Республики. По сему я смѣю надѣяться, что читателямъ не непріятны будутъ слѣдующія краткія извѣстія, почерпнутыя мною отчасти изъ переписки моей съ Г. Жозе де ла Валле, который долгое время занималъ важную должность въ Комитетѣ исполнительнаго Совѣта, и отчасти изъ многихъ журналовъ, которые съ нѣкотораго времени издаются въ Гватемалѣ⁶. Я не видалъ никакой части *Центро-Америки*; но по безпрерывнымъ сношеніямъ моимъ съ главными въ Мексиканскомъ Правительствѣ лицами и по разговорамъ

---

[3] Carta esférica del mar de las Antillas y de las Costas de Tierra-Firme, desde la isla de Trinidad hasta el golfo de Honduras, 1803. Carta esférica desde el golfo en la Costa Rica hasta en la Nueva Galicia, 1822.

[4] Bosquejo hodométrico del espacio que media entre los estremos de la provincia de Suchiltepeque y la capital de Guatemala, 1800. Сія небольшая карта весьма важна по означеннымъ въ ней огненнымъ и водянымъ волканамъ.

[5] New Monthly Magazine, N 8.

[6] El Redactor general de Guatemala, издаваемый по образцу Парижскаго *Монитера* и Мексиканскаго *Солнца. El Indicador de Guatemala* въ 4 д. л.

со многими туземцами, бывшими въ Англіи и Франціи, я имѣлъ случай повѣрить преждесобранныя свѣдѣнія.

Пространство прежней Capitania General Гватемальской, составляетъ по моему исчисленію 6,740 льэ, по 20 въ градусѣ.[7] До времени перваго возстанія, |115| т. е. до 15 Сентября 1821 года, провинціи Шіапа, Гватемала[8], Верапазъ или Тезулушлапъ, Гондурасъ, Никарагва и Коста Рика почитались принадлежащими къ сей странѣ. – Морскіе берега сей Capitania general простирались по Великому Океану отъ ла *Барра де Тонала* (16° 7′ Сѣвер. шир.) на западъ отъ Тегуантепека до мыса Бурика или Борука (8° 5′) на западъ отъ залива Дульче-де-Коста-Рика; отъ сего пункта пограничная линія идетъ сначала на Сѣверъ вдоль Колумбійской провинціи Верагва къ мысу Карета (9° 35′ шир.), нѣсколько на Востокъ отъ прекраснаго порта Бокка-дель-Торо; потомъ направляется къ С. С. З. вдоль морскаго берега до рѣки Блюфилдъ (Blewfield) или Нуева-Сеговія (11° 54′ шир.) по землѣ Индѣйцевъ Москвитосовъ; потомъ льэ на 40 къ С. З вдоль рѣки Нуева Сеговія и наконецъ къ С. до мыса Камарона (16° 3′ шир.) |116| между мысомъ Граціасъ-а-Діосъ и портомъ Труксилло. – Отъ мыса Камарона до Рио Сибуна (17° 12′ шир.) берегъ Гондурасскій составляетъ границы, сначала къ З., потомъ къ С. Во внутренней части она слѣдуетъ сначала по теченію Рио-Сибуна къ Востоку, пересѣкаетъ Рио-Сумазинта, которая впадаетъ въ Лагуны Терминосскіе, идетъ къ Рио-Табаско или Гріальва до горы, на которой построенъ городъ Шіапа, потомъ поворачиваетъ къ Ю. З. и снова достигаетъ до великаго Океана въ ла-Барра-де-Тонала. Въ этомъ пространствѣ Gapitania general Гватемальская была нѣсколько побольше Испаніи и не много поменьше Франціи. Въ слѣдствіе политическихъ раздоровъ, возбужденныхъ въ Гватималѣ эфемернымъ Императоромъ Итурбидомъ и его приверженцами, провинція Шіапа, которая въ старину называлась (по множеству своихъ святыхъ городовъ и мѣстъ, въ которыя ходили на богомолье) *Тео-Шіапа*, присоединилась къ республикѣ Мексиканской, такъ что нынѣ все пространство федеральнаго Государства Центро-Америки составляетъ только 15,400 квадратныхъ льэ[9]. |117|

---

[7] Число сіе почитается вѣрнѣйшимъ, въ самой Гватемалѣ (Redactor 1825., стр. 1.)

[8] По мнѣнію нѣкоторыхъ этимологовъ имя Гватималы есть испорченное слово *guautemali*, гнилое или дуплистое дерево, потому что Мексикскіе союзники Испанскаго Полководца Альварадо нашли гнилой стволъ дерева близъ мѣстопребыванія Короля Натиквелазы; другіе же утверждаютъ, что оно происходитъ отъ Тзендалическаго слова uhatezmalha, т. е. гора, извергающая воду (volcan de agua.)

[9] 8,624 Географическихъ квадратныхъ льэ, а не 15,498, какъ сказано въ *Hassel's Statistischem Umriss*, стр. 78.

Многіе Гватемальцы надѣятся, что провинція Шіапа, снова сблизится съ Центральною Америкою и отдѣлится отъ Мексики. – Республика Мексиканская съ своей стороны предъявляетъ требованіе на провинцію Соконуско, знаменитую по своему превосходному какао. Соконуско до половины осмнадцатаго столѣтія составляла часть Интендантства Шіапскаго, котораго столица есть не деревня Шіападе-Лосъ-Индіосъ, какъ показано на многихъ картахъ, но городъ Ціудадъ-Реаль, называвшійся прежде Вилла-Реаль, Вилла-Віціоза, или Вилла-де-Санъ-Кристовалъ де-лосъ-Лланосъ. Главный городъ провинціи Соконуско называется Санто-Доминго-Эскуинтла, который не должно смѣшивать съ Концепціонъ-де-Эскуинтла, главнымъ городомъ Департамента Эскуинтлскаго.

Народонаселеніе Гватемальской республики доселѣ весьма мало извѣстно. То что содержится по сему предмету въ прекрасномъ журналѣ El Redactor general (Іюль 1825) ни сколько не уменьшило этой неизвѣстности. Въ Гватемалѣ, рав|118|но какъ и во всей Испанской Америкѣ хорошая перепись, или лучше сказать, хорошее исчисленіе народа можетъ быть составлено не иначе, какъ при пособіи духовенства. Въ 1778 году Донъ Матіасъ де Гальвесъ, Генералъ-Капитанъ Гватемальскій, нашелъ, по исчисленію, сдѣланному властями свѣтскими, что народонаселеніе составляетъ 797,214 душъ; но если сравнить съ симъ счетомъ частные списки духовенства въ четырехъ Епископствахъ, то увидимъ, что исчисленіе 1778 года цѣлою третью меньше настоящаго. – Духовенство нашло въ Епископствѣ Комаягваскомъ 93,501 душу, вмѣсто 88,145; въ Епископствѣ Шіапскомъ 99,000, вмѣсмо 62,200.

Во время моего пребыванія въ Мексикѣ, народонаселеніе въ Гватемалѣ полагали въ 1,200,000 душъ. – Нынѣ въ Сентябрѣ 1825 года пишутъ, что въ новой республикѣ, независимо отъ провинціи Шіапы, есть 2 или 2 $1/2$ милліона жителей.

Центральная Америка или Гватемала, также какъ и Мексика, можетъ быть названа страною гористою; между тѣмъ въ провинціяхъ Вера-Пацъ, Гондурасъ и Поясъ, жаркія, довольно пространныя равнины идутъ до самаго Атлантическа|119|го Океана. Цѣпь Андовъ, понижаясь близъ устья Атрато, истока небольшой рѣчки Напипи и залива Купика, и составляя тутъ холмы, вышиною въ нѣсколько сотъ футовъ, поднимается до 600 футовъ на перешейкѣ Панамскомъ и постепенно расширяется въ Кордильерахъ Верагскихъ и Саламанкскихъ. – Если правда, что горы, называемыя Силла-де Верагва и Кастилло-делъ-Шоко и лежащія на С. З. границахъ Колумбійской республики, почти подъ меридіаномъ Бока-делъ-Торо и Лагуна-де-Ширикви, видны на разстояніи 36 морскихъ льэ[10], то высота вершинъ ихъ, по законамъ отраженія солнечныхъ лучей, должна составлять 1400 тоазовъ надъ поверхностію моря.

Цѣпь Андовъ, съ самаго входа въ Центральную Америку, идетъ все близко къ берегу Великаго Океана; и отъ залива Никовскаго до Соконуско, между 9° 30′ и 16° широты, тянется длинный рядъ отдѣльныхъ волкановъ.

Вотъ доставленное мнѣ обозрѣніе геогностическаго состоянія сей страны:

Рядъ волкановъ Центральной Америки, |120| между 11° и 16° широты возвысился между горами Верагскими и Оаксакскими.

Проѣзжая изъ Каллао въ Акапулко, я извлекъ изъ рукописныхъ картъ Жуана Морабды весьма важныя свѣдѣнія о положеніи огнедышущихъ горъ Гватемальскихъ.

Я слѣдую за рядомъ сихъ волкановъ отъ Ю. В. къ С. З. также какъ Г. Араго.

Многіе волканы имѣютъ по нѣскольку именъ, изъ коихъ тѣ, которые собственно принадлежатъ горамъ, различествуютъ смотря по различнымъ нарѣчіямъ Индѣйцевъ и происходятъ отъ названій окрестныхъ мѣстъ. Такимъ образомъ въ Мексикѣ Попокатепетль и Истакки-Гунте называются иногда volcanos de Puebla и vulcanos de Mexico, и двѣ горы могутъ иногда, но недоразумѣнію, быть приняты за шесть различныхъ горъ.

Другой источникъ заблужденія происходитъ отъ того, что въ Америкѣ волканами называются не только горы, которыхъ изверженія случались еще прежде историческихъ временъ, но также и массы трахита, которыя конечно никогда ничего не извергали и которыя не сообщаются посредствомъ всегдашнихъ отверстій со внутренностію земли. |121|

Самый полуденный волканъ есть *Барца* (8° 55′ шир.) во внутреннихъ земляхъ, на 7 морскихъ льэ на С. В. отъ залива Дульче. На Англійскихъ картахъ онъ называется волканомъ Вару и поставленъ, я думаю что ошибочно, болѣе къ Востоку (под 84° 52′ долготы на З. отъ Парижа и 8° 25′ широты) въ провинціи Верагва. – За волканомъ Баруа слѣдуетъ волканъ *Папагай* (10° 100′ шир.), лежащій не на мысѣ Санта Каталина, но на 5 морскихъ льэ ближе къ Сѣверу, почти на 4000 тоазовъ отъ берега.

На востокъ отъ Попагайо, близъ полуденнаго берега озера Никарагва, лежатъ три древнія огнедышущія горы; онѣ суть *Орози*, между Ріо-Забалосъ и Ріо-Терлуга, *Теноріо* и *Ринконъ-де-ла-Вiеха*. Сей

---

[10] Purdy, Columbian navigator, стр. 134.

послѣдній, подъ 10° 57′ широты, *отстоитъ только на* 1° 35′ *на* 3. *отъ устья* Rio Санъ Жуанъ въ Антильскомъ морѣ. – Существованіе большаго озера Никарагва, лежащаго въ кратерѣ, кажется мнѣ, происходитъ отъ восточнаго, дѣйствительно страннаго положенія волкана де-ла-Вiеха.

На Сѣверъ отъ города Никарагвы, на выдавшейся части земли, между моремъ и берегомъ и между 11° 30′ и 12° 30′ широты, синонимія волкановъ также представляетъ |122| нѣкоторыя затрудненія. Хуарросъ, Исторіографъ Гватимальскій, и Антонiю де-ла-Цереда, Алькадъ города Гранады, которыхъ карты у меня есть, упоминаютъ только: 1) О волканѣ *Момбашо* на мысѣ, на нѣсколько морскихъ льэ на юговостокъ отъ города Гранады; 2) о волканѣ *Сопалока* въ озерѣ Никарагва[11] насупротивъ волкана Момбашо; 3) о волканѣ *Мазая*, между городами Гранадою и Леонъ близъ небольшаго озера Мазая, на западъ отъ рѣки Тепетапа, соединяющей Лагуна-де Леонъ или де-Манагва съ Лагуна-де-Никарагва; 4) о волканѣ *Момотомбо* на сѣверной оконечности Лагуна-де-Леонъ, нѣсколько на востокъ отъ города Леона. Въ этомъ исчисленіи нѣтъ волкана Гранадскаго, означеннаго на всѣхъ Испанскихъ морскихъ картахъ и о которомъ Фуннель и Дампьеръ говорятъ, что онъ походитъ на улей. По одному мѣсту въ Гомаровой Historia de las Indias (стр. 112) |123| можно заключить, что волканъ Мазая и волканъ Гранада есть одинъ и *тотъ же*.

На картѣ Deposito geografico, показаны: 1., волканъ *Бомбашо*, вѣроятно *Момбашо* Гранадскаго Алькада; 2., волканъ *Гранада*, на западъ отъ города *того же* имени; 3., волканъ Леонскій, который, по своему положенію, есть вѣроятно знаменитый волканъ Мазая на 20′ къ Ю отъ города Леона. Повторяю, что по моему предположенію конусъ, называемый на Испанскихъ картахъ волканомъ Гранадскимъ, долженъ быть или Бомбахо или Мазая, потому что оба лежатъ въ сосѣдствѣ на Югъ, и на востокъ отъ города Гранады. Волканъ Мазая ближе къ деревнѣ Ниндирикъ, нежели къ деревнѣ Мазая, гдѣ въ первыя времена завоеванія былъ волканъ самый дѣятельный во всей странѣ. – «Испанцы, говоритъ Хуарросъ (ч.1. стр. 53) назвали его адомъ Мазайскимъ. Кратеръ его былъ въ діаметрѣ только шаговъ въ 20 или 30; но въ этомъ отверстіи растопленная лава кипѣла какъ вода и подымалась валами, высокими какъ башни. Свѣтъ и громъ отъ него простирались на большое разстояніе.»

---

[11] На картѣ Гранадскаго Алькада волканъ *de-la-isla-de-Sopaloca* означенъ на Сѣверъ отъ озера Омеtопе. – Хуарросъ, напротивъ того, именно говоритъ (71 стр. 51), что волканъ озера возвышается какъ конусъ на обитаемомъ островѣ, который Индѣйцы называютъ *Омеtопомъ*.

Въ XVI столѣтіи волканъ сей представилъ странный примѣръ корыстолюбія |124| монаховъ. –Гомара разсказываетъ, что Доминиканецъ Блазъ-де-Иннона, вооружившись ложкою, велѣлъ привязать себя къ цѣпи длиною въ 140 бразасовъ и спустить въ волканъ. Онъ хотѣлъ зачерпнуть ложкою растопленнаго золота (жидкой лавы). Ложка растопилась и самъ монахъ съ трудомъ спасся. Побочныя обстоятельства сего анекдота конечно выдуманы, но весьма вѣроятно то, что Блазъ-де-Иннона спускался въ кратеръ и неуспѣшность его предпріятія заставила Настоятеля Леонскихъ монаховъ, выпросить у Короля позволеніе, разрыть волканъ Мазая, чтобы собрать находящееся во внутренности горы сей золото.

Хуарросъ говоритъ, что возлѣ волкана Мазая есть еще волканъ *Ниндири*, или *Нидири* изъ котораго въ 1775 году было сильное изверженіе. Потокъ лавы обратился въ Лагуну-де-Леонъ или де Манагва и умертвилъ тамъ множество рыбы. Судя по мѣстоположенію деревни Ниндири, должно думать, что сей феноменъ произведенъ былъ боковымъ изверженіемъ Мазаи. Точно также на Тенериффѣ я часто слышалъ, что говорятъ о волканѣ Шагорра, какъ о горѣ отличной отъ пика. Въ волканическихъ странахъ волканы часто смѣшиваютъ |125| съ боковыми изверженіями. Когда ѣдешь отъ волкана Мазая, вдоль Лагуна-де-Тискапа, чрезъ Нагароте въ городъ Леонъ, то на востокъ отъ сего города, видимъ на сѣверной оконечности лагуны Леонской высокій волканъ *Момотомбо*; далѣе, между 12° 20′ и 13° 15′ широты, или между городомъ Леонъ и заливомъ Ампала или Фонсека, встрѣчаешь одинъ за другимъ четыре волкана, *Телика*, *Вieio*[12], *Гилтепе и Гванакоре*. – Волканы Телика, Момбако и Момотомбо дѣйствуютъ еще и по нынѣ; а путешественники, посѣщавшіе въ 1825 году Портъ Ріалехо, видѣли, что волканъ Гилтепе называется также волканомъ Козигвина.

На западъ отъ залива Амапала возвышаются, какъ бы изъ одного углубленія, которое на В. 80° 3′ простирается между 13° 15′ и 13° 50′ С. широты, волканы *Санъ* |126| *Мигуэль Бозотланъ* (Узулутанъ?), *Текапа, Санъ-Виценте* или *Сакатеколука, Санъ Салвадоръ, Изалко, Апанека* или *Зонзонате, Пакая,* volcan de Agua, два волкана de fuego или Гватимальскіе, *Акатенанго, Толиманъ, Атитанъ, Таюмулко, Сунниль*,[13]

---

[12] Дампьеръ, ч. 1. стр. 119 Англійскаго оригинала, говоритъ, что *гору сію можно видѣть за 20 льэ*, что за вычетомъ дѣйствія отраженія, составитъ возвышеніе въ 498 тоазовъ, а если положишь, что волканъ отстоитъ отъ моря на 6 льэ, то высота его превосходитъ 840 тоазовъ. Генералъ Ларавіа въ своей Статистикѣ области Никарагва, между волканами Телика и Момотомбо означаетъ еще волканъ Азозоска.

[13] Волканъ Сунниль отстоитъ на 25 морскихъ льэ отъ волкана Пакая. Я не знаю на вѣрно дѣйствительно ли Акатенанго, Толиманъ, Атитанъ и Сунниль суть

Сухилтепеквесъ, Сопо-Титлань, Ласъ-Гамилпасъ, который собственно составляетъ два волкана сего имени, близкіе одинъ отъ другаго, и *Соконуско.* [14] Въ числѣ сихъ двадцати огнедышущихъ горъ самыми дѣятельными были Санъ Мигуэль, Санъ-Вицентъ, Изалко, Санъ-Сал|127|вадоръ, Пакая, огнедышущій волканъ Гватемальскій, *Атитанъ* и *Сопотитлань.* Волканъ Изалко производилъ сильныя изверженія въ Апрѣлѣ 1798, и съ 1805 по 1807 годъ, когда изъ него часто выходило пламя.

Значительнѣйшія и извѣстнѣйшія изверженія волкана Пакая происходили въ 1565, 1651, 1664, 1668, 1671 годахъ и 11 Іюня 1775 года. Послѣднее изверженіе выходило не изъ вершины, но изъ трехъ возвышенностей, гораздо ниже оной.

Волканъ де Фуэго или Гватемальскій, лежитъ на 5 льэ на западъ отъ волкана де Агва и на 2 льэ на Ю. З. отъ города Антигва-Гватемала. Онъ еще и нынѣ извергаетъ по временамъ дымъ и пламя; главнѣйшія его изверженія, со времени прибытія Испанцевъ, происходили въ 1581, 1586, 1623, 1705, 1710, 1717, 1732, 1737 годахъ; онъ составляетъ конусъ прекрасной формы, но нѣсколько испорченный около вершины многими холмами, остатками боковыхъ изверженій.

Волканъ de Agua есть одинъ изъ самыхъ высокихъ и самыхъ знаменитыхъ въ числѣ двадцати одного волкана Центральной Америки, изъ которыхъ одни еще горятъ, другіе уже потухли. Онъ лежитъ на 10 морскихъ льэ на востокъ отъ боль|128|шой Лагуны де Атитанъ, между Антигва-Гватемала, деревнями Мирко-Аматитанъ и Санъ-Кристовалъ, которыя весьма многолюдны. Ни одна изъ Гватемальскихъ горъ не была измѣрена, посему о высотѣ сей горы могу я судить только потому, что нѣсколько мѣсяцевъ въ году она бываетъ покрыта инеемъ, льдомъ и можетъ быть снѣгомъ. По широтѣ столь полуденной высота горы должна составлять не менѣе 1750 тоазовъ и не болѣе 2,400. Горы выше 2,400 тоазовъ суть всегда покрыты снѣгомъ. Капитанъ *Галль,* по измѣренію довольно неточному, сдѣланному въ разстояніи 40 морскихъ льэ, полагаетъ высоту двухъ Гватимальскихъ

огнедышущія горы, или только называются волканами, по причинѣ своей конической формы, какъ многія трахитовыя горы Полуденной Америки. Положеніе сей горы знаю я по географической картѣ окрестностей Гватималы, выгравированной въ 1802 году по приказанію Главнаго Алкада, Дона-Жозе-Росси и-Руби. Съ другой стороны ни на какой картѣ не означено положеніе волкана *Тахумулко,* близъ Техутла въ Департаментѣ Квезальтенанго, въ коемъ часто бываютъ изверженія и изъ котораго армія Альвародо запаслась сѣрою для дѣланія пороха.

[14] Въ числѣ всѣхъ сихъ волкановъ нѣтъ того, который на Испанскихъ картахъ называется *Volcan de Sacatepeques.*

вулкановъ отъ 2,293 до 2,330 тоазовъ. Отецъ Ремюзаль, который по обыкновенію старинныхъ писателей, шутитъ съ числами, увѣряетъ въ своей Historia de la provincia de San Vicente, кн. 4. гл. 5, что въ 1615 году вулканъ de Agua былъ вышиною въ три льэ (leguas), хотя при изверженіи, бывшемъ 1 Сентября, когда онъ выбрасывалъ воду и разрушилъ Алмалонга или городъ Віеха, онъ лишился своей вершины (coronilla), которая была въ льэ. Геогностическія подробности сего водянаго изверженія совершенно неизвѣстны. Хуар|129|росъ говоритъ, что нынѣ на скатѣ горы не видно ни обожженныхъ камней, ни слѣдовъ вулканическихъ изверженій; быть можетъ, что пепелъ и лава покрыты растѣніями; быть можетъ, что то были только подземныя пещеры, наполнявшіяся въ теченіе вѣковъ дождевою водою; быть можетъ что въ Кратерѣ существовало озеро. Въ провинціи Квито мнѣ разсказывали, что вулканъ Имбабуру, близъ города Ибарры, извергаетъ по временамъ, вѣроятно послѣ землетрясеній, воду, грязь и рыбу. Вѣрно то, что вулканъ de Agua, находящійся между вулканами Пакая и de Fuégo, имѣетъ видъ отрѣзнаго конуса. Бока сей большой горы, которая, говорятъ, составляетъ въ окружности 18 Испанскихъ миль, воздѣланы какъ садъ, до двухъ третей высоты; выше ростутъ прекрасныя лѣса и на вершинѣ еще и по нынѣ есть элиптическое углубленіе, коего самый большій діаметръ отъ Сѣвера къ Югу составляетъ 400 футовъ Парижской мѣры. Это безъ сомнѣнія Кратеръ, и Хуарросъ (ч. II. стр. 35.), хотя онъ не весьма расположенъ отвергать всякіе слѣды огня на вулканѣ de Agua, описываетъ однакоже этотъ кратеръ точно также, |130| какъ разсказывали мнѣ о немъ многіе знающіе Гватемальцы.

Огнедышущее углубленіе Центральной Америки, кажется, постепенно оканчивается на Сѣверъ отъ группы вулкановъ, которые между вулканами Пакая и Сунниль, на западной оконечности озера Атитанъ, весьма близки между собою. Вулканъ Соконуско оканчиваетъ рядъ вулкановъ на западной сторонѣ гранитово гнейсовыхъ горъ Оаксакскихъ. По берегу Великаго Океана на пространствѣ 220 морскихъ льэ нѣтъ ни одной огнедышущей горы до вулкана Колима.

Приведя имена 35 коническихъ горъ, простирающихся въ направленіи отъ Ю. В. къ С. З., между параллелями 8° 50′ и 16° С., которыя въ той странѣ почитаются вулканами и изъ которыхъ 15 дѣйствительно производили изверженія въ теченіе минувшаго столѣтія, я смѣло могу сказать вмѣстѣ съ другими писателями, что ни въ какой части свѣта, неисключая даже Хили, великаго Азійскаго Архипелага и острововъ Алеутскихъ, нѣтъ столь постояннаго сообщенія посредствомъ отверстій между внутренностію земли и атмосферою. Будущіе путешественники разсмотрятъ, которыя изъ 35 |131|

волкановъ Центральной-Америки суть трахитовые конусы безъ Кратеровъ и въ которыхъ есть открытыя огнедышущія горы.

Новая Центро-Американская республика состоитъ изъ пяти республикъ (Estados); изъ коихъ каждая управляется двумя Палатами. Послѣ продолжительныхъ преній рѣшено было, что каждое Государство будетъ имѣть одного представителя на 15,000 душъ и что слѣдовательно Гватемала и Соконуско будутъ имѣть при избраніи главныхъ Федеральныхъ властей 36 голосъ, Санъ Салвадоръ 18, Гондурасъ 11, Никарагва 13, Коста Рика 4. Посему должно полагать, что населеніе ихъ есть слѣдующее:

Въ Гватемалѣ	540,000 душъ
Санъ Салвадорѣ	270,000
Гондурасѣ	165,000
Никарагвѣ	195,000
Коста-Рика	60,000
	1 230,000

(Оконч. впредь.)

|253|

СТАТИСТИКА

Нынѣшнее состояніе Республики Центро-Американской, или Гватемальской.
(*Окончаніе*).

Государства подраздѣлены слѣдующимъ образомъ:

I). *Эстадо де Гватемала*[15] 13 Департаментовъ или уѣздовъ (partidos)

1). *Сакатенекве* со столицею Государства Антигва-Гватемала[16] и городами Шинаута, Паленція, Аматитанъ, Ціудадъ-Віеха, Михо.

---

[15] Съ Сентября мѣсяца 1825 года Соконуско также составляетъ часть сего Государства.

[16] Нуева-Гватемала есть столица всего союза, народонаселеніе онаго, независимо отъ близлежащей деревни Конотенанго, составляетъ 40,000 душъ. Въ городѣ Леонѣ, въ Государствѣ Никарагскомъ, считается 32,000 душъ; въ Санъ-Сальвадорѣ 25,000; въ Санъ Жозе-де-Коста-Рика 20,000; въ Комаягвѣ, въ Государствѣ Гондурасскомъ, 18,000.

2). *Шималтенанго* съ уѣзднымъ городомъ (pueblo cabecera) Шималтенанго и го|254|родами Комалапанъ, Акатенанго, Тепанъ

и проч.

3). *Солола*, съ уѣзднымъ городомъ того же имени, и городами Санъ-Педро-де-ла-Лагуна, Шишикастенанго, Потулулъ, Квиче, Атитанъ и проч.

4). *Тотоникапанъ*, съ уѣзднымъ городомъ того же имени, и городами Момостенанго, Санта-Марія-Шиквимула и проч.

5). *Гвегветенанго*, съ уѣзднымъ городомъ того же имени, и городами Санъ-Педро-Солома, Шіантла, Куилько, Неваре и

проч.

6), *Квезальтенанго*, съ уѣзднымъ городомъ того же имени, и городами Остункалько, Санъ-Маркосъ, Техутла, Ихтагваканъ, Сунниль и проч.

7). *Сушильтепеквесъ*, съ уѣзднымъ городомъ Мазальтенанго и городами Куинтенанго, Реталулеу, Самаякве и проч.

8). *Эскуинтла*, съ уѣзднымъ городомъ того же имени, и городами Шипилапа, Шиквимуллила, Козульмагвапанъ, Мадагва, Сукуальпа и проч.

9). *Шикимула*, съ уѣзднымъ городомъ того же имени, и городами Квезальтепекве, Эсквипуласъ, Ютіапа, Хилотепекве, и проч. |255|

10). *Санъ-Агустинъ*, съ уѣзднымъ городомъ того же имени, и городами Закапа, Гваланъ, Аказагвастланъ, Халапа, Матаквескуинтла.

11). *Верапацъ*, съ уѣзднымъ городомъ Ціудадъ-де-Кобанъ и городами Санъ-Педро, Каявенъ, Тогвинъ и проч.

12). *Салама*, съ уѣзднымъ городомъ Шикои и городами Рабиналь, Кубулько, Шоль, Тукуру и проч.

13). *Петенъ*, съ уѣзднымъ городомъ Ремедіосъ, и городами Санъ-Андресъ, Санъ-Жозе, Санто Торибіо и проч.

II. Эстадо дель Сальвадоръ. *4 Департамента*

1). *Санъ-Сальвадоръ*, со столицею Государства Санъ-Сальвадоръ и городами Олокуильта, Шалатенанго, Метапамъ, Теотепекве и проч.

2). *Зонзонате*, съ уѣзднымъ городомъ того же имени и городами Вилла-де-Санта-Анна, Вилла-де-Агвашананъ, Долоресъ-Изалько, Асунціонъ-Изалько, Атако, Техистетепекве и проч.

3). *Санъ-Мигуель*, съ уѣзднымъ городомъ того же имени, и городами, Готера, Санъ-Алехо, Узулутанъ, Текапа, Шинаме|256|ка, Эрегвайквинъ, Сесоре, Анаморосъ и проч.

4). *Санъ-Виценте*, съ уѣзднымъ городомъ того же имени и городами Апастепекве, Сензунтепекве, Нунуалько, Титигвапа, Остума и проч.

III. *Эстадо де Гондурасъ. 12. Департаментовъ*

1). *Комаягва*, со столицею Государства: Ціудадъ-де-Комаягва, Лежамани, Куруру, Шинакла и проч.

2). *Тегуцигальпа*, съ уѣзднымъ городомъ того же имени и городами Ожожона, Алубаренъ и проч.

3). *Шолутека*, съ уѣзднымъ городомъ того же имени, и городами, Техигуатъ, Санъ-Маркосъ и проч.

4). *Накаоме*, съ уѣзднымъ городомъ того же имени и городами Песпире, Агвантерикве и проч.

5). *Кантарранасъ*, съ уѣзднымъ городомъ того же имени и городами Гуаскоранъ, Цедросъ, Орика и проч.

6). *Жутикальпа*, съ уѣзднымъ городомъ того же имени и городомъ Катакамасъ и проч. |257|

7). *Граціасъ*, съ уѣзднымъ городомъ Ціудадъ де Граціасъ, и городами Интибукатъ, Гвальха и проч.

8). *Лосъ Лланосъ*, съ уѣзднымъ городомъ того же имени, и городами Квезаилика, Окотепекве, Гварита и проч.

9). *Санта-Барбара*, съ уѣзднымъ городомъ того же имени, и городами Санъ-Педро-Квимистанъ, Омоа и проч.

10). *Трухилло*, съ уѣзднымъ городомъ того же имени.

11). *Іоро*, съ уѣзднымъ городомъ того же имени, городомъ Сулато и проч.

12). *Сеговія*, съ уѣзднымъ городомъ Сомото и городами Окоталь, Мозонте, Тикаро, Палакагвина, Пуэбло-Ново, Эстели и проч.

IV. *Эстадо де Никарагва. 8 Департаментовъ*

1). *Леонъ*, со столицею Государства Леонъ и городами Нагароте, Сама, Сомотилло и проч.

2). *Гранада*, съ уѣзднымъ городомъ Ціудадъ де Гранада и городами Теустепетъ, Лобигвиска, Камоапа, Боако и проч.

3). *Манагва*, съ уѣзднымъ городомъ того же имени и городами Тинитапа, Матіаре, Санъ-Педро, Метапа и проч. |258|

4). *Реалехо*, съ уѣзднымъ городомъ Вилла-де-Реалехо, Шинандега, Шишигальпа и проч.

5). *Субтіаба*, съ уѣзднымъ городомъ того же имени и городами Телика, Квезальгвакве и проч.

6). *Мазая*, съ уѣзднымъ городомъ того же имени и городами Гвинотепетъ, Дирія и проч.

7). *Никарагва*, съ уѣзднымъ городомъ Вилла де Никарагва и городами Потози, Никоя, Гванакасте и проч.

8). *Матагальпа*, съ уѣзднымъ городомъ того же имени и городами Себако, Муймуй, Гвинотепе и проч.

V. *Эстадо де Коста-Рика*[17]. *3 Департамента*

1). *Санъ Жозе*, со столицею Государства Ціудадъ де Санъ Жозе, и городами Курридаба, Асерри и проч.

2). *Картаго*, съ уѣзднымъ городомъ того же имени, и городами Квирико, Тобосикотъ и проч.

3). *Ухарасъ*, съ уѣзднымъ городомъ того же имени, и городами Орози, Тукуррикве и проч. |259|

---

[17] Redactor General de Guatemala, 12 Іюня 1825 N. 1. стр. 4.

4). Исканъ
5). Алажуела
7). Багасу
8). Борука.

Съ уѣздными города6). Эредія ми того же имени.

Нуева-Гватемала, столица союзныхъ Государствъ, наслаждается климатомъ вообще пріятнымъ, который можно сравнить съ Каракасскимъ и Попаянскимъ[18]. Къ несчастію средняя высота барометра въ семъ прекрасномъ городѣ еще неизвѣстна; но судя по тамошней температурѣ, должно полагать, что онъ возвышается надъ поверхностію моря на 600 тоазовъ[19]. Г. Жозе-де-ла-Валле, бывшій Президентъ Правительственнаго Комитета, пишетъ мнѣ; «Природа благоприятствуетъ моему отечеству еще болѣе, нежели Мексикѣ; сія послѣдняя страна, лежащая почти вездѣ на высокой доли нѣ, страждетъ засухою, а наша Цен тральная Америка орошается многими |260| прекрасными рѣками, которыя легко мо жно сдѣлать судоходными. – Раститель ность у насъ богаче, нежели въ Мекси кѣ. – Если бы вы посѣщали мое отече ство, или если бы могли посѣтить оное со временемъ, то удивились бы, увидѣвъ, какое пространство занимаетъ въ немъ умѣренный поясъ, то что мы назы ваемъ t i e r r a s t e m p l a d a s ; но сіи равнины высоты средней, рѣдко смежны между собою; онѣ часто бываютъ перерѣзаны долинами. – У насъ есть порты на обо ихъ моряхъ; и еслибы со временемъ моря сіи соединены были каналомъ въ Ника рагвѣ, о коемъ вы вѣрно имѣете доку менты, то наша республика, лежащая по срединѣ Америки, соединяла бы тор говлю Антильскихъ острововъ съ тор говлею Китая и Азіятскаго Архипелага, и заняла бы такимъ образомъ важное мѣсто на лѣствицѣ народовъ. Къ несча стію мы доселѣ оставались въ темной ча сти нашей планеты; а смотря на карты, присылаемыя изъ Европы, я съ трудомъ узнаю въ обезображенномъ означеніи на шей страны, цѣпи горъ, рѣки и имена нашихъ хорошо населенныхъ городовъ. – Отъѣзжая въ 1823 году изъ города Мек сики, я надѣялся исполнить давнишнее |261| ваше желаніе, вымѣрить горы Оаксакскія и Гватемальскія. – Я запасся хорошимъ барометромъ и термометрами. – Къ несчастію барометръ сломался еще въ Вента-Салата, и мнѣ оставалось только опредѣлить высоты по приближенію, по средствомъ

---

[18] Климатъ въ Картаго холоднѣе, нежели въ Нуева-Гватемала; посему городъ сей вѣроятно выше надъ поверхностію моря.

[19] Банановое дерево съ съѣстными плодами не растетъ въ окрестностяхъ Нуева-Гватемала, коего высота составляетъ почти средину между высотою Халапа и Пуэба въ Мексикѣ.

опредѣленія полуденной точ ки, по методѣ, которую ученый прія тель вашъ Кальдасъ часто употреблялъ вмѣстѣ съ вами въ Южной Америкѣ. – Надѣюсь вскорѣ доставить вамъ эти на блюденія температуры.»

Въ Провинціи Квезалтенанго, составляющая нынѣ Департаментъ Государства Гватемальскаго, собираются богатѣйшія во всей Америкѣ жатвы пшеницы и другаго хлѣба. Въ Департаментѣ Солольскомъ и въ части Государства Шіапскаго, присоединеннаго нынѣ къ Мексикѣ, равнины горъ столь высоки, что бываютъ иногда нѣсколько часовъ покрыты инеемъ (escaresca).

Столица Центральной Америки перемѣняла мѣсто свое не два раза, какъ обыкновенно думаютъ, но четыре, и въ каждомъ мѣстѣ оставалось значительное народонаселеніе, а по сему перемѣны сіи по сходству именъ, были причиною многихъ ошибокъ въ Географіи. |262|

Педро Альварадо[20], овладѣвъ всеюстраною послѣ большаго сраженія, даннаго 14 Мая 1524 года, избралъ мѣсто, которое туземцы называютъ *Тіакуаба*, а Мексиканцы называли *Альмолонга* (протокъ воды), и основалъ на ономъ, близъ водянаго волкана, столицу подъ именемъ Санъ-Яго-де-лосъ Каббалеросъ-де-Гватемала и которая извѣстна нынѣ подъ названіемъ *Ціудадъ-Віеха*. Вода, которая 11 Сентября 1541 года была выброшена изъ волкана и вырывала деревья и скалы, произвела въ столицѣ столь сильныя опустошенія, что ее принуждены были перенесть на лье далѣе въ Сѣверо-Востоку. – Часть жителей оставалась въ старомъ мѣстѣ до 1776 года, когда число ихъ весьма уменьшилось, потому что близъ *Нуева-Гватемала* образовался небольшой городъ, такъ же *Ціудадъ-Віеха*. – Нынѣ въ Альмолонгѣ остается еще 2500 Индѣйцевъ, которые хвалятся тѣмъ, что происходятъ отъ Мексиканцевъ и Тлакхальтековъ, вспомогательныхъ войскъ Испанскихъ по|263|бѣдителей. – Они, какъ и туземцы Шолулы и Тлахкалы, чрезвычайно тщеславятся своими предками.

Сія вторая по хронологическому порядку столица называется нынѣ *Антигва-Гватемала*; она главный городъ не Союза, но Государства Гватемальскаго и лежитъ въ прекрасной, почти вездѣ обитаемой равнинѣ Панхой. Къ несчастію равнина сія подвержена ужаснымъ землетрясеніямъ; съ 1565 до 1773 года было десять большихъ. – Послѣднее разрушило значительную часть города; тогда большая часть жителей, по собственному ли желанію, или повинуясь весьма строгому Королевскому повелѣнію отъ 21 Іюля 1775 года, основала на 9 лье ближе къ С. З. и слѣдственно далѣе отъ волкана-де-агва третій городъ Союза

---

[20] Древнѣйшій въ Центральной Америкѣ городъ есть Картаго въ Государствѣ Коста-Рика. – Въ архивѣ сего города есть документы, доходящіе до 1520 года.

или нынѣшнюю столицу *Нуэва-Гватемала-де-ла-Асунціонъ-де-Нуестра-Сенора*. Около 8000 жителей осталось въ Антигва-Гватемала, которая въ 1799 объявлена villa. Посторойка Нуэвы Гватемалы въ части долины Михко, называемой Llano de la Virgen, началась въ 1776 году. – Бренные остатки знаменитаго завоевателя Альвародо остались въ Антигва-Гватемала. |264|

Важнѣйшія для торговли земледѣльческія произведенія Гватемалы суть: индиго, кошениль, какао и *табакъ*. Индиго Санъ-Сальвадорское почитается лучшимъ во всемъ свѣтѣ.

Слѣдующая таблица, напечатанная въ Redactor General, показываетъ количество индиго, вывезеннаго въ теченіе девяти лѣтъ съ 1794 по 1802 годъ.

	піастра.
1794 – 592,266 фунт., цѣною на	641,393
1795 – 1.108,789	1.006,786
1796 – 1. 184,201	1.369,881
1797 – 159,665	211,650
1798 – 151,317	141,859
1799 – 533,637	469,592
1800 – 450,606	398,096
1801 – 331,897	332,063
1802 – 1.479,641	1.921,356

Измѣненіе въ количествѣ происходитъне отъ одной разницы въ воздѣлываніи, но и отъ остановки торговыхъ сношеній. Безпрерывно возрастающій ввозъ индиго Индѣйскаго долго вредилъ вывозу Санъ-Сальвадорскаго; съ 1815 до 1820 года онъ не доходилъ до 4500 центнеровъ. Но нынѣ, когда цѣна Индиго снова возвышается, воздѣлываніе индиго въ Центральной Америкѣ находится въ цвѣтущемъ состояніи. |265| Ежегодный вывозъ простирается, какъ полагаютъ, до 1.800,000 фунтовъ Испанскаго вѣса.

Кошениль воздѣлывается въ республикѣ Гватемальской весьма недавно. – Только въ 1812 году начали заводить плантаціи Индійской смоковницы въ прекрасной умѣренной долинѣ, окружающей Антигва-Гватемала и привозить изъ провинціи Оаксака въ Мексикѣ маленькихъ иасѣкомыхъ, живущихъ на Индійской смоковницѣ. Климатъ сего высокаго округа вообще благопріятенъ для сей отрасли промышлености. Съ 1822 года плантаціи Индійской смоковницы размножились съ такою быстротою, что въ 1824 году собрали 50 тіерсоновъ, каждый въ 150 фунтовъ, а въ 1825 году 600 тіерсоновъ. Скоро надѣются собирать по 3000 центнеровъ. – фунтъ продаютъ по 3 піастра; по сему Гватемальская кошениль, которая въ 1812 году была совершенно неизвѣстна, доставляетъ нынѣ 400,000 піастровъ. Кошениль собираютъ два раза въ годъ, и въ этой странѣ не нужно въ дождливое время года предпринимать съ сими насѣкомыми многотрудныхъ путешествій, о коихъ говорилъ я въ моемъ сочиненіи о Новой Испаніи (Т. III. стр. 260). |266|

Какао изъ Соконуско, Сухильтепеквеса и Гвалана, близъ Омоа, лучшее всѣхъ другихъ, и даже Эсмеральдасскаго въ Провинціи Квито, и Уритукусскаго и Капириквальскаго въ Венецуэлѣ; но превосходный какао Соконускскій почти весь потребляется на мѣстѣ. Онъ не составляетъ собственно предмета торговли; его также какъ и Лохской хины отправляемо было только небольшое количество къ Мадритскому Двору.

Лучшій табакъ Гватемальскій произрастаетъ близъ Изтепекве, въ Государствѣ Санъ-Сальвадорскомъ и близъ Копана въ Государствѣ Гондурасскомъ, не подалеку отъ Омоа. Красныя красильныя деревья называемыя palo bresil и bresilette, также составляютъ важные предметы торговли для Государства Никарагскаго. Сосновые лѣса украшаютъ горы Гватемальскія, также какъ и Мексиканскія; въ восточной части они сходятъ даже въ долины до самаго залива Изавальскаго: весьма примѣчательное явленіе въ растительности странъ равноденственныхъ, которое встрѣчается также въ полуденной части Кубы и на низкихъ холмахъ острова Пиноса. На Югъ отъ сего большаго острова, сіи сосны доставляютъ въ республикѣ Гвате|267|мальской большое количество дегтя и смолы, которое изъ порта Зонзонате на Великомъ Океанѣ отправляется въ Гваяквиль, гдѣ и употребляются при постройкѣ кораблей.

Республика Гватемальская, по положенію своему между двухъ морей, по небольшой ширинѣ сей страны, по множеству рѣкъ ее орошающихъ, которыя бы легко могли быть сдѣланы судоходными, и по своимъ прекраснымъ портамъ, находится въ положеніи прекрасномъ для торговли. – Произведенія земли наиболѣе изобильны около Великаго Океана а не около Антильскаго моря; на это обстоятельство мало обращаютъ вниманія, но между тѣмъ оно весьма важно въ политическомъ отношеніи, ибо по сему Гватемала такъ же какъ Квито, Перу и Хили наклонна болѣе къ сношеніямъ съ Восточною Азіею, нежели съ старымъ материкомъ. – Сіе же самое обстоятельство дѣлаетъ довольно неудобнымъ вывозъ туземныхъ произведеній и ввозъ Европейскихъ товаровъ, ибо страна сія перерѣзана наискось отъ Юго-Востока къ Сѣверо-Западу высокими горами, соединяющими Колумбійскія Анды при Верагвѣ съ Андами Мексиканскими, Хіапскими и Оахакскими. Но къ счастію |268| заливы и рѣки проникаютъ далеко къ восточной пологости; а такъ какъ цѣпь горъ во многихъ мѣстахъ перерѣзана поперечными долинами, *то* не трудно будетъ, построивъ дороги, учредить сообщенія между Восточными и Западными Провинціями.

Рѣки, которыя могутъ со временемъ сдѣлаться важными для торговли, суть: Мотагва и Полашія, въ Гватемалѣ; Улуа, Леанъ и Хамелéконъ въ Гондурасѣ; Лампа и Río-де-ла-Пацъ въ Санъ-Сальвадорѣ. Знатнѣйшіе порты находятся на Восточномъ берегу и суть: Омоа, Трухилло, Санъ-Жуанъ-делъ-Норте и Матина или Моинъ; на Западномъ берегу: Мишатоя, гдѣ Альварадо строилъ свои суда, Изтапа, Реалежо, Зонзонатé, Никоя, Пуэрто-де-ла Кулебра и Коншагва. – Къ несчастію Изтапа и Мишатоя, ближайшіе къ столицѣ порты, сильно занесены песками и въ нихъ много грядъ.

Минеральныя сокровища новой Центро-Американской Республики до нынѣ еще мало извѣстны. Въ смежномъ съ оною Государствѣ Оахакскомъ, принадлежащемъ къ союзу Мексиканскому, есть самородное золото и серебристая мѣдная руда, находящаяся жилами въ гнейсовыхъ и гранитовыхъ горахъ. |269|

Горы сіи безъ сомнѣнія идутъ также и къ Югу въ Государства Хіапское и Гватемальское; можетъ быть что трахитовые волканическіе конусы были нѣкогда отдѣлены отъ гранитовыхъ горъ, тянущихся къ Западу. – До 1787 года на монетном дворѣ Гватемальскомъ чеканили не болѣе 200,000 піастровъ въ годъ; нынѣ золота и серебра получается на 600,000 піастровъ, и количество оныхъ еще умножается. Количество самороднаго серебра, добываемаго посредствомъ промывки или изъ жилъ, особенно увеличилось съ 1822 года въ Коста-Рика.

Въ Государствѣ Гондурасскомъ, старинные золотые и серебряные рудники въ Корпѣ, что въ округѣ Шолутекскомъ, а Тегуцикалпскія и Мекуалицкія въ округѣ Камоягвасскомъ и нынѣ еще весьма выгодны. На рудникъ Табанкосскій, близъ прекраснаго залива Коншагвайскаго, привезена недавно изъ Англіи паровая машина, которая заслуживаетъ тѣмъ болѣе вниманія, что она доставлена къ берегу Валикаго Океана по рѣкѣ Санъ-Жуанъ и озеру Никарагскому. – Ее выгрузили на западномъ берегу озера близъ волкана Момбашскаго и привезли къ руднику черезъ городъ Гренаду. |270|

Генералъ Саравія, Губернаторъ Никарагскій, недавно издалъ любопытныя *статистическія* свѣдѣнія о семъ Государствѣ[21]. – По весьма несоврешенной переписи, сдѣланной въ 1813 году, оказалось, что число жителей составляетъ 149,750 душъ. Кажется, что въ 1814 году число ихъ простиралось до 174,200. – Большая часть живетъ въ полосѣ земли

---

[21] Bosquejo politico y estadistico de Nicaragua *formado*, por el général de Brigada Don Miguel Gonzalez de Saravia. *En El-Anno* 1823, Impresso en Guatemala en 1824.

простирающейся отъ Віехо до Никарагвы. – Вотъ народонаселеніе городовъ:

	душъ.
Въ Леонѣ	32,000
Въ Гранадѣ	10,200
– Никарагвѣ	13,000
А со включеніемъ близкой къ оному деревни Санъ Жоржъ и другихъ предмѣсті	22,000
Въ Масаѣ, городѣ, производящемъ значительную торговлю	10,000
Въ Манагвѣ	9,500
– Субтіябѣ	5,200
Большею частію Индѣйцевъ.	
Въ Шинандегѣ, близъ прекраснаго порта Реалежскаго	5,400

Портъ Реалежскій образуется стеченіемъ многихъ небольшихъ ручьевъ; со стороны Великаго Океана защищается онъ отъ бурь островами Картономъ и Кастанномъ. Отъ Реалежо до Леона считается 15 Исп. миль; дорога совершенно ровна и удобна для повозокъ. Съ высоты Церилло-де-Санъ-Педро, небольшаго холма близъ Леона, видно море, лежащее отъ онаго не далѣе какъ въ двухъ миляхъ, такъ что иногда слышенъ шумъ волнъ.

Климатъ въ сихъ округахъ весьма жаркій; съ Сентября до Ноября бываютъ обыкновенно лихорадки, особенно въ Леонѣ, въ Ріалежо, и по берегамъ Ріо де-Санъ Жуанъ, совершенно необитаемымъ. Температура болѣе свѣжая встрѣчается только въ округахъ Ново-Сеговійскомъ и Матагальпскомъ. – Деревня Хинотега называется даже холодною, по причинѣ своей возвышенности, и округъ Масайскій принадлежитъ къ умѣренному поясу.

Подъ Испанскимъ владѣніемъ въ концѣ XVIII столѣтія, изъ провинціи Никарагской вывозилось товаровъ на 570,000 піастровъ; въ томъ числѣ какао на 220,000 піастровъ; индиго на 160,000; красильнаго дерева на 3,000; смолы и дегтю на 10,000; жемчугу на 5,000.

Два большія озера, изъ коихъ односоставляетъ средиземное море, и гладкія дороги, по которымъ вездѣ можно ѣздить въ повозкахъ, доставляютъ Государству Никарагскому большія удобства для внутренней торговли[22].

Привозъ и вывозъ товаровъ изъ Гранады производится нынѣ обыкновен н въ шесть дней по озеру Никарагскому къ небольшой крѣпости Санъ Карлосъ; оттуда по Ріо-Санъ-Жуанъ до Антильскаго моря спускается въ четыре дня: на обратный путь упортебляютъ 12 дней.

Государственный доходъ провинційНикарагской и Коста-Рикской съ 1815 по 1819 годъ составлялъ 146,000 піастровъ, сверхъ 30,000, которыхъ стоитъ сборъ податей; но сумма сія была недостаточна для содержанія военныхъ силъ, крѣпостей и для другихъ Государственныхъ расходовъ.

Въ отношеніи земледѣлія вообще и воздѣлыванія колоніяльныхъ произведеній |273| въ особенности, Государство Гондурасское нѣсколько лѣтъ обращаетъ на себя вниманіе иностранцевъ. – Берега Ріо-де Улуа весьма удобны для воздѣлыванія сахарнаго тростника и кофе. Путешественники, знающіе прекрасныя равнины острова Кубы и эту часть Государства Гондурасскаго, утверждаютъ, что сія послѣдняя, по причинѣ своихъ обильныхъ водою полей и по множеству крупнаго скота можетъ доставлять многія колоніяльные товары за цѣну меньшую, нежели Антильскіе острова. Улуа образуется отъ соединенія двухъ значительныхъ рѣкъ Ріо-Гомаягва и Ріо-Хамелéконъ, близъ деревни Санъ-Яго на 32 мили къ сѣверу отъ города Валладолида или Комаягва. Улуа течетъ по плодородной долинѣ, на пространствѣ 42 льэ; воды въ ней такъ много, что корабли въ 70 и 100 тонновъ нарочно для сего построенные, могутъ ходить по ней вверхъ по деревни Тіаго.

Въ числѣ остатковъ искуствъ и древняго просвѣщенія первоначальныхъ жителей Америки, примѣчательнѣе всѣхъ прочихъ тѣ, которые находятся въ Гватемалѣ и въ смежномъ съ оною Государствѣ Меридскомъ, принадлежащемъ къ Республикѣ |274| Мексиканской. – Примѣчательнѣйшія изъ сихъ развалинъ суть слѣдующія:

1. Развалины древняго города Паленквé или Кулуаканъ въ Государствѣ Шіапскомъ, на берегахъ Миколя, къ С. З. отъ Индѣйской деревни Санто Доминго-де-Паленкве. Въ 1786 году, въ царствованіе Карла III, В. Антоніо-дель-Ріо получилъ изъ Мадрита повелѣніе обозрѣть и срисовать сіи развалины, имѣющія нѣсколько миль въ окружности. – Къ счастію часть труда его была отвезена въ Англію и издана тамъ подъ слѣдующимъ названіемъ: Description of the ruins of an ancient

---

[22] Изъ Карѳагена или Шоко до Панамы донынѣ не проведено дороги; курьеры ѣздятъ сухимъ путемъ изъ Никарагвы чрезъ Картаго и миссіи Таламанкскія въ Панаму. Сухой путь изъ Нуэва-Гватемала идетъ на Жинету, или для того чтобы не ѣхать чрезъ сію высокую гору, на Эль Шилилло.

city discovered near Palenque, in the Kingdom of Guatemala, by Captain Ant. del Rio, with notes by Doctor Paul Feliz Cabrera (Лондонъ, 1822 in 4°).

Г. Латуръ-Аллардъ Ново-Орлеанскій не давно привезъ изъ Мексики въ Парижъ новую коллекцію рисунковъ Паленквейскихъ развалинъ. Рисунки сіи суть плоды путешествія Капитана Дюпе, Мексиканскаго антикварія, съ которымъ я сдѣлалъ многія занимательныя поѣздки.

2. Развалины храма въ Копанѣ, украшеннаго статуями, и грота Тибулькскаго, украшеннаго колоннами, въ Государствѣ Гондурасскомъ. |275|

3. Развалины на островѣ Пешенѣ на границѣ между Верапацемъ, Хіапою и Юкатаномъ. Островъ сей былъ укрѣпленъ Испанцами; на немъ жили въ древности *Итцехы* (Itzaix) народъ весьма образованный.

4. Развалины города Утатлана, что нынѣ Санта-Круцъ-дель-Квише. Онѣ показываютъ чрезвычайную высоту Гватемальскихъ зданій, которыя можно сравнить только съ Мексиканскими и Кускоскими. – Одинъ Дворецъ Королей Квишекскихъ имѣетъ въ длину 728 и въ ширину 376 Геометрическихъ шаговъ.

5. Развалины нѣкоторыхъ древнихъ крѣпостей.

Парижъ, Іюнь 1826.

Съ Фр. – нъ.

Письмо Барона А. Гумбольдта къ Члену Парижской Академіи Наукъ, Г-ну Арраго[*,1]

Усть-Каменогорскъ, на верховьяхъ Иртыша, въ Сибири, 13 Августа 1829.

Уже болѣе двухъ мѣсяцевъ нахожусь я внѣ предѣловъ Европы, на восточной сторонѣ Урала, и непостоянная жизнь, которую мы ведемъ, лишала меня возможности, подать тебѣ знакъ жизни и дружбы. Въ семъ наскоро писанномъ письмѣ (мы прибыли въ сію крѣпостцу, на границѣ Киргизской степи, около 4-хъ часовъ утра, и вѣроятно отправимся въ сію же ночь, на востокъ, къ Бухтармѣ, Нарыму и первому пóсту Китайской Монголіи) мнѣ невозможно сообщить тебѣ наблюденій, сдѣланныхъ нами со времени отъѣзда нашего изъ С. Петербурга $\frac{8}{20}$ Мая: изъ |178| сего письма узнаешь ты только то, что я достигъ ученой цѣли моего путешествія превыше моихъ ожиданій; что, не смотря на усталость и дальность проѣханнаго нами разстоянія (мы отъ Петербурга проѣхали уже болѣе 5600 верстъ, изъ коихъ 320 въ сей части Азіи), я совершенно здоровъ; что переношу все съ терпѣніемъ и мужествомъ; что я многимъ обязанъ моимъ спутникамъ (Г-мъ Розе и Эренбергу), и что въ концѣ Ноября мѣсяца мы надѣемся возвратиться въ Берлинъ, обогащенные собраніями геологическими, ботаническими и зоологическими, съ Урала, съ Алтайскихъ горъ, съ Оби, съ Иртыша и изъ Оренбурга. Не могу описать тебѣ всѣхъ попеченій, прилагаемыхъ Россійскимъ Правительствомъ о споспѣшествованіи цѣли сего путешествія. Мы ѣдемъ въ трехъ каретахъ, въ сопровожденіи Горнаго чиновника, и предшествуемые курьеромъ. Намъ бываетъ нужно отъ 30 до 40 лошадей на станціи, и подставы всегда бываютъ готовы, и днемъ и ночью. Не смѣю почесть сихъ попеченій знакомъ личной ко мнѣ благосклонности и уваженія: это дань, приносимая всенародно Наукамъ, благородная щедрота въ пользу успѣховъ новѣйшей образованности! Мы проѣхали чрезъ |179| Москву, Нижній Новгородъ, оттуда на Волгу, въ Казань, къ развалинамъ Татарскаго города Болгаръ, гдѣ имѣло свое пребываніе поколеніе Тамерлана. Сія часть Россіи, обитаемая Музульманами, наполненная и Греческими церквами, и мечетями, чрезвычайно любопытна, и придаетъ, какъ и Уралъ, Башкиръ и Алтай, большую занимательность прекраснымъ изысканіямъ Г-на Клапрота, въ его Asia

---

[*] In: *Syn otečestva i Sěvernyj archiv* 7:43:4 (1829), S. 177–186.

[1] Въ 42 кн. С. О. и С. А. напечатано письмо одного изъ спутниковъ Барона ф. Гумбольдта: теперь сообщаемъ его собственное письмо, надѣясь, что читатели наши не найдутъ излишними нѣкоторыя повторенія. *Изд.*

polyglotta. Изъ Казани поднялись мы вверхъ по Уралу, чрезъ живописныя долины Кунгура и Перми. Во все путешествіе отъ Нижняго Новагорода до Екатеринбурга и до платиновыхъ Нижне-Тагильскихъ пріисковъ, провожалъ насъ Графъ Полье, котораго ты видалъ въ Парижѣ у Герцогини Дюрасъ. Сіи дикія страны подали ему поводъ употребить прекрасное свое дарованіе въ пейзажной живописи. Онъ женился въ Россіи, и усердно занимается улучшеніемъ разработки рудниковъ. Мы посвятили цѣлый мѣсяцъ на осмотрѣніе Березовскихъ золотыхъ рудниковъ, малахитовыхъ Гумешевскихъ рудниковъ, Тагильскихъ, желѣзныхъ и мѣдныхъ заводовъ, добыванія берилла и топаза, промыванія золота и платины. Удивляешься, глядя на золотые самородки, отъ 2 до 3, даже отъ 18 до 20 фунтовъ |180| вѣсомъ, находимые на нѣсколько дюймовъ подъ травою, и остававшіеся цѣлые вѣка неизвѣстными. Одна изъ главнѣйшихъ цѣлей нашего путешествія была разсмотрѣть положеніе и вѣроятное происхожденіе сихъ наносовъ, по большой части смѣшанныхъ с роговымъ камнемъ и съ хлоритовымъ змѣевиковымъ сланцемъ. Промывнаго золота ежегодно получается до 6000 килограммовъ. Новыя открытія за 59 и 60 градусами широты становятся весьма важными. Мы пріобрѣли окаменѣлые слоновьи зубы, находившіеся въ сихъ наносахъ золотыхъ песковъ. Образованіе ихъ, слѣдствіе мѣстныхъ разрушеній и прикосновеній, можетъ быть произошло позже истребленія большихъ животныхъ. Янтарь и древокислыя соли, которыя находятъ на восточной отлогости Урала, рѣшительно древнѣе. Въ золотоносномъ пескѣ находятъ зерна киновари, самородной мѣди, цейланита, гринаты, небольшіе бѣлые цирконы, имѣющіе прекраснѣйшій блескъ алмаза, синій шерлъ, альбитъ, и пр. и пр. Весьма замѣчательно, что въ средней и въ сѣверной части Урала, платина находится въ избыткѣ только на западной и Европейской сторонѣ. Богатыя золотыя розсыпи, принадлежащія Демидовымъ, въ |181| Нижне-Тагильскѣ, находится на Азіятской отлогости, по обѣимъ сторонамъ Бартыраи, гдѣ наносъ одной только Вилькны далъ уже болѣе 2800 фунтовъ золота. Платина находится на милю къ востоку отъ линіи раздѣленія водъ (которой не должно смѣшивать съ гребнемъ величайшихъ вы- сотъ) на Европейской покатости, близъ рѣчекъ, впадающихъ въ Ульку, въ Сухомъ Вышимѣ и въ Мартьяновкѣ. Г-нъ Швецовъ учившійся у Г-на Бертье, и оказавшій намъ своими познаніями и усердіемъ великую въ пользу путешествіи нашемъ по Уралу, нашелъ хромокислое желѣзо, заключающее въ себѣ платиновыя зерна, которое разложилъ въ Екатеринбургѣ искусный Химикъ, Г-нъ Гельмъ. Промывка платины въ Нижне-Тагильскѣ столь изобильна, что 100 пудовъ (въ 40 Русскихъ фунтовъ) песку даютъ 30, и иногда 50 золотниковъ платины, тогда какъ весьма богатые наносы золота Вилькны и другія золотопромывальни на Азіятской сторонѣ даютъ только по 1 $^{1}/_{2}$ и по 2 золотника со 100 пудъ песку. Въ Южной Америкѣ, одна отрасль Кордильеръ, довольно низкая, именно цѣпь Кали, также отдѣляетъ золотоносные и несодержащіе платины пески по восточной отлогости (въ Попаянѣ) |182| отъ золотоносныхъ и весьма богатыхъ платиною песковъ перешейка Распадура въ Чоко. Можетъ быть, Г-нъ Бузенго уже объяснилъ теперь мѣсторожденіе сихъ Американскихъ пріисковъ: наблюденія его получатъ еще болѣе занимательности отъ сдѣланныхъ нами здѣсь. У насъ есть самородки платины въ нѣсколько дюймовъ длиною, въ которыхъ Г-нъ Розе нашелъ прекрасную группу кристаллизированной платины. Что касается до порфироваго роговаго камня лаи, въ которомъ Г-нъ Энгельгардъ нашелъ небольшія зерна платины, то мы разсматривали его съ большимъ вниманіемъ; но до сего времени, металлическія зерна, видѣнныя нами въ каменныхъ породахъ лаи и въ роговыхъ камняхъ Бѣлой-горы, казались Г-ну Розе желѣзнымъ колчеданомъ; сіе явленіе будетъ предметомъ новыхъ изысканій. Сочиненіе Г-на Энгельгарда объ Уралѣ показалось намъ достойнымъ всякой похвалы. Осмій и иридій имѣютъ также особенныя свои мѣсторожденія, не между богатыми платиновыми наносами Ниже-Тагильска, но близъ Билимбаева и Киштыма. Я настою на сихъ геогностическихъ отличительныхъ чертахъ, извлеченныхъ изъ метал|183|ловъ, попадающихся въ зернахъ платины въ Чоко, въ Бразиліи и на Уралѣ.

$^{8}/_{20}$ Августа.

Сіи послѣднія строки писаны 20 Августа. За недѣлю предъ симъ, я положилъ перо, чтобы опредѣлить лунныя разстоянія. Сія южная оконечность Сибири, въ которой находятся вершины Оби и границы Китайской Монголіи, требуетъ большаго вниманія при географическомъ опредѣленіи, ибо ходъ хронометровъ можетъ пострадать отъ скорости путешествія. Послѣ того, 13 числа, я ѣздилъ на Китайскій аванпостъ въ Зюнгоріи. Мы принуждены были оставить кареты въ Усть-Каменогорскѣ, и лежа ѣхать по ужаснымъ дорогамъ въ длинныхъ Сибирскихъ повозкахъ. Но прежде, нежели буду говорить о днѣ, проведенномъ нами въ Небесной Срединной Имперіи, я долженъ обратиться къ нашему путешествію. Обозрѣвъ сѣверный Уралъ, Верхотурье и Богословскіе рудники, взявъ азимуты для опредѣленія положенія сѣверныхъ вершинъ, посѣтивъ берилловые и топазовые Мурзинскіе рудники, мы поѣхали изъ Екатеринбурга $^{6}/_{13}$-го Іюля чрезъ Тобольскъ и то мѣсто, гдѣ нѣкогда обитало семейство Батыя. Мы хотѣли ѣхать прямо чрезъ Омскъ въ Злато|184|устовскіе рудникик; но прекрасная погода побудила насъ посѣтить Алтай и верховья Иртыша (крюкъ въ

3000 верстъ) вопреки первоначальному плану нашего путешествія. Генералъ-Губернаторъ Западной Сибири, Генералъ Вельяминовъ, далъ намъ въ проводники своего Адъютанта Г. Ермолова. Генералъ Литвиновъ, командующій на Киргизской линіи, самъ выѣхалъ къ намъ изъ Томска къ Колывани, и проводилъ насъ къ Китайскому посту. Мы прибыли туда чрезъ Каинскъ и Барабинскую степь, гдѣ москвитосы не уступаютъ Оренокскимъ, и гдѣ задыхаешься подъ маскою изъ лошадиныхъ волосъ; чрезъ прекрасные Барнаульскіе заводы, романтическое озеро Колыванское, знаменитые Змѣиногорскіе рудники, Рыдарскіе и Семеновскіе, дающіе ежегодно 40.000 фунтовъ золотосодержащаго серебра. Въ Усть-Каменогорскѣ первый видъ на Киргизскую степь.

Въ одинъ изъ Китайскихъ постовъ въ Монголіи (Зюнгоріи) посланъ былъ напередъ нарочный, чтобы узнать, примутъ ли насъ съ Генераломъ Литвиновымъ. Позволеніе было дано. Мы поѣхали въ Баты чрезъ Бухтарму и Красноярскъ, гдѣ я провелъ цѣлую ночь, съ 16 на 17 августа, за наблюденіями, и видѣлъ странные фе|185|номены полярныхъ полосъ (прошу тебя разсмотрѣть при семъ случаѣ твои магнетическіе реестры). Въ Баты два Китайскія кочевья, по обѣимъ сторонамъ Иртыша; это бѣдные юрты, обитаемыя Монгольскими солдатами, или Камбозами. На голомъ холмѣ стоитъ небольшой Китайскій храмъ. Въ долинѣ пасутся Бактрійскіе двугорбые верблюды. Двое начальниковъ, изъ коихъ одинъ за недѣлю только пріѣхалъ изъ Пекина, чистой Китайской породы. Ихъ смѣняютъ чрезъ каждые три года. На нихъ было шелковое платье; на шапкѣ прекрасное павлинье перо; они приняли насъ съ презабавною важностію. Въ замѣнъ нѣсколькихъ аршиновъ сукна и краснаго бархату, дали мнѣ Китайское историческое сочиненіе въ пяти частяхъ, которое , сколь бы обыкновенно оно ни было, будетъ для меня драгоцѣннымъ памятникомъ сего путешествія. Къ счастію и сія граница Монголіи была для Г. Эренберга обильнымъ источникомъ: онъ набралъ множество новыхъ растеній и насѣкомыхъ. Но гораздо важнѣе для насъ путешествіе на Алтай потому, что нигдѣ болѣе гранитъ съ обыкновеннымъ крупнымъ полевымъ шпатомъ, безъ альбита, безъ гнейса и безъ слюдоваго сланца, не пред|186|ставляетъ доказательствъ изверженія и разліянія, какъ на Алтаѣ. Здѣсь видишь не только какъ гранитъ проникаетъ жилками, которыя къ верху теряются въ известковомъ сланцѣ, пробивается сквозь сію породу, но и какъ онъ видимо распространяется по ней, продолжаясь безпрерывно болѣе нежели на 2000 тоазовъ въ длину; видишь холмы конусами и небольшіе гранитные колокола, возлѣ сводовъ трахитическаго порфира, доломиты въ гранитѣ, порфировыя жилы, и пр.

Г-нъ Розе нашелъ на сѣверномъ Уралѣ мѣсто, гдѣ растрескавшійся порфиръ, частію въ шарикахъ, прикосновеніемъ своимъ обращаетъ известковый камень въ яшму, раздѣленную на параллельные ряды. То же самое видѣлъ я въ Педразіо. – Я старался наблюдать *температуру земли* (оная не рѣдко бываетъ выше 2°) и магнитныя явленія въ тѣхъ мѣстахъ, которыхъ не посѣщали Гг. Ганстеенъ и Германъ. – *Почта отходитъ*: не имѣю времени просмотрѣть и исправить этого безтолковаго письма. Прощай.

Пер. Ю.

[Brief an die Royal Society; eingeleitet mit: «Изъ письма Г-на Гумбольдта къ Лондонской академіи: Journal des Débats сообщаетъ слѣдующее: [...]»]*

Изъ письма Г-на *Гумбольдта* къ Лондонской Академіи: *Journal des Débats* сообщаетъ слѣдующее: «На Уральскихъ горахъ золото находится не въ глубокихъ слояхъ, но сто̀итъ только снять дернъ, чтобы открыть его въ рыхлой землѣ, изъ которой оно добывается промываніемъ, при чемъ попадаются иногда самородки въ 20 фунтовъ и болѣе. Сіи рудокопни доставляютъ въ годъ болѣе 6000 килограммъ золота. Платина находится на западной сторонѣ Уральскихъ горъ, точно какъ в Америкѣ, гдѣ золото и платина равномѣрно находятся на противоположныхъ сторонахъ Кордильерскихъ горъ.» – Въ примѣчаніи Г. *Гумбольдтъ* сообщаетъ извѣстія о географическомъ положеніи мѣстъ, о магнетизмѣ земли, о геологическихъ, ботаническихъ и зоологическихъ наблюденіяхъ, которыя, не взирая на всѣ тягости путешествія, производимы были во всю дорогу съ отличнымъ стараніемъ.

---

* In: anonym, «Raznyja izvěstija», in: *Sankt Peterburgskija vědomosti* 126 (21. Oktober 1829), S. 743.

Новая тяжба о буквѣ ъ[*]

Пребываніе Барона Гумбольдта въ Россіи есть важная эпоха въ воспоминаніяхъ нашего просвѣщенія. Мы видѣли въ немъ высокій примѣръ истинно ученаго и образованнаго человѣка, который, посвятя жизнь и всѣ способности свои на изученіе и развитіе одной изъ отраслей человѣческихъ познаній, не чуждается всѣхъ другихъ отраслей и любопытнымъ взглядомъ окидываетъ всѣ запросы, любопытные для ума человѣческаго вообще, и для ума народнаго частно. Всеобъемность размышленій и разговоровъ его изумительна. Вѣроятно, никто лучше его не знаетъ науки, избранной имъ цѣлью постоянныхъ усилій своихъ, и никто короче его не знаетъ Вселенны. Въ этомъ выраженіи нѣтъ увеличенія.

Съ равною свободою, съ равнымъ свѣдѣніемъ будетъ онъ вамъ говорить о таинствахъ подземнаго міра, объ общирныхъ подробностяхъ пустыни Новаго Свѣта и о мѣлкихъ, но блестящихъ частностяхъ гостиныхъ Парижскихъ, въ которыхъ жизнъ стѣсняется въ ограни|173|ченный, но не менѣе того любопытный кругъ; о духѣ младенствующаго человѣчества и о распрѣ классицизма съ романтизмомъ между Бауръ-Лорміаномъ и Викторомъ Гюго. Въ Россіи, столь еще богатой для наблюденій разнородныхъ, столь еще свѣжей для изысканій, открылось обширное поле предъ испытательнымъ умомъ его. Языкъ, сіе живое знаменіе бытія народа, языкъ нашъ, столь незнакомый чужестранцамъ, столь мало знакомый намъ самимъ, долженъ былъ обратить на себя вниманіе ученаго Путешественника, слышавшаго на вѣку своемъ звуки языковъ большей части міра извѣстнаго: въ краткое пребываніе свое у насъ онъ учился ему. Особенности его подвергались изслѣдованіямъ его: буква ъ имѣла эту участь. Однажды въ Петербургѣ, въ одномъ домѣ, изъявилъ онъ мнѣніе свое о безполезности существованія ея въ нашей азбукѣ. Одинъ изъ присутствовавшихъ написалъ къ нему на другой день челобитную отъ буквы ъ, на Французскомъ языкѣ, но самъ скрылъ свое имя, такъ, что Баронъ Гумбольдтъ и не узналъ его, но по своимъ соображеніямъ отвѣчалъ на полученную грамоту къ другому лицу, которое почиталъ Авторомъ ея. Надѣясь на снизходительное разрѣшеніе обоихъ Писателей, предлагаемъ читателямъ нашимъ сію маленькую тяжбу, которая тѣмъ зани-

---

[*] In: *Literaturnaja gazeta* 1:22 (1830), S. 172–177.

мательнѣе, что возникла между свѣтскими учеными въ Петербургской гостиной, на сценѣ, въ которой мало заботятся у насъ о буквѣ ъ и ь и вообще о Русскихъ письменахъ.

ПИСЬМО КЪ БАРОНУ ГУМБОЛЬДТУ[1]

---

[1] MONSIEUR LE BARON!
La haute célébrité, que vos connaissances aussi profondes que variées et vos ouvrages importans vous ont acquise, avait depuis longtems devancé votre arrivée en Russie et l'admiration que vous avez rencontrée dans toute l'étendue de cet Empire, n'était qu'une des anciennes conquêtes de votre vaste génie. Croissant en même tems que votre gloire, ce sentiment paraissait parvenu à son comble, et cependant vos qualités personnelles l'ont rendu plus vif encore: votre aménité, votre prévenante urbanité, votre éloquence facile et brillante ont fait naître en tous ceux qui vous ont approché, cette estime et cet attachement sincère, plus flatteurs peut-être que l'admiration même.
  Pourquoi faut-il, Monsieur le Baron, qu'au milieu de ce concert unanime d'acclamations si méritées, il s'élève une voix, qui ait à se plaindre de votre injustice? Pourquoi faut-il, que se soit celle d'un être, dont l'âge avancé aurait dû vous inspirer de l'indulgence et dont les vieux services avaient droit à des égards? Cet être, Monsieur, hélas, c'est moi! J'ai à me plaindre de vous et dans ma profonde douleur il ne me reste qu'une consolation: c'est l'espoir qu'en me connaissant plus particulièrement vous vous repentirez de vos torts envers moi et qu'une généreuse protection remplacera cette inimitié que vous paraissez m'avoir vouée. Daignez entendre ma justification et que mon apparente insignifiance ne vous empêche point de m'écouter avec attention.
  Je suis la lettre ъ et j'occupe une place assez marquante dans l'alphabet russe. Une dizaine de siècles s'étaient écoulés depuis ma naissance sans qu'on eût osé contester mon utilité et me disputer les services que j'ai rendus et que je rends encore à la langue russe. Ce n'est que vers la fin du siècle passé que quelques innovateurs obscurs, recherchant la gloire des Erostrate, conçurent l'idée de me frustrer de mes droits; mais l'opinion publique en fit bientôt justice et leurs clameurs furent étouffées sous les huées de nos littérateurs les plus distingués et les plus savans. Quant à moi, je regardais ces Messieurs avec pitié et jamais ils ne m'ont fait craindre un seul instant pour mon existence. Je ne tardai même pas à les oublier entièrement et toute la Russie en fit autant.
  Quel fut donc mon étonnement, lorsque j'appris depuis peu, que vous, Monsieur le Baron, vous partagiez l'opinion injuste de ces Messieurs à mon égard. Je compris aussitôt qu'on devait m'avoir calomniée auprès de vous et qu'on avait probablement réussi à cacher entièrement à vos yeux tous mes services. Ma douleur en fut profonde, mais loin de m'en laisser abattre, je résolus |174| de vous exposer ma cause avec confiance et candeur. Oui, Monsieur le Baron, j'ose en appeler à votre sagacité et déjà cet appel me tranquillise! Le triomphe prématuré de mes ennemis ne durera pas longtems, vous saurez reconnaître le tissu grossier de leur calomnies; je gagnerai en vous un protecteur et dès-lors mon avenir sera assuré à jamais. J'entre en matière:
  Presque toutes les consonnes de la langue russe ont deux sons distincts: l'un est dur, l'autre mou. Moi ъ je suis le représentant du premier et ma sœur jumelle ь l'est du second.

Au premier coup-d'œil, l'on pourrait être tenté de croire qu'il serait facile de supprimer l'une de nous deux; – alors celle qui resterait indiquerait le son qui lui est propre et son absence équivaudrait au signe supprimé. Voilà ce que croient aussi mes détracteurs, qui cependant n'ont point osé attenter à l'existence de ma sœur, dont l'utilité indispensable leur a paru plus évidente que la mienne. C'est donc de moi particulièrement que je vais parler, et pour plus de facilité et de clarté je demande la permission de le faire à la troisième personne.

Le ъ, outre sa fonction de rendre dures les consonnes après lesquelles il se trouve, sert encore à l'étymologie. Ceux qui ont un peu approfondi la langue russe, pensent avec raison que le ъ n'est autre chose qu'unc abréviation de l'o. Il est même probable que dans l'ancien slavon le ъ se prononçait comme un o bref. Les preuves que le ъ et le o ne sont proprement que la même lettre, se recontrent à chaque instant dans la langue russe de même que dans les autres dialectes slavons. Les mots slavons: како (comment) тако (ainsi) s'écrivent et se prononcent en russe: какъ, такъ. Тамъ et мамо (là) однакъ et однако (cependant) sont entièrement synonimes et s'emploient indifféremment en russe. Les prépositions въ, съ, предъ, изъ, etc. etc. (en, avec, devant, de etc.) se transforment fréquemment en со, во, предо, изо, etc. Le mot ucrainien якъ (comme) est évidemment le яко slavon. La première personne du pluriel, du présent de l'indicatif de tous les verbes russes se termine toujours par un ъ et en ucrainien toujours par un о. Par exemple: мы дѣлаемъ (nous faisons) мы дѣлаемо. Il en est de même du futur: мы сдѣлаемъ (nous ferons) мы сдѣлаемо. Il serait facile de multiplier ces exemples à l'infini. Dans les anciens manuscrits slavons: on trouve même que beaucoup de mots tels que полкъ (le régiment, la trouppe), волкъ (le loup), востокъ (l'orient), борзый (vif, alerte), s'écrivaient constamment пълкъ, вълкъ, въстокъ, бързый, etc. Ceci surtout rend extrêmenent vraisemblable la supposition ci-dessus mentionnée, que jadis le |175| ъ se prononçait toujours comme un o bref, quoiqu'il soit possible qu'à la fin des mots il produisit un son vague, à peu près comme l'e muet français, lorsqu'il termine un mot, par exemple: tente, bande, chance. Si nous n'admettons pas que le ъ n'est autre chose qu'un o, comment en expliquerons nous l'emploi dans des mots, tells que: пълкъ, вълкъ etc? Et ces mots se trouvent en grand nombre. La figure même de la letre ъ pourrait en quelque façon servir de preuve de son identité avec le o; car il est assez probable qu'on l'ait exprimé primitivement ainsi: ŏ, pour indiquer que c'est un o bref, comme le ŭ indique encore actuellement un u bref.

Il est vrai que notre oreille serait étrangement choquée, si aujourd'hui nous voulions remplacer par un o tous les ъ qui terminent nos mots; mais cela ne prouverait rien contre l'identité de ces deux lettres. La prononciation d'une langue ne subit-elle pas, avec le temps, de changemens bien plus étranges encore? Il est vrai aussi que plusieurs mots qui en russe et en slavon moderne se terminent par un ъ, dans l'ancien slavon finissaient par un ь. C'est par exemple le cas avec les verbes en général: la troisième personne du présent de l'indicatif se termine dans les deux nombres constamment par un тъ, tandis que dans l'ancien slavon, elle avait pour terminaison ть. Mais ces exceptions modernes qui ont fait dévier la lettre ъ de son antique emploi, ne peuvent pas détruire les preuves nombreuses de son identité ave le o. Le ъ restera donc toujours un monument précieux de l'ancienne prononciation de la langue slavonne, et comme tel aura toujours des droits à une place dans l'alphabet russe. La conservation des monumens étymologiques d'une langue a toujours été considérée comme un objet des plus importans; et si les Français, les Allemands et d'autres nations ont cru ne pas devoir remplacer le *ph* par un *f* dans les mots *ph*iloso*ph*ie, *ph*ase, etc., s'ils continuent d'écrire A*th*ée au lieu d'Atée: pourquoi voudrait-on que les Russes s'écartassent de ce principe, en supprimant leur ъ? Mais outre l'importance étymologique de cette lettre, il existe encore des motifs majeurs qui en rendent la conservation indispensable.

Le ъ, comme représentant du son dur des consonnes russes, s'emploie non seulement à la fin des mots, mais aussi au milieu, et c'est là surtout que son indisensabilité absolue devient évidente pour ceux même qui n'ont aucune notion de l'étymologie de la langue russe. Tous les mots, dans la composition desquels entrent les prépositions: безъ, въ, возъ, въ, изъ, объ, отъ, подъ, предъ, разъ, съ, et d'autres, ne peuvent point se passer |176| de la lettre ъ lorsque ces prépositions précèdent une voyelle. La langue russe possède quantité de mots semblables et si l'on y supprimait le ъ, tous changeraient totalement de prononciation et quelquefois même de signification. Je vais présenter quelques exemples, en tachant d'exprimer la prononciation des mots par des lettres allemandes, plus propres à cet usage que les françaises. Je conserverai en mème temps les lettres russes: ж, щ, ы, я, й, si difficiles à rendre dans les autres langues. Prenons les mots:

Въѣздъ (die Einfahrt) подъемный мостъ (die Zugbrücke) изъявленіе (die Bezeugung) предъидущій (der Vorgehende) объѣдать (Abfressen, Schmarotzen) съуженіе (die Verengung).

Lorsque le ъ s'y trouve (comme cela doit-être) ces mots se prononcent ainsi:
Wjes'd, pod-jem-ный, is'я-wle-ni-je, pred-ы-du-щій, ob-je-dat, ss-уже-ni-je.
En supprimant le ъ, il faudrait prononcer:
Wes'd, po-dem-ный, i-s'я-wle-ni-je, pre-di-du-щій, o-be-dat, ssu-же-ni-je.

La différence de prononciation qui en résulte est sensible pour tout le monde; mais pour un Russe elle est frappante. Il y a dans notre langue des sons, qu'il est sinon impossible, au moins très-difficile de figurer par les lettres d'une autre langue. Tel est, entre autres, le я, lorsqu'il est précédé d'une consonne sans l'interposition d'un ъ. Lorsqu'au contraire il est isolé ou que le ъ le sépare de la consonne qui le précède, les lettres *ja* l'expriment parfaitement. Dans le mot изъявленіе par exemple «зъя» peut très-bien s'exprimer par s'ja; mais en ôtant le ъ, l'on obtiendrait la syllabe «зя», qui se prononce tout différemment et dont le son ne peut même pas être figuré par des lettres allemandes. Il est donc de toute impossibilité de ne pas le conserver dans le mot: изъявленіе.

Le mot предъидущій présente aussi une particularité, dont je dois faire mention. Toutes les fois que, dans un mot composé, le ъ précède un *u*, celui-ci se prononce comme ы; car le ы n'est autre chose qu'un *i* ordinaire, rendu dur par le ъ. Cela est prouvé par tous les anciens manuscrits slavons, où le ы se trouve presque constamment figuré ainsi ъi. Il est donc évident qu'en retranchant le ъ du mot предъидущій, l'on dénaturerait totalement la prononciation.

Les mots объѣдать et обѣдать, non seulement se prononcent différemment; mais ont en outre une signification tout à |177| fait différente l'une de l'autre. Objedat signifie: abfressen, tandis que obedat veut dire: zu Mittag essen.

Voilà, Monsieur le Baron, un aperçu des raisons qui s'opposeront toujours au retranchement de la lettre ъ de l'alphabet russe. Cet exposé succinct suffira, j'ose l'espérer, pour me justifier à vos yeux et pour vous prouver que sans mériter d'être taxé d'un amour propre éxagéré je puis prétendre à conserver mon droit de bourgeoisie dans une langue, au milieu de laquelle j'ai vécu pendant le long espace de mille ans. Veuillez en même tems être bien assuré, que je ne vous en veux nullement de n'avoir pas bien connu

Милостивый Государь!

Слава, которую глубокія и разнообразныя познанія и важныя творенія ваши доставили вамъ, была не чужда намъ задолго до вашего прибытія въ Россію; и удивленіе, встрѣтившее васъ на всемъ пространствѣ сей Имперіи, было только однимъ изъ старинныхъ завоеваній обширнаго вашего ума. Сіе чувствованіе, казалось, уже достигло высшей степени; но совсѣмъ тѣмъ, личныя ваши достоинства еще болѣе усилили оное: ваша снизходительность, ваша обязательная вѣжливость, ваше свободное и блестящее краснорѣчіе, родили во всѣхъ, имѣвшихъ честь узнать васъ, искреннее уваженіе и привязанность, кои, можетъ быть, лестнѣе самаго удивленія.

Для чего, Милостивый Государь, изъ среды сихъ единодушныхъ кликовъ восхищенія столь заслуженнаго, долженъ возвыситься голосъ, обвиняющій васъ въ несправедливости голосъ существа, коего преклонныя лѣта должны бъ были задобрить ваше снизхожденіе и коего старинныя заслуги пріобрѣли право на уваженіе общее? Увы, Милостивый Государь! это существо... я! – Считаю себя въ правѣ жаловаться на васъ, и въ тяжкой моей горести, мнѣ остается одно только утѣшеніе: надежда, что узнавъ меня покороче, вы разкаетесь въ нанесенной мнѣ обидѣ, и что великодушнымъ покровительствомъ вашимъ замѣните

---

mes droits: je conçois aisément que vous ayez pû être induit en erreur. Mais que des Russes puissent les méconnaître, qu'ils puissent ignorer que mon expulsion changerait entièrement le génie de leur langue: voilà ce que je ne comprends pas! Je vous avoue franchement, Monsieur le Baron, qu'outre le desir si naturel de me justifier à vos yeux, j'ai eu encore un autre motif en vous adressant cette lettre. J'ai craint qu'encouragés par votre opinion, quelques-uns de ces Messieurs ne fussent tentés de renouveller une guerre qui avait si mal tourné pour leurs prédécesseurs. Les esprits vulgaires, pour se mettre au-dessus de la foule, se cramponnent volontiers même aux erreurs d'un homme illustre. Déjà certains individus, qui jusqu'à present m'avaient laissée en paix, s'étayent de votre opinion pour chercher à me nuire. Ils ne parviendront surement pas à me faire du tort; mais en qualité de compatriote je voudrais même leur épargner la honte d'une défaite. En m'accordant votre protection vous leur fermeriez la bouche et me garantiriez pour toujours de toute nouvelle agression.

C'est avec les sentimens du plus profond respect, que j'ai l'honneur d'ètre
     Monsieur le Baron
     de votre Excellence
     la très-humble et très-obéissanté servante
     la lettre Ъ.

St.-Pétersbourg
le 28 Novembre 1829.

ту непріязнь, которую повидимому ко мнѣ питаете. Удостойте выслушать мое оправданіе, и да не помѣшаетъ вамъ моя мнимая незначительность внимательно склонить ко мнѣ слухъ вашъ.

Я буква ъ, и занимаю довольно важное мѣсто въ Руской азбукѣ. Около десяти вѣковъ протекло со дня моего рожденія, и никто не осмѣливался отвергать дѣйствительность мою и оспоривать тѣ заслуги, кои оказала я и донынѣ оказываю Россійскому языку. Только въ изходѣ минувшаго столѣтія нѣкоторые безвѣстные |174| вводители новизны, искавшіе славы Эростратовъ, замышляли лишить меня правъ моихъ; но общее мнѣніе скоро произрекло имъ правый судъ, и нападенія ихъ были заглушены окрикомъ нашихъ отличнѣйшихъ и ученѣйшихъ Литераторовъ. Что до меня касается, то я съ жалостію смотрѣла на моихъ ненавистниковъ, и никогда, ни на мигъ не поселили они во мнѣ страха о моемъ существованіи. Скоро даже вовсе о нихъ позабыла; Россія также.

Но каково было мое удивленіе, когда я узнала недавно, что вы, Баронъ, раздѣляете несправедливое мнѣніе этихъ Господъ! Я тотчасъ поняла, что кто-либо оклеветалъ меня передъ вами, и что, по всей вѣроятности, скрыли отъ васъ мои заслуги. Я сильно была опечалена; но не попуская унынію овладѣть мною, рѣшилась изложить вамъ мое дѣло съ довѣренностію и прямодушіемъ. Такъ, Милостивый Государь, осмѣливаюсь прибѣгнуть къ вашему здравомыслію, и это уже меня успокоиваетъ! Преждевременное торжество враговъ моихъ будетъ не надолго; вы познаете грубое сплетеніе ихъ клеветы: я пріобрѣту въ васъ покровителя и тогда останусь благонадежна въ моей безопасности на предбудущее время. Приступаю къ дѣлу.

Почти всѣ согласныя буквы въ Рускомъ языкѣ имѣютъ два явныя звука: одинъ твердый, а другой мягкій. Я, ъ, имѣю честь быть представительницей перваго, а двойчатка-сестра моя ь, втораго.

Съ перваго взгляда можно бы подумать, что легко было бъ изключить одну изъ насъ: тогда оставшаяся выражала бы звукъ, ей свойственный, а ея отсутствіе соотвѣтствовало бы знаку изключенному. То же думаютъ и мои гонители, кои однако же не осмѣлились посягать на существованіе сестры моей, которой необходимая польза казалась имъ ощутительнѣе моей. По сему-то я буду говорить собственно о себѣ; а для большаго удобства и ясности, прошу позволенія говорить о себѣ въ третьемъ лицѣ.

Ъ, кромѣ обязанности своей придавать твердый выговоръ согласнымъ буквамъ, послѣ которыхъ находится, служитъ еще къ познанію словопроизводства. Люди, вникавшіе хотя нѣсколько въ языкъ Рускій, основательно думаютъ, что ъ есть не что иное, какъ сокращеніе буквы о. Весьма даже вѣроятно, что въ древнемъ Славянскомъ языкѣ ъ произносилось, какъ о короткое. Доказательства, что ъ и о въ собственномъ смыслѣ суть одна и та же буква, встрѣчаются поминутно въ Рускомъ языкѣ, равно какъ и въ другихъ Славянскихъ нарѣчіяхъ. Славянскіе реченія: *како, тако,* пишутся и выговариваются по-Руски: *какъ, такъ*. Тамъ и *тамо*, однакъ и *однако,* суть совершенно слова однозначащія и безъ различія употребляются въ языкѣ Рускомъ. Предлоги: *въ, съ, предъ, изъ,* и пр. и пр. часто перемѣняются въ: *со, во, предо, изо,* и пр. Малороссійское слово *якъ,* есть явнымъ образомъ Славянское: *яко.* Первое лице множ. числа настоящ. времени изъяв. наклоненія всѣхъ Рускихъ глаголовъ, кончится всегда на ъ, а Малороссійскихъ на о. На пр. *мы дѣлаемъ, – мы дѣлаемо.* То же и въ будущемъ времени: *мы сдѣлаемъ, – мы сдѣлаемо.* Легко можно бъ было разплодить сіи примѣры до безконечности. Въ древнихъ Славянскихъ рукописяхъ находимъ даже, что многіе слова, какъ то: *полкъ, волкъ, востокъ, борзый,* писались неотступно: *пълкъ, вълкъ, въстокъ, бързый* и т. д. Это въ особенности придаетъ великую вѣроятность вышеприведенному предположенію, что въ прежнія времена ъ выговаривалось всегда какъ о короткое, хотя и то возможное дѣло, что |175| въ концѣ словъ буква сія заключала въ себѣ звукъ неопредѣленный, почти такой же, какъ Французское безгласное *e*, когда имъ оканчивается какое-либо слово; на пр. tente, bande, chance. Если мы не примемъ за правило, что ъ есть не что иное, какъ о, то какъ же мы объяснимъ его употребленіе въ срединѣ нѣкоторыхъ словъ, каковы: *пълкъ, вълкъ* и т. п? А словъ сихъ очень много. Самое начертаніе буквы ъ можетъ въ нѣкоторомъ смыслѣ послужитъ доказательствомъ ея тожества съ буквой о; ибо весьма вѣроятно, что она писывалась первобытно такимъ образомъ: ŏ, для означенія, что это о краткое, подобно какъ й донынѣ означаетъ краткое *и*.

Правда, что для слуха нашего показалось бы очень страннымъ, когда бъ мы вздумали теперь замѣнить буквой о всѣ ъ, коими кончатся у насъ слова; но этимъ ничего не доказывается противъ тожества обѣихъ сихъ буквъ. Произношеніе, въ какомъ-либо языкѣ, не подвергается ли со временемъ еще большимъ и страннѣйшимъ измѣненіямъ? Правда и то, что многія слова, кончащіяся нынѣ въ Рускомъ и новомъ Славянскомъ языкахъ на ъ, въ древнемъ Славянскомъ оканчивались на ь. Таковая перемѣна послѣдовала, на примѣръ, со всѣми вообще глаголами. Третье лице настоящаго времени изъяв. наклоненія въ обоихъ числахъ неизмѣнно оканчивается на *тъ,* тогда какъ въ древнемъ Славянскомъ языкѣ его окончаніе было на *ть*. Но сіи новѣйшія исключенія, измѣнившія старинное употребленіе буквы ъ, не могутъ уничтожить многочисленныхъ доказательствъ тожества ея съ буквою о. По сему буква ъ останется навсегда драгоцѣннымъ памятникомъ древняго произношенія Славянскаго языка, и въ семъ видѣ, будетъ всегда по праву имѣть мѣсто въ азбукѣ Руской. Храненіе словопроизводныхъ памятниковъ языка, всегда почиталось предметомъ весьма важнымъ; и если Французы, Нѣмцы и другіе народы почли за нужное не замѣнять буквъ ph одною буквой f, въ словахъ: philosophie, phase, и т. п., если они по прежнему пишутъ: athée вмѣсто atée; то для чего же хотѣть, чтобы Рускіе отступили отъ сего правила, уничтоживъ свое ъ? Но кромѣ этилогической важности сей буквы, есть и другія немаловажныя причины, по какимъ сохраненіе оной становится необходимымъ.

Буква ъ, какъ представительница твердаго выговора согласныхъ буквъ въ Рускомъ языкѣ, ставится не только въ концѣ словъ, но и въ срединѣ оныхъ, и здѣсь-то всего болѣе необходимость оной кажется ясною даже и для тѣхъ, кои еще не имѣютъ никакого свѣдѣнія въ словопроизводствѣ Рускаго языка. Почти всѣ слова, въ составъ коихъ входятъ предлоги: *безъ, взъ, возъ, въ, изъ, объ, отъ, подъ, предъ, разъ, съ,* и т. п., не могутъ обойтись безъ буквы ъ, когда предлоги сіи стоятъ предъ гласною буквой. Языкъ Рускій имѣетъ множество таковыхъ словъ, и если бы въ нихъ исключили ъ, тогда бъ они совершенно измѣнились въ произношеніи, даже иногда и въ значеніи своемъ. Приведу нѣсколько примѣровъ, и постараюсь выразить произношеніе словъ Нѣмецкими буквами, болѣе для сего способными, нежели Французскія. Удержу при томъ Рускія буквы: *ж, щ, ы, я, й,* коихъ звукъ весьма трудно изобразить письменно на другихъ языкахъ. Возьмем слова:

Въѣздъ (die Einfahrt), подъемный мостъ (die Zugbrücke), изъявленіе (die Bezeugung), предъидущій (der Vorgehende), объѣдать (abfressen, schmarotzen), съуженіе (die Verengung).

Когда ъ въ нихъ находится (какъ и должно сему быть), тогда слова сіи выговариваются такимъ образомъ: |176|

W-jes'd, pod-jem-ный, is'-я-wle-ni-je, pred-ы-du-щій, ob-je-dat, Su-же-ni-je.

Исключивъ же букву ъ, должно бъ было произносить:

Wes'd, po-dem-ный, i-ся-wle-ni-je, pre-di-du-щій, o-be-dat, Su-же-ni-je.

Разность въ произношеніи, отъ того происходящая, ощутительна всякому, но для Рускаго она разительна. Въ нашемъ языкѣ есть звуки, которые если не вовсе невозможно, то покрайней мѣрѣ очень трудно выразить буквами другаго языка. Таково, между прочими, я, когда передъ нимъ стоитъ согласная буква, не отдѣленная отъ него буквою ъ. Когда же, напротивъ того, я стоитъ само по себѣ, или отдѣлено буквою ъ отъ предшествовавшей согласной, тогда буквы ja выражаютъ его совершенно. Въ словѣ *изъявленіе*, слогъ *зъя* можетъ весьма хорошо выразиться буквами s'ja; но *отнявъ* ъ, мы получили бы слогъ *зя*, который выговаривается совсѣмъ отлично, и коего звукъ не можетъ даже быть переданъ Нѣмецкими буквами. По сему никакъ не возможно обойтись безъ ъ въ словѣ: *изъявленіе*.

Слово *предъидущій*, также представляетъ собою особенность, о которой я должна упомянуть. Когда въ сложныхъ словахъ, ъ стоитъ предъ *и*, тогда сія послѣдняя буква выговаривается какъ *ы*; ибо *ы* есть не иное что, какъ обыкновенное *і*, сдѣлавшееся твердымъ чрезъ прибавку ъ. Это доказывается всѣми древними Славянскими рукописями, въ коихъ *ы* почти всегда изображалось такимъ образомъ: ъі. Изъ сего явствуетъ, что выбросивъ ъ изъ слова: *предъидущій*, мы бы совершенно измѣнили произношеніе сего слова.

Слова: *объѣдать* и *обѣдать*, не только различно произносятся, но имѣютъ и совершенно разное знаменованіе. Ob'=jedat, значитъ: abfressen, тогда какъ обѣдать значитъ: zu Mittag essen.

Вотъ, Милостивый Государь, краткое изложеніе причинъ, кои всегда будутъ препятствіемъ къ исключенію буквы ъ изъ Рускаго букваря. Смѣю надѣяться, что сего краткаго изложенія достаточно будетъ къ оправданію меня въ глазахъ вашихъ и къ доказательству, что я, не подвергаясь упреку въ излишнемъ самолюбіи, могу удерживать за собою право гражданства въ томъ языкѣ, въ которомъ я жила искони, и могу опереться въ томъ на тысячелѣтнюю давность. Примите вмѣстѣ съ симъ увѣренія мои, что я нисколько не досадую на васъ за то, что вы неосновательно знали права мои: я легко понимаю, что вы могли быть введены въ заблужденіе. Но что нѣкоторые изъ Рускихъ не признаютъ сихъ правъ, что они не вѣдаютъ того, что изгнаніемъ меня измѣнился бы совершенно духъ языка ихъ, – сего, по совѣсти, не могу я постигнуть! Признаюсь вамъ откровенно, Баронъ, что кромѣ весьма естественнаго желанія оправдаться передъ вами, у меня была еще другая причина написать къ вамъ сіе письмо. Я боялась, чтобы опираясь на мнѣніе ваше, нѣкоторые изъ сихъ Господъ не вздумали снова поднять войну, обратившуюся нѣкогда ко вреду ихъ предшественниковъ. Недоумки, желая возвыситься надъ толпою, охотно цѣпляются даже за самыя заблужденія мужа знаменитаго. Иные изъ нихъ, оставлявшіе меня доселѣ въ покоѣ, и теперь уже пристаютъ къ вашему мнѣнію, чтобъ очернить меня. Я увѣрена, что они не успѣютъ мнѣ повредить; но въ качествѣ соотечественницы, я желала бы даже избавить ихъ отъ стыда, наносимаго неудачею. Удостоивъ меня вашимъ покровительствомъ, вы наложите на нихъ мол|177|чаніе, а меня навсегда оградите отъ всякаго новаго нападенія.

Съ глубочайшимъ почтеніемъ и вѣчною преданностію имѣю честь быть

Милостивый Государь!

Покорнѣйшею вашею услужницей
Буква Ъ.
С. Петербургъ,
28 Ноября 1829.

ОТВѢТЪ БАРОНА ГУМБОЛЬДТА.

Милостивый Государь!

Особа, весьма остроумная, которую вы часто встрѣчаете въ свѣтѣ и удостоиваете своею благосклонностью, написала ко мнѣ письмо, исполненное наблюденій замысловатыхъ и глубокихъ объ *удареніи* и философіи Грамматики. Убѣдительно прошу Ваше Превосходительство изъявить мою живѣйшую благодарность этой почтенной особѣ, коей полъ показался мнѣ сомнительнымъ, но между тѣмъ вѣроятно не принадлежащей къ тому, который мы именуемъ прекраснымъ, ибо она съ прямымъ чистосердечіемъ, хвалится преклонными лѣтами своими. Она немного сутуловата и доказываетъ, что не могла пользоваться благодѣяніями Госпожи Т*. Вы скажете, Мил. Госуд., что не имѣя болѣе права (благодаря добрымъ совѣтамъ вашимъ) нападать на нравственность ея, я малодушно нападаю на наружный ея видъ. Нѣтъ, М. Г., миръ заключенъ между нами навсегда! Если осмѣливаюсь говорить о наружности существа, покровительствуемаго вами, и о сходствѣ его слишкомъ великомъ съ родственникомъ, который слабѣе и щедушнѣе его, *то* это по худой привычкѣ *Натуралиста*, который пріучился разсматривать формы и по нимъ злословить о свойствѣ физіогноміи личной.

Примите увѣреніе въ высокомъ почтеніи, съ коимъ имѣю честь быть

Милостивый Государь!
Вашего Превосходительства
покорнѣйшій слуга
Гумбольтъ.
С. Петербургъ
$\frac{\text{29 Ноября}}{\text{11 Декабря}}$ 1829.

Въ оригиналѣ подпись имени изображена по-Руски и буквы ь и ъ подчеркнуты. Снимокъ подлиннаго письма Барона Гумбольдта приложенъ будетъ къ слѣдующему No Лит. Газеты.

О горныхъ кряжахъ и вулканахъ внутренней Азіи, и о новомъ вулканическомъ изверженіи в Андахъ. А. ф. Гумбольдта. (Перев. Д. Соколова.)[*]

Вулканы, представляющіе вѣчный размѣнъ между жидкою (расплавленною) внутренностію земли и воздушною оболочкою твердой, окисленной поверхности земной, въ ихъ неразрывной связи съ образованіемъ пластовъ каменной соли, съ воздушными вулканами (или *зальзами*, небольшими кеглеобразными горами, извергающими илъ, нафту, удушливые газы, а иногда, хотя на короткое время, даже пламя, дымъ и каменья), съ горячими источниками, землетрясеніемъ и воздыманіемъ горъ, представляютъ предметъ столь важный и великій, что заслуживаютъ въ полной мѣрѣ вниманіе, не только гео|302|гноста, но и физика. Удовлетворяя сему вниманію съ одной физической стороны, вы приняли на себя трудъ, познакомить читателей Анналовъ, вами издаваемыхъ, съ глубокими мыслями Леопольда ф. Буха о распространеніи по земной поверхности центральныхъ и рядовыхъ вулкановъ, съ мыслями, столь удачно имъ изложенными въ его большомъ сочиненіи о Канарскихъ островахъ.[1] То, о чемъ я сообщаю вамъ теперь, касательно вулкановъ, лежащихъ въ большомъ удаленіи отъ моря, конечно такой важности не заслуживаетъ: нѣсколько мѣстныхъ явленій, внутри Азіи и Америки совершившихся, о коихъ я имѣлъ случай собрать свѣдѣнія, до сего времени неизвѣстныя, составляютъ все приношеніе мое. Мы такъ мало знаемъ о таинственномъ соотношеніи, въ которомъ горящіе вулканы находятся къ морю, что всякое свѣдѣніе о неожиданномъ положеніи вулкана во внутренности материка, должно возбуждать наше вниманіе.

Во время лѣтняго путешествія, которое въ прошломъ году имѣлъ я случай совершить (вмѣстѣ съ моими друзьями. Гг. Эренбергомъ и Густавомъ Розе) по сѣвернымъ предѣламъ Азіи, даже за рѣку Обь, почти семь недѣль провелъ я на границахъ Китайской Зюнгоріи (между крѣпостями *Усть-каменогорскою* и *Бухтарминскою* и Ки|303|тайскимъ форпостомъ *Хонимайле-ху*[2], лежащемъ къ Сѣверу отъ озера *Зайсана*), также на Казацкой линіи Киргизской степи[3] и въ предѣлахъ моря Каспійскаго. Въ важ-

---

[*] In: *Gornyj žurnal* 3:9 (September 1830), S. 301–382.
[1] Изъ письма къ Г. Поггендорфу, издателю журнала Annalen der Chemie und Physik.
[2] Это по тамошнему Монгольскому нарѣчію вѣрнѣе, кажется, *Гайни-Майлагоу*. Киргизы называютъ Китайскій форпостъ на Иртышѣ *Кочубе*.
[3] Настоящее имя степи *Козакская* (khozak) или *Кайзакская* (kaizak).

нѣйшихъ мѣновыхъ мѣстахъ: Семипалатинскѣ, Петропавловскѣ, Троицкѣ, Оренбургѣ и Астрахани, вездѣ старался я сбирать свѣдѣнія объ отдаленныхъ частяхъ внутренней Азіи, отъ Татаръ (въ Русскомъ значеніи сего слова, ибо Татарами называется здѣсь племя Турецкое, а не Монгольское), Бухарцевъ и Ташкентцевъ, пріѣзжающихъ въ сіи мѣста во множествѣ. Поѣздки сихъ народовъ въ Турфанъ (Турпанъ), Акгзу, Котенъ, Эркандъ и Кашемиръ[4] бываютъ довольно рѣдки; гораздо чаще посѣщаются или *Кашгаръ*, земля, лежащая между Алтаемъ и сѣвернымъ отклономъ *Небесныхъ горъ* (*Тіаншанъ*, *Муссуръ*, или *Бокда-Оола*), гдѣ находится Чугучакъ, Коргосъ и Китайское ссылочное мѣсто *Гулджа*, въ |304| 5 верстахъ отъ рѣки Или; также *Канатъ Коканскій; Лухара, Ташкентъ* и *Шерзавесъ* (*Шергар-Зебсъ*), къ Югу отъ *Самарканда*.

Въ Оренбургѣ, куда каждый годъ приходятъ караваны на многихъ тысячахъ верблюдовъ, и гдѣ мѣновой дворъ служитъ мѣстомъ сборища народовъ многоразличныхъ, Г. Инженеръ Полковникъ Генсъ (Директоръ Азіатской школы и Предсѣдатель пограничной Коммисіи), въ 20 лѣтъ своего здѣсь пребыванія, успѣлъ собрать, съ критическимъ разборомъ, множество важнѣйшихъ матеріаловъ для Географіи внутренней Азіи. Въ сихъ-то матеріалахъ, сообщенныхъ мнѣ Г. Генсомъ, нашелъ я слѣдующее замѣчаніе: «прибывъ (на пути изъ Семиполатинска въ Эркандъ) къ озеру *Алакуллу*, или *Аландингису*, лежащему немного къ Сѣверовостоку отъ большаго озера *Балкгаша*,[5] въ которое впадаетъ рѣка Иле (Или), увидѣли мы |305| высокую гору, которая прежде сего выбрасывала огонь. Еще и понынѣ поднимаетъ сія гора сильныя бури, для каравановъ затруднительныя; а потому проѣзжая мимо сей, нѣкогда огненной горы, приносятъ ей въ жертву овецъ.»

Сіе извѣстіе, полученное, въ началѣ нашего столѣтія, изъ устъ путешествующаго Татарина (можетъ быть, *Сейфуллы Фезулина*, который съ Декабря мѣсяца сего года опять проживаетъ въ Семиполатинскѣ, и много разъ бывалъ въ Кашгарѣ и Эркандѣ), тѣмъ болѣе было для меня любопытно, что оно напомнило мнѣ о горящемъ вулканѣ внутри Азіи, о кото-

---

[4] О сихъ отдаленныхъ мѣстахъ я имѣю многія свѣдѣнія, кои могутъ служить немаловажнымъ дополненіемъ къ тому, что сообщили намъ о сихъ мѣстахъ Гг. Волковъ и Сенковскій въ Азіатскомъ Журналѣ, и Баронъ Мейендорфъ въ своемъ путешествіи.

[5] Анвиль называетъ сіе озеро *Палкати-Норомъ*; на картѣ Панснеровой длина его въ 1 3/4°. На берегахъ Иртыша, купцы Азіятскіе называли его при мнѣ *Тенггизомъ*. Слово *Тенггизъ* или *Денггизъ*, у племенъ, говорящихъ по Турецки, означаетъ вообще море; *Ак-тенггизъ* бѣлое море (Voyage à Astrakhan du Cte. Jean Potozky); *Тгенггизъ* Каспійское море, въ которое течетъ Волга (Клапротъ въ Mém. à l'Asie, т. 1, Стр. 108); *Ала-Денггизъ* Пестрое море.

ромъ узнали мы изъ ученыхъ розысканій Китайскихъ книгъ, Абель Ремюза и Клапрота, и существованіе коего въ удаленіи отъ моря столь сильно возбуждало наше вниманіе.

Незадолго предъ отъѣздомъ моимъ изъ С. Петербурга, получилъ я, по благосклонности Полицеймейстера въ Семипалатинскѣ, Г. Клостермана, слѣдующія извѣстія, собранныя отъ Бухарцевъ и Ташкентцевъ:

Изъ *Семипалатинска* въ *Гулджу* 25 дней ѣзды; дорога идетъ чрезъ горы *Алшанъ* и *Кондегатай*, въ Средней ордѣ; потомъ должно ѣхать по берегу озера *Савандекулла*, перѣзжать горы *Тарбагатай*, въ Зюнгоріи, и рѣку Эмиль, при пе|306|реправѣ чрезъ которую дорога сія соединяется съ тою, которая ведетъ изъ Чугучака въ область Или. Отъ рѣки Эмиля до озера Алакуля 60 верстъ. Озеро отъ Семипалатинска, какъ увѣряютъ Татары, въ 455 верстахъ (104 $^3/_4$ в = 1° въ 15 географ. миль); лежитъ оно вправо отъ дороги, имѣетъ 50 верстъ ширины и 100 верстъ длины (безъ сомнѣнія показаніе увеличенное), главное направленіе его отъ Востока къ Западу. Въ срединѣ озера стоитъ высокая сопка: имя ея *Арал-Тубе*. Отсюда до Китайскаго караула, между гораздо меньшимъ озеромъ *Яналашкулломъ* и рѣкою *Буратарою*, по берегамъ коей живутъ Калмыки, считаютъ 55 верстъ.

Если сравнимъ оба сіи извѣстія (Оренбургское и Семипалатинское) одно съ другимъ; то не останется никакого сомнѣнія, что помянутая гора, по преданію туземцевъ, и слѣдовательно во времена историческія, извергавшая огонь, есть тотъ самый, сопкѣ подобный, островъ *Арал-Тубе*[6]. Поелику главнѣйшее въ сихъ извѣстіяхъ есть гео|307|графическое положеніе кеглеобразнаго острова, какъ самаго по себѣ, такъ и въ отношеніи къ тому древнему вулкану средней Азіи, о коемъ повѣствуютъ Гг. Клапротъ и Абель Ремуза, основываясь не на показаніяхъ путешественниковъ, но на весьма древнихъ Китайскихъ книгахъ; то я намѣренъ дополнить сіи извѣстія нѣкоторыми географическими подробностями, которыя считаю я полезными также и в томъ отношеніи, что на всѣхъ, по сіе время изданныхъ картахъ, относительное положеніе горныхъ кряжей и озеръ въ *Зюнгоріи и Уйгурской землѣ Быш-Бальскъ* (между *Тарбагатаемъ*, рѣкою *Или* и большимъ *Тіаншаномъ* (Небесными горами, къ

---

[6] Названіе сіе означаетъ на Киргизско-Турецкомъ нарѣчіи *холмъ-островъ*, отъ слова *Тубе*-холмъ и *Аралъ*-островъ. По Монгольски должно бы произносить *Арал-Добо*. *Арал-Норъ* на Монгольско-Калмыцкомъ нарѣчіи значитъ *острововъ озеро*; а свита острововъ у Енотаевска на Волгѣ, называется по Калмыцки *Табун-Аралъ*, т. е., пять острововъ. На Халко-Монгольскомъ нарѣчіи *Дибе* значитъ то же, что по Турецки *Тюбе* (вмѣсто чистаго Монгольскаго слова *Оола*), т. е., гора, холмъ. См. роспись Киргизскихъ и Монгольскихъ словъ въ Клапротовомъ Mém. rel. à l'Asie, т. III. стр. 350–355; въ Asia polyglotta стр. 276, и въ ея Атласѣ стр. XXX; въ Voyage du Cte. Potozky, т. 1, стр. 33.

Сѣверу отъ Акзу) показывается весьма невѣрно. Пока не выйдетъ въ свѣтъ Клапротова превосходная карта внутренней Азіи, служащая продолженіемъ и поправкою атласу Анвилеву, можно руководствоваться картами Берта (1829) и |308| Брюе, преимущественно же Клапротовыми малыми картами, помѣщенными въ *Asia polyglotta*; также Tableau historique de l'Asie (1826), либо прекраснымъ очеркомъ внутренней Азіи въ Mémoires relatifs à l'Asie, T. II. стр. 362; но я совѣтую избѣгать карты Арровшмитовой, которая о системахъ горъ можетъ дать ложное понятіе.

Внутренняя часть Азіи, не представляющая ни великаго горнаго узла, ни непрерывной плоской земли, отъ Востока къ Западу прорѣзывается четырмя горными системами, имѣвшими на переселеніе народовъ важное вліяніе: Алтаемъ, западныя отрасли коего составляютъ горы Киргизскія, Небесными горами, Куенлуномъ и кряжемъ Гималайскимъ. Между Алтаемъ и Небесными горами лежатъ: Зюнгорія и ложбина рѣки Или; между Небесными горами и Куенлуномъ, такъ называемая малая, но собственно высокая Бухарія (вмѣщающая *Кашгаръ*, *Яркендъ* и *Котенъ*, или *Ютіанъ*); также великія степи (*Гоби*, *Шамо*), *Турфанъ*, *Камилъ* (Гами) и *Тангутъ* (собственно сѣверный Тангеу Китайцевъ, который на Монгольскомъ языкѣ смѣшиваютъ съ Тибетомъ или Сифаномъ). Между Куенлуномъ и кряжемъ Гималайскимъ лежитъ восточный и западный Тибетъ (Ласса и Ладакъ). Если пожелаемъ означить самымъ про|309|стымъ способомъ три высокія равнины, между Алтаемъ, Небесными горами, Куенлуномъ и Гималайею, нахожденіемъ трехъ озеръ высокое положеніе имѣющихъ; то могутъ служить къ тому великія озера: *Балкгашъ*, *Лопъ* и *Тенгри* (Теркири-Норъ Анвиля), соотвѣтствующія тремъ великимъ равнинамъ: *Зюнгорской*, *Тангутской* и *Тибетской*.

I. *Горная система Алтайская*, окружающая потоки Иртыша и Енисея (Кема), вмѣщаетъ въ себѣ: Тангну (болѣе къ Востоку); Саянскія горы, лежащія между озеромъ Коссоголомъ (Кузукуллемъ) и малымъ Средиземнымъ моремъ Байкаломъ; также высокій кряжъ Кентей и горы Даурскія. Сія система, въ Сѣверовосточномъ протяженіи своемъ, примыкаетъ къ *Яблонному хребту*, *Кингканъ Тугурику* и *Алданскимъ горамъ*, простираясь до залива Охотскаго. Средняя географическая широта ея въ востоко-западномъ простираніи 50° 51 ½°. О сѣверовосточной части сей системы, заключенной между Байкаломъ, Якутскомъ и Охотскомъ, ожидаемъ мы подробныхъ географическихъ свѣдѣній отъ Г. Эрмана, путешественника умнѣйшаго и трудолюбивѣйшаго. Алтай самъ по себѣ едва занимаетъ семь градусовъ долготы; но мы называемъ *горною системою Алтайскою* самую сѣверную |310| закраину великой возвышенности внутренней Азіи, наполняющей все пространство между 28° и 51°, и сіе дѣлаемъ для того, что простыя имена гораздо легче удерживаются въ памяти, и что Алтай, по причинѣ металлоносности своей (онъ производитъ каждогодно

70,000 кельнск. марокъ серебра и 1900 м. золота[7]) наиболѣе извѣстенъ Европейцамъ. Алтай, по Турецки и Монгольски, золотыя горы (*Алта-инъ-Оола*)[8], не есть кряжъ крайный, подобно горнымъ цѣпямъ Гималайскимъ, которыя ограничиваютъ великую землю Тибета, и потому къ одной низменной землѣ Индѣйской спускаются крутыми отклонами. Равнина около озера *Зайсана*, и тѣмъ менѣе степи вокругъ озера *Балкгаша*, едва достигаютъ 300 туазовъ надъ морскою поверхностію.

Съ намѣреніемъ пропускаю я въ семъ изображеніи имя *малаго Алтая* (согласуясь съ тѣми извѣстіями, кои собраны мною въ Западномъ и Южномъ Алтаѣ, на рудникахъ Змѣиногорскомъ, Риддерскомъ и Зыряновскомъ); если означить симъ именемъ, какъ обыкновенно поступаютъ географы (вопреки понятію туземцевъ) тотъ огромный кряжъ, который заключается между рѣкою Нары|311|момъ, истоками Бухтармы и Чуи, озеромъ Телецкимъ, рѣкою Біею, рудникомъ Змѣиногорскимъ и рѣкою Иртышемъ, повыше Усть-каменогорска, и слѣдовательно вмѣщаетъ въ себѣ Сибирскую область Россіи, заключающуюся между 79 $3/4°$ и 86° восточной долготы отъ Парижскаго меридіана, и между параллельными кругами 49 $1/4°$ и 52 $1/2°$; тогда сей *малый Алтай*, на юго-западной оконечности коего (въ такъ называемыхъ Колывановоскресенскихъ предгоріяхъ) видны слѣды изверженій гранита, порфира, камней трахитовыхъ и металловъ драгоцѣнныхъ; тогда сей *малый Алтай*, говорю я, своею окружностію и высотою, вѣроятно, будетъ превосходнѣе *большаго Алтая*, коего положеніе и существованіе, какъ особой цѣпи снѣгами покрытыхъ горъ, суть также почти гадательныя. Арровсмитъ, а за нимъ многіе новѣйшіе географы, слѣдуя произвольно принятому имъ основанію, называютъ *большимъ Алтаемъ* вымышленное продолженіе Небесныхъ горъ, кои отъ *виноградной земли Камила (Гами)* и Манжурскаго города Баркула[9], на Востокѣ, продолжаются, по мнѣнію сихъ географовъ, до еще болѣе восточныхъ истоковъ Енисея и горъ Тангну. Направленіе линіи, раздѣляющей воды между рѣкою *Оркгономъ* и степ|312|нымъ озеромъ *Арал-Норомъ*[10], и несчастная привычка назначать высокія горныя цѣпи во всѣхъ тѣхъ мѣстахъ, гдѣ системы водъ раздѣляются между собою, были причиною сего заблужденія. Если мы захотимъ удержать въ нашихъ картахъ названіе *большаго Алтая*; то должны придать оное высокой горной цѣпи, простирающейся отъ Сѣверозапада къ Юго-востоку, и слѣдовательно совсѣмъ по другому направленію, нежели такъ называемый нынѣ боль-

---

[7] До 1200 пудъ серебра и до 25 п. золота *Перев.*
[8] Съ Монгольскимъ членомъ *инъ*, означающимъ родительный падежъ.
[9] Чинъ-Си-Фу.
[10] У *Гобдо-Кото*, недалеко отъ храма *Чунг-нган-Зу*, посвященнаго Будгѣ.

шой *Алтай*, а именно: между правымъ берегомъ *верхняго Иртыша* и озеромъ *Еке-Арал-Норомъ* (большимъ *островъ-озеромъ*) у *Губдо-Кото*[11]. Въ семъ-то мѣстѣ, и слѣдовательно къ Югу отъ *Нарыма* и *Бухтармы*, коими ограничивается Русскій *малый Алтай*, находится коренное пребываніе Турецкихъ племенъ, гдѣ Дизавулъ, великій Ханъ Ту-Kiу, въ концѣ VI столѣтія принималъ пословъ Византійскихъ[12]. Алтай, золотая гора[13] Ту|313|рокъ (*Киншанъ* Китайцевъ въ томъ же значеніи) несетъ также древнія названія *Ек-тага* и *Ек-тела*, кои оба должны быть того же самаго происхожденія. Еще и нынѣ высокая вершина горъ Алтайскихъ, далѣе къ Югу лежащая, подъ 46° широты и почти на меридіанѣ *Пидьяна* и *Турфана*, несетъ Монгольское названіе *Алтаинъ-ниро*, то есть, вершины Алтая. |314|

Если сей *большой Алтай*, еще нѣсколькими градусами ближе къ Юго-востоку, соединяется съ кряжемъ *Найман-Оолою*; то должно находиться здѣсь поперечной горной цѣпи, которая, по направленію отъ Сѣверо-запада къ Юго-востоку, служила-бы связью между *Русскимъ Алтаемъ* и *Небесными горами*, къ Сѣверу отъ Баркула и Гами. Здѣсь не мѣсто распространяться о томъ, какимъ образомъ въ Алтаѣ обнаруживается та же самая горная система, которая въ нашемъ полушаріи занимаетъ столь великое пространство въ сѣверозападномъ направленіи: простираніе каменныхъ слоевъ[14], положеніе Алгинскихъ горъ, высокой Чуйской степи,

---

[11] Параллельно цѣпи *Хангайской* (Кгангай), между *Экс-Арал-Норомъ* Зюнгоріи и снѣжными горами *Тангну*, въ Юго-восточномъ направленіи, къ прежнему Монгольскому городу *Кара-Коруму* (Клапротова Asia polyglotta, стр. 146).

[12] Tabl. histor. стр. 117; Mém. T. 11, стр. 388.

[13] Недоказано еще, отъ чего именно получило начало свое старинное Турецкое, либо Китайское названіе *Золотой горы*, придаваемое нѣкоторой части Алтая (большому Алтаю), къ Югу отъ рѣки Нарыма, или отъ нынѣшней Россійской границы: отъ тѣхъ ли россыпей, въ коихъ и понынѣ еще, въ рѣчныхъ долинахъ, впадающихъ въ верхній Иртышъ, Калмыки находятъ золото; или отъ богатства симъ металломъ Сѣвернаго (малаго) Алтая на юго-западномъ концѣ своемъ, между рудниками Зыряновскимъ и Змѣиногорскимъ. Связь между сими обѣими горными громадами (малымъ и болшимъ Алтаемъ) не могла укрыться отъ самыхъ грубыхъ народовъ. Малый Алтай при Усть-каменогорскѣ тянется чрезъ Иртышъ. По сей рѣкѣ, между Бухтарминскою и Усть-каменогорскою крѣпостями, видѣли мы въ горахъ трещину, въ которой различіе гранита по глинистому сланцу примѣтно на большомъ пространствѣ. Туземцы увѣряли Дтр. Мейера, что горы Нарымскія, въ юго-восточной части своей, посредствомъ *Курчума, Доленкары* и *Саратавы*, соединяются съ большимъ Алтаемъ. Когда въ половинѣ Августа на Казацкомъ форпостѣ Красномъ-Ярѣ, бралъ я азимуты окрестныхъ горъ; то позади двойничной горы *Зилучоко* видѣлъ я очень ясно вѣчнымъ снѣгомъ покрытыя горы *Тагтау*, въ предѣлахъ Китайской Монголіи, и слѣдовательно въ направленіи большаго Алтая.

[14] См. любопытное путешествіе по Алтаю Ледебура, Мейера и Бунге, т. 1. стр. 422.

горной цѣпи *Ийикту* (точки соединенія[15] Русскаго Алтая); направленіе узкихъ долинъ, служащихъ руслами рѣкамъ *Чулышману*, *Чуѣ Катуни* и *верхнему Чарышу*, цѣлое даже теченіе Иртыша отъ |315| Красноярска до Тобольска, все свидѣтельствуетъ объ ономъ.

Между меридіанами Устькаменогорскимъ и Семипалатинскимъ, горная система Алтайская продолжается грядою холмовъ и низкихъ горъ по направленію отъ Востока къ Западу, входя на 160 геог. миль въ Киргизскую степь Средней орды. Сія горная гряда, по ширинѣ и высотѣ своей весьма неважная, заслуживаетъ тѣмъ большее вниманіе въ отношеніи геогностическомъ.

Въ Киргизской степи нѣтъ непрерывной горной цѣпи, посредствомъ которой Уралъ соединялся бы съ Алтаемъ, какъ представляется на картахъ, гдѣ сія вымышленная цѣпь несетъ названіе *Альгидин-Зано*, или *Альгидин-Шамо*. Вмѣсто оной уединенные холмы, отъ 5 до 6 сотъ футовъ вышиною, и группы низкихъ горъ, неболѣе 1000 или 1200 футовъ (какъ на примѣръ, гора Семитау у Семипалатинска) надъ окрестными лугами возвышающихся, внезапнымъ возстаніемъ своимъ приводятъ въ заблужденіе неопытнаго въ измѣреніяхъ высотъ путе|316|ственника, и кажутся гораздо большую высоту имѣющими. Но сіи ничтожныя возвышенности составляютъ въ другомъ отношеніи явленіе достопримѣчательное: полагая границу между южными водами степныхъ рѣкъ Сарасу и Каратургая и сѣверными побочными рѣками Иртыша, всѣ онѣ вышли изъ одной разсѣлины, которая, продолжаясь до меридіана Звѣриноголовскаго, занимаетъ въ длину 16 градусовъ, и на всемъ протяженіи своемъ сохраняетъ повсюду одинакое направленіе. Во всѣхъ сихъ горахъ видны тѣ же самые граниты, слоистые безъ участія гнейса, и притомъ не сланцовые; тѣ же самые глинистые и сѣроваккові сланцы, въ соприкосновеніи съ зелеными камнями (содержащими авгитъ), порфирами и пластами яшмовыми; тѣ же самые известняки, и плотные, и зернистыми сдѣлавшіеся изъ плотныхъ; даже нѣкоторая часть тѣхъ же самыхъ веществъ металлическихъ, кои находятся и въ маломъ Алтаѣ, отъ коего помянутая разсѣлина беретъ начало свое. Изъ сихъ металловъ я упомяну здѣсь только слѣдующіе: серебристый свинцовый блескъ, полградусомъ восточнѣе меридіана Омскаго, въ горѣ *Турганташъ*; малахитъ и красная

---

[15] Сія точка, познаніемъ коей обязаны мы странствованію по Алтайскимъ горамъ Дкт. Бунге, вѣроятно, имѣетъ большую высоту *Пика-Нету* (1787 туаз.), высочайшей точки Пиренеевъ. Алтайская *Ийикту* (Божія гора), или Аласту (Голая гора) лежитъ на лѣвомъ берегу Чуи, отъ колоссальныхъ столбовъ Катуни отдѣляется рѣкою Аргутомъ. Высочайшимъ изъ числа измѣренныхъ мѣстъ на Россійскомъ Алтаѣ, должно, по сіе время, почитать источникъ на маломъ кряжѣ *Коскунѣ*, высота коего, по барометрическимъ измѣреніямъ (кои однако посредствомъ соотвѣтственныхъ наблюденій не повѣрены) 1615 туазовъ.

мѣдная руда съ діоптазомъ (аширитомъ) у степной горы Алтын-Тубе) (золотаго холма). Серебристыя свинцовыя руды, къ запа|317|ду отъ меридіана Петропавловскаго, на одномъ параллельномъ кругѣ[16] съ рудною горою *Алтын-Тубе*, у истока рѣки Каратургая (правильнѣе *Канче-Булганъ-Тургая*). Сіи руды въ 1815 году были предметомъ большой экспедиціи, посыланной въ степь подъ командою Подполковника Феофилатьева[17]. |318|

Въ направленіи линіи раздѣленія водъ между Ураломъ и Алтаемъ (подъ 49° и 50° широты), видимъ мы явный примѣръ усилія Природы къ возвышенію, посредствомъ подземныхъ силъ своихъ, горныхъ кряжей; и сіе обстоятельство напоминаетъ намъ о тѣхъ линіяхъ воздыманія (seuils, arrêtes de partage, lignes de faites), кои замѣчены мною въ Новомъ Свѣтѣ, соединяя здѣсь Анды съ Сіерра-Паримою и Бразильскими кряжами, а болѣе къ Сѣверу, между 2 и 3 гр., такъ какъ и къ Югу между 16 и 18 град., пересѣкая степи (Аланосы) Американскія[18].

Но сей прерывный рядъ низкихъ горъ и холмовъ, изъ кристаллическихъ камней состоящихъ, коими горная система Алтайская продолжается къ Западу, не достигаетъ однакоже южнаго конца кряжа Уральскаго (подобно кряжу Андскому, въ видѣ стѣны отъ Сѣвера къ Югу протянувшемуся, съ металлическими изверженіями на восточной сторонѣ своей),

---

[16] На рисованныхъ картахъ, изученіемъ коихъ обязанъ я дружескому расположенію ко мнѣ бывшаго Генералъ Губернатора Сибири М. М. Сперанскаго, овою границею Россіи назначается *Каркарали*, къ Востоку отъ вышеупомянутой небольшой рудной горы, подъ 49° 11′ широты. Діоптазъ, коимъ прославилась сія страна, и который открытъ также на западномъ отклонѣ Урала, получилъ въ Россіи употребляемое названіе аширита, отъ имени урожденца Ташкентскаго (но не казака) Ашира. Первымъ, болѣе продробнымъ изслѣдованіемъ Киргизской степи между Семипалатинскомъ, Каркарали и Алтын-Тубе, обязаны мы Г. Дк. Мейеру.

[17] Въ сей экспедиціи находились изъ Горныхъ чиновниковъ: Гг. Меньшенинъ, Порозовъ и Германъ; изъ Инженеровъ Г. Генсъ. Окрестности сего сановниковъ: Г. Меньшенинъ, Порозовъ и Германъ; изъ Инженеровъ Г. Генсъ. Окрестности сего самаго свинцоваго рудника были изслѣдованы послѣ того еще двумя экспедиціями, изъ коихъ въ одной (1816) находились Гг. Набоковъ и Шангинъ; а въ другой (1821) Гг. Артюховъ и Тафаевъ. Симъ послѣднимъ чиновникомъ (что нынѣ Инженеръ-Капитанъ) были произведены помощію секстанта многія наблюденія надъ солнечною высотою у помянутаго свинцоваго рудника (подъ 49° 12′ широты), кои снова вычислены мною и будутъ показаны при другомъ случаѣ. Сіе мѣсто есть единственное во всей Киргизской степи (между Иртышемъ, Тобольскою линіею и паралельнымъ нымъ кругомъ устья Сигуна), занимающей площадь 24,000 квад. геогр. миль, и слѣдовательно больше, нежели вдвое превосходящей Германію, которое опредѣлено астрономически.

[18] См. Tableau géognostique de l'Amérique méridionale въ моемъ Voyage aux régions équinoxiales, т. III. стр. 190–240.

оканчиваясь внезапно на меридіанѣ Звѣриноголовскомъ, гдѣ помѣщаются |319| географами горы *Алгинскія* (названіе, ни Киргизамъ, ни въ Троицкѣ, ни въ Оренбургѣ вовсе неизвѣстное!). Здѣсь начинается, достойная замѣчанія, область озеръ, и сей промежутокъ продолжается до меридіана Міясскаго, гдѣ южный Уралъ пускаетъ отъ Мугодьярской цѣпи своей холмистую отрасль *Буканбли-Тау* въ степь Киргизскую, по восточному направленію[19]. Сія область малыхъ озеръ (группы *Балел-Кула* подъ 52 $\frac{1}{2}°$ широты, и группы *Кум-Кула* подъ 49 $\frac{3}{4}°$ широты), по остроумному замѣчанію Полковника Генса, свидѣтельствуетъ о древнемъ соединеніи озера *Аксакала*, принимающаго въ себя *Тургай* и *Камышлой-Иргицъ*, съ моремъ Аральскимъ. Это есть не что иное, какъ желобина, которую можно преслѣдовать, сперва въ сѣверовосточномъ направленіи мимо Омска, между Ишимомъ и Иртышемъ, чрезъ богатую озерами степь Барабинскую[20], а далѣе чрезъ Обь у Сургута и поперегъ земли Остяковъ Березовскихъ, до самыхъ болотистыхъ береговъ Ледовитаго моря.

Старинное преданіе, сохранившееся у Китайцевъ о нѣкоторомъ *горькомъ морѣ*, вну|320|три Сибири находившемся, чрезъ которое протекалъ нижній Енисей, можетъ быть, указываетъ намъ слѣды древняго истока морей Аральскаго и Каспійскаго въ сѣверовосточную сторону. Осушеніе степи Барабинской, которую я видѣлъ по дорогѣ изъ Тобольска въ Барнаулъ, съ воздѣлываніемъ оной, примѣтно увеличивается, и мысль Г. Клапрота[21] о горькомъ *Средиземномъ морѣ* Китайцевъ подтверждается болѣе и болѣе геогностическимъ наблюденіемъ сихъ мѣстъ. Какъ бы по нѣкоторымъ счастливымъ догадкамъ о первобытномъ состояніи земной поверхности, когда притокъ и испареніе водъ находились на ней въ иныхъ отношеніяхъ противъ нынѣшняго, назвали Китайскіе географы[22] соляную степь вокругъ *Оазиса Гамійскаго* сухимъ моремъ (Ган-Гай).

II. Система *горъ Небесныхъ* (по Китайски *Тіан-Шанъ*[23] на древнемъ Турецкомъ на|321|рѣчіи *Тенгритагъ*, въ томъ же значеніи) лежитъ подъ

---

[19] Рисованныя карты двухъ экспедицій Полковника Берга (1823 и 1825) въ Киргизскую степь и на западный берегъ Аральскаго моря, въ Депо-картъ Императорскаго Главнаго Штаба.
[20] Между Тарою Каписномъ.
[21] Asia poliglotta, стр. 232. Tabl. hist. стр. 175.
[22] Въ Извлеченіи изъ 150 частей Китайской Энциклопедіи, изданной по повелѣнію Канги, т. II. стр. 342.
[23] Также *Сіеу-Шанъ* (снѣжный кряжъ), или *Пе-Шанъ* (бѣлыя горы). Я съ намѣреніемъ пропускаю въ общемъ обозрѣніи великихъ горныхъ цѣпей внутренней Азіи, сіи неопредѣлительныя названія, когда ихъ можно смѣшать съ другими. И наши Швейцарскія Альпы, и Гималайя, конечно, напоминаютъ также о Китайскомъ названіи *Пе-Шанъ* и Татарскомъ *Муссуръ*, или *Муцтагъ* (то есть, снѣжныя

42° средней широты. Высочайшею точкою кряжа Небесныхъ горъ можно, кажется, почесть, покрытую вѣчными снѣгами, и по превосходнымъ травамъ своимъ столь славную, трехвершинную гору *Бокдо-Оолу* (на Монгольско-Калмыцкомъ языкѣ Святую гору,) по коей и цѣлый кряжъ названъ Палласомъ *Богдо*. Выше замѣтили мы, что въ Арровшмитовой картѣ[24] сіе названіе, по невѣдѣнію, перенесено на нѣкоторую часть большаго Алтая (на вымышленную горную цѣпь, которая яко бы простирается отъ Юго-запада къ Сѣверо-востоку отъ Гами къ истокамъ Енисея). Отъ горы *Богдо-Оолы*,[25] называемой также *Латун-Богдою* (ве|322|личественною горою королевы) тянется кряжъ Небесныхъ горъ въ восточномъ направленіи къ *Баркулу*, гдѣ, къ Сѣверу отъ Гами, спускается онъ вдругъ крутымъ отклономъ, и, выправляясь потомъ мало по малу, стелется наконецъ высокою степью (большою Гоби или Шамо) отъ Сѣверо-запада къ Юго-востоку, отъ Китайскаго города *Куачеу* къ истокамъ *Аргуни*. Кряжъ *Номхунъ*, лежащій къ Сѣверо-западу отъ малыхъ степныхъ озеръ *Согока* и *Собо*, судя по положенію его, представляетъ, кажется, узкое возвышеніе въ степи (arrête, Spur von Bergkette); ибо послѣ промежутка, покрайней мѣрѣ на 10 градусовъ простирающагося, у большаго изгиба *Желтой рѣки*, (Гуанго), только немного ближе къ Югу горъ Небесныхъ, и, какъ мнѣ кажется, въ видѣ продолженія сей же самой горной системы, является опять кряжъ *Гадьяръ*, или *Иншанъ*, вѣчнымъ снѣгомъ покрытый, и по одному направленію съ Номхуномъ (отъ Запада къ Востоку) простирающійся[26].

Возвращаясь къ предѣламъ *Турфана* и *Богдо - Оолы*, и преслѣдуя западное про|323|долженіе системы *Небесныхъ горъ*, видимъ ее проходящею, сперва между Китайскою Сибирью (ссылочнымъ мѣстомъ)

или собственно ледяныя горы); но кто рѣшится отнять у сихъ знаменитыхъ кряжей ихъ обыкновенныя имена. *Муссартъ* Палласа есть испорченное имя *Муссира*, и въ новѣйшихъ картахъ придается по произволу, то кряжу Гималайскому, то горной системѣ Куенлунской.

[24] На картѣ Азіи, которая, по незнанію языковъ ея издателемъ, ошибками преисполнена, кромѣ кряжа *Богдо*, простирающагося въ сѣверовосточномъ направленіи, изъ коего сдѣлали теперь большой Алтай, показывается еще горная цѣпь, въ направленіи юговосточномъ, подъ названіемъ Алтая *Алин-Топа*. Сіи слова списаны съ Анвилева Китайскаго атласа, черт. 1. гдѣ Алтай названъ *Алин-Тубе* (Алинъ по Манжурски гора; *тубе* холмъ).

[25] Къ Сѣверо-Сѣверо-западу отъ Турфана.

[26] Подъ 41°–42° шир., слѣдовательно сѣвернѣе земли Ордоса. Иншанъ западнѣе Пекина соединяется съ снѣжными горами Таганскими, къ Сѣверу же отъ сего города съ великими Бѣлыми горами (Чангъ-Пешанъ), кои простираются въ сѣверные предѣлы полуострова Кореи.

Гулджею (Или) и *Куче*, а потомъ между большимъ озеромъ *Темурту*[27] (желѣзистыми водами) и *Акзу*, къ Сѣверу отъ *Кашгара*, по направленію къ *Самарканду*.

Страна, лежащая между системами Алтайскою и горъ Небесныхъ, въ восточномъ направленіи своемъ, по ту сторону меридіана Пекинскаго, замыкается высокимъ горнымъ кряжемъ *Кинг-Кан-Оолою*, отъ Ю. Ю. З. къ С. С. В. простирающимся; но съ западной стороны, по направленію къ *Чую*, *Саразу* и *нижнему Сигуну*, круто-падающая долина остается совершенно отверстою. Здѣсь нѣтъ никакого поперечнаго кряжа, |324| если не почтутъ таковымъ тотъ рядъ возвышенностей, который отъ западной стороны озера *Зайсана* тянется чрезъ Таргабатай къ сѣверо-восточной оконечности *Ала-Тау*[28], между озерами *Балкгашемъ* и |325| *Алакту-Гуломъ*; а далѣе чрезъ рѣку Или, къ Востоку отъ *Темурту-Нора* (между 44 и 49° шир.) продолжается по направленію отъ Сѣвера къ Югу, представляя какъ бы стѣну, во многихъ мѣстахъ проломанную, которою ограждается собственно Киргизская степь.

---

[27] Сіе самое озеро, коего имя *Темурту* Калмыцко-Монгольскаго происхожденія, называется также на Киргизско-Турецкомъ нарѣчіи *Тузкуломъ* (соленымъ озеромъ) и *Иссикуломъ* (теплымъ озеромъ). Туземцы Семипалатинскіе называютъ его *Иссекуломъ* (Китайское названіе Э-гай означаетъ тоже. Клапр. Мем. т. II. стр. 358–416), и даютъ ему 180 верстъ длины и 50 ширины, увеличивая настоящую поверхность его, можетъ быть, не болѣе, какъ на $1/6$. Мы были дважды на восточномъ берегу сего достопримѣчательнаго озера: въ первый разъ, при проѣздѣ отъ рѣки Или къ Ушъ-Турпану, а въ другой, на пути отъ переправы чрезъ рѣку Чуй, въ землѣ каменныхъ или черныхъ Киргизовъ, къ рѣкѣ *Нарыну* и *Кашгару*.

[28] Названіе, подавшее случай ко многимъ орфографическимъ ошибкамъ. Киргизы (и преимущественно Большой орды) даютъ названіе *Ала-тага* (*Ала-тау*, то есть, пестрыхъ горъ) горной грядкѣ, которая отъ *верхняго Сигуна* (Сир-Дерьи или Яксарта), у *Тонката*, подъ $43\frac{1}{2}$ и 45° шир., продолжается до озеръ *Балкгаша* и *Темурту*, по направленію отъ Запада къ Востоку. Названіе Пестрыхъ горъ происходитъ отъ черныхъ полосъ и пятенъ, которыя на крутыхъ стѣнахъ скалъ видны между снѣжными слоями (Мейендорфа Voyage à Bokhara, стр. 96, 786). Западная часть горъ *Ала-Тау* возвышается у большаго изгиба рѣки *Сигуна* къ Сѣверо-западу, и при *Таразѣ* или *Туркестанѣ* соединяется съ горами *Каратау* (т. е. черными). Здѣсь, въ землѣ Суссае, гдѣ водится много тигровъ, подъ шир. 45° 17′; почти на меридіанѣ Петропавловскомъ, какъ я узналъ въ Оренбургѣ, находятся горячіе ключи. Извѣстія, полученныя мною въ Семипалатинскѣ съ береговъ рѣки Или и изъ Кашгара, свидѣтельствуютъ, что туземцы разумѣютъ подъ именемъ *Ала-Тау* также горы, лежащія къ Югу отъ *Таргабатая* между озерами *Алакуломъ*, *Балкгашемъ* и *Темурту*. Можетъ быть, отъ сего имени произошло и названіе *Алакъ*, или *Алактау*, которое многіе географы даютъ цѣлой системѣ *Небесныхъ горъ*? Не должно смѣшивать съ горами *Ала-Тау* или *Ала-тагомъ* горы *Улуг-тага* (на нѣкоторыхъ картахъ: *Улукъ-тагъ*, *Улу-тау*, *Олу-Тагъ*), коей положеніе въ Киргизской степи столь же неопредѣлительно, какъ и Алгинскихъ горъ (холмовъ?).

Совсѣмъ въ другихъ отношеніяхъ представляется та часть внутренней Азіи, которая съ одной стороны ограничивается *Небесными горами*, а съ другой *Куенлуномъ*. Она въ западныхъ предѣлахъ своихъ замыкается самымъ явнымъ образомъ посредствомъ поперечнаго кряжа *Болор-* или *Белур-тага*[29] (горами близъ лежащей земли *Болора*) отъ |326| Юга къ Сѣверу простирающагося. Сей самый кряжъ раздѣляетъ *Малую Бухарію* отъ *Большой*, *Кашгарію* отъ *Бадакшана* и верхняго *Джи-Гуна* (*Аму-дерьи*). Южный конецъ сего кряжа, коимъ примыкаетъ онъ къ горной системѣ Куенлунской, судя по Китайскому описанію, составляетъ часть горъ *Чунлингскихъ*. Къ Сѣверу же соединяется онъ съ тою горною цѣпью, которая въ сѣверо-западномъ направленіи тянется отъ Кашгара, будучи извѣстна подъ именемъ *прохода Кашгарскаго* (*Кашгар-дивани-или-даванъ*, по извѣстіямъ Г. Назарова, который въ 1815 году проникалъ въ сіи мѣста до Кокана.) Между *Коканомъ*, *Дервазегомъ* и *Гиссаромъ*, слѣдовательно между неизвѣстными еще истоками Сигуна и Аму-Дерьи, кряжъ Небесныхъ горъ сохраняетъ еще высоту свою, такъ что многія горы его даже среди лѣта бываютъ покрыты снѣгомъ (*Соломоновъ тронъ*, *теакт-Сулейманъ*, вершина *Терека* и др.); но далѣе къ Западу склоняется онъ къ низменности *Каната Бухарскаго*. По направленію къ Востоку, по дорогѣ отъ западнаго берега озера Темурту въ Кашгаръ, кряжъ Небесныхъ горъ имѣетъ, какъ мнѣ кажется, |327| меньшую высоту, по крайней мѣрѣ въ путевыхъ запискахъ моихъ отъ Семиполатинска до Кашгара, которыя я намѣренъ издать въ свѣтъ, нигдѣ о снѣгахъ нагорныхъ не упоминается. Дорога лежитъ къ Востоку отъ озера *Балкгаша* и къ Западу отъ *Иссикула* (Темурту) чрезъ рѣку *Нарюнъ* (Нарымъ), которая впадаетъ въ *Сигунъ*. Въ разстояніи же 150 верстъ къ Югу отъ Нарюна, должно перѣзжать довольно высокую гору *Ровватъ*, въ 15 верстъ шириною, лежащую между рѣчкою *Аттбашею* и озеркомъ *Чатеркуломъ*, въ коей заключается обширная пещера. Здѣсь сборное мѣсто ѣдущихъ къ Китайскому караулу

---

[29] По Уйгурски называется сей поперечный кряжъ (какъ свидѣтельствуетъ Клапротъ) *Булич-тагомъ*, то есть, *облачными горами*, по причинѣ дождей, которые въ здѣшней широтѣ продолжаются непрерывно по 3 мѣсяца. Отъ имени кряжа *Болора* (на картахъ Японскихъ *Полуло*), получилъ, кажется, горный хрусталь, на Персидскомъ и Турецкомъ языкахъ, названіе Белура, и лучшіе образцы сего камня находятся въ горахъ *Болора*. На Турецкомъ языкѣ слово *Белут-тагъ* означаетъ *дубовыя горы*. Къ Западу отъ поперечнаго кряжа Болора лежитъ станція *Памиръ* (почти на одномъ параллельномъ кругѣ съ Кашгаромъ и слѣд. около $59\,^{1}/_{2}^{\circ}$ широты), по имени коей географъ Маркъ-Поло назвалъ высокую равнину, изъ которой новѣйшіе географы сдѣлали и особый горный кряжъ и особую область. Сія страна замѣчательна для физика: здѣсь славный Венеціянскій путешественникъ сдѣлалъ первое наблюденіе, повторенное мною еще на бо́льшихъ высотахъ Новаго Свѣта, касательно труднаго возгорѣнія и содержанія пламени.

(къ Югу отъ степной рѣчки Аксау), въ деревню *Артюшъ* и городъ *Кашгаръ* (съ 15,000 домовъ и 80,000 жителей, однако меньшій Самарканда), на рѣкѣ Ара-Тюменѣ. Такъ называемый *Кашгаръ-даванъ* непрерывной стѣны, кажется, не составляетъ; но поперегъ его идутъ многія дороги. Уже Полковникъ Генсъ изъявлялъ мнѣ удивленіе свое, что разные маршруты Бухарцевъ, имъ собранные, никакого высокаго кряжа между Коканомъ и Кашгаромъ не назначаютъ. Большія снѣжныя горы должны, кажется, появляться опять къ Востоку отъ меридіана *Аксу*; поелику тѣ же самыя заграничныя извѣстія свидѣтельствуютъ, что почти на половинѣ пути отъ Куры (что на |328| рѣкѣ Или) къ Аксу, между горячими ключами *Арашанскими*, лежащими къ Сѣверу отъ Китайскаго караула *Хандшейлао*, и форпостомъ *Тамгаташемъ*, находятся вѣчнымъ снѣгомъ покрытыя горы *Джепарле*.

Часть Небесныхъ горъ, отъ Востока къ Западу простирающаяся, или *Мус-тагъ* (такъ наиболѣе называютъ сіи горы комментаторы дневныхъ записокъ Султана Бабера) заслуживаетъ вниманіе и въ отношеніи къ ея западному продолженію. Отъ того мѣста, гдѣ горный кряжъ *Болоръ-* или *Белуръ-Тагъ*[30] почти подъ прямымъ угломъ сталкивается |329| съ великою горною системою *Мус-тагомъ*, а можетъ быть даже пересѣкаетъ оную, на подобіе того, какъ новѣйшія жилы проходятъ чрезъ древнѣйшія, продолжается сія система непрерывно въ востокозападномъ направленіи подъ

---

[30] Поперечный кряжъ *Белуръ, Болоръ, Белутъ* или *Булитъ,* такъ крутъ и неприступенъ, что чрезъ него только двѣ дороги, которыя съ самыхъ давнихъ временъ служатъ войскамъ и караванамъ: одна изъ сихъ дорогъ (южная) пролегаетъ между *Будакшаномъ* и *Шитраломъ*, другая (сѣверная) къ Востоку отъ *Уша* у истоковъ *Сигуна*. Послѣдняя дорога (*Дуанъ Акизикскій*) лежитъ къ Сѣверу отъ пересѣченія горъ Небесныхъ съ горами Белур-Тагомъ, или отъ того мѣста, гдѣ сіи послѣднія, на подобіе жилы, прорѣзываютъ первыя. А по сему тотъ малый, отъ Юга къ Сѣверу простирающійся кряжъ, посредствомъ коего сѣверный отклонъ Небесныхъ горъ, или какъ здѣсь называютъ, *Асферагская* горная цѣпь, соединяется съ *Минг-Булакомъ*, или *Ала-тагомъ*, можетъ быть почтенъ продолженіемъ Белура (Memoirs of Sultan Baber, 1826, стр. XXVIII). Одна непроходимость страны между Бадакшаномъ, Каратигиномъ и южнымъ отклономъ Небесныхъ горъ можетъ служить только подтвержденіемъ свидѣтельству Эрскипову, что караваны, идущіе изъ Самарканда (подъ 39° 40′ шир.) и Ташкенда въ Кашгаръ (подъ 39° 25′ шир.) должны проходить по близости Алмалига (Гулджи, подъ 42° 49′ шир.), что на рѣкѣ Или. Впрочемъ не лежитъ ли можетъ быть Гулджа (мѣсто, куда ссылаются Китайскіе вельможи) и озеро Темурту ближе къ Западу, либо Кашгаръ ближе къ Востоку, нежеди какъ полагаютъ Миссіонеры? Однако же Эрскинъ, основываясь на показаніяхъ нѣкотораго Усбека, подтверждаетъ вышепомянутое мнѣніе о низости горъ или болѣе проходовъ между Ташкентомъ и Гулджею, равно между Гулджею и Кашгаромъ.

именемъ *Асфераг-Тага*, проходя по восточной сторонѣ Сигуна и направляясь къ *Кодьенду* и *Уратиппъ* (въ Ферггенѣ). Горная цѣпь *Асфераг-Тагъ*, вѣчнымъ снѣгомъ покрытая, и также ложное имя *Памерской* несущая, отдѣляетъ истоки *Сигуна* [31] (Яксарта) отъ истоковъ Аму (Оксуса) [32]; потомъ, почти на меридіанѣ |330| Кодьендскомъ, поворачиваетъ она къ Юго-западу, и въ семъ направленіи извѣстна она до Самарканда подъ именемъ *бѣлыхъ* (то есть *снѣжныхъ*) горъ *Ак-тага* или *Ал-Ботома*. Далѣе к Западу, на прелестныхъ и плодоносныхъ берегахъ *Когика*, растилается великая низменность Малой Бухаріи – ложбина *Маверелнагера*, престолъ высокой образованности и богатства народнаго, бывшая не одинъ разъ жертвою жадности и звѣрства обитателей *Ирана*, *Кандагара* и *высокой Монголіи*. А по ту сторону моря Каспійскаго, почти на одной широтѣ и въ одинаковомъ направленіи съ *горами Небесными*, возвышается *Кавказъ*, съ своими порфирами и трахитами. Многіе почитаютъ сей кряжъ произведеніемъ той же разсѣлины, изъ коей въ восточныхъ предѣлахъ ея возстали горы Небесныя; подобно тому какъ горы *Таврскія*, въ западныхъ частяхъ горнаго узла Азербиджанскаго и Армянскаго, почитаются произведеніемъ той самой разсѣлины, которая произвела Гималайю и Гин|331|дукузъ. Такимъ образомъ отдѣльные кряжи западной Азіи сливаются, въ смыслѣ геогностическомъ, съ кряжами Востока.

III. Горная система *Куенлунская*, *Кулкунская* или *Тарташъ-Дабанская*, лежитъ между *Котаномъ* (*Или-чи*)[33], гдѣ Индійская образованность и поклоненіе Будгѣ древнѣе пятью вѣками, нежели въ Тибетѣ, и Ладакомъ, находящимся между горнымъ узломъ Кокоморомъ, восточнымъ Тибетомъ и Китайскою областью Качи. Сія система сливается на Западѣ съ *Тсун-лингомъ* (Зунглингомъ), то есть, синими или луковыми горами, о коихъ Абель-Ремюза, въ своей любопытной Исторіи Котана, сообщилъ

---

[31] Waddington, a. a. стр. LXVIII.
[32] Рѣка Аму беретъ начало у точки соединенія поперечнаго кряжа *Болор-Тага*, на западномъ отклонѣ *Пуштикара* (Эрскинъ и Ваддингтонъ въ Memoirs of Baber, стр. XXVII, XXIX, XXXIV, LXVII. – Ложбина *верхняго Сигуна* ограничивается съ сѣверной стороны *Минг-Булак-Тагомъ*, такъ называется часть *Алак-* или *Ала-тага*, простирающаяся къ Сѣверу отъ *Маргинана* и *Кокана*. Если проходъ Кашгарскій (*Кашгар-Даванскій* Г. Назарова) лежитъ на меридіанѣ Коканскомъ, (какъ показано на картѣ Гг. Мейендорфа и Лапи); то онъ долженъ впадать въ горную цѣпь *Асферагскую*. Но мнѣ кажется вѣроятнѣе, что сей проходъ есть одинъ и тотъ же съ Акизикскимъ, о коемъ упомянуто въ предпослѣднемъ примѣчаніи.
[33] Положеніе Котана показывается на всѣхъ картахъ весьма невѣрно. Географическая широта его, по Астрон: наблюденіямъ Миссіонеровъ: Феликса-де-Ароша, Эспина и Галлерштейна, 37° 2′, долгота 35° 52′ къ западу отъ Пекина, и слѣдовательно 78° 15′ къ Востоку отъ Парижа (Клапротъ въ Мем. Т. 11 стр. 283.) Симъ положеніемъ опредѣляется и среднее направленіе Куенлуна.

намъ столько свѣдѣній, и кои (какъ и выше замѣчено) примыкаютъ къ поперечному кряжу Болору, и даже, по свидѣтельству Китайцевъ, составляютъ южную часть онаго. Уголъ земли, лежащей между малымъ Тибетомъ и Бадакшаномъ (который столь богатъ рубинами, лазоревымъ камнемъ и бирюзою), весьма мало извѣстенъ, и судя по |332| новѣйшимъ свѣдѣніямъ, кряжъ *Гинду-ко*[34], простирающійся къ Герату и высокую равнину *Корозана* съ сѣверной стороны ограничивающій, должно болѣе почитать западнымъ продолженіемъ кряжа *Тсунглинскаго* и цѣлой горной системы *Куенлунской*, нежели, какъ обыкновенно почитаютъ его, продолженіемъ *Гималайи*. Отъ Тсунглинга тянется Куенлунъ, по направленію востоко-западному, къ истокамъ рѣки *Гуанго* (Желтой рѣки), вступая снѣжнымъ хребтомъ своимъ въ предѣлы Китайскіе (въ провинцію Шензи). Почти на меридіанѣ сихъ истоковъ возвышается большой горный узелъ при озерѣ *Коук-Гуноръ*, который сѣвернымъ концемъ своимъ примыкаетъ къ снѣжному кряжу *Наншану* или *Киліаншану*[35], также отъ Запада къ Востоку простирающемуся. Между Наншаномъ и горами Небесными, по направленію къ Гами, составляютъ горныя цѣпи *Тангутскія* окруженіе высокой пустыни Гоби или Шами, отъ Юго-запада къ Сѣверо-востоку простирающейся. Географ. широта средняго направленія горной системы Куенлунской 35 $\frac{1}{2}$°. |333|

IV. Горная система *Гималайская* отдѣляетъ высокія равнины *Кашемира* (Зиринагура), *Непала* и *Бутана* отъ Тибета. Въ западныхъ частяхъ ея гора *Явагиръ* имѣетъ 4026 туазовъ высоты, а въ восточныхъ *Давалагири*[36] до 4390 туазовъ. Сія система простирается, большею частію, отъ Сѣверо-запада къ Юго-востоку, и слѣдовательно нимало не параллельно съ Куенлуномъ, съ коимъ, на меридіанѣ *Аттока* и *Джеллалабала*, она такъ сближается, что между *Кабуломъ*, *Кашемиромъ*, *Ладакомъ* и *Бадакшаномъ*, кряжъ Гималайскій составляетъ какъ бы одно тѣло съ горами

---

[34] Гинду-Кушъ. О его проходахъ см. Baber Memoirs стр. 139.
[35] Восточное продолженіе снѣжнаго кряжа *Киліаншана*, называется *Аланшаномъ*
[36] Гумбольдтъ Sur quelques phénomènes géologiques qu'offre la Cordillere de Quito et la partie occidentale de l'Himalaya, въ Ann. des sciences nat. Mars, 1825. Названіе Давалагири происходитъ отъ Санскритскаго языка: *Давала* значитъ *бѣлая*, *гири* гора; и такъ можно сказать, что гора *Давала-гири* есть Индѣйская Монбланъ. Профессоръ Боппъ предполагаетъ, что въ словѣ *Ява-гиръ* окончаніе *гиръ* поставлено вмѣсто *гири*; а Ява означаетъ *скорость*. Для сравненія съ обоими Азіатскими колоссами, я припомню, что между вершинами Андовъ Американскихъ, *Невадо-Сатарская* (по измѣр. Г. Пентланда) имѣетъ 3948 туаз. высоты, а *Шимборазо* (по моему измѣренію) 3350 туаз. (Сравненіе высотъ Араго въ Annuaire du Bureau des Longitudes, 1830, стр. 231; также Гумбольдта Ablandung über das südliche Peru. Hertha, 1829, Янв. стр. 14.

Гинду-хо и |334| *Тзунглинскими*. И вообще пространство между Гималайею и Куенлуномъ гораздо болѣе съужено побочными горными цѣпями и отдѣльными горами, нежели тѣ высокія равнины, кои лежатъ къ Сѣверу между первою, второю и третьею горными системами. А потому *Тибетъ* и *Качи*, судя по геогностическому строенію ихъ, не льзя сравнивать съ высокими продольными долинами[37], между восточнымъ и западнымъ Андскими кряжами, какъ напримѣръ, съ высокою равниною, которая заключаетъ въ себѣ озеро *Титикаку*, коего поверхность, по весьма вѣрнымъ измѣреніямъ Г. Пентланда, возвы|335|шается надъ морскимъ горизонтомъ на 1986 туазовъ. Однако же не должно думать, что бы высота плоской земли между кряжами *Куенлуномъ* и *Гималайею*, была во всѣхъ мѣстахъ одинакова. Умѣренныя зимы и разведеніе винограда[38] въ монастырскихъ садахъ вокругъ *Лассы*, подъ 29° 40′ широты, доказываютъ (по извѣстіямъ, обнародованнымъ Архимандритомъ Іоакинѳомъ), существованіе въ сихъ мѣстахъ низменныхъ долинъ[39] и котлообразныхъ углубленій. Двѣ великія рѣки: *Индъ* и *Дзангбу* (Тзанпу, которая, по розысканіямъ Г. Клапрота, отдѣлившись отъ рѣчной системы Бурремпутера, составляетъ |336| рѣку *Иравадди* Бирманскомъ Государствѣ) означаютъ своимъ теченіемъ сѣверо-западную и юго-восточную покать высокой равнины Тибетской, коей главная ось лежитъ почти на меридіанѣ колоссальнаго *Явагира*, также святыхъ озеръ: *Маназаро-вары* и *Раванарады* и

---

[37] Средняя высота продольной долины между восточными и западными Кордильерами, начиная отъ горнаго угла *Лосъ Роблеса*, что у Панайна, до Паско, и слѣдовательно отъ 2° 20′ сѣверной до 10 1/2° южной широты, найдена мною почти въ 1500 туазовъ (Voyage aux régions équinox. т. III. стр. 207). Высокая равнина, или болѣе продольная долина, *Тіагуанако*, на озерѣ Титикакѣ, главное пребываніе Перуанской образованности, лежитъ выше Пика Тенерифскаго. Впрочемъ, слѣдуя моимъ замѣчаніямъ, не льзя принять общимъ правиломъ, чтобы собственная высота, до коей подземными силами подняты почвы продольныхъ долинъ, возрастала вмѣстѣ съ высотою кряжей, сіи долины ограничивающихъ. Равнымъ образомъ и возвышеніе уединенныхъ горъ надъ равнинами бываетъ весьма разнообразно, судя потому, поднялись ли вмѣстѣ съ сими горами и равнины у подножія ихъ, или сіи послѣднія сохранили первоначальную высоту свою.

[38] Созрѣваніе такихъ растеній, коихъ жизнь ограничивается почти только лѣтомъ, и кои зимою, лишаясь листьевъ, погружаются въ сонъ, конечно можетъ быть изъяснено вліяніемъ пространныхъ равнинъ на отраженіе лучей теплорода; но отнюдь не льзя приписывать сей самой причинѣ и умѣренность здѣшнихъ зимъ, взявъ во вниманіе положеніе сихъ мѣстъ въ 1000, или 1200 туазовъ надъ морскою поверхностью и въ 6 градусахъ къ Сѣверу отъ тропическаго пояса.

[39] Я припоминаю при семъ случаѣ, узкую, но притомъ прелестную горную трещину въ Гуаллабамбѣ, въ которую такъ часто спускался я въ нѣсколько часовъ изъ города Квито (перпендикулярная глубина сей трещины 500 туазовъ), что бы послѣ стужи, которую терпятъ въ семъ городѣ, насладиться здѣсь теплотою тропическою и видомъ цвѣтущихъ деревъ померанцовыхъ, пальмовыхъ и банановыхъ.

горнаго кряжа *Кайласса* (по Китайски *Онеута*, по Тибетски *Ганг-дир-ры*, что означаетъ *снѣжно бѣлую гору*). Отъ сего послѣдняго кряжа тянется въ сѣверо-западномъ направленіи, и слѣдовательно къ Сѣверу отъ *Ладака*, горная цѣпь *Кара-Корумъ-Падишахъ*, а въ направленіи восточномъ двѣ снѣжныя цѣпи: *Горъ* (хоръ) и *Дзангъ*. Изъ двухъ послѣднихъ *Горъ* примыкаетъ сѣверозападнымъ концемъ своимъ къ Куенлуну, пуская отъ себя отрасль въ восточную сторону къ озеру *Тенгри-Нору* (Божескому озеру); а *Дзангъ* ограничиваетъ лѣвый берегъ долины *Тзанпу*, и тянется въ западно-восточномъ направленіи къ высокому кряжу *Кентайсе*, который между *Лассою* и озеромъ *Тенгри-Норомъ* (ошибочно *Теркири* называемомъ) оканчивается горою *Номхун-юбаши*[40]. Къ правому же берегу долины *Тзанпу* пускаетъ отъ себя кряжъ Гималайскій, по направленію къ Сѣверу, многія отрасли, снѣгами покрытыя, |337| и простирающіяся между меридіанами *Горки*, *Катманду* и *Лассы*. Изъ сихъ отраслей, проходящая по западной сторонѣ озера *Ямрукъ-Юмдзо* (на нашихъ картахъ *Палте*[41]) почти совершенно островами наполненнаго, и потому представляющагося въ видѣ узкаго воднаго кольца, извѣстнаго подъ именемъ *Ярла-Шамбой-Гангри* (что означаетъ на языкѣ Тибетскомъ *снѣжную гору земли Бога Самосущаго*), и должна быть самою высочайшею изъ всѣхъ, ей подобныхъ. Если будемъ преслѣдовать (соображаясь съ документами Китайскими, кои собраны Г. Клапротомъ[42]) горную систему Гималайскую, по ту сторону владѣній Англійско-Остъ-Индскихъ, по направленію къ Востоку; то увидимъ, что она *Ассамъ* ограничиваетъ съ сѣверной стороны; *Буррѣмпутеру* даетъ воды его; чрезъ сѣверную часть *Авы* входитъ въ Китайскую область *Юннанъ*, и здѣсь, пересѣкая область сію, въ западно-восточномъ направленіи, является къ Западу отъ *Юнчанга*, въ видѣ пирамидальныхъ, снѣгомъ покрытыхъ сопокъ; далѣе увидимъ ее безпрестанно понижающеюся, но къ Югу отъ |338| рѣки *Синей*, въ областяхъ *Коей-Чеу* и *Куанги*, снова до вѣчныхъ снѣговъ возстающею; еще далѣе ограничиваетъ она *Гунанъ* и *Кіангзи* съ южной стороны; потомъ, на границахъ областей *Кіангзи* и *Фукіана*, вдругъ поворачиваетъ она къ Сѣверовостоку; и наконецъ, посредствомъ нѣсколькихъ снѣжныхъ сопокъ доходитъ почти до самаго Океана. Здѣсь, какъ продолженіе сей цѣпи, является островъ, на вершинѣ коего почти во все лѣто не растаиваетъ снѣгъ, что ведетъ къ заключенію покрайней мѣрѣ о 1900 туазовъ высоты. Такимъ образомъ можно преслѣдовать горную систему Гималайскую, какъ

---

[40] Клапротъ въ Mem. т. III, стр. 291.
[41] Вѣроятно, по имени города *Пейти*, нѣсколько сѣвернѣе лежащаго (Анвилевъ Atlas de la Chine).
[42] У меня есть двѣ страницы рукописи: Uebersicht der hohen Mittelasiatischen Gebirgs-Ketten, которыми Г. Клапротъ снабдилъ меня предъ отъѣздомъ моимъ въ Сибирь въ 1828 году.

непрерывную цѣпь горъ, начиная отъ *моря Китайскаго* чрезъ *Гиндуко, Кандагаръ* и *Хоразанъ* до *Азербиджана*, за водами Каспійскими, и слѣдовательно на пространствѣ 73 градусовъ долготы (въ половину противъ длины Андовъ Американскихъ). Западный, волканическій конецъ сей системы, въ *Демавендѣ*, также снѣгами покрытый, теряетъ свойство настоящей горной цѣпи въ *Армянскомъ горномъ узлѣ*, который сливается съ *Заганлу, Бингеуломъ* и *Кашемиръ-Дагомъ*, высокими кряжами *Эрзерумскаго пашалыка*. Среднее направленіе всей Гималайской горной системы N. 55° W.

Вотъ главныя черты геогностической картины внутренней Азіи, которыя стоятъ мнѣ |339| труда многолѣтняго[43]. То, что сообщили намъ о семъ предметѣ Европейскіе путешественники, въ сравненіи съ необъятнымъ пространствомъ, занимаемымъ горною цѣпью Алтайскою, кряжемъ Гималайскимъ, и поперечными кряжами Болоромъ и Кингканомъ, большаго вниманія не заслуживаетъ. Самыми важными и подробными свѣдѣніями, касательно сего предмета, обязаны мы усовершенствованному познанію словесности Китайской, Манжурской и Монгольской, и чѣмъ болѣе будетъ распространяться у насъ знаніе языковъ Азіятскихъ, тѣмъ болѣе, при изученіи геогностическаго устройства внутренней Азіи, будемъ мы познавать цѣну сихъ, на столь долгое время, забытыхъ источниковъ. До тѣхъ поръ, пока Г. Клапротъ, посредствомъ своего собственнаго сочиненія, озаритъ сіе ученіе новымъ свѣтомъ, представленное здѣсь изображеніе четырехъ горныхъ системъ востокозападныхъ, въ коихъ и сей Ученый имѣлъ большое участіе, можетъ быть не безъ пользы. Стараясь найти отличительныя черты въ неровностяхъ земной поверхности, открыть законы въ мѣстномъ раздѣленіи гор|340|ныхъ толщъ и низменностей, часто руководствуемся мы подобіемъ другихъ материковъ. Когда главныя формы и господствующія направленія горныхъ кряжей изслѣдованы; то всѣ частности и случайности въ семъ явленіи, и другое начало и другую древность происхожденія доказывающія, изливаются изъ сихъ основныхъ истинъ сами собою; по нимъ, какъ по главнымъ чертамъ, дополняются недостатки въ картинѣ Природы. Тотъ же самый способъ, коему слѣдовалъ я въ *Геогностическомъ изображеніи Южной Америки*, старался я примѣнить и къ ограниченію великихъ толщъ Средней Азіи.

Кидая послѣдній взоръ на четыре горныя системы, раздѣляющія Азіятскій материкъ по направленію отъ Востока къ Западу, замѣчаемъ, что южныя изъ сихъ системъ суть самыя длинныя и обширныя: Алтай, по

---

[43] Первый опытъ сего сообщилъ я ученому свѣту въ двухъ запискахъ о горахъ Индіи и предѣлахъ вѣчныхъ снѣговъ въ Азіи. См. Annales de Chimie et de Physique, т. III, стр. 297 и проч. и т. IV, стр. 5.

направленію къ Западу, едва достигаетъ высокимъ хребтомъ своимъ 78° долготы; горы Небесныя (горная цѣпь, у подножія коей лежатъ Гами, Акзу и Кашгаръ) доходятъ покрайней мѣрѣ до 69 $3/4°$; если Кашгаръ, какъ назначаютъ Миссіонеры, лежитъ дѣйствительно подъ 71° 37′ восточной долготы отъ Парижскаго меридіана[44]. Третья и четвер|341|тая системы теряются въ великихъ горныхъ узлахъ *Бадакшанскомъ*, *Малотибетскомъ* и *Кашгарскомъ*. По ту сторону меридіана, подъ 69° или 70°, находится только одна горная цѣпь *Гинду-ко*, которая понижается къ *Герату*, но южнѣе *Астерабала* снова возстаетъ до снѣжныхъ вершинъ волканическаго кряжа *Демавендскаго*. Высокая равнина *Иранская*, которая въ главномъ протяженіи своемъ отъ *Тегерана* къ *Ширазу*, должна имѣть 650 туаз. средней высоты[45], пускаетъ отъ себя къ Индіи и Тибету двѣ отрасли, изъ коихъ одна составляетъ горную цѣпь Гималайскую, а другая Куенлунскую. Таже самая равнина полагаетъ предѣлъ разсѣлинѣ, изъ коей поднялись сіи хребты и по сему Куенлунъ можно почесть отрогомъ |342| примыкающимъ къ Гималайѣ. Промежутокъ между сими горными цѣпями (Тибетъ и Качи) разсѣченъ премногими трещинами во всевозможныхъ направленіяхъ. Сіе сходство съ обыкновенными явленіями жильнаго образованія (тонкихъ прожилковъ и штокверковъ) является въ самомъ ясномъ видѣ, въ узкой и длинной цѣпи Кордильеровъ Новаго Свѣта.

---

[44] Астрономическая Географія внутренней Азіи находится еще въ такомъ несовершенствѣ (и это отъ того, что намъ извѣстны одни слѣдствія наблюденій; но мы не знаемъ самыхъ элементовъ оныхъ), что, напримѣръ, Ташкентъ на Ваддингтоновой картѣ походовъ Султана Бабера, назначенъ 2° восточнѣе меридіана Самаркандскаго, а на картѣ Барона Мейендорфа лежитъ на семъ самомъ меридіанѣ.

[45] Еще по сіе время не сдѣлано ни одного барометрическаго измѣренія въ сей странѣ, столь часто и съ такою удобностію посѣщаемой Европейцами. По опытамъ Фразера, для опредѣленія точки кипѣнія воды (Fraser, Narrat. of a Journey to Khorasan; 1825 Appendix, стр. 135), высота *Тегерана* (по формулѣ Мейера) 627 туаз. *Испагани* 688 туаз.; *Шираза* 692 туаза. По формулѣ Біотовой всѣ сіи высоты выходятъ меньше только нѣсколькими туазами. Результаты, изображенные въ таблицахъ, изданныхъ въ Гертѣ (Hertha 1829, Февр. стр. 172) основываются (какъ полагаетъ Др. Кнорре) на ложномъ предположеніи, что измѣненіе упругости воздуха соразмѣрно повсюду съ измѣненіемъ температуры, при которой кипитъ вода. Чтобы сравнить высоты равнины Персидской съ другими, не въ продольныхъ долинахъ между двумя кряжами находящимися, приведу я слѣдующія высоты: внутреннія части Россіи около Москвы 76 туаз. (а не 175 туаз., какъ долго полагали), равнины Ломбардіи 80 т.; высокая равнина Швабіи 150 т., Овернъи 174 т., Швейцаріи 220 т., Баваріи 260 т. Испаніи 350 т. Необыкновенная высота почвы продольныхъ долинъ, какъ напр. въ Андахъ Американскихъ, гдѣ часто достигаютъ онѣ 4500 или 2000 туазовъ надъ морскою поверхностію, есть слѣдствіе возвышенія самыхъ кряжей. Высокія плоскости земли Испаніи и Баваріи, вѣроятно, поднялись во время возстанія всей массы сихъ материковъ. Періоды сихъ событій въ геогностическомъ смыслѣ весьма различны между собою.

Въ горномъ узлѣ между *Кашемиромъ* и *Физабадомъ* системы *Куенлунская* и *Гималайская*, сходясь между собою, тянутся одна подлѣ другой, и начиная отсюда, мо|343|гутъ быть преслѣдуемы, по направленію къ Западу, до противуположнаго берега Каспійскаго моря, подъ 45° долготы[46]. Такимъ образомъ цѣпь *Гималайская* ограничивается съ южной стороны: *Боломъ*, *Актагомъ*, *Минкбулакомъ* и *Алатау* (между Бадакшаномъ, Самаркандомъ и Туркестаномъ); съ восточной: *Кавказомъ* и высокою равниною *Азербиджанскою*; къ Западу же предѣлы ея составляетъ великая низменность, коей глубочайшая котловина вмѣщаетъ въ себя средиземныя моря: Каспійское и Аральское[47], а главная часть сухой земли (вѣроятно, болѣе 10,000 кв. геог. миль имѣющая) между Кумою, Дономъ, Волгою, Яикомъ (Ураломъ), Общимъ Сыртомъ, озеромъ Аксакаломъ, Нижнимъ Сигуномъ и Канатомъ Кивскимъ (на берегахъ Аму-Дерьи), лежитъ гораздо ниже поверхности Океана. Существованіе сего удивительнаго провала было предметомъ многотруднаго, бароме|344|трическаго нивелированія, которое, между морями Чернымъ и Каспійскимъ производилось Гг. Пароттомъ и Энгельгардтомъ, а между Оренбургомъ и Гурьевымъ, при истокѣ Яика, Гг. Гельмерсеномъ и Гофманомъ. Сія низменность наполнена формаціями третичными, изъ подъ коихъ возстаютъ мелафиры и шлаковидныя брекчіи, и въ отношеніи геогностическомъ представляетъ она явленіе, единственное на земной поверхности. Къ Югу отъ *Баку* и въ заливѣ *Балканскомъ*, видъ сей почвы измѣненъ силами вулканическими до чрезвычайности. ИМПЕРАТОРСКАЯ Санктпетербургская Академія Наукъ, внявъ желанію моему, приняла на себя трудъ, опредѣлить посредствомъ барометрическаго нивелированія, положеніе въ степи той геодезической линіи[48], которая соединяетъ всѣ точки на одномъ горизонтѣ съ поверхностью Океана лежащія: по сѣверо-восточной закраинѣ помянутой котловины, по *Волгѣ* между *Камышинымъ* и *Саратовымъ*, по *Яику* между общимъ *Сыртомъ* (у Оренбурга) и *Уральскомъ*, по *Эмбѣ* и по ту сторону *Мугодьярской* холмистой гряды (посредствомъ коей продолжается Уралъ |345| на южномъ концѣ своемъ, по направленію къ озерамъ *Аксакалу* и *Сарасу*. О предполагаемомъ соединеніи сего великаго провала Западной Азіи (съ сѣверовосточной стороны онаго) съ ис-

---

[46] Всегда считая къ Востоку отъ меридіана Парижскаго.
[47] Помощію барометрическаго нивелированія, произведеннаго при жестокой стужѣ, Капитанами кораблей Дюгамелемъ и Анжу, во время экспедиціи Полковника Берга, отъ моря Каспійскаго къ западнымъ берегамъ моря Аральскаго, у залива Мертваго Култуна, горизонтъ втораго изъ сихъ морей оказался 117 Англ. футами выше горизонта перваго.
[48] Signe de Sonde. О семъ предпріятіи упомянулъ я въ рѣчи, читанной мною въ чрезвычайномъ собраніи С. Петербургской Академіи Наукъ, 16 Ноября 1829.

токами рѣки Оби и Ледовитымъ моремъ, посредствомъ желобины, проходящей чрезъ песчаную степь *Кара-Кумъ* и чрезъ многія группы озеръ въ степяхъ *Киргизской* и *Барабинской*, упомянулъ я выше сего. Образованіе сего провала должно быть древнѣе происхожденія кряжа Уральскаго, коего южное продолженіе можно преслѣдовать по непрерывной линіи отъ высокой равнины *Губерлинской* до *Усть-Урта* (между морями Аральскимъ и Каспійскимъ): не должна ли была исчезнуть совершенно столь низкая цѣпь горъ, каковою представляется здѣсь Уралъ, если бы великая разсѣлина, оный произведшая, образовалась прежде помянутаго провала? А потому эпоха сего послѣдняго скорѣе можетъ быть современна съ возстаніемъ высокихъ земель *Ирана* и *средней Азіи*, кои несутъ на себѣ кряжи *Гималайскій*, *Куенлунскій*, *Тіан-шанъ* и всѣ древнѣйшія, отъ Востока къ Западу протянувшіяся, горныя системы. Можетъ быть даже, что помянутый провалъ образовался въ одно время съ *Кавказомъ* и горными кряжами *Арменіи* и *Эрзерума*. Ни въ какой другой части свѣта (не исключая |346| даже южную Африку), не выходили изъ нѣдръ земныхъ толщи столь великаго протяженія и такой высоты, какъ въ средней Азіи. Главная ось сего воздыманія, вѣроятно, исхожденію кряжей изъ востокозападныхъ разсѣлинъ предшествовавшаго, простирается отъ Юго-запада къ Сѣверо-востоку: отъ горнаго узла между *Кашемиромъ*, *Бадакшаномъ* и *Тзунглингомъ* (равно отъ *Кайлазы* и *Святыхъ озеръ*,[49] въ Тибетѣ) до снѣжныхъ вершинъ *Иншана* и *Кингкангина*[50]. Уже одно возвы-

---

[49] Сіи озера суть: *Маназа* и *Раванъ-радъ*. Слово *Маназа*, на языкѣ Санскритскомъ, значитъ *духъ*; *Манзаро-вара*, какъ называется также озеро сіе, значитъ *изъ почетныхъ озеръ превосходнѣйшее*. Другое озеро называется также *Равана-раgа* т. е. *Равановымъ озеромъ*, въ честь извѣстнаго героя Раваяна (*Боппъ*).

[50] Направленіе сей оси отъ Ю. З. къ С. В. замѣчается также и по ту сторону 55 градуса широты, между низменною землею западной Сибири и наполненною черными кряжами восточную частію оной: между меридіаномъ Иркутскимъ, моремъ Ледовитымъ и заливомъ Охотскимъ. Др. Эрманъ, въ *Алганскомъ кряжѣ* у *Аллах-юны*, нашелъ одну вершину въ 5000 ф. высотою. Къ Сѣверу отъ *Куенлуна* (Сѣвернотибетской горной цѣпи) и къ Западу отъ меридіана Пекинскаго, находятся, по высотѣ и протяженію, самыя важныя возвышенныя почвы; а именно: 1) въ восточныхъ предѣлахъ горнаго узла *Кунгунорскаго*, пространство между *Турфаномъ*, *Тангутомъ*, главнымъ изгибомъ *Желтой рѣки*, *Гардьяномъ* и горною цѣпью *Кингканскою*, заключающее въ себѣ великую степь Гоби; 2) высокая земля между снѣжными горами *Кангаемъ* и *Тангну*, или между истоками Енисея, Селенги и Амура; 3) въ западной сторонѣ, область въ верховьяхъ Оксуса (Амура) и Яксарта (Сигуна), между *Физабадомъ*, *Балкомъ*, *Самаркандомъ* и *Алатау* (у *Туркестана*) къ Западу отъ *Болора* (*Белутъ-тага*). Возстаніе сего поперечнаго кряжа (т. е. Болора), безъ сомнѣнія, было причиною того, что почва продольной долины *Тіан-*

шеніе столь великой |347| толщи могло быть достаточною причиною образованія земнаго провала, коего можетъ быть, и половина не наполнена теперь водою, и который измѣненъ подземными силами весьма разнообразно; а потому весьма вѣроятно, что *мысъ Апшеронскій* (у Баку), какъ гласитъ преданіе Татаръ, былъ нѣкогда соединенъ посредствомъ перешейка съ противоположнымъ *Трухменскимъ* берегомъ Каспійскаго моря. Большія озера, находядящіяся у подоножія Алпійскаго кряжа въ Европѣ, представляютъ явленіе, подобное тому провалу, въ коемъ помѣстилось море Каспійское, и, безъ сомнѣнія, всѣ они зависятъ отъ одинакихъ причинъ. Мы скоро увидимъ, что еще свѣжіе слѣды вулканиче|348|скихъ дѣйствій находятся преимущественно по окружности сихъ проваловъ и слѣдовательно тамъ, гдѣ подземныя силы встрѣчали наименьшее препятствіе. Положеніе потухшей огнедышущей горы *Арал-Тубе*, о коей выше было упомянуто, еще болѣе будетъ достойно нашего вниманія, если мы сравнимъ оное съ положеніемъ двухъ другихъ вулкановъ: *Пеншана* и *Готшеу*, изъ коихъ одинъ находится на сѣверномъ, а другой на южномъ отклонѣ Небесныхъ горъ; либо съ *Солфатарою Урумзи* и горячими, нашатырный паръ испускающими, трещинами, неподалеку отъ озера *Дурлая*[51]. Вулканъ (подъ 42° 25′, либо 42° 35′ шир.) между *Коргосомъ* (неподалеку отъ рѣки *Или*) и *Кучѣ* принадлежитъ къ горной цѣпи *Кіаншана*, или *Небесныхъ горъ*, и должно полагать, что онъ производилъ изверженія свои на сѣверномъ отклонѣ кряжа, 3 градусами восточнѣе озера *Иссикуля*, или *Темурту*. Китайскіе писатели называютъ сей вулканъ *Пеншаномъ*, т. е. *бѣлою горою*; либо *Гошаномъ* и *Аги*, что означаетъ огненную гору.[52] Что выражаетъ здѣсь названіе *Пен*|349|*шанъ*, это не извѣстно: оно можетъ относиться и до снѣжной вершины горы (и тогда высота ея, по

шан-Нарлу, заключенной между *Небесными горами* и *Куенлуномъ*, получила паденіе отъ Запада къ Востоку, совершенно противное паденію Зюнгорской продольной долины, (*Тіан-шан-Пелу*), раздѣляющей горы *Небесныя* отъ *кряжа Алтайскаго*, паденіе коей, согласно съ общею покатью отклоновъ сихъ кряжей, направляется отъ Востока къ Западу.

[51] Сіи послѣднія мѣста узнали мы неболѣе шести лѣтъ тому, помощію розысканій Гг. Клапрота и Ремюза.

[52] Клапротъ; также Mem. à l'Asie. т. II. стр 358; Абель Ремюза Journ. Asiat. т. v. стр. 45; также Descript. de Khoten, т. II. стр. 9. Извѣстія Г. Клапрота суть самыя полныя, и наиболѣе заимствованы изъ Исторіи Династіи *Минга*. Абель Ремюза почерпалъ болѣе изъ Японскаго перевода большой Китайской Энциклопедіи. Коренное слово *Агъ*, которое опять встрѣчается въ словѣ *Агги*, по мнѣнію Клапрота, должно означать на Индостанскомъ языкѣ огонь. Къ Югу отъ *Пеншана*, около *Котана*, который принадлежитъ къ *Тіаншан-Нарлу*, еще до нашего лѣтосчисленія, говорили на Санскритскомъ, либо весьма на оный похожемъ, языкѣ; но и на самомъ Санскритскомъ языкѣ огнедышущая гора называется *Агнигири*. Слово *Агги*, по мнѣнію Г. Боппа, не Санскритское.

крайней мѣрѣ наименьшая, можетъ опредѣлиться сама собою), и до бѣловатаго вида ея издали, происходящаго отъ вывѣтрѣлыхъ солей, пемзы и вулканическаго пепла, коими она покрыта. Одно Китайское извѣстіе изъ VII столѣтія свидѣтельствуетъ, что въ 200 ли (15 геогр. миляхъ) къ Сѣверу отъ города *Кгуйчу* (нынѣшняго *Куче*) (подъ 41° 37′ широты и 80° 35′ долг., по астрон. наблюденію миссіонеровъ) возвышается *Пеншанъ*, извергающій безпрерывно огонь и дымъ. Отсюда получается нашатырь. На одной сторонѣ огнедышущей горы (*Гошанъ*) каменья горятъ, плавятся и текутъ на нѣсколько десятковъ ли. Рас|350|плавленное вещество сіе, застывая, твердѣетъ. Жители употребляютъ его, какъ лекарство отъ болѣзней. Здѣсь находится также и сѣра.» Г. Клапротъ замѣчаетъ, что гора называется нынѣ *Каларомъ*, и что по извѣстіямъ отъ Бухарцевъ, которые привозятъ нашатырь (по Китайски *нао-ша*, по Персидски *нушадеръ*) въ страну Сибирскую, гора сія, къ Югу отъ *Коргоса*, до такой степени богата сею солью, что туземцы нерѣдко платятъ ею подать Китайскому Императору. Въ одномъ новѣйшемъ, 1777 года въ Пекинѣ изданномъ, описаніи Средней Азіи говорится: область *Куче* производитъ мѣдь, селитру, сѣру и нашатырь, изъ коихъ послѣдній добывается въ одной нашатырной горѣ, къ Сѣверу отъ города *Куче*, которая заключаетъ въ себѣ многія пещеры и трещины. Весною, лѣтомъ и осенью, всѣ сіи пустоты наполняются огнемъ, такъ что въ ночное время, цѣлая гора кажется освѣщенною многими тысячьми лампадъ. Никто не смѣетъ тогда приближаться къ оной, и только зимою, когда отъ множества снѣга огонь потухнетъ, туземцы ходятъ туда нагіе, сбирать нашатырь. Сія соль находится тамъ въ пещерахъ, въ видѣ сталактитовъ, и отъ того добывается она съ большимъ трудомъ.» Старинное, въ торговлѣ извѣстное названіе *Татарской соли* при|351|даваемое нашатырю, давно бы должно обратить вниманіе Ученыхъ на вулканическія явленія во внутренней Азіи.

Кордье, въ письмѣ своемъ къ Абель Ремуза, о существованіи двухъ горящихъ вулкановъ въ средней Татаріи, называетъ Пеншанъ солфатарою, подобною Пуццольской[53]. Въ томъ состояніи, въ коемъ *Пеншанъ* описывается въ вышеупомянутомъ Китайскомъ сочиненіи, можетъ онъ называться только потухшимъ вулканомъ, хотя огненныхъ явленій ни въ одномъ изъ видѣнныхъ мною солфатаръ не замѣчено (въ Пуццолѣ, въ кратерѣ Пика Тенерифскаго, Руку-Пихинхи и въ вулканѣ Іорулло); но древнѣйшіе Китайскіе историки (повѣствующіе о походахъ Гіунгну, въ первомъ вѣкѣ нашего лѣтосчисленія), упоминаютъ о расплавленныхъ каменныхъ веществахъ, кои текли изъ Пеншана на цѣлыя мили. И такъ сія нашатырная гора, между *Куче* и *Кургусомъ* лежащая, должна нѣкогда

---

[53] Journ. Asiat. т. V. (1824), стр. 44–50.

быть въ полномъ смыслѣ дѣйствующимъ вулканомъ, т. е. такимъ, изъ коего изливались потоки лавы, и это въ самой срединѣ Азіи, въ разстояніи 300 геогр. миль отъ моря Каспійскаго; 375 миль отъ моря Ледовитаго; 405 миль отъ моря Тихаго и 330 миль отъ моря Индѣйска|352|го. Здѣсь не мѣсто распространяться о томъ, какое вліяніе на вулканическій процессъ имѣетъ близость морей; мы хотимъ только обратить вниманіе читателей на географическое положеніе вулкановъ во внутренней Азіи и на ихъ взаимное отношеніе.

Удаленіе *Пеншана* отъ всѣхъ окрестныхъ морей, составляетъ отъ 300 до 400 геогр. миль; а когда я возвратился изъ Мексики, то многіе знаменитые геогносты изъявляли удивленіе, слыша отъ меня о вулканическомъ изверженіи на равнинѣ *Ксорулло* и о дѣйствующемъ вулканѣ *Попокатепетлѣ*, тогда какъ первое изъ сихъ мѣстъ находится только въ 22, а послѣднее въ 32 геогр. миляхъ отъ Океана. Дымящаяся сопка *Гебель-Колдаги* въ Кордофанѣ, о коей Рюппель слышалъ въ Донголѣ, лежитъ въ 112 геогр. миляхъ отъ Чермнаго моря[54], а это только третья часть разстоянія *Пеншана* отъ моря Индѣйскаго. Въ концѣ сего разсужденія мы упомянемъ о новѣйшемъ изверженіи пика *Толымы*, принадлежащаго къ Андамъ, наиболѣе удаленнымъ отъ моря (къ среднему кряжу *Кавки*), а не къ западной цѣпи горъ, ограничивающихъ *Хоко* (Колум|353| бійскій Уралъ), гдѣ много платины и золота. И такъ ни мало несправедливо прежнее мнѣніе, что въ тѣхъ частяхъ Андовъ, кои удалены отъ моря, нѣтъ дѣйствующихъ вулкановъ. Востокозападная горная система *Каракасская*, горная цѣпь береговой земли *Венезуелы*, подвержена сильнымъ землетрясеніямъ; но при всемъ томъ здѣсь столь же мало отверстій, находящихся со внутренностью земли въ постоянномъ соединеніи и лаву изливающихъ, какъ и въ кряжѣ *Гималайскомъ*, удаленномъ отъ Бенгальскаго залива слишкомъ на 100 геогр. миль, или въ горахъ *Гатскихъ*, кои почти должны быть названы береговыми. Гдѣ, при возстаніи горныхъ кряжей, трахиты не могли выступить на поверхность земную, тамъ нѣтъ и трещинъ, по коимъ бы силы подземныя могли оказывать дѣйствіе свое на дневной поверхности. Любопытное отношеніе дѣйствующихъ вулкановъ къ морю, которое въ общемъ смыслѣ не подвержено сомнѣнію, не столько зависитъ отъ химическаго дѣйствія воды, сколько отъ вида земной коры и отсутствія, по близости морскихъ котловинъ, тѣхъ препятствій, кои возвышенныя толщи материковъ противополагаютъ силѣ упругихъ жидкостей и протѣсненію веществъ, во внутренности земной расплавленныхъ. Гдѣ посредствомъ древнихъ возмущеній земная |354| кора получила трещины, тамъ и въ удаленіи отъ моря могли обнаружиться настоящіе вулканы (какъ у *Турфана*, къ Югу отъ Небесныхъ горъ), и если они гораздо

---

54 Мальтъ-Брюнъ въ Ann. des voyages, 1824. Ноябрь стр. 282.

рѣже существуютъ въ срединѣ материковъ, нежели въ сосѣдствѣ съ морями; то это по тому только, что въ первомъ случаѣ (когда толщи земныя не впадаютъ въ глубокія котловины морей) не можетъ быть столь обыкновенно стеченіе обстоятельствъ, необходимыхъ къ тому, чтобы внутренность земная могла получить постоянное соединеніе съ атмосферою, и чтобы могли образоваться отверстія, изъ коихъ бы, подобно періодическимъ родникамъ, изливались по временамъ газы и жидкія окиси металлоидовъ (лава).

Также и къ Востоку отъ *Пеншана* (*бѣлой горы древнихъ*), весь сѣверный отклонъ Небесныхъ горъ вулканическими явленіями преисполненъ. «Здѣсь знаютъ и лаву и пемзу; и даже большія солфатары (вулканическія дымовища), которыя называютъ горящими мѣстами. Дымовище *Урумзи* имѣетъ 5 геогр. миль въ окружности, во всю зиму снѣгомъ не покрывается, и наполнено какъ бы нѣкоторымъ пепломъ. Если бросить въ сію пропасть камень, то появляется изъ нея пламя и долго выходитъ черный дымъ. Птицы не смѣютъ летать чрезъ сіи горящия мѣста. «Къ Западу отъ огнедышущей го|355|ры *Пеншана*, въ 45 геогр. миляхъ отъ онаго, находится довольно большое озеро⁵⁵ коего названія на Китайскомъ, Киргизскомъ и Калмыцкомъ языкахъ, означаютъ *теплую, соленую* и *желѣзистую воду*.

За предѣлами вулканической цѣпи Небесныхъ горъ, къ В. Ю. В. отъ озера *Иссикуля* (о коемъ столь часто упоминается въ Азіатскихъ извѣстіяхъ, мною собранныхъ) и отъ огнедышущей горы *Пеншана*, находится вулканъ *Турфанъ*, который можно также назвать вулканомъ *Гочеу* (то есть огненнаго города), поелику онъ лежитъ ближе всѣхъ другихъ мѣстъ отъ сего города⁵⁶. О сей огнедышущей горѣ Абель-Ремюза сообщилъ намъ много подробностей въ своемъ сочиненіи о Котенѣ и въ письмахъ своихъ къ Кордье⁵⁷. Впрочемъ о расплавленныхъ камен |356|ныхъ веществахъ (потокахъ лавы), какъ при Пеншанѣ въ описаніи сего вулкана не упоминается, а только о безпрестанномъ дымѣ, который ночью свѣтитъ, какъ факелъ, красноватымъ свѣтомъ. Нашатырь добываютъ изъ

---

⁵⁵ Судя по Паненеровымъ картамъ средней Азіи, озеро сіе имѣетъ отъ 17 до 18 геогр. миль въ длину и отъ 6 до 7 въ ширину. На Китайскомъ языкѣ называется оно *Ишай* и на Турецкомъ *Иссикуль* (теплое); на Киргизскомъ *Тузкуль* и на Китайскомъ *Янгай* (соленое); на Калмыцкомъ *Темурту*, (желѣзистое). Клапрота, Mem. т. II. стр. 358–416., т. III. стр. 299. Абель-Ремюза почитаетъ *Балгкашъ* за теплое озеро Китайцевъ (Journ. asiat. т. V. примѣч. 2).
⁵⁶ Разрушенный нынѣ городъ *Го-чеу* лежалъ въ 1 ½ геогр. м. къ Востоку отъ Турфана.
⁵⁷ Абель-Ремюза называетъ вулканъ *Пеншанъ* (къ Сѣверу отъ Куче) вулканомъ Бышъ-Балыкскимъ, поелику во время Гіунгну, вся земля, лежащая между сѣвернымъ отклономъ Небесныхъ горъ и небольшою горною цѣпью Таргабатаемъ, называлась Бышъ-Балыкомъ.

сей огнедышущей горы не иначе, какъ ходя по ней въ башмакахъ съ толстыми деревянными подошвами, ибо кожаныя отъ прикосновенія къ почвѣ скоро перегараютъ. Нашатырь находится здѣсь не только въ видѣ налета и коры, какъ онъ обыкновенно осядаетъ изъ восходящихъ паровъ; но въ Китайскихъ документахъ упоминается также о нѣкоторой зеленоватой жидкости, которую сбираютъ въ пустотахъ, и изъ коей чрезъ выпариваніе получается соль *нао-ша* (нашатырь), въ видѣ маленькихъ сахарныхъ головокъ, великой бѣлизны и чистоты.

Оба выше помянутые вулкана (Пеншанъ и Турфанъ или Гочеу) лежатъ одинъ отъ другаго въ 105 геогр. миляхъ, почти по направленію отъ Востока къ Западу. Около 30 миль къ Западу отъ меридіана *Гочеу*, у подошвы высокой горы *Богдо-Оолы*, находится большое дымовище *Урумзи*; а |357| еще 45 милями далѣе къ Сѣверозападу, въ равнинѣ по близости рѣки *Кобока*, впадающей въ небольшое озеро *Дарлай*, возвышается холмъ, въ трещинахъ коего можно чувствовать сильный жаръ; однако же дымъ (видимые пары) изъ нихъ не выходитъ. Въ сихъ трещинахъ возгоняется нашатырь, образуя столь крѣпкую кору, что добывая оный, принуждены отбивать самый камень.

Помянутыя четыре мѣста: *Пеншанъ, Гочеу, Урумзи* и *Кобокъ*, суть по сіе время единственныя во внутренней Азіи, о коихъ за подлинное извѣстно, что они представляютъ вулканическія явленія. Всѣ они лежатъ въ 75 или 80 миляхъ къ Югу отъ той точки Зюнгоріи, до которой я достигалъ въ прошломъ году. Если кинемъ взоръ на карту, мною составленную; то увидимъ, что кеглеобразная сопка *Араль-тубе*, на озерѣ *Алакулѣ*, которая еще въ историческія времена извергала огонь, лежитъ въ той же самой вулканической области Бышъ-Балыкъ. Сія сопка находится къ Западу отъ нашатырныхъ пещеръ *Кобока* и къ Сѣверу отъ *Пеншана*, который свѣтитъ еще по сіе время и нѣкогда изливалъ лаву; отъ сихъ обѣихъ мѣстъ лежитъ она почти въ равномъ разстояніи (въ 45 мил.). Отъ озера *Алакуля* до *Зайсана*, гдѣ Русскіе козаки Ир|358|тышской линіи пользуются правомъ рыбной ловли въ Китайскихъ земляхъ, остается еще 38 миль. Горный кряжъ *Тарбагатай*, у подножія коего лежитъ Китайско-Монгольскій городъ *Чугучакъ*, и до котораго, за три года предъ симъ, спутникъ Ледебура, трудолюбивый и ученый Др. Мейеръ, напрасно старался достигнуть своими естествоисторическими розысканіями, тянется, въ юго-западномъ направленіи, отъ озера Зайсана къ Алакулю[58].

---

[58] О существованіи двухъ, близкихъ между собою озеръ: *Алакуля* и *Алактугуля* я не сомнѣваюсь; странно однако же, что бывшіе въ сихъ мѣстахъ Татары и Монголы, которыхъ я распрашивалъ въ Семиполатинскѣ, всѣ увѣряли меня, что они знаютъ только *Алакуль*, и что молва объ *Алактугулѣ* произошла отъ смѣшенія именъ. Панснеръ въ Россійской картѣ средней Азіи, которая, касательно сѣверныхъ частей отъ рѣки Или, заслуживаетъ впрочемъ полной довѣрренности, соединяетъ

|359|

И такъ существованіе вулканической области, вмѣщающей болѣе 2500 квад. миль, въ удаленіи отъ моря 300 или 400 геогр. миль, не подвержено сомнѣнію. Область сія занимаетъ половину ширины продольной долины, раздѣляющей первую горную систему отъ второй. Главный корень вулканическаго дѣйствія находится, по видимому, въ самомъ *Гималайскомъ* кряжѣ. Быть можетъ, что трехвершинная гора *Богдо-Оола* есть трахитовая, подобно *Шимборазо*. Къ Сѣверу, по направленію къ *Тарбагатаю* и озеру *Дарлаю*, дѣйствія вулканическія примѣтно ослабѣваютъ; впрочемъ уже на югозападномъ отклонѣ Алтая, на одномъ куполовидномъ холмѣ близъ рудника Риддерскаго, мы съ Г. Розе нашли бѣлый трахитъ.

Отъ Небесныхъ горъ въ обѣ стороны, къ Югу и Сѣверу, случаются сильныя землетрясенія. Городъ *Акзу*, въ началѣ прошедшаго |360| столѣтія, однимъ изъ сихъ землетрясеній былъ разрушенъ до основанія. Проф. Эверсманъ въ Казани, коего многократныя путешествія въ низкую землю Бухаріи, многое объяснили намъ касательно оной, слышалъ отъ своихъ Татарскихъ слугъ, которымъ страна между озерами *Балкгашемъ* и *Алакулемъ* была очень извѣстна, что и около сихъ озеръ землетрясенія весьма нерѣдки. Въ восточной Сибири къ Сѣверу отъ параллельнаго круга 50 градуса, средоточіемъ круга землетрясеній должно, кажется, почесть *Иркутскъ* и глубокую котловину Байкала, гдѣ, по дорогѣ въ Кяхту, особенно же по рѣкамъ *Діадѣ* и *Чикою*, находится базальтъ съ оливиномъ и ноздреватый миндальный камень съ шабизитомъ и апофилитомъ[59]. Въ Февралѣ 1829 г. Иркутскъ претерпѣлъ сильное землетрясеніе,

---

Алакуль (собственно – *Ала-ггулъ*) съ *Алактугулемъ* пятью каналами. Быть можетъ, что перешеекъ, коимъ сіи озера раздѣляются одно отъ другаго, представляетъ болотную почву, и что произошло сказаніе объ одномъ озерѣ, вмѣсто двухъ раздѣльныхъ. Профессоръ Казимбекъ (уроженецъ Персидскій) увѣрялъ меня въ Казани, что слово *Туггулъ* Татарско-Турецкаго происхожденія, что *Алатуггулъ* означаетъ *непестрое озеро*, а *Алатеггулъ* озеро съ *пестрою горою*. Можетъ быть также, что названія *Алакуль* и *Алактугуль* означаютъ озеро, лежащее по близости *Алатау*, кряжа, простирающагося изъ Туркестана въ Зюнгорію, о коемъ и выше упоминалось. На небольшой картѣ Кавказа, изданной Англійскими миссіонерами, *Алакуля* вовсе не назначено, а только группа изъ трехъ озеръ: *Балкаша*, *Алактугуля* и *Кургги*. Мнѣніе тѣхъ, кои полагаютъ, что близость большихъ озеръ къ вулканамъ внутренней Азіи, замѣняетъ дальность морей, ни на чемъ не основывается. Огнедышущая гора *Турфанъ* окружена вовсе незначительными озерами, и (какъ и выше замѣчено озеро *Темурту* или *Иссикуль*, которое и вдвое не превосходитъ озеро *Женевское*, лежитъ по крайней мѣрѣ въ 25 миляхъ отъ *Пеншана*.

[59] Г. Адъюнктъ С. Петербургской Академіи Наукъ, Гессъ, который, съ 1826 по 1828, находился въ странѣ Байкальской, обѣщаетъ намъ геогностическое описаніе

а въ Апрѣлѣ того же года оно было чувствуемо и въ Риддерскомъ рудникѣ. Но сіе послѣднее мѣсто лежитъ на границѣ круга землетрясеній, и еще далѣе къ Западу, въ Сибирскихъ равнинахъ между горами *Алтайскими* и *Уральскими*, такъ какъ и въ |361| самыхъ Уральскихъ горахъ, никогда еще не чувствовали землетрясеній. Огнедышущая гора *Пеншанъ*, сопка *Араль-тубе* (къ Западу отъ нашатырныхъ озеръ Кобока), рудникъ *Риддерскій* и металлоносная часть *малаго Алтая*, лежатъ почти на одной линіи, которая мало уклоняется отъ меридіана. Легко можетъ быть, что кряжъ *Алтайскій* впадаетъ также и въ кругъ землетрясеній *Небесныхъ горъ*, или что путь, проходимый подземными ударами въ Алтаѣ, не на одномъ Востокѣ (въ котловинѣ Байкальской) имѣетъ начало свое, но также и на Югѣ (въ вулканической области Бышъ-Балыка). Въ новомъ материкѣ, во многихъ мѣстахъ замѣчено, что круги землетрясеній пересѣкаются: то есть, что въ одной и той же странѣ подземные удары происходятъ поперемѣнно съ двухъ различныхъ сторонъ.

Вулканическая область *Бышъ-Балыка* лежитъ въ восточной сторонѣ великаго провала въ старомъ свѣтѣ. Бухарскіе путешественники разсказываютъ въ Оренбургѣ, что у *Суссака*, въ горахъ *Каратау*, кои, вмѣстѣ съ горами *Алатау*, составляютъ предгорія, на краю сего провала (къ Сѣверу отъ города *Тараза* или *Туркестана*) вытекаютъ горячіе ключи. Къ Югу и Западу отъ сей внутренней котловины находятся еще два дѣйствующіе вулкана: *Демавендъ*, который |362| видѣнъ изъ *Тегерана*, и *Зейбан-Даггъ*, на озерѣ *Ванѣ*, покрытый, подобно вершинѣ Арарата,[60] стекловидными лавами. Трахиты, порфиры и горячія воды *Кавказа*, извѣстны многимъ.

По обѣимъ сторонамъ перешейка, между морями Каспійскимъ и Чернымъ, вытекаютъ ключи нефтяные и грязные вулканы (залзы) производятъ изверженія свои. Грязный вулканъ на островѣ *Таманѣ*, коего послѣднее изверженіе (1794) описано Гг. Палласомъ, Парротомъ и Энгельгардомъ, по замѣчанію Г. Эйхвальда, есть представитель *Баку* со всего *Апшеронскаго полуострова*. Изверженія происходятъ въ тѣхъ мѣстахъ, гдѣ вулканическія силы встрѣчаютъ менѣе противодѣйствія. У деревни *Іокмали* (въ области Баку), въ трехъ миляхъ отъ западнаго берега Каспійскаго моря, 27 Ноября 1827, при ужасномъ трескѣ и землетрясеніи, произошло огненное изверженіе, сопровождаемое вылетавшими каменьями. Площадь земли, въ 200 сажень длиною и 150 шириною, горѣла 27 часовъ безпрерывно, и возвысилась надъ окружною почвою. Когда пламя

---

[60] нѣкоторой части той любопытной земли, которую онъ объѣхалъ. У Верхнеудинска видѣлъ онъ гранитъ, многократно перемежающійся съ конгломератомъ. См. его рѣчь 16 Ноября 1829.
Высота Арарата, по измѣр. Г. Паррота, 2700 туаз., Елборусса, по измѣр. Г. Купфера, 2560 туаз., считая отъ поверхности Океана.

потухло, то поднялись изъ земли во|363|дяные столбы; ключи, подобные Артезійскимъ, бьютъ на семъ мѣстѣ и понынѣ[61].

Съ удовольствіемъ замѣчу я при семъ случаѣ, что Г. Эйхвальдъ намѣренъ скоро издать свой Периплъ Каспійскаго моря, въ коемъ заключаются весьма важныя физическія и геогностическія наблюденія: о связи между огненными изверженіями и происхожденіемъ нефтяныхъ ключей и каменносоляныхъ флецовъ; о кускахъ известняка, вылетавшихъ изъ земли на большое разстояніе; о продолжающемся понынѣ возвышеніи и пониженіи дна Каспійскаго моря; о продолженіи черныхъ и частію стекловидныхъ порфировъ (мелафировъ)[62], содержащихъ венису, чрезъ гранитъ, красноватый кварцевый порфиръ, известнякъ и весьма черный сіенитъ, въ *Красноводскихъ* горахъ у *Балканскаго* залива, къ Сѣверу отъ дре|364|внихъ истоковъ *Оксуса* (Аму-Дерьи). Такимъ образомъ изъ описанія восточныхъ береговъ Каспійскаго моря (гдѣ островъ *Чебекань* производитъ нефть, подобно *Баку* и островамъ, между Бакомъ и *Силіаномъ* лежащимъ) научаемся мы познавать, какія кристаллическія породы скрываются подъ толщами флецовыми, на полуостровѣ Апшеронѣ, въ вѣчномъ процессѣ горѣнія находящемся. Порфиры Кавказскіе, простираясь отъ З. С. З. къ В. Ю. В. (о семъ положеніи и направленіи упоминалъ я выше, говоря о предполагаемой связи между Кавказомъ и разсѣлиною, произведшею горы Небесныя), проходя сквозь всѣ высшія породы, являются опять почти въ срединѣ многократноупоминаемаго великаго провала, къ Востоку отъ моря Каспійскаго, въ *Красноводскихъ* и *Коррегскихъ* горахъ. Новѣйшія наблюденія и преданіяТатаръ свидѣтельствуютъ, что въ тѣхъ мѣстахъ, гдѣ теперь текутъ нефтяные ключи, происходили нѣкогда огненныя изверженія. Многія соляныя озера, на обоихъ противолежащихъ берегахъ Каспійскаго моря, имѣютъ высокую температуру; а каменносоляныя толщи по близости нефтяныхъ ключей, горною смолою проникнутыя образуются, какъ весьма остроумно замѣчаетъ Г. Эйхвальдъ, чрезъ мгновенное вулканическое дѣйствіе (подобно тому, какъ |365| на Везувіѣ[63], въ Кордильерахъ южно-Американскихъ и въ Азербиджанѣ), либо чрезъ медленный процессъ каленія при глазахъ нашихъ.

---

[61] Сѣверная Пчела, 1828, N°. 12.; но самое обстоятельное и вѣрное описаніе сего явленія помѣщено въ Горномъ Журналѣ.

[62] При семъ случаѣ я вспоминаю описаніе мелафировъ, находящихся у *Фридрихроды* въ Тирингенскихъ горахъ (въ Геогностич. письмахъ Буха, стр. 205). Вершина металлоносной горы *Потози* состоитъ также изъ порфира, содержащаго венису. Сей послѣдній минералъ найденъ мною въ трахитахъ *Ицмишцана* на равнинѣ Мексиканской и въ стекловидныхъ черныхъ трахитахъ *Янаурку*, у подошвы *Шимборазо*.

[63] Annales du Musée, 5-me année, N° 12. стр. 436. Во время изверженія сего вулкана въ 1805 году, были замѣчены мною (вмѣстѣ съ Г. Ге-Люссакомъ) тонкіе прожилки

На таковую связь силъ вулканическихъ съ толщами каменной соли, столь многія и различныя флецовыя формаціи проникающихъ, уже давно Г. Бухъ старался обратить вниманіе геогностовъ.

Всѣ сіи явленія даютъ нѣкоторую важность тѣмъ наблюденіямъ, которыя имѣлъ я случай сдѣлать на берегахъ Южнаго моря у *Гуауры* (между *Лимою и Сантою*[64]). Трахитовые порфиры, весьма похожіе на фонолитъ, возникаютъ тамъ въ видѣ скалъ изъ огромнѣйшихъ толщъ каменной соли, кои (подобно какъ въ Африканскихъ степяхъ, либо въ Киргизской степи у Илецкой защиты) разработываются на самой дневной поверхности, въ видѣ каменоломень (разносами). Какъ всегдашній спутникъ явленій вулканическихъ, образованіе металловъ сопровождаетъ также происхожденіе каменной |366| соли, хотя весьма умѣренно, но за то многоразлично: такимъ образомъ сѣрный и мѣдный колчеданъ, шпатовый желѣзнякъ и свинцовый блескъ, нѣсколько серебристый, находятся въ Южной Америкѣ, въ Перуанской области *Хаха-поясъ*, на западномъ отклонѣ Кордильеровъ, въ томъ мѣстѣ, гдѣ рѣки *Пиллуана* и *Гуаллага* протекаютъ на цѣлую милю посреди флеца каменной соли. Впрочемъ сіи разсужденія не исключаютъ и другаго образованія каменносоляныхъ пластовъ, посредствомъ обыкновеннаго испаренія въ атмосферѣ, подобно тому, какъ это бываетъ въ насыщенныхъ соляныхъ озерахъ, между Яикомъ и Волгою (во внутреннихъ степяхъ).

Выше видѣли мы, что кругъ землетрясеній, средоточіемъ коего Байкалъ, либо вулканы горъ Небесныхъ, простирается въ западной Сибири недалѣе западнаго отклона Алтая, не переступая предѣловъ *Иртыша* или *меридіана Семипалатинскаго*. Въ Уральскомъ поясѣ, гдѣ подземныхъ ударовъ не замѣчено, не находится также ни базальтовъ съ оливиномъ, ни настоящихъ трахитовъ, ни горячихъ ключей, не смотря на великую металлоносность горныхъ породъ[65]. |367| Кругъ землетрясеній *Азербиджана* обходитъ полуостровъ *Апшеронъ* и горы Кавказскія, простираясь даже до *Кизляра* и *Астрахани*.

Въ такихъ-то отношеніяхъ находится западная закраина великаго земнаго провала Азіятскаго. Если мы обратимся теперь отъ Кавказскаго перешейка къ Сѣверу и Сѣверо-западу, то вступимъ въ обширную область формаціи флецовыхъ и третичныхъ, южную Россію и Польшу наполняю-

---

[64] каменной соли въ едва остывшей лавѣ. Также по близости *Небесныхъ горъ*, къ Сѣверу отъ *Акзу*, между *Карауломъ Турнагадомъ* и кряжемъ *Арбадомъ*, судя по извѣстіямъ отъ Татаръ, должна находиться каменная соль.
Гумбольдта Essai géognost. стр. 257.
[65] Напротивъ того на южномъ отклонѣ малаго Алтая находится горячій ключь, у деревни Фикалки. въ 40 в. отъ истоковъ Катуни (Ледебургъ, т. 2. стр. 521.)

щихъ. И здѣсь породы пироксеновыя, проходящія чрезъ красный песчаникъ въ Губерніи Екатеринославской[66], горная смола и сѣрнистоводородистыя воды, доказываютъ явно, что внизу подъ образованіемъ осадочнымъ, скрываются со всѣмъ иныя толщи. Не льзя оставить безъ вниманія и того, что въ поясѣ Уральскомъ, изобильномъ змѣевикомъ и зеленымъ камнемъ, около южнаго конца его, при деревнѣ *Краснухиной*, видѣнъ настоящій миндальный камень. Кратерныя земли луны[67] представляютъ подобіе земнаго провала западной |368| Азіи. Столь великое явленіе могло быть произведено только великою же и сильно дѣйствующею причиною во внутренности земной. Та же самая причина, которая посредствомъ мгновенныхъ воздыманій и проваловъ, дала земной корѣ нынѣшній видъ ея, могла безпрерывнымъ и побочнымъ дѣйствіемъ своимъ наполнить трещины Урала и Алтая металлами. Золотое богатство на стѣнахъ жильныхъ трещинъ, отъ содѣйствія ли атмосферы[68] или отъ недостатка давленія, которому подвергались горячіе пары, было гораздо обильнѣе въ высшихъ глубинахъ (при выходахъ) жилъ, такъ что россыпи, происшедшія отъ разрушенія верхнихъ ярусовъ горъ, даютъ гораздо болѣе металла, нежели обѣщаетъ нынѣшняя разработка жилъ. Золото, платину, мѣдь и киноварь содержащія россыпи на высотахъ Урала, заключаютъ въ себѣ тѣ же самыя кости большихъ сухопутныхъ звѣрей прежняго свѣта, какія находятся и въ низкихъ земляхъ Сибири, и по *Иртышу* и *Тоболу*. Какимъ образомъ сіи кости могутъ объяснить намъ вре|369|мя возстанія кряжа Уральскаго и разрушенія его металлоносныхъ жилъ, здѣсь не мѣсто разсуждать о томъ. Мы ограничимся только замѣчаніемъ, основываясь на превосходныхъ мысляхъ, кои Г. Эли-де-Бомонъ обнародовалъ въ послѣднее время объ относительной древности горныхъ системъ и параллельности тѣхъ изъ нихъ, кои одновременнаго происхожденія, что также и во внутренней Азіи четыре великія востокозападныя цѣпи горъ обнаруживаютъ совсѣмъ иное начало, нежели тѣ, кои отъ Юга простираются къ Сѣверу (или N. 30. W–S 30° o). *Поясъ Уральскій*, *Болоръ* (*Белуръ-Тагъ*[69]), *Малабарскія*, *Гатскія горы* |370| и *Кингканъ*,

---

[66] Судя по прекрасному собранію Оберъ-Берг-Гауптмана Ковалевскаго.

[67] На лунѣ должно различать горы, какъ напр. *Кононъ* и *Аратъ*, отъ кратерныхъ земель; каковы: *Mare Crisium, Hipparch* и *Archimedes*, изъ коихъ каждая гораздо больше Богеміи.

[68] О таковомъ вліяніи атмосфернаго воздуха на металлоносность богатыхъ мѣсторожденій Гванаксуатскихъ, которыя въ началѣ сего столѣтія давали ежегодно болѣе полумилліона маркъ серебра, см. Essai politique sur la nouvelle Espagne (2 éd.) т. III. стр. 195.

[69] Также и къ Западу отъ *Белур-тага*, въ продолженіи Небесныхъ горъ, т. е. въ горной цѣпи *Актагъ* или *Ботомъ*, соединяющейся съ главнымъ кряжемъ *Небес-*

должны быть происхожденія новѣйшаго, нежели *Гималайя* и *горы Небесныя*. Не всегда горныя системы разновременнаго происхожденія бываютъ удалены одна отъ другой на большія пространства, какъ въ Германіи, или въ наибольшей части новаго свѣта; но часто напротивъ того горныя цѣпи (оси возстанія) во всемъ различнаго направленія и различной древности бываютъ сближены между собою, подобно строкамъ надписи, достопамятныя происшествія сохраняющей, кои, бывъ высѣчены въ разные періоды, заключаютъ сами въ себѣ уже признаки ихъ древности. Такъ въ южной Франціи видимъ мы горныя цѣпи и холмистыя гряды, изъ коихъ нѣкоторыя параллельны Пиренеямъ, другія западнымъ Альпамъ[70]. Подобная разнообразность въ явленіяхъ геогностическихъ представляется и въ высо|371|кой землѣ средней Азіи, гдѣ нѣкоторыя части земной поверхности, отъ неправильнаго расположенія горныхъ системъ, имѣютъ видъ какъ бы рѣшетины; либо окруженныя со всѣхъ сторонъ горами, представляютъ совершенно отдѣльныя области.

Сообщая въ сей запискѣ свѣдѣніе о неизвѣстной еще огнедышущей сопкѣ древняго свѣта, *Араль-тубе*, посреди озера *Алакуля* въ видѣ острова возвышающейся, считаю не излишнимъ дополнить свѣдѣніе сіе нѣсколькими словами о вновь открывшемся, или справедливѣе говоря, отъ продолжительнаго сна пробудившемся вулканѣ новаго свѣта.

Когда я срисовалъ и тригонометрически измѣрялъ[71] сей вулканъ, представляющій вѣчнымъ снѣгомъ покрытую сопку, на равнинѣ *Караваяльской* у *Ибагве*; то я никакъ не надѣялся дожить до его пробужденія. Я

ныхъ горъ, посредствомъ горной цѣпи *Асферагской* и простирающейся отъ *Кокента* къ *Самарканду* въ юго-западномъ направленіи, Арабскій Ученый Ибнъ-эль-Варди описываетъ гору *Тимъ*, которая днемъ дымится, а ночью свѣтитъ, производя нашатырь и *заги* (вѣроятно квасцы). По близости сей горы лежатъ золотые и серебряные рудники, см. Operis cosmographici Ibn el Wardi, Cap. prim. ex. cod. Upsal ed. Andreas Hylander (Lond. 1823. стр. 352). Хотя объ изверженіи лавы здѣсь не упоминается, однако я сомнѣваюсь, чтобы сіи явленія въ области *Уратиппѣ* зависѣли только отъ горѣнія каменноугольныхъ флецовъ (подобно тому, какъ въ Форецѣ у Ст. Этвенна, гдѣ также добывается нашатырь). Напротивъ того свѣтящая гора *Тимъ* напоминаетъ болѣе о изверженіяхъ на восточныхъ берегахъ Каспійскаго моря, какъ напр. о горѣ *Абичъ*, неподалеку отъ залива *Мангишлакскаго*, гдѣ жерло вулкана окружено перегорѣлыми и шлаку подобными каменьями (Jour. de la soc. asiatique, 1824, N. 23 стр. 295). Также и Риттеръ, съ ревностью и осмотрительностью, ему свойственными, собралъ все, относящееся до земныхъ полосъ *Уратиппы* и *Туркестана*, изъ коихъ выходитъ нашатырный паръ. (Erdkunde. т. II. стр. 560).

[70] Эли де Бомона Recherches sur les révolutions de la surface du globe, 1830, стр. 29, 282.
[71] 22 Сентября 1801 года. Пикъ *Толыма*, изъ всѣхъ трахитовыхъ горъ Андской цѣпи и кряжей Мексиканскихъ, которыя случалось мнѣ видѣть, похожъ наружностью

думалъ тогда, что онъ возгорѣлся во времена, предшествовавшія историческимъ, и столь же мало способенъ къ новой дѣятельности, какъ и трахитовыя холмы Оверньи. Къ Сѣ|372|веру отъ великаго горнаго узла у истоковъ рѣки Магдалены, подъ 1° 50′ сѣверной широты, раздѣляются Анды на три отрасли, изъ коихъ западная и къ морю ближайшая (Cordillera-del-Choco) несетъ на западномъ отклонѣ своемъ золотыя и платинныя розсыпи. Средняя изъ сихъ отраслей (Cordillera de Quindiu) раздѣляетъ ложбины рѣкъ Кавки и Магдалены. Наконецъ самая восточная отрасль (Cordillera de Suma paz y de Merida), полагая границу между плоскою землею *Боготы* и побочными рѣками Меты и Ориноко, тянется въ сѣверо-восточномъ направленіи[72]. Изъ сихъ великихъ отраслей средняя, до 5 ½° широты имѣетъ наибольшую высоту, и одна изъ всѣхъ прочихъ покрыта вѣчнымъ снѣгомъ. Тамъ, гдѣ сія центральная горная цѣпь понижается къ горному узлу Антіоквіи, начинаютъ восточные Кордилльеры (корд. Боготы) возвышаться до снѣжныхъ предѣловъ, какъ напримѣръ, въ *Парамо-де-Хита* и *Сіерра-Неваѕа-де-Мерида*. Сія пе|373|ремежаемость высотъ, сія взаимная связь между вѣтвями одного и того же горнаго ствола, можетъ быть, указываетъ намъ на силы подземныя, на сіи упругія жидкости, кои обнаруживали дѣйствіе свое по двумъ разсѣлинамъ, ограничиваясь однимъ колебаніемъ земли, либо производя и трахитовыя огнедышущія горы, если сіи жидкости не встрѣчали препятствій къ тому.

Снѣгомъ покрытые, *Парамо-Тольма*, *Руицъ* и *Гервео* (Ерве), со стороны *Санта-фе де Боготы*, а еще болѣе съ двухъ башенъ, построенныхъ на высокой скалѣ (въ 1688 и 1650 туазовъ[73]) и висящихъ надъ городомъ, при восхожденіи и захожденіи солнца, представляютъ зрѣлище обворожительное, напоминая тотъ видъ Альповъ Швейцарскихъ, которымъ наслаждаются съ высотъ Юры. Жаль только, что сіе удовольствіе бываетъ непродолжительно: когда я бралъ углы высотъ и азимуты, то прежде нежели успѣвалъ я установлять свой астрономическій приборъ, снѣжныя горы, въ удаленіи 22 географическихъ миль, отдѣленныя отъ восточныхъ Кордильеровъ рѣкою Ма|374|гдаленою, покрывались уже облаками.

---

[72] на одну Котонакси. Обѣ сіи горы срисованы мною въ Vues des Cordillières et Monumens des peuples indigènes de l'Amérique (планы 3 и 19).

См. Гумбольдта Tableau géognostique de l'Amérique méridionale въ Voy. aux reg. équinox. т. III. стр. 203, 204 и 207. Таковое раздѣленіе на вѣтви и части величайшей горной системы въ свѣтѣ, изображено мною на неизданной еще картѣ, (которая выгравирована еще въ 1827 году) Esquisse hypsométrique des noeuds des montagnes et des ramifications des Andes, depuis le cap de Horn jusqu'à l'isthme de Panama et à la chaine littorale de Venezuela.

[73] Nuestra Señora de la Guadelupe и N° 8 de Monserate. Высота сихъ башенъ считается отъ поверхности моря (Богота 1365 туаз.). Сіе измѣреніе мое совершенно подтверждается новѣйшимъ, которое дѣлалъ Буссинго.

Подлѣ пика Толымы[74], имѣющаго видъ усѣченной пирамиды, сперва видна группа небольшихъ кеглеобразныхъ горъ *Парамо де Руицъ*, а потомъ, еще сѣвернѣе, длинный хребетъ *Меза де Гервео*, опять до снѣжной линіи достигающій. Прежде вулканъ *Пураце* у Попайяна (подъ 2° 19′ шир.) былъ послѣднимъ изъ дѣйствующихъ въ Андахъ Южной Америки, по направленію отъ Юга къ Сѣверу; но во время моего путешествія и сія самая трахитовая гора, древнему обсидіаномъ богатому вулкану *Сотары* противулежащая (въ С. В. стор.), не имѣла уже настоящаго жерла, а только малыя отверстія, въ коихъ сѣрнистоводороднымъ газомъ напитанная вода, съ ужаснымъ громомъ извергала пары[75]. Если, |375| начиная отъ группы вулкановъ Попайяна Пураце и Сотары), будемъ мы слѣдовать за центральною горною цѣпью по направленію къ Сѣверу; то представятся намъ въ слѣдующемъ порядкѣ снѣжныя вершины и *Парамо*: сперва *Гвана-каза*, потомъ *Гуилы*, далѣе *Барагвана* и наконецъ *Квиндіу*. Послѣдній изъ сихъ, *Парамо*, (подъ 4° 35′ шир.) извѣстенъ, какъ проходъ, ведущій изъ ложбины рѣки Магдалены въ ложбину Кавки, изъ Ибагве въ Карфагенъ. Къ Сѣверо-востоку отъ сего прохода возвышается группа горъ *Толымы* и *Руицъ*, сквозь которыя къ Юго-западу отъ города *Гонды*, въ 24 миляхъ отъ вулкана Попайянскаго (почти на половинѣ пути между Попайяномъ и заливомъ Даріеновымъ, при началѣ перешейка Панамскаго) подземный огонь открылъ себѣ новый путь къ сообщенію съ атмосферою. Въ 1826 году, въ то самое время, когда въ Богогѣ, Гондѣ и области Антіоквіи свирѣпствовало ужасное землетрясеніе, спутникъ Буссинго, Др. Рюлень, находясь въ Сантанѣ[76] видѣлъ, что сопка *Толыма* дымилась днемъ. Туземцы (пишетъ |376| Г. Буссинго въ письмѣ въ Парижскую Академію Наукъ, отъ 1 Мая 1829[77]) въ первый разъ примѣтили сей дымъ во время сильнаго землетрясенія, случившагося въ 1826, что и было знакомъ послѣдовавшаго за симъ воспламененія вулкана, или, лучше сказать, появленія дѣйствій подземнаго огня на земной поверхности. Группу

---

[74] Толыма, по моимъ наблюденіямъ, лежитъ подъ 4° 46 шир. и 77° 56′ долготы (отъ Париж. мерид.), если долгота Санта-фе-де-Боготы 76° 34′ 8″ (Гумбольдта Recherches d'observ. astronom. T. II, стр. 250–261.)

[75] *Пураце* и *Сотара* находятся весьма близко отъ горнаго узла *Лосъ-Роблеса*, отъ коего начинается помянутое раздѣленіе горной цѣпи на три отрасли (См. мою карту Магдаленовой рѣки съ Atlas géogr. Pl. 24.) Впрочемъ оба сіи вулкана столь же удобно могутъ быть отнесены и къ центральной горной цѣпи. Также и далѣе, на восточномъ отклонѣ Кордильеровъ, по направленію къ *Ріо-Фрагна* (шир. 1° 45′) въ юговосточной сторонѣ вулкана Пураце, подземный огонь открылъ себѣ путь на дневную поверхность, сквозь одинъ холмъ, на равнинѣ стоящій: Миссіонеры *Ріо-Какветы*, посѣщая миссіи свои, видѣли изъ Тиманы сей холмъ дымящимся.

[76] Серебряный рудникъ, къ Югу отъ Марсквиты, на восточномъ отклонѣ центральной горной цѣпи.

[77] An. de Ch. et de Ph. 1829. Dec. p. 415.

обоихъ Парамо: *Толымы* и *Руица*, можно, кажется, почесть средоточіемъ круга землетрясеній, въ области коего къ Западу лежитъ *Вега-де-Супіа*, а къ *Востоку Гонда*, а можетъ быть даже и отдаленный городъ Колумбіи *Санта-фе-де-Богота*. Но *Гонда* (столь многоразличны и перемѣнчивы подземныя сообщенія посредствомъ древнихъ разсѣлинъ, изъ коихъ выступили Анды) подвергается иногда землетрясенію и при изверженіяхъ *Котопакси*, отстоящей отъ оной въ 102 географическихъ миляхъ (къ Югу)[78], а вулканъ *Пасто* прекратилъ свой дымъ въ тотъ самый часъ[79], когда въ 75 географическихъ миляхъ отъ онаго, ужаснѣйшее изъ землетрясеній новѣйшихъ вѣковъ разрушило *Ріобамбу*. Высота пика *Толымы* найдена мною посредствомъ способа тригонометри|377|ческаго, болѣе 2865 туазовъ; и такъ сія гора выше *Мексиканскихъ Невадо*, и, можетъ быть, есть высочайшая вершина въ Новомъ свѣтѣ сѣвернаго полушарія, подобно тому, какъ *Сотара*, *Иллимани* и *Шимборазо* почитаются самыми высокими горами въ полушаріи южномъ.

Г. Ролень (и сіе обстоятельство достойно замѣчанія) нашелъ въ Historia de la Conquista de Nueva Grenada, 1623, что 12 марта 1525 года вулканъ *Парамо-де-Толыма* имѣлъ сильное изверженіе, коему предшествовали ужасные удары подъ землею. Весь снѣгъ растаялъ на вершинѣ горы, какъ это часто случается на Котопакси, когда отъ изверженія раскалится самая сопка горы. Двѣ рѣчки, вытекающія на отклонѣ Толымы, сильно наводнились, и запруженныя плотиною изъ навалившихся каменьевъ, которую онѣ потомъ прорвали, произвели ужасное опустошеніе; множество пемзы и каменныя глыбы огромной величины были влечены ими весьма далеко. Воды сдѣлались ядомъ (будучи напитаны вредоноснымъ газомъ, или, какъ въ Ріо-Венегре у Попайяна, сѣрною и соленою кислотами), такъ что долго потомъ не попадалась въ нихъ ни одна живая рыба. Я, продолжаетъ Г. Буссинго, обращаю особое вниманіе на сей вулканъ, болѣе по той при|378|чинѣ, что онъ лежитъ въ 40 миляхъ отъ морскихъ береговъ, и потому изъ всѣхъ дѣйствующихъ вулкановъ нашего времени есть самый удаленный отъ моря. «Съ послѣднимъ утвержденіемъ я согласиться не могу: *Котопакси* и *Попокатепетль* (оставаясь при однихъ Американскихъ вулканахъ) лежатъ отъ моря еще далѣе. Хотя точка материка *Хоко*, лежащая на одномъ паралельномъ кругѣ съ *Толымою*, между мысомъ *Харамбирою* и *Корріентомъ*, и не опредѣлена еще, относительно долготы ея, съ надлежащею точностію; но по многимъ соображеніямъ можно принять, что ближайшіе къ оной берега лежатъ подъ 79° 42′ долготы, такъ что различіе меридіановъ, вмѣстѣ и близость къ морю вулкана *Толымы*

---

[78] См. мое путешествіе въ полуд. страны Америки. Т. II. стр. 15.
[79] 4 Февраля 1797.

выражающее, составитъ 1° 46′.[80] Не болѣе двухъ миль къ Сѣверу отъ *Пика Толымы* возвышается *Парамо-де-Руицъ*. Другъ мой, Г. Буссинго, пишетъ ко мнѣ изъ *Мармато* (отъ 18 Іюня 1829), по возвращеніи своемъ изъ Хоко, гдѣ онъ осматривалъ платиноносныя россыпи, и откуда я полу|379|чилъ отъ него важныя извѣстія касательно сравненія сихъ россыпей съ Уральскими. «Скажите Г. Араго, что бы онъ непремѣнно включилъ *Парамо-де-Руицъ* въ число горящихъ (дѣйствующихъ) вулкановъ, о коихъ онъ ежегодно извѣщаетъ публику въ Annuaire du Bureau des Longitudes. Сей вулканъ не перестаетъ дымиться, и въ то самое время, когда я пишу сіи строки, вижу я весьма ясно дымные столбы. «*Парамо-де-Руицъ*, какъ видно на моей картѣ рѣки Магдалены, отстоитъ едва въ 2 миляхъ отъ *Парамо-де-Толыма*; а по тому можно думать, что не написалъ ли Г. Буссинго по ошибкѣ, вмѣсто *Толымы*, *Руицъ*, или не смѣшалъ ли онъ сіи близкія между собою горы, смотрѣвъ на нихъ изъ Мармато?»

Центральная цѣпь Андовъ, сколько я могъ разсмотрѣть ее между горнымъ узломъ *Лосъ Роблеса* и проходомъ *Квиндіи*, покрыта гранитомъ, гнейсомъ и слюдянымъ сланцемъ, сквозь кои, на высотахъ Парамо, выходятъ на поверхность земли толщи трахитовыя. Соляные ключи, гипсъ и сѣра находятся посреди сихъ кристалловидныхъ породъ. Въ проходѣ Квиндіу (въ 1062 туаз. надъ морскою поверхностью), въ *Квебрада-дель-Азуфралъ*, видѣлъ я въ слюдяномъ сланцѣ отверстыя трещины, въ коихъ образовался сѣрный возгонъ, и изъ которыхъ, въ Октябрѣ |380| 1801, выходили столь горячіе газы, что Реомюровъ термометръ показывалъ въ нихъ 38° 2′. Наклоняясь къ симъ трещинамъ, чувствовалъ я тягость и круженіе въ головѣ. Температура атмосферы была въ то время 16° 5′, а маленькой рѣчки, сѣрнистоводороднымъ газомъ напитанной, которая низвергается съ пика Толымы, 23° 3′. Г. Буссинго, весною 1827, провелъ двое сутокъ въ Азуфралѣ. «Вы съ любопытствомъ услышите, писалъ онъ ко мнѣ изъ Ибагве, что въ 26 лѣтъ, съ того времени, какъ вы дѣлали испытанія свои въ сихъ отверстыхъ трещинахъ, подземная теплота примѣтно въ нихъ уменьшилась: Реом. термометръ стоитъ теперь въ сихъ трещинахъ только 15°,2 выше нуля, тогда какъ въ свободномъ воздухѣ и въ тѣни 18°,6 тепла. И такъ температура исходящихъ газовъ уменьшилась здѣсь почти на 23° Р.» Казалось бы, что новое возгорѣніе *Пика Толымы* должно произвесть совсѣмъ противное дѣйствіе въ *Квебрада-дель-Азуфралъ*, и скорѣе оно могло возвысить температуру сихъ трещинъ, нежели пони-

---

[80] По изъясненіямъ, сопровождающимъ мою карту (которая уже выгравирована, но еще не издана); *Carte hydrographique du Choco depuis les 3 ½° jusqu'aux 8 ¾° de latitude*. *Новита*, назначена мною примѣрно подъ 79° 4′ западной долготы, поелику долгота Карфагена найдена мною 78° 26′ 39″.

зить оную; но можетъ быть, подземные удары, предшествовавшiе изверженiю вулкана, уничтожили прежнее сообщенiе его съ трещинами *Азуфрала*. На Везувiѣ подобныя перемѣны въ температурѣ и даже качествѣ исходящихъ газовъ, случаются весь |381| ма часто. Г. Буссинго подвергалъ точнѣйшему разложенiю газовое смѣшенiе, выходившее изъ трещинъ *Квиндiу*, и нашелъ въ ономъ

94 углеродной кислоты,

5 атмосфернаго воздуха и

1 сѣрнистаго водорода.

Таковое смѣшенiе газовъ можетъ объяснить то, что происходитъ внизу, надъ такъ называемыми кристалловидными породами; оно дѣлаетъ также понятною причину головокруженiя, которое чувствовали мы (Бусгинго, Бонпланъ и я) въ *Мина-дель-Азу-фралъ*.

Прилагаемая карта горныхъ цѣпей и вулкановъ внутренней Азiи есть только грубый очеркъ, помогающiй понятiю. Источниками служили мнѣ при сочиненiи сей статьи: Клапрота и Бертье *Asie* (1829); Клапрота Carte de l'Asie centrale, помѣщенная во 2-й части его Mémoires rélatifs à l'Asie; также Паненерова Русская карта внутренней Азiи; Мейендорфова дорожная карта Бухарiи; Ваддингтонова карта къ запискамъ о Султанѣ Баберѣ; Мейеровъ очеркъ нѣкоторой части Киргизской степи, въ Ледебуровомъ путешествiи по Алтаю; и наконецъ разныя, въ Сибири собранныя, рукописи, карты и заграничныя извѣстiя. Положенiе вулкановъ |382| внутренней Азiи нанесено на мою карту съ особеннымъ старанiемъ; на ней назначены также нѣкоторыя высоты, и притомъ не только бо́льшiя, но и меньшiя высоты Океана: все сiе, можетъ быть, даетъ ей нѣкоторую цѣну, и отличаетъ ее отъ другихъ, ей подобныхъ.

О количествѣ золота, добываемаго въ Россійской Имперіи; соч. Барона Гумбольдта[*1]

Опасаясь, что бы не были приписаны мнѣ многія извѣстія о нынѣшнемъ состояніи добыванія металловъ на Уралѣ и Алтаѣ, помѣщенныя въ разныхъ періодическихъ изданіяхъ Германіи, по возвращеніи моемъ изъ Азіатской Россіи, считаю небезполезнымъ обнародовать слѣдующія числовыя поправки. |413|

Въ Россійской Имперіи добывается ежегодно, не 750 пудъ (52,548 Кельн. марокъ) золота, и не 3429 пудъ (240,000 марокъ) серебра, какъ было ошибочно показано въ 46 N° Берлинскихъ вѣдомостей; по оффиціальнымъ документамъ, ежегодная добыча простирается только до 315 пудъ (около 22,000 марокъ) золота и до 1095 пудъ (около 77,000 марокъ) серебра.

Въ 1828 году было добыто: 1) Золота, во всей Россійской Имперіи: 318 пудъ (22,256 марокъ), въ томъ числѣ въ заводахъ казенныхъ 115 пудъ и въ частныхъ промыслахъ 203 пуда; 2) Серебра 1093 пуда (76,498 марокъ); 3) Платины 94 пуда (6570 марокъ). Сія годовая добыча металловъ составляетъ по цѣнѣ 4,896,000 Прусскихъ талеровъ за золото и 1.071.000 Прусскихъ талеровъ за серебро, вообще же 5.967.000 талеровъ.

Въ одномъ хребтѣ Уральскомъ добыто золота въ 1826 году 232 пуда.

– 1827 -- 282 --
– 1828 -- 291 --

Въ первой половинѣ 1829 года добыто на Уралѣ: 1. Золота 142 пуда 2 фунта, въ томъ числѣ по казеннымъ заводамъ 46 пудъ 8 фунтовъ, и по частнымъ 95 пудъ 34 фунта; 2. Платины 43 пуда 31 фунтъ. |414|

Все количество золота, извлеченное изъ однѣхъ горъ хребта Уральскаго съ 1814 года по 1828 годъ, составляетъ 1551 пудъ (108,553 марки) по цѣнѣ слишкомъ 23,881,000 талеровъ; но изъ числа сихъ 1551 пуда, въ послѣдніе пять лѣтъ добыто болѣе 1,247 пудъ.

Изъ сего слѣдуетъ, что въ нынѣшнее время добывается:

---

[*] In: *Gornyj žurnal* 1:3 (März 1830), S. 412–417.

[1] Сіе извѣстіе помѣщено было Барономъ Гумбольдтомъ въ 51 N° Berlinische Nachrichten von Staats- und gelehrten Sachen, 1830 года.

Названіе Государствъ.	Количество дѣйствительно ежегодно добываемое.	Количество неправильно показываемое новыми періодическими изданіями.

Въ Европѣ и Азіатской Россіи вмѣстѣ:
    Золота
    Серебра
	
	26.500 марокъ
	292.000 —
		
		57.387 марокъ.
		457.942 —

Въ Россіи особенно:
    Золота
    Серебра
	
	22.200 марокъ
	76.500 —
		
		52.548 марокъ.
		240.000 —

Невѣрное показаніе ежегодной добычи драгоцѣнныхъ металловъ въ Россіи, быть можетъ, произошло отъ ошибочнаго разчисленія Россійскаго вѣса. Десять большихъ золотыхъ самородковъ, найденныхъ на небольшомъ пространствѣ, въ россыпяхъ Царево-Александровскаго рудника, въ окрест|415|ностяхъ Міяскаго завода, въ южномъ Уралѣ, имѣли вѣсу 2 пуда 34 фунта (199 $\frac{1}{2}$ марокъ). Между сими самородками, двѣ бы ли по 13 фунтовъ, одна въ 16 фунтовъ, и одна въ 24 фунта 69 золотниковъ (43 $\frac{1}{2}$ марки). Вмѣстѣ съ сими хранится въ Минеральномъ собраніи Горнаго Кадетскаго Корпуса платиновая самородка, найденная въ округѣ Нижне-Тагильскихъ заводовъ, вѣсомъ 10 фунт. 54 золотн. (18 $\frac{1}{2}$ марокъ). Между многими драгоцѣнностями, доставленными нынѣ въ Королевское Собраніе минералловъ въ Берлинѣ и состоящими преимущественно въ образцахъ платины и осмійстаго иридія, имѣется также платиновая самородка вѣсомъ въ 3 фунта 18 золотниковъ, принесенная въ даръ ЕГО ВЕЛИЧЕСТВУ Королю Прусскому, Пав. Николаев. и Анатоліемъ Николаев. Демидовыми, нынѣшними владѣльцами богатыхъ золотоносныхъ и платиновыхъ Нижне-Тагильскихъ россыпей.

Безъ точнаго познанія о количествѣ золота и серебра, поступившаго въ разныя эпохи въ торговые обороты Европы, всякое умствованіе о денежномъ обращеніи и о хозяйствѣ Государственномъ не можетъ почесться основательнымъ.

Гишпанскія колоніи въ Америкѣ, какъ было показано мною въ другомъ сочиненіи, |416| доставили съ открытія въ нихъ рудниковъ по 1803 годъ, то есть въ теченіе 311 лѣтъ, золота 3,625,000 марокъ и серебра 512,700,000 марокъ.

Въ продолженіе сего времени, количество золота, добытаго въ Бразиліи, превосходило по крайней мѣрѣ вдвое, то количество, которое добывалось въ Гишпанскихъ Американскихъ владѣніяхъ. Оное, съ довольною вѣроятностію, полагаютъ въ 6,300,000 марокъ, но богатство Бразильскихъ рудниковъ продолжалось только съ 1752 по 1761 годъ, въ которое время, по показанію Барона Эшвеге, добывалось изъ оныхъ ежегодно по 48,000 марокъ, полагая въ томъ числѣ и добытое потаенно.

До какой степени понизилась сія ежегодная добыча, съ начатія 19 столѣтія (до 2,500 марокъ) и какое вліяніе имѣло на относительную цѣну золота къ серебру, и на содержаніе сихъ металловъ въ монетѣ и въ издѣліяхъ, процвѣтаніе Уральскихъ рудниковъ и упадокъ Американскихъ, сіе объяснено мною обстоятельно во второмъ изданіи сочиненія моего подъ заглавіемъ: Essai politique sur le royaume de la Nouvelle Espagne 1827. Tome IV. стр. 447–476.

При отъѣздѣ моемъ изъ Америки ежегодная добыча серебра простиралась до |417| 3,460,000 марокъ (въ одной Мексикѣ 2340,000 марокъ); золота 45,000 марокъ (въ одной Новой Гренадѣ, западной части нынѣшней Колумбійской республики, 20,500 марокъ).

Изложенныя здѣсь данныя могутъ служить къ вѣрному сравненію богатства въ золотѣ кряжа Андскихъ горъ съ хребтомъ Уральскимъ и съ Бразильскою горною областію.

Серебро добытое изъ земныхъ нѣдръ Новаго Свѣта, въ теченіе трехъ столѣтій, будучи очищено и сплавлено въ одну массу, составило бы шаръ 63 Парижскихъ фута въ діаметрѣ.

Изслѣдованія о климатахъ Азіи, сдѣланныя Гумбольдтомъ, во время путешествія его по Сибири въ 1829 году[*][1]

Въ настоящемъ состояніи знаній, форма земель, образованіе ихъ горизонтальнаго пространства, неравность линіи протяженія ихъ, относительное положеніе материковъ (континентовъ) и массъ воды, направленіе горныхъ хребтовъ, и относительный перевѣсъ извѣстныхъ вѣтровъ, устанавляемый тепло|4|творными (поглощающими, или извергающими) силами оболочки земнаго шара, признаны за основные причины различія климатовъ. Только подобные, высшіе географическіе взгляды могутъ руководствовать насъ въ изысканіяхъ о *температурѣ Азіи*. Замѣчая быстрое умноженіе холода, и суровости зимъ, по мѣрѣ того, какъ на одинакой широтѣ, отъ западной Европы приближаемся мы къ востоку, долгое время старались изъяснить сіе явленіе[2] постепеннымъ возвышеніемъ земли, въ обширныхъ Азійскихъ плоскостяхъ. Приписывали притомъ одной хладотворной (frigorifique) причинѣ, и то ложно предполагаемой (именно, обширности протяженія), все то, что происходитъ отъ многихъ, совокупныхъ причинъ, и особенно – отъ однообразнаго расширенія древняго материка, отъ удаленія западныхъ береговъ, то есть, западнаго морскаго бассеина, какъ хранилища теплоты, малоизмѣняющейся, и удаленія западныхъ вѣтровъ, которые дѣлаются уже *не морскими*, но земными вѣтрами, для востока Европы и всей Азіи, лежащей на сѣверъ отъ тропика. Барометрическія, точныя наблюденія совершенно уничтожили идею о |5| возвышеніи земли въ сей сторонѣ земнаго шара. Теперь уже извѣстно, что самое высшее мѣсто между Чернымъ моремъ и Финскимъ заливомъ, *Валдайскія горы*, едва достигаетъ 170 туазовъ высоты надъ поверхностью моря. Источники Волги, немного западнѣе озера

---

[*] In: *Moskovskij telegraf* 46:13 (1832), S. 3–26; 46:14 (1832), S. 137–167.

[1] Извлеченіе изъ записокъ, читанныхъ Гумбольдтомъ въ засѣданіяхъ Французскаго Института, въ Маѣ и Іюнѣ 1831 г. – Онѣ собраны послѣ того въ книгу, подъ названіемъ: Fragmens de Géologie et de Climatologie Asiatiques, par A. de Humboldt (Парижъ, 1831 г. 2 m.). Книга сія посвящена отъ имени Гумбольдта, и товарищей его, Г-дъ Эренберга и Розе, С. Петербургской Академіи Наукъ и Горному Начальству въ Россіи.

[2] См. мнѣнія Гмелина, Страленберга, и Мерана, въ Mém. de l'Acad. 1765, стр. 255.

Селигера³, не имѣютъ и 140 туазовъ возвышенія, по станціонному нивеллированію Г-на Гельмерсена⁴. Прежде полагали (и Аббатъ Шаппъ⁵ хвалился, что узналъ даже до двухъ-туазной достовѣрности возвышеніе Москвы), будто въ Москвѣ высота достигаетъ 269 туазовъ. Но теперь извѣстно, что сей пунктъ, находящійся между верхнею Волгою и бассеиномъ Оки, слѣдственно, на южномъ пониженіи материка, склоняющагося отъ гребня (seuil), или линіи |6| высотъ Валдайскихъ, къ Черному и Каспійскому морямъ, не простирается въ высоту болѣе 76 туазовъ. Казань, близъ *средняго* теченія Волги, возвышается надъ поверхностью Океана (но не Каспійскаго моря) только на 45 туазовъ, полагая барометрическую среднюю высоту Океана сведенною на нуль температуры, по учету Г-на Арраго, отъ $760^{mm},85$⁶.

Малая возвышенность, какой достигаютъ материковыя массы на востокѣ Европы, весьма замѣчательна, если смотрѣть на сей феноменъ, принявъ въ соображеніе *средній рельэфъ* материковъ (du relief moyen des continens), и устранивъ частные феномены, и феномены новѣйшіе горныхъ хребтовъ, и частныхъ подъятій почвы (intumescence), составляющихъ иногда почву долинъ въ близости горныхъ цѣпей. Москва и Казань (въ коихъ Г-да Перевощиковъ, Симоновъ и Лобачевскій, сдѣлали множество превосходныхъ барометрическихъ наблюденій, инструментами, сравненными взаимно, а также сравненными и съ Фортеновыми барометрами Парижской Обсерваторіи) находятся среди обширныхъ земель, покрытыхъ слоями третьяго, и отчасти втораго образованія, на |7| обширномъ отдаленіи отъ Каспійскаго моря, Азовскаго и Финскаго заливовъ (230 и 250 миль, полагаемыхъ по 25 въ экваторіальный градусъ – протяженіе, превосходящее ширину Франціи и Германіи, вмѣстѣ взятыхъ!). Стольже малая выпуклость поверхности находится и въ центральной части Польши, гдѣ Бѣлинская ферма, близъ Пинска, по наблюденіямъ Г-на Эйхвальда⁷, возвышается не болѣе 68 туазовъ, а Ошмянская (Osmana?) плоскость на

---

3 Не изъ этого озера, какъ прежде думали, вытекаетъ величественная Волга, но изъ озера Птершъ (Pterche). Изъ Селигера течетъ Селижаровка.

4 Смотр. рукописныя замѣчанія сего юнаго ученаго. Онъ сопровождалъ меня, вмѣстѣ съ другомъ своимъ, Г-мъ Гофманомъ (Геологомъ, который былъ въ послѣднемъ путешествіи Коцебу вокругъ свѣта) по южному Уралу, и отъ Златоустовскаго завода до Оренбурга и соляныхъ копей въ степи Киргизской (Илецкой Защиты).

5 Шаппъ, Voyage en Sibérie m. II, стр. 485 и 502.– Journ. de Phys. тю XXXIX, стр. 40.

6 См. мое Rel. Hist. m. III, стр. 314 и 356.

7 См. Naturhistorische Skizze von Lithauen, Volhynien und Podolien, 1830, стр. 106,255. Въ Волыни дѣленіе водъ находится въ Авратынской плоскости (Awratyne), гдѣ является и истокъ Буга (I. с. стр. 72).

147 туазовъ, что совершенно соотвѣтствуетъ высотамъ Москвы и Валдая.

Балтійскія и Сарматскія степи, на востокѣ Европы, отдѣлены отъ Сибирскихъ, сѣверо-восточныхъ, цѣпью Уральскихъ горъ, которыя, отъ 54 до 67° широты, отъ Ирмеля и Великаго Таганая до Конжаковскаго Камня и широты Обдорска, представляютъ намъ высоты отъ 600 до 800 туазовъ. Онѣ равняются, рядомъ вершинъ своихъ, невысокимъ цѣпямъ горъ Вожскихъ, Юрскихъ, Гатскихъ и Валларикскихъ, золотородныхъ и платинородныхъ кордилльеровъ Бразиліи. Уралъ заслуживаетъ вниманіе наше своимъ |8| протяженіемъ, и постоянствомъ направленія, отъ Усть-Юрта, что на Трухменскомъ перешейкѣ, между Араломъ и Каспіемъ, за полярный кругъ, гдѣ, на востокъ отъ Оби, Г-нъ Адольфъ Эрманъ измѣрялъ нѣсколько вершинъ его, содержащихъ въ себѣ до 660 туазовъ высоты, надъ поверхностью моря. Въ центральной части Урала, подъ 56° 49′, немного на западъ отъ Екатеринбурга, сей *поясъ*, или сія скалистая стѣна, въ которой преимуществуютъ образованія діорита (grünstein), серпентина и тальковаго сланца, плотно связанныя, представляетъ намъ такія мѣста, высота коихъ едва превосходитъ высоту Женевы и Ратисбона.

Отъ заросшихъ кустарникомъ долинъ Сѣвернаго Брабанта, можно проѣхать, съ запада на востокъ, до степей Азійскихъ, окружающихъ западный склонъ Алтайскихъ горъ, и до Китайской Дзюнгаріи, по пространству 80° въ долготу, не встрѣтивъ высоты, достигающей 1200 или 1300 футовъ. Таково мѣстоположеніе земной поверхности въ Европѣ и Азіи, по центральной ихъ зонѣ (срединѣ древняго материка), конечности коей полагаю я въ Бредѣ и въ Семипалатинскѣ, или Китайскомъ форпостѣ Хонимайлаху, подъ 51° 35′ и 48° 57′ широты. Говорю объ этомъ, какъ самовидѣцъ, ибо, въ различныхъ моихъ путе|9|шествіяхъ, я имѣлъ случай, съ барометромъ въ рукахъ, проѣхать это пространство, въ трое превосходящее собою теченіе Амазоны по степямъ Южной Америки. Если предположить дорогу отъ Брабантскихъ *ландовъ*, до *степей* Азіи, въ высшей широтѣ, за 60 и 65°, то найдемъ протяженіе долинъ на такомъ пространствѣ, которое равняется почти полукругу земнаго шара.

Слѣдовательно: не *возвышеніе* земной поверхности причиняетъ здѣсь изгибъ *изотермической линіи*, на вогнутыхъ вершинахъ, и производитъ уменьшеніе средней температуры года, когда, отъ центральной части Европы, мы слѣдуемъ по одинакой широтѣ къ востоку. Изумленный малымъ возвышеніемъ земли около Тобольска, удаленнаго болѣе нежели на 240 миль отъ береговъ Ледовитаго моря, Аббатъ Шаппъ, первый, сильно воспротивился, еще въ 1768 году, общему повѣрью о возвышеніи земли на Востокѣ.[8] Не смотря на неточность, какую представляютъ профили, сдѣланные имъ въ видѣ ландшафтовъ[9], сей ученый, коего наблюденія |10| удалось мнѣ повѣрять въ Мексикѣ и Сибири, имѣтъ неоспоримую заслугу, именно ту, что онъ первый узналъ вообще несправедливость общаго мнѣнія, и первый сказалъ, что до 66° долготы, и между 57° и 58° широты, зимній холодъ Сѣверной Азіи имѣетъ главную причину *не въ высотѣ земной поверхности*.

Съ немногихъ только лѣтъ, барометрическія наблюденія тщательно сдѣланы были на предѣлахъ Дзюнгаріи Китайской, и на верхнемъ Иртышѣ, въ долинахъ, сообщающихся съ долинами, сопредѣльными озеру Зайсану, подъ 49° широты, на 16 ½ град. восточнѣе Тобольска. Среднее изъ наблюденій[10], которыя производили въ разныя времена года, Г-да Ледебуръ, Бунге, Ганстеенъ, Густавъ Розе, и я, показываютъ, что сіи долины, также и большая часть Киргизскихъ степей, возвышаются едва на 200, и 250 туазовъ, надъ поверхностью Океана. |11|

Положеніе различныхъ горныхъ системъ (продолжающимися *цѣпями*, и *спорадически*, или *отдѣльными купами*), и отношеніе сихъ системъ къ долинамъ, болѣе или менѣе возвышеннымъ, имѣютъ сильное вліяніе на распредѣленіе температуръ, и смѣшеніе ихъ, производимое атмосферными теченіями. Весьма важно было-бы для Климатологіи узнать приблизительнымъ образомъ объемъ (area) гористыхъ пространствъ и долинъ Азіи; но подобные вычеты донынѣ мало были соображаемы, и весьма недостаточны. Исчислено мною, что въ Южной Америкѣ, о которой имѣю я данныя, достаточно достовѣрныя, отношеніе горныхъ пространствъ къ долинамъ, составляетъ 1: 4. Въ сей обширной части новаго материка, главная высота, Андскіе кордильеры, возвышенные, какъ будто надъ трещиною, весьма неширокою, не составляютъ (не смотря на протяженіе свое въ 1280 морскихъ миль) объема, равнаго величиною не весьма высокимъ купамъ, или массамъ, Паримскимъ и Бразильскимъ.[11] Въ Южной Америкѣ, такъ-

---

[8] Voyage en Sibérie, m. I, стр. X и 100, и m. II, 467, 599.
[9] Шаппъ уравнивалъ кратковременныя барометрическія наблюденія неопрдѣленными предположеніями теченія рѣкъ, имѣющими, по его мнѣнію, 4 ф. 7 д. или 1 ф. 7 д. покатости, на 2000 туазовъ длины теченія. Среднія *крайнихъ чиселъ*, вѣроятныхъ, поставлены были отъ него данными, какъ выводы измѣреній. Такъ озеро Зайсанъ, Шаппъ поставляетъ на 413 т. высоты, ибо крайнія числа суть: 626 и 201 (m. I, 103, 105, m. II. 534, 594).
[10] Ледебуръ и Бунге, Reise nach dem Altai, m. I, 402, 410. Ганстеенъ, Astron. Nachrichten, 1830, № 183, стр. 294.
[11] См. мое Rel. Hist. m. III, 243.

же какъ въ Азіи и въ Европѣ, линіи самыхъ высокихъ горъ (Анды, Гиммалаи, Альпы), не только не суть центры, но, напротивъ, онѣ приближены къ сторо|12|намъ противоположнымъ противъ тѣхъ сторонъ, куда простирается склонъ самыхъ обширныхъ долинъ.[12]

Низменныя сѣверныя страны древняго материка, отъ Шельды до Енисея, пространство, на коемъ средняя высота не превосходитъ 40 и 50 туазовъ, сообщается къ югу, отъ $51^{3}/_{4}$ град., въ широтѣ Оренбурга и Саратова, съ великою выпуклостью, или западною сжатостью Азіи, вокругъ Арала и Каспія. – Это явленіе сжатости (dépression) мы увидѣли-бы повтореннымъ на многихъ пунктахъ внутренности материковъ, если-бы съ основанія бассейновъ кристаллообразныхъ, или второстепенныхъ, могли мы снять третьестепенную покрышку, и позднѣйшіе наносы (les dépôts d'alluvion). На западъ отъ Урала, долины южной Россіи склоняются, въ древнемъ Капчакѣ, ко впадинѣ Каспійскаго моря, и образуютъ вдоль Яика, между Уральскомъ и Гурьевымъ, также вдоль Волги, между Сарептою и Астраханью, сѣверное склоненіе. Горный гребень Общаго Сырта, не точно изображаемый на нашихъ картахъ, прерываетъ сіе сообщеніе между бассейномъ Каспія и долинами Симбирска, на небольшомъ протяженіи. Онъ отрывается въ малыхъ отро|13|гахъ (en chaînon) отъ Урала Башкирскаго, на югъ горы Ирмельской, тамъ, гдѣ, близь Бѣлорѣцка, рѣка Бѣлая (вливающаяся въ Каму) прерываетъ цѣпь горъ. На востокъ отъ Урала, или, лучше сказать, самаго восточнаго, малаго Уральскаго отрога, называемаго горами Ильменскими (Ilmen), Джамбу-Карагайскими, и Кара-Эдырь-Тауcкими, обширныя Сибирскія степи Тобола и Ишима склоняются также въ направленіи къ югу (а равнымъ образомъ и обширная степь Киргизская, вдоль рѣкъ Тургая и Сарасу, въ западномъ направленіи), къ *землѣ-кратеру* (pays-cratère) Арала и Сигуна. Сія сжатость пространства – слѣдствіе взрыва и осадки земляного свода (вѣроятно, предшествовавшихъ возвышенію различныхъ системъ горъ, но соперіодныхъ подъятію почвы на великихъ плоскостяхъ) продолжается между 45° и 65° долготы, въ долинахъ Бельгійскихъ, Сарматскихъ и Сибирскихъ до подошвы Гинду-Хо (западнаго продолженія Гиммалаевъ, ограничивающаго въ Мазендаранѣ южныя берега Каспійскаго моря), и до купы горъ Верхняго Окса, между тѣмъ, какъ далѣе на востокъ, она уже ограничена къ Югу, подъ 55°, Алтаемъ и Тангну. Впадина Каспія, Арала и Мавераль-нагара, довольно незначительна; дно ея нигдѣ не ниже 200 и 300 футовъ нормаль|14|наго уравненія Океана, и 500 и 600 ф. противъ долинъ Казанскихъ и Тобольскихъ. Посему и не можетъ вліяніе оной, по причинѣ одной сжатости, быть важно въ пониженіи средней температуры. Но

---

[12] L. C. стр. 232, 234.

частное отношеніе оной производитъ, на югъ отъ Арала и отъ степей Кизилъ-Кумскихъ, климатъ, не похожій на климатъ сосѣдственныхъ къ оной странъ. Различное въ формахъ, раздѣленное на множество малыхъ бассеиновъ между Яксартомъ и Оксомъ, дно сего материковаго осадка, оставшееся сухимъ, представляетъ, съ эпохи самыхъ древнихъ переселеній народовъ, характеръ политической самобытности обществъ, весьма замѣчательной. Здѣсь, и на юго-восточномъ краю осадка, сохранились независимыми чрезъ множество вѣковъ – если можно такъ сказать – *стереотипы*, (какъ было это въ Германіи, въ концѣ Среднихъ вѣковъ) великаго множества небольшихъ обществъ, извѣстныхъ нынѣ подъ именами Хивы, Бухары, Самарканды, Черсавера, Кохана, Ташкенда.

На востокъ отъ Болорскаго меридіана, между Алтаемъ и Гиммалайскою цѣпью горъ, совсѣмъ нѣтъ *центральной, Татарской плоскости*, равняющейся будто-бы величиною своею Новой Голландіи. Продолжительность и древность образованности на сей плоско |15| сти, прославленныя Географами и Историками послѣдняго столѣтія, также должны быть подвергнуты большому сомнѣнію. Въ языкѣ ученой Геологіи, по извѣстнымъ степенямъ высоты, можетъ принимать различные *порядки плоскостей* (ordres de plateaux[13]). Швабская плоскость составляетъ возвышеніе въ 150 туазовъ; Баварская, или Швейцарская, между Альпами и Юрою, въ 260 и 270 туазовъ; Испанская 350, Мизорская отъ 380 до 420; плоскости Персіи, Мексико, Боготы, Квито и Кахамарка, Антизана и Титикака, простираются до 650, 1168, 1370, 1490, 2000 и 2100 туазовъ, надъ поверхностью Океана. Въ обыкновенномъ, простомъ языкѣ, слово: *плоскость* (plateau, table-land), прилагается только къ подъятію почвы, чувствительно содѣйствующему суровости климата, слѣдовательно къ высотамъ, превосходящимъ 300 и 400 туазовъ. Когда Страленбергъ писалъ, что Сибирскія долины, за Ураломъ (который называлъ онъ Рифейскими горами), всравненіи съ долинами Европы, можно уподобить столу, поставленному на полъ, то, вѣроятно, онъ ни сколько не подозрѣвалъ, что центральныя долины Китайской Дзюнгаріи едва сравниваются высотою съ Константскимъ озе |16| ромъ, и съ Минхеномъ. Долины Азійскія, въ которыхъ путешествовалъ я, два года тому назадъ, на сѣверъ отъ озера Зайсана, сообщаются, окружая Тарбагатай, съ долинами области Или, озеръ Алактугула и Балкаши, и береговъ Чуи. Въ бассейнѣ между Мустагомъ (Небесными горами) и Куенлуномъ (сѣверною Тибетскою цѣпью горъ), съ запада задвинутомъ прямою цѣпью горъ Болорскихъ, сравненіе ши-

---

[13] Relat. Histor. m. III, 208, прим. 7.

ротъ и нѣкоторыхъ произведеній доказываетъ малое возвышеніе плоскостей, на весьма обширномъ пространствѣ. Въ Кашгарѣ, Хошенѣ, Аксу и Кучѣ, подъ широтою Сардиніи, возращаютъ хлопчатую бумагу; въ долинахъ Хошенскихъ, подъ широтою не южнѣе Сициліи, наслаждаются климатомъ чрезвычайно благорастворенымъ, и воспитываютъ величайшее множество шелковыхъ червей. Далѣе къ сѣверу, въ Яркандѣ, Гами, Харашарѣ и Кучѣ, обработываніе винограда и гранадъ славится съ отдаленной древности. Покатость, замѣчаемая въ семъ, замкнутомъ отвсюду бассейнѣ, находится (и что весьма замѣчательно) противоположною покатости открытаго бассейна въ области Или, или Тіаншанъ-Пелу. Даже на востокъ отъ Тангута, высокая плоскость (или каменистая степь) Гоби, представляетъ, кажется, возвышеніе, или значительное сжатіе, ибо |17| (по словамъ Г-на Клапрота), древнія преданія Китайскія показываютъ, что Таримъ, нынѣ впадающій въ озеро Лопъ, прежде проходилъ сіе озеро, и смѣшивалъ воды свои съ водами Желтой рѣки: явленіе, показующее намъ собою образованіе раздѣляющаго, замляного гребня, постепенными наносами, и соединяющееся съ другими явленіями *сравнительной гидрографіи*, которую изложилъ я въ Исторической части моего путешествія въ южныя страны Новаго материка.[14]

Слѣдуетъ, изъ общности всѣхъ сихъ замѣчаній о фигурѣ Азійской поверхности, что центральная часть оной, находящаяся между 30° и 50° шир. и меридіанами Болора, или Кашемира, и озера Байкала, или великаго изгиба Желтой рѣки, есть пространство весьма различныхъ высотъ, отчасти потопленное, представляющее обширные отдѣлы, коихъ возвышенность принадлежитъ къ нишему порядку плоскостей, куда относятся плоскости Баваріи, Испаніи, и Мизора. Можно полагать, что подъятій почвы, подобныхъ высокимъ долинамъ Квито и Титикака (1500 и 2000 m.), нѣтъ тамъ собственно нигдѣ, кромѣ того мѣста, въ которомъ раздваивается цѣпь горъ Инду-Хо, вѣтви коей извѣстны подъ |18| именемъ Гиммалая и Куенлуна, слѣдственно, въ Ладакѣ, Тибетѣ и Качи, а также въ узлѣ горъ около Хухунора, и въ Гоби, на сѣверо-западъ отъ Иншана.

Видимъ, что Азія, раздѣленная на бассейны цѣпями горъ, въ различныхъ направленіяхъ и различныхъ вѣковъ, представляетъ развитію органической жизни, и установленію человѣческихъ обществъ – *звѣролововъ* (Сибиряковъ), *пастырей* (Киргизовъ и Калмыковъ), *земледѣловъ* (Китайцевъ) и *народовъ мона-шествующихъ* (de peuples moines, Тибетцевъ) – многоразличіе долинъ, обломовъ, и вершинъ, въ воздушномъ Океанѣ, удивительнымъ образомъ уравнивающемъ *температуры* и

---

[14] Т. II, стр. 75 и 525.

климаты. Печальное однообразіе царствуетъ въ степяхъ, отъ береговъ Сигуна (Яксарта), и отъ малой цѣпи Алатау, до Ледовитаго Океана. Но на востокъ за Енисеемъ, отъ меридіана Саянска и Байкала, Сибирь принимаетъ характеръ гористой страны.

Первое основаніе Климатологіи есть вѣрное познаніе неровностей на поверхности материка. Безъ сего *гипсометрическаго* познанія, ошибочно припишемъ мы возвышенію почвы то, что есть слѣдствіе совсѣмъ другихъ причинъ, показывающихъ вліяніе и дѣйствіе свое въ низменныхъ областяхъ (т. е. на по|19|верхности, имѣющей одинакую отвѣсность съ поверхностью Океана) и производящихъ уклоненія *изотермическихъ* линій. Приближаясь отъ сѣверо-востока Европы къ сѣверу Азіи, за 46 и 50° широты, вдругъ находимъ мы уменьшеніе въ средней температурѣ года, и болѣе неравное распредѣленіе сей температуры, въ разныя времена года. Послѣднее зависитъ отъ формы Азійскаго материка (огромныхъ, мало-извивистыхъ массъ его), отъ особеннаго положенія его, въ отношеніи къ экватору, отъ полярныхъ льдовъ, и отъ вліянія западныхъ вѣтровъ. По всѣмъ симъ отношеніямъ, можно изобразить Европу и Азію въ слѣдующихъ главныхъ противоположностяхъ:

Европа, при извивистой формѣ, перываемая заливами и рукавами морей, разорванная на части, *разчлененная* – такъ сказать – составляетъ западную часть древняго материка. Она собственно есть не что иное, какъ *полуостровное продолженіе Азіи*, такъ, какъ Бретань, съ ея легкими зимами, и нежаркими лѣтами, есть *полуостровъ, продолжающій собою Францію*. Европа воспринимаетъ главные вѣтры съ запада, и они суть, для западной и центральной части Европы, *вѣтры морскіе*, т.е. атмосферныя теченія, бывшія въ соприкосновенно|20|сти съ массою воды, на поверхности коей температура, даже и въ Январѣ, не понижается ниже 10°,7 и 9° cent (подъ 45 и 50° градус. широты). Европа наслаждается притомъ благотворнымъ вліяніемъ широкой, тропиковой земной зоны (Африки и Аравіи), находящейся между меридіанами Лиссабона и Казани, согрѣваемой ежедневною лучезарностію солнца совсѣмъ иначе, нежели тропиковая зона Океана. Посредствомъ нисходящихъ теченій, сія материковая зона извергаетъ массу теплаго воздуха на земли, болѣе оной приближенныя къ сѣверному полюсу. Другія выгоды, не вполнѣ оцененныя до нынѣ, суть для Европы, созерцаемой по формѣ своей, какъ полуостровное протяженіе Азіи къ западу – ея небольшое, и неравное материковое развитіе на сѣверъ, ея *облическая* форма, ея направленіе отъ юго-запада къ сѣверо-востоку. Материковая часть Европы, почти во всей первой, западной трети длины своей, не простирается далѣе 52° широты. Другая треть, болѣе центральная, увеличенная Скандинавскимъ полуостровомъ, пересѣкается Полярнымъ Кругомъ. Въ трети, наиболѣе отдаленной на востокъ, отъ С. Петербургскаго меридіана, гдѣ расширяющійся материкъ принимаетъ весь характеръ *Азійскаго климата*, Поляр|21|ный Кругъ только частію захватываетъ оконечность сѣверную; но берегъ сей оконечности омывается зоною Ледовитаго Океана, въ которой зимняя температура совсѣмъ различна противъ температуры сего моря на западъ отъ Сѣвернаго мыса (Капъ Норда). Направленіе обширнаго морскаго пространства, раздѣляющаго Европу и Америку, и теченіе теплой воды (gulf stream), пересѣкающее его, сначала отъ *SSO* къ *NNE*, а потомъ отъ *O* къ *E*, огибающее берега Норвегіи, сильно дѣйствуетъ на предѣлы полярныхъ льдовъ, и на изгибъ пояса воды застывшей и твердой, открывающей обширный заливъ текучей водѣ, между восточною Гренландіею, Медвѣжьимъ островомъ и сѣверною конечностью Скандинавскаго полуострова. Европа пользуется выгодою положенія противъ сего залива; слѣдственно, отдѣляется собственно отъ пояса полярныхъ льдовъ свободнымъ моремъ. Зимою ледяной поясъ приближается до 75°, между Новою Землею, устьемъ Лены и Костянымъ проливомъ, подлѣ архипелага Новой Сибири; лѣтомъ онъ удаляется къ меридіану Сѣвернаго мыса, и далѣе на западъ, между Шпицбергеномъ и восточною Гренландіею, къ сѣверу, до 80 и 81° широты. И еще болѣе: *граница зимы* (la limite hivernale), въ полярныхъ льдахъ заклю|22|чающаяся, то есть, *линія, до которой наиболѣе приближаются зимою льды материковой Европы*, не захватываетъ даже и Медвѣжьяго острова, и въ самое холодное время года можно свободно плавать отъ Сѣвернаго мыса до австральнаго мыса Шпицбергенскаго, по морю, коего температура возвышена теченіемъ водъ отъ юго-запада. Полярные льды уменьшаются всюду, гдѣ сіе теченіе находитъ свободный ходъ къ Полярному Кругу, какъ видимъ мы это въ Баффиновомъ заливѣ, и между Исландіею и Шпицбергеномъ[15]. Капитанъ Сабинъ, подъ 65 и 70° широты, находилъ среднюю температуру Океана Атлантическаго, на поверхности его, въ 5°,5 сот., когда подъ сею-же широтою, на Европейскомъ материкѣ средняя температура года находится на много градусовъ ниже нуля[16]. Излишне было-бы напоминать здѣсь, какое великое уравненіе тепла должны испытать сѣверные вѣтры, отъ сихъ отношеній между землями и полярными льдами, пока сіи вѣтры достигаютъ до сѣвера и сѣверо-запада Европы. |23|

---

[15] См. мои замѣчанія о главныхъ причинахъ различія температуръ на земномъ шарѣ, въ *Зап. Берл. Академіи*, 1827 г. стро. 311, 312.
[16] Exper. on pend. стр. 456.

Материкъ Азіи простирается отъ востока къ западу, за 70° широты, на пространствѣ, въ тринадцать разъ болѣе обширномъ, нежели Европа. Между устьями Енисея и Лены, онъ достигаетъ даже 75°, то есть, такой широты, подъ которою находятся Медвѣжьи острова. Повсюду сѣверные берега Азіи касаются зимней границы полярныхъ льдовъ. Лѣтомъ, край сихъ льдовъ удаляется отъ береговъ только въ нѣсколькихъ мѣстахъ, и на непродолжительное время года. Сѣверные вѣтры, силу коихъ не уменьшаетъ ни одна цѣпь горъ въ открытыхъ долинахъ, на западъ отъ Байкальскаго меридіана до 52°, а на западъ отъ Болорскаго меридіана до 40° широты, пролетаютъ черезъ поле льдовъ, покрытое снѣгами, и, такъ сказать, продолжающее собою материкъ Азіи, къ сѣверу до самаго полюса, а къ сѣверо-востоку до гнѣздилища величайшей стужи (maximum du froid), которое, подъ меридіаномъ Берингова пролива, Англійскіе мореплаватели полагаютъ близъ 80 и 81° широты[17]. Далѣе – материкъ Азіи представляетъ |24| лучамъ солнца, въ жаркомъ климатѣ, весьма необширную часть земли. Между меридіанами, означающими его крайнія, восточную и западную, оконечности, т. е. Чукотскимъ носомъ и Ураломъ (на безмѣрномъ пространствѣ 118° долготы), экваторъ проходитъ по Океану, и (за исключеніемъ небольшой части острововъ Суматры, Борнео, Целебеса и Гилоло) въ Азіи нѣтъ собственно *никакой земли, находящейся подъ экваторомъ*. Материковая часть Азіи, находящаяся въ умѣренной зонѣ, вслѣдствіе сего, не пользуется нисходящими атмосферными теченіями отъ экватора, которыя положеніе Африки дѣлаетъ столь благодѣтельными для Европы. Другіе хладотворныя причины въ Азіи (мы ограничиваемся только общими воззрѣніями, т. е. тѣмъ только, что главнѣйше характеризуетъ климатъ Азійскаго материка) суть: образованіе сего материка въ горизонтальномъ направленіи, или форма его объема, неравность его поверхности въ вертикальномъ положеніи, и, особенно, его положеніе на востокъ въ отношеніи къ Европѣ. Азія представляетъ собою соединеніе земель въ огромныхъ, плотныхъ массахъ, безъ заливовъ, и |25| безъ всякихъ значительныхъ полуостровныхъ протяженій, далѣе 35° широты на сѣверъ. Обширныя системы горъ, въ направленіи отъ востока къ западу, при чемъ высочайшія цѣпи ихъ, какъ будто нарочно, ограничиваютъ ближайшія къ жаркой полосѣ

---

[17] На С. З. отъ острова Мельвиля. Близость сего *тахітит* стужи, или *полюса холода*, явно, когда сравнишь среднюю *температуру* Мельвиля (75° шир., 113° долг. вост.) полагаемую Парри – 18°,5, съ среднею темпер. пелагической атмосферы на востокѣ Гренландіи 76° ¾ долг., 3° шир. вост.), которую Скоресби опредѣляетъ только – 7°,5.

страны, на обширномъ пространствѣ, препятствуютъ распространенію южныхъ вѣтровъ. Возвышеннѣйшія плоскости, и, за исключеніемъ Персіи, совсѣмъ не столь обширныя, какъ ихъ обыкновенно себѣ мы представляемъ, находятся отъ узла горъ Кашемира и Тибета до истоковъ Орхона, и растягиваются на безмѣрномъ протяженіи отъ SO и NE. Онѣ, или пересѣкаютъ, или ограничиваютъ низменныя страны, поддерживаютъ и сохраняютъ въ нихъ снѣга до глубокаго лѣта, и дѣйствуя, посредствомъ нисходящихъ атмосферическихъ теченій, на сосѣднія страны, понижаютъ ихъ температуру. Онѣ разнообразятъ климаты на востокъ, отъ истоковъ Окса, отъ Алатау, и отъ Тарбагатая, въ центральной Азіи, и даютъ отдѣльныя самобытности (individualisent), какъ симъ, такъ и находящимся между широтами Гиммалая и Алтая, климатамъ. Наконецъ, Азія отдѣляется отъ моря, находящагося на западъ, или отъ западныхъ береговъ, *всегда болѣе теплыхъ въ умѣренной зонѣ, нежели* |26| *берега восточные, въ каждомъ материкѣ* – всею длиною Европы. Несоразмѣрное расширеніе Европейскаго материка, отъ впадины Финскаго залива, содѣйствуетъ, какъ мы уже говорили, охлажденію западныхъ, главнѣйшихъ въ Европѣ вѣтровъ, по мѣрѣ приближенія ихъ къ востоку, такъ, что они становятся уже земными, холодными вѣтрами, для той части стараго материка, которая находится за невысокою стѣною Уральскихъ твердынь.

(Окончаніе въ слѣд. книжкѣ)

|137|

Изслѣдованія
о климатахъ Азіи, сдѣланныя Гумбольдтомъ, во время путешествія его по Сибири, въ 1829 году
(*Окончаніе*)

Означенныя нами противоположности между Европою и Азіею составляютъ собою общность причинъ, дѣйствующихъ совокупно на уклоненія линій равной годовой теплоты, и неравное распредѣленіе меньшей теплоты между различными временами года: это явленіе, становится особенно замѣтнымъ на востокъ отъ С. Петербургскаго меридіана, тамъ, гдѣ материкъ Европейскій соединяется съ сѣверною Азіею, на объемѣ двадцати градусовъ широты. Востокъ Европы и вся Азія (къ сѣверу отъ 35° широты) находится въ климатѣ преимущественно *материковомъ*, принимая значеніе |138| сего слова, какъ противоположность климата *островнаго* и климата *западныхъ бере-*

говъ. По своему образованію, положенію, отношенію къ вѣтрамъ западнымъ и юго-западнымъ, климатъ тамошній есть климатъ *не послѣдовательный* (un climat excessif), похожій на климатъ Сѣверо-Американскихъ Штатовъ, т. е. гдѣ чрезвычайно жаркое лѣто слѣдуетъ за чрезвычайно суровою зимою. Нигдѣ въ мірѣ, даже въ Италіи и на Канарскихъ островахъ, не видалъ я винограда лучше Астраханскаго, растущаго на берегахъ Каспійскаго моря. И между тѣмъ въ Астрахани, и далѣе къ югу, въ Кизлярѣ, при устьѣ Терека (широтѣ Авиньона и Римини) 100-градусный термометръ часто упадаетъ зимою на 28 и 30° ниже нуля. Посему-то въ Астрахани, гдѣ лѣтомъ, жаркимъ болѣе Прованскаго и Ломбардскаго, сила произрастанія возбуждается искуственнымъ поливаніемъ почвы, напитанной солекислою содою (muriate de soude), принуждены зимою закрывать виноградныя лозы въ значительную глубину. Такое, неравное раздѣленіе годовой теплоты между разными временами года, дѣлало донынѣ обработываніе винограда, или, лучше сказать, выдѣлку хорошаго вина, столь трудными въ Сѣверной Америкѣ, къ сѣверу отъ 40° широты. Въ системѣ климатовъ Европейскихъ, для произведенія, въ большомъ количествѣ, хорошаго |139| вина, надобны не только средняя годовая температура, возвышающаяся до 8, 7, или 9°, но и зима не ниже + 1°, и лѣто, достигающее, по меньшей мѣрѣ, 18°,5. Подобная постоянная пропорція въ раздѣленіи теплоты устанавляетъ кругъ произрастанія, равно въ растеніяхъ, впадающихъ, такъ сказать, въ зимній сонъ, жизнь коихъ сосредоточивается въ это время въ ихъ оси, и въ растеніяхъ (напримѣръ, маслинѣ) сохраняющихъ зимою свою придаточную систему – листья. Вотъ нѣсколько нумерическихъ выводовъ сравнительной Климатологіи, могущихъ пояснить противоположности, изъясненныя мною:

С. Петербургъ (59° 56′ ш., 27° 58′ д. в.), средняя темпер. года + 3°,8; зимы – 8°,3; лѣта +16°,7 (100 градусн.).

Тобольскъ (58° 12′ ш. 65° 58′ д. в.), по вычету за 1816 годъ (метеорологическія наблюденія Г-на Альберта), сдѣланному Г-мъ Адольфомъ Эрманомъ, средн. темп. – 0°,63. Но западнѣе, на восточномъ берегу Финляндіи, въ Улео (65° 3′ ш., 23° 6′ д.) средняя темпер. + 0°,6, и въ С. Петербургской широтѣ, въ Христіаніи (59° 55′ ш. 8° 28′ д.) средн. темпер. + 6° 0′, зимняя – 1°,8, лѣтняя + 17°,0.

Казань (55° 48′ ш., 46° 44′ д.). Я имѣю за 12 мѣсяцевъ 1828 года среднія 9-ти часовъ |140| утра и вечера, полудень и 3-хъ часовъ послѣ полудня, по наблюденіямъ, тщательно учиненнымъ Г-мъ Симоновымъ. Оказывается, для однихъ наблюденій 9-ти часовъ утра, и одинакихъ часовъ утра и вечера (употребляя двѣ методы, дающія приблизительно среднюю температуру года) + 1°,3 и +1°,2[18]; для зимы – 18°,4 и – 17°,8; для лѣта + 17°,4 и + 16°,8. Жарчайшій мѣсяцъ года, Іюнь + 19°,4 или + 18°,5; холоднѣйшій (Январь) – 22°,7 или – 21°,8. Видимъ, что выводы двухъ методъ различаются между собою менѣе, нежели различались-бы среднія многихъ годовъ. Часть весны и лѣта столь-же теплы въ Казани, какъ и въ Парижѣ, хотя послѣдній на 7° южнѣе Казани, а средняя температура года въ Парижѣ на 9°,4 возвышеннѣе. Мѣсячные выводы, съ Марта по Декабрь, являются слѣдующіе:

Казань (55° 48′ ш.) – 2°,1 + 10°,3 + 15°,5 + 18°,9 + 18°,2 + 14°,2 + 5°,6 + 0°,6 – 10°,7. |141|

Парижъ (48° 50′ ш.) + 6°,5 + 9°,8 + 14°,5 + 16°,9 + 18°,6 +18°,4 + 15°,7 + 11°,3 + 6°,7.

Таково, по вычисленіямъ достойнымъ довѣрія (которыя еще болѣе умножу я въ особенномъ, приготовляемомъ мною сочиненіи), періодическое движеніе теплоты въ двухъ, отдѣленныхъ одно отъ другаго, на востокъ и западъ, болѣе нежели семью стами миль, мѣстахъ, впрочемъ находящихся приблизительно на одной изометрической линіи; но среднія температуры ихъ зимъ различны на 21°,5. Климатъ сѣверный (материковый, и, слѣдовательно, *не послѣдовательный*) заставляетъ музенцевъ *a sofferir tormenti caldi e geli* (Данте, *Purgat*. п. III).

Въ широтѣ Парижа, два слѣдующіе одинъ за другимъ мѣсяца не представляютъ прибавленія температуры выше 4 и 5 градусовъ. Отъ широты Рима до Стокгольма, между изотермическими изгибами отъ 16° до 5°, различіе мѣся|142|цевъ Апрѣля и Мая повсюду отъ 5° до 7°, и изъ всѣхъ мѣсяцевъ послѣдующихъ непосредственно (въ системѣ климатовъ центральной Европы) они суть представляющіе высшее (maximum) приращеніе теплоты. Въ сѣв. востокѣ Европы и сѣв. западѣ Азіи, напротивъ, приращенія двухъ, слѣдующихъ одинъ за другимъ мѣсяцевъ возвышаются до 12°, и предшествуютъ, какъ высшее теплоты, эпохѣ тѣхъ-же явленій приращенія въ Европѣ. Сія-то мгновенная быстрота нисходящаго движенія теплоты характеризуетъ

---

[18] Недавно, среднюю годовою температуру Казани опредѣлили въ + 3°, и даже + 3°,3 (см. *Поггендорфа*, Ann. 1829, St. 2, стр. 162). Безъ сомнѣнія остановились для сего на среднемъ четырехъ, ежедневныхъ наблюденій, изъ коихъ ни одно не давало *minimum*, а два – полуденное, и въ 3 часа послѣ полдня – слишкомъ приближены къ *maximum* теплоты. Я нахожу дѣйствительно, употребляя вдругъ четыре ежедневныя наблюденія 1828 года, среднюю температуру года + 3°,2, зимы – 16°,3, лѣта + 19°,8. Но сіи температуры не суть истинныя среднія, по свойствамъ времени, на коихъ онѣ основаны.

пробужденіе природы, изъясняющее намъ прекрасное весеннее развитіе тюльпановидныхъ, касатиковидныхъ и розовидныхъ растеній въ долинахъ Сибири. Большія и быстрыя измѣненія теплоты бываютъ въ мѣсяцѣ Мартѣ на Апрѣль, и Октябрѣ на Ноябрь. Надобно-бы изумляться лѣтнимъ жарамъ Тобольска, Тары, Каинска, Красноярска и Барнаула, видя ледъ, покрывающій столь долго болотистыя тундры между Обью и Енисеемъ, Березовымъ и Тураханскомъ, если-бы мы не знали вліянія горячихъ вѣтровъ, дующихъ отъ юга и юго-запада, съ знойныхъ степей центральной Азіи[19]. |143|

Пекинъ ($39°,54'$ ш., $114° 7'$ д.), средняя температура года $12°,7$; зимы – $3°,2$; лѣта $+ 28°,1$. Лѣто въ сей, самой восточной части Азіи соотвѣтствуетъ Неаполитанскому; но три мѣсяца зимы ниже нуля, какъ въ Копенгагенѣ, лежащемъ на $16°$ сѣвернѣе, и гдѣ средняя температура года на $5°$ меньше. Таково различіе системы климатовъ западной Европы, что на берегахъ Франціи, между Нантомъ и Сенъ-Мало, подъ $47°$ и $48\,^1/_2°$ широты, находимъ одинаковую съ Пекиномъ годовую теплоту; между тѣмъ сіи берега на 7 и $8°$ сѣвернѣе, а зимы на $8°$ умѣреннѣе Пекинской.

Во время путешествія моего по Сибири, оставилъ я тамъ, въ различныхъ мѣстахъ, тщательно свѣренные термометры, у людей, способныхъ сдѣлать изъ нихъ надлежащее употре|144|бленіе, наблюденіями въ часы, могущіе показать среднее температуры дней, мѣсяцевъ и годовъ. Я получилъ уже множество любопытныхъ наблюденій изъ Богословска, на сѣверѣ Урала, гдѣ Горные офицеры, ревностные и усердные, любятъ заниматься такимъ родомъ изысканій. Поелику все, что извѣстно въ Азіи о степеняхъ холода выше замерзанія ртути, еще весьма недостовѣрно, то и вручилъ я Г-ну Альберту, привѣтливо обласкавшему насъ въ Тобольскѣ, и по должности посѣщающему полярныя страны Березова и Обдорска, термометръ съ виннымъ спиртомъ, коего дѣленіе, означенное стараніемъ Г-на Ге-Люссака на самомъ стеклѣ, восходитъ вѣрно до – $60°$ сотенныхъ. Но величайшіе успѣхи, коихъ Метеорологія, и особенно теорія изотермическихъ линій, могутъ надѣяться, будутъ произведены С. Петербургскою Академіею,

---

[19] Г-нъ Адольфъ Эрманъ находитъ среднее въ направленіи всѣхъ вѣтровъ, дующихъ въ теченіе года, въ Тобольскѣ S. $47°$ о. – Въ Казани S. $52°$ о. – Въ Москвѣ S. $35°$ о. – Въ С.Петербургѣ S. $41°$ о – Западные вѣтры также весьма часты, по его наблюденіямъ, во весь годъ, при устьѣ Оби и сѣверной конечности Урала. По испытанному самими нами въ южной и средней Сибири, также въ степи Калмыцкой, мы не можемъ согласиться, будто западные вѣтры становятся рѣже по мѣрѣ приближенія отъ Голландіи къ Алтаю, такъ, какъ замѣчается сіе отъ Амстердама къ С.Петербургу (Schouw, Beitr. zur vergleichenden Klimatologie, temp. I, стр. 53).

если она настоитъ въ учрежденіи правильной системы наблюденій надъ ежедневными перемѣнами барометра, термометра и гидрометра, температурою земли, направленіемъ вѣтровъ, и количествомъ воды и снѣга, ниспадающихъ изъ атмосферы. Планъ для сего, представленный ученымъ другомъ моимъ, Г-мъ Купферомъ, и мною, объемлетъ всю Россійскую Имперію, отъ Арменіи, Семипалатинска и Иркутска, до Колы, Камчатки и Кадьяка. Одновременность перемѣнъ въ давле|145|ніи, температурѣ, влажности, направленіи и преимуществѣ вѣтровъ на материковомъ пространствѣ (съ 38 $1/2°$, широты Смирны, Ливадіи, Калабріи самой южной, Мурціи, Лиссабона, Вашингтона, сѣвера Японіи и юга Бухарій, до 75°), превосходящемъ обширностью видимую часть луны, покажетъ, вѣрнымъ сравненіемъ нумерическихъ основаній, законы, донынѣ остававшіеся для насъ неизвѣстными. Важныя, великія выгоды для жизни земледѣльца и промышленника многочисленныхъ обитателей Европейской, Азіятской и Американской Россіи, связаны въ семъ случаѣ съ выводами всеобщей Климатологіи. Учрежденіе въ С. Петербургѣ *Физической Обсерваторіи*, на которой должны заниматься повѣркою и сравненіемъ инструментовъ, выборомъ мѣстъ, астрономическое положеніе коихъ уже хорошо опредѣлено, направленіемъ магнетическихъ и метеорологическихъ наблюденій, вычетами и изданіями въ свѣтъ среднихъ выводовъ, это учрежденіе причислено будетъ отдаленнымъ потомствомъ къ числу великихъ заслугъ, оказанныхъ уже знаменитою С. Петербургскою Академіею, съ половны XVIII-го столѣтія, для физическаго познанія земнаго шара, Ботаники и Зоологіи описательной.

Находимъ, что въ Азіи, такъ какъ въ Новомъ Свѣтѣ, изотермическія линіи дѣлаются |146| мало по малу параллельны экватору, по мѣрѣ того, какъ мы вступаемъ въ жаркую зону. Сей выводъ подтвержденъ средними температурами мѣсяцевъ, извлеченными мною болѣе нежели изъ 1200 весьма точныхъ наблюденій, сообщеніемъ кохъ обязанъ я Аббату Ришене, находившемуся при иностранныхъ Миссіяхъ Франціи. Любопытно сравнить климаты Гаванны, Макао и Ріо-Янеиро. Два первыя изъ сихъ мѣстъ находятся на краю жаркой *Сѣверной* зоны, и подлѣ восточныхъ береговъ, а послѣднее на краю жаркой *Южной* зоны. Въ другомъ мѣстѣ представилъ уже я (см. Relat. hist. m. III, 305 и 374) слѣдующую табличку; но здѣсь присовокуплены мною среднія температуры трехъ самыхъ жаркихъ, и трехъ самыхъ холодныхъ мѣсяцевъ года:

	Макао	Гаваика	Р. Янеиро.
Средн. темп. года	23°,3	25°,7	23°,5
отъ Дек. до Февр	18°,2	28°,0	26°
отъ Іюня до Авг.	28°,0	28°,6	20°,3

мѣс. сам. холодный	16°,6	21°,1	19°,2
жаркій	28°,4	28°,8	27°,3

Хладотворное вліяніе образованія и положенія Азіи дѣлается еще явнѣе въ Макао и Кантонѣ, когда вѣтры западные и сѣверо-западные пробѣгаютъ по обширному материку, покрытому льдами и снѣгами; но противоположности распредѣленія тепмоты между различными временами года гораздо менѣе чувствительны въ |147| южныхъ портахъ Китая, нежели въ Пекинѣ. Въ теченіе девяти лѣтъ, съ 1806 по 1814 годъ, Аббатъ Ришене, употреблявшій превосходный термометръ à *maxima* и *minima* (de Six), рѣдко видалъ его въ Макао сходящимъ до 3°,3, но часто до 5° (100 град.). Въ Кантонѣ термометръ достигаетъ иногда почти до точки замерзанія, и при дѣйствіи лучезарности къ небу безоблачному, на террасахъ домовъ находятъ ледъ, въ мѣстахъ окруженныхъ пальмами и бананниками. Такъ и въ Бенаресѣ (шир. геогр. 25° 20′, шир. изотерм. 25°,2 сто град.) теплота часто, достигнувъ лѣтомъ 44°, нисходитъ зимою до 7°,2.

Далѣе на югъ, между тропикомъ и экваторомъ, особенно между 0° и 15° широты, среднія температуры материковой атмосферы чувствительно одинаковы въ обоихъ Свѣтахъ, Старомъ и Новомъ. Наблюденія въ Азіи, самыя точныя и новѣйшія, представляютъ слѣдующее: Бомбай 26°,7, Мадрасъ 26°,9, Пондишери 29°,6, Батавія 27°,7, Манилла 25°,6, островъ Цейланъ: Тринкономала 26°,9, Валлійскій мысъ 27°,2, Коломбо 27°,0, Кандея 25°,8.

Средняя температура собственно-экваторіальной зоны, отъ 0° до 10 и 15° широты, была чрезмѣрно преувеличена донынѣ. Она не переходитъ кажется 27°,7. Климатъ Пондишери, какъ я уже замѣтилъ прежде, не можетъ быть |148| сравниваемъ съ экваторнымъ оазисомъ Мурзука, гдѣ несчастный Риччи, и Капитанъ Лейонъ, видѣли (можетъ быть, по причинѣ песку, разсѣяннаго въ воздухѣ) стоградусный термометръ между 47° и 53°,7; онъ вовсе не характеризуетъ собою климата и сѣверной Африки[20]. Огромная масса тропиковыхъ земль находится между 18° и 28° сѣв. широты, и о сей зонѣ, благодаря учрежденію на ней столькихъ богатыхъ и торговыхъ городовъ, мы имѣемъ наиболѣе метеорологическихъ свѣдѣній. Напротивъ, четыре ближайшіе къ экватору градуса, даже донынѣ, какъ было за семдесятъ лѣтъ, можно

---

[20] Такъ Г-нъ Риппель, столь извѣстный тщательностію, прилагаемою имъ къ повѣркѣ астрономическихъ и физическихъ инструментовъ, замѣтилъ, 31-го Мая 1823 г., при совершенно покрытомъ небѣ, жестокомъ юго-западномъ вѣтрѣ, и сильномъ электрическомъ напряженіи воздуха (въ Амбуколѣ, что въ Донголѣ), стоградусный термометръ на 46°,9, когда тотъ-же инструментъ Апрѣля 6-го упалъ до 20°.

назвать terra incognita въ отношеніи положительной Климатологіи. Мы не знаемъ среднихъ температуръ года и мѣсяцевъ Великой Пары, Гваяквиля, и даже (почти стыдно признаться) Каэнны!

Если разсматривать только степень теплоты, какой достигаетъ извѣстное время года, |149| то находимъ въ сѣверной гемисферѣ *климатъ самый жаркій* подъ тропикомъ Рака, и 4 или 5° сѣвернѣе сего тропика, въ самой южной части жаркой зоны. Въ Персіи, въ Абуширѣ (Abusheer), напримѣръ, подъ 28 $1/2$° широты, средняя температура мѣсяца Іюля[21] достигаетъ 34°; между тѣмъ, какъ мѣсяцы самые знойные въ жаркой зонѣ достигаютъ въ Куманѣ 29°,2, въ Вера-Круцѣ 28°,8. На Чермномъ морѣ стоградусный термометръ замѣтили въ полдень на 44°, ночью на 34 $1/2$°. Чрезвычайный жаръ, чувствуемый въ южной части умѣренной зоны, между Египтомъ, Аравіею и Персидскимъ заливомъ, есть временное дѣйствіе непродолжительнаго періода, который протекаетъ въ сей широтѣ между двумя переходами солнца чрезъ зенитъ, медленнаго теченія свѣтила, когда оно приближается къ тропикамъ, продолжительности дней, увеличивающейся съ широтою мѣстъ, формы окрестныхъ земель, состоянія ихъ поверхности, постоянной прозрачности (diaphanité) материковаго воздуха, почти совсѣмъ чуждаго водяныхъ испареній, направленія вѣтровъ, и количества пыли (землистыхъ пылинокъ, разгорячаемыхъ лучезарностію, и натирающихъ одна дру|150|гую по своей поверхности), воздымаемой сими вѣтрами, и поддерживаемой на воздухѣ.

Характеръ *не послѣдовательнаго* климата (материковаго, преимущественно) ознаменовывается въ Азіи *предѣлами безпрерывныхъ снѣговъ*, то есть: высотою, на которой сіи предѣлы, удаленные отъ всякой движимости (oscillation), поддерживаются лѣтомъ. Въ запискѣ моей о безпрерывныхъ снѣгахъ Гиммалайскихъ горъ и экваторіальнаго предѣла (Ann. de chimie, m. XIV, стр. 22, 52), и въ первой запискѣ объ Индійскихъ горахъ (m. III, стр. 297), я уже пояснялъ причины, по коимъ въ умѣренной Азійской зонѣ, на Кавказѣ и на сѣверномъ склонѣ Гиммалаевъ, поясъ вѣчныхъ снѣговъ поддерживается на высотѣ гораздо отдаленнѣйшей отъ поверхности Океана, нежели высота подобныхъ снѣговъ, подъ тѣми-же широтами (и, прибавимъ, подъ тѣми-же изотермическими изгибами) въ Европѣ и Америкѣ. Любопытное путешествіе Г-дъ Купфера и Ленца на Эльбрузъ (Rapport fait à l'Acad. Imp. sur un voyage dans les environs du mont Elbrouz, стр. 125) подтвердило то, что заключилъ я изъ наблюденій Г-дъ Энгельгардта и Паррота, сдѣланныхъ на Казбекѣ. На первой изъ сихъ горъ Кавказскихъ (Малкскій мостъ, при Эльбрузѣ, находится подъ 43° 45′ шир.) снѣга лежатъ не

---

[21] Средняя температура цѣлаго лѣта въ Абуширѣ 32°,7, а зимы 17°,8.

ни |151| же 1,727 туазовъ; на второй (вѣроятно, по нѣкоторымъ особеннымъ причинамъ лучезарности) 1647 туазовъ. Слѣдственно: предѣлъ снѣговъ на Кавказѣ 250 – 300 туазами выше предѣла ихъ на Пиренеяхъ, находящихся въ одинаковой широтѣ. Лѣтнее согрѣтіе почвы на Тибетской плоскости, превосходящей, можетъ быть, высотою своею плоскость озера Титикака, сухость воздуха во всей центральной и сѣверной Азіи, малое количество снѣга, падающаго зимою, когда температура нисходитъ до – 12° и – 15°, наконецъ, ясность и прозрачность воздуха[22], замѣтная на сѣверномъ склонѣ Гиммалаевъ, умножающая въ одно время лучеотраженіе плоскости и передачу лучистой теплоты, почвою производимой, казались мнѣ |152| главными причинами великой разности, представляемой возвышеніемъ снѣговъ на сѣверной и на южной сторонѣ центральнаго хребта Индійскихъ горъ. По барометрическимъ измѣреніямъ Г-дъ Ледебура и Бунге, Алтай не представляетъ собою подобнаго явленія. Снѣга кажется, сходятъ тамъ, относительно широты мѣста, далѣе, нежели на Карпатѣ; но Карпаты, Альпы и Пиренеи не даютъ намъ вычетовъ рѣзкаго сравненія, и доказываютъ, что въ Европѣ даже, отъ 42 1/2° до 49 1/4° широты, мѣста, далѣе на востокъ лежащія, уравниваютъ вліяніе разстоянія ихъ отъ полюса. На Алтаѣ, въ Риддерскихъ горахъ, снѣга сохраняются въ разсѣлинахъ, между тѣмъ, какъ на Коргонской плоскости они образуютъ слои разныхъ годовъ, лежащіе одинъ на другомъ. Вотъ сравнительный учетъ:

Карпатъ (49 1/2°) 1330 m.

Пиренеи (42 1/2°–43°) 1400 m.

Альпы (45 3/4°–46°) 1370 m.

Анды, Квитскія (1°–1 1/2°) 2460 m.

Нерадосъ, въ Мексикѣ (19°, 19 1/4°) 2350 m.
|153|

Алтай (48 1/2°–51°), Риддерскія горы 920 m. (?), Коргонъ 1,100 m.

Кавказъ (42 1/2°–43°), Эльбрузъ 1730 m., Казбекъ 1650 m.

Гиммалаи (30 3/4°–31°) склонъ южн. 1950 m. сѣверн. 2600 m.

---

[22] См. письмо Англійскаго путешественника, изъ Субату, отъ 11 Дек. 1823 г. въ *Азіятск. Журналъ,* 1825, Май, перев. въ Nouv. Annal. des Voyages, m. XXVIII m. 19, 23. Ревностный и ученый Геогностъ Французскій, Г-нъ Жакемонъ, по слѣдамъ Муркрофта, Вебба и Капитана Жерара, путешествующій теперь по горамъ Гиммалайскимъ, приписываетъ также неравность возвышенія снѣговъ на сѣверной и южной покатости сихъ горъ ясности климата на Ладакской плоскости, и туманному климату, какой господствуетъ со стороны Индостана (письмо къ Г-ну Бомону, изъ Лари, 9 Сент. 1830 г.

Сіе великое отдаленіе предѣла снѣговъ въ южной части Азіи, между цѣпью Гиммалаевъ и цѣпью Коенлуна, между 31° и 36° шир., а къ N E, можетъ быть, въ широтахъ еще высшихъ, есть благодѣяніе природы. Давая болѣе обширное поприще развитію органическихъ формъ, пастушеской жизни и земледѣлія (поля, засѣянныя ячменемъ и пшеницею, находятся на плоскости Даба и Доомпо, подъ 31° 15′ с. ш., на высотѣ 2334 m., а близъ Лассура 2170 m.). Подобное только возвышеніе зоны снѣговъ, и согрѣтіе Тибетскихъ высотъ, дѣлаютъ въ Азіи обитаемыми горныя зоны, заселенныя народомъ мрачной, мистической физіогноміи, и образованія промышленнаго и религіознаго, совсѣмъ особеннаго. Но въ равноденственнымъ странахъ Америки (подъ широтою болѣе южною, отъ 25 до 30°) сіи высоты были-бы завалены снѣгами, или подвержены холоду, разрушительному для всякой обработки и всякой жизни.

Подобнымъ, хотя еще несовершенно опредѣленнымъ причинамъ можно приписать существованіе земледѣльческаго народонаселенія верхняго Перу и Боливіи, находящагося на высотахъ, превосходящихъ тѣ, кои въ сѣверной гемисферѣ, въ равномъ съ южными разстояніи отъ экватора, не представляютъ намъ никакого слѣда земледѣльческой жизни. Г-нъ Пентландъ (см. |154| Annuaire du bureau des long. pour 1830, стр. 331) измѣрилъ нижній предѣлъ снѣговъ, при переѣздѣ черезъ Анды, въ Толедскихъ Альтосахъ (16° 2′ ю.ш.), и нашелъ ихъ на 2600 m. высоты, то есть, почти на той-же высотѣ, какая открыта на сѣверномъ, или Тибетскомъ склонѣ Гиммалаевъ (30 3/4° и 31° с.ш.). Между тѣмъ, на Американскомъ-же материкѣ, по склонамъ волкановъ, или трахитическихъ вершинъ Мексики, воздымающихся съ плоскостей въ 1200 и 1400 m. высоты, подъ 19° ш. с, снѣга находятся, въ самое жаркое время года, не выше 2350 m. – Весьма замѣчательно (и за 20 лѣтъ прежде, физики не ожидали-бы подобнаго вывода), что два примѣра аномальной высоты, или, чтобы избѣжать всякихъ догматическихъ выраженій, примѣры крайней точки возвышенія предѣла снѣговъ, въ теченіе года, находятся (какъ слѣдствіе сухости воздуха, лѣтней теплоты и лучезарности плоскостей) въ Америкѣ южной подъ широтою отъ 16° до 18°, а въ Азіи, въ той части умѣренной зоны, которая приближается отъ 7° до 8° къ тропику Рака. Выше сего замѣтилъ уже я, говоря о жаркихъ климатахъ Чермнаго моря и Персидскаго залива, что конечность умѣренной зоны, ближней къ тропикамъ, опредѣлительно представляетъ (по причинамъ, изъясняемымъ *теоріею солнечнаго климата*) въ одномъ изъ временъ года, т. е. пе|155|ріодическаго годоваго движенія температуры, высшую степень теплоты, какую только можетъ производить сила и продолженіе нагрѣванія.

Я могъ-бы еще распространиться здѣсь, о преусиленіи нѣкоторыхъ воздушныхъ теченій, и порядкѣ, или направленіи, въ какомъ вѣтры оборачиваются (отъ в. и ю.), дѣлаясь западными; объ изысканіяхъ, какія учинены мною для узнанія постоянности подземныхъ льдовъ; наконецъ, о распредѣленіи теплоты въ почвѣ сѣверной Азіи, показуемомъ *температурою источниковъ*. Оно всѣхъ сихъ явленіяхъ, Г-нъ Розе собралъ, во время нашего путешествія, большое число точныхъ наблюденій. Всѣ они, весьма сложнымъ образомъ, измѣняются, смотря по широтѣ и долготѣ мѣста, глубинѣ, времени и состоянію сцѣпляемости слоевъ каменистыхъ, или земель наносныхъ. Но развитіе сихъ предметовъ, я предоставляю особенному сочиненію, и окончу нынѣшнее мое разсужденіе взглядомъ на сухость атмосферы Азійской, ибо предметомъ моимъ предположилъ я на сей разъ разные матеріялы, служащіе къ образованію всеобщей Климатологіи.

Величайшая *простота и точность исихрометрическаго снаряда* Г-на Огюста (ибо тер|156|мометры²³ сего снаряда дѣлятся десятыми градуса) заставляли меня употреблять сей снарядъ, но съ нимъ вмѣстѣ и извѣстный гигрометръ Делюка, въ путешествіи моемъ черезъ степи сѣверной Азіи, Алтай, вдоль линіи Иртышской, по Ишиму, Тоболу, и на берегахъ Каспійскаго моря. Психрометрическія наблюдеденія, съ начала Іюня до конца Октября 1829 г. (температура атмосферическая измѣнялась отъ 8°,7 до 31°,2) были всѣ дѣланы, другомъ моимъ и товарищемъ путешествія, Г-мъ Густавомъ Розе. Тридцать три изъ сихъ наблюденій, |157| публикованныя въ Гигрометрической запискѣ Г-на Огюста²⁴, показываютъ чрезвычайную сухость воздуха въ долинахъ Сибирскихъ, на западъ отъ Алтая, между Иртышемъ и Обью, когда S. О. вѣтръ долго дуетъ на сіи мѣста изъ центральной Азіи, соприкасаясь плоскостямъ, которыя не имѣютъ и 200 т. возвышенія надъ поверхностью Океана. Въ Платовской степи мы нашли *точку росы* (point de

---

²³ Между инструментами, способными къ величайшей точности, термометръ представляетъ наиболѣе разныхъ приложеній. Онъ служитъ для измѣренія теплоты, узнанія напряженности свѣта, и степени гигрометрическаго напряженія. Есть термометры барометры (приспособленные къ измѣренію высоты горъ), гигрометры и фотометры въ одно время. Путь, проложенный знаменитою Академіею *del Cimento* и физикомъ Леруа, былъ оставленъ Делюкомъ и Соссюромъ, проведшими много времени своей жизни надъ усовершенствованіемъ гигрометра изъ твердыхъ тѣлъ. Успѣшные труды Далтона даютъ теперь средство замѣнить волосяные и изъ китовыхъ усовъ гигрометры установленіемъ точки росы. На установленіи сей точки основываются гигрометры Леслія и Даніеля, а также психрометръ Г-на Огюста.

²⁴ *Объ успѣхахъ Гигрометріи въ новѣйшія времена*, записка, чит. 28-го Сентября 1828 года въ собраніи Германскихъ Естествоиспытателей.

la rosée) 4°,3 ниже точки замерзанія. Это было 5-го Августа, въ часъ по полудни; температура воздуха, въ тѣни, была 23°,7. Различіе двухъ термометровъ, сухаго и влажнаго, простиралось до 11°,7, когда въ обыкновенномъ состояніи атмосферы (гигрометръ Соссюра между 74° и 80°) сіе различіе термометровъ не переходитъ за 5° и 6°,2 (точка росы 16°,2, или 17°,5). Въ Платовской степи температура воздуха должна-бы охладиться до 28°, не показывая росы. Воздухъ между Барнауломъ и знаменитымъ Змѣиногорскимъ рудникомъ, въ зонѣ, заключенной между $51\ 1/4°$ и 53° ш., содержалъ въ себѣ, слѣдственно, $16/100$ паровъ, что соотвѣтствуетъ 28°–30° волосянаго гигрометра. Безъ |158| сомнѣнія, это величайшая сухость, какая только была донынѣ наблюдена на низменныхъ долинахъ земли. Г-нъ Эрманъ (отецъ), много занимавшійся гигрометрическими изысканіями, и употреблявшій для сего одновременно психрометръ и гигрометры Даніеля и Соссюра, видѣлъ на семъ послѣднемъ однажды, и къ великому своему изумленію (въ Берлинѣ, 20 Мая 1827 г., въ 2 часа по полудни), 42°, въ такой-же температурѣ, какая замѣчена была нами въ Платовской степи, при переѣздѣ нашемъ черезъ оную.

Я видѣлъ (и это дѣйствіе высоты довольно замѣчательно) сухость въ 40° и 42°, по гигрометру Соссюра, слѣдственно, близкую къ наблюденной Г-мъ Эрманомъ, подъ тропиками (100 град. термометръ держался въ тѣни, также въ 22°,5 и 23°,7), на плоскости, возвышенной на 1200 m., въ долинѣ Мексико, заключающей въ себѣ озера довольнаго пространства, окруженныя знойными, солепроизводящими степями. На 2635 туазахъ высоты (175 m. выше вершины Монблана), Г-нъ Ге-Люссакъ, въ знаменитомъ своемъ аэростатическомъ путешествіи, замѣтилъ гигрометръ Соссюра, при температурѣ 4°, ниспавшимъ до 25°,3, что даетъ только $2^{mm},79$ напряженія паровъ, или (поелику высшая степень была $6^{mm},5$) что |159| отношеніе къ напитанности, замѣченное въ аэростатическомъ восхожденіи при низкой температурѣ высшихъ слоевъ воздуха было $12/100$.

Если ископаемыя кости великихъ тропиковыхъ животныхъ, недавно найденныя въ золотопроизводящихъ земляхъ, на вершинѣ Урала[25], доказываютъ, что сія цѣпь горъ воздвиглась въ новѣйшую уже эпоху[26],

---

[25] Ископаемыя кости пахидермовъ издавна извѣстны въ долинахъ на востокъ и западъ отъ Урала, по берегамъ Иртыша и Камы.
[26] Сія самая мысль о воздвиженіи горъ прилагается и къ Андамъ, гдѣ въ обѣихъ гемисферахъ, на плоскостяхъ Мексиканской, Кундинамаркской (подлѣ Боготы), Квитской и Хилійской, открываютъ ископаемыя кости мастодонтовъ, на 1200 и 1500 m. высоты (см. мое *Relat. hist.* m. I, стр. 386, 414, 429, m. III, стр. 579).

то находка и сохраненіе подобныхъ ископаемыхъ, покрытыхъ мускульнымъ тѣломъ, и другими мягкими частями (въ долинахъ сѣверной Сибири, при устьѣ Лены, и на берегахъ Вилюя, подъ 72° и 64° ш.) суть также событія удивительныя. Открытія Адамся (въ 1803 г.) и Палласа (въ 1772 г.) получили новую важность, с тѣхъ поръ, какъ тщательныя изысканія во время путешествія Капитана Бичея, въ заливѣ |160| Коцебу (66° 13′ ш. 163° 25 д. в.), и важныя изслѣдованія геогностическихъ собраній въ заливѣ Эшшольца Г-мъ Буккландомъ[27], сдѣлали почти достовѣрнымъ, что въ сѣверѣ Азіи, также и въ с. з. конечности новаго материка, ископаемыя кости, безъ мускульнаго тѣла, и съ онымъ, находятся, не только въ ледяныхъ массахъ, но даже и въ наносныхъ земляхъ (diluvium), лежащихъ на третье-степенныхъ образованіяхъ многихъ тропиковыхъ, умѣренныхъ земель обоихъ Свѣтовъ. Только причина внезапнаго охлажденія, говоритъ знаменитый Естествоиспытатель[28], коему одолжены мы пре|161|восходными изысканіями о несуществующихъ уже родахъ животныхъ, могла сберечь мягкія части, и сохранить ихъ черезъ тысящелѣтія. Занимаясь, во время путешествія моего по Сибири, изысканіями, касательно подземной теплоты слоевъ, мнѣ казалось, что въ холодѣ, замѣчаемомъ въ 5-ти и 6-ти футахъ глубины, при жарахъ Сибирскаго лѣта, я видѣлъ изъясненіе сего явленія.

Когда, въ Іюлѣ и Августѣ, температура воздуха, въ полдень, была отъ 5 до 30°,7, мы нашли, между Абалацкимъ монастыремъ и Тарою (56 ¹⁰/₂, 58° m.), близъ деревень Чистовской и Бакшевой, между Омскомъ и Петропавловскомъ, на линіи Ишимскихъ казаковъ (54° 52′–54° 59′), подлѣ Шанкина и Полуденной крѣпости, въ четырехъ неглубокихъ колодцахъ, безъ всякаго остатка льдовъ на краяхъ оныхъ, + 2°,6; 2°, |162| 5;

---

[27] Бичей, Voyage to the Pacific and Beerings Strait, 1831, m. I, 257, 323, m. II, 560, 593, 612.

[28] Кювье, Ossemens Fossiles, 1821 г. m. I, стр. 203. «Все дѣлаетъ для насъ весьма вѣроятнымъ предположеніе, что слоны, отъ коихъ остались намъ ископаемыя кости, жили въ тѣхъ странахъ, гдѣ нынѣ находятъ ихъ остовы и части остововъ. Они могли исчезнуть только при такомъ переворотѣ, который погубилъ всѣхъ сего рода животныхъ въ одно время, или при такой перемѣнѣ климата, которая воспрепятствовала имъ вновь возраждаться. Какова-бы ни была сія причина, она долженствовала быть быстрою, внезапною. Если бы холодъ наступалъ постепенно и медленно, ископаемыя кости, а еще болѣе мягкія части, коими находятъ оные иногда облеченными, имѣли-бы время разрушиться, такъ, какъ бываетъ это въ странахъ жаркихъ и умѣренныхъ. Всего-же болѣе невозможно-бъ было цѣлому трупу, какой найденъ Г-мъ Адамсомъ, сохранить свою кожу, и съ шерстью, безъ поврежденія, если-бы не обхватилъ его внезапно ледъ, въ которомъ онъ пролежалъ до нашего времени. Такимъ образомъ, всѣ предположенія о постепенномъ охлажденіи земли, или перемѣнѣ въ наклоненіи земной оси, уничтожаются сами собою.

1°,5; 1°,4, стоград. Сіи наблюденія сдѣланы были подъ широтою сѣверной Англіи и Шотландіи, и сія температура Сибирской почвы сохраняется и среди зимы. Г-нъ Адольфъ Эрманъ нашелъ между Томскомъ и Красноярскомъ, по дорогѣ изъ Тобольска въ Иркутскъ, подъ широтою 56° и 56 $^{10}/_2$, источники съ температурою + 0°,7 и 3°,8, когда атмосфера была охлаждена до 24°,2 ниже нуля. Нѣсколько градусовъ далѣе къ сѣверу, на горахъ мало-возвышенныхъ (59° 44′ ш., гдѣ средняя температура года едва – 1°,4), и на степяхъ за 62° широты, земля остается замерзшею на 12 и 15 футовой глубинѣ. Надѣюсь, что по изысканіямъ, какія обѣщали мнѣ сдѣлать, въ разные лѣтніе мѣсяца, въ Березовѣ и Обдорскѣ, близъ полярнаго круга, мы вскорѣ узнаемъ, какова въ сѣверѣ измѣняемая толща ледянаго слоя, или, лучше сказать, влажной, замерзшей земли, проникнутой ледяными жилками, и заключающей въ себѣ купы кристалловъ отвердѣлой воды, подобныя порфироиднымъ кускамъ. Въ Богословскѣ, гдѣ ученый начальникъ горныхъ заводовъ, Г-нъ Бегеръ, по моей просьбѣ, приказалъ копать колодецъ въ шурфяной почвѣ, мало осѣненной деревьями, мы нашли, среди лѣта, въ 6-ти футовой глубинѣ слой замерзшей земли, толщиною болѣе 9 $^1/_2$ футовъ. Въ Якутскѣ еще на 4 $^{10}/_2$ южнѣе полярнаго круга, подземный ледъ есть |163| явленіе всеобщее и безпрерывное, не смотря на высокую температуру воздуха въ Іюлѣ и Августѣ. Можно понять, какимъ образомъ отъ 62° до 72° широты, отъ Якутска до устья Лены, толщина слоя замерзшей земли должна увеличиваться, и весьма быстро.

Тигры, совершенно похожіе на тигровъ великихъ Индій[29], показываются еще и нынѣ, отъ времени до времени, въ Сибири, подъ широтою Берлина и Гамбурга. Безъ сомнѣнія, они живутъ на сѣверъ отъ Небесныхъ горъ, и отсюда дѣлаютъ набѣги до западнаго уклона Алтайскаго, между Бухтарминскомъ, Барнауломъ, и знаменитымъ рудникомъ золотопроизводящаго серебра, Змѣиногорскимъ, гдѣ убивали ихъ многихъ, необыкновенной величины. Сіе явленіе, заслуживающее все вниманіе зоологовъ, соединяется съ другими, весьма важными для Геологіи. Животные, коихъ нынѣ почитаемъ мы обитателями жаркой зоны, и литофическіе кораллы, существовали прежде (геологическіе фак|164|ты подтверждаютъ это), такъ-же, какъ пальмы, папоротниковыя и бамбуковыя растенія, на сѣверѣ древняго материка. Сіе было, вѣроятно, подъ вліяніемъ внутренней теплоты земнаго шара, сооб-

---

[29] Товарищъ моего путешествія, Г-нъ Эренбергъ, издалъ уже любопытныя изъясненія о сихъ тиграхъ сѣверной Азіи, и долговолосыхъ пардахъ, живущихъ отъ Кашгара до средины теченія Лены. См. Annales des sciences nat. m. XXI, стр. 387, 412.

щавшейся, черезъ трещины окисленной корки его съ атмосферическимъ воздухомъ самыхъ сѣверныхъ странъ. Мнѣ всегда казалось[30], что изслѣдывая древнія перемѣны климатовъ, геологи не должны отдѣлять явленія односѣмѣнодольныхъ произрастѣній (monocotylédones arborescentes), лишенныхъ коры и прибавочныхъ органовъ, которые зимній холодъ безъ опасности отрываетъ у нашихъ двуполовинчатыхъ растеній (arbres dicotylédons), отъ явленія огромныхъ ископаемыхъ пахидермовъ. Понятно, какъ, по мѣрѣ охлажденія атмосферы |165| (отъ уменьшавшагося дѣйствія внутренности земнаго шара на внѣшнюю корку его, ибо трещины наполнялись твердыми матеріями и каменными вставками, когда распредѣленіе климатовъ сдѣлалось зависящимъ единственно отъ неравности солнечной лучезарности), породы растеній и животныхъ, требовавшія по организаціи своей болѣе возвышенной равности температуръ, мало по малу истребились.

Изъ животныхъ нѣкоторыя, породъ сильнѣйшихъ, безъ сомнѣнія, удалились на югъ, и жили еще нѣсколько времени въ странахъ ближайшихъ къ тропику. Изъ видовъ, или различій (каковы: львы древней Греціи, Царскій тигръ Дзюнгаріи, красивый, долгошерстный пардъ Сибирскій, или ирбизъ), нѣкоторые ушли не столь далеко. По организаціи своей, и по дѣйствію привычки, они обжились въ срединѣ умѣренной зоны, и даже (мнѣніе Г-на Кювье, относительно грубоволосыхъ пахидермовъ) въ странахъ самыхъ сѣверныхъ. Такимъ образомъ, если во время послѣднихъ переворотовъ, испытанныхъ поверхностью нашей планеты (напримѣръ, при воздвиженіи новой цѣпи горъ) во время Сибирскаго лѣта, слоны, съ нижними, болѣе округлыми челюстями, съ коренными зубами, болѣе узкими и менѣе угловато-полосатыми, носороги двурогіе, отличные отъ Суматрскихъ и |166| Африканскихъ, убѣжали на берега Вилюя и къ устью Лены, ихъ трупы могли найдти, во всякое время года, въ глубинѣ нѣсколькихъ футовъ, толстые слои замерзлой земли, способные предохранить ихъ отъ истлѣнія. Легкія потрясенія, растреснутіе земли, перемѣны въ состояніи поверхности, менѣе важныя перемѣнъ въ наше время бывшихъ на Квитской плоскости, или въ Индійскомъ архипелагѣ, могли быть причиною сохра-

---

[30] См. *Записки Берлинской Академіи*, на 1822 годъ, стр. 151, и мои Tableaux de la Nat. (2-е изд.), т. II, стр. 188. Съ особеннымъ удовольствіемъ замѣтилъ я, что Г-нъ Букландъ, передавшій намъ столько любопытныхъ подробностей, касательно жизни и свойствъ допотопныхъ животныхъ, утверждаетъ также необходимую связь между существованіемъ, или, лучше сказать, отношеніями мѣстности, долженствующей быть между литофитическими кораллами, односѣмѣнодольными растеніями, морскими черепахами (Chelonia) и ископаемыми мастодонтами холодныхъ странъ (*Бичей*, II, 611).

ненія мускульныхъ, или волокнистыхъ частей у сихъ слоновъ и носороговъ. По всему этому, внезапное охлажденіе земнаго шара не кажется мнѣ выводомъ во всякомъ случаѣ необходимымъ. Не должно забывать, что Царскій тигръ, котораго привыкли мы называть животнымъ жаркой зоны, и нынѣ еще живетъ въ Азіи, отъ оконечностей Индостана до Тарбагатая, верхняго Иртыша и Киргизской степи, на пространствѣ 40° въ широту, и что, отъ времени до времени, лѣтомъ, онъ забѣгаетъ на сто миль ближе къ сѣверу[31]. Звѣри, забѣжавшіе въ сѣверо-восточную Сибирь до 62° и 65° ш., могли, вслѣдствіе осѣдовъ, или другихъ весьма обыкновенныхъ обстоятельствъ, |167| представить собою, при нынѣшнемъ положеніи Азійскихъ климатовъ, феноменъ уцѣленія, какой представляютъ маммутъ Г-на Адамса и носорогъ Вилюйскій. Я почелъ долгомъ подвергнуть суду геологовъ и естествоиспытателей мои замѣчанія о температурѣ почвы въ сѣверѣ Азіи, и географическомъ распредѣленіи сильнаго плотояднаго звѣря (Царскаго тигра) отъ экваторіальной зоны до широты сѣверной Германіи. Смѣю ласкать себя надеждою, что въ изложеніи мыслей моихъ не смѣшаютъ принадлежащаго къ вѣроятнымъ предположеніямъ, съ выводами, относящимися къ нумерическимъ основаніямъ Климатологіи, способнымъ быть возведенными до величайшей точности и высшей степени достовѣрности.

---

[31] Дабы доказать продолженіе обитаемости Царскаго тигра на полосѣ земли, простирающейся, къ сѣверу отъ юга, болѣе нежели на 1000 миль, я присовокуплю еще къ странамъ между Алтаемъ и Небесными горами, означеннымъ въ Зоологической Запискѣ Г-на Эренберга, болота, покрытыя высокимъ тростникомъ въ окрестностяхъ города Шаяра (подъ широтою Константинополя и сѣвера Испаніи) въ Малой Бухаріи. Здѣсь живутъ тигры, весьма свирѣпые.

О причинахъ измѣненій въ линеяхъ равной годичной теплоты[*]

Если бы поверхность планеты имѣла вездѣ одну кривизну; если бы самая планета состояла изъ одной жидкой массы, или изъ однородныхъ каменистыхъ слоевъ, одинаковаго цвѣта и одинаковой плотности, равно поглощающихъ лучи солнца и равно испускающихъ теплоту въ атмосферу или (безъ атмосферы) въ небесное пространство; тогда линеи равной годичной теплоты *(изотермическія)*, линеи равной лѣтней теплоты *(изотерическія)* и линеи равной зимней теплоты *(изохименныя)* были бы всѣ параллельны экватору. Раздѣленіе теплоты на таковой ровной и однородной, жидкой или твердой поверхности, зависѣло бы только отъ географическихъ широтъ, отъ разности высотъ солнцестоянія и отъ воздушныхъ потоковъ въ атмосферѣ, происходя|412|щихъ отъ неравнаго нагрѣванія поверхности при экваторѣ и полюсахъ, отъ различнаго склоненія солнца и отъ вліянія вращенія земли на скорость частицъ воздуха; наконецъ раздѣленіе это зависѣло бы еще отъ весьма продолжительнаго вліянія остыванія внутренней части планеты на температуру ея наружной коры.

Таковымъ общимъ разсмотрѣніемъ, которое имѣетъ болѣе важности, нежели то можетъ казаться, должно начинать теоретическую *климатологію*. Въ настоящемъ состояніи поверхности нашей планеты и окружающей ея атмосферы, линеи *изотермическія* сохранили свой параллелизмъ только близь жаркаго пояса, и изгибы этихъ кривыхъ линей суть слѣдствіе вліянія *возмущеній различныхъ порядковъ*, которыя дѣйствуютъ тѣмъ сильнѣе, чѣмъ общирнѣе поверхность, на которой они совершаются.

Для опредѣленія совокупнаго дѣйствія сихъ возмущающихъ причинъ, которыя нарушаютъ параллелизмъ линей равной теплоты и положеніе ихъ *вогнутыхъ* и *выпуклыхъ вершинъ*, должно разсматривать отдѣльно каждую причину, и опредѣлить родъ и степень ея дѣйствій, постоянныхъ и измѣняющихся вмѣстѣ |413| съ склоненіемъ согрѣвающаго свѣтила. Такое изысканіе подаетъ средство раздѣлить возмущенія на различные порядки, и показываетъ, что послѣ мѣстнаго возвышенія почвы надъ уровнемъ моря, причина, производящая наиболь-

---

[*] In: *Učenyja zapiski Moskovskago Imperatorskago universiteta* 7:9 (März 1835), S. 411–439; 8:10 (April 1835), S. 47–72; 8:11 (Mai 1835), S. 223–253; 8:12 (Juni 1835), S. 403–433.

шее влiянiе на измѣненiе температуры странъ, лежащихъ подъ одинаковою географическою широтою, есть относительное положенiе морей и твердыхъ земель, т. е. частей земной поверхности жидкихъ и прозрачныхъ, или твердыхъ и непрозрачныхъ, которыя различаются между собою своими поглощающими и испускающими способностями, или количествомъ поглощаемаго ими свѣта, степенью теплоты, какую онѣ производятъ и распредѣляютъ внутри себя, и замѣтными потерями, происходящими отъ испусканiя лучеобразной теплоты. Сiи отношенiя пространства и очертанiя между твердыми массами материка и жидкими Океана наиболѣе изгибаютъ линеи равной теплоты, не только по причинѣ измѣненiя, производимаго ими въ мѣстной температурѣ, но также и по влiянiю своему на атмосферическiе потоки, которые перемѣшивая температуры различныхъ климатовъ, въ поясѣ среднихъ широтъ смягчаютъ зимнюю температуру всѣхъ западныхъ береговъ обоихъ полу|414|шарiй, посредствомъ западныхъ вѣтровъ, противоположныхъ вѣтрамъ пасатнымъ.

Главнѣйшую изъ всѣхъ причинъ, нарушающихъ параллелизмъ линей равной теплоты, составляютъ пространство и форма материковъ, ихъ протяженiе и съуживанiе по разнымъ направленiямъ. Въ сихъ предварительныхъ соображенiяхъ мы вовсе не принимаемъ въ расчетъ неровности земли, направленiй горныхъ хребтовъ, состоянiе поверхности почвы, голой и каменистой, или то покрытой песками пустынь и травами степей, то осѣняемой лѣсами, в коихъ древесные листья понижаютъ, подобно весьма тонкимъ пластинкамъ, температуру окружающаго воздуха своею лучеобразностiю. Исчисленныя обстоятельства относятся къ возмущающимъ причинамъ другаго порядка, втораго или третьяго. Климатъ каждаго мѣста наиболѣе зависитъ отъ очертанiя той части материка, которая его окружаетъ, отъ отношенiй, общихъ для обширнаго пояса земли. Сiи главныя причины измѣняются мѣстами отъ направленiя сосѣдственныхъ горъ (останавливающихъ вѣтры), отъ состоянiя поверхности почвы безплодной, болотистой или лѣсистой. Физика земнаго шара есть наука только еще рождающаяся, и естественно, что |415| говоря о такъ называемомъ различiи Географическихъ и Физическихъ климатовъ (что правильнѣе надлежало бы называть уклоненiями отъ того типа, который представляла бы намъ однородная поверхность равной кривизны), обращаютъ вниманiе на мѣстныя маловажныя причины прежде, чѣмъ на возмущающiя причины высшаго порядка. Впрочемъ этотъ способъ разсматриванiя климатовъ былъ переданъ намъ тѣмъ знаменитымъ народомъ (Греками), коего земля, изрѣзанная заливами и морскими рукавами, раздробленная на углубленiя отраслями горъ, имѣющая, такъ сказать, *суставчатое* устроеніе, представляла на небольшомъ пространствѣ, при положеніи столь благопріятномъ для развитія просвѣщенія человѣческаго рода, удивительное разнообразіе климатовъ, и, подобно Египту, скрывала подъ вліяніемъ причинъ мѣстныхъ причины дѣйствующія въ цѣломъ поясѣ, на юго-восточной оконечности Средиземнаго моря.

Въ обширнѣйшемъ своемъ значеніи, слово *климатъ* обнимаетъ всѣ измѣненія *атмосферы*, которыя ощутительно могутъ дѣйствовать на органы наши; таковы суть: *температура, сырость*, измѣненія *барометрическихъ давленій*, спокойствіе воздуха или дѣйствія различныхъ *вѣтровъ*, степень или количество *электриче|416|скаго напряженія, чистота атмосферы* или *смѣси ея съ газообразными испареніями*, болѣе или менѣе вредными, наконецъ степень обыкновенной *прозрачности*, этой ясности неба, столь важной по вліянію своему не только на истеченіе лучеобразной *теплоты* изъ почвы, на развитіе орудныхъ *тканей* въ *растеніяхъ*, и *созрѣваніе плодовъ*, но также и на совокупность нравственныхъ ощущеній, которыя чувствуетъ человѣкъ въ различныхъ поясахъ. Мы ограничиваемся здѣсь указаніемъ на одно только оптическое вліяніе атмосферы – *пропусканіе* свѣта. Другія же относятся или къ количеству поляризованнаго свѣта, содержащагося въ атмосферѣ, которое измѣняется смотря по тому, сколько находится въ ней паровыхъ пузырьковъ, къ лучамъ, кои выходя изъ одного общаго источника съ неравною скоростію, уничтожаются въ узлахъ (interférence) и дѣлаются неспособными къ произведенію химическихъ дѣйствій[1]. Вліяніе этихъ измѣненій на наши органы, можетъ |417| быть, и незначительно; но до сихъ поръ оно было столь же мало замѣчено, какъ и вліяніе напряженности магнитныхъ силъ, измѣняющейся вмѣстѣ съ широтами, съ уменьшеніемъ и возрастаніемъ теплоты въ теченіе дня, и съ возмущеніями сѣвернаго сіянія.

Важнѣйшая изъ многочисленныхъ и частію неизвѣстныхъ причинъ, отъ коихъ зависитъ разнообразіе климатовъ, состоитъ въ измѣненіи температуръ, которымъ подлежитъ человѣкъ въ различныхъ частяхъ земнаго шара. Посему перемѣна климата на обыкновенномъ языкѣ означаетъ перемѣну въ привычномъ ощущеніи атмосферическаго холода и тепла. Предлагаемыя здѣсь соображенія извлечены изъ моего *Опыта* (еще неизданнаго) *Физики міра*, и относятся только къ разсмотрѣнію *полнаго дѣйствія теплоты*.

---

[1] См. остроумные опыты *Араго* надъ хлористымъ серебромъ, которое было выставлено въ черныхъ полосахъ, происходящихъ въ явленіи узловъ. Annales de Physique et de Chimie, Томъ I, стр. 199.

Разобрать дѣйствіе столь сложное, значитъ исчислить, измѣрить причины, и опредѣлить, такъ сказать, *вѣсъ каждой причины*, возмутившей первоначальный параллелизмъ линей изотермическихъ. Чтобы нѣсколько объяснить явленіе распредѣленія теплоты на земномъ шарѣ, зависящее отъ совокупнаго дѣйствія столь многихъ частныхъ причинъ, надлежитъ (сколько то позволяетъ намъ настоящее состояніе нашихъ свѣдѣній въ физи|418|ческой Географіи) разобрать явленія въ наибольшей ихъ общности, опредѣлить ихъ точнѣйшимъ образомъ, и приводить примѣры только тамъ, гдѣ ясность предмета необходимо того требуетъ.

Мы напомнили выше, что если бы земля была сфероидомъ однородной массы, то на поверхности ея, также однородной, жидкой или твердой, всѣ *линеи изотермическія* были бы параллельны экватору; ибо способности, *поглощающія и испускающія* свѣтъ и теплоту, были бы, при равныхъ широтахъ, вездѣ одинаковы. Съ таковаго средняго и первобытнаго состоянія, которое не исключаетъ потоковъ теплоты во внутренности и въ оболочкѣ сфероида, или переноса тепла посредствомъ воздушныхъ потоковъ (если впрочемъ захотятъ допустить атмосферу около планеты), начинается теорія математическая. Она опредѣляетъ на ровной поверхности, неимѣющей ни углубленій, ни цѣпей горъ, относительное разстояніе линей равной теплоты на *n, 2n, 3n,..* градусовъ отъ экватора; эти разстоянія не были бы одинаковы по обѣимъ сторонамъ экватора для *соотвѣтствующихъ* (одноименныхъ) линей равной теплоты; ибо южное полушаріе теряетъ болѣе своей теплоты; зима на немъ продолжительнѣе. |419|

Все, что измѣняетъ поглощающія и испускающія способности на нѣкоторыхъ частяхъ поверхности, находящихся подъ одною и тою же параллелью, производитъ изгибы въ линеяхъ равной теплоты. Свойство сихъ изгибовъ, уголъ, подъ которымъ линеи равной теплоты пересѣкаютъ параллели экватора, положеніе ихъ вогнутыхъ или выпуклъ вершинъ относительно полюса одноименнаго полушарія, суть слѣдствія *охлаждающихъ или теплотворныхъ причинъ*, дѣйствующихъ не одинаково на различныхъ географическихъ долготахъ. Обстоятельное познаніе сихъ возмущающихъ причинъ, ихъ *вѣса* или относительной значительности, вмѣстѣ съ разсмотрѣніемъ карты, которая представляла бы съ точностію состояніе поверхности планеты, не одинаково вездѣ поглощающей и испускающей теплоту, дало бы средство опредѣлить приближеннымъ образомъ направленіе, сторону изгиба и количество движенія линеи изотермической тамъ, гдѣ слѣдъ ея не былъ еще опредѣленъ наблюденіями надъ среднею температурою. Подобный же способъ, основанный на разсмотрѣніи охлаждающихъ и теплотворныхъ причинъ и на опредѣленіи ихъ относительной значительности, можетъ быть приложенъ къ изслѣдованію кривыхъ линій равной лѣтней и равной зимней |420| теплоты, т. е. къ объясненію распредѣленія одного и того же количества годовой теплоты между различными временами года.

Сіе распредѣленіе весьма различно на островахъ и внутри большаго материка; но оно представляетъ на каждой кривой линіи равной теплоты отступленія отъ общаго типа, колебанія, заключающіяся въ тѣсныхъ предѣлахъ. Раздѣленіе между зимнею и лѣтнею теплотою совершается въ постоянныхъ отношеніяхъ, и вездѣ, гдѣ средняя температура года простирается до $9°\,^{1}/_{2}$ или $10°$ по стоград. терм., мы не найдемъ въ Европѣ средней температуры зимы ниже нуля. Достаточно показать въ наибольшей всеобщности, что предположивъ первоначально линіи[2] равной годичной, равной лѣтней и равной зимней[3] теплоты параллельными съ экваторомъ и между собою, можно слѣдовать разсужденіемъ за дѣйствіемъ возмущающихъ причинъ, которыя всѣ приводятся |421| къ разнородности относительно способностей поглощающихъ и испускающихъ теплоту, и которыя опредѣляютъ собою уклоненія отъ параллелизма, свойство изгибовъ, положеніе выпуклыхъ и вогнутыхъ вершинъ кривыхъ линій равной теплоты годичной, лѣтней и зимней. Безъ всякаго притязанія на математическую точность, можно себѣ припомнить, что предлагаемый мною путь къ усовершенствованію познанія эмпирическихъ законовъ, по коимъ распредѣляется теплота на земной поверхности, и состоящій въ отдѣльномъ изслѣдованіи каждой изъ *причинъ возмущающихъ первобытную форму* кривыхъ линій равной теплоты, сходенъ съ способомъ, употребляемымъ Астрономами для постепеннаго исправленія средняго мѣста планеты отъ погрѣшностей, производимыхъ неравенствами ея движенія. Считаю почти излишнимъ напомнить, что я употребляю здѣсь слова: *первобытная форма, нормальное состояніе*, единственно для означенія перваго положенія, съ котораго должно начинать теоретическія представленія, и *средняго состоянія* параллелизма кривыхъ линій теплоты относительно экватора, отнюдь не предполагая, чтобы однородность поверхности и внутренности земнаго сфероида долженствовала быть первобытнымъ состояніемъ |422| планеты или туманнаго планетнаго пятна, подлежащаго сгущенію.

---

[2] Сіи линіи столь же должны быть отличаемы одна отъ другой, какъ линіи равнаго магнитнаго уклоненія, равнаго магнитнаго наклоненія и равной магнитной напряженности.

[3] См. мою статью о распредѣленіи теплоты на земномъ шарѣ въ Mémories de la Societé d'Arcueil. T. III, стр. 529.

Явленія природы представляютъ по большей части двѣ различныя стороны, изъ коихъ одна подлежитъ точному вычисленію, а другая опредѣляется только посредствомъ аналогіи и наведеній. Такимъ образомъ математическая теорія распредѣленія теплоты можетъ показать связь явленій, представляемыхъ возрастаніемъ температуры во внутренности земнаго шара соотвѣтственно глубинамъ, потерю теплоты, происходящей отъ испусканія оной поверхностію, предполагаемой однородною; такимъ же образомъ она можетъ слѣдовать за изгибами слоевъ равной земной теплоты (*геоизотермическихъ*) тамъ, гдѣ по причинѣ плоскихъ возвышенностей, а не утесовъ и скалъ, они находятся на неравныхъ разстояніяхъ отъ центра земли. Геометры могутъ находить аналитическія выраженія кривыхъ линій, которыя представляютъ измѣненія температуры съ часу на часъ, въ различныя времена года и подъ разными широтами, предполагая, что сіи правильныя измѣненія, на поверхности, гдѣ поглощающая и испускающая способности постоянны, зависятъ только отъ высоты солнца, отъ угла паденія лучей, отъ продолжительности ихъ дѣйствія, смотря по величинѣ полу|423|суточныхъ круговъ, отъ вліянія испусканія лучеобразной теплоты поверхностію, предполагая ее однородною, жидкою или твердою; но въ этомъ лабиринтѣ возмущающихъ причинъ, кои дѣйствуя совмѣстно, производятъ различія въ дѣйствіяхъ на двухъ частяхъ земной поверхности, лежащихъ подъ одною и тою же географическою параллелью, Физики должны сличить результаты математической теоріи съ тщательно собранными фактами; они должны измѣрить при мѣстныхъ обстоятельствахъ, выбранныхъ съ выгодою, и подъ вліяніемъ причинъ, совершенно противоположныхъ (на берегахъ восточныхъ и западныхъ, на островахъ и внутри материковъ, въ тѣни дремучихъ лѣсовъ и на равнинахъ, покрытыхъ зеленью, среди болотъ или неглубокихъ озеръ и въ странахъ безплодныхъ), *полное дѣйствіе*, то есть среднія температуры года: весны, лѣта, осени, зимы, различныхъ часовъ дня, наконецъ *наибольшія* и *наименьшія* температуры сутокъ; они должны опредѣлить положеніе вершины или высшей точки кривой линеи годовой температуры относительно обоихъ солнцестояній; они должны отличить, посредствомъ сравненія *числовыхъ элементовъ*, собранныхъ подъ одинаковыми широтами, при вліяніи противоположныхъ обстоятельствъ, какое вліяніе |424| имѣетъ на *полное дѣйствіе* каждая изъ возмущающихъ причинъ. Физики должны опредѣлить опытнымъ путемъ, не говорю точную величину частныхъ вліяній, но по крайней мѣрѣ *количества*, служащія предѣлами, между коими заключаются колебанія дѣйствій, производимыхъ каждымъ вліяніемъ на змѣненіе среднихъ температуръ года: зимы и лѣта.

Въ теченіе послѣдняго полувѣка собрано въ различныхъ климатахъ множество наблюденій надъ температурою; но законы, которымъ эти наблюденія служатъ вѣрнымъ выраженіемъ, не были открыты: они обнаружатся лишь тогда, когда факты будутъ размѣщены по теоретическимъ разсмотрѣніямъ. Чтобы успѣшно отыскивать законы, надлежитъ здѣсь, также какъ и при рѣшеніи всѣхъ вопросовъ Физики, Химіи, Географіи растеній и Геологіи наложенія слоевъ, отдѣлять дѣйствіе каждой причины, переходить постепенно отъ простыхъ явленій къ дѣйствіямъ силъ противоположныхъ. Тамъ, гдѣ въ задачахъ Натуральной Философіи, стеченіе множества перемѣнныхъ причинъ, не ясно между собою разграниченныхъ, ускользаетъ отъ анализа, можно еще, соединяя въ группы частныя наблюденія и отыскивая *эмпирическіе законы*, такъ какъ они обна|425|руживаются намъ изъ особеннаго расположенія *среднихъ результатовъ*, подражать до нѣкоторой степени строгому способу Геометровъ, не добиваясь впрочемъ такой точности, какой сложность явленій не позволяетъ намъ достигнуть.

Новые труды Г. Шува доставили намъ числовые элементы часовыхъ измѣненій температуры для трехъ мѣстъ: Падуи, Лейта и Апенрада, находящихся между параллелями 45° и 56°; эти элементы основаны на 28000 частныхъ наблюденій, тщательно собранныхъ Гг. Тоалдо, Кимикелло, Бревстеромъ и Неуберомъ. Равенство постепеннаго увеличиванія и уменьшенія теплоты, въ столь обширномъ поясѣ, весьма примѣчательно. Теперь уже извѣстны коеффиціенты, помощію коихъ можно между вышеозначенными параллелями приводить среднюю температуру каждаго часа, дня и ночи, къ средней температурѣ мѣсяцевъ или цѣлаго года, выведенной изъ совокупности часовыхъ наблюденій. Таковая возможность точнаго приведенія весьма драгоцѣнна въ практикѣ, когда наблюдатель не можетъ замѣчать состоянія термометра въ часы *наибольшей* и *наименьшей* температуры дня. Среднія результаты, извлеченные изъ большой массы наблюденій (какъ на прим. 28000 для |426| Падуи, Лейта и Апенрада), столь важны, что не смотря на то, что въ означенныхъ трехъ мѣстахъ Ломбардіи, Шотландіи и Даніи, разность вразсужденіи временъ, въ которыя температура утромъ и вечеромъ, представляетъ въ точности температуру года, простирается до цѣлаго часа, мы находимъ, что вездѣ эпоха утренняя отстоитъ отъ эпохи вечерней почти одинаково, такъ что различія не превышаютъ трехъ минутъ. Дополуденныя и послѣполуденныя эпохи, въ которыя надлежитъ наблюдать, чтобы получить, изъ средняго результата одного часа, среднюю температуру года, отстоятъ одна отъ другой въ Падуѣ на 11 ч. 14′; въ Лейтѣ на 11 ч. 12′; въ Апенрадѣ на 11 ч. 11′.

Другой числовой результатъ, открытіемъ коего мы обязаны Г. Бревстеру, подтверждающійся 12000 часовыми наблюденіями, сдѣланными въ Падуѣ и 8700 часовыми наблюденіями, сдѣланными въ Лейтѣ, заключается въ томъ, что полусумма среднихъ температуръ двухъ одноименныхъ часовъ равняется, съ точностію одного градуса, по стоградусному термометру, средней температурѣ цѣлаго года. Въ Шотландіи эта разность простирается только до 0,2°. Съ перваго взгляда общность этого закона поражаетъ насъ. Раз|427|стоянія одноименныхъ часовъ отъ часа *наибольшей* температуры дня весьма различны, и часы равной температуры (котоые можно бы было называть, по аналогіи съ способомъ выраженія астрономовъ при опредѣленіи истиннаго времени, *соотвѣтствующими термометрическими высотами*) показываютъ для каждаго мѣста эпоху, весьма различную отъ времени наибольшей температуры. Дабы полусумма ординатъ одинаковаго часоваго наименованія, то есть, ординатъ кривой линеи суточной температуры, принадлежащихъ одноименнымъ часамъ, была чувствительно равна средней изъ всѣхъ ординатъ, или (въ предположеніи не довольно точномъ, но допускаемомъ въ практикѣ, что ординаты составляютъ собоюариѳметическую прогрессію) полусуммѣ двухъ ординатъ, наименьшей и наибольшей; надлежитъ, чтобы между 45° и 56° широты, или, не выходя изъ предѣловъ наблюденій, въ трехъ упомянутыхъ мѣстахъ, гдѣ собрано столь великое множество наблюденій, производившихся черезъ каждый часъ, *кривыя линеи суточной температуры* представляли замѣчательное соотвѣтствіе въ расположеніи частей, лежащихъ по обѣимъ сторонамъ вершины. |428|

Переходя отъ періодическихъ дѣйствій суточной температуры къ измѣненіямъ среднихъ температуръ мѣсяцевъ. мы найдемъ весьма различное отношеніе между ординатами, находящимися на равныхъ разстояніяхъ отъ ординаты наибольшей. Изъ трудныхъ и полезныхъ вычисленій Г. Бувара, основанныхъ на наблюденіяхъ, которыя были производимы въ Парижѣ въ продолженіе 20 лѣтъ, слѣдуетъ, что наибольшія и наименьшія въ году температуры соотвѣтствуютъ 15 Іюля и 14 Января, и посему отстоятъ другъ отъ друга (не считая одного дня) на 6 мѣсяцевъ. Каждая изъ сихъ эпохъ слѣдуетъ за солнцестояніемъ, лѣтнимъ и зимнимъ, черезъ 25 сутокъ. Замѣтимъ при этомъ случаѣ, что возрастанія и уменьшенія температуры столь симметричны, что не только Мартъ и Ноябрь, два мѣсяца, равно отстоящіе отъ Іюля и имѣющіе наибольшую температуру въ 18°,61, представляютъ оба почти одинаковую средню температуру (6°,48 и 6,78°); но что даже температура одного дня изъ первыхъ десяти сутокъ Марта (5 числа) совершенно равна температурѣ одного дня изъ послѣднихъ десяти сутокъ Ноября (24 числа). Разстояніе означенныхъ двухъ дней относительно вершины кривой линеи (15 Іюля) составляетъ съ каж|429|дой стороны 132 дня. И такъ вотъ *соотвѣтствующія высоты термометра*, и полусумма сихъ эпохъ даетъ эпоху наибольшей теплоты, или верхнюю точку кривой, изображающей температуры всѣхъ дней года; это доказываетъ (припоминая теорему о полусуммѣ одноименныхъ часовъ), что небольшіе періодическіе суточные изгибы сей кривой линеи весьма различны отъ изгиба цѣлой кривой линеи. Если мы имѣемъ для одного мѣста (на примѣръ для Лейта или Падуи) 24 × 365 или 8760 часовыхъ наблюденій, то можно употреблять ихъ трояким образомъ: 1) проводя годичную кривую линею чрезъ 8760 ординатъ, такъ что она принимаетъ видъ линеи извивистой; 2) описывая кривую линею *средняго дня* чрезъ концы 24 часовыхъ ординатъ, изъ коихъ каждая есть средняя въ числѣ 365 одноименныхъ ординатъ; 3) проводя годичную кривую линею такъ, чтобы періодическіе суточные изгибы уничтожались употребленіемъ 365 ординатъ средней суточной температуры, или 12 ординатъ мѣсяцевъ. Такъ какъ температура среднихъ сутокъ въ году составляется изъ температуръ всѣхъ одноименныхъ часовъ года; то средняя ордината каждой изъ сихъ трехъ кривыхъ имѣетъ такую же величину, какъ и средняя температура года. Площади сихъ трехъ |430| кривыхъ линей между собою равны. *Воображаемыя или средния сутки* представляютъ, такъ сказать, въ своихъ четырехъ раздѣленіяхъ, времена года; они имѣютъ свою утреннюю весну, свое лѣто, раздѣленное на двѣ равныя части эпохою наибольшей температуры, свою осень и свою ночную зиму. Подобно тому какъ мѣсяцы Апрѣль и Ноябрь представляютъ собою среднюю температуру года: такъ 9 ч. утра и 8 ч. вечера почти представляютъ среднюю температуру дня. Но сіи аналогіи, распространенныя нѣкоторыми Физиками на видъ неба и облаковъ, на гигрометрическое и электрическое состояніе воздуха, не удовлетворяютъ строгому изслѣдованію въ математическихъ отношеніяхъ: онѣ не могутъ быть приложены къ свойствамъ двухъ кривыхъ линей средняго года и средняго дня. Въ первой изъ нихъ кривизна частей, равно отстоящихъ[4] |431| отъ вершины чувствительно одинакова; но во второй кривизна эта бываетъ весьма различна.

---

[4] Правильность распредѣленія теплоты между различными частями года (которая обнаруживается изъ наблюденій, собранныхъ въ продолженіе 10, 15 или 20 лѣтъ), столь разительна, что дни, представляющіе среднія температуры года, соотвѣтствуютъ

въ Будѣ,	18 Апрѣля	и 20 Октября,
въ Миланѣ,	13	и 21
въ Парижѣ,	22	и 20.

Я отличилъ въ этомъ краткомъ изложеніи задачь, относящихся къ распредѣленію теплоты на земномъ шарѣ, какъ тѣ величины, которыя могутъ быть опредѣлены помощію анализа, такъ и тѣ, которыя, не будучи связаны законами эмпирическими, подлежатъ не менѣе того весьма строгому способу изслѣдованія и измѣренія. Отличительнѣйшія черты этого способа заключаются въ приведеніи всѣхъ задачь распредѣленія теплоты на поверхности нашей планеты къ изгибамъ извѣстныхъ линій (равной температуры года, лѣта и зимы); въ опредѣленіи положенія сихъ линій, какъ относительно самихъ себя, такъ и вразсужденіи меридіановъ и параллелей – съ экваторомъ; въ допущеніи первобытнаго нормальнаго состоянія параллелизма на однородной поверхности, коей всѣ точки равно поглощаютъ и испускаютъ свѣтящую или темную теплоту; въ изслѣдованіи, сперва въ отдѣльности, а потомъ въ совокупности, дѣйствій возмущающихъ причинъ, кои нарушаютъ равенство и равновѣсіе способностей поглощенія и испусканія теплоты въ системахъ точекъ, равно удаленныхъ отъ экватора, и кои, нарушая параллелизмъ линій равной годичной теплоты, |432| равной лѣтней теплоты и равной зимней теплоты, даютъ каждой изъ сихъ линій особенную форму.

Сіи-то *возмущающія форму причины* измѣняютъ, пользуясь выраженіемъ, которое было введено Мераномъ[5] и Ламбертомъ[6], *климатъ солнечный* (дѣйствіе періодическаго движенія солнечной теплоты) и обращаютъ его въ *климатъ дѣйствительный*. Математическая теорія можетъ опредѣлить то, что происходитъ отъ неравнаго выставленія частей поверхности дѣйствію солнечныхъ лучей съ экватора до полюса, отъ возрастанія теплоты (пропорціонально квадрату косинуса широты), зависящаго отъ наклоненія лучей и неодинаковой продолжительности ихъ дѣйствія, полагая что шаръ имѣетъ однородную массу и что онъ не окруженъ атмосферою. Сравнивъ, не говорю отвлеченныя количества теплоты, но ихъ взаимныя отношенія подъ различными широтами и въ разныя времена года, опредѣленныя посредствомъ математической теоріи *солнечнаго климата*, съ отношеніями и числовыми элементами, выведенными изъ наблюденія клима|433|товъ дѣйствительныхъ, намъ удалось бы отдѣлить приближеннымъ образомъ то, что, въ полномъ дѣйствіи, происходитъ отъ недостатка однородности въ поверхности, отъ неравнаго распредѣленія способностей поглощать и испускать теплоту. Когда этотъ вопросъ будетъ рѣшенъ, тогда изслѣдованіе причинъ, возмущающихъ параллелизмъ линій равной теплоты на однородной оболочкѣ,

---

[5] Mém. de l'Académie, 1719 года, стр. 133 и 1765 года, стр. 145–210.
[6] Pyrometrie oder von dem Maasse des Feuers, 1779 года, стр. 342.

можетъ быть только эмпирическое. Полное дѣйствіе происходитъ отъ смѣси температуръ различныхъ широтъ, производимой вѣтрами; отъ близости морей, составляющихъ огромныя хранилища теплоты мало измѣняющейся; отъ наклоненія, химическаго свойства, цвѣта, силы истеченія лучеобразной теплоты и испаренія почвы; отъ направленія горныхъ хребтовъ, формы земель, ихъ массы и продолженія къ полюсамъ; отъ количества снѣга, покрывающаго землю въ продолженіе зимы; наконецъ отъ льдовъ, которые образуютъ собою какъ бы околополярные материки и которыхъ обломки, будучи увлечены потоками, измѣняютъ иногда чувствительнымъ образомъ пелагической климатъ въ умѣренномъ поясѣ. Мы изложили выше, какимъ образомъ чрезъ искусное расположеніе фактовъ, помощію сравненія числовыхъ элементовъ, выведенныхъ, при равныхъ раз|434|стояніяхъ отъ экватора, подъ вліяніемъ самыхъ противоположныхъ обстоятельствъ, можно отдѣлять каждую частную возмущающую причину и опредѣлять приближенно ея вѣсъ. Разсуждать должно здѣсь такъ же, какъ и при приложеніи вычисленія къ весьма сложнымъ физическимъ явленіямъ. Отдѣливъ между 32 средними температурами, которые были наблюдаемы до высоты въ 5000 метровъ надъ уровнемъ Океана, мѣста находящіяся на отлогости Андскихъ Кордильеровъ, отъ тѣхъ, которые лежатъ среди обширныхъ плоскихъ возвышеній (plateaux), я нашелъ что на послѣднихъ годовая теплота идетъ возрастая, и что приращеніе оной, по причинѣ ночнаго истеченія лучеобразной теплоты, простирается только отъ 1 $\frac{1}{2}$ до 2 , 3 по стоградусному термометру[7].

Я предпочтительно привожу здѣсь примѣръ, взятый изъ страны тропической; ибо тамъ, гдѣ живыя силы природы ограничиваютъ и приводятъ другъ друга въ равновѣсіе съ удивительною правильностію, легче можно отдѣлить одну возмущающую причину и опре|435|дѣлить среднее состояніе атмосферы, типъ сихъ періодическихъ измѣненій. Сперва должно изслѣдовать каждую причину какъ существующую отдѣльно, а потомъ разсмотрѣть, которыя изъ дѣйствій, соединивъ ихъ вмѣстѣ, взаимно измѣняютъ и уничтожаютъ другъ друга, или *налагаются* одно на другое подобно маленькимъ встрѣчающимся волнамъ. Когда причины дѣйствуютъ отдѣльно, то можно ихъ соединять по свойству ихъ знака, смотря по тому, увеличиваютъ ли онѣ или уменьшаютъ среднюю температуру мѣста, сравниваемую съ количествомъ растаявшаго льда: но когда двѣ причины совокупляются вмѣстѣ, тогда количество дѣйствія измѣняется по законамъ, коихъ

---

[7] Я уже говорилъ объ этомъ открытіи въ моемъ разсужденіи о линеяхъ равной теплоты; см. Mém. de la Société d'Arcueil, томъ III, стр. 583.

опредѣленіе представляетъ болѣе затрудненій. Такъ на примѣръ, испареніе какого-либо озера есть причина охлаждающая; ея дѣйствіе увеличивается потоками, покрывающими поверхность водъ; но если въ то же время эти потоки влекутъ за собою такой воздухъ, коего температура превышаетъ температуру воды, то охлаждающее дѣйствіе испаренія встрѣчаетъ сопротивленіе въ сильнѣйшемъ теплотворномъ дѣйствіи. Конечный результатъ состоитъ въ повышеніи температуры, происходящемъ отъ дѣйствія юго-западнаго вѣтра, уменьшеннаго |436| испареніемъ. Подобно сему, легкій слой облаковъ дѣйствуетъ въ одно время двумя противоположными образами, уменьшая дѣйствіе солнечной иррадіаціи и потерю теплоты, претерпѣваемую поверхностію земнаго шара отъ истеченія лучеобразной теплоты.

Чтожъ касается до вліянія, производимаго возмущающими причинами на форму линей равной теплоты, посредствомъ мѣстнаго распредѣленія поглощающихъ и испускающихъ способностей на поверхности земли, то можно разсматривать оное слѣдующимъ образомъ. Каждая причина, дѣйствуя отдѣльно на какую нибудь точку a одной изъ сихъ линей, повышаетъ или понижаетъ среднюю температуру точки a; она, такъ сказать, уменьшаетъ или увеличиваетъ ея разстоянія отъ экватора, и принуждаетъ ее, посредствомъ этого измѣненія широты, *колебаться* въ направленіи меридіана. Допустимъ, что отъ разности южныхъ и сѣверныхъ уклоненій, опредѣляемой совокупностію всѣхъ сихъ причинъ, широта нашей точки приблизилась къ югу на извѣстное количество дуги меридіана, или лучше (чтобы не говорить о движеніи точки, которая въ дѣйствительности остается на поверхности земнаго шара неподвижною), предположимъ, что совокупность возмущающихъ причинъ увели|437|чиваетъ температуру точки a, и переноситъ ее на другую линею равной теплоты, лежащую ближе къ экватору; тогда часть этой линіи должна будетъ восходить къ сѣверу, увеличиваясь въ широтѣ на точно такое же количество, на которое, по прежнему нашему предположенію, точка a, въ своемъ видимомъ движеніи, отклонилась къ югу. Такимъ образомъ, отъ измѣненія поглощающихъ и испускающихъ способностей, и отъ неравнаго дѣйствія нѣкоторыхъ частей оболочки земнаго шара на систему сосѣдственныхъ точекъ линеи равной теплоты, появляются на сей линіе изгибы съ вогнутыми или выпуклыми вершинами. Въ силу подобнаго же дѣйствія, отъ стеченія обстоятельствъ увеличивающихъ температуру Европы, то есть западной оконечности стараго материка, линея равной теплоты въ 13° по стогр. терм., проходитъ чрезъ Миланъ и центръ Франціи подъ $45°\,^1/_2$ широты, между тѣмъ какъ на восточныхъ берегахъ Азіи и Америки, въ Пекинѣ и Пенсильваніи, чтобы достигнуть сей линіи, должно спуститься, по крайней мѣрѣ, до 39° $^1/_2$ широты.

Я представилъ сокращеніе началъ, помощію коихъ, въ изслѣдованіяхъ распредѣленія теплоты на поверхности нашей планеты, можно, |438| по моему мнѣнію, всего удобнѣе связать эмпирическими законами явленія столь измѣняемыя, и повидимому столь сложныя; я старался показать, какимъ образомъ можно достигнуть (посредствомъ особеннаго способа соединять числовые результаты, и отдѣлять въ разборчивомъ анализѣ, причины отъ сложныхъ дѣйствій) того, что ускользаетъ отъ строгаго приложенія математической теоріи. Явленія земнаго магнетизма въ своихъ трехъ важныхъ видахъ отклоненія, уклоненія и напряженности, также были связаны общими законами только съ той эпохи, когда начали проводить линіи чрезъ тѣ точки земной поверхности, которыя пользуются вмѣстѣ одинаковыми магнитными свойствами, и разсматривать изгибы сихъ линій, ихъ отношенія съ параллелями къ экватору и ихъ движенія въ теченіе столѣтій.

Равнымъ образомъ вѣроятно, что довольно значительныя перемѣны присходятъ въ состояніи оболочки земнаго шара, какъ отъ успѣховъ человѣческихъ обществъ, когда они становятся весьма многочисленными и весьма дѣятельными, такъ и отъ геологическихъ причинъ, почти незамѣтныхъ по чрезвычайной медленности своихъ дѣйствій, и зависящихъ отъ недостатка равновѣсія, котораго борьба элементовъ и силъ не вполнѣ еще достигла. |439| Подобныя перемѣны должны измѣнить, въ весьма продолжительное время (но не съ періодическимъ возвращеніемъ, какъ-то бываетъ въ магнитныхъ кривыхъ линіяхъ) форму линій равной теплоты года, лѣта и зимы. Если бы отъ вліянія сильныхъ геологическихъ причинъ на часть материка средній перевѣсъ нѣкоторыхъ вѣтровъ чувствительно измѣнился; то тамъ измѣнились бы также высота барометра и количество сгущенныхъ паровъ. Физическая Географія, подобно системѣ міра, имѣетъ свои числовые элементы, которые постепенно тѣмъ болѣе будутъ усовершенствованы, чѣмъ искуснѣе мы станемъ располагать факты, съ тою цѣлію, чтобы открыть общіе законы въ стеченіи частныхъ возмущеній.

(Продолженіе въ слѣд. книжкѣ.)

|47|

С. ФИЗИКА.
3. О ПРИЧИНАХЪ ИЗМѢНЕНІЙ ВЪ ЛИНЕЯХЪ РАВНОЙ ГОДИЧНОЙ ТЕПЛОТЫ.
Соч. А. Гумбольдта.
(Продолженіе).

Если въ центрѣ одного и того же материка, на одинаковомъ разстояніи отъ экватора, слѣдовательно подъ вліяніемъ одного и того же *солнечнаго климата*, мы находимъ мѣста, коихъ средняя температура чувствительно выше или ниже средней температуры мѣстъ окружающихъ; то разсмотрѣніе причинъ сего явленія напоминаетъ Физику совокупность теплотворныхъ или охлаждающихъ дѣйствій, которыя могутъ происходить отъ нѣкотораго распредѣленія неровностей на поверхности земнаго шара, отъ нѣкотораго постояннаго расположенія въ направленіи атмосферическихъ потоковъ. Рѣшеніе задачи должно искать въ сравненіи сихъ возможныхъ дѣйствій, расположенныхъ по своимъ *положительнымъ* или от|48|*рицательнымъ знакамъ*, съ подлинною топографіею страны, коей температура выше или ниже температуры странъ, лежащихъ подъ одною широтою.

Между причинами, возвышающими среднюю годичную температуру страны, представляются съ перваго взгляда: близость западнаго берега въ умѣренномъ поясѣ; очертаніе материка, въ видѣ полу-острововъ; средиземныя моря; положеніе нѣкоторой части материка, какъ относительно свободнаго ледовитаго моря, простирающагося за полярный кругъ, такъ и въ разсужденіи массы твердыхъ земель большаго протяженія, лежащихъ подъ одними и тѣми же меридіанами, подъ экваторомъ или въ части жаркаго пояса; перевѣсъ вѣтровъ, отъ юга и запада, на западной оконечности материка умѣреннаго пояса; цѣпи горъ, служащихъ защитою отъ вѣтровъ, дующихъ изъ странъ холоднѣйшихъ; и безлѣсіе на почвѣ сухой, безплодной и песчаной.

Къ охлаждающимъ причинамъ принадлежатъ: высота мѣста надъ океаномъ, особенно когда оно не окружено обширными плоскими возвышенностями; близость восточнаго берега на среднихъ и дальнихъ широтахъ; очертаніе |49| материка безъ излучинъ, продолжающагося къ полюсамъ непрерывно до вѣчныхъ льдовъ, или содержащаго между тѣми же меридіанами, какъ и страна, коей разсматривается климатъ на южномъ или сѣверномъ полушаріи, экваторіальное море безъ твердой земли; маленькія цѣпи горъ, коихъ направленіе препятствуетъ доступу теплыхъ вѣтровъ, или сосѣдство отдѣльныхъ утесовъ, по скатамъ которыхъ часто бываютъ ночью нисходящіе потоки; обширные лѣса, частыя болота, гдѣ до половины лѣта остаются маленькіе подземные ледники; туманное небо, препятствующее иррадіаціи въ продолженіе теплаго времени года, или ясное зимнее небо, благопріятствующее истеченію теплоты.

Въ исчисленіи причинъ, возмущающихъ форму линей равной теплоты, можно бы слѣдовать той же самой классификаціи дѣйствій съ противными знаками; но она невыгодна для раздѣленія сложныхъ явленій, которыя, будучи измѣняемы различнымъ образомъ, различно дѣйствуютъ, даже измѣняютъ дѣйствія, налагая ихъ одно на другое, и которыхъ вліянія на количества теплоты, получаемой одною точкою земнаго шара въ продолженіе года, и на распредѣленіе сего количества меж|50|ду различными временами года, не одинаковы. Подобныя разсмотрѣнія, основанныя на единствѣ Природы, на сей сокровенной связи всѣхъ физическихъ явленій, на семъ результатѣ боренія всѣхъ силъ, принуждаютъ насъ покинуть классификацію, составленную изъ двухъ рядовъ съ противными знаками. Мы должны предпочесть ей ту, которая происходитъ изъ разсматриванія состоянія земнаго шара, окруженнаго слоями упругихъ жидкостей, воздушнымъ океаномъ, коего дно состоитъ частію изъ поверхности моря, частію изъ твердой земли, взрытой горами, голой и песчаной, или покрытой растеніями. Мы разсмотримъ сокращенно, съ самой общей точки зрѣнія, троякое дѣйствіе почвы, моря и воздуха на столь неравное распредѣленіе теплоты въ системахъ точекъ, лежащихъ на одинаковомъ разстояніи отъ экватора. Будучи принужденъ, сущностію объясненій, содержащихся въ сей запискѣ, говорить объ однѣхъ причинахъ различно только расположенныхъ, я не могу избѣгнуть частаго повторенія выраженій, относящихся къ поглощающимъ и испускающимъ способностямъ тѣлъ и къ переносу теплоты потоками. Мы должны заняться здѣсь изслѣдованіемъ полнаго дѣйствія, – такого рода изысканіями, которыя, по недостат|51|ку методы и по наклонности приписывать маловажнымъ мѣстнымъ причинамъ то, что зависитъ отъ очертанія большихъ массъ материковъ, оставались долгое время столь неопредѣленными и столь безплодными. Въ особенности должно опредѣлить съ ясностію факты, коихъ связь приводитъ къ глубокому познанію эмпирическихъ законовъ. Я ограничусь нѣкоторыми примѣрами, почерпнутыми мною изъ долговременныхъ сухопотныхъ путешествій во внутренности обоихъ материковъ, къ сѣверу и къ югу отъ экватора, болѣе чѣмъ на 72 градуса широты, по странамъ, весьма различнымъ возвышеніемъ своимъ надъ уровнемъ моря.

1. *Почва*. – Отличить главныя физическія черты, характеризующія поверхность земнаго шара тамъ, гдѣ она находится въ непосредственномъ соприкосновеніи съ атмосферою и возвышается надъ океаномъ, значитъ показать причины, производящія разнообразіе въ климатахъ

посредствомъ очертанія материковъ и неравнаго распредѣленія поглощающихъ и испускающихъ способностей. Часть поверхности земнаго сфероида, непокрытая водами, составляетъ менѣе четвертой доли пространства, покрытаго морями; посему нѣтъ сомнѣнія, что полная температура атмосферы, которую мож|52|но разсматривать какъ результатъ всѣхъ частныхъ температуръ поверхности земли, измѣняется болѣе отъ морей и частей жидкихъ, упругихъ и прозрачныхъ, чѣмъ отъ материковъ и частей твердыхъ и темныхъ. Обративъ вниманіе на протяженіе дѣйствующихъ поверхностей, въ теченіе послѣднихъ двадцатипяти или тридцати лѣтъ, мы приобрѣли такія свѣденія о температурѣ океана въ его верхнемъ слоѣ подъ различными широтами, въ различныя времена года, въ часы дня и ночи, которыя способствовали удивительнымъ образомъ успѣхамъ *климатологіи*. Жидкая (пелагическая) часть, дѣйствуя бо́льшимъ числомъ точекъ, дѣйствуетъ притомъ равномѣрнѣе по причинѣ однородности своей поверхности, и равенства своей кривизны, въ состояніи постояннаго равновѣсія. Посему (это замѣчаніе касательно противоположности материковъ и океановъ должно предшествовать всѣмъ прочимъ), разсматривая фигуру линей равной теплоты, проходящихъ чрезъ поверхность обширнаго моря, раздѣляющаго собою два материка, мы видимъ, что на сей поверхности ихъ изгибы бываютъ не такъ значительны и болѣе правильны, и что на морѣ онѣ менѣе уклюняются отъ первобытнаго совпаденія съ параллелями къ эк|53|ватору, чѣмъ на пространствѣ материковъ. Въ одномъ изъ послѣднихъ моихъ сочиненій[8], я сравнилъ среднія годичныя температуры различныхъ сѣверныхъ поясовъ Атлантическаго океана, между 25° и 45° широты, съ температурою сосѣдственныхъ материковъ, лежащихъ на западѣ и на востокѣ, и показалъ, что западныя части стараго свѣта представляютъ, подъ означенными параллелями, почти тѣже температуры, какъ и часть поверхности Атлантическаго океана, занимающаго въ ширину 1200 миль по долготѣ (исключая пелагическую рѣку теплой воды, извѣстную под именемъ *Гулфстреама*). Крутой, съ вогнутою вершиною изгибъ линей равной теплоты въ 14° и 20° начинается только на восточныхъ берегахъ сѣверной Америки, гдѣ, въ странахъ, лежащихъ подъ широтою 30°, 35°,40 и 45° среднія годичныя температуры суть 19°,4; 16°,0; 12°,5; и 8°,2 по стогр. терм., между тѣмъ какъ на Атлантическомъ океанѣ соотвѣтствующія температуры суть: 21°,2; 18°,8; 16°,7 и 14°,0. Посему особенный климатъ этого водохранилища, между означенными параллелями, гораздо болѣе зави|54|ситъ

---

[8] Relat. Hist., томъ III, стр. 526.

отъ системы климатовъ западной оконечности стараго свѣта, чѣмъ отъ системы климатовъ восточной оконечности Америки.

Между причинами, дѣйствующими на ту часть поверхности земнаго шара, вчетверо меньшую пространства морей, гдѣ почва имѣетъ наибольшее вліяніе на изгибы линей равной теплоты, самая общая и самая сильная есть непрозрачность, плотность и состояніе сцѣпленія твердыхъ частей, – что противополагается прозрачности, проходимости для свѣта, и удободвижимости жидкостей. Послѣ плоскихъ возвышенностей и горъ, не принимаемыхъ еще нами въ расчетъ въ сихъ изысканіяхъ, означенныя физическія свойства занимаютъ первое мѣсто между возмущающими причинами. При равномъ углѣ паденія лучей, при равномъ отношеніи между количествомъ свѣта поглощаемаго и отражаемаго горизонтомъ опредѣленной величины, свѣтъ проникаетъ не столь глубоко въ массы непрозрачныя; движеніе теплоты весьма различно внутри тѣлъ твердыхъ и въ прозрачныхъ жидкостяхъ съ удободвижимыми частицами. Въ тѣлахъ непрозрачныхъ, сильное накопленіе теплоты задерживается въ ближайшемъ къ поверхности слоѣ; по причинѣ сего частнаго |55| измѣненія поглощающихъ и испускающихъ способностей, періодическія (суточныя и годичныя) перемѣны температуры бываютъ въ твердыхъ тѣлахъ гораздо обширнѣе. Отсюда слѣдуетъ, повторяемъ еще разъ, что положеніе темныхъ массъ, твердыхъ или материковъ, и массъ прозрачныхъ, жидкихъ или пелагическихъ, есть (въ предположеніи, что поверхность материка и поверхность морей имѣетъ одинаковую кривизну) причина, производящая самое сильное и отдаленное вліяніе на распредѣленіе земной теплоты, на гигрометрическое состояніе атмосферы и на потоки воздуха.

То, что мы назвали *относительнымъ положеніемъ темныхъ и прозрачныхъ массъ*, можетъ быть въ связи какъ съ превосходствомъ одной изъ нихъ на поверхности какой-либо части земнаго шара, такъ и съ формою предѣловъ (линей, проходящихъ чрезъ точки взаимнаго прикосновенія), и слѣдовательно съ очертаніемъ материковъ. Сіи два обстоятельства, на которыя здѣсь только указываемъ, чрезвычайно важны для Физической Географіи. Первое напоминаетъ намъ раздѣленіе земли на *жидкое и твердое полушаріе*, то есть, на относительное накопленіе земель на сѣверѣ и на югѣ отъ экватора, или (раздѣливъ земную по|56|верхность плоскостію, проходящею чрезъ ось вращенія) между меридіанами 20°З., и 140°В. долготы, и между меридіанами Зеленаго Мыса и устья Амура. Сіи два накопленія материковъ, противоположныя обширнымъ пелагическимъ пространствамъ, почти вовсе не имѣющимъ земель на южномъ и западномъ полушаріи (относительно Европы), измѣняютъ вдругъ температуру, сухость и направленіе потоковъ атмосферы. Во второмъ родѣ обстоятельствъ, представляемыхъ намъ распредѣленіемъ или относительнымъ положеніемъ частей темныхъ и прозрачныхъ, твердыхъ и жидкихъ, континентальныхъ или пелагическихъ, мы не принимаемъ въ расчетъ ни сравнительную площадь, ни превосходство массъ въ той или другой странѣ земнаго шара; мы разсматриваемъ только свойство предѣловъ между жидкими и твердыми частями, абрисъ или *очертаніе* материковъ, исключая напоминаемыя симъ выраженіемъ неровности, возвышенія и углубленія въ вертикальномъ направленіи.

Очертаніе земель въ соприкосновеніи съ Океаномъ, имѣетъ вліяніе на мякость и суровость климата также, какъ, при учрежденіи обществъ и переселеніи народовъ, на развитіе образованности, болѣе или менѣе |57| быстрое: сіе вліяніе зависитъ отъ вида материка, который иногда имѣетъ форму извивистую, или *суставчатую*, часто съуживается и растягивается подобно полуостровамъ; каковы суть: западная часть Европы, Италія, Греція и Индія по сю и по ту сторону Ганга; иногда же представляется какъ *непрерывная масса*, имѣющая весьма простыя очертанія, не пересѣкаемыя глубокими впадинами[9], каковы суть: вся Африка, сѣверная часть Азіи, юговосточная часть Европы и Новая Голландія. Отъ вторженія морей Средиземнаго, Краснаго, и Персидскаго залива; отъ близости Каспійскаго моря къ Черному, которое есть не что иное какъ обширный сѣверный заливъ Средиземнаго, зависятъ изгибы линей равной теплоты и, еще болѣе, |58| изгибы линей равной лѣтней и равной зимней теплоты, какъ на западѣ и на югѣ Европы, такъ и на юго-восточной части Азіи. Небольшія измѣненія въ температурахъ морей стремятся къ уравненію періодическаго распредѣленія теплоты между различными временами года. Близость большой жидкой массы умѣряетъ, въ силу ея вліянія на вѣтры, лѣтніе жары и зимнія стужи. Отсюда происходитъ противоположность между *климатомъ острововъ и климатомъ береговъ*, въ коей участвуютъ всѣ материки суставчатые или имѣющіе видъ полуострова, и *климатомъ внутренности большихъ материковъ*; разнообразныя явленія сей замѣчательной противоположности, имѣющія

---

[9] Regiones per sinus lunatos in longa cornua porrecta angulosis littorum recessibus quasi membratim discerptae, vel spatia patentia in immensum, quorum littora nullis incisa angulis ambit sine infractu oceanus. – Si ex plaga aequinoctiali abis in acuminatas illas partes continentium, quae in zonam temperatam hemispherii australis porriguntur, illas propter circumfusi Oceani vastitatem, eodem coelo, quo insulas, uti deprehendes, hyeme miti, aestate temperata. – Magna aquarum vis in hemispherio australi aestivos ardores temperat et frigus hyemale frangit. (Гумб. de distrib. plant. cmp. 81, 182.)

вліяніе на силу прозябенія, на прозрачность неба, на истеченіе лучеобразной теплоты изъ земной поверхности и на высоту снѣжной линіи, были въ первый разъ вполнѣ изложены въ сочиненіяхъ Леопольда Буша.

Европа представляетъ разительный примѣръ означенной противоположности, которую разсматриваемъ здѣсь только какъ основанную на сравненіи массъ, или *площадей* жидкой или твердой поверхности, не принимая еще въ расчетъ ни расположенія береговъ между собою, ни положенія ихъ относи|59|тельно того или другаго господствующаго вѣтра. Я приведу въ примѣръ столь малую разность среднихъ годовыхъ температуръ и чрезвычайно медленное уменьшеніе теплоты отъ Орлеана и Парижа до Лондона, Дублина, Единбурга и Франекера, не смотря на приращеніе широты (отъ Франціи до Ирландіи, Шотландіи и Голландіи), простирающееся отъ 4° до 6° слишкомъ, между тѣмъ какъ одинъ такой градусъ производитъ въ годичной температурѣ, по моимъ изслѣдованіямъ[10], въ системѣ исключительно континентальныхъ климатовъ Европы, между параллелями 45° и 55°, перемѣну во 0°,62 по стогр. терм. Островокъ, коса, прибрежная полоса земли, находящіеся въ соприкосновеніи съ большою массою воды, которая сохраняетъ зимою значительную часть теплоты, пріобрѣтенной въ теченіе лѣта, въ которой упадаютъ на дно охлажденныя частицы, которая не покрывается льдомъ до 70° или 75° широты, и слѣдовательно не накопляетъ снѣговъ на своей поверхности, представляютъ, при равенствѣ господствующихъ вѣтровъ и даже въ предположеніи совершенно |60| тихой атмосферы, климаты болѣе *умѣренные*; зима ихъ бываетъ теплѣе, а лѣто свѣжѣе, такъ что ихъ годичная температура нѣсколько выше температуры странъ, лежащихъ во внутренности большихъ непрерывныхъ материковъ. Относительный характеръ *континентальнаго климата* состоитъ въ ихъ аналогіи съ климатами, которые Бюффонъ называлъ *чрезмѣрными* по причинѣ большой противоположности между временами года, и эта аналогія увеличивается вмѣстѣ съ широтами, и также въ умѣренномъ поясѣ, около восточной оконечности стараго и новаго свѣта.

Такъ какъ въ этой части моей записки должно разсмотрѣть каждую изъ причинъ, возмущающихъ равновѣсіе и нормальный параллелизмъ линей равной теплоты; то я принужденъ былъ раскрыть подробнѣе различіе между температурами *прибрежныхъ* и *внутреннихъ* частей странъ, представляющихъ двѣ системы точекъ твердой и непрозрачной поверхности земнаго шара, неравно отстоящихъ отъ какихъ-либо другихъ системъ точекъ поверхности жидкой и прозрачной. Сія противоположность существуетъ даже въ предположеніи,

---

[10] Гум. de dis trib. p., стр. 162; Mém. d'Arcueil, T. III, стр. 509, 530.

что земной шаръ, поглощающій и испускающій теплоту, не имѣетъ атмосферы или |61| окруженъ жидкостями газообразными и прозрачными, но потерявшими[11] удободвижимость своихъ частицъ и и сообщающими теплоту землѣ посредствомъ своей способности проводить и пропускать лучеобразный теплотворъ, а не помощію внутреннихъ движеній. Различіе между климатами прибрежныхъ странъ или острововъ, и климатами внутренности материковъ существовало бы и безъ дѣйствія западнаго вѣтра, господствующаго въ умѣренносъ поясѣ, и даже безъ дѣйствія тѣхъ маленькихъ потоковъ, которые бываютъ при совершенной видимой тишинѣ, и безъ которыхъ нельзя представить себѣ жидкой атмосферы, съ удободвижимыми частицами. Это различіе существовало бы также между восточными и западными предѣлами материковъ, и если теперь въ первыхъ (на примѣръ въ Соединенныхъ Американскихъ Штатахъ, сравнивая страны, лежащія по сю и по ту сторону Аллеганскихъ (Alleghaniennes) горъ) оно почти вовсе[12] исчезаетъ, то это зависитъ отъ того, что господствующіе западные вѣтры (вѣтры земные), |62| достигая восточныхъ береговъ, сохраняютъ весь свой зимній холодъ, и даже охлаждаютъ воздухъ сосѣдственнаго моря; между тѣмъ на западной оконечности материка, западные вѣтры, дующіе съ моря, теряютъ часть своей теплоты, пріобрѣтенной ими зимою чрезъ соприкосновеніе съ морскою поверхностью, по мѣрѣ того какъ они подвигаются во внутренность материка.

Изъ сихъ соображеній слѣдуетъ, что годичное уменьшеніе теплоты, которое обнаруживается изъ непосредственныхъ наблюденій, по мѣрѣ того, какъ приближаемся во внутреннихъ земляхъ Европы къ тѣмъ восточнымъ странамъ, гдѣ старый материкъ постепенно расширяется, пріозводитъ въ линеяхъ равной теплоты изгибъ съ вогнутою вершиною. Сіе пониженіе есть слѣдствіе двухъ совокупно дѣйствующихъ причинъ: 1° различнаго растоянія отъ моря двухъ системъ точекъ, и 2° сообщенія температуры господствующими вѣтрами. Такъ какъ распредѣленію теплоты на поверхности нашей планеты наиболѣе способствуетъ атмосфера; то я долженъ былъ предварительно изложить здѣсь дѣйствіе движущагося воздуха, и въ слѣдующихъ примѣрахъ, которые были |63| собраны мною между рѣками Лоарою и Волгою, я не могъ отдѣлить дѣйствіе очертанія материковъ отъ вліянія господствующихъ западныхъ вѣтровъ. Мы

---

[11] Фурье разсмотрѣлъ съ другой точки зрѣнія это предположеніе отвердѣвшей атмосферы. (Ann. de Chimie, m. XXVII, стр. 155.)
[12] По изысканіямъ Гг. Мансфильда и Драке. (Nat. and statist. view of Cincinnati., стр. 163.)

предлагаемъ здѣсь уменьшеніе средней годичной температуры отъ западныхъ береговъ Европы до странъ, лежащихъ за меридіаномъ Каспійскаго моря: Амстердамъ (шир. 52° 22′, год. темп. 11°,9) и Варшава (шир. 52° 14′, год. темп. 8°,2); Копенгагенъ (шир. 55° 41′, год. темп. 7°,6) и Казань (шир. 55° 48′, год. тем. 3°,1′); но сіи различія между климатомъ внутреннихъ частей материка, весьма сильно нагрѣвающихся лѣтнею ирраідіаціею, и покрывающихся снѣгомъ зимою, и климатомъ острововъ и прибрежныхъ странъ, еще гораздо болѣе обнаруживается, какъ по вліянію ихъ на прозябеніе и земледѣліе, такъ и по распредѣленію теплоты между различными временами, въ отношеніяхъ выраженій средней температуры зимы и лѣта. Выраженія сіи суть[13]: въ центрѣ Венгріи, въ Будѣ (шир. 47° 29′, |64| год. темп. 10°,6): –0°,6 и + 21°,4; въ Вѣнѣ (шир. 48° 12′, год. тем. 10°,3): 0°,4 и 20°,7; въ Казани (шир. 55°,48′, год. темп. 3°,1): – 16°,6 и + 18°,8; тогда какъ подъ широтами почти соотвѣтственными, но подъ вліяніемъ океана, выраженія сіи суть для Нанта (шир. 47°,13′, год. темп. 12°,6): 4°,7 и 18°,8; для Сенъ-Мало (шир. 48°,39′, год. темп. 12°,1): 5°,7 и 18°,9; для Единбурга (шир. 55°,57′, год. темп. 8°,8): 3°,7 и 14°,6. Изъ сравненія части Британскихъ острововъ съ центральнымъ материкомъ Россіи, на примѣръ Эдинбурга съ Казанью, которые лежатъ оба на одинаковомъ разстояніи отъ экватора, открывается сколь много зимнія разности (между + 3°,7 и – 16°,6) превышаютъ разности лѣтнія (между 14°,6 и 21°,4), имѣющія позитивный знакъ. Охлаждающія причины зимнія гораздо значительнѣе теплотворныхъ причинъ лѣтнихъ; отсюда происходитъ увеличиваніе годичной температуры во внутренности материковъ, которое становится значительнымъ[14] только на большомъ разстояніи отъ береговъ. |65|

---

[13] Во всей этой запискѣ температуры означены по стоградусному термометру. Зимнія температуры заключаютъ въ себѣ Декабрь, Январь и Февраль. Высоты Казани и Москвы надъ уровнемъ моря простираются только до 45 и 76 тоазовъ. Высота Москвы опредѣлена Пр. *Перевощиковымъ* изъ многочисленныхъ его наблюденій надъ барометромъ.

[14] Смотри мою таблицу шестнадцати мѣстъ, лежащихъ на берегахъ и во внутренности Франціи, Mém. d'Arcueil, томъ III, стр. 540–544. Разности годичныхъ температуръ простираются не далѣе 0°,8 или 1° по стогр. терм. Къ сожалѣнію, въ столь важныхъ для земледѣлія изысканіяхъ, оказываютъ, даже въ наше время, такое пренебреженіе къ опредѣленію среднихъ температуръ. Мы не имѣемъ точныхъ наблюденій, которыя обнаруживали бы яснымъ образомъ разности среднихъ лѣтнихъ и зимнихъ температуръ, съ одной стороны для Шербурга, Сенъ-Бріёка, Ванна, Нанта и Баіонны, а съ другой, для Шартра, Троа, Шалона на Марнѣ и Мулена. Собраніе наблюденій, сдѣланныхъ на мѣстахъ, систематическимъ образомъ избранныхъ, точное опредѣленіе искомаго предмета: вотъ средства, помощію которыхъ *Сравнительная климатологія* или

Мы означили первыя отношенія *протяженія, относительнаго положенія* и *очертанія*, посредствомъ коихъ распредѣленіе частей непрозрачныхъ или прозрачныхъ, твердыхъ или жидкихъ, измѣняетъ раздѣленіе теплоты на земномъ шарѣ, не принимая въ разсчетъ горъ или выпуклостей ея поверхности. Видъ материковъ можетъ быть разсматриваемъ независимо, по одному свойству очертаній, или по отношеніямъ направленія осей континентальныхъ массъ къ поясамъ климатическимъ, |66| то есть къ параллелямъ съ экваторомъ, меридіанами и къ разстоянію отъ полюсовъ. Къ симъ изслѣдованіямъ формы присоединяются еще изслѣдованія состоянія поверхности каменистой или песчаной, покрытой злаками, лѣсами, болотами или воздѣланными полями. Въ этомъ, по моему мнѣнію, заключается совокупность измѣняющихъ причинъ, которыми почва дѣйствуетъ на климаты.

Солнечное дѣйствіе, оказывая вдругъ вліяніе на температуру, на измѣненія упругости атмосферы, на господство вѣтровъ, на степени сырости и электрическаго напряженія, измѣняется въ силѣ своей иррадіаціи соотвѣтственно положенію континентальныхъ массъ относительно экватора, или, вообще, относительно четырехъ странъ свѣта. Дабы отличить систему континентальныхъ климатовъ, должно тщательно разсмотрѣть, въ какомъ поясѣ лежитъ *наибольшее количество* твердыхъ земель, каково направленіе ихъ продольной оси, предполагая, что онѣ имѣютъ очертаніе прямолинейное и *среднее* между положительными и отрицательными излучинами, и замѣщая воздухъ заливовъ воздухомъ полуострововъ. Какъ частое повтореніе, сила и температура вѣтровъ, такъ и способность ихъ дѣлать атмосферу ясною или |67| непрозрачною, къ особенности зависятъ отъ средняго направленія оси континентальныхъ массъ (отъ Ю.-З. къ С.-В. во всей Европѣ, отъ Ю.-В. къ С.-З. въ Америкѣ, на сѣверѣ Флоридской параллели), и отъ колебанія поглощающихъ и испускающихъ способностей, которое происходитъ отъ иррадіаціи сосѣдственныхъ, различнаго протяженія частей съ жидкою или твердою поверхностію. Экваторъ не совпадаетъ съ линеею, раздѣляющею сѣверные пассатные вѣтры отъ вѣтровъ вго-восточныхъ. Эта линея или этотъ предѣлъ, вполнѣ опредѣляемый продолжительнѣйшимъ пребываніемъ солнца на сѣверномъ полушаріи, и разностію полныхъ температуръ обоихъ полушарій, становится излучистымъ и измѣняется при различныхъ градусахъ долготы, по причинѣ неравнаго распредѣленія и направленія

свѣдѣнія о распредѣленіи теплоты въ различныхъ частяхъ Франціи, смотря по ихъ разстоянію отъ моря, можетъ наконецъ достигнуть желаемаго совершенства подъ покровительствомъ *Института*.

континентальныхъ массъ [15]. Также отъ весьма различной ширины материковъ стараго и новаго свѣта подъ 45° и 50° широты (это различіе въ ширинѣ выражается отношеніемъ 4 къ 1), зависитъ господство вѣтровъ, дующихъ отъ сѣвера къ востоку, надъ вѣтрами, дующими отъ юга къ западу въ различныя времена года, равно какъ и измѣ|68|ненія, производимыя, по остроумному мнѣнію Гг. Буша[16] и Дове[17], каждымъ разрядомъ сихъ вѣтровъ, и порядкомъ ихъ послѣдовательности, въ состояніи атмосферы относительно барометра и гигрометра. Вѣтры пассатные (Сѣверо-Восточные и Юго-Восточные) вмѣстѣ съ противоположными имъ потоками воздуха Юго-Западными и Сѣверо-Западными), господствующими на обоихъ полушаріяхъ, въ умѣренныхъ поясахъ, суть, безъ всякаго сомнѣнія, не что иное, какъ слѣдствіе двухъ противоположныхъ потоковъ (полярныхъ и экваторіальныхъ) атмосферы, измѣняемыхъ перемѣнными, смотря по параллелямъ, дѣйствіями вращенія земли и скорости[18] |69| частицъ воздуха; но неравное нагрѣваніе континентальныхъ и пелагическихъ массъ, различное расположеніе земель, направленіе ихъ среднихъ осей (уголъ, составляемый сими осями съ меридіанами), и приближеніе земель къ экватору или къ полярному кругу, измѣняютъ *нормальное состояніе сихъ главныхъ вѣтровъ*, и придаютъ имъ въ различныхъ мѣстахъ, сообразно съ расширеніемъ и формою материковъ, и съ временами года, особенный характеръ[19]. |70|

---

[15] Relat. hist., m. I, стр. 199.
[16] Barometrische Windrose, помѣщенные въ Abhandl. der Berliner Academ. за 1818 и 1819 годъ, стр. 187.
[17] См. длинный рядъ записокъ въ Poggendorf, Annalen, m. XV, стр. 53.
[18] Къ доказательствамъ существованія противоположнаго потока воздуха, идущаго съ запада въ возвышенныхъ тропическихъ странахъ (въ чемъ убѣждаютъ насъ вѣтры, господствующіе на вершинѣ Тенерифскаго утеса, и пепелъ, изверженный волканами острова Святаго Викентія и занесенный на островъ Барбадосъ), можно еще присоединить новое свидѣтельство весьма опытнаго Датскаго моряка, Г. Лейтенанта Полудана, который часто видалъ, въ жаркомъ поясѣ, что въ то время, когда пассатные вѣтры сильно дуютъ на поверхности моря, мелкія и возвышенныя облака быстро движутся отъ запада къ востоку. Schouw, Vergl. Klimatologie, 1827. Томъ I, стр. 55.
[19] Вліяніе очертанія материковъ на направленіе вѣтровъ было также разсамтриваемо въ упомянутомъ важномъ сочиненіи Г. Шува. «Во всей сѣверной Европѣ, между 50° и 60° широты, Западные вѣтры (Западный, Сѣверо-Западный и Юго-Западный) преобладаютъ надъ вѣтрами Восточными (Восточнымъ, Сѣверо-Восточнымъ и Юго-Восточнымъ); но это преобладаніе уменьшается по мѣрѣ того, какъ углубляемся во внутренность земель, отъ западныхъ береговъ къ Сѣверу-Востоку. Въ сосѣдствѣ Атлантическаго океана, Западные вѣтры

Отличивъ, соотвѣтственно распредѣленію твердыхъ массъ, непосредственно образующихъ собою поверхность земнаго шара, оба полушарія, сѣверное и южное, названіями полушарія *твердаго* и полушарія *жидкаго*, мы замѣтимъ, что исключая Средиземное моря и полуострововидное продолженіе Азіи, образую|71|щее нашу Европу, большіе разрывы въ очертаніи твердой земли и самые глубокіе заливы лежатъ на восточныхъ берегахъ обоихъ материковъ, особливо *тамъ*, гдѣ сосѣдственныя моря представляютъ *тахітит* ширины. Таковы положенія Гудзонова залива, Антильскаго моря и этого длиннаго и узкаго водохранилища со многими выдавшимися частями, которое отъ Ю.Ю.З. простирается къ С.С.В., начиная съ Индѣйскаго Архипелага до Охотскаго залива, и которое, подобно Средиземному морю, отдѣляющему Европу отъ Африки, имѣло большое вліяніе на древнее просвѣщеніе и на судьбу народовъ восточной Азіи. Не мѣсто разсматривать здѣсь, *что̀* именно, въ этой противоположности береговъ непрерывныхъ и береговъ разорванныхъ водами, въ этомъ образованіи излучистыхъ и *суставчатыхъ* земель, зависитъ отъ общаго движенія водъ съ Востока на Западъ[20], отъ вторженія морей, послѣ |72| котораго разбросанные

отклоняются къ Югу, а Сѣверные вѣтры учащаются въ восточной части Европы. Преобладаніе Западныхъ вѣтровъ надъ Восточными бываетъ лѣтомъ значительнѣе, нежели зимою и весною; но это вліяніе временъ года уменьшается по мѣрѣ того, какъ Европа расширяетсяк ъ Востоку. Зимою Западные вѣтры наичаще дуютъ съ Юго-Запада; лѣтомъ же они дуютъ отъ Сѣверо-Запада или прямо съ Запада. Разсматривая среднія температуры пятидесяти шести лѣтъ, и раздѣливъ это число лѣтъ на двѣ группы, смотря по тому, чаще или рѣже часты были Западные вѣтры, чѣмъ въ обыкновенномъ состояніи своего *полнаго средняго преобладанія*, мы находимъ для Копенгагена слѣдующіе результаты:

	Зимою	Весною	Лѣт.	Осен.	Въ пр. года.
Для 1 группы	+ 0°,54	6°,40	17°,24	9°,46	8°,41
Для 2 группы	− 1°,56	6°,05	17°,74	9°,46	7°,92
Разн. ср. темп. по стогр. тер.	− 2°,10	− 0°,35	+ 0°,35	0°,00	− 0°,49

Отъ учащенія восточныхъ вѣтровъ зимняя стужа и лѣтній жаръ въ Европѣ увеличиваются. Вообще въ поясѣ сѣвернаго полушарія, лежащемъ внѣ тропика, вѣтры дуютъ болѣе въ направленіи меридіановъ, чаще отъ Запада къ Югу, чѣмъ отъ Сѣвера къ Востоку.

[20] Г. Флёрьё въ Voyage de Marchand autour du Monde, т. VI, стр. 38–42. Касательно подобія треугольныхъ формъ, относительнаго положенія конечностей материковъ, отношеній между западными берегами Африки (Гвинейскаго залива),

остатки материка представляются въ видѣ скученныхъ островочковъ (*fractas ex aequore terras*), и что̀ есть слѣдствіе внезапнаго дѣйствія волканическихъ силъ. Сіи послѣднія, поднимая большія кристаллическія массы различныхъ возрастовъ, образуютъ Архипелаги, связываютъ ихъ перешейками, и увеличиваютъ материки посредствомъ мысовъ, подобныхъ полуостровамъ.

(*Продолженіе в слѣд. книжкѣ.*)

|223|

C. ФИЗИКА.
3. О ПРИЧИНАХЪ ИЗМѢНЕНІЙ ВЪ ЛИНЕЯХЪ РАВНОЙ ГОДИЧНОЙ ТЕПЛОТЫ.
Соч. А. Гумбольдта.
(*Продолженіе*).

На материкахъ сѣвернаго полушарія, продолжающихся къ полюсу, *средній предѣлъ* совпадаетъ довольно правильно съ параллелью 70°; но къ сѣверу отъ залива Георга IV и *форватера Фуріи и Геклы*, большая группа маленькихъ острововъ и околополярныхъ земель служитъ, такъ сказать, продолженіемъ континентальной полосы Америки. Это та самая Американская полоса, которая въ южномъ или водяномъ полушаріи простирается къ югу также далѣе прочихъ частей материка; такъ что на пространствѣ 126° широты, а пройдя проливъ Баррова, вѣроятно болѣе, чѣмъ на 136°, почти по направленію меридіана тянется непрерывный хребетъ Кордильерскихъ горъ, къ которымъ съ востока прислоняются равнины и нѣсколько |224| системъ невысокихъ горъ. Таковая цѣпь твердыхъ земель, пробѣгая всѣ поясы, отъ климата пальмъ и деревянистыхъ папоротниковъ до такихъ береговъ, которые покрываются снѣгами среди самаго лѣта [21], имѣетъ значительное вліяніе на распредѣленіе теплоты, на направленіе воздушныхъ потоковъ, на разнообразное развитіе растительныхъ формъ, и на переселеніе тропическихъ растеній [22] и животныхъ въ умѣренныя и холодныя страны. |225|

Новой Голландіи и южной Америки (залива Ариканскаго), смотри мою Relat. hist., m. III, стр. 189 и 198.

[21] Наблюденія Хуррука въ Магелланскомъ проливѣ.

[22] Dicat aliquis in continente nostra, mare Mediterraneum interfusum et nivosorum montium juga, ab oriente ad occidentem porrecta, obstetisse stirpibus aequinoctialibus totque figuris speciosis in fervidiori zona abundantibus, quo minus septentrionem versus se latius diffunderent. Contra Americae terra continens adeo uno tenore a meridie

Между всѣми отношеніями *очертанія* и *климатерическаго положенія*, представляемыми континентальными массами умѣренныхъ поясовъ, главнѣйшія истекаютъ изъ *отсутствія* или *присутствія* тропическихъ земель, содержащихся между одними и тѣми же меридіанами. Подъ самымъ экваторомъ море покрываетъ твердое ядро нашей планеты только на одну шестую часть ея окружности; а какъ дѣйствіемъ иррадіаціи сближенныя частицы поверхности нагрѣваются весьма различно въ тѣлахъ непрозрачныхъ и въ тѣлахъ прозрачныхъ, то такое преобладаніе воды въ экваторіальномъ поясѣ, вмѣстѣ съ особеннымъ распредѣленіемъ земель на различныхъ градусахъ долготы подъ экваторомъ, или въ сосѣдствѣ онаго, оказываетъ вліяніе на силу восходящихъ воздушныхъ потоковъ, кои, по мѣрѣ охлажденія въ своемъ горизонтальномъ теченіи, уклоняются къ обоимъ умѣреннымъ поясамъ. Я уже разсматривалъ эту причину тепла, говоря о благотворномъ дѣйствіи на климатъ Европы, производимомъ положеніемъ Африки, и противоположностями, которыя представляютъ намъ Европа и Азія относительно этого дѣйствія какъ экваторіальныхъ, такъ континентальныхъ и пелагическихъ странъ. Вообще, когда представимъ числомъ |226| 100 пространство земель, содержащихся между обоими тропиками на всей окружности земнаго шара, то найдемъ[23], что 461 такая часть принадлежитъ Африкѣ, 301 Америкѣ, 124 Новой Голландіи и Индійскому архипелагу и 114 Азіи. Посему старый материкъ содержится къ новому, относительно пространства земель, лежащихъ между тропиками, какъ 5,7 къ 3; притомъ, расположеніе сихъ экваторіальныхъ земель, которое гораздо важнѣе для теоріи вѣтровъ, столь не равно, что масса, состоящая изъ 762 частей (Африки и Америки), то есть почти $^4/_5$ всего материка, возвышеннаго надъ уровнемъ экваторіальныхъ морей на цѣломъ земномъ шарѣ, сжата въ узкой полосѣ, занимающей по долготѣ 132 $^3/_4$ между меридіанами мысовъ Гардафуи и Парина. Слѣдовательно только $^1/_5$ часть

---

[23] arctum versus protenditur ut Liquidambar styraciflua quae sub parallelo 18–19 graduum declivitatem montium obtegit Bostonum usque latitudine 43 $^1/_2$ graduum in loca plana se effundat, Possiflorae, cassia, cacti, mimosaceae, bignoniae, crotones, cymbidia et limodora (stirpium figurae aequinoctiales septentrionalibus immixtae) in Virginiam excurrunt. *Humb. de distrib. geogr. plantarum*, cmp. 45–52. Лѣтніе жары и охота за насѣкомыми переманиваютъ колибри въ Соединенные Штаты и въ Канаду даже до широты Парижа и Берлина. Подъ тропиками онѣ попадались мнѣ на такой высотѣ, которая была не менѣе высоты Тенерифскаго утеса.

[23] Смотри сравненіе числа видовъ ядовитыхъ змѣй съ континентальными поверхностями, лежащими между тропиками и въ умѣренныхъ полосахъ, въ моемъ Recueil de Zoologie et d'Anatomie comparée, томъ II, cmp. 3.

всего материка жаркаго пояса раздѣлена отъ восточныхъ береговъ Африки до западныхъ береговъ Америки, на 227 $^1/_4$ долготы или на $^3/_6$ земной окружности. Всѣ восточные вѣтры (дующіе черезъ востокъ отъ сѣвера къ югу) |227| идутъ въ Европу и Сѣверную Азію подъ вліяніемъ этой полосы, столь широкой и столь бѣдной въ экваторіальныхъ земляхъ; между тѣмъ какъ западные вѣтры (дующіе черезъ западъ отъ юга къ сѣверу) подлежатъ теплотворному дѣйствію экваторіальной полосы, содержащей наиболѣе твердой земли. Дабы опредѣлить съ точностью истинныя физическія причины вліянія, производимаго накопленіемъ какъ континентальныхъ, такъ и пелагическихъ поверхностей въ жаркомъ поясѣ, я приведу здѣсь (не входя въ разсмотрѣніе того, что относится ближе къ изслѣдованію вмѣстилища морей) слѣдующіе факты:

Разсматривая, въ тропической странѣ, одну только среднюю годичную температуру, я нашелъ, изъ сравненія нѣсколькихъ тысячъ наблюденій, что воздухъ, лежащій надъ материками 2°,2 по стог. терм.[24] теплѣе воздуха, покрывающаго море, на дальнемъ отъ береговъ разстояніи. Я полагаю, что температура воздуха, окружающаго материкъ, равняется 27°,7, а температура морскаго воздуха 25°,5; но распредѣленіе этой полной средней теплоты обѣихъ атмосферъ, земной и морской, какъ между различными эпохами дня и года, |228| такъ и между различными мѣстностями болѣе или менѣе благопріятными для солнечной иррадіаціи и для истеченія теплотвора, представляетъ различія, гораздо значительнѣйшія тѣхъ, о коихъ мы упоминали. Сіи-то частныя отношенія, зависящія отъ времени и мѣста, измѣняютъ силу потока теплаго воздуха, который поднимается между тропиками, достигаетъ бо́льшей или ме́ньшей высоты и потомъ, спускаясь, разливаетъ этотъ воздухъ на различныя разстоянія и неравными массами, по умѣреннымъ поясамъ[25]. На широкихъ полосахъ экваторіальнаго пояса, поверхность морей, по причинѣ потоковъ, приносящихъ холодную воду отъ ближайшихъ къ полюсу широтъ, понижаетъ температуру, на Атлантическомъ Океанѣ, къ западу и къ юго-западу отъ береговъ Гвинеи[26], до 20°,6 и 22°; а вдоль

---

[24] Relat. hist., T. I, стр. 225.
[25] Чтобы лучше понять сіи дѣйствія восходящаго потока, поднимающагося надъ тропическими землями, должно припомнить, что онѣ имѣли бы мѣсто и были бы благотворны въ продолженіе нѣкоторыхъ временъ года, даже въ томъ случаѣ, когда бы среднія годичныя температуры воздуха, окружающаго Океанъ, и воздуха, окружающаго материкъ, были одинаковы.
[26] Смотри сравненіе наблюденій Капитана Сабина съ наблюденіями Г. Дюперрея, въ моей Relat. hist., T. III, стр. 527. Капитанъ Бичей (Beechey), подъ $12\frac{0}{2}^1$ ю. ш., и на 28° 20′ зап. дол. также замѣтилъ, что температура поверхности моря въ

Перу|229|анскихъ береговъ (близъ Каллао) до 15°,4 и 19°, и пониженіе это сильно дѣйствуетъ на температуру окружающаго воздуха. Температура Океана въ жаркомъ поясѣ достигаетъ весьма рѣдко 28°: доселѣ не замѣчено, чтобы она простиралась далѣе 30°,6[27]. Температура атмосферы, окружающей экваторіальныя моря, по хорошимъ наблюденіямъ, производимымъ внѣ дѣйствія лучеобразной теплоты корабля, достигаетъ рѣдко 29°, и быть можетъ никогда 32°[28]. Капитанъ Бичей, собравшій отъ |230| 1825 до 1828 года столь большую массу метеорологическихъ наблюденій въ жаркомъ поясѣ, замѣтилъ, что (кромѣ четырехъ дней[29], въ которые термометръ показывалъ 30°,3 и 31°,6,) температура атмосферы на южномъ морѣ никогда не простиралась далѣе 28°,8. Эта низкая температура противорѣчитъ страннымъ образомъ сильной теплотѣ воздуха, окружающаго материкъ. Между тропиками, поверхность почвы, въ теченіе дня, нагрѣвается отъ иррадіаціи весьма часто до 52°,5. |231|

Я замѣтилъ близъ Оренокскихъ водопадовъ, что температура бѣлаго крутозернистаго гранитнаго песка, покрытаго обильнымъ

---

[27] Августѣ равнялась 21°,8, между тѣмъ какъ подъ тою же параллелью температура другихъ морей, внѣ потоковъ, простиралась до 27°,3 или до 27°,8. Relat. hist., T. I, стр. 234, 237; T. III, стр. 498. Смотри также статью Араго въ Annuaire du Bur. de long. 1825 года, стр. 183.

[28] Мореходцы, плывущіе изъ Гваяквиля въ Панаму подъ 4° и 8° шир. (81° и 84 долг.), въ Апрѣлѣ и Маѣ, подвергаются сильнымъ жарамъ, въ продолженіе облачной погоды и ю.ю. з. вѣтровъ. Г. Диркинкъ де Голмфельдтъ, весьма ученый Датскій офицеръ, будучи снабженъ термометрами, которые были повѣрены съ термометрами Парижской обсерваторіи, дѣлалъ, по моей просьбѣ, много наблюденій въ южномъ морѣ надъ температурою воды и воздуха; онъ нашелъ, подъ 4° и 5° с. ш., что температура воздуха равнялась 30°,7 и 30°,9; слѣдовательно воздухъ былъ нѣсколько теплѣе того, какъ опредѣлилъ Кипитанъ д'Антркасто близь Молукскихъ острововъ. (Араго стр. 181). Но таковыя возвышенныя температуры случайны.

[29] Сіи четыре наблюденія, столь примѣчательныя въ исторіи термометрическихъ измѣненій воздуха, окружающаго Океанъ, представляютъ температуру (меньшую 25° 1/2 по Реом.), довольно обыкновенную въ жаркомъ поясѣ (на равнинахъ Венезуелы, Гваяквиля, Акапулко, Суринама, Мадраса, Пондишери, Маниллы), особливо же на предѣлахъ, отдѣляющихъ его отъ пояса умѣреннаго. Они были слѣланы (Бичей, Vogage T. II, стр. 702, 707, 711):
Въ Маѣ, шир. Сѣв. 20° долг. зап. 244° между островами Маріанскими и Макао, 89° по Фар.
Въ Маѣ, ш. Сѣв. 26°. д. зап. 236° - - id - - $86°\frac{1}{2}$ -
Въ Маѣ, - 7° -- 152° между Отагити и Овихе 89° -
Въ Мартъ. ш. Сѣв. 12° - 101° подъ мер. Акап. 89° -

прозябеніемъ злаковъ, доходила до 60°,3[30], между тѣмъ какъ температура воздуха (въ тѣни) простиралась только до 29°,6. Атмосфера, окружающая материкъ въ жаркомъ поясѣ и близь его предѣловъ (начиная съ 23° до 29° широты) въ теченіе цѣлыхъ мѣся|232|цевъ имѣетъ *среднюю температуру* отъ 29° до 34°. Если ограничимся разсмотрѣніемъ колебанія теплоты, въ томъ же поясѣ, въ теченіе дня, то найдемъ, что въ воздухѣ, окружающемъ Океанъ, она обыкновенно доходитъ отъ 23°до 27°; а въ воздухѣ, окружающемъ материкъ, отъ 26°,5 до 35°. Наибольшія температуры воздуха въ Пондишери, Мадрасѣ, Бенерессѣ, Верхнемъ Египтѣ и Донголѣ, по наблюденіямъ, заслуживающимъ довѣріе, измѣняются отъ 40° до 46°,8 (32° и 37, 5 по Реомюру). Сравненіе этихъ *числовыхъ елементовъ*, коихъ точность подтверждена новѣйшими наблюденіями, позволяетъ мнѣ исключить отсюда изслѣдованіе различій въ силѣ и направленіи потока, поднимающагося надъ материками и морями жаркаго пояса, отъ вліянія коихъ измѣняется полное дѣйствіе.

Продолженіе земель къ полюсамъ столь же важно въ отношеніи къ распредѣленію температуры, какъ и продолженіе ихъ къ экватору. Я показалъ, въ моей запискѣ о климатѣ сѣверо-западной Азіи, сравнивая очертаніе Европы съ очертаніемъ Азіи, какое вліяніе можетъ имѣть положеніе моря, свободнаго отъ льдинъ, когда оно помѣщается между полюсомъ и сѣвернымъ предѣломъ материка. На сѣверѣ |233| Берингова пролива, полярные льды ограничены[31] излучистою линеею, направленною отъ юго-запада къ сѣверо-востоку; смотря по температурѣ года, она придерживается иногда параллели Смитова мыса, а иногда параллели мыса Колли (Collie) (шир. 70 1/2–71 1/4), переходя отъ материка Америки къ материку Азіи. Холодъ въ сихъ странахъ бываетъ столь си-

---

[30] Relat. hist. T. I, стр. 628, T. II, стр. 201, 222, 303, 376: Г. Пулье также упоминаетъ, что онъ видѣлъ въ Парижѣ, какъ въ небольшомъ садикѣ, куда падали лучи, отраженные отъ окружающихъ стѣнъ, почва нагрѣлась до 65° (Elémens de Physique. T. II, стр. 647); но этотъ опытный Физикъ не означаетъ ни цвѣта почвы, ни температуры воздуха. Не должно забывать, что съ 1 го Мая по 12 Августа солнце бываетъ въ Парижѣ такъ же высоко, какъ въ иную эпоху года, подъ тропиками на 10° 27′ широты (на прим. въ Куманѣ). Г. Араго, коего изысканія надъ температурою слоевъ почвы на различной глубинѣ, разольютъ столько свѣта на періодическое колебаніе теплоты, дѣлалъ множество точныхъ наблюденій надъ иррадіаціей песка во время нашихъ сильныхъ лѣтнихъ жаровъ. Всего чаще температура онаго составляла отъ 48° до 50°; но однажды она дошла до 53°, тогда какъ термометръ показывалъ въ тѣни 33°. Касательно убыли въ водѣ, претерпѣваемой рѣками между тропиками отъ нагрѣванія и всасыванія песчаныхъ равнинъ, смотри мою Relat. hist. T. II, стр. 222.

[31] Бичей, T. I, стр. 537 и 551, T. II, стр. 579.

лень, что даже въ Іюлѣ и Августѣ (1827 года), во время экспедиціи *Блоссома*, при сѣверныхъ и сѣверо-западныхъ вѣтрахъ, средняя температура атмосферы доходила едва до 4° 1/2 (не смотря на вліяніе юго-западнаго потока[32], приносящаго воды температурою отъ 5°,4 до 6°,6 по стогр. тем.) Измѣненія простирались отъ 0° до 8°. Подъ тою же параллелью, въ Лапоніи и на сѣверномъ мысѣ острова Магерое, который также бываетъ окруженъ, лѣтомъ, непрерывными туманами, препятствующими дѣйствію солнца, средняя теплота Іюля простирается до 8°. Далѣе отъ береговъ, въ Алтенѣ (подъ шир. |234| 71°) она достигаетъ, по наблюденію Г. Леопольда Буха, 17°,5[33].

Въ южномъ полушаріи, на пирамидальныхъ оконечностяхъ материковъ, неравно продолженныхъ къ южному полюсу, замѣчаемъ *климатъ острововъ*. До 48° и 50° широты за холоднымъ лѣтомъ слѣдуетъ умѣренная зима, отъ чего и растительныя формы жаркаго пояса, какъ то деревянистые папоротники и нѣкоторые прекрасныя чужеядныя растенія изъ семейства ятрышниковыхъ (orchideae), могутъ прозябать на югѣ до 38° и 42° широты. Поверхности матерой земли на обоихъ полушаріяхъ, раздѣленныхъ экваторомъ, представляютъ собою отношеніе 3 къ 1; но такое различіе зависитъ болѣе отъ земель, принадлежащихъ къ умѣреннымъ поясамъ, нежели отъ земель, лежащихъ въ поясѣ жаркомъ. Первыя, на обоихъ полушаріяхъ, сѣверномъ и южномъ, состоятъ между собою въ отношеніи 13 къ 1; а послѣднія – въ отношеніи 5 къ 4. Таковая неравность въ распредѣленіи континентальныхъ массъ оказываетъ ощутительное вліяніе какъ на силу восходящаго потока, который наклоняется къ южному полюсу, такъ и вообще на температуру южнаго |235| полушарія. Вѣроятно, что недостатокъ твердыхъ земель имѣлъ бы вліяніе несравненно сильнѣйшее, если бы распредѣленіе материковъ по обѣимъ сторонамъ экватора, въ поясахъ тропическихъ, было столь же неравно, какъ и въ поясахъ умѣренныхъ.

Наконецъ послѣднее разсмотрѣніе, касающееся очертанія и относительнаго положенія континентальныхъ массъ, связано съ состояніемъ образованности народовъ. Высшее развитіе этой образованности, которую мы назовемъ Европейскою или западною, потому что при движеніи своемъ къ западу он была передана намъ Греками, существуетъ теперь на двухъ противоположныхъ берегахъ, омываемыхъ водами Атлантическаго океана. По причинѣ преобладанія западныхъ

---

[32] Этотъ южный потокъ въ особенности замѣтенъ между заливомъ Коцебу и мысомъ Гоне, гдѣ, по причинѣ направленія берега, онъ устремляется къ сѣверо-западу.

[33] Voyage en Norvege, T. II, стр. 416.

вѣтровъ, восточные берега, внѣ тропиковъ, при равенствѣ широтъ, бываютъ холоднѣе западныхъ. Этотъ фактъ не могъ ускользнуть отъ вниманія народовъ, равно побуждаемыхъ къ изслѣдованію климата своей отечественной почвы, и принужденныхъ имѣть, въ силу состоянія своей образованности, частыя сношенія. Это изслѣдованіе сдѣлалось основаніемъ *теоріи линей равной теплоты*. На восточныхъ и западныхъ берегахъ одного и того же материка, или на противоположныхъ берегахъ Азіи и Америки, |236| омываемыхъ южнымъ моремъ, не столь легко было бы обнаружить означенный нами фактъ. Отдаленность мѣстъ, различіе въ образованности и въ возмущающихъ причинахъ, кои запутываютъ самое простое физическое явленіе, долго препятствовали бы открытію противоположности климатовъ на берегахъ, различно расположенныхъ относительно странъ свѣта.

Уменьшеніе среднихъ температуръ отъ экватора къ полюсу, зависящее отъ дѣйствія солнца, измененнаго очертаніемъ и относительнымъ положеніемъ континентальныхъ массъ, всего быстрѣе, въ старомъ и новомъ свѣтѣ между параллелями 40° и 45°. Касательно этого предмета климатологіи наблюденія[34] даютъ результатъ, совершенно сообразный съ теоріею; ибо измѣненіе квадрата косинуса, представляющее законъ температуры, бываетъ самое большое близь 45° широты. Въ системѣ климатовъ западной Европы, средняя годичная температура, соотвѣтствующая этой широтѣ, составляетъ 13°, и 13°,5, даже средняя температура самаго холоднаго мѣста доходитъ тамъ до 3° и 4°. Это та прекрасная |237| и плодоносная полоса, которая проходитъ черезъ южную часть Франціи (между Валансомъ и Авиньономъ) и Италію (между Луккою и Миланомъ); отечество винограда соприкасается въ ней съ страною оливковыхъ и лимонныхъ деревъ. Ни въ какомъ другомъ мѣстѣ температуры, съ приближеніемъ къ югу, не возрастаютъ такъ быстро; нигдѣ растительныя произведенія и различные предметы земледѣлія не смѣняются столь часто. Таковое разнообразіе въ произведеніяхъ пограничныхъ земель оживляетъ торговлю и увеличиваетъ промышленность народовъ, занимающихся земледѣліемъ. Ближе къ востоку за Адріатическимъ моремъ и Босніей, во внутреннихъ частяхъ Азіи и сѣверной Америки, всюду, гдѣ линеи равной теплоты принимаютъ вогнутыя вершины по причинѣ формы, положенія и выпуклости материковъ, параллель 45° не представляетъ подобныхъ преимуществъ. Въ Новомъ Свѣтѣ средняя температура года едва достигаетъ подъ сею параллелью 8°,2; а температура холоднѣйшаго мѣсяца опускается до 5°. Климатъ, способный для воздѣлыванія винограда, начинается тамъ 6° или 7° ближе къ югу.

---

[34] Mém. de la soc. d'Arcueil, T. III, стр. 503.

Во всѣхъ предъидущихъ изслѣдованіяхъ мы разсматривали материки только со сто|238|роны пространства, очертанія и длины по направленію меридіановъ, не принимая въ разсчетъ *состоянія поверхности* почвы, Не менѣе того сцѣпленіе, химическій составъ, цвѣтъ, рыхлость, теплоемлимость, способность проводить теплоту, безплодіе и обильное прозябеніе, обыкновенная сырость и сухость, суть такія принадлежности почвы, отъ коихъ зависятъ поглощающая и испускающая способности оной. Сколь разнообразны по своимъ дѣйствіямъ пустыни, покрытыя утесами и песками, зеленѣющіяся саваны (savanes), степи или (употребивъ выраженіе Волнея) травянистыя равнины, представляющія намъ двудольныя травы вышиною въ 6 и 7 футовъ, лѣса, болота, и земли, издавна обработываемыя! Собственно такъ называемыя степи, состоящія изъ песка и обнаженныхъ скалъ[35], принадлежатъ къ числу тѣхъ геологическихъ явленій, коихъ происхожденіе [36] еще не изслѣдовано: всѣ онѣ почти исключительно принадлежатъ жаркой и умѣренной части азіатскаго материка, подобно тому, какъ саваны характеризуютъ собою Америку, и какъ два рода степей, однѣ покрытыя растеніями соляными, |239| другія – высокими травами изъ семейства сложныхъ и бобковыхъ, составляютъ собою отличительную черту полуденной Россіи, Сибири и Туркестана. Отъ западныхъ береговъ Сахары до восточныхъ предѣловъ Гоби, на пространствѣ 132° по долготѣ, тянется широкая и почти непрерывная полоса степей черезъ центръ Африки, Аравію, Персію, Кандагаръ, Тіанханъ Нанлу, и землю Монголовъ. Болѣе $^2/_3$ этой поверхности, сухой, обнаженной и безплодной, лежатъ на западной сторонѣ Инда въ ближайшемъ къ тропику поясѣ. Вспомнивъ, что подъ этою широтою пески нагрѣваются днем отъ иррадіаціи до 50° или 60°, легко можно представить себѣ, что такое состояніе поверхности на большомъ протяженіи должно сильно дѣйствовать на распредѣленіе теплоты въ пространной части земнаго шара. Поверхность одной Африканской Сахары (включая разсѣянныя по ней плодоносные клочки земли *(Oasis)*, но кромѣ Дарфура и Донголы) составляетъ 194,000 квадратныхъ миль, считая по двадцати миль въ градусѣ, что вдвое слишкомъ болѣе поверхности Средиземнаго моря[37]. Въ лѣсахъ Оре|240|нокскихъ, гдѣ среди самаго сильнаго прозябенія открываются огромныя пространства, состоящія изъ обнаженнаго камня, возвышающагося

---

[35] Г. Эренбергъ доказывалъ недавно, что бо́льшая часть Африканскихъ степей покрыта песками и каменистою поверхностію.
[36] Смотри мои Tableaux de la Nat., T. I, стр. 25.
[37] По моему вычисленію, поверхность Средиземнаго моря равняется 77,300 квадратнымъ морскимъ милямъ, а поверхность Чернаго – 14,000.

надъ равниною не болѣе какъ на 2, много на 3 дюйма, температура гнейсоваго гранита простиралась, по моимъ наблюденіями, среди продолжительныхъ тропическихъ ночей, до 36°, въ то время, какъ атмосферный воздухъ имѣлъ только 25°,8 теплоты. Посему теплотворное дѣйствіе этого гранита и вліяніе его на восходящій потокъ не прерывается и въ отсутствіе солнца. Я замѣтилъ, что обнаженныя скалы принимаютъ въ одинаковые часы одинаковую температуру, потому что окружающая среда, отъ коей зависитъ потеря теплоты[38], истекающей въ видѣ лучей, претерпѣвала весьма правильныя измѣненія. Что касается до различія поглощающихъ и испускающихъ способностей, зависящаго отъ цвѣта, плотности, объятности и лоска поверхности; то достаточно припомнить противоположности, представляемыя бѣлыми образованіями вторичныхъ и третичныхъ из|241|вестняковъ, кварцоваго песчаника (quader sandstein) и фелдшпатическихъ трахитовъ съ сіенитами, изобилующими амфиболемъ, діоритами, базальтами, мелафирами, голубыми и черными переносными известняками, шелковистыми глинистыми шиферами и слюдистыми сланцами металлическаго блеска; число поглощаемыхъ и отражаемыхъ лучей зависитъ отъ частнаго состоянія поверхности.

Саваны (равнины, покрытыя злаками), называемыя *лугами* (prairies), между рѣками Миссури и Миссисипи, и даже въ тѣхъ мѣстахъ, гдѣ онѣ бываютъ совершенно сухи, нагрѣваются отъ дневной иррадіаціи менѣе, чѣмъ пески пустынь; перепончатые, копьевидные и заостренные листья небольшихъ однодольныхъ растеній (кипарисныхъ и злачныхъ), ихъ весьма тонкіе стебли, ихъ шипы, коими часто бываютъ покрыты вѣтвистыя цвѣточныя ножки, отражаютъ лучеобразную теплоту въ небесное пространство, и имѣютъ чрезвычайно большую испускающую силу. Вельсъ и Даніель[39] замѣтили въ нашемъ климатѣ, что въ продолженіе ясныхъ ночей, термометръ опускается въ травѣ на 6°, 8°, и даже на 9°,4. Эта охлаждающая причина вмѣстѣ съ сгущеніемъ паровъ, |242| которое есть слѣдствіе оной, поддерживаетъ прозябеніе на обширныхъ странахъ экваторіальной Америки въ теченіе продолжительныхъ засухъ. Небольшіе злаки и лѣсныя деревья растутъ подъ вліяніемъ весьма различныхъ обстоятельствъ. Испуская лучеобразную теплоту близъ своихъ вершинъ, деревья охлаждаютъ атмосферу и слои охлажденнаго воздуха низводятъ къ почвѣ, которая подъ ихъ тѣнью не можетъ испускать лучеобразную

---

[38] Эта потеря не слѣдуетъ Невтонову закону (Scala graduum caloris въ Phil. Trans., 1701 года, стр. 162), какъ доказали то Гг. Дюлонгъ и Пети въ своемъ прекрасномъ сочиненіи о законѣ охлажденія.

[39] Meteorol. essays. 1827 года, стр. 230, 232, 278.

теплоту, между тѣмъ какъ злаки всегда погружены въ охлажденную ими атмосферу, коей влагу осаждаютъ они въ видѣ росы⁴⁰. Спавши на травѣ равнинъ Венезуелы и нижняго Ореноко, въ прекрасныя тропическія ночи, я и Бонпланъ испытали сами эту сырую свѣжесть тамъ, гдѣ, 5 или 6 футами выше, температура воздуха была отъ 26° до 27°. Сіи образующія горизонтъ равнины, въ которыхъ ни малѣйшій вѣтерокъ не препятствуетъ истеченію лучеобразной теплоты изъ зеленѣющейся поверхности, суть геологическое явленіе, свойственное исключительно одному только Новому Свѣту. Близь экватора, подъ сумрачнымъ небомъ |243| верхняго Ореноко, Ріо-Негро и Амазонки онѣ сокрыты въ дремучихъ лѣсахъ; но на сѣверѣ и югѣ этотъ поясъ пальмъ и большихъ двудольныхъ деревъ окруженъ лланосами⁴¹ и пампасами⁴², т. е. саванами, покрытыми злаками, коихъ поверхность въ десять разъ болѣе Франціи. Чтобы показать, сколь сильное вліяніе оказываетъ на климатъ такое состояніе поверхности, достаточно напомнить, что эта страна, покрытая злаками, занимаетъ въ южной Америкѣ на 50,000 квадратныхъ миль болѣе пространства, чѣмъ хребетъ Андовъ и всѣ отдѣльныя группы горъ Бразиліи и Парима. Присоединивъ къ этой площади (area) луга Миссури и равнины, находящіяся между Невольничьимъ озеромъ и сѣвернымъ Океаномъ, по которымъ путешествовали Геарнъ, Маккензій и неустрашимый Франклинъ, мы составимъ себѣ точное понятіе о величинѣ этихъ саванъ, на которыхъ въ странахъ, лежащихъ ближе къ сѣверу, растутъ только вѣтвистыя лишайныя растенія (physciae). Въ умѣренномъ поясѣ, на примѣръ въ Англіи, по |244| справедливому замѣчанію Г. Даніеля, ночное истеченіе лучеобразной теплоты на лугахъ и въ кустарникѣ можетъ понизить температуру въ теченіе десяти мѣсяцевъ года до точки замерзанія. Въ Парижѣ⁴³, весь 1818 годъ, коего средняя температура была довольно возвышенна (11°, 32), заключалъ въ себѣ только одинъ мѣсяцъ, въ продолженіе коего не было замѣчено пониженія ниже 8°, и въ теченіе сего мѣсяца (Іюля), крайнія температуры⁴⁴ были 34°,5 и 10°,2; слѣдовательно, въ ясную ночь трава могла охладиться до +0,8.

---

⁴⁰ Смотри любопытную записку Г-на Даніеля о *климатѣ, разсматриваемомъ въ отношеніи къ садоводству*. (Met. essays. стр. 522).
⁴¹ Лланосы нижняго Ореноко, Меты и Гвавіары занимаютъ 29,000 квадратныхъ морскихъ миль; Франція (включая Корсику) занимаетъ только 17,100.
⁴² Пампасъ Ріо де ла Платы и Патагоніи имѣетъ 135,200 к. м.
⁴³ Средняя температура Парижа, по наблюденіямъ, сдѣланнымъ въ теченіе 21 года, равняется 10°,81.
⁴⁴ Араго въ Ann. de Chimie, T. IX, стр. 426.

Лѣса, какъ причины, производящія холодъ, дѣйствуютъ трояким образомъ: они укрываютъ землю отъ солнечной иррадіаціи жизненнымъ дѣйствіемъ и накожною испариною листьевъ образуютъ сильное испареніе водяныхъ жидкостей; наконецъ растяженіемъ въ пластинки сихъ придаточныхъ органовъ увеличиваютъ число поверхностей, способныхъ къ охлажденію по причинѣ истеченія изъ нихъ лучеобразной теплоты. Совокупность сихъ трехъ дѣйствій (прохлады подъ зеленью, |245| испаренія и истеченія лучеобразной теплоты) столь важна, что отношеніе пространства, занимаемаго лѣсами, къ поверхности обнаженной или покрытой травами и злаками, есть одинъ изъ главнѣйшихъ числовыхъ элементовъ въ климатологіи всякой страны. Отъ малочисленности лѣсовъ и безлѣсія увеличиваются вмѣстѣ *температура* и сухость воздуха; сухость же сія, уменьшая влажное пространство, на которомъ образуются испаренія, и силу прозябенія, дѣйствуетъ на *теплоту* мѣстнаго климата. Полоса земель, по большей части обнаженныхъ[45] и безплодныхъ, окружающихъ Средиземное, Каспійское и Аральское моря, представятъ образецъ подобнаго явленія, вредныя дѣйствія коего промышленные Италіянскіе земледѣльцы уменьшаютъ искусственнымъ орошеніемъ земли посредствомъ каналовъ. Если мы ограничимся разсматриваніемъ одной только *тѣни*, бросаемой деревьями; то увидимъ, что въ умѣренномъ поясѣ хладотворное дѣйствіе этой тѣни бываетъ всего сильнѣе весною и въ |246| началѣ лѣта, когда накопившійся въ лѣсахъ снѣгъ не таетъ, даже тамъ, гдѣ средняя температура лѣтнихъ мѣсяцевъ, какъ на примѣръ въ сѣверной Россіи и въ Германіи, простирается до 13° и 14°. Когда лѣсная почва болотиста, что случается весьма часто въ Европѣ и сѣверной Америкѣ, тогда древесная тѣнь, по отсутствію солнечной иррадіаціи, становится еще вреднѣе для климата; ибо болота, закрытыя въ половину ерниковыми (Ericacées) и олеандерными (Rosages) растеніями, замерзаютъ до дна и образуютъ маленькія ледники, долго сопротивляющіеся земной теплотѣ.

Главнѣйшія жизненныя отправленія листьевъ заключаются въ испареніи воды и вдыханіи воздуха; ибо (по изслѣдованіямъ Гг. Адольфа Броньяра[46] и Дютроше) атмосфера, чрезъ скважины кожицы, имѣетъ свободное сообщеніе съ системою воздушныхъ полостей и клѣточками шароклѣтной мякоти. Я не стану разбирать здѣсь хладотворныя и

---

[45] Касательно примѣчательныхъ послѣдствій истребленія лѣсовъ подъ тропиками, на примѣръ въ долинахъ Арагванскихъ, и на плоской возвышенности Мексики, смотри мою Relat. hist., T. II. стр. 269–77 и мой Essays. pol. sur la Nouvelle-Espagne (2 изданіе) T. II, стр. 44, 426.

[46] Адольфъ Броньяръ въ Annales des Sciences nat., Декабрь 1830 года, стр. 446, 450.

теплотворныя дѣйствія дыханія, столь различнаго ночью и при таинственномъ вліяніи солнечнаго свѣта, сообразно тому, какъ листья поглощаютъ днемъ изъ воздуха кислородъ и выдыхаютъ угольную кислоту, или сообразно тому, какъ ночью |247| они разлагаютъ сію послѣднюю, усвоиваютъ себѣ ея углеродъ и выдыхаютъ кислородъ. Въ продолженіе сего дыханія, при таковыхъ *перемѣнахъ состоянія*, сопровождаемыхъ перемѣнами химическими (замѣщеніями основаній), безъ сомнѣнія множество теплотвора становится свободнымъ: но не смотря на то, что ночное поглощеніе кислорода, которое, по прекраснымъ опытамъ Г. Теодора Соссюра, въ семь разъ болѣе объема листьевъ каждаго года, или листьевъ *опадающихъ*[47], весьма вѣроятно, что сіи убыли и приращенія въ количествѣ углерода при дыханіи лѣсовъ, имѣютъ весьма слабое вліяніе на температуру атмосферы. Но это заключеніе не можетъ быть распространено на водяное испареніе, производящее то, что на всѣхъ языкахъ и въ особенности между тропиками, означаютъ такъ выразительно словомъ *влажная свѣжесть*. Потоки паровъ поднимаются надъ экваторіальными странами, покрытыми лѣсами, и припомнивъ, что измѣренію Галеса (Hales), поверхность листьевъ подсолнечника, въ три фута съ половиною вышины, составляла около 40 квадратныхъ футовъ, будемъ въ состояніи представить себѣ, какова должна быть |248| сила испаренія надъ лѣсистою страною Амазонки и верхняго Ореноко, пересѣкаемой только теченіемъ рѣкъ и занимающей собою площадь въ 260,000 квадратныхъ морскихъ миль. Постоянно сумрачное небо сихъ странъ и провинціи Ласъ-Есмеральдасъ, къ западу отъ волкана Пихинха, пониженіе температуры въ Миссіяхъ Ріо-Негро[48] и облака паровъ[49], замѣчаемыя среди бѣлаго дня между вершинами деревъ дремучихъ лѣсовъ, суть слѣдствія водянаго испаренія листьевъ и истеченія изъ нихъ лучеобразной теплоты. Что касается до холода, происходящаго отъ сей послѣдней причины, то мнѣ кажется, что способъ дѣйствія всей придаточной системы (листьевъ) большаго дерева можно представить слѣдующимъ образомъ:

Листья не бываютъ въ горизонтальномъ положеніи и не параллельны между собою, но составляютъ съ горизонтомъ различные углы; и по закону Лесли[50], вліяніе сихъ |249| угловъ на количество теплоты,

---

[47] Декандоль, Organographie, Т. I, стр. 358, 360.
[48] Relat. histor., Т. II, стр. 463.
[49] L. c. T. I, стр. 436.
[50] Г. Фурье доказалъ всеобщность сего закона посредствомъ анализа. (Nouv. Mém. de l'Institut, членъ 90, 96).

теряемой чрезъ истеченіе оной въ видѣ лучей или, что все равно, испускающая сила поверхности, вычисленная по извѣстному направленію, равняется испускающей силѣ ея проложенія на плоскость, перпендикулярную къ этому направленію. Посему при началѣ охлажденія, происходящаго отъ истеченія лучеобразной теплоты изъ всѣхъ листьевъ на вершинѣ дерева, прежде всего понижается температура тѣхъ, у которыхъ одна изъ двухъ поверхностей испускаетъ лучеобразную теплоту свободно въ небесное пространство, и такое пониженіе (истощеніе теплоты) бываетъ тѣмъ значительнѣе, чѣмъ тонѣе ихъ пластинки. Второй слой листьевъ, противоположный своею верхнею поверхностью нижней поверхности перваго слоя, чрезъ истеченіе лучеобразной теплоты, теряетъ въ пользу сего послѣдняго болѣе тепла, чѣмъ онъ отъ него приобрѣтаетъ. Слѣдствіемъ сего неравнаго обмѣна будетъ опять охлажденіе: это дѣйствіе переходитъ отъ слоя къ слою, до тѣхъ поръ, пока находящіеся подъ различнымъ, смотря по своему положенію, вліяніемъ, листья всего дерева придутъ въ состояніе постояннаго равновѣсія, коего законъ можетъ быть опредѣленъ математическимъ ана|250|лизомъ. Вотъ какимъ образомъ воздухъ, занимающій промежутки листьевъ и окружающій собою лѣсъ, охлаждается въ продолженіе ясныхъ ночей. По причинѣ многочисленности сихъ придаточныхъ органовъ, имѣющихъ фор му весьма тонкихъ пластинокъ, дерево, коего горизонтальное сѣченіе чрезъ вершину менѣе 400 квадратныхъ футовъ, дѣйствуетъ на пониженіе температуры въ атмосферѣ такою поверхностью, которая въ нѣсколько тысячъ разъ болѣе поверхности въ 400 квадратныхъ футовъ почвы голой и покрытой дерномъ. Въ почвѣ пониженіе температуры не обнаруживается явственнымъ образомъ по причинѣ теплоты, притекающей отъ слоя къ слою изъ внутренности земли. Движеніе воздуха, увеличивающее испареніе, и, по остроумнымъ опытамъ Г. Нейма (Knight), усиливающее восхожденіе пасоки, противоположно хладотворному слѣдствію истеченія лучеобразной теплоты; вліяніе это бываетъ сильнѣе въ ясныя ночи жаркаго пояса, потому что, на дальнемъ отъ береговъ разстояніи, атмосфера тамъ прозрачнѣе и ночью бываетъ спокойнѣе.

Объяснивъ три способа дѣйствія (защиту отъ солнечной иррадіаціи, испареніе и истеченіе лучеобразной теплоты), кои измѣняются въ умѣренномъ поясѣ, смотря по то|251|му, принадлежатъ ли *растенія*[51], растущія обществами или лѣсами, къ семейству

---

[51] Agri natura et circumfusi aëris calor, pro diversitate coeli, modo temperatus, modo incitatus, non solum distributionem ordinum (*familiarum*) moderatur, sed in eo quoque vim suam exercet, ut stirpes modo catervatim, modo sigillatim gignuntur. Vivunt enim, ut animalia sive *sparsae*, sive *sociatae*, et si Ericae vulgaris plantulam in quolibet agro

сережчатыхъ (дубъ, береза, букъ), или относятся къ семейству хвойныхъ, надлежало бы еще упомянуть о четвертомъ способѣ дѣйствія, съ противнымъ знакомъ, т. е., о препятствіи, поставляемомъ лѣсною тѣнію противъ охлажденія почвы чрезъ истеченіе лучеобразной теплоты; но это теплотворное вліяніе неощутительно среди столькихъ *совмѣстныхъ* охлаждающихъ причинъ. Въ темную ночь, по моимъ наблюденіямъ, въ глубинѣ лѣсовъ Кассиквіары и Атабано, не теплѣе, чѣмъ въ саванѣ. Почва лѣса, испуская лучеобразную теплоту въ густую зелень, безъ сомнѣнія находится подъ ея вліяніемъ; но какъ *тотъ же растительный покровъ* не допускаетъ, днемъ, къ почвѣ солнечныхъ лучей, *то* температура ея при наступленіи ночи уже понижается отъ иррадіаціи. |252|

Мы разсмотрѣли поверхность почвы въ трехъ обстоятельствахъ: когда бываетъ она обнажена (камениста), покрыта травою, или осѣнена лѣсами. Остается взглянуть на вліяніе стоячихъ водъ, то есть, болотъ, озеръ и большихъ рѣкъ, подлежащихъ періодическимъ наводненіямъ. Въ поясѣ, лежащемъ за тропиками, сіи воды умѣряютъ лѣтніе жары, потому что онѣ нагрѣваются менѣе, чѣмъ поверхности непрозрачныя, и при своемъ испареніи поглощаютъ теплотворъ. Вода весьма глубокая уменьшаетъ зимній холодъ до времени образованія льда. Замѣтимъ, что подъ тѣми широтами, гдѣ средняя температура зимы стоитъ ниже $3°\ ^1/_2$, рѣки замерзаютъ лишь тогда, когда термометръ обнаруживаетъ въ воздухѣ, въ продолженіе нѣсколькихъ дней, температуру въ $-8°$ или $10°$. Наоборотъ, за параллелями $58°$ и $60°$, отъ поздняго таянія льда въ рѣкахъ, озерахъ и болотахъ, увеличивается весенній холодъ.

Подъ тропиками, весьма мало измѣняющаяся температура атмосферы, какъ тихой, такъ и бурной, уравниваетъ теплоту обоихъ элементовъ, воздуха и воды. Я замѣтилъ, что между $4°$ и $8°$ широты, вода Ореноко[52] |253| имѣетъ постоянно отъ $27°,5$ до $29°,5$ тепла; слѣдовательно температура ея мало разнится отъ средней температуры воздуха. По причинѣ совершеннаго почти безвѣтрія въ срединѣ лѣсовъ, здѣсь хладотворное вліяніе испареній почти нечувствительно. *(Окончаніе въ слѣдующей книжкѣ).*

|403|

---

solam animadvertas extra naturae suae legem errantem putes, eodem jure, ac formicam singulam per sylvas vagantem (Гумбольдтъ, de distrib. plant., cmp. 50).

[52] Смотри, касательно частныхъ наблюденій, Relat. hist. T. II, стр. 233, 377, 384, 607; о низкой температурѣ водъ Ріо-Негро и Ріо-Конго T. II, стр. 252 и 463. Во время наводненія рѣки Гваяквиль я видѣлъ самъ, какъ термометръ поднялся до $33°,5$ (T. II, стр. 389).

С. ФИЗИКА.
3. О ПРИЧИНАХЪ ИЗМѢНЕНІЙ ВЪ ЛИНЕЯХЪ РАВНОЙ ГОДИЧНОЙ ТЕПЛОТЫ.
Соч. А. Гумбольдта.
(Окончаніе).

По симъ-то причинамъ измѣняется температура отъ состоянія почвы на равнинахъ. *Горы* могутъ быть разсматриваемы либо со стороны ихъ вліянія на климатъ сосѣдственныхъ равнинъ, либо со стороны вліянія ихъ на свою собственную поверхность, надъ уровнемъ моря. Первое изъ сихъ дѣйствій обнаруживается въ отраженіи (réverberation) теплоты при подошвѣ утесистыхъ скалъ[53], въ защитѣ горными хребтами отъ нѣкоторыхъ господствующихъ вѣтровъ, и въ холодѣ, распространяемомъ нисходящими воздушными потоками, про|404|бѣгающими по крутому скату высокаго утеса. Подъ тропиками, также какъ и въ сильные лѣтніе жары умѣреннаго пояса, въ то время, когда температура нижнихъ слоевъ атмосферы достигаетъ 27° и 28°, воздухъ, коего температура не болѣе 10°, возвышается надъ равнинами на 1500 и 1600 тоазовъ. Посему косвенные вѣтры могутъ сдѣлаться одною изъ самыхъ могущественныхъ и общихъ охлаждающихъ причинъ; но для сего потребны особенныя условія, каковы суть: стеченія противоположныхъ потоковъ, перемѣна въ плотности, возстановленіе равновѣсія. Опытность доказываетъ, что очертаніе почвы, выпуклость горы, то есть присутствіе, такъ сказать, *мели* или *по дводнаго камня* въ воздушномъ океанѣ, благопріятствуетъ нисходящимъ потокамъ и смѣшенію верхнихъ слоевъ с нижними, какъ по сопротивленію отлогостей движенію воздуха, такъ и по измѣненіямъ температуры, происходящимъ, мѣстнымъ образомъ, въ верхнихъ слояхъ атмосферы отъ вліянія поглощенія солнечныхъ лучей и ночнаго истеченія темной теплоты. Холодъ, ощущаемый иногда къ вечеру, при подошвѣ одинокаго утеса, колебанія облачныхъ слоевъ и нѣкоторыя погрѣшности въ барометрическихъ измѣреніяхъ суть слѣдствія нисходящихъ пото|405|ковъ[54], которые повидимому увеличиваются, когда отлогость бываетъ непрерывна и покрыта гладкимъ весьма низкимъ дерномъ. Но широкая полоса тропическихъ лѣсовъ и отлогость, прерываемая плоскими возвышенностями, отъ коихъ увеличивается температура и замедляется ея уменьшеніе, весьма много ослабляютъ упомянутыя дѣйствія. Въ провинціи Квито, въ Перу и въ Мексикѣ я замѣтилъ, что равнины, простирающіяся до самой подошвы

---

[53] Таковы положенія городовъ Сен-Круа на Тенерифѣ, Гваиры и Акапулько.
[54] Касательно воздуха, спускающагося съ округленной вершины Силла де Каракасъ, смотри L. e., m. I, стр. 580, 586, 597.

Кордильеровъ, покрытыхъ вѣчными снѣгами, удерживаютъ на всей своей широтѣ одну и ту же теплоту тропическаго климата. Большая высота снѣжной линіи въ жаркомъ поясѣ способствуетъ уменьшенію вліянія *невадъ* (*nevados*) на низменныя страны, между тѣмъ какъ въ умѣренномъ поясѣ вершины низкихъ горъ, покрытыя до наступленія лѣта снѣгами, выпадающими въ теченіе зимы, сильно охлаждаютъ равнины косвенными вѣтрами и нисходящими потоками. Такое вліяніе спорадическихъ снѣговъ, дѣйствующее только въ продолженіе опредѣленной части года, становится уже ощутитель|406|нымъ въ Мексикѣ подъ 19° широты, гдѣ они обыкновенно показываются, и пребываютъ довольно долго, на высотѣ въ 1500 тоазовъ, а иногда и ниже.

Изъ совокупности сихъ разсмотрѣній слѣдуетъ, что горные хребты, раздѣляя страны на обширныя низменныя равнины (bassins), какъ то видимъ въ Греціи и Малой Азіи, *характеризуютъ* и разнообразятъ *климаты равнинъ* относительно теплоты, сырости, прозрачности воздуха и частаго появленія вѣтровъ и бурь; а сіи обстоятельства имѣютъ вліяніе на разнообразіе земныхъ произведеній. Такой географическій характеръ каждой страны обнаруживается наиболѣе тамъ, гдѣ различія въ очертаніи почвы по вертикальному и горизонтальному направленію, и въ выпуклости и излучистости предѣловъ (въ *суставчатомъ* образованіи плоской поверхности) бываютъ совмѣстно самыя большія.

Сіе изслѣдованіе о почвѣ континентальныхъ массъ остается заключить разсмотрѣніемъ измѣненій, претерпѣваемыхъ температурою отъ высоты, то есть, разсмотрѣніемъ вліянія горъ и плоскихъ возвышенностей на свои собственныя поверхности. Я изложилъ сей предметъ весьма подробно въ дру|407|гихъ сочиненіяхъ[55]; въ этой

---

[55] Смотри мое *Собраніе Астрономическихъ наблюденій*, томъ I, стр. 129; *Mémoires d'Arcueil*, томъ III, стр. 592; Relat. hist., томъ I, стр. 119, 141–143, 227. Касательно уменьшенія въ различные часы дня (во время лѣта и зимы каждаго дня), смотри наблюденія Гг. Горнера и Эхмана, Риги, на небольшой высотѣ въ 920 тоазовъ; наблюденія были производимы почти ежечасно въ теченіе 26 дней, въ Январѣ и Іюнѣ (*Bibl. Univers.*, 1831 года, за мѣсяцъ Апрѣль, стр. 449). Сіи ученые нашли, что въ 7 часовъ утра 1° по стогр. терм. соотвѣтствуетъ пониженію до 129 тоазовъ, а въ 5 часовъ пополудни – до 95 тоазовъ. Часы дня представляютъ здѣсь снова времена года; ибо Соссюръ также нашелъ зимою 36 тоаз. болѣе, чѣмъ лѣтомъ. Въ умѣренномъ поясѣ, относительно средняго уменьшенія теплоты, въ продолженіе цѣлаго года, Соссюръ останавливается на 99 тоазахъ; Раймондъ – на 84; д'Абюиссонъ – на 88. Мои наблюденія подъ тропиками даютъ для отлогости Кордильеровъ 99 тоазовъ, а сравнивая однѣ лишь плоскія возвышенности – 122 тоаза. Если бы законъ уменьшенія былъ одинаковъ для всѣхъ слоевъ,

запискѣ я ограничусь общими взглядами и нѣкоторыми новѣй|408|шими наблюденіями касательно предѣловъ вѣчныхъ снѣговъ.

Выпуклость или многогранная форма земной поверхности (разсматривая ее только со стороны очертанія, и не принимая въ расчетъ ни цвѣта, ни безплодія, ни плодоносія, и проч.) дѣйствуетъ на климатъ неравнымъ возвышеніемъ нѣкоторыхъ мѣстъ надъ нормальною плоскостію (уровнемъ Океана), наклоненіемъ отлогостей, ихъ положеніемъ относительно солнечныхъ лучей, тѣнью, которою онѣ взаимно покрываютъ другъ друга въ различныя часы дня и въ различныя времена года, и наконецъ количествомъ лучеобразной теплоты, теряемой ночью, которое различествуетъ смотря по тому, болѣе или менѣе открыта почва относительно яснаго и безоблачнаго неба. Горы нагрѣваютъ окружающіе ихъ слои воздуха посредствомъ иррадіаціи отъ непрозрачныхъ массъ, имѣющихъ обширную поверхность, возвышающуюся въ атмосферѣ; замѣчали даже, что онѣ производятъ воздушныя теченія, которыя часто бываютъ прерываемы охлаждающимъ дѣйствіемъ большихъ тѣней, отбрасываемыхъ облаками. Плоскія возвышенности дѣйствуютъ ровностію своей поверхности, своимъ пространствомъ и своимъ |409| расположеніемъ въ видѣ уступовъ. Я нашелъ изъ непосредственныхъ наблюденій, что подъ тропиками, между Кордильерами, на плоскихъ возвышенностяхъ въ 25 квадратныхъ морскихъ миль, средняя температура воздуха превосходитъ такую же температуру воздуха на крутыхъ отлогостяхъ горъ, и что, при равныхъ высотахъ, она бываетъ болѣе сей послѣдней отъ 1° 5, до 2°,3. Если бы отъ дѣйствія какого-нибудь необыкновеннаго переворота на земномъ шарѣ уровень моря значительно опустился, то съ этимъ было бы сопряжено уменьшеніе температуры на равнинахъ и плоскихъ возвышенностяхъ.

Если бы, восходя на горы, не ощущали мы уменьшенія теплоты; то снѣгъ, которымъ горы покрываются въ то время, какъ на равнинахъ идетъ дождь, доказывалъ бы холодъ высшихъ слоевъ атмосферы, подобно тому, какъ изъ уменьшенія высоты низшаго предѣла вѣчныхъ снѣговъ открываемъ, что *изотермическія поверхности*, близкія къ поверхности въ 0° температуры, вообще понижаются по мѣрѣ приближенія къ полярному кругу. Если Даніиль Бернульи, одинъ изъ величайшихъ Геометровъ минувшаго столѣтія, приписывалъ въ своей *Гидродинамикѣ* (изд. 1738 года, стр. 218) холодъ, ощу|410|щаемый на высокихъ

и если бы слой, въ которомъ лежитъ снѣжный предѣлъ, имѣлъ подъ всѣми широтами температуру въ 0°; тогда бы средняя температура равнинъ опредѣлилась изъ высоты снѣговъ посредствомъ простаго дѣленія.

горахъ, какому-то неизвѣстному вліянію почвы, и сказалъ *non absurdum esse, si dicamus calorem aëris medium, eo majorem esse, quo magis a superficie maris distat* – то къ этому были поводомъ не столько погрѣшности въ наблюденіяхъ О. Фелье (Feuillée), сдѣланныхъ на вершинѣ Тенерифскаго утеса, сколько мечтанія Физико-математическія. Разсматривая явленіе вѣчныхъ снѣговъ въ видѣ болѣе общемъ, нежели какъ разсматривали его Бугеръ, Соссюръ и Раймондъ, открываемъ, что низшій предѣлъ снѣговъ не есть слѣдъ одной изъ тѣхъ изотермическихъ линей, кои въ наложенныхъ другъ на друга слояхъ воздушнаго Океана, наклоняются всѣ отъ экватора къ обоимъ полюсамъ; предѣлъ сей бываетъ иногда выше, а иногда ниже атмосферическаго слоя въ 0° средней температуры, такъ что между экваторомъ (въ долинѣ Квито) и полярнымъ кругомъ[56] его ко|411|лебанія простираются отъ +1°,5 до – 6° 8. Вообще должно сказать, что снѣжный поясъ лежитъ всюду на высотѣ тѣхъ воздушныхъ слоевъ, въ коихъ образуется снѣгъ. Извѣстно, что это явленіе обыкновенно замѣчается на поверхности земли въ то время, когда температура воздуха стоитъ нѣсколькими градусами выше или ниже точки замерзанія. Первый случай есть даже обыкновеннѣйшій. Снѣгъ идетъ весьма рѣдко, когда температура воздуха опускается ниже – 20° или 22°. |412|

Изслѣдованіе средней годичной температуры возвышенныхъ слоевъ атмосферы безъ сомнѣнія весьма важно, потому что оно доказываетъ, сколь ошибочно было мнѣніе о совпаденіи нижняго предѣла вѣчныхъ снѣговъ съ изотермическою линеею нуля, представившееся уму одного Физика[57], стяжавшаго себѣ справедливую славу своею проницательностію и удивительною ясностію своихъ соображеній; но раз-

---

[56] Смотри мою записку о предѣлѣ вѣчныхъ снѣговъ на горахъ Гималайскихъ и въ странахъ экваторіальныхъ (Annales de Chimie., 1820 года, T. XIV, стр. 1–55). Чтобы представить графически слой атмосферы, имѣющій среднюю температуру въ 0°, достаточно провести на меридіанѣ нѣсколько ординатъ, коихъ различныя длины соотвѣтствовали бы высотѣ сего слоя. Поверхность, проходящая чрезъ вершины сихъ ординатъ, есть *изотермическая поверхность* въ 0° температуры, и пересѣченіе оной съ земнымъ шаромъ означаетъ на равнинахъ слѣдъ изотермической линіи въ 9° температуры. *Кривая снѣжная линія* не означаетъ ни предѣла замерзанія, какъ то допускали прежде, и часто повторяютъ еще нынѣ, ни слоя воздуха одинаковой температуры. Средняя температура воздуха на предѣлахъ снѣговъ равняется: на Шимборазо (шир. 1° 28′ ю.) +1°,4 (отнюдь не болѣе +1°,7); на Сіеррѣ Невадѣ Гренады (шир. 37° 10′) – 0°,4; на Сенъ-Готардѣ (шир. 46° 36′ С.) – 3°,7; на Альпахъ, къ югу отъ Женевы (шир. 45° 55′) – 4 ¹/₂; въ Норвегіи подъ полярнымъ кругомъ, – 6°,8. (смотри L. c., стр. 19, и мое *Recueil d'observations astronomiques*, T. I, стр. 136).

[57] Бугеръ, *Figure de la terre* стр. I, и XI и VI.

сматривая подробнѣе явленіе уменьшенія теплоты, которое измѣняется вмѣстѣ съ временами года, открывается, что нижній предѣлъ снѣговъ есть функція не одной лишь температуры высшихъ слоевъ атмосферы. Не говоря уже о небольшихъ колебаніяхъ теплоты, кои имѣютъ мѣсто даже и въ тропическомъ поясѣ отъ вліянія перемѣны склоненій солнца и прохожденій сего свѣтила черезъ зенитъ, припомнимъ, что въ умѣренномъ поясѣ слои, имѣющіе − 0°,4 или − 7° температуры, находятся, лѣтомъ и зимою, на высотахъ весьма различныхъ. Предположимъ теперь, переходя черезъ воздушные слои снизу кверху, что слой въ $x°$ средней годичной температуры, соотвѣтствующей въ продол|413|женіе цѣлаго года высотѣ y, есть теплѣйшій слой, въ которомъ снѣгъ можетъ образоваться; тогда температура сія въ $x°$ будетъ находиться зимою гораздо ниже y. Посему снѣгъ будетъ преимущественно накопляться за зимнимъ предѣломъ $y − n$, и всѣ дѣйствующія лѣтомъ теплотворныя причины будутъ стремиться приблизить этотъ предѣлъ къ y и поднять его еще выше. Выраженіе *нижній предѣлъ вѣчныхъ снѣговъ*, принадлежащій той или другой широтѣ, означаетъ вообще *предѣлъ лѣтній*, наибольшую высоту, на которой находится снѣгъ въ продолженіе цѣлаго года. Высота лѣтняго предѣла есть результатъ борьбы лѣта съ нижнимъ краемъ или опушкою (la lisière) зимнихъ снѣговъ, которая ежегодно возобновляется съ одинаковыми почти успѣхами. Число тоазовъ, на которое удаляются снѣга отъ вліянія лѣтнихъ причинъ, не зависитъ ни отъ средней температуры одного лѣта, ни отъ средней температуры теплѣйшаго мѣсяца: оно опредѣляется множествомъ другихъ обстоятельствъ, между коими глубина и плотность снѣга (количество и сцѣпленіе снѣга, выпадающаго зимою), форма, обнаженность и близость сосѣдственныхъ плоскихъ возвышенностей, ихъ нормальная температура въ теченіе цѣлаго года, |414| утесистость вершинъ, направленіе и наклоненіе вѣтровъ, болѣе или менѣе континентальное положеніе мѣста, масса сосѣдственныхъ снѣговъ, наконецъ облачное или ясное состояніе неба, суть важнѣйшія обстоятельства, измѣняющія силу ирраdіаціи[58].

Изъ изслѣдованія столь многихъ совмѣстныхъ причинъ, отъ коихъ зависитъ столь сложное явленіе, надлежало бы уже давно предусмотрѣть, что снѣжный предѣлъ можетъ легко подъ самымъ экваторомъ находиться не на самой большой высотѣ. Дѣйствительно, до начала девятнадцатаго столѣтія, высота эта не была опредѣлена ни для одной изъ точекъ земнаго шара, лежащихъ между 2° и 37° широты. Во время моего пребыванія въ Мексикѣ, въ 1803 году, я нашелъ,

---

[58] Ann. de Chimie, T. XIV, стр. 51.

что въ сѣверномъ полушаріи подъ 19° широты, она едва была 110 тоазами ниже, чѣмъ въ части Квитскихъ Андовъ, пересѣкаемой экваторомъ. Въ этой части Андовъ годовое колебаніе[59] снѣжнаго предѣла заключается между 2445 и 2460 тоаз.; а на плоской возвышенности Мексики оно простирается отъ 1950 до |415| 2350 тоаз. Не должно смѣшивать между собою три явленія наибольшей высоты снѣговъ: колебанія ихъ, предѣла и *спорадическаго паденія*. Я не замѣтилъ, чтобы подъ экваторомъ[60] снѣгъ падалъ ниже, чѣмъ съ высоты 1860 тоазовъ. Въ Мексикѣ, подъ 19° широты, онъ часто бываетъ видимъ на высотѣ въ 1500 и менѣе тоазовъ, и даже, хотя весьма рѣдко, на высотѣ въ 1200 и 1000 тоазовъ. Я также былъ удивленъ и чрезвычайною медленностію[61], съ которою спускается (по измѣреніямъ Гг. Эспинозы и Бауцы въ Хили, между Мендозою и Валпараизо, под 33° широты) снѣгъ въ южномъ полушаріи; но совокупность перемѣнныхъ причинъ, отъ коихъ зависитъ столь сложное явленіе, была открыта, какъ то всегда почти случается въ изысканіяхъ Физической Географіи, помощію познанія нѣкоторыхъ исключеній изъ закона, считавшагося дотолѣ общимъ, и помощію опредѣленія нижняго предѣла снѣговъ на сѣверной отлогости Гималаи (2605 тоаз.), сдѣланнаго Г. Веббомъ въ 1816 году, и въ Верхнемъ Перу (2670 тоаз.), сдѣланнаго Г. |416| Пентландомъ въ 1826 году. Поля, засѣянныя плодоносными злаками, на высотѣ болѣе чѣмъ въ 2300 тоаз. въ умѣренномъ поясѣ, подъ 31° широты, и чрезмѣрныя различія, означенныя Г. Веббомъ, между снѣжными предѣлами на сѣверной и южной отлогости Гималаи, показались съ перваго взгляда столь удивительными явленіями, что многіе отличные Англійскіе Физики усумнились было въ точности измѣреній своихъ соотечественниковъ. Узнавъ результаты, полученные въ Индіи, я старался доказать[62], что погрѣшность ихъ весьма незначительна и зависитъ единственно отъ земнаго преломленія, и что весьма необыкновенная высота снѣговъ на отлогости Гималаи объясняется самымъ удовлетворительнымъ образомъ истеченіемъ лучеобразной теплоты изъ прилежащей равнины, ясностію неба и рѣдкостію снѣговъ въ воздухѣ весьма холодномъ и чрезвычайно сухомъ.

Справедливость сихъ замѣчаній, изложенныхъ мною въ запискѣ, изданной въ 1820 году, подтвердилась[63] новѣйшими трудами Г. |417|

---

[59] L. c., стр. 25, 34, 45.
[60] L. c., стр. 36, 46.
[61] L. c. стр. 56.
[62] L. c., т. III, стр. 303, т. XIV, стр. 6, 22, 50.
[63] Араго, въ Annuaire за 1830 годъ, стр. 531.

Пентланда. Въ верхнемъ Перу (что нынѣ Боливія) этотъ искусный наблюдатель нашелъ, что нижній предѣлъ снѣговъ находится:

На	волканѣ Арeквина, южн. штр.	16° 20 на высотѣ въ	5400 метр.
	Невадо Инкокайо,	15° 58	5133
	Невадо Иллимани	16° 42	5140
	Невадо Трехъ Крестовъ	16° 30	5209
	Невадо Хипикани	17° 48	5181.

Сред. южн. шир. 16°–17° 3/4 – 5213 м. или 2674 тоаз.

Этотъ же путешественникъ, озарившій такимъ свѣтомъ Геологію Боливіанскихъ Андовъ, между тѣмъ какъ Г. Буссенгольтъ (Boussingault) продолжаетъ свои изслѣдованія касательно Геологіи Андовъ Колумбійскихъ, восходилъ съ барометрами Фортена на вершины горъ Порко и Потози, между 19° 36′ и 19° 45′ широты, коихъ высота простирается до 2487 и 2507 тоазовъ; слѣдовательно горы сіи значительно возвышаются надъ снѣжнымъ предѣломъ въ Квито; но не смотря на |418| это, онъ не нашелъ тамъ ниже млѣйшихъ слѣдовъ снѣга.

Изъ совокупности собранныхъ доселѣ данныхъ слѣдуетъ, что *наибольшій* изъ всѣхъ снѣжныхъ предѣловъ былъ замѣченъ въ южномъ полушаріи, между 16° и 17° 3/4 широты; и что высота онаго немного болѣе высоты снѣжнаго предѣла на сѣверной отлогости Гималаи, подъ 31° сѣверной широты. При равныхъ разстояніяхъ отъ экватора, къ Сѣверу и къ Югу, снѣгъ выпадаетъ спорадически въ Мексикѣ (безъ сомнѣнія отъ вліянія сѣверныхъ и сѣверо-западныхъ вѣтровъ, дующихъ съ материка, идущаго къ сѣверному полюсу), на высотѣ въ 1200 и 1500 тоазовъ надъ уровнемъ Океана, а въ Боливіи на высотѣ въ 1900 и 2000 тоазовъ[64]. |419|

---

[64] «Въ продолженіе моего пребыванія въ городѣ Хуквизаки (Chuquisaca) (шир. 19° 2′ выс. 1458 тоаз.), съ 13 Января по 26 Марта, я ни разу не видалъ снѣжныхъ хлопьевъ, не смотря на то, что въ это время стояла весьма дождливая погода. Я путешествовалъ въ провинціяхъ Хуквизаки и Кохабамбы съ 26 Февраля по 1е Апрѣля, и хотя дождь шелъ безпрерывно, но онъ не превращался въ снѣгъ между 1000 и 1600 тоаз. высоты. Я увидалъ снѣгъ не прежде, какъ достигнувъ высоты въ 1990 тоазовъ, близъ Караколло.» (Пентландъ). Соотношеніе между высотою (α) нижняго предѣла вѣчныхъ снѣговъ и наименьшею высотою (β), на которой идетъ снѣгъ спорадическимъ образомъ, есть результатъ весьма примѣчательный. Разность $\alpha - \beta$ надъ экваторомъ, въ Квито = 600 тоаз.; въ Боливіи (юж. шир. 16°–19°) =720 шир.; въ Мексикѣ (сѣв. шир. 19°) отъ 850 до 1350 тоазовъ. Сперва разность увеличивается по мѣрѣ уменьшенія α: въ южной Испаніи,

Хотя мѣстныя обстоятельства, то есть большое число совмѣстно дѣйствующихъ причинъ, измѣняющихся смотря по очертанію |420| почвы по частному свойству климата, производятъ различіе въ высотѣ снѣговъ въ Квито, Мексикѣ и Боливіи, въ различныхъ частяхъ жаркаго пояса; однако не менѣе того высоты сіи представляютъ собою разительное согласіе въ каждой группѣ горъ и подъ каждымъ частнымъ поясомъ. Мы сей часъ видѣли, что въ пяти измѣреніяхъ, сдѣланныхъ между 16 и $17°\,^3/_4$ южной широты, разница простирается только до 135 тоазовъ. Въ Мексикѣ я нашелъ слѣдующія величины для *наибольшаго предѣла снѣговъ:* |421|

Волканъ Пепокатепетль	2342 тоаза
Невадо Ицтаксигуатль	2355
Невадо Толука	2295

Сіи различныя высоты почти совпадаютъ въ одно и то же время года, различествуя между собою только на 60 тоазовъ; шесть измѣреній, кои были сдѣланы въ Кордильерахъ Квито, между $0°$ и $1°\,28'$ южн. широты, еще согласнѣе между собою. Вотъ полученные мною результаты:

| Руку Пихинха | 2455 тоазовъ |

близъ Гренады, она болѣе 1700 тоазовъ. Въ Европѣ и Африкѣ снѣгъ идетъ спорадическимъ образомъ до уровня моря не прежде, какъ начиная съ параллели $36°$ или $37°$. Между причинами, дѣйствующими совмѣстно на α и на $\alpha - \beta$, лѣтняя теплота имѣетъ болѣе вліянія на $\alpha - \beta$. Оба количества суть функціи уменьшенія теплоты въ различныя времена года, и наблюденія Г. Пентланда доказываютъ, что β не всегда уменьшается пропорціонально широтамъ, потому что самая высота α слѣдуетъ инымъ законамъ. Разность $\alpha - \beta$ достигаетъ своего *maximum* въ старомъ материкѣ подъ 36 или $37°$ широты, и снова уменьшается къ сѣверу. Въ системѣ Европейскихъ климатовъ она простирается, подъ $45°\,^1/_2$ широты, только до 1400 тоазовъ, а подъ $67°$ – только до 600; это значитъ, что близь полярнаго круга она имѣетъ ту же величину, какъ и подъ экваторомъ, не смотря на то, что въ этихъ двухъ полосахъ собственныя величины α относятся между собою какъ 1 къ 4. Чтобъ составить себѣ болѣе точное понятіе объ этой перемѣнной величинѣ ($\alpha - \beta$), отъ уменьшенія теплоты въ одно изъ временъ года, должно отличать температуру воздушнаго слоя, въ которомъ образуется снѣгъ, отъ температуры слоевъ, чрезъ которые падаетъ снѣгъ, увеличивая свои хлопья, прежде чѣмъ онъ обращается въ дождь. Величина и состояніе плотности кристалловъ, скученныхъ въ хлопья, неодинаково сопротивляются таянію, при равенствѣ температуры хлопьевъ и пробѣгаемыхъ ими слоевъ воздуха (Relat. hist., T. I, стр. 110). Метеорологическія обстоятельства, кои, съ перваго взгляда, представляются совершенно отвѣтственными, затрудняютъ объясненіе рѣдкости града въ низменныхъ тропическихъ странахъ (L. c., T. I, стр. 586; T. II, стр. 272).

Гуагуа Пихинха	2460
Антисана	2493
Коразонъ	2458
Котопакси	2490
Шимборазо	2471.

Отсюда слѣдуетъ, что полное дѣйствіе, столь сложное относительно многочисленности причинъ, отъ коихъ оно зависитъ, бываетъ одинаково въ поясѣ небольшаго протяженія. Каждый изъ сихъ поясовъ представляетъ особенную систему климатовъ, въ которой ежегодное движеніе теплоты обнаруживается подъ однѣми условіями охлажденія слоевъ воздуха, болѣе ии менѣе обильнаго образованія снѣга, |422| и лучеобразной теплоты, исходящей изъ сосѣдственныхъ плоскихъ возвышеній.

Собравъ на одной таблицѣ небольшое количество извѣстныхъ доселѣ точныхъ числовыхъ элементовъ, легко можно замѣтить, что снѣжный предѣлъ есть вмѣстѣ функція нормальныхъ температуръ лѣта (α) или мѣсяцевъ теплѣйшихъ, и цѣлаго года (β). Онъ уменьшается быстрѣе α, но гораздо медленнѣе β. Мы принуждены ограничиться въ слѣдующей таблицѣ означеніемъ температуръ низменныхъ странъ при уровнѣ моря, между тѣмъ какъ для показанія совокупности всѣхъ условій задачи надлежало бы вмѣстѣ съ тѣмъ предложить еще высоту, протяженіе и температуру окружающихъ плоскихъ возвышенностей, степень зимней сухости воздуха, глубину снѣговъ при наступленіи лѣта, мѣру прозрачности атмосферы, отъ коей зависитъ напряженность иррадіаціи, и число сумрачныхъ или ясныхъ дней въ продолженіе теплѣйшаго времени года. |423|

Горные хребты.	Широта.	Низш. пред. вѣсн. снѣговъ въ поазахъ.	Средняя температура равнинъ.	
			Въ продолжен цѣлаг. г. по стог. термом.	Лѣтомъ по стоград. термометру.
Кордильеры Квито.	$0° - 1° \frac{1}{2}$ юж.	2460	27°,7	28°,7
Кордильеры Боливіи.	$16° - 17° \frac{3}{4}$ юж.	2670		
Кордильеры Мексики.	$19° - 19° \frac{1}{4}$ сѣв.	2350	25°,4	27°,5

Гималая, сѣв. отлог. юж. отлог.	$30°\frac{3}{4}$ – $31°$ сѣв.	2600 1950	$22°,0$	$28°,0$
Горы Пиренейскія.	$42°\frac{1}{2}$ – $43°$ сѣв.	1400	$15°,2$	$23°,8$
Кавказъ.	$42°\frac{1}{2}$ – $43°$ сѣв.	1700		
Альпы.	$45°\frac{3}{4}$ – $46°$ сѣв.	1370	$13°,2$	$22°,6$
Горы Карпатскія.	$49°$ – $49°\frac{1}{4}$ сѣв.	1330	$9°,2$	$20°,0$
Алтай.	$49°$ – $51°$ сѣв.	1000		
Норвегія внут. части Берега.	$61°$ – $62°$ сѣв. $67°$ – $67°\frac{1}{4}$ сѣв. $70°$ – $70°\frac{1}{4}$ сѣв. $71°\frac{1}{4}$ – $71°\frac{1}{2}$ сѣв.	850 600 550 366	$4°,2$ $-3°,0$ $+0°,2$	$16°,3$ $11°,2$ $6°,3$

Сравнивая между собою горы Пиренейскія, Кавказскія, Алпійскія и Карпатскія, лежащія между $42\frac{1}{2}°$ и $49°$ широты, и находящіяся по|424|сему въ такихъ поясахъ, гдѣ годичныя температуры равнинъ разнятся на $6°$, а среднія температуры лѣта только на $3°,8$, открывается, не смотря на различіе въ $6\frac{1}{2}°$ широты, что разстоянія мѣстъ отъ полюса дѣйствуютъ менѣе, чѣмъ положенія ихъ относительно Востока. Высоты снѣжныхъ предѣловъ на четырехъ вышеозначенныхъ хребтахъ различествуютъ между собою на 370 тоазовъ, что немного болѣе разностей, замѣчаемыхъ подъ тропиками, между Кордильерами Мексики или Квито и Кордильерами Боливіи. Бросивъ взглядъ на изданную мною *гипсометрическую* карту южной Америки [65], и разсмотрѣвъ протяженія площадей, лежащихъ по сю сторону огромной

---

[65] Atlas géogr. et physique du Nouv. Cont., таб. 3.

плоской возвышенности Боливіи, между волканомъ Гвалатыри, городами Потози, Уквизака (или Лаплата) и Кохабамба, Невадой Зората, Пуно и Волканомъ Арeквина; а по ту сторону, площадь небольшой плоской возвышенности провинціи Квито, между Ассвайей и Виллой Ибарра, можно дать себѣ отчетъ въ истеченіи лучеобразной теплоты и возвышеніи снѣжнаго пояса. Ширины Кордильерскихъ горъ, по направленію, перпендикулярному къ ихъ оси, представляютъ на плоскихъ возвы|425|шенностяхъ Квито и Титикаха (не присоединяя къ сей послѣдней отлогость Кохабамба), отношеніе 1 : 4 ½ или 1: 5. Другія противоположности еще примѣчательнѣе. Въ первой изъ сихъ странъ средняя высота возвышенныхъ равнинъ, испускающихъ лучеобразную теплоту, болѣе 1450 тоазовъ; во второй, она простирается до 1900 тоазовъ. Подъ экваторомъ, близъ Квито, небо отъ вліянія окружающихъ лѣсовъ бываетъ сумрачно и подернуто облаками; а надъ Боливіанскими Андами воздухъ постоянно прозраченъ въ продолженіе лѣта. Между южнымъ моремъ и западными Кордильерами Квито (на отлогости Пихинхинскаго волкана и въ провинціи Ласъ Эсмералдасъ) почва покрыта густою зеленью старыхъ деревъ, которые изливаютъ въ атмосферу потоки паровъ. Напротивъ того между южнымъ моремъ и западными Кордильерами Боливіи (близъ Арики и Квилки) почва чрезвычайно песчана и безплодна. На экваторіальной плоской возвышенности Квито, близъ предѣла вѣчныхъ снѣговъ (гдѣ температура стои́тъ днемъ постоянно между 4° и 8°, а ночью между − 2° и − 5°,5), снѣгъ идетъ, по моему собственному наблюденію, во всякое время года; на плоской возвышенности Верхняго Перу или Боливіи, съ Марта до Ноября, |426| по наблюденіямъ Г. Пентланда, не видно ни снѣга, ни дождя; и что еще удивительнѣе, даже во время періодическихъ дождей, которое въ гористыхъ странахъ продолжается съ Ноября до Апрѣли, ночи вообще бываютъ тамъ ясныя. Присоединивъ къ симъ обстоятельствамъ, относящимся къ очертанію почвы и къ состоянію прозябенія, противоположности обыкновенной сухости и сырости атмосферы въ Боливіи и Квито, мы увидимъ совокупность причинъ, которыми объясняется большая высота и меньшая глубина снѣговъ подъ 19° южной широты.

Я могъ бы окончить сіи изслѣдованія о поглощающихъ и испускающихъ способностяхъ *почвы* разсмотрѣніемъ перемѣнъ, производимыхъ человѣкомъ на поверхности материковъ посредствомъ истребленія лѣсовъ и измѣненій въ распредѣленіи воды. Причины сіи маловажнѣе, нежели какъ вообще думаютъ, потому что, среди необъятнаго разнообразія *совмѣстныхъ* причинъ, отъ коихъ зависитъ характеръ климатовъ, главнѣйшія изъ нихъ не подчинены незначительнымъ мѣстностямъ, но зависятъ отъ соотношеній положенія, очертанія, возвышенія и преобладанія вѣтровъ, на которыя просвѣщеніе не производитъ ощутительнаго вліянія. Я могъ бы также говорить |427| здѣсь о періодическомъ колебаніи теплоты въ слояхъ земли, ближайшихъ къ ея поверхности, и о тѣхъ трещинахъ или круглыхъ отверстіяхъ, посредствомъ которыхъ, даже и при теперешнемъ состояніи нашей планеты, атмосфера подлежитъ вліянію высокой температуры внутренности земли; вліяніе это, означаемое вообще неопредѣленнымъ названіемъ *вулканическаго дѣйствія*, будучи нѣкогда умножено и увеличено, могло дать околополярнымъ странамъ климатъ пальмъ, бамбуковъ, деревянистыхъ папоротниковъ и камнерастительныхъ коралловъ. Я могъ бы, вмѣстѣ съ Гг. Кордье, Купферомъ и Омаліусомъ[66], возобновить вопросъ, о которомъ спорилъ Меранъ (Mairan) уже шестьдесятъ пять лѣтъ тому назадъ[67], и который состоитъ въ томъ, чтобы опредѣлить: не зависятъ ли неравенства въ увеличиваніи температуры, замѣчаемыя подъ различными широтами въ на|428|ложенныхъ другъ на друга слояхъ земли, отъ различій въ толщинѣ окисленной и твердой коры земнаго шара; но предѣлы этой записки, и безъ того столь пространной, не позволяютъ мнѣ вступать въ изслѣдованіе предметовъ, не имѣющихъ тѣсной связи съ сравнительною климатологіею.

II. *Океанъ*. – Такъ какъ водяная оболочка поверхности земнаго шара представляетъ для солнечной иррадіаціи площадь втрое большую, нежели земли, возвышающіяся надъ уровнемъ морей; то точное познаніе распредѣленія теплоты въ океанѣ есть предметъ, чрезвычайно важный въ теоріи изотермическихъ линій. Сіе-то познаніе климатологіи морей было усовершенствовано съ начала 19 столѣтія гораздо болѣе, чѣмъ климатологія материковъ. Я въ особенности занимался ею, и издалъ недавно, въ концѣ третьяго тома моего *путешествія подъ экваторомъ*[68], числовые элементы за|429|ключающіе въ себѣ результатъ моихъ изслѣдованій: два жидкія тѣла, вода и воздухъ, способствуютъ равномѣрному распредѣленію теплоты, и сближенію

---

[66] Кордье, въ Annales du Muséum d'Historie naturelle, т. XV. стр. 161; Купферъ, о изогеометрическихъ линеяхъ, въ Poggend. Annales за 1829 годъ. Омалліусъ д'Аллой, Elémens de géologie, 1831 года стр. 421.

[67] Mémoires de l'Academie des sciences за 1765 годъ, Hist. стр. 14. Меранъ допускалъ, что твердая кора земли подъ тропиками толще, нежели въ умѣренномъ поясѣ.

[68] Глава XXIX стр. 514–530. Обыкновенное состояніе океана на 48° широты къ сѣверу и къ югу отъ экватора есть то, при котормъ жидкая поверхность бываетъ теплѣе окружающей ее атмосферы. По моимъ наблюденіямъ, въ моряхъ тропическихъ средній результатъ для разности температуръ, въ полдень и въ полночь, есть 0°,76 по стогр. терм. Наибольшія уклоненія простираются до 0°,2 и 1°,2 (L. c., стр. 523.)

различныхъ температуръ, происходящихъ отъ неравнаго испущенія и поглощенія теплоты и поверхности материковъ.

Моря нагрѣваются на своей поверхности менѣе, чѣмъ почва, потому что лучи солнечные, прежде нежели они совершенно погаснутъ, проницаютъ глубже, и по тому, что въ прозрачной жидкости они проходятъ сквозь большее число слоевъ. Вода обладаетъ способностію испускать лучеобразную теплоту въ сильной степени, и поверхность океана охладилась бы весьма скоро помощію испаренія и истеченія лучеобразной теплоты, если бы, по причинѣ удободвижимости частицъ, составляющихъ этотъ элементъ, охлажденныя части, имѣющія большую плотность, не были безпрестанно увлекаемы далѣе въ глубину. Опыты Благдена, Берцелія и Адольфа Эрмана доказываютъ, что когда вода содержитъ въ себѣ наименѣе соли, тогда наибольшая ея плотность соотвѣтствуетъ 4°,4 по стоградусному термометру. Слѣдовательно соленость морей становится причиною двухъ явленій, весьма важныхъ для Физики земнаго шара: |430| она понижаетъ, въ сравненіи съ чистою водою, точку наибольшаго сгущенія, и производитъ помощію испаренія (помощію перемѣны состоянія, сопровождаемой химическимъ отложеніемъ (ségrégation)) большую часть напряженности электричества въ атмосферѣ. Съ тѣхъ поръ какъ открыто непрерывное увеличиваніе плотности морскихъ водъ, увеличиваніе температуры вмѣстѣ съ глубиною за полярнымъ кругомъ должно было казаться вещью весьма удивительною. Но таковъ не менѣе того неизмѣнный результатъ опытовъ[69] Лорда Мюлграва, Скоресби, Росса и Парри. Это тѣмъ достойнѣе примѣчанія, что Капитанъ Бичей[70] нашелъ, въ окрестностяхъ Берингова пролива, что полярныя воды имѣютъ на глубинѣ въ 20 брасовъ – 1,°4, а на поверхности + 6°,3 температуры; и что, по наблюденіямъ его, самая холодная вода находится всегда въ нижнихъ слояхъ. Что касается до низкихъ, не доходящихъ до 6° температуръ, которыя царствуютъ на большой глубинѣ въ тропическихъ моряхъ (Г. д'Юрвиль, въ экспедиціи Астролябіи, черпалъ, |431| на глубинѣ въ 820 брассовъ, подъ 19° 20′ южной широты, воду въ 4°,5 температуры; Капитанъ Коцебу черпалъ, на глубинѣ въ 525 брас. и подъ 32° 10′, воду въ 2°,5 температуры), то я доказалъ уже в 1812 году, что сіи низкія температуры суть не что иное, какъ слѣдствіе подводныхъ морскихъ потоковъ отъ полюсовъ къ экватору. Относительная плотность водяныхъ частицъ подлежитъ вмѣстѣ вліянію различій въ теплотѣ воды и въ количествѣ содержащейся въ ней соли, и если бы

---

[69] Смотри таблицу, содержащую въ себѣ наблюденія многихъ мореплавателей, въ Физикѣ Пульё, Т. II, стр. 689.
[70] *Voyage*, Т. II, стр. 132.

одно только различіе въ количествѣ соли дѣйствовало на плотность; тогда подводный потокъ принялъ бы обратное направленіе (отъ экватора къ полюсамъ). Это состояніе равновѣсія требуетъ новыхъ числовыхъ изслѣдованій, послѣ многочисленныхъ опытовъ надъ удѣльнымъ вѣсомъ морской воды подъ различными южными и сѣверными широтами, которыя были собраны въ теченіе продолжительныхъ мореплаваній Г. Ленцомъ[71] и Капитаномъ Бичеемъ[72].

III. *Атмосфера.* – Воздухъ измѣняетъ на землѣ всѣ дѣйствія солнечной теплоты. |432| Математическая теорія климатовъ должна разсматривать атмосферу троякимъ образомъ: какъ средину, содержащую въ себѣ теплотворныя или охлаждающія силы: какъ средину, принимающую, посредствомъ соприкосновенія, температуры на поверхности земнаго шара (на океанѣ и на материкахъ), и наконецъ, какъ средину, переносящую сіи температуры помощію вѣтровъ. Это сообщеніе теплоты посредствомъ соприкосновенія столь медленно, что разсматривая многочисленные опыты Г. Араго надъ иррадіаціей почвы, мы встрѣчаемъ иногда разницу въ 8° и 10° между температурою почвы и температурою слоя воздуха, возвышающагося надъ нею только на 2 дюйма. Сгущаемые собственною своею тяжестію атмосферическіе слои слабо нагрѣваются потемнѣніемъ свѣта; но, на извѣстной высотѣ, скопленія пузырчатыхъ паровъ увеличиваютъ это потемнѣніе, и оказываютъ замѣчательное вліяніе[73] на скорость уменьшенія теплоты и на періодическое почти дви|433|женіе облаковъ по вертикальному направленію. Также въ атмосферѣ влажной обнаруживаются явленія расширенія или испаренія, которыя бываютъ производимы тѣмъ же самымъ элементомъ, и становятся причинами мѣстнаго охлажденія. Вліяніе сихъ причинъ уменьшается вмѣстѣ съ состояніемъ сухости и рѣдкости воздуха[74] въ весьма высокихъ слояхъ.

Такова совокупность явленій распредѣленія теплоты, которую я старался представить въ самомъ общемъ видѣ, разбирая отдѣльно составныя дѣйствія совмѣстныхъ причинъ. Для успѣховъ наукъ необходимо должно открыть взаимную связь сихъ дѣйствій, вывесть общія явленія изъ эмпирическихъ законовъ, кои обнаруживаются въ своей

---

[71] Poggend., Ann. 1830, st. 9.
[72] Voyage of the Pacific, T. II, стр. 727.
[73] L. c., T. III, стр. 513; Recueil d'observat. astronom. T. I, стр. 127, и Mém. d'Arcueil, T. III, стр. 590. Уже Аристотель разсматривалъ высоту и плотность облаковъ, какъ явленія, зависящія отъ восхожденія теплоты и оказывающія вліянія на ея дѣйствія. Arist. opera omnia. T. II; изданіе Касауб., стр. 327, 458.
[74] Смотри примѣчанія и прибавленія къ превосходному сочиненію Г. Пуассона: *Nouv. Theoriee de l'action capillaire*, стр. 273.

неизмѣнной послѣдовательности, и доставить математической теоріи климатовъ, по крайней мѣрѣ для тѣхъ изъ ея частей, въ коихъ она можетъ подвергать явленія вычисленію, *числовыя элементы*, разсмотрѣнные со тщаніемъ, и основанные на многочисленныхъ наблюденіяхъ въ самыхъ отдаленныхъ странахъ земнаго шара.

Ал. Драшусовъ.

Копія с письма *Барона Александра Гумбольта*[*]

Если уже и въ отсутствіи моемъ долженъ я обезпокоить Господина Статскаго Совѣтника Алберта, то откровенно выскажу мои желанія.

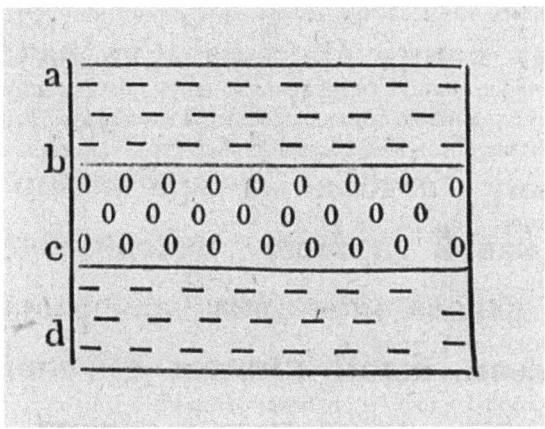

1-е, Въ Іюнѣ мѣсяцѣ, въ ближайшихъ къ Сѣверу мѣстахъ, вездѣ или только въ болотистыхъ лѣсахъ, подъ растаявшимъ земляным слоемъ a—b, находится замерзшій слой b—c, лежащій, вѣроятно, на не замершей землѣ c—д, должно думать, что слой b—c, съ каждымъ лѣтнимъ мѣсяцемъ становится постепенно тонѣе. Вообще весьма бы любопытно было посредствомъ выкапыванія колодезей узнать: |228|

А., Что въ Березовѣ и Обдорскѣ замерзшій земляной слой b-c, находится ли до окончанія лѣта (то есть, до начала Сентября) вездѣ или только въ нѣкоторыхъ болотистыхъ мѣстахъ?

Б., Дѣйствительно ли существуетъ постоянный замерзшій слой b—c.?

В., Какую толщину имѣетъ сей замерзшій слой въ концѣ Августа и въ началѣ Сентября?

И потому надобно бы аршинами опредѣлить, въ какой глубинѣ находится ледъ въ слоѣ a—b, какова толщина замерзшаго слоя b—c,?

---

* In: F.[ranc Osipovič] Beljavskij, *Poězdka k ledovitomu morju*, Moskau: V tipografii Lazarevych Instituta Vostočnych Jazykov 1833, S. 227–233.

можетъ быть имѣетъ сей слой такую толщину, что оную можно узнать только посредствомъ бурава въ началѣ Сентября мѣсяца.

2-е, Измѣрить на льду ширину Иртыша при Тобольскѣ и Омскѣ, ширину Оби при Березовѣ и Обдорскѣ.

3-е, Перевести на Остяцкій языкъ нѣкоторыя фразы, чтобы имѣть понятіе о грамматическомъ измѣненіи словъ въ семъ языкѣ. На примѣръ: |229|

Молитву *Отче нашъ*! (и переводъ написать Русскими буквами), далѣе на примѣръ: я имѣю большаго оленя, а маленькіе олени принадлежатъ моему брату. Моя жена ѣстъ большую рыбу, а маленькія будетъ ѣсть завтра.

«Я съѣлъ вчера три рыбы.
Моя сестра больна.
Мои сестры больны.
Мой отецъ боленъ.
Сестра моего отца умерла.
Братъ моего отца убѣжалъ.
Олени моего брата крупнѣе, нежели олени моего отца.»

Всѣ отвѣты прошу написать Русскими буквами.

Съ благодарностію воспоминая о пріятныхъ дняхъ, проведенныхъ мною съ друзьями моими въ гостепріимномъ домѣ Господина Статскаго Совѣтника Алберта, остаюсь и прочая.

АЛЕКСАНДРЪ ГУМБОЛЬТЪ |230|

Письма ко мнѣ адресовать всегда въ Берлинъ на имя Министра Финансовъ Фонъ Канкрина, или Графа Нессельроде и Князя Волконскаго.

Толстоту льда въ Березовѣ и Обдорскѣ нельзя ли будетъ измѣриить въ концѣ нынѣшняго лѣта, то есть: въ началѣ Сентября сего 1829 года?

|231|

Фразы

Русскіе	Остяцкіе
Отче нашъ иже еси на небесахъ.	Му азе лу воль но мыль;

Да святится имя Твое.	Хутлисъ Номенъ ны;
Да пріидетъ Царствіе Твое.	Шотча тагенъ нынъ;
Да будетъ воля Твоя яко на небесси и на земли.	Воляенъ нынъ; Хазпа Номынъ и мууоктына;
Хлѣбъ нашъ насущный дажь намъ днесь.	Нянъ мунемъ Серна міямунемъ интамъ;
И остави намъ долги наши яко же и мы оставляемъ должникомъ нашимъ.	И хызипта муемъ артны и Сиды муемъ хызипта артна;
И не введи насъ во искушеніе.	Лу альессла мыгытъ крекна мыгытъ мыемъ куль ельты;
Но избави насъ отъ лукаваго.	*Перевести не возможно.*

|232|

2.

Русскія

Я имѣю большаго оленя, а маленькіе олени принадлежатъ моему брату.

3.

Моя жена ѣстъ большую рыбу, а маленькія рыбы будетъ ѣсть завтра.

2.

Остяцкія

Ма Хозямъ вольулъ кыланъ, ай кыламъ ансемъ кулянъ воллытъ.

3.

Ма имемъ лилъ онъ куль ай шинъ хултъ холесытъ лида питль.

4.

Я съѣлъ вчера три рыбы.

4.

Машлымъ таммаmmа холымъ куль.

5.

Моя сестра больна.

5.

Ма не ансемъ кожанъ

6.

Мои сестры больны.

6.

Ма не апсюлу Хаслытъ.

7.

Сестра моего отца умерла.

7.

Не апсема аземъ вожисъ.

|233|

8.

Братъ моего отца убѣжалъ.

8.

Хо апсемъ ма аземъ хондысъ.

9.

Олени моего брата крупнѣе, нежели олени моего отца.

9.

Кыланъ ма апсемъ улятъ, кинзя ма аземъ.

10.

Мой отецъ болѣнъ.

10.

Ма аземъ кажанъ.

Наблюденія надъ температурою Балтійскаго моря.
(Извлеченіе изъ письма Г. Гумбольта къ Г. Поггендорфу)
Сентябрь 1834[*]

Причудливыя обстоятельства дѣятельной жизни моей дали мнѣ случай посѣтить Южное и Каспійское моря прежде Балтійскаго, столь близкаго отъ города, въ которомъ я родился. Наконецъ сдѣлавъ въ недавнее время два небольшіе переѣзда, одинъ изъ Штетина въ Кенигсбергъ, на Русскомъ пароходѣ *Ижора*, а другой изъ Кенигсберга въ Данцигъ и |149| Штетинъ на Прусскомъ пароходѣ *Фридрихъ Вильгельмъ*, я послѣдовательно занимался наблюденіями надъ температурою Балтійскаго моря на его поверхности и былъ изумленъ, примѣтивъ въ ней охлажденіе отъ $9°$ до $11°$ по стогр. терм. Можетъ быть другіе наблюдатели будутъ счастливѣе меня въ объясненіи сего явленія. 24 Августа, когда температура воздуха колебалась между $21°,5$ и $24°,6$, съ 10 часовъ утра до 7 часовъ вечера, температура моря была, по моимъ наблюденіямъ, $20°,2$ у Свинемюнде, $20°,3$ противъ Трептова, и $18°,2$ въ заливѣ, лежащемъ на Югъ отъ Свинемюнде. 25-го, когда мы обогнули мысъ, который находится между Лебою и Рикстофтеромъ и образуетъ точку, болѣе всего выдавшуюся къ меридіану острова Готланда, термометръ, опущенный въ морскую воду, внезапно упалъ до $11°,2$ или $12°$, между тѣмъ какъ температура воздуха равнялась $19°$. Мы находились на томъ-же разстояніи отъ берега какъ и въ предыдущій день, т. е. отъ $1\,1/2$ до 3 морскихъ миль (60 въ градусѣ); и наблюденія были дѣлаемы въ $10\,1/2$ часовъ утра, въ полдень и въ половинѣ втораго. Я означаю здѣсь время наблюденій и температуру воздуха, хотя мнѣ и кажется, что сіи обстоятельства должны были имѣть незначительное вліяніе на наблюдаемое явленіе. На Востокъ отъ Гельской косы температура моря въ 8 часовъ вечера возвысилась до $22°,2$, между тѣмъ какъ температура воздуха была |150| $19°,5$. Сія возвышенная температура сохранилась неизмѣнною до Пилавы и Кенигсберга; въ Фришъ-Гафѣ, близь Пейзы, морская вода заключала въ себѣ $21°,8$ а воздухъ $25°,5$. Тѣ же явленія были замѣчены на обратномъ пути. 3 Сентября въ 8 часовъ утра, на глубинѣ четырехъ брассовъ (6 футовыхъ сажень) море показывало возлѣ фарватера $17°,8$; въ 9 часовъ, въ Данцигскомъ заливѣ, на глубинѣ 15 брассовъ температура равнялась $17°,5$; она возвысилась до $21°,4$ противъ Гелы, на глубинѣ 17 брассовъ, тогда какъ температура воздуха

---

[*] In: *Žurnal Ministerstva vnutrennich děl* 16:4 (1835), S. 148–155.

колебалась между 20 и 21°; потомъ когда мы снова приблизились къ мысу, лежащему между Лебою и Рикстофтеромъ, температура моря начала постепенно упадать, и въ продолженіе наблюденій, дѣланныхъ между полуднемъ п тремя часами, сперва равнялась 15°,4, а потомъ 10°,6, тогда какъ воздухъ доходилъ до 17°,5 или 18°. Слѣдственно разность температуръ морской воды въ первый переходъ была 20°,3–11°, во 2 = 9°,1, а на обратномъ пути 21°,4–10°,6 = 10°,8. Когда мы приблизились къ Штолпе, между тѣмъ какъ глубина и разстояніе отъ берега оставались неизмѣнными, то температура воды возвысилась до 17 или 18°, не смотря на то, что приливъ былъ обильнѣе, что съ Запада дулъ сильный вѣтеръ и что температура воздуха упала до |151| 15°. Противъ Рюгенвальда и Свинемюнде термометръ показывалъ 20° и 20°,4.

Сіе странное охлажденіе близь мыса, лежащаго между Лебою и Рикстофтеромъ, не можетъ быть приписано ни потокамъ, примѣтныхъ на поверхности воды, ни отмелямъ; нельзя также объяснить его болѣе сѣверною широтою, потому что сосѣдній Пиллавскій мысъ лежитъ почти параллельно съ нимъ на Востокѣ, и при всемъ томъ воды его теплѣе. Можетъ быть должно искать тому причинъ далѣе, на другой сторонѣ Зунда, въ движеніяхъ нижнихъ слоевъ, дѣйствующихъ на верхніе въ косвенномъ направленіи, также точно какъ охлажденія въ атмосферѣ часто приписываютъ нисходящимъ воздушнымъ струямъ. По наблюденіямъ Горнера въ океанѣ подъ средними широтами, на глубинѣ 100 брассовъ замѣчается только охлажденіе въ 7°,7; и такъ невозможно приписать упомянутое явленіе мѣстнымъ причинамъ, зависящимъ отъ водоема Балтійскаго моря, которое имѣетъ только отъ 15 до 40 брассовъ глубины. Прониканіе полярныхъ водъ въ глубокіе водоемы Зунда кажется возможнымъ: но должно принять въ соображеніе медленность распространенія теплоты сверху внизъ, при господствовавшей въ продолженіе прошлогодняго лѣта возвышенной температурѣ. Въ Женевскомъ озерѣ нашли, что между тѣмъ какъ вода на поверхности |152| заключала въ себѣ 21°,1, та которая находилась 150 футами ниже, представляла уже разность въ 15°; а въ Аннесійскихъ водахъ тогда какъ поверхность заключала въ себѣ 14°,4, та же глубина представляла разность въ 8°,8[1]. Изъ этихъ чиселъ видно какъ многосложны причины, отъ коихъ зависитъ уменьшеніе температуры, во сколько разъ это уменьшеніе быстрѣе въ спокойныхъ водяныхъ слояхъ и медленнѣе въ тѣхъ, которымъ сообщается сильнѣйшее движеніе, когда потоки воды болѣе холодной, прибывая издалека, не восходятъ косвенно на поверхность.

---

[1] Pouillet. Élém. de Phys. et de Météor. T. II, p. 676.

Обширная поверхность Балтійскаго моря и протяженіе его къ Сѣверу имѣютъ большое вліяніе на относительную температуру сѣверной Германіи и сообщаютъ важность водоему, или углубленію грунта, которое будучи сухимъ, едва было бы замѣтно по причинѣ незначительности глубины своей. Реннелль справедливо говоритъ, въ прекрасномъ сочиненіи своемъ подъ заглавіемъ: *Изслѣдованія потоковъ Атлантическаго океана*[2], коимъ еще такъ мало воспользовались, – что заключенныя моря имѣютъ, въ одинаковыхъ обстоятельствахъ, температуру |153| болѣе возвышенную нежели океанъ. Капитанъ Готіе, которому, вмѣстѣ съ Смитомъ, мы обязаны многими гидрографическими трудами на Средиземномъ морѣ, нашелъ, 3 Августа 1819 г. и 24 Июня 1820 года, что поверхность онаго (подъ шир. 38° 46′ и 39° 12′) колеблется между 29° и 29 1/2, т. е. 3° выше средней температуры моря у Антильскихъ острововъ[3], и только 1° ниже температуры моря у экватора, измѣренной термометрами, которые были тщательно сравнены между собою[4].

Вы вѣрно замѣтили въ приведенныхъ много наблюденіяхъ, сколько высокая температура атмосферы, въ продолженіе нынѣшняго лѣта, имѣла вліянія на температуру Балтійскаго моря. Въ открытомъ морѣ вода, при сильномъ волненіи, заключала въ себѣ до 22°,2, а не далеко отъ Свинемюнде до 23°,2. Реннель принимаетъ 22° и 23°,8, въ обыкновенные годы, за maximum температуры Средиземнаго моря между берегами Орана, Гренады и Мурціи. И такъ какъ велика разница между этими берегами и берегами Балтійскаго моря, обыкновенная температура сего послѣдняго на открытыхъ и глубокихъ мѣстахъ должна быть въ Августѣ отъ 15° до 17°,5 или 6°,5 |154| ниже бывшей въ Августѣ 1834 года; между тѣмъ какъ въ тѣсныхъ мѣстахъ на пр. въ Зундѣ близь Копенгагена, она достигаетъ 22° и 23°,7, а въ Kammerгатѣ, при вліяніи Атлантическаго океана, едва равняется 16°,2[5]. Изъ точныхъ наблюденій, продолжавшихся 18 и даже 20 лѣтъ, выходитъ, что средняя температура лѣта въ Данцигѣ доходитъ до 16°,9, а въ Кенигсбергѣ до 15°,8. Относительно Данцига я нахожу, основываясь на наблюденіяхъ 6 послѣднихъ лѣтъ, что средняя температура Августа равняется 16°,7. Если тамъ-же, что кажется весьма вѣроятнымъ, находится среднее maximum Балтійскаго моря, т. е. температура на поверхности этаго моря въ концѣ Августа мѣсяца, которую можно считать за maximum года, то и въ этомъ числѣ заключается доказательство того вліянія,

---

[2] Investigation on the currents of Atlantic ocean, 1832. p. 25.
[3] Relation hist. T. III, chap. 29, p. 518.
[4] Sur la bande d'eau la plus chaude, l. c. ch. 28, p. 498.
[5] Berghaus Annalen. T. IV, p. 142.

которое имѣетъ ограниченное положеніе водоема, почти со всѣхъ сторонъ окруженнаго землею. Такъ какъ температура Балтійскаго моря зимою колеблется между 1°,7 и 2°,5, то изъ сего слѣдуетъ, что средняя температура этаго моря, между 54° и 54 1/2 сѣверной широты, не ниже 9°. Г. Кемтцъ нашелъ также, что температура Атлантическаго океана, подъ 54° широты, по изчисленіямъ равняется 9°,4, а по наблюденіямъ 10°,5. И такъ въ |155| Атлантическомъ океанѣ разность между ежегодною среднею температурою и среднею температурою Августа мѣсяца (въ умѣренномъ сѣверномъ поясѣ) = 3°[6]. Въ Балтійскомъ морѣ эта разность бываетъ, кажется, слѣдующая: 7°,5 = 16°,7–9,2. Въ Средиземномъ морѣ Реннель нашелъ, что 25° 1/2 и 24° соотвѣтствуютъ температурѣ южныхъ береговъ Испаніи въ концѣ Августа и въ началѣ Сентября, и слѣдственно 8 градусами превышаютъ ежегодную среднюю температуру моря подъ этою широтою; ибо атмосферическая температура Неаполя (шир. 41° 51′) равняется 10°,3 зимою, и 16°,8 въ теченіе цѣлаго года, а температура Палермы (шир. 38° 6′) зимою бываетъ 11°,3, а во весь годъ 17°,4. Поверхность морей, заключенныхъ въ берегахъ своихъ, сравнительно съ океаномъ, лѣтомъ имѣетъ гораздо высшую, а зимой гораздо низшую температуру и въ широтахъ возвышенныхъ какъ на пр. въ Балтійскомъ морѣ, замерзающемъ довольно далеко отъ береговъ, относительное пониженіе зимней температуры увеличивается постепенно.

---

[6] Kaemtz Lehrbuch der Meteorologie T. II, p. 115. 418.

Восхожденіе Александра Гумбольдта на Чимборасо [*,1]

Вершины высочайшихъ горъ двухъ материковъ, Давалагири и Джавагири въ Азіи, Сората и Тиллимани въ Америкѣ, не были еще доступны человѣку. Самая высокая точка земной поверхности, до которой онъ доходилъ по сіе время, находится въ Новомъ Свѣтѣ, на Южной сторонѣ Чимборасо. Здѣсь, въ Іюнѣ 1802 года, Путешественники поднялись на 18,500 футовъ надъ уровнемъ моря, въ 1831 на 18,884 фута: слѣдовательно здѣсь барометрическія наблюденія производились на 3,720 футахъ надъ вершиною Монъ-Блана. Альпы, при сравненіи съ Кордильерами, много теряютъ своей значительности. Чтобы получить понятіе объ относительныхъ высотахъ этихъ двухъ цѣпей горъ, достаточно припомнить, что верхняя часть большаго города Потози находится почти на одной чертѣ съ Верблюжьимъ Горбомъ (вершина Монъ-Блана): 323 тоаза (около 276 саженей) разницы.

22-го Іюня 1799 года, я былъ въ кратерѣ горы Пикъ-де-Тенерифъ. Спустя три год, 23 Іюня 1802, я поднялся еще на 6,700 футовъ и былъ вблизи вершины Чимборасо. Проживши довольно долго на площадкѣ Квито, въ одной изъ самыхъ восхитительныхъ и живописныхъ странъ міра, мы отправились въ Лиму, гдѣ 9 Ноября, мы должны были наблюдать прохожденіе Меркурія. Съ долины, покрытой пемзою, гдѣ городъ Ріобамба, совершенно разрушенный землетрясеніемъ 4 Февраля 1797 года, начиналъ возникать изъ развалинъ, мы въ продолженіе нѣсколькихъ дней наслаждались великолѣпнымъ зрѣлищемъ, которое намъ представляла Чимборасо. Небо было совершенно ясно и при помощи сильнаго телескопа мы свободно могли любоваться этой величественной горою, находившеюся отъ насъ еще въ 1,570 тоазахъ, и, |13| открывая среди снѣговъ мого каменныгъ чернѣющихся уступовъ, мы ласкали себя надеждою легко достигнуть вершины.

22 Іюня 1802 года, мы вышли изъ долины Топія и отправились въ путь; мы были уже на высотѣ 8,898 футовъ надъ уровнемъ Южнаго моря, и по отлогому возвышенію поднялись къ подошвѣ горы, гдѣ мы почевали въ одной Индійской деревнѣ Кальпи. На этой пустынной равнинѣ кое-гдѣ растутъ кактусы и чинусы (дары жалкой почвы), которые служатъ въ пищу здѣшнимъ многочисленнымъ стадамъ.

---

[*] In: *Žurnal ministerstva narodnago prosvěščenija* 25:7 (1840), S. 12–20.

[1] Отрывокъ изъ неизданныхъ записокъ этого знаменитаго Путешественника.

Неподалеку отъ Кальни, на Сѣверозападѣ отъ Ликана, на безплодной площадкѣ, возвышается небольшая отдѣльная гора, *Черная, Яна-урка*, которая въ геогностическомъ отношеніи заслуживаетъ величайшее вниманіе. Этотъ конусъ находится на Юго-юго-востокъ отъ Чимборасо, почти въ разстояніи трехъ миль, и отдѣляется отъ него только верхнею долиною Лузіи. Если онъ образовался не отъ боковаго изверженія Чимбирасо, то безъ сомнѣнія одолженъ своимъ началомъ силамъ подземнымъ, которыя въ продолженіе нѣсколькихъ тысячъ лѣтъ тщетно искали проложить себѣ дорогу чрезъ каменные бока горы. Если вѣрить преданію и древнимъ рукописямъ, которыми владѣлъ Кацикъ Аюнъ Ликанскій (Кучоканди), волканическое изверженіе горы Яна-урки произошло вскорѣ послѣ смерти Инки Тюпа-Юпанки, то есть въ половинѣ пятнадцатаго столѣтія. Преданіе гласитъ, что звѣзда упала съ неба и заронила огонь. На Восточной сторонѣ, или, лучше, у подошвы горы Яна-урки, со стороны Ликана, тамошніе жители проводили какъ къ скалѣ, въ которой находится отверстіе, похожее на входъ оставленной галереи. Изъ этого отверстія выходитъ столь сильный подземный шумъ, что теченіе воздуха слишкомъ слабо для того, чтобъ быть причиною этого шума. Вѣроятно, подземный ручей |14| падаетъ на эту часть горы. Чимборасо, не смотря на необъятныя массы снѣга, его покрывающаго, столь скудно орошаетъ окружающія ее площадки, что многіе полагаютъ, и весьма основательно, будто она всасываетъ, такъ сказать, всѣ воды, сама въ себя, посредствомъ внутреннихъ каналовъ.

Переночевавъ въ деревнѣ Кальни, которая лежитъ на высотѣ 9,720 футовъ надъ уровнемъ моря, мы снова отправились въ путь, по утру 23 Іюня. Мы положили начать наше восхожденіе съ Юго-юго-восточной стороны горы, и Индійцы, бывшіе нашими проводниками, изъ коихъ не всѣ достигли до снѣговой черты, одобрили наше намѣреніе. Чимборасо окружена большими долинами, которыя подымаются одна надъ другою, подобно ступенямъ лѣстницы. Послѣ перваго, довольно продолжительнаго всхода, сквозь Лузійскія ліаны, мы взошли на площадку Сисгунъ. Первый уступъ находится на высотѣ 10,200 футовъ, второй – на высотѣ 11,700. Эти двѣ обширныя долины, покрытыя пастбищемъ, высотою равняются самой высшей вершинѣ Пиринеевъ (Pic Nethon) и вершинѣ Пикъ-де-Тенерифа. Онѣ представляютъ чрезвычайно однообразное зрѣлище, потому что, кромѣ травы, на весьма большихъ разстояніяхъ коегдѣ встрѣчаются двуполовинковыя растенія (dicotyledone). По видимому флора Чимборасо вообще гораздо бѣднѣе Квитской. Температура въ здѣшнихъ странахъ перемѣняется днемъ отъ 4 до 16 градусовъ, и ночью отъ 0 до 10 градусовъ.

Густые туманы, окружавшіе всѣ вершины, препятствовали мнѣ окончить тригонометрическія дѣйствія, начатыя мною на этой площадкѣ, совершенно ровной съ Сисгуномъ, и потому мы отправились далѣе и дошли до озера Яна-Кочъ, которое есть не что иное какъ маленькій круглый бассейнъ, имѣющій не болѣе 300 футовъ въ діаметрѣ. Всходить сюда было не трудно: я |15| иногда слѣзалъ съ моего лошака и то для того, чтобъ вмѣстѣ съ моимъ товарищемъ Г. Бонпланомъ сорвать какое-нибудь рѣдкое растеніе. Небо болѣе и болѣе темнѣло. Между слоевъ тумана, движимаго вѣтромъ, стояли неподвижно группы облаковъ, отдѣленныя другъ отъ друга. Одинъ только разъ мы ясно могли видѣть вершину Чимборасо. Я оставилъ моего лошака, потому что въ предъидущую ночь выпало очень много снѣга. По указанію барометра, мы были тогда на высотѣ 13,500 футовъ. Товарищъ же мой даже не присѣлъ до тѣхъ поръ, пока не вступилъ въ черту вѣчныхъ снѣговъ, то есть, на возвышеніе, превосходящее высоту Монъ-Блана. Здѣсь мы оставили лошаковъ и лошадей дожидать нашего возвращенія.

На разстояніи 150 тоазовъ отъ маленькаго бассейна Яна-Коча, наконецъ мы увидѣли голую скалу. До этого мѣста свойство земли, по которой мы ѣхали, не позволяло намъ заниматься геогностическими наблюденіями, огромныя стѣны скалъ, отчасти похожія на хрупкія, дурно высѣченныя колонны или на мачтовый лѣсъ отъ 50 до 60 футовъ высоты, шли отъ Сѣверовостока къ Югозападу и восходили изъ средины снѣговъ. Одолѣвъ эту первую преграду, мы взошли на одну изъ тѣхъ утесистыхъ ступеней, которую мы видѣли еще съ долины: эта ступень была единственнымъ переходомъ, который намъ представило возможность продолжать наше восхожденіе.

Дорога становилась все уже и утесистѣе. Всѣ тамошніе жители, кромѣ одного, оставили насъ на высотѣ 15,600 футовъ. Ихъ не могли удержать ни просьбы, ни обѣщанія, ни угрозы. Они говорили, что имъ гораздо труднѣе насъ дышать здѣшнимъ воздухомъ. И такъ мы остались одни: Бонпланъ, нашъ любезный другъ, меньшой сынъ Маркиза Карлоса Монтуффи, разстрѣлянный потомъ по повелѣнію Генерала Морильйо, и я. Мы съ |16| большимъ трудомъ, совершенно окутанные туманами, достигли выше той точки, которой достигнуть даже мы не смѣли надѣяться. Скала, на которую мы взошли, называемая по-Испански Энчилья, походила на спинку столоваго ножа и мѣстами имѣла не болѣе 8 или 10 дюймовъ ширины. На право и на лѣво, взоръ терялся въ бездонныхъ пропастяхъ: невѣрный шагъ грозилъ смертью.

Между тѣмъ преграды возрастали по мѣрѣ того, какъ мы продвигались впередъ. Куски скалы, считаемые нами твердыми, обрывались и рушились подъ нашими ногами.... Сверхъ того, скалы становились до такой степени утесисты, что мы принуждены были цѣпляться за нихъ руками, израненными уже острыми иглами.... Мы взбирались одинъ за другимъ и, но еще медленнѣе, подвигались впередъ отъ того, что на каждомъ шагу должны были, такъ сказать, испытывать твердость пути. Всѣ Путешественники по Андамъ, вступая въ черту верхнихъ снѣговъ, всегда находятся въ величайшей опасности безъ праводниковъ и не имѣя никакихъ свѣдѣній о мѣстоположеніи.

Не видя болѣе вершины и побуждаемые удвоеннымъ любопытствомъ узнать разстояніе, отдѣлявшее насъ отъ цѣли нашего путешествія, мы начали барометрическія наблюденія съ того мѣста, гдѣ Энчилья, становясь шире, дозволяла двоимъ итти рядомъ, держась другъ за друга. Мы достигали высоты 17,500 футовъ. Такъ какъ воздухъ, не смотря на высоту, былъ напитанъ влагою, то скала была обнажена, и песокъ, насѣвшій въ ея трещинахъ, былъ чрезвычайно мокръ. Термометръ стоялъ тогда на 2 градусахъ 8 минутахъ, выше нуля; будучи опущенъ на 3 дюйма въ песокъ, онъ поднялся на 5 градусовъ 8 минутъ. Результатъ этого наблюденія, на высотѣ 2,860 тоазовъ, очень замѣчателенъ, потому что 400-ми тоазами ниже, на границѣ вѣчныхъ снѣговъ, средняя температура воздуха, по наблюденіямъ, тщательно |17| собраннымъ Г-мъ Буссенго (Boussingault) и мною, не превышаетъ 1 градуса 6 минутъ, выше нуля. Причину возвышенія температуры земли (песка) до 5 градусовъ 8 минутъ, во всякомъ случаѣ, должно приписать подземному жару горы Далериты, конечно не отъ всей массы, но отъ струи воздуха, истекающаго изъ-внутри.

Послѣ мучительнаго восхожденія, продолжавшагося цѣлый часъ, Энчилья стала менѣе скалиста; но туманъ былъ все такъ же густъ. Тогда мы начали чувствовать болѣе и болѣе сильную тошноту и обмороки, болѣе тяжкіе, нежели трудность дыханія.

Туземецъ, не отстававшій отъ насъ, страдалъ болѣе чѣмъ мы, не смотря на то, что былъ гораздо крѣпче и сильнѣе насъ. Кровь текла у насъ изъ десенъ и губъ, даже глазная перепонка наполнялась кровью. Эти припадки, ужасные для другихъ, были нами нѣсколько разъ выдержаны безъ вреда, на волканѣ Пиченчи, на менѣе значительномъ возвышеніи. Вдругъ я почувствовалъ сильную тошноту, за которою послѣдовалъ обморокъ, и я упалъ безъ чувствъ на скалу.

Вдругъ, не смотря на чрезвычайное спокойствіе воздуха, туманы, разсѣянные можетъ быть электричеискимъ силами, исчезли, и мы еще разъ увидѣли куполъ Чимборасо. Съ какимъ восторгомъ, съ какою жадностію мы устремили на него наши взоры! Надежда достигнуть вершины одушевили наши истощенныя силы; Энчилья, кое-гдѣ покрытая небольшими кучами снѣгу, становилась шире... Мы бросились какъ на приступъ.. Но, сдѣлавъ не болѣе ста шаговъ, мы очутились на краю бездны въ 400 футовъ глубины и 50 футовъ ширины. Перейти ее было не возможно... А между тѣмъ за бездною, въ томъ же направленіи шла цѣпь низшихъ скалъ, которая можетъ быть (не смѣю утверждать) вела къ вершинѣ.... Былъ часъ по полудни; здѣсь барометръ упалъ на 13 дюймовъ 11 $^8/_{30}$ линій, термометръ – на 1 градусъ 6 ми|18|нутъ ниже нуля; но, по причинѣ нашего пребыванія въ продолженіе нѣсколькихъ лѣтъ въ самыхъ жаркихъ тропическихъ странахъ, мы озябли отъ этого легкаго холода.... По барометрической формулѣ Лапласа, мы достигли высоты 18,097 футовъ; если вычисленія Ла-Кондамина вѣрны, то намъ оставалось до вершины еще 1,224 футовъ или утроенная высота Святаго Петра въ Римѣ.

Мы не долго оставались въ этой пустынѣ, гдѣ скоро собрался туманъ. Воздухъ былъ совершенно влаженъ. Облака не имѣли никакого опредѣленнаго направленія, такъ что я не могу сказать, дуютъ ли на этомъ возвышеніи Западные вѣтры, противоположные тропическимъ муссонамъ. Мы болѣе уже не видали ни Чимборасо, ни сосѣднихъ горъ на площадкахъ Квито. Мы какъ будто исчезли въ облакѣ. Сошествіе было гораздо затруднительнѣе восхожденія. Мы останавливались только для того, чтобъ наполнить наши карманы отломками скалъ, вполнѣ будучи увѣрены, что по возвращеніи въ Европу у насъ съ жаромъ будутъ просить *маленькаго кусочка* отъ Чимборасо. На высотѣ 17,400 футовъ выпалъ сильный градъ. Градины были полупрозрачныя, бѣлыя, какъ молоко, и составлены изъ концентрическихъ слоевъ; нѣкоторыя отъ круговращенія имѣли плосковатую форму. Черезъ двадцать минутъ мы вышли изъ черты вѣчныхъ снѣговъ, и градъ былъ замѣненъ снѣгомъ: еслибъ онъ насъ засталъ нѣсколько выше, то мы подверглись бы величайшей опасности. Черезъ два часа и пять или шесть минутъ, мы возвратились на то мѣсто, гдѣ оставили нашихъ лошаковъ, и гдѣ насъ ожидали туземцы, весьма безпокоившіеся столь продолжительнымъ отсутствіемъ. Наша экспедиція внѣ снѣговъ продолжалась три съ половиною часа, и во все продолженіе этого времени, не смотря на то, что воздухъ былъ весьма рѣдокъ, мы не отдыхали ни одной минуты. |19|

Чтобъ сойти въ деревню Кальпи, мы взяли дорогу, идущую болѣе къ Сѣверу, нежели ліаны Сисгуна, проходили черезъ Пунгупалу, уѣздъ, богатый растеніями, и въ пять часовъ вечера мы подали руку нашему доброму другу Священнику деревни Кальпи. По обыкновенію, на другой день нашей экспедиціи и въ послѣдующіе дни, погода была прелестная.

25 Іюня, въ Ріобамбо-Нуэво, Чимборасо явился во всемъ своемъ блескѣ, можно сказать въ томъ спокойномъ торжествѣ и въ томъ величіи, которыя составляютъ природный характеръ всѣхъ тропическихъ пейзажей. Второе покушеніе на цѣпь скалъ, прерванную бездною, конечно, было такъ же безплодно, какъ и первое, и я занялся тригонометрическими измѣреніями ближняго волкана.

16 Декабря 1831 года, Буссенго пытался, съ другомъ своимъ Полковникомъ Галлемъ (Hall), убитымъ потомъ въ Квито, взойти на вершину

Чимборасо, сперва чрезъ Моку и Чилларуллу, потомъ чрезъ Аренамъ; но онъ принужденъ былъ спускаться, когда барометръ упадалъ на 13 дюймовъ 8 $1/2$ линій, а термометръ на 7 градусовъ 8 минутъ выше нуля. Слѣдовательно онъ поднялся на 64 тоазовъ выше, нежели я. Вотъ что говоритъ этотъ знаменитый Путешественникъ: «Дорога, которую мы прокладывали чрезъ снѣга во время послѣдней нашей экспедиціи, дозволяла намъ подвигаться впередъ не иначе, какъ очень медленно... Сперва мы цѣплялись за скалы, слѣва была страшная бездна. Чувствуя уже припадки, производимые рѣдкимъ воздухомъ, мы принуждены были садиться, такъ сказать, на каждомъ шагу. Рыхлый снѣгъ въ три или четыре дюйма глубины покрывалъ крѣпкій и неясный слой льду; чтобъ не выбиться изъ силъ, мы должны были умѣрять шаги. Негру, шедшему впереди насъ, сдѣлалось очень дурно: я хотѣлъ ему подать помощь, но мои ноги поскользнулись, и къ |20| счастію Полковникъ и негръ успѣли меня удержать. Порой мы подвергались ужаснѣйшимъ опасностямъ. Между тѣмъ всходить становилось легче, въ 3 часа и $3/4$ мы взошли нс уступъ скалы, цѣли нашихъ усилій, шириною только в нѣсколько футовъ и окруженную бездонною пропастью. Здѣсь мы убѣдились, что далѣе итти не возможно. Тогда мы находились у призмы, которой верхняя оконечность, вся покрытая снѣгомъ, есть вершина Чимборасо. Чтобъ имѣть вѣрную идею о топографіи всей этой горы, вообразите себѣ огромную каменную массу, спрятанную подъ снѣгомъ и окруженную со всѣхъ сторонъ столбами. Эти столбы составляютъ уступы скалы, выходящіе изъ-подъ вѣчныхъ снѣговъ.

Каксамарка и Южное море съ высоты Андовъ. (Новая глава изъ послѣдняго изданія гумбольдтовыхъ «Картинъ Природы».)[*1]

---

[*] in: *Sovremennik* 31:1:2 (1852), S. 51–78.

[1] Названіе города (по испански) «Caxamarca» мы переводимъ не *Кахамарка*, а *Каксамарка*, потому, что самъ Александръ фонъ-Гумбольдтъ указываетъ на такое правописаніе и произношеніе, свидѣтельствуя, что упомянутый городъ назывался на языкѣ перуанцевъ *Кассамарка*. Точно также мы пишемъ не *Мехико*, а *Мексико* основываясь на мнѣніи одного изъ первыхъ лингвистовъ нашего вѣка, знаменитаго Вильгельма фонъ-Гумбольдта, старшаго брата автора переведенной нами статьи. Вотъ что́ говоритъ ученѣйшій филологъ по поводу правописанія слова *Mexico*: «Выговаривать букву *x* въ этомъ словѣ какъ *кс*, конечно, не совершенно правильно: но мы еще болѣе удалились бы отъ настоящаго туземнаго выговора, если бы позволили себѣ замѣнить эту букву нѣмецкимъ *ch* (русск. *х*), основываясь на новѣйшемъ испанскомъ правописаніи *Mejico*, вмѣсто старинаго: *Mexico*. Новѣйшее правописаніе, въ этомъ случаѣ, нисколько не заслуживаетъ одобренія. По туземному мексиканскому выговору, третья буква въ имени бога войны *Mexitli* и въ происходящемъ отъ него имени города *Mexico*, безспорно, есть сильный шипящій звукъ, хотя трудно въ точности опредѣлить, въ какой мѣрѣ онъ близокъ къ нашему *sch* (*ш*). На эту догадку я наведенъ былъ прежде всего тѣмъ, что имя: Кастилія, по мексиканскому выговору пишется *Caxtil*, а въ родственномъ ему языкѣ корайскомъ (Cora-Sprache) испанское слово pesar пишется pexuri. Догадка эта подтвердилась потомъ употребленіемъ буквъ у нѣкоторыхъ стариныхъ писателей; такъ Gilij, въ своемъ сочиненіи: Saggio di Storia Americana (III, 343), вмѣсто испанскаго *x* употребляетъ въ имени Мексика итальянское сочетаніе *sc*. Употребленіе буквы *x* у испанскихъ писателей я объяснялъ себѣ тѣмъ, что въ ихъ языкѣ нѣтъ звука sch. Подтвержденіе этой догадки я нашелъ у Каманьо (Caman o): подобный звукъ въ хиквинскомъ языкѣ внутри Южной Америки онъ уподобляетъ нѣмецкому *sch* и французскому *ch*, и употребленіе *x* для его выраженія прямо объясняетъ недостаткомъ этого звука въ испанскомъ. То же самое говорится въ полной систематической граматикѣ хиквинскаго языка, подаренной мнѣ статскимъ совѣтникомъ фонъ-Шлёцеромъ, которому она досталась въ числѣ другихъ литературныхъ рѣдкостей послѣ отца. Наконецъ, свидѣтельство г. Бушмана, изучавшаго мексиканскій выговоръ на мѣстѣ, у туземцевъ, уничтожаетъ всякое сомнѣніе: по его наблюденіямъ, мексиканскій звукъ, выражаемый испанцами буквою *x*, занимаетъ средину между нѣмецкимъ *sch* и французскимъ *j*, которое также неизвѣстно испанцамъ. Говоря точнѣе, правильный выговоръ этого звука приходится между правописаніемъ *Messico Meschico*.»

Можно бы предположить, что испанскіе писатели для выраженія этого звука не избрали какой нибудь другой буквы, напр. *s*, а предпочли *x* потому, что имѣли въ виду португальскій выговоръ, въ которомъ буква *x* сохраняетъ разныя степени шипящаго звука; но и безъ этого предположенія остается несомнѣннымъ, что въ туземномъ выговорѣ имени *Мексика* нѣтъ ничего похожаго на испанскій *j*, и что

Хинные лѣса. – Альпійская растительность парамъ. – Развалины древнихъ перуанскихъ дорогъ. – Образованность муйсковъ. – Плавающій курьеръ. – Долина Амазонской рѣки. – Розовые кусты бугенвилліи. – Естественныя плотины. – Переходъ черезъ Анды. – Серебряные рудники Чоты. – Каксамарка. – Купальни Инки. – Развалины дворца Атахуальпы, обитаемыя нищими его потомками. – Подземные золотые сады. – Смерть Атахуальпы. – Путь отъ Каксамарки къ Южному морю. – Взглядъ на Тихій океанъ съ высоты Андовъ.

Проведя цѣлый годъ на горныхъ плоскостяхъ Новой Гренады, Пасто и Квито, возвышающихся (между 4° сѣв. и 4° южной шир.) отъ осьми до двѣнадцати тысячь футовъ надъ поверхностью моря, |52| пріятно спускаться медленнымъ шагомъ къ Лохѣ, посреди гостепріимнаго климата хинныхъ лѣсовъ, до равнинъ верхняго Мараньо|53|на, въ странѣ еще неизвѣданной и гдѣ растительная природа является въ полномъ своемъ великолѣпіи. Имя Лохи извѣстно особенно по превосходнѣйшему сорту хинной корки, лучшей изъ всѣхъ извѣстныхъ противолихорадочныхъ средствъ[2]. Драгоцѣнная эта кора описана нами[3] подъ названіемъ *cinchona condaminea*; ее называли прежде *cinchona officinalis* вслѣдствіе ложнаго убѣжденія, что всѣ сорты хинной корки, встрѣчающіеся въ торговлѣ, происходятъ отъ деревъ одного и того же вида. Противолихорадочная корка впервые привезена была въ Европу около половины XVII вѣка. Себастіанъ Балусъ увѣряетъ, что она явилась впервые въ 1632 году, въ Алкала де-

старинные испанскіе писатели своимъ *х* хотѣли передать настоящій туземный звукъ, и потому постоянно держались этой буквы, которую, по недоразумѣнію, замѣнили буквою *j* только новѣйшіе литераторы. Обычное наше правописаніе *Мексика*, очевидно, ближе къ правильному выговору, чѣмъ новѣйшее *Мехика*, потому что сохраняетъ коренной шипящій звукъ; а своею неправильностію оно, по крайней мѣрѣ, напоминаетъ ту букву, съ которою соединялось правильное произношеніе слова, тогда какъ *Мехика* ведетъ свое начало только отъ ея искаженія. Поэтому, принять новое правописаніе значило бы безъ пользы и безъ нужды усвоить себѣ ошибку испанскихъ литераторовъ. Не говоримъ уже о неблагозвучіи формы *Мехика*, отъ сочетанія гортанной согласной съ мягкою гласною: сочетаніе это нынѣ допускается во множествѣ свлучаевъ на концѣ словъ и изрѣдка встрѣчается въ корняхъ; но и нынѣ есть случаи, гдѣ живой выговоръ старается избѣгать этого сочетанія: мы говоримъ, напрям., легкъй, тихъй, несмотря на правописаніе: легкій, тихій.

Вотъ на какихъ основаніяхъ мы пишемъ *Каксамарка*, а не *Кахамарка*, *Мексика*, а не *Мехика*, хотя очень хорошо знаемъ, что испанская буква *x* произносится не какъ *кс*, а какъ наше русское *х*.
Прим. пер.

[2] Этотъ сортъ хинной корки зовется по испански – *Quina*, или *Cascarilla fina de Loxa*.
[3] Не забудемъ, что здѣсь вездѣ говоритъ Гумбольдтъ отъ своего имени, а потому мѣстоименіе *я* относится къ А. Гумбольдту; *мы* – къ Гумбольдту съ Бонпланомъ.

Энаресъ; другіе утверждаютъ, что ее вывезла, въ 1640 году, въ Мадридъ, перуанская вице-королева, графиня Чинхона[4], вылечившаяся въ Лимѣ хиною отъ лихорадки, благодаря совѣтамъ врача своего Хуана дель-Вего. Хотя и увѣряютъ, что на мѣстѣ, въ Лохѣ, противолихорадочныя свойства хины давно уже извѣстны и употребляются въ пользу нѣкоторыми туземцами, но это мнѣ кажется невѣроятнымъ, потому что и нынѣ еще нѣкоторые индѣйцы имѣютъ отвращеніе отъ употребленія хинной корки, несмотря на то, что перемежающіяся лихорадки сильно свирѣпствуютъ въ долинахъ, окружающихъ Лоху[5]. Преданіе о томъ, будто бы туземцы научились употребленію хины отъ львовъ, которые, страдая перемежающеюся лихорадкою, гложутъ хинныя деревья и выздоравливаютъ, кажется мнѣ европейскою сказкою, выдуманною католическими монахами: такому мнѣнію можно привести множество доказательствъ[6]. Едва ли кому нибудь удавалось слышать въ Америкѣ о львахъ, страдающихъ лихорадкою; притомъ же *felis concolor*, или американскій левъ, и малый горный левъ, или *пума*, никогда еще не были предметомъ ученыхъ наблюденій; достовѣрно только то, что ни одно животное кошачьей породы не грызетъ древесной коры.

Торговля хиною долгое время была исключительно въ рукахъ іезуитовъ, получавшихъ ее изъ Америки черезъ посредство миссіонеровъ. Это обстоятельство ведетъ къ заключенію, что долгій споръ |54| врачей протестантскаго исповѣданія о пользѣ и вредѣ отъ хинной корки имѣлъ побудительною причиною не столько самое существо вопроса, сколько религіозную нетерпимость противоборствующихъ вѣроисповѣданій.

Превосходная лохская хина ростетъ въ десяти или пятнадцати верстахъ къ юго-востоку отъ города, въ горахъ Уритузинга, Виллонако и Румизитана, на пластахъ слюдистаго сланца и гнейса, лежащихъ на высотѣ отъ 5,400 до 7,000 футовъ надъ уровнемъ моря. Предѣлы хинныхъ лѣсовъ, окружающихъ Лоху, обозначаются двумя небольшими рѣчками: Заморою и Качіяку. Деревья рубятъ въ эпоху перваго ихъ цвѣтенія, т. е. между четвертымъ и седьмымъ годами ихъ возраста, смотря потому, произошли ли они отъ сильнаго отростка, или отродились отъ сѣмянъ.

Съ удивленіемъ узнали мы во время нашего путешествія, что количество хинной корки (изъ *cinchona condaminea*), ежегодно доставляемое собирателями или промышленниками въ Лоху, не превосходило тогда (т.е.

---

[4] Жена перуанскаго вице-консула дона Іеронимо Фернандеца де-Кабрера Бобадилья и Мендоза, графа Чинхона, управлявшаго Перуанскою областью съ 1629 по 1639 годъ. Излеченіе графини, жены его, относится къ 1638 году.

[5] См. Записку Гумбольдта «Ueber die Chinawälder» въ «Magazin der Gesellschaft Naturforschender Freunde, Berlin, 1807, p. 59.

[6] Histor. de l'Académie des Sciences, année 1738. Paris, 1740, p. 233.

полъ-вѣка тому назадъ) ста-десяти центнеровъ⁷. Въ то время эта драгоцѣнная кора отнюдь не поступала въ продажу. Вся добыча доставлялась изъ Лохи въ Пайту, гавань Южнаго моря, и оттуда отправлялась въ Кадиксъ, огибая мысъ Горнъ: этотъ грузъ предоставлялся въ исключительное распоряженіе испанскаго двора. Какъ ни незначительно кажется съ перваго взгляда такое количество коры, но для полученія его должно было срубать каждый разъ отъ 800 до 900 деревъ. Старые, толстые стволы сдѣлались весьма рѣдкими; но такова сила растительности въ томъ климатѣ, что молодыя деревья не толще шести дюймовъ, которыя принуждены теперь срубать, часто достигаютъ высоты 50 и 60 футовъ. Когда эти красивыя деревья, украшенныя листьями не менѣе пяти дюймовъ длиною и двухъ шириною, окружены густою чащею, то они постоянно стремятся возвыситься надъ окружающею ихъ растительностію. Колеблемые вѣтромъ, листья ихъ распространяютъ красноватый оттѣнокъ, довольно странный на видъ и замѣтный даже на большомъ разстояніи.

Средняя температура хинныхъ лѣсовъ колеблется между $12\,^1/_2°$ и $15°$ Реомюра. Это почти средняя годовая температура Флоренціи и острова Мадеры; только въ Лохѣ она чрезвычайно однообразна въ теченіе всего годоваго времени и никогда не достигаетъ крайнихъ предѣловъ тепла и холода, свойственныхъ климату умѣреннаго пояса. Вообще, сравнивая климатъ возвышенныхъ плоскостей подъ |55| тропиками съ климатами весьма различныхъ широтъ, трудно вывести удовлетворительныя аналогіи.

Чтобы спуститься отъ горнаго узла Лохи въ знойную долину Амазонской рѣки, по юго-юго-восточному направленію, нужно перешагнуть чрезъ парамы Чулуканасъ, Гуамани и Ямока. Въ другомъ мѣстѣ описалъ я *парамы* – это горныя пустыни, которыя въ южной части Андовъ зовутся *пуна*. Самыя возвышенныя парамы достигаютъ высоты 9,500 футовъ; здѣсь встрѣчаешь чистыя грозы, небо, цѣлые дни покрытое густыми облаками, и особенно ужасные *градовыя ливни*. Градины, различнаго вида и чаще приплюснутыя вслѣдствіе вращенія, перемѣшаны съ тонкими пластинками, или осколками, жестоко уязвляющими лицо и руки⁸. Въ продолженіе этого метеорологическаго явленія я нѣсколько разъ замѣчалъ, что ртуть въ термометрѣ показывала отъ $5°$ до $7°$ мороза, а электрическое напряженіе атмосферы⁹ въ нѣсколько минутъ переходило отъ положительнаго къ отрицательному. При температурѣ ниже $5°$ снѣгъ падаетъ весьма рѣдкими хлопьями и перестаетъ идти чрезъ нѣсколько часовъ. Отсутствіе деревьевъ, непріятный видъ миртовыхъ кустарниковъ

---

⁷ Менѣе 350 пудовъ.
⁸ Эти градины зовутся туземцами *papa-cara*.
⁹ Измѣренное электрометромъ Вольты.

съ мелкими листьями, покрытыхъ бугорчатою, растрескавшеюся корою, изобиліе и развитіе цвѣтовъ, вѣчная прохлада, поддерживаемая во всѣхъ органахъ сыростью воздуха, даютъ растительности парамъ странную физіономію. Никакой поясъ альпійской растительности въ умѣренныхъ или холодныхъ странахъ не можетъ быть сравниваемъ съ тѣмъ, что́ мы встрѣчаемъ на парамахъ тропической части Андскаго хребта.

Неожиданное, но весьма интересное обстоятельство еще болѣе увеличиваетъ строгое впечатлѣніе, производимое дикими пустынями Кордильеровъ. Здѣсь именно сохранились еще удивительные остатки длинной дороги, устроенной инками, гигантскаго сооруженія, соединявшаго различныя части ихъ Имперіи на протяженіи болѣе полуторыхъ тысячъ верстъ. Въ различныхъ мѣстахъ, и чаще всего въ равныхъ между собою разстояніяхъ, существуютъ еще на этой дорогѣ жилища, построенныя изъ правильно отесаныхъ камней. Эти пристанища или каравансараи назывались *тамбо*, или *инка-пилка*[10]. Нѣкоторые изъ нихъ были окружены окопами, другіе снабжены водопроводами, для доставленія горячей воды, и явно служили купальнями. Самыя большія изъ этихъ *тамбо* назначались для самого инки. Я уже прежде измѣрилъ и срисовалъ подобныя зданія, весьма хо|56|рошо сохранившіяся близь Калло, у подошвы вулкана Котопахи[11].

Наши мулы, порядочно навьюченные, съ большимъ трудомъ подвигались по болотистой почвѣ ущелія Парамо дель-Ассуай, на высотѣ 4,732 метровъ надъ уровнемъ моря, то есть почти на высотѣ вершины Монблана; а глаза наши слѣдовали непрерывно на протяженіи болѣе одной нѣмецкой мили за величественными остатками лежавшей неподалеку дороги инковъ. Полотно ея, шириною въ 20 футовъ, проведено на фундаментѣ, глубоко проникающемъ въ грунтъ, и вымощено кусками черно бураго трапового порфира. Видѣнныя мною, въ Италіи, Испаніи и южной Франціи, римскія дороги отнюдь не были величественнѣе этого сооруженія древнихъ перувіянцевъ; а притомъ послѣднія находятся (какъ я удостовѣрился барометрическимъ измѣреніемъ) на высотѣ 3,390 метровъ, то есть полутораста саженями выше вершины Тенерифскаго пика. На подобной же высотѣ находятся, въ Ассуайскомъ ущеліи, развалины, извѣстныя подъ названіемъ «Paredones del Inca» и слывущія за принадлежность дворца Инки Тупака Юпанки. Отсюда дорога инковъ, о которой мы сейчасъ упоминали, направляется къ югу, на Куэнзу, и упирается въ Каньярскую крѣпость, небольшую, но довольно хорошо сохранившуюся со временъ Тупака Юпанки или воинственнаго сына его Хуайно Капака. Эта крѣпость лежитъ на высотѣ почти десяти тысячь футовъ, и въ

---

[10] Инка-пилка значило *стѣны инковъ*.
[11] *Humboldt.* Vues des Cordillères, pl. XXIV.

недальнемъ отъ нея разстояніи находится таинственная скала *Инти-гвайку*, на которой, по преданію, являлось нерукотворное изображеніе солнца[12].

Еще великолѣпнѣйшія развалины древнихъ перуанскихъ дорогъ найдены нами на пути, ведущемъ изъ Лохи къ Амазонской рѣкѣ, близъ купалень Инки, на Парамо Чулакана, близъ Гуанкабамбы и около Инга-тамбы, подлѣ Помахуака. Послѣднія, по моимъ измѣреніямъ, лежатъ на 2,955 метровъ ниже уровня дороги въ Ассуайскомъ ущеліи, хотя разстояніе между обоими пунктами, вычисленное астрономически, не превышаетъ трехсотъ верстъ. Изъ этихъ двухъ системъ дорогъ, вымощенныхъ частію плоскими голышами, а частію сплоченною массою, подобною нашему шоссе, однѣ вели чрезъ обширную безплодную равнину, тянущуюся отъ подножія Андовъ къ берегу Южнаго моря, а другія бороздили самый хребетъ Кордильеровъ. Дорожные столбы, поставленные на опредѣленныхъ мѣстахъ, указывали разстоянія, а для переправы чрезъ рѣки и пропасти были устроены изъ камня, дерева и веревокъ, мосты, называемые по |57| испански *puentas de Hamaco*, или *de Maroma*. Тамбо и укрѣпленія, выстроенныя вдоль дорогъ, снабжались водою помощію водопроводовъ.

Обѣ системы дорогъ направлялись къ столицѣ Имперіи и вмѣстѣ къ цетральному ея городу – Куско, лежащему подъ 13° 31′ южной широты, на высотѣ 3,467 метровъ надъ поверхностью моря[13]. Такъ какъ перувіянцы не употребляли никакихъ повозокъ или экипажей, то дороги ихъ предназначались только для передвиженія войскъ, прохода носильщиковъ съ тяжестями и прогона стадъ льямъ, служившихъ вьючнымъ скотомъ и могшихъ переносить только незначительныя тяжести. Поэтому не должно удивляться, что, въ случаѣ встрѣчи очень утесистой горы, дорога прекращалась и замѣнялась длинными рядами ступеней, съ устроенными вдоль ихъ, на опредѣленныхъ промежуткахъ, мѣстами для отдохновенія[14]. Эти гигантскія лѣстницы представили весьма значительныя препятствія кавалеріи Франциска Пизарра и Діега де-Альмагра, умѣвшихъ, впрочемъ, такъ хорошо пользоваться военными дорогами инковъ, для дальныхъ экспедицій, ознаменовавшихъ эпоху завоеванія Перу. Упомянутыя препятствія были тѣмъ сильнѣе для испанцевъ, что при началѣ завоеванія они исключительно употребляли для верховой ѣзды лошадей и вовсе, казалось, не помышляли о породѣ муловъ или лошаковъ, столь осторожныхъ на горной дорогѣ, что, кажется, животное расчитываетъ и обдумываетъ каждый шагъ. Нѣсколько позже, мулы, дѣйствительно,

---

[12] *Humboldt.* Vues des Cordillères, pl. XVIII и XIX.
[13] По картѣ Боливіи, сочиненной Пеитландомъ.
[14] *Prescott*, Hist. of the conquest of Peru I, 444.

были введены въ испанскую кавалерію, дѣйствовавшую въ горахъ южной Америки.

Сарміенто видѣлъ дороги инковъ еще въ цвѣтущемъ ихъ состояніи. Въ одномъ изъ его «Описаній», скрывавшемся долгое время въ пыли библіотеки Эскуріала, мы читаемъ:

«Какъ могъ народъ, которому употребленіе желѣза было неизвѣстно, построить среди скалъ и на такихъ высотахъ столь огромныя и великолѣпныя дороги (caminos tan grandes y tan sovervios), соединявшія, въ двухъ различныхъ направленіяхъ, Куско съ Квито и съ берегомъ Чили?»

И далѣе:

«Императоръ Карлъ, со всѣмъ его могуществомъ, не въ состояніи бы былъ исполнить то, что́ совершили инки при благоразумномъ своемъ правленіи, пользуясь безпрекословнымъ повиновеніемъ своихъ подданныхъ.» |58|

Эрнандо Пизарро, самый образованный изъ трехъ братьевъ, завоевавшихъ Перу (выкупившій свои преступленія двадцати-лѣтнимъ заключеніемъ въ Медина дель-Кампо и умершій сто-лѣтнимъ старцемъ), увидѣвъ впервые дорогу инковъ, не могъ удержаться отъ восклицанія: «Ни одно христіанское государство не можетъ похвастать подобными удивительными дорогами!» Обѣ столицы инковъ – Куско и Квито – раздѣлены разстояніемъ почти въ полторы тысячи верстъ, по прямой линіи другъ отъ друга; но если принять въ разсужденіе изгибы дороги, то это разстояніе увеличится безъ малаго до двухъ тысячь верстъ[15]. По весьма достовѣрному свидѣтельству лиценціата Поло де-Ондегардо, такое огромное разстояніе нисколько не помѣшало инкѣ Хуайна Капаку доставить, изъ Куско въ завоеванный отцомъ его Квито, всѣ матеріалы, нужные для постройки въ послѣднемъ городѣ великолѣпнаго дворца. Это событіе понынѣ сохранилось въ памяти туземцевъ Квито.

У племенъ предпріимчивыхъ сила и мужество возрастаютъ по мѣрѣ того, какъ природа представляетъ большія препятствія ихъ усиліямъ. Подъ вліяніемъ централизующей власти инковъ, безопасность и быстрота сообщеній и особливо удобность къ передвиженіямъ войскъ составляли необходимую правительственную потребность. Вотъ гдѣ должно искать причинъ устройства превосходныхъ дорогъ и весьма усовершенствованнаго учрежденія почтовой системы, найденныхъ въ древнемъ Перу. У народовъ, стоящихъ на весьма различныхъ степеняхъ цивилиза-

---

[15] Гарцильяссо де-ла-Вега полагаетъ истинное разстояніе между Куско и Квито въ пятьсотъ испанскихъ миль (leguas). Это составитъ около 2,000 верстъ.

ціи, мы постоянно видимъ народную дѣятельность принимающею преимущественно особое направленіе, при чемъ, однакожъ, изъ удивительнаго развитія этой особой дѣятельности невозможно вывести положительнаго заключенія касательно общаго состоянія умственной культуры. Египтяне, греки, этруски и римляне, точно также какъ и китайцы, японцы и индусы, представляютъ намъ разительные примѣры такихъ противоположностей.

Трудно рѣшить вопрос: сколько времени употреблено на постройку перувіянскихъ дорогъ? Чтó касается до великихъ работъ, совершонныхъ на сѣверѣ Имперіи, то есть на возвышенности Квито, то онѣ очевидно продолжались не долѣе тридцати или тридцати-пяти лѣтъ, именно – въ короткій промежутокъ времени, протекшій между завоеваніемъ Квито Инкою и смертію Хуайна Капака. Но если обратиться къ южнымъ, то есть къ собственно перуанскимъ |59| дорогамъ, то должно сознаться, что время ихъ построенія теряется въ совершенномъ мракѣ.

Обыкновенно полагаютъ, что таинственное появленіе Манко-Капака совершилось за четыреста лѣтъ до прибытія Франциска Пизарра. Этотъ искатель приключеній вышелъ на берегъ Перу (или, правильнѣе, на берегъ острова Пуньи) въ 1532 году; слѣдовательно, первое событіе относится къ половинѣ XII вѣка, за два столѣтія до основанія города Мексико, подъ названіемъ Теночтитлана. Вмѣсто упомянутыхъ четырехъ сотъ лѣтъ, нѣкоторые испанскіе писатели считаютъ пятьсотъ и даже пятьсотъ-пятьдесятъ лѣтъ; но такъ какъ въ исторіи Перу мы находимъ только тринадцать государей изъ племени инковъ, то нельзя не согласиться съ Прескотомъ, что періодъ въ пятьсотъ-пятьдесятъ лѣтъ, и даже въ четыреста лѣтъ, слишкомъ дологъ для тринадцати царствованій. Кветзалькоатль, Ботшика и Манко-Капакъ – вотъ три миѳическія личности, съ которыми связываются начала цивилизаціи у ацтековъ, муйсковъ (правильнѣе: шибшей) и перуанцевъ. Кветзалькоатль, великій жрецъ Тула, съ бородою и въ черной одеждѣ, прибылъ съ береговъ Пануко, то есть съ восточныхъ береговъ Анахуако, на горную плоскость Мексики; впослѣдствіи мы находимъ его удалившимся для покаянія на гору, близь Тлахапучикалко. Ботшика, или, скорѣе, посланникъ боговъ Немтереветеба, будда муйсковъ, также съ бородою и въ длинной одеждѣ, прибылъ въ возвышенныя равнины Боготы изъ саванъ, лежащихъ на востокъ от Андовъ. Еще ранѣе Манко-Капака живописные берега озера Титикаки представляли уже зародыши образованности. Крѣпость Куско, на холмѣ Саксахуамакѣ, была выстроена по образцу древнихъ укрѣпленій Тіахуанака; точно также ацтеки подражали пирамидальной архитектурѣ толтековъ, которую эти послѣдніе заимствовали отъ улмековъ. Такимъ образомъ, восходя мало по малу до начала племенъ, населявшихъ Мексику, можно исторически добраться до VI вѣка нашей эры. По увѣренію Сигуэнзы, Чолульская пирамида построена толтеками, въ подражаніе теотихуанакской, воздвигнутой улмеками. Проникая сквозь различные слои цивилизаціи, всегда достигаемъ до слоевъ еще древнѣйшихъ. Можно убѣдиться, что какъ въ Старомъ, такъ и въ Новомъ Свѣтѣ, у всѣхъ племенъ, послѣдовательно развивавшихъ свою самобытность, всегда блестящій миөическій періодъ предшествуетъ историческому.

Здѣсь мы должны позволить себѣ небольшое отступленіе. Говоря о народахъ Америки, пользовавшихся извѣстною степенью цивилизаціи въ періодъ вторженія испанцевъ, мы упомянули о народѣ муйсковъ. Мексика, или страна Анахуакъ, обитаемая ацтеками, и |60| Перу, находившійся подъ правленіемъ *Сыновъ Солнца*, исключительно обратили на себя вниманіе Европы, такъ что въ теченіе долгаго времени оставалась въ совершенномъ забвеніи третья цивилизація, проявлявшаяся у горскихъ народовъ Новой Гренады[16]. Правительственныя учрежденія муйсковъ напоминаютъ намъ конституцію Японіи и отношенія свѣтскаго императора *Кубо*, или *Сеогуна*, обитающаго въ Іеддо, къ священной особѣ *даири*, пребывающаго въ Міяко. Когда Гонзало Хименесъ де-Квезада проникнулъ на плоскость Боготы, онъ нашелъ ее ограниченною горами, какъ отвѣсною стѣною, не позволявшею итти далѣе. Здѣсь онъ встрѣтилъ три власти, которыхъ взаимную іерархію весьма трудно опредѣлить. Духовная власть сосредоточивалась въ великомъ жрецѣ *икака* (въ *Сугамукси*)[17]; свѣтскіе же властители были *заке* (въ Хунзѣ, или въ Тунхѣ) и *зипа* (въ Фунзѣ). Послѣдній, по древней феодальной конституціи, казалось, былъ подчиненъ первому.

Муйски владѣли правильнымъ способомъ счисленія времени и прибѣгали къ дополненіямъ для исправленія недостатка лунныхъ годовъ. Вмѣсто монеты они употребляли маленькіе кружечки золота, отлитые по однообразному поперечнику; а припомнимъ, что у египтянъ, пользовавшихся столь усовершенствованною образованностью, не найдено до сихъ поръ никакого слѣда монетъ. Муйски имѣли храмъ Солнца, съ каменными колоннами, развалины и обломки которыхъ недавно открыты въ долинѣ Лейвы[18]. Имя племени было собственно *шибша*; а на языкѣ шибшей слово *муйска* значитъ *человѣкъ* или *народъ*. Начало этой извнѣ-принесенной цивилизаціи приписываютъ двумъ миөическимъ личностямъ – Ботшикѣ и Немтереквѣтебу; впрочемъ, оба

---

[16] См. подробности объ этомъ предметѣ въ *Humboldt*, Vues des Cordillères et Monuments des peuples indigènes de l'Amerique (изданіе въ 8-ю д. л.) II, 220–267.

[17] Слово это значитъ *мѣсто исчезновенія*, потому что по преданію тутъ исчезъ посланникъ боговъ Немтереквѣтеба.

[18] *Joaquim Acosta*, Compendio historico del Descubrimiento de la Nueva Granada, 1848, p. 188, 196, 206 и 208 ; Bulletin de la Société de Geographie de Paris, 1847, p 114.

лица часто смѣшиваются между собою. Первое, кажется, еще баснословнѣе второго, потому что одинъ только Ботшика почитался существомъ божественнымъ и уважался почти наравнѣ съ солнцемъ. У него была прекрасная подруга Чія, или Уйтака, которая помощію чаръ потопила равнину Боготы, и за это была изгнана съ лица земли и осуждена обращаться вокругъ послѣдней, въ видѣ луны. Ботшика однимъ ударомъ отверзъ скалы Теквендамы для истока водъ, близь *Поля Гигантовъ* (Campo de Gigantes), |61| гдѣ нынѣ, на высотѣ 8,250 футовъ надъ моремъ, находятъ кости слоноподобныхъ мастодонтовъ. Капитанъ Кокренъ, въ своемъ «Journal of a Residence in Colombia»[19], и Джонъ Ранкингъ, въ своихъ «Historical Researches on the Conquest of Peru»[20], утверждаютъ даже, что понынѣ существуютъ в Андахъ живые мастодонты, теряющіе по временамъ свои клыки. Немтереквeтеба (ныне Чинзапога) принадлежалъ къ числу смертныхъ: этотъ бородатый человѣкъ пришелъ съ востока изъ Паска и исчезъ близь Сугамукса, или Согамосо. Выше сказано уже, что оба миѳическія лица часто смѣшиваются одно съ другимъ.

Возвратимся къ прежнему разсказу.

Несмотря на удивленіе завоевателей Перу къ дорогамъ и водопроводамъ туземцевъ, первые не только не приняли мѣръ къ ихъ поддержанію, но даже разрушали ихъ, извлекая изъ нихъ тесаные камни, требовавшіеся для новыхъ построекъ. Эти разрушенія начались съ прибрежныхъ странъ и вскорѣ недостатокъ воды обезплодилъ ихъ. На хребтѣ Андовъ и въ его глубокихъ ущеліяхъ разрушеніе началось позже и совершалось медленнѣе. Въ продолженіе долгихъ переходовъ, совершонныхъ во время слѣдованія отъ сіенитовыхъ скалъ Заулаки, у подошвы льдистаго Парамо де-Ямока, по богатой окаменѣлостями долинѣ Санъ-Фелипе, мы были принуждены двадцать-семь разъ переправляться вплавь чрезъ извилистую рѣку Rio де-Гуанкабамба (впадающую въ Амазонскую); а между тѣмъ, въ небольшомъ отъ насъ разстояніи, прямою чертою тянулась по крутымъ отклонамъ скалъ величественная дорога инковъ, окаймленная большими тесаными камнями, и на ней виднѣлись станціи, или *тамбы*. Гуанкабамба, шириною всего отъ ста-двадцати до ста-сорока футовъ, течетъ такъ быстро, что наши тяжело навьюченные мулы часто находились въ опасности быть увлеченными быстриною. Эти мулы несли наши рукописи и сухія растенія, собранныя въ теченіе цѣлаго года; поэтому, переправившись чрезъ рѣку, мы въ тяжкой тревогѣ ждали, пока минуетъ опасность для послѣдняго изъ двадцати муловъ нашего поѣзда, тянувшихся длинною вереницею, одинъ за другимъ.

---

[19] 1825, Tome II, pag. 390.
[20] 1827, pag. 397.

Здѣшніе жители вздумали, весьма страннымъ образомъ, воспользоваться нижнею частію потока Гуанкабамбы, для сообщенія съ берегами Южнаго моря. Чтобы быстрѣе доставить небольшое количество писемъ, посылаемое изъ Трухильо въ провинцію Хаенъ де-Бракаморосъ, употребляютъ пловучаго курьера, котораго здѣсь зовутъ |62| *el correo que nada*. Такой необыкновенный курьеръ, выбираемый бóльшею частію изъ молодыхъ индѣйцевъ, проплываетъ въ два дня отъ Помахуака до Томепенды, сперва по Rio де-Чамайя[21], а потомъ по Амазонкѣ. Онъ завертываетъ письма (которыхъ обыкновенно бываетъ немного) въ длинный бумажный шарфъ, который потомъ повязываетъ на голову, въ видѣ турбана. Приплывая къ порогамъ, которыхъ на Чамайѣ весьма много, пловецъ выходитъ изъ рѣки и обходитъ водопадъ берегомъ, который вездѣ поросъ лѣсомъ. Для сбереженія силъ во время плаванія, онъ беретъ съ собою кусокъ весьма легкаго дерева, изъ породы бамбуковъ. Часто пловецъ приглашаетъ съ собою товарища. О пропитаніи въ дорогѣ имъ заботиться нечего, потому что они увѣрены найти гостепріимство въ прибрежныхъ хижинахъ, разсѣянныхъ между прелестными *Huertas de Pucara*, или *Cavico*, и окруженныхъ множествомъ плодовитыхъ деревьевъ.

Къ счастію, крокодилы не водятся въ Rio де-Чамайя. Въ самомъ Мараньонѣ они не заходятъ далѣе водопадовъ Маязи, предпочитая, вслѣдствіе природной недѣятельности, болѣе спокойныя воды. Я удостовѣрился, что Rio де-Чамайя отъ Пукарскаго брода, или *пазо*, до впаденія въ Амазонку[22], то есть на протяженіи менѣе девяноста верстъ, имѣетъ склону 1,668 футовъ[23]. Губернаторъ провинціи Хаенъ де-Бракаморосъ увѣрялъ меня, что корреспонденція, доставляемая такимъ путемъ, не только весьма рѣдко пропадаетъ, но даже рѣдко является подмоченною. Я самъ, по возвращеніи изъ Мексики въ Парижъ, получилъ изъ Томепеиды письмо, шедшее съ плавающимъ курьеромъ. Да кромѣ того, многія племена индѣйцевъ, обитающія по берегамъ Мараньона, прибѣгаютъ къ этому образу путешествія, когда путь лежитъ внизъ по рѣкѣ, и такія путешествія совершаются обыкновенно многочисленными обществами. Мнѣ случилось видѣть въ рѣкѣ группы изъ тридцати до сорока человѣческихъ головъ (принадлежавшихъ мужчинамъ, женщинамъ и дѣтямъ изъ племени хибаросъ) въ то время, какъ они подплывали къ Томепеидѣ.

Пловучій курьеръ возвращается домой трудною дорогою чрезъ Парамо дель-Паредонъ.

---

[21] Особое названіе нижняго Гуанкабамбо.
[22] Ниже деревни Чорозъ.
[23] *Humboldt*, Recueil d'Observations astronomiques I, 304; Vue des Cordillères, pl. XXXI.

Приближаясь къ знойному бассейну Амазонки, взоръ услаждается граціозною, а мѣстами и мощною растительностію. Нигдѣ въ мірѣ, не исключая Канарскихъ острововъ и береговъ Куманы и Каракаса, апельсинныя и лимонныя деревья и вообще всѣ породы |63| Citrus не казались мнѣ прекраснѣе, какъ въ *садахъ* (huertas) Пукары. Деревья эти покрыты здѣсь тысячами золотыхъ плодовъ и достигаютъ высоты шестидесяти футовъ. Вмѣсто округленной кроны, они имѣютъ здѣсь вѣтви, прямыя какъ у лавровъ. Близь брода Кавино мы были поражены неожиданнымъ зрѣлищемъ: передъ нами находился кустарникъ небольшихъ деревцовъ вышиною не болѣе 2 1/2 саженъ; листья этихъ деревьевъ были не зеленаго, а совершено розоваго цвѣта. То былъ новый видъ *бугенвилліи*, впервые описанный А. Л. Жоссье по бразильскому экземпляру изъ гербарія Коммерсона. Собственно говоря, у открытыхъ нами деревьевъ почти вовсе не было листьевъ, а то, что́ намъ издали казалось листьями, были весьма часто сидящіе, свѣтло-розовые прицвѣтники (bracteae). Этотъ видъ, по своей свѣжести, чистотѣ и яркости красокъ, былъ различенъ отъ того, который представляютъ осенью многіе изъ нашихъ лѣсныхъ деревьевъ. Изъ всѣхъ видовъ семейства *серебряковыхъ* (proteaceae), извѣстныхъ въ южной Америкѣ, одинъ только, *rhopala ferruginea*, спускается съ льдистыхъ вершинъ парамы Ямоко въ знойную долину Чамайя. Замѣчательный своими тонко-перистыми листьями кустарникъ, *porlieria hygrometrica*, принадлежащій къ семейству *бобокаперсовыхъ* (zygophylleae), надежнѣе всѣхъ мимозъ предвѣщающій перемѣну погоды и особенно приближеніе дождя, сжатіемъ своихъ листьевъ, встрѣчается здѣсь въ изобиліи; предвѣщанія его рѣдко насъ обманывали.

На Чимайѣ мы нашли плоты (бальзы), ожидавшіе насъ для отвоза въ Томепеиду. Я намѣревался опредѣлить разницу широты между Квито и устьемъ Чичипа, дабы рѣшить вопросъ, которому старинное наблюденіе Лакондаминa придавало нѣкоторую важность, въ отношеніи къ географіи южной Америки. Ночь была проведена, по обыкновенію, подъ открытымъ небомъ, въ песчаной долинѣ Гваянчи, у сліянія Чимайя и Амазонки. На другой день мы спустились по Амазонкѣ до водопада, или до пролива Рентема,– мѣста, называемаго pongo, или *ворота*, потому что здѣсь потокъ съуживается стѣною скалъ, врѣзывающихся въ рѣку, подобно плотинѣ. Измѣривъ тригонометрическій базисъ на ровномъ, песчаномъ берегу, я нашелъ, что Амазонка, достигающая далѣе къ востоку до такой чрезвычайной ширины, имѣетъ близь Томепеиды не болѣе 1,300 футовъ; впрочемъ, въ ней не болѣе 150 за проливомъ или воротами Манзеричe, образованными между Сантъ-Ягомъ и Санборхомъ трещиною въ скалѣ: въ этомъ мѣстѣ прибрежныя скалы и лиственный ихъ покровъ едва пропускаютъ сомнительный лучъ свѣта на дно пропасти, въ которой исчезаютъ безчисленные стволы вырванныхъ водою деревьевъ. Скалы, образовавшія всѣ эти тѣснины, подвергались въ |64| теченіе вѣковъ многимъ переворотамъ. За годъ до моего пріѣзда въ здѣшнія страны, *понго* Рентамы былъ отчасти разрушенъ необыкновенною прибылью воды. Между племенами, разсѣянными вдоль береговъ Амазонки, сохранилось весьма отчетливое преданіе о страшномъ обвалѣ, совершившемся въ началѣ XVIII вѣка и увлекшемъ за собою всю, въ то время еще высокую массу скалъ, образуюующихъ *понго*. Обвалъ легъ плотиною, которая внезапно запрудила рѣку, такъ что жители деревни Пупайя, находящейся нѣсколько ниже, съ ужасомъ увидѣли быстрое обмелѣніе потока, и вслѣдъ за тѣмъ широкое ложе Амазонки совершенно лишилось здѣсь своихъ водъ. Но скоро могучая рѣка пробила поставленную ей обваломъ преграду. Не думаютъ, чтобы это странное явленіе случилось вслѣдствіе землетрясенія. Величественный потокъ Амазонки постоянно стремится улучшить свое ложе; а о силѣ, употребляемой имъ для этой цѣли, можно судить потому, что, несмотря на свою ширину, онъ иногда въ одни сутки поднимаетъ свой уровень на 25 футовъ.

Семнадцать дней пробыли мы въ долинѣ Верхняго Мараньона. Съ береговъ этой рѣки къ берегамъ Южнаго моря путь лежитъ чрезъ Анды, между Микуипампою и Каксамаркою, въ томъ мѣстѣ, гдѣ, по моимъ наблюденіямъ надъ наклоненіемъ магнитной стрѣлки, магнитный экваторъ пересѣкаетъ хребетъ подъ 6° 57′ южной широты и 80° 56′ долготы. Постоянно поднимаясь въ гору, достигаешь серебряныхъ рудниковъ Чоты, откуда, встрѣчая различныя препятствія, вновь начинаешь спускаться въ область Перу, къ древней Каксамаркѣ, гдѣ въ первой половинѣ XVI вѣка разыгралась кровавая драма испанскаго завоеванія. Въ этой странѣ, какъ почти вездѣ въ хребтѣ Андовъ и въ горахъ Мексики, вершины, выдающіяся надъ прочими, разнообразятся самымъ живописнымъ образомъ изверженіями трахита и порфира, то возвышающимися въ видѣ башенъ, то дробящимися въ исполинскія колонны. Эти массы даютъ извѣстнымъ частямъ горы видъ зубчатыхъ гребней, или округленныхъ куполовъ; здѣсь они прорѣзали известковую формацію, которая въ Америкѣ простирается на огромное пространство по обѣимъ сторонамъ экватора и (по прекраснымъ изслѣдованіямъ Леопольда фонъ-Буха) принадлежитъ къ мѣловой формаціи. Между Гуамбосомъ и Монтаною, на высотѣ 12,000 футовъ, мы нашли окаменѣлыя морскія раковины – аммониты 14 дюймовъ въ діаметрѣ, большой *pecten alatus*, морскихъ ежей, изокарды и *exogyra polygona* [24]. Впрочемъ, Пентландъ нашелъ окаменѣлыя

---

[24] См. *Humboldt* Essai géogn. sur le gisement des roches, 1823, p. 236; *Leopold von Buch*, Pétrifications recueillies en Amérique par A. de Humbold et Ch. Degenhardt, 1839, p. 2–11 и 18–22.

рако|65|вины силлурійской формаціи на Невада де-Антахена, въ республикѣ Боливіи, на высотѣ 16,400 футовъ[25]. Въ Топемендѣ, принадлежажащей къ бассейну Мараньона, и 9,900 футовъ выше, въ Микуикамкѣ, мы нашли видъ *cydaris*, тожественный, по увѣренію Леопольда фонъ-Буха, съ найденными[26] въ древнемъ мѣлѣ у мѣста исчезновенія Роны. Точно также, въ части Кавказа, проходящей по Дагестану (въ Амуишскихъ горахъ), мѣловая формація поднимается съ береговъ Сулака, текущаго едва на 500 футовъ выше морского уровня, до вершинъ Чунума, то есть на 9,000 футовъ выше моря. Еще выше, на вершинѣ Шахдага, не ниже 13,090 футовъ, находятъ еще *ostrea diluviana* (Гольдфусса) и тѣже самые пласты мѣлу. Такимъ образомъ прекрасныя наблюденія Абиха надъ Кавказомъ самымъ разительнымъ образомъ подтвердили геологическія воззрѣнія Леопольда фонъ-Буха касательно развитія мѣловой формаціи въ горахъ.

Выѣхавъ изъ уединенной Монтанской фермы, вокругъ которой бродятъ стада льямъ, мы поднимались все выше и выше по восточному отклону Кордильеръ, направляясь къ югу. Къ вечеру добрались мы до высокой равнины, гдѣ серебряная гора Гуалгайокъ – главный пунктъ рудниковъ Чоты, представила намъ восхитительное зрѣлище. Церро де-Гуалгайокъ, отдѣленный отъ известковой горы Кормолаче глубокою впадиною, состоитъ изъ кремнистой породы, прорѣзанной безчисленнымъ множествомъ пересѣкающихся жилъ и стѣсненной почти отвѣснымъ обрывомъ съ сѣверной и западной сторонъ. Самыя высокія рудокопныя шахты открываются на 1,445 футовъ выше дна галлереи, называемой «Socabon de Espinachi». Контуръ горы иззубренъ множествомъ зубцовъ и выдающихся угловъ, похожихъ на башни и пирамиды. Это очертаніе составляетъ самую разительную противоположность съ покатыми отклонами, приписываемыми обыкновенно бо̀льшею частію рудокоповъ металоноснымъ мѣстностямъ. Гора наша – говорилъ намъ путешествовавшій съ нами богатый владѣлецъ рудниковъ – высится какъ заколдованный за̀мокъ[27]. Гуалгайокъ напоминаетъ нѣкоторымъ образомъ эффектъ конусовъ доломита, или, еще лучше, зубчатый гребень Монсеррата въ Каталоніи, видѣннаго мною самимъ и впослѣдствіи такъ увлекательно описанного моимъ братомъ. |66|

Серебряная гора Гуалгайокъ не только пробита сотнями галлерей, но еще представляетъ въ своей кремнистой породѣ множество естественныхъ разсѣлинъ, чрезъ которыя наблюдатель, находящійся у подошвы

---

[25] *Mary Sommerville*, Physical Geography, 1849, T. I, p. 185. Мы намѣрены представить, въ скоромъ времени, нашимъ читателямъ обзоръ этого прекраснаго сочиненія, написаннаго ученѣйшею женщиною нашего вѣка. *Прим. ред.*
[26] Броньяромъ.
[27] Como si fuese un castillo encantado.

горы, можетъ созерцать лазурь неба, вѣчно темную, въ такихъ возвышенныхъ мѣстахъ. Простой народъ называетъ эти разсѣлины *окошками*[28]. Намъ показывали въ трахитѣ, образующемъ утесистыя ребра вулкана Пичинчи, подобныя же разсѣлины, также называемыя окошками[29]. Странность зрѣлища увеличивается еще множествомъ сараевъ и жилищь, прилепленныхъ къ крутымъ бокамъ горы, какъ птичьи гнѣзда, вездѣ, гдѣ только выдается небольшое плоское мѣстечко. Руда переносится въ корзинкахъ по крутымъ и опаснымъ тропинкамъ, до мѣста ея обработки ртутью (амальгамаціи).

Цѣнность серебра, извлеченнаго изъ этихъ рудъ въ первые 32 года разработки, то есть съ 1771 по 1802 годъ, вѣроятно, гораздо болѣе 32 милліоновъ піастровъ. Несмотря на твердость, сообщаемую горно-каменной породѣ кварцомъ, присутствіе галлерей и углубленій, относящихся къ отдаленной эпохѣ, свидѣтельствуетъ, что еще до прибытія испанцевъ перуанцы извлекали серебро изъ Церро де-ла Линь и изъ Чупиквіяку, а золото изъ Куримаіо, гдѣ, среди кварца, находятъ также самородную сѣру, точно какъ и въ бразильскомъ итаколумитѣ.

Мы поселились близь рудниковъ небольшого городка Мику и пампа, построеннаго на горѣ въ 3,620 метровъ выше морского уровня, и гдѣ, несмотря на широту только 6° 43′, вода мерзнетъ каждую ночь внутри жилищь, въ продолженіе бо́льшей части года. Въ этой пустынѣ, лишенной всякой растительности, живутъ три или четыре тысячи человѣкъ, принужденныхъ добывать изъ теплыхъ долинъ все нужное для пропитанія, потому что въ самомъ мѣстѣ ихъ пребыванія ростутъ только нѣсколько видовъ капусты да салатъ, впрочемъ, превосходный. На этихъ пустыхъ возвышенностяхъ, какъ вообще во всѣхъ перуанскихъ городахъ, населенныхъ рудокопами, богатѣйшая часть жителей предается отъ скуки самой необузданной страсти къ игрѣ въ карты и въ кости. Я сказал – богатѣйшая часть населенія, но это отнюдь не значитъ еще, что она просвѣщеннѣе бѣднѣйшей части, потому что невѣжество одинаково развито между богатыми и бѣдными. Быстро нажитое достояніе расточается еще быстрѣе. Все напоминаетъ здѣсь извѣстнаго пизаррова сподвижника, который, по раздѣлѣ добычи, награбленной въ |67| храмѣ Куско, жаловался, что въ одну ночь проигралъ *половину солнца*, разумѣя подъ этимъ половину огромной золотой доски съ изображеніемъ божества перуанцевъ.

Я наблюдалъ въ Микуипампѣ движеніе термометра. Только въ восемь часовъ утра онъ показывалъ 1° и за тѣмъ къ полудню поднимался до 8°.

---

[28] Las ventillas de Gualgayoc.
[29] Las ventillas de Pichincha.

Между густою травою, называемою *ичху*³⁰, мы нашли красивую *куманскую фіалку* (calceolaria sibthorpioides), которую вовсе не надѣялись встрѣтить на такой высотѣ.

Близь Микуипампы, въ высокой долинѣ, называемой «Llanos, или Pampa de Navar», найдены, на протяженіи половины квадратной льё, огромныя массы краснаго сурьмянистаго серебра и самороднаго серебра, представляющія формы *remolinos* и *clavos* и *vetas manteadas*, находящіяся непосредственно подъ дерномъ и какъ бы сросшіяся съ корнями альпійскихъ злаковъ (ниворослей)³¹. Другая плоская возвышенность, къ западу отъ *Purgatorio*, называется Чоропампа, то есть *поле раковинъ*. Такое названіе указываетъ на существованіе въ мѣловой формаціи окаменѣлостей, которыя находятся здѣсь, въ самомъ дѣлѣ, въ такомъ изобиліи, что издавна обратили на себя вниманіе туземцевъ. Здѣсь, у самой поверхности почвы, нашли богатый слой самороднаго золота съ серебряными прожилками. Такое открытіе доказываетъ, что многочисленные минералы, изверженные изъ земныхъ внутренностей сквозь расѣлины и жилы, не зависятъ ни отъ свойства окружающихъ горно-каменныхъ породъ, ни отъ относительной древности пересѣкаемыхъ ими формацій.

Грунтъ Церро де-Гуалгайока и Фуентестіаны содержитъ въ себѣ большое количество воды; напротивъ того, въ «Purgatorio» царствуетъ безусловная сухость. Я весьма удивился, открывъ, что, несмотря на высоту этихъ слоевъ надъ морскою поверхностью, температура шахтъ доходитъ до $15°,8$ Реомюра, тогда какъ недалеко оттуда, въ «Mina de Guadelupa», вода въ шахтахъ показываетъ $9°$ или около того. Впрочемъ, такъ какъ, въ томъ же мѣстѣ, на вольномъ воздухѣ термометръ не поднимался выше $4\,^{1}/_{2}°$, то рудокопы, занимающіеся своею трудною работою почти безъ одежды, жалуются на удушливый жаръ въ подземельѣ Purgatorio.

Узкая дорога, ведущая изъ Микуипампы въ древній городъ инковъ, Каксамарку, затруднительна даже для муловъ. Каксамарка значитъ *городъ холода*. Въ продолженіе пяти или шести часовъ дорога ведетъ чрезъ рядъ парамовъ, на которыхъ путешественникъ |68| останется почти постоянно подверженнымъ сильнымъ грозамъ и угловатому граду, опустошающему преимущественно хребетъ Андовъ. Дорога по большей части лежитъ на высотѣ отъ 9 до 10 тысячь футовъ. На этомъ переходѣ я имѣлъ случай сдѣлать магнитное наблюденіе, имѣющее общій интересъ для науки, опредѣливъ точку, въ которой наклоненіе магнитной стрѣлки переходитъ отъ сѣвера къ югу, или, другими словами, опредѣлилъ мѣсто, гдѣ путешественникъ пересѣкаетъ магнитный экваторъ³².

---

[30] Можетъ быть, наша *stipa eriostachya*.
[31] Gramineae alpinae.
[32] Humboldt, Rélation historique du Voyage aux Regions équinoxiales, III, 622.

Пройдя эти пустыни и достигнувъ наконецъ до Парамо де-Янагуанга, глазъ съ наслажденіемъ отдыхаетъ на плодородной долинѣ Каксамарки. Въ самомъ дѣлѣ, восхитительное зрѣлище! Долина, по которой змѣится ручей, образуетъ овальную плоскость въ 4 или 5 квадратныхъ географическихъ миль. Она похожа на плоскость Боготы и, подобно послѣдней, вѣроятно, составляла нѣкогда дно средиземнаго, или внутренняго моря. Здѣсь только недостаетъ миѳа о тауматургѣ Ботшикѣ, открывающемъ путь для истеченія водъ сквозь скалы Теквендамы. Городъ[33] лежитъ выше Санта-Фе де-Боготы и почти на высотѣ Квито, но, отвсюду окруженный скалами, пульзуется умѣреннѣйшимъ и пріятнѣйшимъ климатомъ. Плодородіе почвы поистинѣ баснословное, и неудивительно, что все здѣсь покрыто обработанными нивами и садами. Ихъ пересѣкаютъ аллеи изъ ивъ, датуръ[34] (на которыхъ распускаются большіе красные, бѣлые и жолтые цвѣты), мимозъ и квинуаръ, или много-чешуйниковъ[35] (прекрасныхъ деревьевъ из семейства *розовидныхъ*), перемѣшанныхъ съ красно-головниками[36] и альхемиллами. Пшеница родится здѣсь самъ-двадцать. Иногда, впрочемъ, богатая жатва погибаетъ въ одну ночь, отъ вліянія мороза, порожденнаго лучеиспусканіемъ теплоты почвы къ ясному небу, въ сухихъ и разрѣженныхъ слояхъ атмосферы. Жители внутри своихъ домовъ и хижинъ не чувствуютъ холода, истребляющаго въ нѣсколько ночныхъ часовъ лучшія надежды земледѣльца.

Въ сѣверной части долины воздымаются небольшіе куполы порфира, вѣроятно, составлявшіе острова, въ то время, какъ внутреннее море еще существовало и воды покрывали поверхность долины. Съ вершины одного изъ этихъ куполовъ мы наслаждались необыкновенно граціознымъ видомъ на Церро де-Санта-Полоніа. Съ этой |69| стороны древняя столица инки Атахуальпы окружена плодовыми садами и полями луцерны[37]; въ отдаленіи воздымаются столбы паровъ отъ горячихъ ключей Пальтамарки и понынѣ еще называемыхъ *Купальнями Инки*[38]. Температура этихъ сѣрныхъ ключей, по моимъ наблюденіямъ, равняется 55°,2. Атахуальпа проводилъ часть года въ Пультамаркѣ, гдѣ понынѣ еще сохранились слѣды его дворца, разрушеннаго яростными завоевателями. Обширный и глубокій бассейнъ (*tragadero*), въ которомъ, по словамъ преданія, утонула одна изъ золотыхъ носилокъ инки[39], показался мнѣ, по причинѣ

---

[33] Каксамарка.
[34] Древесный дурманъ.
[35] Quinuar.
[36] Sanguisorbis.
[37] Medicago sativa.
[38] Banos del Inca.
[39] Эта носилка не могла быть впослѣдствіи отъискана, несмотря на множество попытокъ.

своей правильно круглой формы, искуственно высѣченнымъ внутри песчаника, прямо надъ однимъ изъ отверстій, служащихъ истокомъ для сѣрной воды.

Городъ украшенъ нынѣ красивыми церквами; но отъ дворца и крѣпости Атахуальпы видны только слабые остатки. Разрушеніе особенно ускорилось отъ безразсудной алчности, съ которою завоеватели потрясали стѣны и даже основанія всѣхъ древнихъ зданій для отъисканія сокровищъ, будто бы спрятанныхъ перуанцами отъ жадныхъ враговъ. Дворецъ инки былъ выстроенъ на порфировомъ холмѣ, предварительно отесанномъ и углубленномъ по срединѣ, такъ что главное зданіе было окружено валомъ и покоилось прямо на камнѣ. По разрушеніи, часть тесаныхъ камней этого зданія послужила для фундамента городскому острогу и общинному дому, или ратушѣ, называемой *Casa del Cabilda*. Лучше прочихъ уцѣлѣла часть зданія противъ монастыря св. Франциска, хотя и тутъ развалины не выше 13 или 15 футовъ. Онѣ состоятъ изъ правильно отесанныхъ камней, наложенныхъ другъ на друга безъ всякаго цемента, точно какъ въ Каньярской крѣпости, на возвышенной долинѣ Квито.

Въ порфировой скалѣ существуетъ колодезь, высѣченный человѣческими руками, который велъ нѣкогда въ подземельныя залы и въ галлерею, которая, какъ сказываютъ, сообщалась съ другимъ порфировымъ холмомъ, называемымъ Санта-Полонія. Такое устройство, имѣвшее, вѣроятно, цѣлію обезопасить, въ случаѣ нужды, бѣгство, свидѣтельствуетъ объ опасеніяхъ, существовавшихъ въ то время. Къ тому же у перуанцевъ существовалъ старинный и общепринятый обычай зарывать драгоцѣнныя вещи въ землю или прятать ихъ въ погреба. И понынѣ можно видѣть въ Каксамаркѣ подземныя комнаты подъ многими домами частныхъ лицъ. |70|

Намъ показывали ступени, изсѣченныя въ скалѣ, и такъ называемую *купальню для ногъ* инки [40]. Дѣйствительно, здѣсь обмывались ноги у инки; но эта церемонія сопровождалась многими чрезвычайно странными обрядами [41]. Часть дворцовыхъ флигелей, въ которыхъ, по преданію, жила прислуга инки, также выстроена изъ камня; другая же изъ кирпича, правильной формы, переложеннаго кремнистымъ цементомъ. Въ этихъ зданіяхъ находятся углубленія, или ниши, въ древности которыхъ я долгое время сомнѣвался, пока не убѣдился окончательно.

Въ главной части дворца понынѣ показываютъ комнату, гдѣ несчастный Атахуальпа былъ заключенъ въ теченіе девяти мѣсяцевъ, начиная съ

---

[40] El lavadero de Cos pies.
[41] Описаніе этихъ обрядовъ можно найти у Гарцильясо де-ла-Вега, происходившаго отъ крови инковъ и знавшаго довольно коротко подробности этикета перуанскихъ государей. *Примѣч. переводч.*

ноября 1532 года. Также показываютъ путешественникамъ черту на стѣнѣ, проведенную инкою, для означенія, до какой высоты онъ обязывался, въ видѣ выкупа, наполнить золотомъ комнату своего заключенія. Хересъ, въ своей «Исторіи завоеванія Перу», Эрнандо Пизарро, въ своихъ письмахъ, и другіе современные имъ писатели приводятъ весьма разнорѣчивыя показанія. Заключенный инка объявилъ, что онъ наполнитъ комнату золотомъ въ посудѣ, издѣліяхъ, листахъ и слиткахъ до той высоты, какъ можетъ достать рукою. По показанію Хереса, комната имѣла 22 фута длины и 17 футовъ ширины. По свидѣтельству Гарцильяса, оставившаго Перу въ 1560 году, на двадцатомъ году отъ роду, сокровища, собранныя въ крамахъ Куско, Уайласа, Уамачуко и Пачакамака и привезенныя въ Каксамарку ранѣе 29 августа 1533 года (для ужасной казни инки), простирались цѣною до 3,838,000 *дукатовъ*, или *пезо де-оро*[42].

Мы сказали уже, что на развалинахъ дворца инки выстроенъ теперь острогъ. Въ капеллѣ этого острога вожатый съ трепетомъ |71| указываетъ камень, на которомъ, по его словамъ, находятся неизгладимыя кровавыя пятна. Это родъ столовой плиты, длиною въ 12 футовъ, и весьма тонкой, высѣченной, безъ сомнѣнія, изъ массъ порфира и трахита, которыми изобилуетъ окрестность. Она поставлена предъ алтаремъ капеллы и никому не позволяютъ до нея дотрогиваться, чтобы на опытѣ повѣрить истину преданія. Три или четыре пятна, происходящія, по увѣренію, отъ крови инки, кажется, суть нѣчто иное, какъ гнѣзда амфиболи (роговой обманки) и пироксена, естественно образовавшіяся въ камнѣ. Басню о кровавыхъ пятнахъ находимъ даже у лиценціата Фернанда Монтезиноса, хотя онъ посѣтилъ Перу не болѣе, какъ чрезъ сто лѣтъ по взятіи Каксамарки и смерти Атахуальпы. Онъ разсказываетъ, что инка былъ обезглавленъ въ темницѣ, и что камень, на которомъ совершилась казнь, сохранилъ кровавыя пятна. По свидѣтельству множества очевидцевъ, въ достовѣрности которыхъ невозможно сомнѣваться, инка былъ окрещенъ подъ именемъ Хуана де-Атахуальпа и потомъ преданъ въ руки палача своимъ жестокосердымъ преслѣдователемъ, францисканцемъ Виценте де-

---

[42] Въ наше время весьма трудно опредѣлить истинную цѣнность золотого *дуката*, *пезо*, или *кастильяно*. (Humboldt. Essai politique sur la Nouvelle Espagne, 1827, T. III, p. 371, 373; *Joaquim Acosta*. Descubrimiento de la Nueva Granada, 1848, p. 14). Поэтому почти невозможно съ точностію дознать цѣнность добычи завоевателей Перу. Самыя основательныя свѣдѣнія объ этомъ предметѣ собраны знаменитымъ историкомъ Новаго Свѣта Уильямомъ Прескотомъ, въ его «History of the conquest of Peru». Читатели «Современника» знакомы съ этою книгою по весьма подробнымъ извлеченіямъ, которыя печатались въ этомъ журналѣ въ концѣ 1848 и въ 1849 году. Совѣтуемъ прочесть, при настоящемъ случаѣ, особенно статьи въ январьской и февральской книжкахъ 1849 года. Прескотъ полагаетъ цѣнность добычи отъ 20 до 25 милліоновъ рублей серебромъ. *Примѣч. Переводч.*

Вальверде⁴³. Тѣло Атахуальпы было торжественно отпѣто по католическому обряду, при чемъ присутствовали оба Пизарра въ траурномъ платьѣ; затѣмъ оно было погребено въ монастырѣ св. Франциска, а потомъ перенесено на мѣсто родины Атахуальпы – въ Квито, въ исполненіе предсмертной его воли. Личный врагъ его, хитрый Руминьяви⁴⁴, вслѣдствіе политическихъ соображеній, сдѣлалъ инкѣ, въ Квито, великолѣпныя похороны.

Между печальными развалинами, напоминающими исчезнувшее величіе и пышность властителей Каксамарки, живутъ еще понынѣ потомки казненнаго инки. Они носятъ теперь фамилію Асторпилько и глава семейства присвоиваетъ себѣ почетный титулъ *кацика*, или *кураки*⁴⁵. Это семейство не выражаетъ никакъ жалобъ, довольствуется малымъ и съ трогательнымъ терпѣніемъ покорилось своей участи. Никто не сомнѣвается въ Каксамаркѣ, что это семейство происходитъ по женскому колѣну отъ Атахуальпы; впрочемъ, слѣды бороды указываютъ на примѣсь испанской крови. Изъ дѣтей великаго инки Хуайна Капака, наслѣдовавшихъ престолъ ранѣе |72| вторженія испанцевъ, ни одинъ не оставилъ законнаго наслѣдника мужескаго пола. Хуаскаръ, братъ и плѣнникъ Атахуальпы, былъ тайно умерщвленъ по его приказанію; оба остальные брата этого инки умерли также безъ мужескаго потомства. Тоже должно сказать о молодомъ и незначительномъ Топаркѣ, возведенномъ, по милости Пицарра, на тронъ Инковъ, осенью 1533 года, и о Манко Капакѣ, хотя и вѣнчанномъ убійцами его отца, но впослѣдствіи возмутившимся противъ ихъ власти. У самого Атахуальпы былъ сынъ, умершій въ очень молодыхъ лѣтахъ, подъ именемъ дона Франциско, и дочь – Ангелика. Всю жизнь свою она вела упорнѣйшую распрю съ Францискомъ Пизарро, гонителемъ ея семейства, хотя и родила ребенка, сына убійцы и внука жертвы. Несмотря на вражду между родителями, этотъ ребенокъ пользовался самою нѣжною привязанностію Пизарра, своего отца.

Кромѣ семейства Асторпильковъ, съ которыми я находился въ сношеніяхъ во время пребыванія въ Каксамаркѣ, мнѣ указывали еще на семейства Каргуарайко и Титу-Бускамайта, какъ на родственниковъ нѣкогда царствовавшей въ Перу династіи: впрочемъ, послѣднее изъ поименованныхъ семействъ теперь болѣе уже не существуетъ.

---

43   Казнь инки и всѣ обстоятельства, ее сопровождавшія, подробно описаны въ январьской книжкѣ *Современника* за 1849 годъ, въ отдѣленіи «Иностранной Словесности». *Примѣч. переводч.*

44   Каменный глазъ. *Руми* значит *камень*, а *ньяви* – *глазъ*. Такія прозвища у перуанцевъ были въ большомъ употребленіи. Руминьяви обязанъ своимъ именемъ большой бородавкѣ, обезобразившей у него одинъ глазъ.

45   Вождь.

Сынъ кураки Асторпилько, милый семнадцатилѣтній юноша, водилъ меня по развалинамъ своей родины и палатъ предковъ. Живя въ глубокой бѣдности, онъ населилъ свое воображеніе блистательными о́бразами. Ему чудились подземное великолѣпіе палатъ и сокровища, нагроможденныя подъ развалинами, которыя теперь мы попирали ногами. Между прочимъ, онъ разсказалъ мнѣ, что одинъ изъ его предковъ, завязавъ однажды глаза своей женѣ и проведя ее чрезъ тысячи поворотовъ и изгибовъ по коридорамъ, высѣченнымъ въ скалѣ, ввелъ наконецъ въ подземный садъ инки. Тамъ она увидѣла деревья, покрытыя листьями и плодами, съ сидящими на вѣтвяхъ птицами: все это было сдѣлано художниками изъ золота, серебра и драгоцѣнныхъ каменьевъ; тамъ же увидѣла она золотыя носилки Атахуальпы, утонувшія въ бассейнѣ, а впослѣдствіи не найденныя, несмотря на всѣ розыски. Мужъ строго запретилъ женѣ дотрогиваться до какого либо изъ этихъ предметовъ, потому что издавна предсказанное время возрожденія Перуанской имперіи еще не наступило; а кто до этого времени присвоитъ себѣ какую либо изъ подземныхъ драгоцѣнностей сада Инки, долженъ непремѣнно умереть въ ту же ночь.

Эти золотые сны и роскошныя фантазіи молодого потомка инковъ основывались на преданіяхъ и воспоминаніяхъ былого вре|73|мени. Роскошь и великолѣпіе *золотыхъ садовъ*[46] были неоднократно описываемы очевидцами: Ціеза де-Леономъ, Сарміентомъ, Гарцильясомъ и всѣми историками временъ завоеванія. Эти сады находились подъ Храмомъ Солнца въ Куско, въ Каксамаркѣ и въ прелестной Юкайской долинѣ, любимомъ мѣстопребываніи царственнаго семейства. Въ золотыхъ садахъ, находившихся на поверхности земли, живыя растенія прозябали между искуственными. Между послѣдними особенно близко подходили къ природѣ высокіе колосья маиса.

Съ неизъяснимою грустію слушалъ я, какъ молодой Асторпилько, съ болѣзненною увѣренностію, утверждалъ, что подъ нимъ, немного вправо отъ того мѣста, на которомъ я стоялъ, находится *гуанто*, или *великоцвѣтный дурманникъ*, художественно выработанный изъ золота, и что листья этого дерева осѣняютъ гробницу инки. Впрочемъ, здѣсь, какъ и вездѣ, иллюзіи и мечтанія составляютъ утѣшеніе въ дѣйствительныхъ скорбяхъ и бѣдствіяхъ. Я спросилъ юношу:

– Если ты и твои родители такъ твердо убѣждены въ существованіи этихъ садовъ, то не случалось ли вамъ искать облегченія вашей бѣдности въ скрытыхъ здѣсь сокровищахъ?

Отвѣтъ былъ простъ:

---

[46] Heurtas de oro.

– Подобная мысль никогда не приходитъ намъ въ голову: отецъ говоритъ, что это грѣхъ. А если бы мы и достали золотыя вѣтви съ ихъ драгоцѣнными плодами, то бѣлые наши сосѣди не только отняли бы ихъ у насъ, но еще надѣлали бы намъ зла. У насъ есть поле и на немъ растетъ хорошая пшеница.

Этотъ отвѣтъ в простотѣ своей прекрасно выражаетъ грустную, но спокойную рѣшимость и безропотное самоотверженіе, характеризующія племя, къ которому принадлежалъ потомокъ инки Асторпилько.

Повѣрье, распространенное у туземцевъ, что присвоить себѣ зарытыя въ землѣ сокровища, принадлежавшія инкамъ, было бы преступленіемъ, нагубнымъ для всего племени, связано съ другимъ, особенно господствовавшимъ въ XVI и XVII вѣкахъ. Оно заключается въ увѣренности, что Имперія и могущество инковъ вновь возродятся изъ праха с бо́льшею еще силою и великолѣпіемъ. Подобныя этому преданія существуютъ у многихъ покоренныхъ народовъ. Бѣгство брата Атахуальпы, инки Манко, въ лѣса Вилькапампы на восточномъ склонѣ Кордильеровъ и пребываніе въ этихъ пустыняхъ Сайри Тупака и инки Тупака Амару оставили донынѣ живыя |74| воспоминанія. Вѣрили, будто бы потомки изгнанной династіи поселились между рѣками Апуримакомъ и Бени, или даже болѣе къ востоку въ Гвіанѣ. Миѳъ о Дорадо и золотомъ городѣ Маноа, распространяясь постепенно съ запада на востокъ, подтверждалъ эти мечтанія. Воображеніе сэра Уальтера Рэлей (Raleigh) было такъ воспламенено ими, что на этомъ одномъ ручательствѣ онъ снарядилъ экспедицію съ гласнымъ намѣреніемъ завоевать *золотой императорскій городъ* ([47], помѣстить въ немъ постоянный гарнизонъ изъ трехъ или четырехъ тысячь англичанъ и наложить на гвіанскаго императора (потомка Хуайна Капака, столь же великолѣпнаго, какъ и его предокъ) ежегодную дань въ 300,000 фунтовъ стерлинговъ. Въ вознагражденіе за это предполагалось возвести этого владѣтеля на тронъ Куско, или Каксамарки. Повсюду, куда проникъ перуанскій языкъ, ожиданіе возстановленія династіи инковъ оставило слѣды въ головахъ туземцевъ, сохранившихъ какое либо воспоминаніе о своей отечественной исторіи.

Мы прожили пять дней въ столицѣ Атахуальпы, гдѣ во время моего путешествія едва ли было отъ шести до семи тысячь жителей. Нашъ отъѣздъ замедлился по той причинѣ, что намъ необходимо было достать значительное число муловъ для собранныхъ естественныхъ предметовъ; а это было не такъ легко. Къ тому же должно было весьма тщательно выбрать проводниковъ, которые насъ проведутъ чрезъ Андскую цѣпь до

---

[47] Deserto de Sechura.

вступленія въ узкія, но длинныя и песчаныя степи Перу[48]. Все это замедлило нашъ выѣздъ изъ Каксамарки.

Проходъ чрезъ Кордильеры направленъ съ сѣверо-востока на юго-западъ. Едва разстанешься со дномъ древняго моря, образующимъ нынѣ прелестную долину Каксамарки, какъ вдругъ, взобравшись на высоту не болѣе 9,600 футовъ, поражаешься страннымъ видомъ двухъ порфировыхъ куполовъ, извѣстныхъ подъ именами: Аромы и Кунтуркаги. Эти скалы – любимое мѣстопребываніе кондоровъ – состоятъ изъ пяти, шести и семи-гранныхъ столбовъ, вышиною отъ 35 до 40 футовъ, частію членистыхъ, а частію искривленныхъ. Верщина Аромы особенно живописна. Расположеніе столбовъ, поставленныхъ одни на другіе и часто сходящихся вершинами, придаетъ ему видъ двухъ-этажнаго зданія, покрытаго сплошною, округленною массою скалы. Эти изверженія порфира и трахита составляютъ характерную особенность возвышенныхъ гре|75|бней Андовъ и придаютъ имъ физіономію совершенно отличную отъ вида швейцарскихъ Альповъ, Пиренеевъ и сибирскаго Алтая.

Съ Кунтуркаги и Аромы спускаешься по крутымъ скатамъ скалъ, ломаными линіями, въ долину Магдалены, изрытую на глубинѣ 3,200 метровъ, хотя она все-таки возвышается на 1,300 метровъ надъ уровнемъ моря. Нѣсколько жалкихъ хижинъ, окруженныхъ тѣми же самыми *хлопчатниками*[49], которые намъ впервые встрѣтились на берегахъ Амазонки, составляютъ то, что называется нидѣйскою деревнею. Тощая растительность долины довольно походитъ на видѣнную нами въ провинціи Хаенъ де-Бракаморосъ; мы только жалѣли объ отсутствіи красивыхъ кустарниковъ *бугенвилліи*. Долина Магдалены есть самая глубокая изъ всѣхъ извѣстныхъ мнѣ въ Андскомъ хребтѣ. Это настоящая поперечная долина, образованная трещиною, направленною съ востока на западъ и стѣсненная двумя высотами: Аромы и Гуангамарки. Здѣсь возобновляется, столь долго неизъяснимая для меня, кварцовая формація, которую мы уже наблюдали на высотѣ 3,500 метровъ въ Парамо Янагуанга, между Микулпампою и Каксамаркою. На западномъ склонѣ Кордильеровъ она достигаетъ до толщины нѣсколькихъ тысячь футовъ. Съ тѣхъ поръ, какъ Леопольдъ фонъ-Бухъ доказалъ, что къ сѣверу и къ югу отъ Панамскаго перешейка мѣловая формація весьма распространена въ самыхъ возвышенныхъ частяхъ Андскаго хребта, эта кварцовая формація, видоизмѣненная, можетъ быть, въ своемъ составѣ дѣйствіемъ вулканическихъ силъ, должна считаться принадлежащею къ квадерзандштейну, промежуточному между верхнимъ мѣломъ, съ одной стороны, и зеленымъ песчаникомъ съ другой.

---

[48] На туземномъ языкѣ *какка*.
[49] Bombax discolor.

Покинувъ умѣренный климатъ долины Магдалены, мы въ теченіе двухъ съ половиною часовъ взбирались на нѣчто въ родѣ стѣны, возвышающейся на 4,800 футовъ предъ самою Аромою. Облака, часто обнимавшія насъ на этихъ утесистыхъ скалахъ, дѣлали перемѣну температуры еще болѣе чувствительною.

Цѣлыхъ полтора года провели мы въ безпрерывномъ изслѣдованіи этихъ горъ, по всѣмъ направленіямъ и закоулкамъ: нетерпѣніе насладиться видомъ свободнаго пространства моря увеличивалось столь часто обманутою надеждою. Когда, достигнувъ вершины вулкана Пичинчи, обоймешь взоромъ густые лѣса Эсмеральды, то разстояніе отъ морского берега и высота мѣста наблюденія не позволяютъ различить линію горизонта, сливающуюся съ моремъ. Взоръ теряется въ пустотѣ какъ съ воздушнаго шара, и поневолѣ ограничиваешься неопредѣленнымъ подозрѣніемъ того, чего глазъ не раз|76|личаетъ болѣе. Когда впослѣдствіи между Лохою и Гуанкобамбою мы достигли Парамо Гуамани, гдѣ находится множество развалинъ сооруженій, воздвигнутыхъ инками, то вожатаи нашихъ муловъ формально увѣряли насъ, что мы будемъ въ состояніи перенестись арѣніемъ чразъ низменности, орошаемыя Піурою и Ламбахекомъ, и увидѣть Океанъ. Но тогда густое облако, висѣвшее надъ долиною, скрывало отъ насъ видъ отдаленнаго берега. Мы только могли замѣтить скалистыя массы разнообразныхъ очертаній, воздымавшіяся какъ острова надъ моремъ облаковъ и поочередно исчезавшія. Зрѣлище съ Гуамани было тоже самое, что́ и съ Тенерифскаго пика. Проходя ущеліемъ Гуанкамарки, мы опять должны были ожидать, что надежды наши не сбудутся. Въ то время, какъ мы, раздраженные ожиданіемъ, боролись съ препятствіями этихъ исполинскихъ горъ, проводники наши, плохо зная дорогу, съ часу на часъ обѣщали намъ исполненіе нашихъ желаній. Были минуты, когда окружавшій насъ слой облаковъ разверзался; но вслѣдъ за этимъ высились предъ нами новыя горы и какъ нарочно загораживали намъ видъ горизонта.

Желаніе видѣть извѣстные предметы зависитъ не только отъ ихъ величины, красоты и значительности, но связывается, въ каждомъ изъ насъ, съ случайными ощущеніями нашей юности, съ нашими первоначальными наклонностями и нетерпѣніемъ, влекущимъ насъ ко всему далекому, неизвѣстному, наполняющему жизнь тревожными ощущеніями. Уже заранѣе наслаждается путешественникъ предчувствіемъ того мгновенія, когда впервые сдѣлаются доступными его взору Южный Крестъ и Магеллановы облака (кружащія вокругъ пустыннаго полюса антарктическаго неба), когда онъ завидитъ снѣга Чимборасо и дымъ вулкановъ Квито, или когда въ первый разъ предстанутъ ему древообразные папоротники и заблещутъ волны Тихаго океана. Дни, въ которые исполнятся такія ожиданія, становятся неизгладимыми эпохами нашей жизни и возбуждаютъ въ насъ ощущенія, которыхъ живость не подавляется размышленіемъ. Въ нетерпѣніи, съ которымъ я жаждалъ обнять Великій Океанъ съ высоты цѣпи Андовъ, заключалось кое-что изъ того любопытства, съ которымъ я, еще въ отроческихъ лѣтахъ, слушалъ разсказы о похожденіяхъ Власки Нуньеца де-Бальбоа, счастливаго искателя приключеній, предупредившаго Франциска Пизарра и перваго изъ европейцевъ, увидѣвшаго воды Южнаго моря, съ высотъ Кварекви, на Панамскомъ перешейкѣ. Поросшіе камышемъ берега Каспійскаго моря, близь дельты, образуемой устьемъ Волги, не заключаетъ въ себѣ ничего живописнаго; а все-таки первый взглядъ на нихъ доставилъ мнѣ живѣйшее наслажденіе, потому что у меня осталось |77| воспоминаніе объ особенномъ интересѣ, возбужденномъ во мнѣ этимъ внутреннимъ моремъ, въ лѣтахъ юности, при разсматриваніи географической карты. Чувства, пробуждаемыя въ насъ первыми впечатлѣніями дѣтства и случайностями житейскихъ отношеній, бываютъ иногда, при серьёзномъ ихъ развитіи, побудительными причинами ученыхъ изслѣдованій и далекихъ странствованій[50].

Пробравшись по волнистому отлогу утесистой горы, мы достигли наконецъ крайней вершины Гуангамарки. Въ это время небесный сводъ, такъ долго скрывавшійся отъ нашихъ взоровъ, мгновенно прояснился: сильный юго-западный вѣтеръ разсѣялъ туманъ, и темный грунтъ неба явился предъ нами сквозь прозрачную горную атмосферу, окаймленный иззубренными массами облаковъ. Весь западный склонъ Кордильеровъ отъ Чорчильо до Каскаса развернулся предъ глазами, съ его огромными кусками кварца, имѣвшими часто болѣе двухъ саженъ въ поперечникѣ. Намъ казалось, что мы касаемся долинъ Чалы и Молиноса и берега Трухильо. Наконецъ мы впервые увидѣли Южное море: ясно увидѣли его, льющее близь берега дивные потоки свѣта и воздымающееся въ своей безпредѣльности до крайняго горизонта, здѣсь вполнѣ явственнаго. Я и товарищи мои, Бонпланъ и Карлосъ Монтуфаръ, въ упоеніи восторга, забыли даже сдѣлать барометрическое наблюденіе; но по измѣренію, сдѣланному нѣсколько далѣе, въ уединенной мызѣ Хато де-Гуангамарко, пунктъ, съ котораго мы впервые открыли Океанъ, возвышается не болѣе, какъ на 8,800 или 9,000 футовъ.

Понятно, что видъ Южнаго моря заключаетъ въ себѣ нѣчто торжественное для человѣка, который частію своихъ познаній и ихъ позднѣйшимъ направленіемъ обязанъ знакомству съ однимъ изъ спутниковъ ка-

---

[50] Сличите: въ началѣ второго тома «Космоса» главу «О способахъ распространенія изученія природы».

питана Кука. Наши планы для путешествія были извѣстны Георгу Форстеру, когда я, тому полъ-вѣка назадъ, впервые посѣтилъ Англію подъ его руководствомъ. Его увлекательныя описанія Отаэйти (Отаити) возбудили, особенно въ сѣверной Европѣ, общій интересъ и родъ увлеченія ко всему, что относилось до острововъ Южнаго океана. Эти острова отличались въ то время еще тѣмъ, что были посѣщены весьма немногими европейцами. И я также могъ питать надежду видѣть нѣкоторые изъ нихъ, потому что путешествіе мое въ Луизу имѣло двойную цѣль: наблюдать прохожденіе планеты Меркурія по солнцу и исполнить обѣщаніе, данное мною капитану Бодéню, при отъѣздѣ изъ Парижа, совершить съ нимъ кругосвѣтное путешествіе, какъ скоро Французская республика доставитъ нужныя для того денежныя средства. |78|

Пріѣхавъ съ береговъ Ориноко въ Гаванну, я прочелъ въ американскихъ газетахъ, что корветы «Географъ» и «Натуралистъ» обогнутъ мысъ Горнъ и прибудутъ въ Каллао. Это побудило меня оставить первое мое предположеніе ѣхать в Лиму, чрезъ Мексику и Филипинскіе острова. Немедленно нанялъ я судно, которое повезло меня съ острова Кубы въ Картагену (Cartagena de Indias); но экспедиція капитана Бодéня приняла совсѣмъ другое направленіе и вмѣсто того, чтобы обогнуть Горнъ, какъ то было прежде условлено со мною и Бонпланомъ, пошла вокругъ мыса Доброй Надежды. Такимъ образомъ одна изъ цѣлей путешествія моего въ Перу и послѣдняго перехода чрезъ Анды ускользнула отъ меня. Но зато мнѣ выпало рѣдкое счастіе встрѣтить въ туманной странѣ Перу ясный день въ самое неблагопріятное время года. Имъ воспользовался я для наблюденія въ Каллао прохожденія Меркурія по солнечному диску, что имѣло послѣдствіемъ точное опредѣленіе долготы Лимы и вообще юго-западной части Южной Америки. Такъ, въ сцѣпленіи житейскихъ обстоятельствъ, неудачи заключаютъ въ себѣ часто зародыши драгоцѣнныхъ вознагражденій.

Письмо Александра Гумбольдта к А. П. Болотову[*][1]

Господинъ генералъ.

Мнѣ, какъ путешественнику, занимавшемуся впродолженіе многихъ лѣтъ наблюденіями астрономическими и черченіемъ географическихъ картъ, свойственно было любоваться прекрасною и совершенно-новою картою

---

[*] In: *Otečestvennyja zapiski* 76:6:8 (1851), S. 145–146.

[1] Профессоръ Военной Академіи, генералъ-майоръ А. П. Боло́товъ, извѣстный авторъ «Курса Высшей и Низшей Геодезіи» и внукъ того Андрея Тимоѳеевича Боло́това, «Записками» котораго любуются наши читатели, составилъ недавно карту Малой Азіи. Г. Чихачевъ сообщилъ ее Гумбольдту – и знаменитый ученый привѣтствовалъ нашего соотечественника письмомъ, которое съ удовольствіемъ помѣщаемъ здѣсь въ подлинникѣ и переводѣ. Вотъ подлинникъ:

«Monsieur le general.

Occupé, comme voyageur, pendant de longues années d'observations astronomiques et du dessin de cartes géographiques, j'ai dû admirer la belle et toute nouvelle carte que Votre Excellence vient de tracer sur l'Asie Mineure. Je dois cette jouissance à mon excellent ami Mr. Platon de Tchihatchef et il m'est doux de vous offrir, en ce peu de lignes, l'hommage de ma haute estime et de ma vive reconnaissance. Il est digne d'attention combien de fortes connaissances d'astronomie de position et de géodésie ont pénétré dans une armée occupant un vaste champs à défricher. J'apprends avec un plaisir bien vif que Mr. le Général de Balotoff (*) daignera employer son fertile talent à construire une carte générale de cette «terra incognita» entre l'embouchure de Syr-Deria, les lacs Balkhach et Issikoul, et la chaine de l'Astferah (ou Agtagh) qui semble être la prolongation du Thian Chan, coupé du sud au nord, par la taille du Kossyourt et du mystérieux Bolor. Je me suis beaucoup occupé dans les faibles renseignements qui existoient en 1843 des fondements astronomiques de cette région (Asie Centrale, T. III, p. 581–59, aussi p. 479–494). A l'âge de 81 ans accomplis, à la fin d'une vie bien agitée, on ne fait pas de projets pour l'avenir: cependant, si (contrairement à tous les calculs de probabilité) je me trouvais encore dans cet état de nonimbécillité pour pouvoir soigner la nouvelle édition de mon Asie Centrale, ce seroit un grand bonheur pour moi de recevoir par votre généreuse entremise, refait l'intéressante zone entre 37° et 47° de lat. et 52°–83° de long. à l'Est de Greenwich.

Agréez, je vous supplie, général, de la part d'un homme de lettres, vivement attaché à la science géographique qu'il a cultivée depuis l'Orénoqué jusqu'à Khonimailakhou, l'hommage de la plus haute considération.

De V. E.
le très humble et très obéissant serviteur
ALEXANDRE HUMBOLDT.»

à Berlin
ce 12 mars, 1831.

(*) Гумбольдтъ пишетъ Balotoff, а не Bolotoff – слѣдуя русскому произношенію.

Малой Азіи, составленною вашимъ превосходительствомъ. Я обязанъ этимъ удовольствіемъ моему наилучшему другу, Платону Чихачеву, и мнѣ пріятно принести вамъ, въ этихъ немногихъ строкахъ, изъявленіе моего высокаго уваженія и моей живѣйшей признательности. Достойно вниманія, какъ много обширныхъ знаній, касательно астрономическаго опредѣленія мѣстъ и геодезіи, проникло въ армію, которой представляется такое обширное поле для воздѣлыванія. Съ живѣйшимъ удовольствіемъ узналъ я, что генералъ Болотовъ намѣренъ употребить свое плодовитое дарованіе къ построенію генеральной карты той «terra incognita», которая заключается между устьемъ Сыр-Дарьи, озерами Балкашъ и Иссикуль, и цѣпью горъ Асферагъ (или Актагъ), служащею повидимому продолженіемъ Чин-Хана, пересѣкаемаго съ юга на сѣверъ хребтомъ Коссіюрта и таинственнымъ Болоромъ. Я много занимался этою страною, руководствуясь еще слабыми свѣдѣніями, существовавшими въ 1843 году касательно ея астроно|146|мическихъ основаній (см. «Asie Centrale», Т. III, p. 581–59, также стр. 479–494). Мнѣ, прожившему уже 81 годъ, при концѣ бурной жизни, нельзя дѣлать предположеній на будущее; несмотря на то, если (вопреки всѣхъ вычисленій вѣроятности) я еще не буду находиться въ той степени слабоумія, которая препятствовала бы мнѣ самому надзирать за новымъ изданіемъ моей «Центральной Азіи», то сочту за величайшее счастіе, если вы обяжете меня передѣлкою на моей картѣ любопытнаго пояса между 37° и 47° широты и между 52° и 83° долготы къ востоку отъ Гринича.

Прошу васъ, генералъ, принять отъ ученаго, посвятившаго себя географической наукѣ, которую онъ обработывалъ отъ Ореноко до Хонималаху, увѣреніе въ высокомъ почтеніи.

Вашего превосходительства
покорнѣйшій слуга
АЛЕКСАНДРЪ ГУМБОЛЬДТЪ.

Берлинъ.
12-го марта 1831 г.

[Brief an Jakov Vladimirovič Chanykov; eingeleitet mit: «Я долженъ казаться вамъ весьма неблагодарнымъ, что столько мѣсяцевъ медлилъ выразить [...]»]*

Доложено письмо почетнаго члена барона Александра Гумбольдта на имя секретаря Общества, слѣдующаго содержанія: «Я долженъ казаться вамъ весьма неблагодарнымъ, что столько мѣсяцевъ медлилъ выразить живѣйшую и искреннѣйшую признательность за драгоцѣнные подарки, которыми обязанъ вашей любезной благосклонности. Такъ какъ послѣ васъ я считаю себя однимъ изъ лицъ, принимающихъ наиболѣе участія въ огромныхъ трудахъ, которыми русскіе наблюдатели обогатили въ теченіе послѣдняго двадцатилѣтія географію сѣверо-восточной Азіи, то такое кажущееся равнодушіе должно было вамъ показаться тѣмъ болѣе страннымъ, что вы знаете, какъ, еще съ 1844 года, высоко я цѣню ваши прекрасные труды. Посланникъ вашего Правительства баронъ Будбергъ, съ которымъ я нахожусь въ такихъ же дружественныхъ отношеніяхъ, какія связывали меня съ почтеннымъ барономъ Мейендорфомъ, знаетъ, что я долженъ былъ замедлить отвѣтомъ, чтобы быть болѣе увѣреннымъ въ возможности оказать вамъ знакъ моей чувствительной благодарности. Я не находился при королѣ въ теченіе нѣсколькихъ мѣсяцевъ, ибо желаніе окончить томъ Космоса, посвященный астрономіи и содержащій болѣе 40 листовъ, воспрепятствовало мнѣ сопутствовать Его Величеству въ Гогенцолернъ и въ восточную Пруссію; слѣдовательно, я долженъ былъ выждать благопріятнаго времени, чтобы представить всю важность большаго и прекраснаго труда, исполненнаго вами среди столькихъ другихъ занятій и назначеннаго собственно для Государя. Онъ достойно можетъ оцѣнить политическую и торговую важность подобной описи Аральскаго бассейна (истинной Terra incognita) и военныхъ поселеній въ этомъ крѣ для сопредѣльныхъ съ нимъ странъ. Привыкнувъ къ поучительнымъ разговорамъ Риттера, король вполнѣ постигъ цѣль вашихъ трудовъ, и нѣсколько страницъ написаннаго вами отчета Географическаго Общества за 1850 г. доставили Его Величеству тѣмъ болѣе удовольствія, что распространеніе географическихъ изслѣдованій въ окрестностяхъ озера Иссыкъ-Куль ведетъ въ другой, невѣдомый мірь вулканической цѣпи Тхянъ-Шанъ. Я знаю, что король самъ будетъ имѣть удовольствіе выразить вамъ свою чувствительнѣйшую признательность, и что, во изъ-

---

* In: anonym, «Zasědanie 15-go dekabrja», in: *Věstnik Imperatorskago russkago geografičeskago obščestva* 4:1:7 (1852), S. 17–18.

явленіе знака своего высокаго къ вамъ уваженія, онъ пожаловалъ васъ кавалеромъ ордена Краснаго Орла 2-й степени. Стоитъ бросить взглядъ на небольшую генеральную карту Сѣверной Азіи, приложенную къ вашему отчету и на которой такъ искусно обозначены вами мѣста еще не изслѣдованныя, чтобы изумиться успѣхамъ вашихъ соотечественниковъ съ тѣхъ поръ, какъ я оставилъ эти страны. Отчего не могу я дожить до того времени, когда бы могъ видѣть въ геологическомъ кабинетѣ отломокъ скалы Тимурту-Тагъ, изъ того мѣста, гдѣ переходятъ черезъ Тхянъ-Шанъ на дорогѣ къ Аксу! Вашъ списокъ астрономическихъ пунктовъ есть одинъ изъ полезнѣйшихъ трудовъ и приводитъ меня въ восхищеніе. Гдѣ бы могъ я найти собранными вмѣстѣ результаты путешествія г. Ѳедорова въ 1832–1837 годахъ? Отчего въ продолженіе |18| столькихъ лѣтъ прекрасный астрономическій трудъ этотъ не изданъ еще во всей своей полнотѣ. То, что вы уже напечатали, и то, что́ еще собираетесь напечатать изъ числа старинныхъ реляцій и въ особенности изъ журнала Флоріо Беневени (1721–1725), весьма важно. При новомъ изданіи моей Asie Centrale я воспользуюсь вашимъ любопытнымъ замѣчаніемъ объ отсутствіи соединенія между Могуджарскими горами и сѣверо-восточною оконечностью Усть-Юрта. Я, какъ и прежде, желалъ бы имѣть наблюденіе широты, сдѣланное въ самой Хивѣ. Безъ сомнѣнія, широта южной оконечности Аральскаго моря опредѣлена въ точности; но неужели небольшое разстояніе отъ этой оконечности озера до города Хивы все еще такъ мало достовѣрно, что по этому поводу существуетъ столько сомнѣній? Я желалъ бы также точнѣйшаго опредѣленія положенія Самарканда, столь важнаго въ исторіи астрономіи, ибо по сему предмету въ арабскихъ рукописяхъ существуетъ разногласіе отъ 37° 30′ до 40° 9′ (Tome III, 592). Борисъ нашелъ для Бохары 39° 43′ 41″; на томъ же остановился въ 1841 году и вашъ братъ, тотъ самый, кажется, который теперь находится въ Тифлисѣ и о которомъ князь Воронцовъ въ длинномъ письмѣ, которое ему угодно было ко мнѣ написать, отзывается съ величайшими и вполнѣ заслуженными похвалами. Отъ всей души желаю, милостивый государь, чтобы вы въ скоромъ времени имѣли возможность окончить предпринятую вами большую карту, обнимающую пространство между 48° и 42° широты и 84°–74° долготы. Вы мнѣ дѣлаете благосклонное предложеніе прислать карту западной Сибири, изданную въ 1848 году Генеральнымъ Штабомъ: я приму ее съ живѣйшею благодарностью. Сдѣлайте одолженіе, пришлите мнѣ ее чрезъ посредство Россійскаго Посольства въ Берлинѣ Я сохранилъ самое пріятное воспоминаніе о полковникѣ Леммѣ, который въ 1829 году оказалъ мнѣ такое благорасположеніе: покорнѣйше прошу васъ засвидѣтельствовать ему мое искреннее уваженіе. Это одинъ изъ тѣхъ людей, которые болѣе всѣхъ подвинули астрономическую географію въ вашемъ отечествѣ. Изъ моихъ товарищей по путешествію: Гельмерсена и

Гофмана, только послѣдній, кажется, находится въ Петербургѣ; я сохранилъ ему нѣжную дружбу, и мы ему обязаны весьма важными поправками относительно направленія сѣвернаго Урала. Мое здоровье чудеснымъ образомъ сохранилось въ лѣтахъ столь невѣроподобныхъ и трудъ сохраняетъ его. Будьте столь великодушны, чтобы извинить невольное мое молчаніе, и примите вновь, покорнѣйше прошу васъ, увѣреніе въ моемъ высокомъ уваженіи къ вашимъ прекраснымъ трудамъ. Берлинъ, 16-го декабря 1851 года». *Опредѣлено:* Письмо это, съ признательностію принятое Совѣтомъ, какъ выраженіе живаго сочувствія знаменитаго ученаго къ трудамъ Русскаго Географическаго Общества, прочесть въ ближайшемъ общемъ собраніи.

Новая попытка измѣрить глубину моря[*]

Статья Александра Гумбольдта

Лапласъ въ своемъ сочиненіи[1] опредѣляетъ отношеніе возвышеній на материкѣ къ глубокимъ мѣстамъ въ морѣ. Полученные великимъ геометромъ среднiе выводы, я повѣрилъ въ своихъ замѣткахъ 1843 года[2] многими точными геодезическими измѣреніями и отчасти исправилъ. Въ моемъ сочиненіи я старался доказать, что средняя высота суши надъ теперешнимъ моремъ немногимъ превышаетъ 948 Пар. футовъ, тогда какъ Лапласъ полагаетъ среднюю континентальную высоту въ 3,078, слѣдовательно слишкомъ втрое болѣе. Предложенное мною число не такъ мало какъ кажется съ перваго взгляду, ибо масса горъ незначительна до такой степени, что наиболѣе извѣстный намъ Пиренейскій хребетъ, будучи для примѣра раскиданъ по всей Франціи, могъ бы увеличить среднюю высоту ея поверхности всего только на 18 тоазовъ.

Эти разсужденія, частію основанныя на теоріяхъ, не могутъ представить столь вѣрныхъ результатовъ, какъ прямыя измѣренія высочайшихъ горъ на сушѣ и глубочайшихъ мѣстъ въ океанѣ. Горы, вершины, да и вся поверхность земли, предстанутъ передъ нами въ настоящемъ своемъ видѣ только тогда, когда мы вообразимъ себѣ землю, какъ луну, безъ жидкой оболочки. Поэтому новое открытіе ужасной глубины въ морѣ, недавно сообщенное мнѣ полковникомъ |786| Сабине въ письмѣ изъ Вульвича[3] должно вѣроятно обратить на себя вниманіе ученыхъ.

До сего времени, глубь въ 4,600 англ. Fathoms (27,600 feet) или 25,896 Пар. футовъ, открытая Сэромъ Джемсомъ Россомъ[4]) подъ 15° 3′ сѣверной широты и 23° 14′ восточной долготы къ западу отъ Гренвича, считалась наибольшею. 30 Октября 1852 Капитанъ Депгамъ (of the Royal navy, commanding the Herald), открылъ глубь въ 7,706 Fathoms (46,236 feet) т. е., 7,230 тоазовъ, или 43,380 Париж. футовъ. За вѣрность сего измѣренія ручаются особенныя предосторожности, которыя были употреблены при этомъ опытѣ. Лотъ достигъ здѣсь дна черезъ 9 часовъ 25 минутъ. Измѣреніе это производилось на южномъ Атлантическомъ морѣ подъ 36° 49′ сѣверной широты и 37° 6′ восточной долготы къ западу отъ Грен-

---

[*] In: *Věstnik estestvennych nauk* 52 (1854), Sp. 785–788.
[1] celeste, V Томъ.
[2] «Sur le centre de gravité du volume des terres élevées au-dessus du niveau actuel des eaux de la mer.»
[3] Woolwich.
[4] Voyage to the Antarctic Regions, T. II, стр. 382.

вича.-Кстати замѣчу здѣсь, что за два года передъ симъ, въ томъ же океанѣ, но на 9° сѣвернѣе и на 8° восточнѣе, лейтенантъ Голдеборугъ, ѣхавшій съ Ріо-Жанейро къ мысу Доброй Надежды опускалъ также отвѣсъ до 3,100 Fathoms (18,600 feet[5]).

Глубина въ 43,380 Пар. футовъ, открытая капитаномъ Денгамомъ осенью 1852 года, превышаетъ почти на 17,000 Пар. футовъ высоту Кинчинджинги, высочайшей изъ всѣхъ точно-измѣренныхъ вершинъ Гималайскаго хребта. Кинчинджинга, извѣстная намъ благодаря путешествію моего друга Іосифа Гукера |787| по Тибету, возвышается надъ морскимъ уровнемъ на 4,406 тоазовъ (26,438 Пар. футовъ), а надъ помянутымъ глубочайшимъ мѣстомъ на земной поверхности на 11,636 тоазовъ (69,816 Пар. футовъ, что составляетъ нѣсколько болѣе трехъ географическихъ миль. На лунѣ же высочайшія горы, Дёрфель и Лейбницъ, поднимаются надъ нижайшими лунными равнинами или такъ называемыми «морями» всего только на одну географическую милю. Вышепредложенная абсолютная высота (11,636 тоазовъ) вершинной точки на Кинчинджингѣ надъ глубочайшею изъ всѣхъ извѣстныхъ частей морскаго дна – едва вдвое менѣе числа, выражающаго расширеніе земнаго сфероида |788| подъ экваторомъ. Разность экваторіальнаго и полярнаго поперечника земли – 1718,9–1713,1 географическихъ миль, считая въ каждой по 3801,23 тоаза (22,843 Пар. футовъ).

Взаключеніе замѣчу, что сравненіемъ положительныхъ и отрицательныхъ высотъ занимались еще Александрійскіе философы. Объ этомъ свидѣтельствуютъ–Клеомедъ[6] и Плутархъ. Послѣдній, упоминая въ жизнеописаніи Эмилія Павла объ измѣреніи Олимпа Ксепагоромъ и о высѣченной имъ тамъ надписи, положительно говоритъ «геометры полагаютъ, что нѣтъ ни одной горы выше, и ни одного моря глубже 10 стадій».

---

[5] Athenaeum. 1841, Nr. 1236. P. 460.
[6] Cyclica theor, Кн. I, гл. 10.

[Autobiographischer Abriss; eingeleitet mit: «На десятомъ году Гумбольдтъ лишился отца, который [...]»]*

Въ одномъ изъ нѣмецкихъ журналовъ мы нашли статью о значеніи для науки различныхъ трудовъ Александра Гумбольдта. Авторъ статьи посылалъ ее на просмотръ къ знаменитому естествоиспытателю, въ то же время прося его исправить біографическія извѣстія, помѣщенныя въ началѣ статьи. Гумбольдтъ замѣнилъ ихъ краткою автобіографіею, въ которой говоритъ о себѣ въ третьемъ лицѣ. Записка эта содержитъ много фактовъ, которые доселѣ не были извѣстны, особенно относительно первой половины жизни Гумбольдта, до отправленія въ Америку; потому она показалась намъ заслуживающею вниманія читателей, и мы помѣщаемъ ее въ нашемъ обозрѣніи.

«На десятомъ году Гумбольдтъ лишился отца, который въ Семилѣтнюю Войну былъ, въ чинѣ майора, адъютантомъ герцога Фердинанда Брауншвейгскаго, а потомъ королевскимъ (прусскимъ) камергеромъ. Вмѣстѣ съ своимъ старшимъ братомъ Вильгельмомъ онъ получилъ въ материнскомъ домѣ основательное ученое образованіе, подъ руководствомъ талантливаго гувернёра, впослѣдствіи обер-регирунгсрата, Кунта. Частные уроки братьямъ давали: изъ математики–Фишеръ, изъ философіи–Энгель, изъ политическихъ наукъ–Доомъ. Осенью и зимою 1787–1788 года Гумбольдтъ слушалъ лекціи во Франкфуртскомъ Университетѣ; слѣдующій годъ провелъ опять въ Берлинѣ, изучая приложенія технологіи къ промышлености и, по примѣру брата, серьёзно занимаясь греческимъ языкомъ. Въ это время, онъ подружился съ молодымъ, но ужъ знаменитымъ ботаникомъ Вильденовомъ, и почувствовалъ въ себѣ особенную охоту къ изслѣдованію тайнобрачныхъ растеній и многочисленнаго семейства злаковъ. Весною 1789 года отправился онъ въ Гёттингенскій Университетъ, |16| богатыми учеными сокровищами котораго пользовался въ-теченіе цѣлаго года. Тамъ посѣщалъ онъ съ своимъ братомъ (который вскорѣ поѣхалъ вмѣстѣ съ Кампе въ Парижъ, черезъ нѣсколько недѣль по взятіи Бастиліи) филологическія лекціи Гейне. Первымъ опытомъ литературныхъ его трудовъ было небольшое сочиненіе о тканяхъ у Грековъ (Ueber die Webereien der Griechen); оно не являлось въ печати, но было въ 1794 году посылаемо на разсмотрѣніе Ф. А. Вольфу (что видно изъ корреспонденціи Вильгельма Гумбольдта). Любовь его къ

---

* In: anonym, «Novosti nauk, iskusstv, promyšlennosti i literatury», in: *Otečestvennyja zapiski* 103:11:6 (1855), S. 1–26, hier: S. 15–22.

естественной исторіи поддерживалась въ Гёттингенѣ уроками Блуменбаха, Бекмана, Лихтенберга и Линка, путешествіями въ Гарцъ и по берегамъ Рейна. Плодомъ послѣдней поѣздки было первое напечатанное сочиненіе Гумбольдта «О прирейнскихъ базальтахъ, съ изслѣдованіями о сіэнитѣ и басанитѣ древнихъ» (Ueber die Basalte am Rhein). Весною и лѣтомъ 1790, Гумбольдтъ сопровождалъ Георга Форстера (который вмѣстѣ съ его отцомъ участвовалъ во второмъ путешествіи Кука) въ его быстрой, но чрезвычайно-поучительной поѣздкѣ изъ Майнца по Бельгіи, Голландіи, Англіи и Франціи. Это знакомство, благосклонность сэра Дж. Бенкса, и внезапно-пробудившаяся сильная страсть къ морскимъ путешествіямъ и посѣщенію тропическихъ земель, имѣли самое живое вліяніе на намѣренія Гумбольдта, которыя осуществились только по кончинѣ его матери. Въ іюлѣ 1790 г., возвратившись изъ Англіи въ Германію, и все еще будучи предназначаемъ къ практической карьерѣ по финансовой части, онъ отправился въ Гамбургскую Коммерческую Академію Бюша и Эбелинга, чтобъ слушать лекціи объ обращеніи капиталовъ, изучить бухгалтерію и конторскую часть. Стеченіе молодыхъ людей изъ всѣхъ европейскихъ земель представляло въ этой академіи благопріятнѣйшій случай къ упражненію въ живыхъ языкахъ; знакомство съ Клопштокомъ, Фоссомъ, Клавдіусомъ и братьями Штольбергами придавало новую пріятность и пользу жизни въ Гамбургѣ. Проведя пять мѣсяцевъ въ Берлинѣ и въ Тегелѣ, гдѣ жила его мать, Гумбольдтъ наконецъ получилъ позволеніе измѣнить свою карьеру и, сообразно своему страстному желанію жить внѣ города, среди природы, посвятить себя горному дѣлу. Между-тѣмъ онъ продолжалъ свои ботаническія экскурсіи съ Вильденовомъ, много работая въ «Ботаническомъ Журналѣ» Устери, и при опытахъ надъ почками растеній открылъ возбуждающую силу хлора, столь изумительно-ускоряющую растительный процесъ. Въ іюнѣ 1791 отправился Гумбольдтъ въ Фрейбургскую Горную Академію, гдѣ слушалъ частные уроки у Вернера, и пріобрѣлъ дружбу Фрейеслебена, Леопольда фон-Буха и Андрея дель-Ріо, котораго черезъ двѣнадцать лѣтъ нашелъ жителемъ Мехики. Плодомъ восьмимѣсячнаго пребыванія въ горныхъ областяхъ Эрца было описаніе подземныхъ тайнобрачныхъ растеній и опыты надъ зеленымъ цвѣтомъ явнобрачныхъ растеній, удаленныхъ отъ солнечнаго свѣта и живущихъ въ атмосферѣ газовъ, неудобныхъ для дыханія (впрочемъ, въ печати явились Flora subterranea Fribergensis et aphorismi ex physiologia chemica plantarum только въ 1793 году). Съ Фрейслебеномъ издалъ Гумбольдтъ первое геогностическое описаніе средняго богем|17|скаго хребта. Еще въ февралѣ 1792 года, благодаря расположенію министра фон-Гейница, онъ былъ назначенъ ассесоромъ Горнаго Департамента, а въ іюлѣ сопровождалъ этого министра въ Байрейтъ и получилъ порученіе изслѣдовать байрейтскіе горные заводы. По своему желанію заниматься исключительно подземными работами, былъ онъ назначенъ обербергмейстеромъ въ Фихтельгебирге, въ франконскихъ княжествахъ, и поселился въ горномъ мѣстечкѣ Штебенѣ. Пять лѣтъ (1792–1797) управлялъ онъ горными заводами, будучи, впрочемъ, безпрестанно занимаемъ другими, очень-разнородными порученіями. Такъ, осенью 1793 года, онъ изслѣдовалъ верхнебаварскія, зальцбургскія и галиційскія соляныя копи и заводы для выварки соли; лѣтомъ 1794 г. опять былъ посылаемъ съ подобнымъ порученіемъ въ Кольбергъ, Нетцкій Округъ, на берега Вислы и въ Южную Пруссію. Политическія и военныя событія неожиданно увлекли Гумбольдта, по возвращеніи изъ Познани, на берега Рейна; именно, въ 1794 г. Пруссія, въ союзѣ съ Англіею и Голландіею, начала войну противъ Французской Республики, и министръ, управлявшій франконскими герцогствами, фон-Гарденбергъ, отправился во Франкфуртъ-на-Майнѣ для переговоровъ относительно субсидій съ англійскимъ и голландскимъ посланниками, лордомъ Момсбери и адмираломъ Кинкелемъ; онъ просилъ Гумбольдта, пользовавшагося его довѣріемъ и дружбою, сопровождать его, желая поручить Гумбольдту завѣдываніе своею перепискою и сношенія съ фельдмаршаломъ фон-Мёллендорфомъ. Эти дѣла удерживали Гумбольдта въ-теченіе четырехъ мѣсяцевъ и только въ октябрѣ 1794 возвратился онъ въ байрейтскіе заводы, гдѣ ревностно продолжалъ свои химическія изслѣдованія относительно состава воздуха въ рудникахъ и опасные опыты надъ изобрѣтенною имъ неугасающею лампою, и снарядомъ, облегчающимъ дыханіе среди вредныхъ газовъ. Лѣтомъ и осенью 1795 г. совершилъ онъ геогностическое путешествіе черезъ Тироль въ Венецію, по Ломбардіи и Швейцаріи, въ пріятномъ обществѣ своихъ друзей, Рейнгарда фон-Гефтена и Фрейеслебена. Еще съ 1792 г., когда, при первой поѣздкѣ своей въ Вѣну, узналъ онъ объ удивительномъ открытіи Гальвани, собиралъ Гумбольдтъ матеріалы для своего большаго сочиненія «О раздраженіи мускуловъ и нервъ, съ предположеніями о химическомъ жизненномъ процесѣ въ растительномъ и животномъ царствахъ» (Ueber die gereizte Muskel- und Nervenfaser), оно вышло въ 1797 г., въ двухъ томахъ, и издано самимъ Гумбольдтомъ, а не Блуменбахомъ, который даже и не видѣлъ его въ рукописи. Путешествуя по Италіи, Гумбольдтъ познакомился съ Вольтою и Скарпою. Съ ноября 1795 до февраля слѣдующаго года жилъ онъ опять на горныхъ заводахъ. Тяжкія страданія больной матери заставили его провесть нѣсколько мѣсяцевъ въ Берлинѣ. Внезапное вторженіе Моро въ Герцогство Виртембергское внушило прусскому королю опасеніе, что владѣнія князей Гогенло, въ которыхъ было съ 1791 года одно изъ сборныхъ мѣстъ французскихъ эмигрантовъ, могутъ пострадать отъ арміи Моро или Журдана. Надѣялись, однако, убѣдить французскаго полководца, чтобъ онъ призналъ эти владѣнія неприкосновен|18|ными, какъ находящіяся подъ покровительствомъ Пруссіи, съ которою Франція послѣ 1795 года была въ искренней дружбѣ. Гумбольдту было поручено отправиться во французскій лагерь, находившійся въ Швабіи. Это было вскорѣ послѣ сраженія при Каннштадтѣ, и на дорогѣ Гумбольдтъ видѣлъ генерала Сен-Сира, рекогносцирующаго расположеніе враговъ съ воздушнаго шара, пущеннаго на веревкахъ. При кротости характера, отличавшей Моро, Гумбольдту легко было въ нѣсколько дней достичь цѣли своего посольства. Онъ имѣлъ удовольствіе встрѣтить во французскомъ лагерѣ генерала Дезэ, который уже тогда, за четырнадцать мѣсяцевъ до кампо-формійскаго мира, зналъ о предположенномъ походѣ Бонапарте въ Египетъ, и часто уговаривалъ Гумбольдта, оставивъ мысль о тропическихъ странахъ Новаго Свѣта, сопровождать эту французскую экспедицію. Возвращеніе изъ французскаго лагеря, черезъ лѣсъ, по которому были разбросаны въ безпорядкѣ австрійскіе и французскіе аванпосты, было довольно-опасно. Извѣстіе о смерти матери, чего уже давно опасался Гумбольдтъ, было получено въ ноябрѣ 1796 года. Теперь Гумбольдтъ могъ приготовляться къ задуманному большому путешествію. По совѣту барона Цаха онъ уже давно занимался практическою астрономіею, для опредѣленія географическаго положенія мѣстностей. Кромѣтого, ему хотѣлось, до прощанья съ Европою на много лѣтъ, осмотрѣть дѣйствующіе волканы: Везувій, Стромболи и Этну. Братъ его Вильгельмъ обѣщался со всѣмъ семействомъ сопровождать его въ путешествіи по Италіи. Тогда Гумбольдтъ вышелъ въ отставку, чтобы совершенно предаться изученію природы. Онъ оставилъ Байрейтъ въ 1797 г., прожилъ три мѣсяца въ Іенѣ, увлеченный дружбою Гёте и Шиллера. Прежде онъ занимался анатоміею человѣческаго тѣла только какъ дилеттантъ; теперь онъ упросилъ Лодера, съ которымъ черезъ двадцать три года видѣлся въ Москвѣ, быть его наставникомъ въ этой наукѣ. Черезъ Дрезденъ, Прагу и Вѣну отправился онъ потомъ въ Зальцбургъ, на дорогѣ обозрѣвъ Шёнбрунскій Садъ и подружившись съ молодымъ бразильцемъ, Іозефомъ ван-дер-Шоттомъ. Бурное состояніе Италіи отнимало возможность къ мирному ученому путешествію; потому братъ Гумбольдта отправился изъ Вѣны прямо въ Парижъ, а самъ онъ провелъ зиму въ Зальцбургѣ и Берхтесгаденѣ, съ другомъ своимъ Леопольдомъ фон-Бухомъ, занимаясь метеорологическими наблюденіями, и думая на весну отправиться въ южную Италію. Между-тѣмъ получилъ онъ отъ лорда Бристоля, путешествовавшаго по Далмаціи и Греціи, приглашеніе ѣхать съ нимъ въ Верхній Египетъ. Гумбольдтъ принялъ предложеніе, намѣреваясь потомъ изъ Александріи проѣхать въ Сирію и Палестину. Чтобъ купить нужные для путешествія инструменты, поѣхалъ онъ черезъ Страсбургъ въ Парижъ, гдѣ долженъ былъ ожидать писемъ отъ лорда Бристоля. Это было въ началѣ мая 1798; но 20-го мая отплыла экспедиція Бонапарте въ Египетъ, и вмѣсто ожидаемыхъ писемъ, Гумбольдтъ съ изумленіемъ прочиталъ въ «Страсбургской Газетѣ», что лордъ Бристоль, по распоряженію французской директоріи, арестованъ въ Миланѣ, будучи подозрѣваемъ, что хотѣлъ ѣхать въ Египетъ длятого, |19| чтобъ интриговать въ пользу Англіи. Обвиненіе было неправдоподобно; но еслибъ у Бристоля нашли письма Гумбольдта, то могли арестовать и его. Однакожъ, онъ свободно пріѣхалъ въ Парижъ, гдѣ нашелъ семейство брата. Парижскіе ученые въ то время съ жаромъ толковали о кругосвѣтной экспедиціи, которая собиралась въ путь подъ начальствомъ капитана Бодена; отъ нея ждали важныхъ результатовъ для науки; Боденъ долженъ былъ посѣтить Буэнос-Айресъ, Огненную Землю, весь западный берегъ Америки до Панамскаго Перешейка, острова Южнаго Моря, Новую Голландію, Мадагаскаръ и возвратиться, обогнувъ Мысъ Доброй Надежды. Гумбольдтъ, желавшій воспользоваться первымъ случаемъ для большаго путешествія, тотчасъ изъявилъ намѣреніе присоединиться къ экспедиціи. Директорія позволила ему это, съ разрѣшеніемъ отдѣлиться отъ экспедиціи, если захочетъ углубиться во внутренность материка. Четыре мѣсяца прошли въ томительномъ ожиданіи. Опасеніе близкой войны съ Германіею заставило дирекцію наконецъ отложить экспедицію до болѣе спокойнаго времени. Дружба, столь легко соединяющая людей, готовящихся прожить цѣлые годы на одномъ кораблѣ, сблизила междутѣмъ Гумбольдта съ молодымъ, но уже знаменитымъ ботаникомъ Бонпланомъ, который потомъ раздѣлялъ его странствованія. Когда Гумбольдтъ разочаровался въ своихъ надеждахъ на экспедицію, пріѣхалъ въ Парижъ шведскій консулъ г. Скьольдебрандъ, посланный отъ своего двора съ подарками къ алжирскому дею. Торговый домъ, къ которому онъ принадлежалъ, ежегодно отправлялъ судно изъ Марселя для перевозки мусульманскихъ пильгримовъ, идущихъ въ Мекку, изъ Туниса въ Александрію. Онъ предложилъ Гумбольту свои услуги, и молодой естествоиспытатель принялъ ихъ, чтобы доѣхать на этомъ кораблѣ до Александріи, гдѣ хотѣлъ онъ присоединиться къ египетской экспедиціи, и отправился въ Марсель; но тамъ напрасно ждалъ онъ обѣщаннаго корабля до послѣднихъ чиселъ декабря 1798. Между-тѣмъ распространились слухи, что тунисцы и алжирцы, по случаю войны Франціи съ Турціею за Египетъ, берутъ въ плѣнъ суда, выходящія изъ французскихъ гаваней; потому Гумбольдтъ рѣшился вмѣстѣ съ Бонпланомъ ѣхать на зиму въ Испанію и искать тамъ случая переѣхать въ Египетъ изъ Картагены или Кадикса. Путешественники поѣхали по Испаніи не спѣша, занимаясь герборизаціею, магнетическими и астрономическими наблюденіями, и въ февралѣ 1799 добрались до Египта. Необыкновенно-благосклонный пріемъ, встрѣченный Гумбольдтомъ при аранхуэсскомъ дворѣ (онъ прожилъ въ Аранхуэсѣ три мѣсяца) снова измѣнилъ его намѣренія: министръ иностранныхъ дѣлъ, донъ Луисъ де Урквихо, по личному расположенію къ Гумбольдту, объявилъ, что ему будетъ дано разрѣшеніе ѣхать въ испанскія владѣнія въ Америкѣ и на Тихомъ Океанѣ, и всѣмъ мѣстнымъ властямъ будутъ посланы приказанія помогать ему въ изслѣдованіяхъ. Дѣйствительно, ему былъ данъ паспортъ отъ дона Луиса, разрѣшавшій ему «дѣлать изслѣдованія всякаго рода для пользы науки»; и Гумбольдтъ долженъ сказать, что въ-теченіе пяти лѣтъ, проведенныхъ въ испанскихъ владѣніяхъ, онъ ни разу не имѣлъ слу|20|чая быть недовольнымъ испанскими властями. Въ маѣ отправился онъ изъ Аранхуэса въ портовый городъ Корунью, и сѣлъ тамъ на фрегатъ «Пизарро». Капитанъ фрегата имѣлъ приказаніе простоять на пути въ южную Америку у береговъ Тенерифа столько времени, сколько нужно будетъ Гумбольдту для восхожденія на Тенерифскій Пикъ. На американскій берегъ вышелъ Гумбольдтъ 16-го іюля 1799, а возвратился въ Европу 3-го августа 1804, итакъ путешествіе его по Америкѣ продолжалось пять лѣтъ и два мѣсяца.

«На Тенерифѣ путешественники пробыли недолго, только отъ 19-го до 25-го іюня; они всходили на пикъ и собрали большую массу новыхъ наблюденій относительно природы острова, тогда еще очень-мало извѣстной. На американскій берегъ вышли они въ Куманѣ, и впродолженіе восьмнадцати мѣсяцевъ путешествовали по областямъ нынѣшней республики Венесуэлы. Въ февралѣ 1800 были они въ Каракусѣ, потомъ чрезъ интересныя Калабозскія Равнины проѣхали къ рѣкѣ Оринокó. На челнокахъ туземцевъ проникли они до южной границы испанскихъ владѣній, форта Сан-Карлоса на Ріо-Негро; потомъ черезъ Кассиквіаре и Ангостуру возвратились въ Куману, изъѣздивъ 375 географическихъ миль по пустынямъ. Потомъ Гумбольдтъ и Бонпланъ переправились въ Гавану, прожили тамъ нѣсколько мѣсяцевъ и поспѣшили ѣхать къ Панамскому Перешейку, получивъ ложное извѣстіе, что на западномъ берегу найдутъ экспедицію Бодэна. Но задержанные погодою въ Картагена де Индіасъ, они поплыли вверхъ по рѣкѣ св. Магдалины, оттуда добрались до Боготы; въ сентябрѣ 1801 пустились далѣе на югъ, и 6-го января 1802 достигли Квито, преодолѣвъ на пути чрезвычайныя трудности. Пять мѣсяцевъ занимались они изслѣдованіемъ горныхъ хребтовъ и волкановъ въ окрестностяхъ Квито, и всходили на многія горы, дотолѣ бывшія недоступными. Между-прочимъ, на Чимборасо поднялись они до высоты 18,096 футовъ—такъ высоко не стояла еще никогда нога человѣческая. Изъ Квито переѣхали они въ долину Верхней Амазоны и черезъ Кордильеры въ Перу, оттуда возвратились въ Мехику, потомъ опять въ Гавану и оттуда проѣхали въ Филадельфію. Съ грустью покинулъ наконецъ Гумбольдтъ

Новый Свѣтъ 9-го іюля 1804 года, и 3-го августа былъ въ Бордо, привезя съ собою запасъ наблюденій и огромныя коллекціи.

«Гумбольдтъ поселился въ Парижѣ, потому-что ни одинъ изъ европейскихъ городовъ не представлялъ тогда столько пособій, не совмѣщалъ въ себѣ такихъ великихъ ученыхъ. Пріѣхавъ въ Парижъ, онъ имѣлъ удовольствіе найдти тамъ семейство своего брата, котораго дѣла удерживали въ Римѣ. Приведеніе въ порядокъ коллекцій и манускриптовъ и химическія изслѣдованія состава атмосферы, предпринятыя съ Гэ-Люссакомъ, удержали Гумбольдта въ Парижѣ до марта 1805; тогда, вмѣстѣ съ Гэ-Люссакомъ, поѣхалъ онъ въ Италію; въ Неаполѣ присоединился къ нимъ Леопольдъ Фон-Бухъ, и съ нимъ они проѣхали назадъ до Швейцаріи, откуда Гумбольдтъ возвратился, послѣ девятилѣтняго отсутствія, въ Берлинъ. Послѣ тильзитскаго мира, прусскій король рѣшился весною 1808 отпра|21|вить въ Парижъ принца Вильгельма прусскаго, и Гумбольдтъ неожиданно получилъ повелѣніе сопровождать принца въ этомъ трудномъ посольствѣ. Въ Парижѣ прожилъ принцъ до осени 1809 г. Въ Германіи тогда невозможно было предпринять огромное изданіе «Путешествія» Гумбольдта (29 томовъ, съ 1425 листами гравированныхъ рисунковъ), потому Гумбольдтъ получилъ разрѣшеніе остаться въ Парижѣ для этого изданія. Такимъ-образомъ провелъ онъ въ этомъ городѣ двадцать лѣтъ, до 1827, уѣзжая оттуда изрѣдка и на короткое время. Когда его старшій братъ, Вильгельмъ, назначенный посланникомъ въ Вѣну, оставилъ Министерство Народнаго Просвѣщенія (1810), Гарденбергъ настойчиво просилъ Гумбольдта заступить мѣсто брата и быть министромъ народнаго просвѣщенія. Но Гумбольдтъ предпочелъ остаться въ своемъ независимомъ положеніи, отчасти потому, что изданіе его «Путешествія» требовало не-посредственнаго надзора, отчасти также и потому, что онъ задумывалъ новое путешествіе–въ Остиндію и Тибетъ. Приготовляясь къ нему, онъ долго занимался персидскимъ языкомъ. Около этого времени (1812) Императоръ Александръ повелѣлъ снарядить экспедицію въ Сибирь, Кашгаръ, Яркендъ, и канцлеръ графъ Румянцевъ, лично-знакомый Гумбольдту, предложилъ ему присоединиться къ русской экспедиціи; онъ съ удовольствіемъ согласился; но вторженіе Наполеона заставило отложить это предпріятіе. Политическія событія 1814–1815 годовъ дали Гумбольдту случай быть въ Англіи, когда его братъ сдѣланъ былъ тамъ посланникомъ; въ 1818 году, по приглашенію короля и Гарденберга, былъ онъ на аахенскомъ конгрессѣ; потомъ былъ онъ и въ Веронѣ, откуда сопровождалъ короля въ Неаполь и обратно въ Берлинъ, куда наконецъ, въ 1827 г., по желанію короля, и переѣхалъ жить. Вскорѣ по переѣздѣ, съ ноября 1827 до апрѣля 1828, читалъ онъ тамъ публичныя лекціи о Космосѣ. Его сочиненіе «Космосъ» не результатъ этихъ чтеній; онъ приступилъ къ изданію этой книги уже спустя 18 лѣтъ послѣ своихъ лекцій, хотя основаніемъ ей послужило сочиненіе, написанное во время перувіанскаго путешествія и посвященное Гёте – «Картины тропической природы» (Naturgemälde der Tropenwelt). 1829 годъ составляетъ новую, важную эпоху въ жизни Гумбольдта. Тогда, по повелѣнію Императора Николая, предпринята была экспедиція по Уральскому и Алтайскому Хребтамъ, въ Джунгарію и на Каспійское Море. Техническое изслѣдованіе мѣсторожденій золота и платины, открытіе алмазовъ (5 іюля 1829 г.), астрономическія и магнитныя наблюденія, геогностическія и ботаническія коллекціи были главными цѣлями предпріятія, въ которомъ сопровождали Гумбольдта его знаменитые друзья Эренбергъ и Густавъ Розе. Экспедиція направилась черезъ Москву, Казань, развалины древнихъ Булгаръ въ Екатеринбургъ на золотые уральскіе заводы и нижнетигальскія мѣсторожденія платины, потомъ черезъ Богородскъ, Верхотурье и Тобольскъ, на Алтай, въ Барнаулъ, на живописное Колыванское Озеро, Усть-Каменогорскъ; оттуда къ озеру Джайсанъ въ Джунгаріи. Отъ снѣжнаго Алтайскаго Хребта путешественники возвратились на Южный Уралъ, черезъ Ишимскую Степь, Петропав|22|ловскъ, Омскъ, Златоустъ, Оренбургъ, ИлецкуюЗащиту; потомъ черезъ Уральскъ, Саратовъ, Элтонское Озеро, Дубовку, Царицынъ и Сарепту, проѣхали въ Астрахань, откуда, черезъ Воронежъ и Тулу, экспедиція возвратилась въ Москву. Результатомъ путешествія, продолжавшагося девять мѣсяцевъ. было сочиненіе Asie centrale. Послѣ переворота 1830 года, Гумбольдтъ нѣсколько лѣтъ былъ занятъ политическими дѣлами, которыя, однакожь, не прерывали его ученыхъ занятій. Въ 1830 году онъ сопровождалъ наслѣднаго принца въ Варшаву, на свиданіе съ императоромъ Николаемъ, и потомъ короля въ Тёплицъ. Здѣсь было получено извѣстіе о возведеніи на французскій престолъ Лудовика-Филиппа, и Гумбольдтъ, который прежде былъ съ нимъ очень-близокъ, получилъ порученіе передать ему, что прусскій дворъ признаетъ новую династію. Изъ Парижа, съ-вѣдома аранцузскаго двора, онъ долженъ былъ посылать въ Берлинъ политическіе отчеты о ходѣ событій въ 1830–1832, и потомъ въ 1834–1835 годахъ. Потомъ онъ еще пять разъ пріѣзжалъ въ Парижъ въ-теченіе слѣдующихъ двѣнадцати лѣтъ, и каждый разъ оставался тамъ по четыре или пяти мѣсяцевъ. Послѣдняя поѣздка его въ Парижъ была въ концѣ 1847 года. Кромѣ-того, какъ посланникъ прусскаго короля, онъ ѣздилъ въ Англію (въ 1841 г.) и въ Данію (въ 1845 г.)».

Письмо барона А. Гумбольдта къ русскому моряку А. И. Бутакову*

Любителямъ отечественнаго просвѣщенія и всѣмъ читателямъ газетъ и журналовъ извѣстно, что до 1848 года Аральское Море изображалось на картахъ только по рекогносцировкамъ, произведеннымъ въ нѣкоторыхъ мѣстахъ его окрестностей, по поверхностнымъ маршрутнымъ съемкамъ на западномъ берегу и, главное, по собраннымъ отъ Киргизовъ распроснымъ свѣдѣніямъ.

Въ 1846 году астрономъ Леммъ былъ командированъ въ Киргизскую Степь для опредѣленія ряда астрономическихъ пунктовъ отъ Орской Крѣпости до Сыр-Дарьи. Въ 1847 году на Аральское Море, сухимъ путемъ, перевезли разобранную шкуну «Николай», построенную по образцу каспійскихъ рыболовныхъ судовъ. По собраніи этой шкуны, на ней, въ то лѣто успѣли сдѣлать съемку только части восточнаго берега на семьдесятъ верстъ къ югу отъ Сыр-Дарьи, съ прилегающими островами, и части острова Куг-Арала. Въ первую половину лѣта 1848 года офицеры Корпуса Топографовъ, гг. Акишевъ и Головъ произвели на шкунѣ «Николай» планшетную съемку всего сѣвернаго берега, отъ устья Сыра до Кум-Суата. Топографы Оренбургскаго Корпуса постоянно нѣсколько лѣтъ сряду занимаются приведеніемъ къ концу истинно-громаднаго ученаго предпріятія – полной топографической съемки всего пространства Киргизской Степи, но до 1848 года строго-ученой описи или даже приблизительной съемки собственно Аральскаго Моря произведено не было.

Въ началѣ 1848 года начальникомъ опасной экспедиціи въ Аральскомъ Морѣ назначенъ капитанъ-лейтенантъ Алексѣй Ивановичъ Бутаковъ, дѣйствительный членъ ИМПЕРАТОРСКАГО Русскаго Географическаго Общества, изъ «Записокъ» котораго мы и заимствуемъ всѣ эти свѣдѣнія. Впродолженіе 1848 и 1849 года, вспомоществуемый трудами поручика Поспѣлова, топографовъ Рыбина и Христофорова, фельдшера Истомина, унтеръ-офицера Вернера и другихъ подчиненныхъ ему лицъ, онъ блистательнымъ образомъ окончилъ возложенное на него порученіе: сдѣлалъ астрономическія опредѣленія нѣсколькихъ пунктовъ, составилъ подробную опись дотолѣ почти неизвѣстнаго моря и меркаторскую ему карту. Геологическіе образцы, собранные г. Бутаковымъ на мѣстѣ, отправлены были въ Музей Горнаго Института, описаніе ихъ послано къ барону Гумбольдту, а семьдесятъ пять экземпляровъ при-аральской

---

* In: anonym, «Pis'mo Barona A. Gumbol'dta k russkomu morjaku A. I. Butakovu», in: *Sankt Peterburgskija vědomosti* 102 (9. Mai 1854), S. 3.

флоры препровождены къ г. Фишеру, тогдашнему директору ИМПЕРАТОРСКАГО Ботаническаго Сада.

Великій географическій подвигъ, совершенный г. Бутаковымъ, пролилъ новый свѣтъ въ наукѣ и по значенію своему сталъ предметомъ такой важности, что описаніе Аральскаго Моря, по Высочайшему ГОСУДАРЯ ИМПЕРАТОРА повелѣнію, было обнародовано въ пятой книжкѣ «Записокъ Географическаго Общества», которое удостоилось отъ Монаршихъ щедротъ получить, чрезъ бывшаго въ то время военнымъ министромъ князя А. И. Чернышева; занимательную статью, составленную участвовавшимъ въ экспедиціяхъ г-на Бутакова, штабс-капитаномъ Генеральнаго Штаба Макшеевымъ. (См. V книжку «Записокъ» ИМПЕРАТОРСКАГО Русскаго Географическаго Общества, стр. 30 и 37).

Кромѣ этой статьи, результатъ трудовъ г. Бутакова – знаменитая его карта, издана была Гидрографическимъ Департаментомъ Морскаго Министерства, а впослѣдствіи времени въ уменьшенномъ масштабѣ приложена и при одномъ изъ изданій Географическаго Общества.

Наконецъ новѣйшія свѣдѣнія о трудѣ г. Бутакова были напечатаны въ прошломъ 1853 году почти одновременно въ первой книжкѣ «Отечественныхъ Записокъ» и въ вышедшей почти чрезъ три мѣсяца послѣ того первой книжкѣ «Вѣстника» ИМПЕРАТОРСКАГО Географическаго Общества. Въ этомъ послѣднемъ изданіи чрезвычайно-любопытна записка самого г. Бутакова.

На сихъ дняхъ г. Бутаковъ сообщилъ редакціи «Санктпетербургскихъ Вѣдомостей» письмо знаменитѣйшаго изъ современныхъ европейскихъ ученыхъ, патріарха, князя путешественниковъ, барона А. Гумбольдта. Спѣшимъ воспользоваться обязатель-НЫМЪ предложеніемъ А. И. Бутакова и передаемъ нашимъ читателямъ это письмо, служащее блистательнымъ доказательствомъ тому, какъ ученый міръ цѣнитъ достойныя заслуги тружениковъ науки. Вотъ это письмо въ русскомъ переводѣ:

«Милостивый государь. Я глубоко тронутъ изъявленіями вашего ко мнѣ благорасположенія, которое вы доказали тѣмъ, что въ тиши ученаго уединенія, на берегахъ Аральскаго Моря, вспомнили обо мнѣ, почти допотопномъ старцѣ – и душевно скорблю, узнавъ изъ послѣдняго вашего, остроумнаго и милаго, письма, что до васъ не дошли тѣ немногія строки, въ которыхъ я высказывалъ вамъ свою благодарность. Письмо свое къ вамъ я передалъ одному путешественнику, который долженъ былъ отправиться чрезъ Екатеринбургъ къ Сѣверному Уралу, кажется, въ Нижнетагильскъ.

«Изъ нынѣшняго вашего письма отъ 19 февраля, я съ удовольствіемъ убѣдился, что мое столь долгое, но невольное молчаніе, не уменьшило, не охладило вашихъ чувствъ привязанности къ старому путешественнику и къ трудамъ его. Я, большую часть жизни посвятившiй занятiямъ морскою астрономiей, ученикъ Джоржа Форстера, товарищъ капитана Кука, восторженный чтитель отважной жизни моряковъ – я не могу, при тѣсной сферѣ моей собственной опытности, не гордиться тою довѣренностiю, которою меня удостоиваетъ мореходецъ, съ отважностью и съ благоразумною энергiею преодолѣвшiй безчисленныя препятствiя, почти самъ строившiй суда, на которыхъ долженъ былъ совершать свое плаванiе, и самъ собою прибавившiй къ исторiи географическихъ открытiй такую широкую и прекрасную страницу. Вы истинно-счастливы тѣмъ, что не имѣли здѣсь предшественниковъ, что сами связали свое имя съ изслѣдованiемъ моря, вызывающаго воспоминанiя о когда-то существовавшей торговлѣ на Оксусѣ и что сами, при пособiи точныхъ средствъ, предлагаемыхъ новѣйшею наукой, и усовершенствованныхъ инструментовъ, окончили измѣренiе береговъ по всему пространству этого моря. Это истинныя открытiя въ географiи. Когда, вовремя послѣдняго пребыванiя здѣсь ГОСУДАРЯ ИМПЕРАТОРА, я имѣлъ счастiе выразить предъ ЕГО ВЕЛИЧЕСТВОМЪ всю важность этого неожиданнаго подвига, прославляющаго Его царствованiе, то впродолженiе всей бесѣды, которою Всемилостивѣйше удостоилъ меня ГОСУДАРЬ, благосклонно выслушивая мнѣнiя мои о неизвѣданной странѣ, лежащей между Араломъ и озерами Иссыкъ-Кулемъ и Зайсаномъ, я могъ заключить, что ГОСУДАРЬ ИМПЕРАТОРЪ не почелъ правдивыя мои слова за лесть придворнаго.

«Пишу къ вамъ эти строки, снова выражая вамъ всю свою признательность за присланные вами два экземпляра вашей прекрасной карты Аральскаго Моря, самими вами составленной на основанiи вашихъ собственныхъ астрономическихъ и геодезическихъ изслѣдованiй, а также и за любопытную «записку», при этой картѣ приложенную: извлеченiе изъ нея я сдѣлаю для столь извѣстнаго Брокгаузова журнала; благодарю васъ наконецъ и за два обязательныя ваши письма отъ 3 iюня 1852 г. и отъ 19 февраля 1853 г.

«Отрывокъ, который я хотѣлъ помѣстить въ введенiи къ новому изданiю моей «Центральной Азiи» вы, вѣроятно, получили. Въ этомъ отрывкѣ, писанномъ до полученiя вашего iюньскаго письма и отосланномъ къ Беркгаузу 17 января 1852 года, я, конечно, умѣлъ отличить того, кто самъ трудился, кто самъ, подвергая жизнь опасности, работалъ на мѣстѣ, отъ тѣхъ, *которые умѣютъ только издавать чужiе труды*[1]. Виноватъ я передъ вами только въ томъ, что нечаянно и, конечно, не съ дурнымъ намѣренiемъ, смѣшалъ ваше имя съ именемъ стариннаго моего друга

---

[1] Слова эти подчеркнуты въ подлинникѣ самимъ Гумбольдтомъ.

Лемма². Я просто хотѣлъ упомянуть о первомъ опредѣленіи долготы одного пункта на западномъ берегу Аральскаго Озера, которое во время экспедиціи въ Хиву генерала Берга, Леммъ, въ широтѣ 45° 26′, опредѣлилъ астрономически въ 58° 30′ или 58° 34′ долготы отъ Гринвича. Для меня важно было такое указаніе и я означилъ его въ приложеніи къ составленной мною картѣ Центральной Азіи и въ самомъ сочиненіи (т. I. стр. 419 и т. II стр. 585). Оно обозначало по-крайней-мѣрѣ пунктъ, который на вашей картѣ соотвѣтствуетъ, кажется, Кара-Кумму (58° 38′ долготы) на широтѣ Усть-Юрта³. Этотъ отдѣлъ моего отрывка будетъ совершенно исправленъ по вашимъ весьма-справедливымъ замѣчаніямъ.

«Оканчиваю письмо признаніемъ въ нескромности, которую вы мнѣ должны простить. Одинъ изъ присланныхъ экземпляровъ вашей прекрасной карты я поднесъ е. в. королю. Я не имѣлъ надобности обращать его вниманіе на достоинство этого великаго труда. Его величество соизволилъ наименовать капитан-лейтенанта Россійско-ИМПЕРАТОРСКАГО Флота Алексѣя Бутакова кавалеромъ ордена Краснаго Орла III класса. Король поручилъ мнѣ увѣдомить васъ объ этомъ; орденъ будетъ вамъ доставленъ черезъ нашего посланника въ Петербургѣ. Душевно желаю, чтобъ это свидѣтельство участія къ вамъ нашего просвѣщеннаго, добраго и благороднаго короля, передаваемое путешественникомъ Южнаго Океана, Кордильеровъ, Мехики, Квито, Перу, береговъ Ореноко и верховьевъ Иртыша – было для васъ пріятно.

«Его Величество чрезвычайно заинтересовало свидѣтельство ваше въ «Запискѣ», что «даже на сѣверѣ Арала, гдѣ зимой стужа доходитъ до 20° Реомюра, тигры живутъ себѣ въ камышахъ, въ полной дѣятельности, пожирая Киргизовъ и лошадей, если представится къ тому случай. Эти сѣверные тигры (шкуры ихъ мы привезли съ собой) рѣшительно ни въ чемъ не разнятся отъ тигровъ Бенгала и всего жаркаго пояса Азіи. Они напоминаютъ тѣхъ огромныхъ львовъ, которые, во времена Аристотеля, жили впродолженіе цѣлой зимы, въ холодныхъ областяхъ Македоніи. Слѣдовательно бываютъ и колоніи животныхъ, которыя, не измѣняя ни своего наружнаго вида, ни отличительнаго характера, привыкли къ сильнымъ пониженіямъ температуры.» Это весьма-любопытный фактъ, по поводу отрываемыхъ остововъ ископаемыхъ животныхъ.

---

² Въ отрывкѣ, о которомъ говоритъ А. Гумбольдтъ, было сказано, что вѣрными свѣдѣніями о дѣйствительномъ географическомъ положеніи Аральскаго Моря, мы обязаны астрономическимъ наблюденіямъ г. Лемма. Противъ этого-то А. И. Бутаковъ и протестовалъ въ письмѣ къ знаменитому путешественнику отъ 19 февраля 1853 года.

³ Тутъ описка: Гумбольдтъ, безъ сомнѣнія, хотѣлъ сказать Кара-Тамакъ.

«При послѣднемъ празднествѣ Берлинскаго Географическаго Общества (25 годовщины), вы, по предложенію моему, единодушно провозглашены почетнымъ членомъ, вмѣстѣ съ полковникомъ Сабиномъ, Мурчисономъ и Раулинсономъ: это позначительнѣе, чѣмъ званіе члена-корреспондента. Поздравляю васъ съ этимъ, собратъ мой!

Примите и проч.»

АЛЕКСАНДРЪ ГУМБОЛЬДТЪ

Сан-Суси, 12 іюня 1853.

«P.S. А водятся ли зимой тигры по берегамъ Каспія? Я не знаю».

[Brief an Chajim Selig Slonimski; eingeleitet mit: «Многоуважаемый господинъ Слонимскій. Я очень виноватъ передъ вами, [...]»]*

«Многоуважаемый господинъ Слонимскій. Я очень виноватъ передъ вами, что такъ долго медлилъ благодарить васъ за честь, которую вы столь благосклонно оказали мнѣ. Едва-ли можетъ извинить меня мое тревожное положеніе, въ нынѣшнее столько бурное въ политическомъ и общественномъ отношеніи время.

Рекомендація двухъ знаменитыхъ, дорогихъ для меня друзей, каковы Бессель и Якоби, оставляетъ послѣ себя продолжительное впечатлѣніе. Хотя и чуждый Еврейской литературы, но съ ранней юности тѣсно связанный съ благороднѣйшими изъ вашихъ единовѣрцевъ, и какъ пламенный и постоянный поборникъ вашихъ правъ, въ которыхъ вамъ такъ часто отказываютъ, я не могу оставаться равнодушнымъ къ чести, которую вы мнѣ оказали. Свидѣтельство глубокаго знатока восточныхъ языковъ, многосторонне образованнаго доктора Михаила Сакса, можетъ только возвысить въ моихъ глазахъ оказанное мнѣ вниманіе, и это нѣ|165|сколько успокоиваетъ меня въ моемъ незнаніи первороднаго языка. Со вторника я перееду на нѣсколько недѣль въ Берлинъ, и начиная съ вторника, отъ 1 часа до 2-хъ каждый день, съ большимъ удовольствіемъ желалъ-бы принять въ Берлинѣ г. Слонимскаго, если только онъ не уѣхалъ въ Варшаву, и изустно возобновить предъ нимъ выраженіе искренняго уваженія, котораго заслуживаютъ ваши прежнія, прекрасныя ученыя занятія.

Вашъ покорнѣйшій Александръ Гумбольдтъ»

---

* In: anonym, «Biografija Gumbol'dta na evrejskom jazykĕ», in: *Žurnal ministerstva narodnago prosvěščenija* 99:7 (1858), S.163–165, hier: S. 164–165.

О составѣ волканическихъ породъ. Изъ четвертаго тома Гумбольдтова Космоса, переводъ Горнаго Инженеръ-Штабсъ-Капитана *Барботъ де Марни**

Условія наружнаго вида кратеровъ, чрезъ которые проявляется или же стремилась наружу волканическая дѣятельность, часто при очень сложной ихъ разнородности, изслѣдованы и описаны въ послѣднее время, въ отдаленнѣйшихъ поясахъ земли, гораздо удовлетворительнѣе, чѣмъ въ прошедшемъ столѣтіи, когда вся морфологія волкановъ ограничивалась лишь конусовидными и колоколообразными горами. Теперь удовлетворительнѣйшимъ образомъ извѣстно строеніе, гипсометрія и расположеніе (словомъ то, что остроумный Карлъ Фридрихъ Науманнъ называетъ *геотектоникой*) многихъ волкановъ, часто тамъ, гдѣ мы находимся еще въ величайшемъ невѣдѣніи относительно состава ихъ горной породы и совмѣстнаго нахожденія минераловъ, характеризующихъ ихъ трахиты и выдѣляющихся изъ основной ихъ массы. Оба рода позна|70|ній кратеровъ, *морфологическое и ориктогностическое*, одинаково необходимы для полнаго обсужденія волканической дѣятельности; послѣднее познаніе, основанное на кристаллизаціи и химическомъ анализѣ, по связи съ плутоническими горными породами (кварцевымъ порфиромъ, зеленымъ камнемъ, змѣевикомъ) имѣетъ даже очень большую геогностическую важность.

Если особенный интересъ, какъ надѣюсь, возбудитъ то, что я изложу здѣсь о классификаціи волканическихъ породъ или, выражаясь опредѣлительнѣе, о раздѣленіи трахитовъ *по ихъ составу*, то вся заслуга такого группированія будетъ принадлежать моему многолѣтнему другу и спутнику въ сибирскомъ путешествіи Густаву Розе. Собственныя наблюденія въ самой природѣ и счастливое соединеніе химическихъ, кристаллографическо-минералогическихъ свѣдѣній, содѣлали его особенно искуснымъ въ распространеніи новыхъ взглядовъ о кругѣ минераловъ, которыхъ разнородное, но часто повторяющееся группированіе, есть продуктъ волканической дѣятельности. Онъ, частію по моему предложенію, съ полною готовностью, особенно же съ 1834 года, многократно изслѣдовалъ образцы, привезенные мною съ покатости волкана Новой Гренады, Лосъ Пастосъ, изъ Квито, съ высокогорья Мексиканскаго, и сравнилъ ихъ съ тѣмъ, что представляетъ изъ другихъ странъ богатое минеральное собраніе Берлинскаго Кабинета. Леопольдъ фонъ Бухъ, когда мои собранія еще не были отдѣлены |71| отъ собраній сопровождавшаго меня Эме

---

* In: *Gornyj žurnal* 1:1 (1859), S. 69–94.

Бонплана (въ Парижѣ съ 1810–1811 г. между возвращеніемъ своимъ изъ Норвегіи и поѣздкой на Тенерифъ), съ неослабнымъ вниманіемъ занимался изслѣдованіемъ ихъ подъ микроскопомъ; и еще раньше, во время пребыванія съ Гэй-Люссакомъ въ Римѣ (лѣтомъ 1805 г.), и позже, во Франціи, онъ интересовался тѣмъ, что я на мѣстѣ записалъ въ путевыхъ журналахъ объ отдѣльныхъ волканахъ, и тѣмъ, что я напечаталъ въ Іюлѣ 1802 г. объ общей связи волкановъ съ нѣкоторыми порфирами, несодержащими кварца. Я сохраняю, какъ безцѣнное для меня воспоминаніе, нѣсколько листовъ, съ замѣчаніями о волканическихъ продуктахъ плоскихъ возвышенностей Квито и Мексики, которые великій геогностъ сообщилъ мнѣ для поученія моего, за 46 лѣтъ до настоящаго времени. Такъ какъ путешественники находятся всегда лишь въ уровнѣ неполныхъ познаній ихъ времени и наблюденіямъ ихъ не достаетъ многихъ путеводныхъ идей, т.е. признаковъ различенія, составляющихъ плодъ прогрессивнаго знанія, то продолжительная заслуга и остается тутъ на сторонѣ почти однѣхъ только коллекцій и того, что приведено въ географическій порядокъ.

Если названіе *трахитъ*, какъ это много разъ дѣлалось, ограничить (согласно съ первоначальнымъ приложеніемъ названія этого къ породамъ Оверньи и Семигорья близъ Бонна) одною волканическою породою, |72| содержащею полевой шпатъ, особенно же стекловатый полевой шпатъ Вернера или *санидинъ* Розе и Абиха, то этимъ безполезно разорвется взаимная связь между волканическими породами, – связь, ведущая къ важнѣйшимъ геогностическимъ соображеніямъ. Такое ограниченіе могло бы тогда оправдать выраженія: «что въ Этнѣ, обильной лабрадоромъ, вовсе не встрѣчается трахита»; будто бы мои собственныя собранія должны доказать, «что ни одинъ изъ почти безчисленныхъ Андскихъ волкановъ не состоитъ изъ трахита, и такъ какъ образующая ихъ масса есть альбитъ, за который прежде (1835) вездѣ ошибочно принимали также олигоклазъ, то будтобъ и всякую волканическую породу должно называть общимъ именемъ *андезита* (состоящаго изъ альбита и малаго количества роговой обманки)». Но подобно тому, какъ я принимаю самъ по впечатлѣніямъ, вынесеннымъ мною изъ моихъ путешествій объ общности всѣхъ волкановъ, не смотря на внутреннее различіе ихъ состава, такъ и Густавъ Розе на основаніи того, что онъ развилъ въ прекрасной статьѣ о полевошпатовой группѣ (Annales de chimie et de physique, XXIV, 1823, p. 16), въ своей классификаціи трахитовъ, за полевошпатовую часть волканическихъ горныхъ породъ принимаетъ: ортоклазъ, санидинъ, вмѣстѣ съ апортитомъ Соммы, альбитомъ, лабрадоромъ и олигоклазомъ. Краткія наименованія, долженствующія содержатъ опредѣленія, ведутъ въ ученіи о горныхъ породахъ, какъ и въ хи|73|міи, къ многимъ неясностямъ. Я самъ нѣкоторое время склоненъ былъ употреблять выраженіе:

ортоклазовый, *лабрадоровый* или *олигоклазовый трахитъ*, относя такимъ образомъ стекловатый полевой шпатъ (санидинъ), въ слѣдствіе химическаго его состава, къ роду ортоклаза (обыкновеннаго полеваго шпата). Названія эти были безъ сомнѣнія благозвучны и просты, но самая простота ихъ вводила въ заблужденіе, ибо, если лабрадоровый трахитъ одинаково относится къ Этнѣ и Стромболи, то олигоклазовый трахитъ, по своему замѣчательному двойственному соединенію съ авгитомъ и роговой обманкой, долженъ будетъ ошибочно соединить между собою сильно распространенныя, но весьма разнородныя формаціи Чимборасо и волкана Толюка. Словомъ, здѣсь представляется группированіе полевошпатоваго элемента съ однимъ или двумя другими, – группированіе, которое тутъ столь же характерно какъ и въ нѣкоторыхъ жильныхъ выполненіяхъ или формаціяхъ.

Слѣдующій ниже обзоръ подраздѣленій трахитовъ принятъ Густавомъ Розе съ зимы 1852 года и основанъ на *заключающихся въ нихъ*, въ отдѣльности распознаваемыхъ, кристаллахъ. Главные результаты этого труда, въ которомъ нѣтъ никакого смѣшиванія олигоклаза съ альбитомъ, были достигнуты еще 10 лѣтъ назадъ, когда мой другъ, при геогностическихъ изслѣдованіяхъ Исполиновыхъ горъ, нашелъ, что олигоклазъ составляетъ тамъ существенную часть породы, и когда онъ, |74| показавъ такую важность олигоклаза, началъ отыскивать его также и въ другихъ горныхъ породахъ. Работа эта привела къ тому важному заключенію (Pogg. Ann. Bd. 66, 1845, стр. 109), что альбитъ въ горныхъ породахъ не составляетъ существеннаго элемента.

1 Отдѣленіе. «Основная масса содержитъ лишь кристаллы стекловатаго полеваго шпата, которые бываютъ обыкновенно таблицеобразны и большой величины. *Роговая обманка и слюда* или вовсе въ нихъ не встрѣчаются, или же бываютъ очень рѣдко разсѣяны въ видѣ незначительной примѣси. Сюда относится трахитъ Флегрейскихъ полей *Monte Olibano*, близъ Пуцуоли), трахитъ Ишіи и Тольфы, также часть Монтъ-Дора (*grande Cascade*). Авгитъ мелкими кристаллами, хотя и очень рѣдко, встрѣчается въ трахитахъ Монтъ-Дора; въ Флегрейскихъ же поляхъ съ роговою обманкою его вовсе нѣтъ, равно какъ и лейцита, хотя впрочемъ нѣсколько кусковъ послѣдняго и были найдены Гофманномъ у *Lago Averno* и мною на склонѣ *Monte nuovo*. Лейцитофиръ въ отдѣльныхъ кускахъ попадается чаще на островѣ Процида и на лежащей близъ него *Scoglio di Martino*».

2 Отдѣленіе. Основная масса содержитъ отдѣльные кристаллы *стекловатаго полеваго шпата* и множество мелкихъ, снѣжнобѣлыхъ кристалловъ *олигоклаза*. Послѣдніе бываютъ часто правильно сросшимися съ стекловатымъ полевымъ шпатомъ, около котораго они |75| образуютъ оболочку, какъ это обыкновенно замѣчается въ *гранититѣ* (т .е. въ гранитѣ, составляющемъ главную массу Исполиновыхъ или Изерскихъ горъ, содержащемъ красный полевой шпатъ, особенно же олигоклазъ и горькоземистую слюду и вовсе не заключающемъ въ себѣ бѣлой калистой слюды). Къ нимъ иногда въ незначительномъ количествѣ присоединяется еще роговая обманка, слюда и въ нѣкоторыхъ измѣненіяхъ также авгитъ. Сюда принадлежатъ трахиты Драхенфельса и Перленхарда въ Семигорьѣ, близъ Бонна; многія отличія Монтъ–Дора и Канталя, также трахиты Малой Азіи (за которые мы обязаны дѣятельности путешественника Чихачева), Фригіи и Мизіи: тутъ стекловатый полевой шпатъ находится въ соединеніи съ обильно развитымъ олигоклазомъ и съ небольшимъ количествомъ роговой обманки и бурой слюды».

3 Отдѣленіе. «Основная масса этихъ, діоритамъ подобныхъ, трахитовъ содержитъ множество мелкихъ кристалловъ *олигоклаза* съ *черной роговой обманкой и бурой горькоземистой слюдой*. Сюда принадлежатъ трахиты острова Эгипы, Козельникской долины близъ Шемпица, Нагіага въ Семиградьѣ, Монтабаура въ Герцогствѣ Нассау, Штенцельберга и Волькенбурга близъ Бонна, Пюи де Шомонъ (*Puy de Chanmont*) близъ Клермона въ Оверньи, Ліорана въ Канталѣ, Казбека на Кавказѣ, Мексиканскихъ волкановъ Толюка и Оризаба, волкана Пюрасе и можетъ быть великолѣпные |76| столбы Пизойе близъ Папайяна. Домиты Леопольда фонъ Буха также относятся къ этому третьему отдѣленію. Въ бѣлой, мелкозернистой основной массѣ трахитовъ Пюи де Дома лежатъ стекловидные кристаллы, постоянно принимавшіеся за полевой шпатъ, но которые, въ слѣдствіе струйчатости на плоскости явнѣйшей спайности, должны считаться олигоклазомъ; вмѣстѣ съ ними находится роговая обманка и немного слюды. Судя по волканическимъ породамъ, которыми Королевское Берлинское собраніе обязано Мёллгаузену (живописцу и топографу ученой экспедиціи Лейтенанта Уиппль); къ этой діоритовидной Толюкской разности трахитовъ принадлежатъ также трахиты горы Тейлоръ, между *Santa Fé del Nuovo Mexico* и Альбукеркомъ и трахиты Синегвиллы на западномъ отклонѣ Скалистыхъ горъ, гдѣ, по прекраснымъ наблюденіямъ Джюля Марку, потоки черной лавы разлиты поверхъ юрской формаціи». То же соединеніе олигоклаза и роговой обманки, которое я наблюдалъ въ Ацтекской плоской возвышенности, собственно въ Анахуакѣ, а не въ Кордильерахъ Южной Америки, находится также гораздо далѣе на западъ отъ Скалистыхъ горъ, именно на рѣкѣ Могавѣ (*Mohave*), притокѣ Ріо-Колорадо. Между трахитами Явы, которыми я одолженъ дружбѣ Доктора Юнгхуна, мы также нашли такіе, которые принадлежатъ къ третьей разности, именно трахиты трехъ волканическихъ странъ: Бурунгагунги, Тіинаса и Гунунгъ-Паранги (округъ Батуганги).
|77|

4 Отдѣленіе. «Основная масса содержитъ *авгитъ* съ *олигоклазомъ*: пикъ Тенерифскій, Мексикскіе волканы Толима (съ *Paramo de Ruiz*), Пюрасе близъ Папаяна, Пасто и Кумбаль, Руку-Пичинча, Антизана, Котопахи, Чимборасо, Тунгурагуа и трахитовыя скалы, покрытыя развалинами древней Ріобамбы. Въ Тунгурагуа съ авгитами находятся также отдѣльные, черноватозеленые кристаллы уралита, длиною въ $1/2$ – 5 линій, съ совершенною формою авгита и спайными плоскостями роговой обманки. Такой кусокъ съ явственными кристаллами уралита привезенъ мною съ отклона Тунгурагуа, съ высоты 12, 480 футовъ. По мнѣнію Густава Розе, онъ чрезвычайно отличенъ отъ семи другихъ образцовъ трахитовъ того же волкана, находящихся въ моей коллекціи, и напоминаетъ собою *зеленый сланецъ* (сланцеватый авгитовый порфиръ), который мы нашли въ такомъ огромномъ развитіи на азіятскомъ склонѣ Урала.

5 Отдѣленіе. Долериту подобный трахитъ – соединеніе *лабрадора* съ *авгитомъ*: Этна, Стромболи и, по прекраснымъ изслѣдованіямъ Сентъ-Клеръ Девилля, Суфріеръ *(Soufriere)* въ Гваделупѣ, равно какъ на Бурбонѣ три большихъ кратера, окружающіе пикъ де Салазу *(Pic de Salazu)*».

6 Отдѣленіе. «Основная масса, часто сѣраго цвѣта, заключаетъ кристаллы *лейцита*, *авгита* и очень немного оливина: Везувій и Сомма, также потухшіе волканы Вультуръ, Рокка Монфина, Альбанскія горы и |78| Боргетто. Въ старинныхъ кускахъ (напри. въ каменныхъ стѣнахъ и въ мостовой Помпеи) лейцитовые кристаллы имѣютъ значительную величину и встрѣчаются чаще авгита. Напротивъ въ нынѣшнихъ лавахъ преобладаютъ авгиты, а лейциты вообще очень рѣдки; потокъ лавы 22 Апрѣля 1845 года вынесъ ихъ однакожъ во множествѣ. Обломки трахитовъ *перваго отдѣленія*, содержащіе стекловатый полевой шпатъ (*настоящіе трахиты* Леопольда фонъ-Буха), находятся запутанными въ туфахъ Монте-Соммы и отдѣльными кусками подъ слоемъ пемзы, покрывающимъ Помпею. Лейцитофировые трахиты шестаго отдѣленія должно отличить тщательно отъ трахитовъ перваго отдѣленія, хотя лейциты и встрѣчаются также въ западной части Флегрейскихъ полей и на островѣ Процида, какъ уже раньше было упомянуто».

Остроумный творецъ приведенной здѣсь классификаціи волкановъ, основанной на совмѣстномъ нахожденіи простыхъ, представляемыхъ ими, минералокъ ничуть не полагаетъ, что исчерпалъ группированіе всего, что въ научно-геологическомъ и химическомъ смыслѣ можетъ вообще представить еще такъ несовершенно обслѣдованная земная поверхность. Измѣненій въ наименованіи входящихъ въ составъ горныхъ породъ минераловъ, а равно и самаго увеличенія *трахитовыхъ формацій* должно ожидать двумя путями: чрезъ прогрессивное развитіе самой минералогіи (въ точномъ видовомъ различеніи минераловъ |79| какъ по формѣ, такъ и по составу) и чрезъ накопленіе матеріаловъ, которые до сихъ поръ собирались по большей части такъ неполно и несообразно съ цѣлью. Здѣсь, какъ и вездѣ, гдѣ законность въ разсужденіяхъ о космосѣ узнается лишь чрезъ многообъемлющее сравненіе отдѣльнаго, исходнымъ пунктомъ должна быть та аксіома, что все, извѣстное намъ по теперешнему состоянію наукъ, составляетъ лишь ничтожную долю того, что будетъ принесено слѣдующимъ столѣтіемъ. Средства къ раннему достиженію такого прогресса разсѣяны многообразно, по произведеннымъ по настоящее время изслѣдованіямъ трахитовой части, поднятой, опущенной или раскрытой трещинами надводной части земной поверхности не достаетъ еще приложенія, основательно изучающихъ методъ. Волканы, очень близко лежащіе одинъ отъ другаго и сходные по формѣ, устройству кратера и геотектоническимъ отношеніямъ, часто имѣютъ очень различный индивидуальный характеръ въ отношеніи къ составу и ассоціаціи ихъ минеральныхъ аггрегатовъ. На большой поперечной трещинѣ, пересѣкающей отъ одного моря до другаго почти со всѣмъ отъ запада къ востоку горную цѣпь, идущую отъ юго-востока на сѣверо-западъ, волканы расположены такимъ образомъ: Колима (11,262 париж. фут.), Хорулло (4,002 фут.), Толюка (14,232 фут.), Попокатепетль (16,632 фут.) и Оризаба (16,776 фут). Тутъ наиболѣе близкіе между собою волканы имѣютъ раз|80|лично характеризующій ихъ составъ, такъ что однородные трахиты являются въ *перемежаемости*. Колима и Попокатепель состоятъ изъ олигоклаза съ авгитомъ и слѣдовательно имѣютъ трахитъ Чимбораскій или Тенерифскій; Толюка и Оризаба состоятъ изъ олигоклаза съ роговой обманкой и такимъ образомъ имѣютъ породу Эгипы и Козельника. Новообразовавшійся волканъ Хорулло, одинъ большой холмъ изверженія, состоитъ почти единственно изъ базальтовидныхъ и пехштейновыхъ, по большей части шлаковыхъ лавъ и сходенъ болѣе съ трахитомъ Толюки, чѣмъ съ трахитомъ Колимы.

Въ этихъ то разсужденіяхъ объ индивидуальномъ различіи минералогическаго состава близлежащихъ волкановъ и кроется препона злополучной попыткѣ ввести для трахитовыхъ породъ одно наименованіе, заимствуя его отъ длинной, слишкомъ на 1,800 географическихъ миль тянущейся, большею частію волканической горной цѣпи. Но если наименованіе «юрскій известнякъ», впервые введенное мною, осталось невредимымъ, будучи взято отъ простой несложной горной породы и отъ горной цѣпи, возрастъ который охарактеризованъ заключающимися въ ней органическими остатками, то по этому отчего же не именовать и трахитовыя формаціи по отдѣльнымъ горамъ, употребляя выраженія «тенерифскій трахитъ» или «трахитъ горы Этны» для извѣстныхъ олигоклазовыхъ или лабрадоровыхъ формацій? Пока склонны |81| были въ весьма различныхъ родахъ полевыхъ шпатовъ, свойственныхъ трахитамъ Андской цѣпи, всюду признавать альбитъ, тогда и породу, въ которой предполагали этотъ минералъ, называли *андезитомъ*; такое названіе съ твердымъ опредѣленіемъ, «что андезитъ состоитъ изъ преобладающаго альбита и малаго количества роговой обманки», я нахожу впервые въ важномъ сочиненіи моего друга Леопольда Фонъ-Буха *о кратерахъ поднятія и вулканахъ*, изданномъ въ началѣ 1835 года. Эта склонность всюду видѣть альбитъ держалась въ теченіе пяти или шести лѣтъ, пока безпристрастно возобновленными и основательными изслѣдованіями, трахитовые альбиты не были наконецъ признаны за олигоклазъ. Густавъ Розе приведенъ былъ вообще къ сомнѣнію на счетъ того, дѣйствительно ли альбитъ встрѣчается въ горныхъ породахъ какъ существенная составная часть ихъ. Вотъ причина, почему андезитъ, согласно съ прежнимъ на него взглядомъ, не долженъ находиться даже въ самой цѣпи Андовъ.

Минералогическая сторона трахитовъ не будетъ распознана совершенно, если изъ основной массы ихъ не будутъ выдѣлены, отдѣльно изслѣдованы и измѣрены порфировидновросшіе кристаллы и если приходится прибѣгать къ явственнымъ изъ анализа числовымъ отношеніямъ земель, щелочей, металлическихъ окисловъ, а ровно и къ удѣльному вѣсу анализируемой, по видимому аморфной, массы. Болѣе |82| убѣдительный и болѣе точный результатъ получается тогда, когда основная масса, равно какъ и главные элементы смѣшенія, могутъ быть ориктогностически и химически изслѣдованы отдѣльно: что можетъ относиться наприм. къ трахитамъ Тенерифскаго пика и Этны. Предположеніе, что основная масса состоитъ изъ тѣхъ же мельчайшихъ неразличимыхъ составныхъ частей, которыя являются и въ большихъ кристаллахъ, по видимому кажется не очень основательно, ибо остроумное изслѣдованіе Ш. Девилля показываетъ, что аморфная на видъ основная масса, въ большинствѣ случаевъ содержитъ кремнекислоты болѣе, нежели сколько должно было ее ожидать, судя по роду полеваго шпата и другихъ видимыхъ составныхъ частей. По Густаву Розе, въ лейцитофирахъ замѣчается разительный контрастъ даже въ видовомъ различеніи преобладающихъ щелочей, именно между вросшими калистыми лейцитами и почти только соду содержащею основною массою породы.

Вмѣстѣ съ этими группированіями авгита съ олигоклазомъ, авгита съ лабрадоромъ, роговой обманки съ олигоклазомъ, которыя въ принятой нами классификаціи особенно характеризуютъ трахиты, въ каждомъ волканѣ находятся еще другія, легко распознаваемыя, несущественныя составныя части, которыхъ обиліе или же постоянное отсутствіе въ различныхъ, иногда близко лежащихъ волканахъ, весьма замѣчательно. Частое или же продолжительными эпохами |83| раздѣленное появленіе ихъ зависитъ вѣроятно, въ одной и той же системѣ волкановъ, отъ различныхъ условій глубины происхожденія веществъ, отъ температры, давленія, ихъ легкоплавкости, легкоиспаряемости (Leicht- und Dünnflüssigkeit) и отъ быстрѣйшаго и болѣе медленнаго ихъ охлажденія. Совмѣстное нахожденіе или отсутствіе такихъ составныхъ частей противорѣчить нѣкоторымъ положеніямъ, наприм. образованію пемзы изъ стекловатаго полеваго шпата или изъ обсидіана. Эти разсужденія, вовсе непринадлежащія исключительно новѣйшему времени, а возбужденныя еще въ концѣ XVIII столѣтія, при сравненіи венгерскихъ трахитовъ съ трахитами Тенерифа, какъ свидѣтельствуютъ дневники мои, сильно занимали меня въ Мексикѣ и Андскихъ Кордиллерахъ. При новѣйшихъ несомнѣнныхъ успѣхахъ литологіи, несовершенныя опредѣленія минеральныхъ видовъ, сдѣланныя мною въ путешествіи, были улучшены и основательно обезпечены многолѣтней ориктогностической обработкой моихъ собраній, Густавомъ Розе.

Слюда. Черная или темнозеленая горькоземистая слюда встрѣчается очень часто въ трахитахъ Котопахи на высотѣ 2263 туазовъ, между Сунигвайку и Квелендайа, равно какъ и въ подземныхъ скопленіяхъ пемзы въ Гуапуло и Цумбалика у подножія Котопахи, въ разстояніи 4 нѣмецкихъ миль отъ послѣдняго. Трахиты волкана Толюка также богаты горькоземистой слюдой, не встрѣчающейся въ Чимборасо. На нашемъ |84| материкѣ слюда наблюдается часто: на Везувіѣ (на прим. по Монтичелли и Ковелли въ изверженіяхъ 1821–23 годовъ): въ старыхъ волканическихъ бомбахъ Лахерскаго озера въ Эйфелѣ; въ базальтѣ Меронитцы въ Средне-Богемскомъ кряжѣ; рѣже въ фонолитѣ и долеритѣ Кейзерштуля близъ Фрейбурга. Замѣчательно то, что ни въ трахитѣ, ни въ лавахъ обоихъ континентовъ, нигдѣ не образовалась бѣлая (большею частію двухосная) погашистая слюда, но только темноцвѣтная (большею частію одноосная) горькоземистая; и что это исключительное нахожденіе горькоземистой слюды простирается также и на многія другія изверженныя или плутоническія породы, – базальты, фонолиты, сіениты, сіенитовые сланцы и даже на граниты (настоящій гранитъ содержитъ въ себѣ бѣлую калистую слюду вмѣстѣ съ черной или бурой горькоземистой).

Стекловатый полевой шпатъ. Этотъ родъ полеваго шпата, играющій столь важную роль въ дѣятельности европейскихъ волкановъ, въ трахитахъ перваго и втораго отдѣленія (наприм. на Ишіѣ, въ Флегрейскихъ поляхъ и близъ Бонна), повидимому вовсе не встрѣчается въ трахитахъ дѣйствующихъ волкановъ новаго свѣта, что еще тѣмъ удивительнѣе, что минералъ этотъ входитъ какъ существенная часть въ богатые серебромъ, но несодержащіе кварца, мексиканскіе порфиры Морона, Пачука, Филагальпандо и Акагви|85|зотля, изъ которыхъ первые имѣютъ связь съ обсидіанами Іакала.

Роговая обманка и авгитъ. Въ характеристикѣ шести различныхъ отдѣленій трахитовъ, было уже замѣчено, что одни и тѣ же виды минераловъ (наприм. роговая обманка третьяго отдѣленія или Толюкской породы), встрѣчающіеся какъ существенныя составныя части, въ другихъ отдѣленіяхъ (наприм. въ 4 и 5, въ породахъ Пичинчи и Этны) являются дробно и спорадически. Роговую обманку вмѣстѣ съ авгитомъ и олигоклазомъ я видѣлъ, хотя и нечасто, въ трахитахъ волкановъ Котопахи, Руку-Пичинча, Тунгурагуа и Антизаны, но почти не встрѣчалъ ее съ помянутыми двумя минералами на склонѣ Чимборасо до высоты слишкомъ 1,800 футовъ. Изъ многихъ, привезенныхъ съ Чимборасо кусковъ, роговая обманка была усмотрѣна лишь въ двухъ, и то въ незначительномъ количествѣ. При изверженіяхъ Везувія 1822 и 1850 г. кристаллы авгита и роговой обманки (эти послѣднѣ длиною почти въ 9 парижскихъ линій) *одновременно* образовались въ трещинахъ, путемъ паровой возгонки. На Этнѣ, какъ замѣчаетъ Сарторіусъ фонъ Вальтерсгаузенъ, роговая обманка приналежитъ преимущественно старымъ лавамъ. Такъ какъ замѣчательный минералъ, весьма распрвстраненный въ Западной Азіи и многихъ мѣстахъ Европы и который Густавъ Розе назвалъ *уралитомъ*, по своему строенію и кристаллической формѣ близокъ къ роговой обманкѣ и авгиту, то я охотно |86| здѣсь снова указываю на первую встрѣчу уралитовыхъ кристалловъ въ новомъ свѣтѣ, усмотрѣнныхъ Густавомъ Розе въ одномъ кускѣ трахита, отбитомъ мною на склонѣ Тунгурагуа въ 3000 футахъ ниже ея вершины.

Лейцитъ. Лейциты, исключительно принадлежащіе въ Европѣ Везувію, Роккка-Монфина, Альбанскимъ горамъ близъ Рима, Кейзерштулю въ Брейсгау, Эйфелю (валунами по западной окраинѣ Лахерскаго озера, а не коренною породою какъ близъ Ридена), по сіе время еще нигдѣ не были найдены въ волканическихъ породахъ наваго свѣта и азіятской части стараго свѣта. Образованіе ихъ около кристалловъ авгита было замѣчено и описано еще Леопольдомъ фонъ Бухомъ въ 1798 г. По замѣчанію этого великаго геолога авгитовый кристаллъ, вокругъ котораго образовался лейцитъ, рѣдко исчезаетъ, но мнѣ кажется онъ бываетъ иногда замѣненъ маленькимъ ядромъ или обломкомъ трахита. Неодинаковыя точки плавленія ядра и окружающей лейцитовой массы, поставляютъ химикамъ нѣкоторыя затрудненія къ объясненію способа образованія этой коры лейцита. Лейциты, какъ отдѣльными кусками, такъ и въ лавѣ, по замѣчанію Скакки, весьма обыкновенны въ новыхъ изверженіяхъ Везувія 1822, 1828, 1832, 1845 и 1848 годовъ.

Оливинъ. Оливинъ весьма обыкновененъ въ старыхъ лавахъ Везувія (особенно въ лейцитофирахъ Соммы); въ Ишіѣ, въ изверженіи 1831 года, вмѣстѣ |87| съ стекловатымъ полевымъ шпатомъ, бурой слюдой, авгитомъ и магнитнымъ желѣзнякомъ; въ изливавшихъ лавовые потоки волканахъ Эйфеля (наприм. на западъ отъ Мандерштейда) и въ юговосточной части Тенерифа въ Гвимарскихъ лавахъ 1704 года, но я напрасно, хотя и очень усердно, искалъ его въ трахитахъ волкановъ Мексики, Новой Гренады и Квито. Въ базальтовыхъ образованіяхъ наваго свѣта, оливинъ, вмѣстѣ съ авгитомъ, встрѣчается также часто какъ и въ Европѣ; однакожъ его вовсе несодержатъ черные, базальтовидные трахиты Гана-Урку близъ Кальпи, у подножія Чимборасо, равно какъ и загадочные, такъ называемые *la reventazon del volcan de Ansango*. Только въ большомъ, бурочорномъ потокѣ лавы съ шлаковою, на подобіе цвѣтной капусты раздутою поверхностью, ведущемъ къ кратеру волкана Хорулло, нашли мы нѣсколько маленькихъ вросшихъ кристалловъ оливина. Такая повсемѣстная *рѣдкость оливина* въ новѣйшихъ лавахъ и въ большей части трахитовъ, будетъ казаться нестоль разительною, если припомнить, что, при всей свойственности этого минерала базальтамъ, въ Исландіи и въ германскихъ Рёнскихъ (Rhöngebirge) горахъ *базальтъ, несодержащій оливита*, нисколько не отличается отъ *базальта, содержащаго его въ обиліи*. Первому съ давнихъ временъ присвоено названіе траппа или вакки, а въ новѣйшее время начали называть его *анамезитомъ*. Оливины, величиною иногда съ голову, въ базальтахъ Рантьера (*Rentières*) Оверньи, достига|88|ютъ также 6 дюймовъ въ поперечникѣ въ Унклерскихъ каменоломняхъ, бывшихъ предметомъ первыхъ изслѣдованій въ моей молодости. Красивая, часто ошлифованная геперстеновая порода Эльфдалена въ Швеціи, представляющая зернистую смѣсь гиперстена и лабрадора и описанная Берцеліусомъ за сіенитъ, также содержитъ оливинъ, равно какъ содержитъ его, хотя еще и рѣже, фонолитъ Пика де Гріу (*Pic de Griou*) въ Канталѣ. Подобно тому, какъ Штромейеръ показалъ, что никкель есть весьма постоянный спутникъ оливина, такъ Румлеръ открылъ въ немъ мышьякъ — металлъ, который въ послѣднее время найденъ былъ въ большомъ распространеніи во многихъ минеральныхъ источникахъ и даже въ морской водѣ. Нахожденіе оливина въ метеорическомъ желѣзѣ и въ искуственныхъ шлакахъ, изслѣдованныхъ Зефстремомъ, я предполагалъ гораздо ранѣе.

Обсидіанъ. Когда весною и лѣтомъ 1799 года я собирался въ Испанію къ отъѣзду на Канарскіе острова, между мадритскими минералогами: Гергеномъ, Донъ Хозе Клавіо и другими, господствовало вообще мнѣніе объ единственномъ образованіи пемзы изъ обсидіана. Изученіе прекрасныхъ геогностическихъ собраній съ Тенерифскаго пика и сравненіе ихъ съ тѣми явленіями, которыя представляетъ Венгрія, утвердили это мнѣніе, хотя явленія эти, объясняемыя Фрейбергской школой, и излагались въ то время большею частію по нептуническимъ взглядамъ. Сомнѣнія на счетъ |89| односторонности теоріи такого образованія, очень равновременно возбужденныя во мнѣ моими собственными наблюденіями на Канарскихъ островахъ, Кордильерахъ Квито и въ ряду мексиканскихъ волкановъ, побудили меня обратить серьезное вниманіе на двѣ группы фактовъ: на разнородность минераловъ, заключающихся въ обсидіанѣ и пемзѣ и на учащенность ихъ совмѣстнаго группированія или же совершеннаго ихъ разъединенія въ хорошо изслѣдованныхъ, нынѣ дѣйствующихъ волканахъ. Мои журналы наполнены показаніями по этому предмету, а видовое опредѣленіе вросшихъ минераловъ было обезпечено многократными, новѣйшими изслѣдованіями, всегда услужливаго и обязательнаго моего друга Густава Розе.

Въ обсидіанѣ и въ пемзѣ встрѣчается какъ стекловатый полевой шпатъ, такъ и олигоклазъ, часто же и оба вмѣстѣ. Въ примѣръ можно привести: мексиканскіе обсидіаны, собранные мною въ Серро де ласъ Наваіасъ *(Cerro de las Navajas)* на восточномъ склонѣ Іакала; обсидіаны Чико съ множествомъ кристалловъ слюды; обсидіаны Цимапана на ЮЮЗ отъ главнаго города Мексики, смѣшанные съ явственными маленькими кристаллами кварца; пемзы изъ Ріо-Майо (на горной дорогѣ изъ Папайана въ Пасто), равно какъ изъ потухшаго волкана Сората близъ Папайана. Подземныя ломки пемзы, недалеко отъ Алактакунги, содержатъ много слюды, олигоклаза (что бываетъ очень рѣдко въ пемзѣ и обсидіанѣ) и роговую об|90|манку; впрочемъ послѣдняя была также усмотрѣна въ пемзѣ волканаАреквина. Обыкновенный полевой шпатъ (ортоклазъ) въ пемзѣ никогда не встрѣчается вмѣстѣ съ санидиномъ, равно не встрѣчается въ ней и авгиты. Сомма, но не самый конусъ Везувія, содержитъ пемзу, заключающую землистыя массы углекислой извести. Такою замѣчательною разностью известковистой пемзы засыпана Помпея. Обсидіаны въ настоящихъ лавообразныхъ потокахъ рѣдки; они почти исключительно принадлежатъ Тенерифскому пику, Липари и Волкано.

Переходя къ совмѣстному нахожденію обсидіана и пемзы въ одномъ и томъ же волканѣ, мы замѣчаемъ слѣдующіе факты: Пичинча имѣетъ большія пемзовыя поля, но не имѣетъ обсидіана, Чимборасо, какъ и Этна, которой трахиты имѣютъ совсѣмъ другой составъ, содержа лабрадоръ вмѣсто олигоклаза, не показываетъ ни пемзы, ни обсидіана; недостатокъ этотъ я замѣтилъ также при восхожденіи на Тунгурагуа. Въ трахитахъ волкана Пюрассе близъ Папайана много обсидіана, но нѣтъ пемзы. Огромныя равнины, изъ которыхъ поднимаются Илиниффа, Каргвайразо и Алтаръ, покрыты пемзой. Подземныя пемзовыя ломки близъ Алактакунги и Гупхана, на юго-востокъ отъ Кверстара, а равно и накопленія пемзы въ Ріо-Майо, близъ Чегема на Кавказѣ, близъ Толло въ Чили, вдалекѣ отъ дѣйствующихъ волкановъ, кажутся мнѣ принадлежащими къ явленіямъ изверженія, въ много|91|кратно расщеленной ровной поверхности. Другой чилійскій волканъ Антуко, описаніе котораго столь же важное для науки какъ прелестное по языку, представилъ намъ Пеппигъ, подобно Везувію производитъ пепелъ, мелко перетертый рапилли (песокъ), но никогда не извергаетъ пемзы и ни одной остеклованной или обсидіановидной породы. Итакъ отсюда видно, что пемзы въ трахитахъ весьма разнороднаго состава образуются и необразуются, при томъ безъ зависимости отъ присутствія обсидіана и стекловатаго полеваго шпата. Къ тому же, какъ замѣчаетъ остроумный Дарвинъ, пемзы вовсе не встрѣчается въ архипелагѣ Галапагосъ. Въ другомъ мѣстѣ мы также замѣтили, что въ мощномъ волканѣ Мауна Лоа на Сандвичевыхъ островахъ и въ изливавшихъ нѣкогда лановые потоки волканахъ Эйфеля, не имѣется пепельныхъ конусовъ. Хотя на островѣ Явѣ и считается рядъ болѣе чѣмъ въ 40 волкановъ, изъ которыхъ 23 находятся нынѣ въ дѣйствіи, однакожъ Юнгхунъ могъ найти только два пункта въ волканѣ Гунгунѣ Гунтуръ (неподалеку отъ Бондонга и большаго хребта Тенггеръ), въ которыхъ образовались массы обсидіана, но и онѣ кажется не послужили тутъ къ образованію пемзы. Песчаныя моря (Dosar), лежащія на средней высотѣ 6500 футовъ отъ моря, покрыты не пемзой, но слоемъ раппили, которые описывались за обсидіановидные, полуостеклованные куски базальта. Конусъ Везувія, никогда не выбрасывающій пемзу, въ числа |92| отъ 24 по 28 Октября 1822 года произвелъ слой, въ 18 дюймовъ толщиною, песчанистаго пепла, истертыхъ трахитовыхъ рапилли, и слой этотъ нигдѣ не перемежался съ пемзой.

Впадины и пузырчатыя пустоты обсидіановъ, въ которыхъ образовались вѣроятно изъ паровъ осѣвшіе кристаллы оливина, какъ напр. въ мексиканской *Cerro del Iacal*, въ обѣихъ земныхъ полушаріяхъ иногда содержатъ другой родъ веществъ, которыя по видимому наводятъ на мысль о способѣ ихъ происхожденія и образованія. Въ болѣе широкихъ частяхъ сильно вытянутыхъ, по большей части очень правильно и параллельно идущихъ пустотъ этихъ, лежатъ куски полуразрушеннаго землистаго трахита. Пустоты постепенно хвостообразно суживаются, какъ бы въ слѣдствіе того, что отъ волканической теплоты въ мягкой еще массѣ ихъ отдѣлялась газообразная упругая жидкость. Это явленіе, въ 1805 году, когда Леопольдъ фонъ Бухъ, Гэй-Люссакъ и я осматривали Томсонское минеральное собраніе, обратило на себя впервые особое вниманіе. Раздуваніе обсидіана на огнѣ, замѣченное еще въ греческой древности, конечно имѣетъ причиною подобное же газоотдѣленіе. По Абиху обсидіаны тѣмъ легче переходятъ чрезъ плавленіе въ ячеистыя, непараллельно волокнистыя пемзы, чѣмъ они менѣе содержатъ кремнекислоты и чѣмъ они богаче щелочами. Но должно ли раздуваніе обсидіана приписывать исключительно кали или хлористоводородной |93| кислотѣ, это, по изслѣдованіямъ Раммельсберга, остается еще подъ большимъ сомнѣніемъ. Подобныя явленія раздуванія въ трахитахъ, богатыхъ обсидіаномъ и санидиномъ, въ пористыхъ базальтахъ и миндальныхъ камняхъ, въ пехштейнѣ, турмалинѣ и въ обезцвѣчивающемся темнобуромъ кремнѣ могутъ, смотря по роду вещества, имѣть весьма различныя причины; и такъ давно, но напрасно ожидаемое изслѣдованіе, исключительно обращенное на отдѣляющіяся газообразныя жидкости и основанное на особенныхъ, точныхъ опытахъ, повело бы къ неоцѣненному расширенію химической геологіи волкановъ, еслибъ при этомъ взято было также во вниманіе, вліяніе морской воды въ подводныхъ образованіяхъ и значительность обугложеннаго водорода, случайно попавшихъ органическихъ тѣлъ.

Факты, собранные мною въ концѣ этой главы, какъ-то: перечисленіе волкановъ, производящихъ пемзу безъ обсидіана и выбрасывающихъ много обсидіана совсѣмъ безъ пемзы; замѣчательное, непостоянное и весьма розпородное, группированіе обсидіана и пемзы съ нѣкоторыми другими минералами, еще раньше, во время пребыванія моего въ Кордильерахъ Квито, привели меня къ убѣжденію, что образованіе пемзы есть слѣдствіе химическаго процесса, который можетъ происходить въ трахитахъ весьма разнороднаго состава, не требуя посредничества обсидіана, т. е. присутствія его въ большихъ массахъ. Условія, при которыхъ по|94|добный процессъ достигаетъ большихъ размѣровъ, основаны можетъ быть не столько на различіи веществъ матеріала, сколько на степени теплоты, опредѣляемаго глубиною давленія, ихъ улетучиванія и продолжительности ихъ отвердѣванія. Замѣчательныя, хотя и рѣдкія, явленія уединенности колоссально огромныхъ подземныхъ копей пемзы, совершенно вдали отъ волканическихъ горъ, ведутъ меня также къ предположенію, что не малая, а по объему можетъ быть и большая, часть волканическихъ породъ была выброшена не изъ поднятыхъ волканическихъ кратеровъ, а изъ сѣтей трещинъ земной поверхности, и располагалась слоями, нерѣдко на пространствѣ многихъ квадратныхъ миль. Къ такимъ породамъ должны принадлежать также древнія толщи траппа нижнесилурійской формаціи Юго-западной Англіи, точнымъ хронометрическимъ опредѣленіемъ которыхъ мой благородный другъ, сэръ Родерикъ Мурчисонъ, столь всеобъемлющимъ образомъ расширилъ и возвысилъ познаніе наше о геологическомъ строеніи земнаго шара.

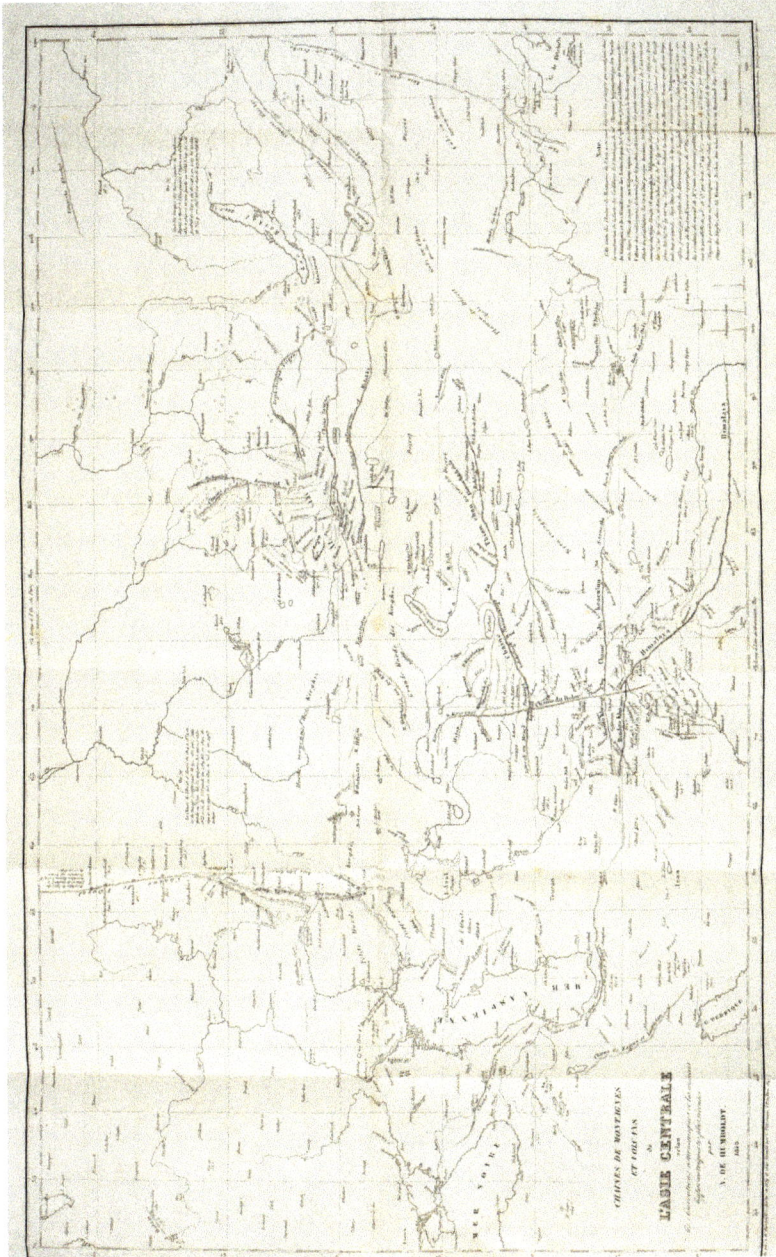

Abbildung 4: Alexander von Humboldt, Chaînes de montagnes et volcans de l'Asie centrale selon les observations astronomiques et les mesures hypsométriques les plus récentes par A. de Humboldt. 1843.

Verzeichnisse

Emendationsverzeichnis

Die Seitenzahlen beziehen sich auf die Originalpaginierung der Quellen, die in den edierten Texten dieser Ausgabe angegeben wird.

О ловлѣ Електрическихъ угрей

S. 99: подъ 8′ 56″ 56‴ сѣверной → подъ 8° 56′ 56″ сѣверной

S. 102: *Гименеи* (Hymenea courbaril) → *Гименеи* (Hymenaea courbaril)

S. 104: изъ сихъ отъ → изъ силъ отъ

S. 105: коня, входщаго въ → коня, входящаго въ

S. 107: тою.же → тою же

Отрывокъ изъ Обозрѣнія степей, соч. славнаго Путешественника Гумбольдта

S. 35: съ кулакъ. Природные → съ кулакъ.⁵ Природные

S. 36: листы *Erythroxilon Peruviani*. → листы *Erythroxylon Peruviani*.

О водопадах рѣки Ориноко

S. 184, Fußnote: del Re), но → del Rey), но

S. 193: древо Bertholetia excelsa → древо Bertholletia excelsa

Странствованіе Гумбольдта по степямъ и пустынямъ Новаго свѣта

S. 35: сношеніями опредѣлненымъ, изъ → сношеніями опредѣленнымъ, изъ

S. 174: во внутреннностистраны → во внутренности страны

S. 174:	испаряютъ величайтія массы → испаряютъ величайшія массы
S. 180:	было совершенно неизвѣстно → было совершенно неизвѣстно
S. 335:	дѣйствующее оруді сихъ → дѣйствующее орудіе сихъ
S. 338:	тѣла кроводиловъ. Полозъ → тѣла Крокодиловъ. Полозъ

Озеро Такаригва

S. 546:	Мартиникъ, Сентъ-Диминго, или → Мартиникъ, Сентъ-Доминго, или
S. 546:	(Der Südsen) → (im Süden)

О хребтахъ Внутренней Азіи

S. 100:	Цунг-Лингскій Хребеть, на → Цунг-Лингскій Хребетъ, на
S. 102, Fußnote:	Прим. Перев, → Прим. Перев.

О первоначальномъ введеніи посѣва пшеницы в Америкѣ

S. 562, Fußnote:	сочиненіи (Absandl. Der → сочиненіи (Abhandl. der

О Растеніяхъ

S. 91:	неизвѣстны. Больныя → неизвѣстны.[14] Больныя

[Brief vom 7. Januar 1812 an Carl Jakob Alexander von Rennenkampff: «Я не могу достаточно выразить, как лестна для меня [...]»]

S. 14:	сказать точпо, подъ → сказать точно, подъ

Устройство и дѣятельность вулкановъ. (Изъ новаго изданія «Гумбольдтовыхъ картинъ природы».)

S. 1, Titel: картинъ природы→ картинъ природы»

S. 5:   обширныхъ пространстъ внутри → обширныхъ пространствъ внутри

S. 15:   масса уноноситъ съ → масса уноситъ съ

S. 18, Fußnote: der Konigl. Akadem. → der Königl. Akadem.

Нынѣшнее состояніе Республики Центро-Американской или Гватемальской

S. 120:   de Mexical, и → de Mexico, и

S. 121:   древнія огнедышущія горы → древнія огнедышущія

S. 125:   высокій волкан *Момотомбо* → высокій волканъ *Момотомбо*

S. 128:   1615 года волканъ → 1615 году волканъ

S. 130:   свѣта, неискючая даже → свѣта, неисключая даже

S 253:   cabecera) Шималшенанго и → cabecera) Шималтенанго и

Письмо Барона А. Гумбольдта къ Члену Парижской Академіи Наукъ, Г-ну Арраго

S. 178:   мнѣ благослонности и → мнѣ благосклонности и

Новая тяжба о буквѣ ъ

S. 173:   его :буква → его: буква

S. 173, Fußnote: moi! j'ai → moi! J'ai

S. 174, Fußnote: *предо, изъ*, etc. → *предо, изо*, etc.

S. 176, Fußnote: ainsi ъ. Il est donc évident qu'en retranchant le ъ*i* du → ainsi ъ*i*. Il est donc évident qu'en retranchant le ъ du

S. 177, Fußnote: des raisons que → des raisons qui

S. 176: и соврешенно разное → и совершенно разное

О горныхъ кряжахъ и вулканахъ внутренней Азіи, и о новомъ вулканическомъ изверженіи въ Андахъ. А. ф. Гумбольдта. (Перев. Д. Соколова.)

S. 302: Канарскихъ островахъ. То → Канарскихъ островахъ.¹ То

S. 324, Fußnote: многимъ орографическимъ ошибкамъ. → многимъ орфографическимъ ошибкамъ.

S. 364: Чебекань производит нефть → Чебекань производитъ нефть

S. 372: году) Esquise hypsométrique → году) Esquisse hypsométrique

S. 373, Fußnote: Huestra Geñora de → Nuestra Señora de

S. 379: des longuitudes. Сей → des Longitudes. Сей

О количествѣ золота, добываемаго въ Россійской Имперіи¹; соч. Барона Гумбольдта

S. 417: марокъ(въ → марокъ (въ

О причинахъ измѣненій въ линеяхъ равной годичной теплоты

S. 432, Fußnote: dem maasse des → dem Maasse des

S. 57, Fußnote: spatia patientia in → spatia patentia in

S. 61, Fußnote: statist. rew. of → statist. view of

S. 68, Fußnote: на поверх ности моря → на поверхности моря

S. 228, Fußnote:	ю. ш,, и → ю. ш., и
S. 234:	ятрышниковыхъ (orhideae), могутъ → ятрышниковыхъ (orchideae), могутъ
S. 240, Fußnote:	въ Philt. Trans. → въ Phil. Trans.
S. 241, Fußnote:	Metereol. essays. 1827 → Meteorol. essays. 1827
S. 243:	растенія (phisciae). Въ → растенія (physciae). Въ
S. 245:	Essays. pal. sur → Essays. pol. sur
S. 409:	высшихъ словъ атмосферы → высшихъ слоевъ атмосферы
S. 413:	la lecière) зимнихъ → la lisière) зимнихъ

Копія с письма *Барона Александра Гумбольта*

S. 228:	ли существуетъ постоянный → ли существуетъ постоянный

Наблюденія надъ температурою Балтійскаго моря. (Извлеченіе изъ письма Г. Гумбольта къ Г. Поггендорфу) *Сентябрь* 1834

S. 153:	моря? обыкновенная → моря, обыкновенная
S 154:	и въ въ этомъ → и въ этомъ
S 154:	средняя темпратура этаго → средняя температура этаго
S 155:	въ Атлантическомъ океанѣ → Атлантическомъ океанѣ
S 155, Fußnote:	Kaemtz Lehrhuch de → Kaemtz Lehrbuch der

Восхожденіе Александра Гумбольдта на Чимборасо

S. 12:	были еше доступны → были еще доступны

S. 14:	снѣга, ето покрывающаго → снѣга, его покрывающаго
S. 17:	воздуха, истекаюшаго изъ-внутри → воздуха, истекающаго изъ-внутри

Каксамарка и Южное море съ высоты Андовъ. (Новая глава изъ послѣдняго изданiя гумбольдтовыхъ «Картинъ Природы».)

S. 53, Fußnote:	въ «Magazin → въ Magazin
S. 60:	совершенномъ збвенiи третья → совершенномъ забвенiи третья
S. 60, Fußnote:	Descrubrimiento de la Nuova Granada → Descubrimiento de la Nueva Granada
S. 60:	собственно *тибша*; а → собственно *шибша*; а
S. 60:	(Campo del Gigantes) → (Campo de Gigantes)
S. 63:	въ илобилiи; предвѣщанiя → въ изобилiи; предвѣщанiя
S. 63:	южной Амрики. Ночь → южной Америки. Ночь
S. 64:	и *exygora polygona* → и *exogyra polygona*
S. 67:	(амальгамацiи) Цѣнность → (амальгамацiи). Цѣнность
S. 69:	въ Каньярскей крѣпости → въ Каньярской крѣпости
S. 70:	изсѣченныя съ скалѣ → изсѣченныя въ скалѣ
S. 70:	былъззключенъ въ → былъ заключенъ въ
S. 70:	3,838,000 *дукато*, или → 3,838,000 *дукатовъ*, или
S. 70, Fußnote:	la Nuova Granada → la Nueva Granada

[Brief an Jakov Vladimirovič Chanykov; eingeleitet mit: «Я долженъ казаться вамъ весьма неблагодарнымъ, что столько мѣсяцевъ медлилъ выразить [...]»]

S. 17:   всю важностя большаго → всю важность большаго

Новая попытка измѣрить глубину моря

S. 785, Fußnote: niveau autuel des → niveau actuel des

S. 786:   46,236 Teet) т. → 46,236 feet) т.

S. 786:   англ. Tathoms (27,600 feet) → англ. Fathoms (27,600 feet)

S. 786:   (18,600 Feets[4]). → (18,600 feet[4]).

Письмо барона А. Гумбольдта къ русскому моряку А. И. Бутакову

S. 3:   отъ Гринича. Для → отъ Гринвича. Для

О составѣ волканическихъ породъ. Изъ четвертаго тома Гумбольдтова Космоса, переводъ Горнаго Инженеръ-Штабсъ-Капитана *Барботъ де Марни*

S. 80:   различно хархтеризующій ихъ → различно характеризующій ихъ

S. 83:   und Dünn-flussigkeit) и → und Dünnflüssigkeit) и

S. 83:   или отсутстіе такихъ → или отсутствіе такихъ

S. 87:   и загодочные, такъ → и загадочные, такъ

S. 88:   объ загодочные образованіи → объ единственномъ образованіи

S. 92:   *Cerro del Iacal* → *Cerro del Jacal*

Quellenverzeichnis (nach der Chronologie der Vorlagen der russischen Erstdrucke)

Angegeben sind die Quellen der in dieser Ausgabe versammelten russischen Erstdrucke von Humboldts Schriften. Zusätzlich werden alle Nachdrucke, Bearbeitungen und Neuübersetzungen nachgewiesen, die noch zu Humboldts Lebzeiten in Russland erschienen sind, aber in dieser Ausgabe nicht wiedergegeben werden. Außerdem werden Humboldts deutsch- oder französischsprachige Originalfassungen bzw. die Auszüge aus seinen Buchwerken genannt, die den russischen Übersetzungen zugrunde liegen. Die Anordnung der Texte in der vorliegenden Ausgabe entspricht der Chronologie der jeweiligen Vorlagen für die russischen Erstdrucke (rund 40 Texte). Angefügt wird ein zweites Verzeichnis nach der Chronologie sämtlicher russischen Drucke, das Humboldts Publikationsgeschichte in Russland rekonstruiert (rund 60 Texte). Zwei längere unselbständig publizierte Auszüge aus Humboldts Buchwerk *Kosmos*, die in der vorliegenden Ausgabe nicht abgedruckt sind, werden im Quellenverzeichnis zusätzlich angeführt und in die Chronologie integriert.

«Жизненная сила, или геній родосскій. (Сочиненіе Б. Александра Гумбольдта)», in: *Moskovskij telegraf* 30:24 (1829), S. 423–431.

«Жизненная сила или родосскій геній. (Статья Ал. Гумбольдта)», in: *Věstnik estestvennych nauk* 3:1 (1856), Spalten 5–10. [Die Übersetzung entspricht nicht der des russischen Erstdrucks im *Moskovskij telegraf*.]

Entsprechende unselbständige Original-Veröffentlichung: «Die Lebenskraft oder der Rhodische Genius. Eine Erzählung», in: *Die Horen* 1:5 (1795), S. 90–96.

Entsprechende selbständige Original-Veröffentlichung: *Ansichten der Natur, mit wissenschaftlichen Erläuterungen*, Zweite verbesserte und vermehrte Ausgabe, 2 Bände, Stuttgart und Tübingen: J. G. Cotta 1826, Band 2, S. 187–200; Dritte verbesserte und vermehrte Ausgabe, 2 Bände, Stuttgart und Tübingen: J. G. Cotta 1849, Band 2, S. 297–314.

«Выписка изъ письма Гумбольда къ Г-ну Фуркруа. Изъ Куманы отъ 16 го Октября 1800 го года», übersetzt von A. Sevast'janov, in: *Beilage zu Sanktpeterburgskija vědomostij* 41 (22. Mai 1803), S. 41–43.

«Выписка изъ письма Гумбольда къ Г-ну Фуркруа. Изъ Куманы отъ 16 Октября 1800 года», übersetzt von A. S.[evast'janov], in: *Beilage zu Technologičeskij žurnal* 1 (1806), S. 84–92.

Entsprechende unselbständige Original-Veröffentlichung: «Extrait d'une lettre de M. Humboldt, au C. Fourcroy», in: *Bulletin des Sciences, par la Société Philomatique de Paris* 3:50 (Floréal an 9 [April/Mai 1801]), S. 9–11.

«О ловлѣ Електрическихъ угрей. Изъ путешествія Барона А. Гумбольда», übersetzt von A. Sevast'janov, in: *Technologičeskij žurnal* 4:4 (1807), S. 98–112.

Entsprechende unselbständige Original-Veröffentlichung: «Jagd und Kampf der electrischen Aale mit Pferden», in: *Annalen der Physik* 25:1 (1807), S. 34–43.

«Отрывокъ изъ Обозрѣнія степей, соч. славнаго Путешественника Гумбольдта», übersetzt von Lohtin, in: *Věstnik Evropy* 97:1:2 (1818), S. 29–37.

«Отомаки, питающіеся землею и камедью», in: *Syn otečestva i Sěvernyj archiv* 45:35 (1834), S. 92–98. [Die Übersetzung entspricht nicht der des russischen Erstdrucks in *Věstnik Evropy*.]

Entsprechende unselbständige Original-Veröffentlichung: «Ueber die erdefressenden Otomaken», in: *Morgenblatt für gebildete Stände* 241 (8. Oktober 1807), S. 961–962.

Entsprechende selbständige Original-Veröffentlichung: *Ansichten der Natur mit wissenschaftlichen Erläuterungen*, Tübingen: J. G. Cotta 1808, S. 142–153 (Anmerkung 48); Zweite verbesserte und vermehrte Ausgabe, 2

Bände, Stuttgart und Tübingen: J. G. Cotta 1826, Band 1, S. 167–177 (Anmerkung 48).

«О водопадах рѣки Ориноко», übersetzt von G......., in: *Sorevnovatel' prosvěščenija i blagotvorenija. Trudy vysočajše utverždennago vol'nago obščestva ljubitelej Rossijskoj slovesnosti* 3 (1818), S. 180–203, 288–309.

«Орнокскіе водопады», in: *Syn otečestva i Sěvernyj archiv* 41:8 (1834), S. 548–558. [Die Übersetzung entspricht nicht der des russischen Erstdrucks in *Sorevnovatel' prosvěščenija i blagotvorenija.*]

«О теченіи рѣки Ориноко», in: *Syn otečestva i Sěvernyj archiv* 44:30 (1834), S. 227–234. [Die Übersetzung entspricht nicht der des russischen Erstdrucks in *Sorevnovatel' prosvěščenija i blagotvorenija.*]

Entsprechende unselbständige Original-Veröffentlichung: «Ansichten der Natur mit wissenschaftlichen Erläuterungen, von Alex. v. Humboldt. Erster Band. 16. Tübingen, in der J. G. Cotta'schen Buchhandlung. Ueber die Wasserfälle des Orinoco bey Atures und Maypures», in: *Morgenblatt für gebildete Stände* 49 (26. Februar 1808), S. 193–195; 50 (27. Februar 1808), S. 197–199.

Entsprechende selbständige Original-Veröffentlichung: *Ansichten der Natur mit wissenschaftlichen Erläuterungen*, Tübingen: J. G. Cotta 1808, S. 279–334; Zweite verbesserte und vermehrte Ausgabe, 2 Bände, Stuttgart und Tübingen: J. G. Cotta 1826, Band 1, S. 181–234.

«Странствованіе Гумбольдта по степямъ и пустынямъ Новаго свѣта», übersetzt von I. Garižskij, in: *Sorevnovatel' prosvěščenija i blagotvorenija. Trudy vysočajše utverždennago vol'nago obščestva ljubitelej rossijskoj slovesnosti* 1 (1818), S. 25–38, 170–190, 330–341.

«О степяхъ», in: *Moskovskij telegraf* 29:18 (1829), S. 151–180. [Die Übersetzung entspricht keiner der anderen russischen Veröffentlichungen.]

«О ловлѣ гимнотовъ», in: *Syn otečestva i Sěvernyj archiv* 44:30 (1834), S. 241–244. [Die Übersetzung entspricht keiner der anderen russischen Veröffentlichungen.]

«Степи и пустыни», übersetzt von A. Efremov, in: *Biblioteka dlja vospitanija* 2:1:4 (1845), S. 201–249.

«Пустыни и степи. (Изъ послѣдняго изданія гумбольдтовыхъ ‹Картинъ Природы›)», [übersetzt von M. S. Chotinskij], in: *Sovremennik* 31:1:2 (1852), S. 123–140.

Entsprechende unselbständige Original-Veröffentlichung: «Ansichten der Natur, mit wissenschaftlichen Erläuterungen von Alexander von Humboldt. Erster Band. Tübingen in der Cottaschen Buchhandlung», in: *Zeitung für die elegante Welt* 89 (3. Juni 1808), Spalten 705–709; 90 (6. Juni 1808), Spalten 713–718.

Entsprechende selbständige Original-Veröffentlichung: Alexander von Humboldt, *Ansichten der Natur mit wissenschaftlichen Erläuterungen*, Tübingen: J. G. Cotta 1808, S. 1–46; Zweite verbesserte und vermehrte Ausgabe, 2 Bände, Stuttgart und Tübingen: J. G. Cotta 1826, Band 1, S. 1–45; Dritte verbesserte und vermehrte Ausgabe, 2 Bände, Stuttgart und Tübingen: J. G. Cotta 1849, Band 1, S. 1–38.

«Озеро Такаригва», in: *Syn otečestva i Sěvernyj archiv* 41:8 (1834), S. 542–548.

Entsprechende unselbständige Original-Veröffentlichung: «Ansichten der Natur, mit wissenschaftlichen Erläuterungen von Alexander von Humboldt. Erster Band. Tübingen in der Cottaschen Buchhandlung», in: *Zeitung für die elegante Welt* 89 (3. Juni 1808), Spalten 705–709; 90 (6. Juni 1808), Spalten 713–718.

Entsprechende selbständige Original-Veröffentlichung: *Ansichten der Natur mit wissenschaftlichen Erläuterungen*, Tübingen: J. G. Cotta 1808, S. 46–58 (Anmerkung 1); Zweite verbesserte und vermehrte Ausgabe, 2 Bände, Stuttgart und Tübingen: J. G. Cotta 1826, Band 1, S. 46–58 (Anmerkung 1).

«О внезапномъ прекращеніи пассатнаго восточнаго вѣтра», in: *Syn otečestva i Sěvernyj archiv* 44:30 (1834), S. 235–237.

Entsprechende unselbständige Original-Veröffentlichung: «Ansichten der Natur, mit wissenschaftlichen Erläuterungen von Alexander von Humboldt. Erster Band. Tübingen in der Cottaschen Buchhandlung», in: *Zeitung für die elegante Welt* 89 (3. Juni 1808), Spalten 705–709; 90 (6. Juni 1808), Spalten 713–718.

Entsprechende selbständige Original-Veröffentlichung: Alexander von Humboldt, *Ansichten der Natur mit wissenschaftlichen Erläuterungen*, Tübingen: J. G. Cotta 1808, S. 70–73 (Anmerkung 7); Zweite verbesserte und vermehrte Ausgabe, 2 Bände, Stuttgart und Tübingen: J. G. Cotta 1826, Band 1, S. 83–86 (Anmerkung 7).

«О хребтахъ Внутренней Азіи», in: *Syn otečestva i Sěvernyj archiv* 45:35 (1834), S. 98–102.

Entsprechende unselbständige Original-Veröffentlichung: «Ansichten der Natur, mit wissenschaftlichen Erläuterungen von Alexander von Humboldt. Erster Band. Tübingen in der Cottaschen Buchhandlung», in: *Zeitung für die elegante Welt* 89 (3. Juni 1808), Spalten 705–709; 90 (6. Juni 1808), Spalten 713–718.

Entsprechende selbständige Original-Veröffentlichung: Alexander von Humboldt, *Ansichten der Natur mit wissenschaftlichen Erläuterungen*, Tübingen: J. G. Cotta 1808, S. 75–77 (Anmerkung 10); Zweite verbesserte und vermehrte Ausgabe, 2 Bände, Stuttgart und Tübingen: J. G. Cotta 1826, Band 1, S. 88–96 (Anmerkung 10).

«Америка выступила изъ нѣдръ хаоса не позже другихъ частей свѣта», in: *Syn otečestva i Sěvernyj archiv* 41:8 (1834), S. 558–561.

Entsprechende unselbständige Original-Veröffentlichung: «Ansichten der Natur, mit wissenschaftlichen Erläuterungen von Alexander von Humboldt. Erster Band. Tübingen in der Cottaschen Buchhandlung», in: *Zeitung für die elegante Welt* 89 (3. Juni 1808), Spalten 705-709; 90 (6. Juni 1808), Spalten 713-718.

Entsprechende selbständige Original-Veröffentlichung: Alexander von Humboldt, *Ansichten der Natur mit wissenschaftlichen Erläuterungen*, Tübingen: J. G. Cotta 1808, S. 94-100 (Anmerkung 17); Zweite verbesserte und vermehrte Ausgabe, 2 Bände, Stuttgart und Tübingen: J. G. Cotta 1826, Band 1, S. 117-121 (Anmerkung 17).

«Въ Южномъ полушаріи холоднѣе и сырѣе, нежели в Сѣверномъ», in: *Syn otečestva i Sěvernyj archiv* 44:30 (1834), S. 234-235.

Entsprechende unselbständige Original-Veröffentlichung: «Ansichten der Natur, mit wissenschaftlichen Erläuterungen von Alexander von Humboldt. Erster Band. Tübingen in der Cottaschen Buchhandlung», in: *Zeitung für die elegante Welt* 89 (3. Juni 1808), Spalten 705-709; 90 (6. Juni 1808), Spalten 713-718.

Entsprechende selbständige Original-Veröffentlichung: Alexander von Humboldt, *Ansichten der Natur mit wissenschaftlichen Erläuterungen*, Tübingen: J. G. Cotta 1808, S. 100-101 (Anmerkung 18); Zweite verbesserte und vermehrte Ausgabe, 2 Bände, Stuttgart und Tübingen: J. G. Cotta 1826, Band 1, S. 122-123 (Anmerkung 18).

«Объ Атласѣ», in: *Syn otečestva i Sěvernyj archiv* 44:30 (1834), S. 237-240.

Entsprechende unselbständige Original-Veröffentlichung: «Ansichten der Natur, mit wissenschaftlichen Erläuterungen von Alexander von Humboldt. Erster Band. Tübingen in der Cottaschen Buchhandlung», in: *Zeitung für die elegante Welt* 89 (3. Juni 1808), Spalten 705-709; 90 (6. Juni 1808), Spalten 713-718.

Entsprechende selbständige Original-Veröffentlichung: Alexander von Humboldt, *Ansichten der Natur mit wissenschaftlichen Erläuterungen*, Tübingen: J. G. Cotta 1808, S. 104-112 (Anmerkung 20); Zweite verbesserte und vermehrte Ausgabe, 2 Bände, Stuttgart und Tübingen: J. G. Cotta 1826, Band 1, S. 126–133 (Anmerkung 20).

«О первоначальномъ введеніи посѣва пшеницы в Америкѣ», in: *Syn otečestva i Sěvernyj archiv* 41:8 (1834), S. 561–563.

Entsprechende unselbständige Original-Veröffentlichung: «Ansichten der Natur, mit wissenschaftlichen Erläuterungen von Alexander von Humboldt. Erster Band. Tübingen in der Cottaschen Buchhandlung», in: *Zeitung für die elegante Welt* 89 (3. Juni 1808), Spalten 705–709; 90 (6. Juni 1808), Spalten 713–718.

Entsprechende selbständige Original-Veröffentlichung: Alexander von Humboldt, *Ansichten der Natur mit wissenschaftlichen Erläuterungen*, Tübingen: J. G. Cotta 1808, S. 121–125 (Anmerkung 25); Zweite verbesserte und vermehrte Ausgabe, 2 Bände, Stuttgart und Tübingen: J. G. Cotta 1826, Band 1, S. 142–147 (Anmerkung 25).

«О происхожденіи народонаселенія Америки», in: *Syn otečestva i Sěvernyj archiv* 45:35 (1834), S. 103–104.

Entsprechende unselbständige Original-Veröffentlichung: «Ansichten der Natur, mit wissenschaftlichen Erläuterungen von Alexander von Humboldt. Erster Band. Tübingen in der Cottaschen Buchhandlung», in: *Zeitung für die elegante Welt* 89 (3. Juni 1808), Spalten 705–709; 90 (6. Juni 1808), Spalten 713–718.

Entsprechende selbständige Original-Veröffentlichung: Alexander von Humboldt, *Ansichten der Natur mit wissenschaftlichen Erläuterungen*, Tübingen: J. G. Cotta 1808, S. 126–127 (Anmerkung 27); Zweite verbesserte und vermehrte Ausgabe, 2 Bände, Stuttgart und Tübingen: J. G. Cotta 1826, Band 1, S. 147–151 (Anmerkung 27).

«О повсемѣстномъ разлитіи жизни», in: *Syn otečestva i Sěvernyj archiv* 45:35 (1834), S. 105–108.

Entsprechende unselbständige Original-Veröffentlichung: «Fragment aus der am 30sten Jan. 1806 in der öffentlichen Sitzung der Königl. Akademie gehaltenen Vorlesung: Ideen zu einer Physiognomik der Gewächse», in: *Der Freimüthige oder Ernst und Scherz* 4:1:31 (13. Februar 1806), S. 121–123.

Entsprechende selbständige Original-Veröffentlichung: Alexander von Humboldt, *Ansichten der Natur mit wissenschaftlichen Erläuterungen*, Tübingen: J. G. Cotta 1808, S. 157–162; Zweite verbesserte und vermehrte Ausgabe, 2 Bände, Stuttgart und Tübingen: J. G. Cotta 1826, Band 2, S. 1–6.

«О растеніяхъ», in: *Syn otečestva i Sěvernyj archiv* 45:35 (1834), S. 83–92.

Entsprechende unselbständige Original-Veröffentlichung: «Fragment aus der am 30sten Jan. 1806 in der öffentlichen Sitzung der Königl. Akademie gehaltenen Vorlesung: Ideen zu einer Physiognomik der Gewächse», in: *Der Freimüthige oder Ernst und Scherz* 4:1:31 (13. Februar 1806), S. 121–123.

Entsprechende selbständige Original-Veröffentlichung: Alexander von Humboldt, *Ansichten der Natur mit wissenschaftlichen Erläuterungen*, Tübingen: J. G. Cotta 1808, S. 163–204 (gekürzt); Zweite verbesserte und vermehrte Ausgabe, 2 Bände, Stuttgart und Tübingen: J. G. Cotta 1826, Band 2, S. 7–47 (gekürzt).

[Brief vom 7. Januar 1812 an Carl Jakob Alexander von Rennenkampff; eingeleitet mit: «Я не могу достаточно выразить, как лестна для меня [...]»], in: anonym, «Aleksandr fon-Gumbol'dt», in: *Russkoe slovo* 3 (Juli 1859), S. 1–33, hier: S. 11–14.

Handschrift: französischsprachiger Brief an Carl Jakob Alexander von Rennenkampff, Paris, 7. Januar 1812, Bayerische Staatsbibliothek, München, Handschriftenabteilung, Signatur: Ana 391. B. II. Humboldt, Alexander von. (Transkription und deutsche Übersetzung: Alexander von Humboldt, *Briefe aus Russland 1829*, herausgegeben von Eberhard Knobloch, Ingo Schwarz und Christian Suckow, Berlin: Akademie 2009, Brief 1, S. 57–66.)

«О волканическихъ областяхъ», übersetzt von Gur'ev, in: *Gornyj žurnal* 1:4 (1832), S. 1–25.

Entsprechende unselbständige Original-Veröffentlichung: «Indépendance des formations», in: Georges Cuvier et al., *Dictionnaire des sciences naturelles*, 61 Bände, Strasbourg/Paris: F. G. Levrault/Le Normant 1816–1845, Band 23 (1822), S. 56–385 (gekürzt).

Entsprechende selbständige Original-Veröffentlichung: *Essai géognostique sur le gisement des roches dans les deux hémisphères*, Paris: F. G. Levrault 1823, S. 1–379 (gekürzt); 2.e édition, Paris: F. G. Levrault 1826, S. 1–364 (gekürzt).

«Устройство и дѣятельность вулкановъ. (Изъ новаго изданія ‹Гумбольдтовыхъ картинъ природы›)», übersetzt von M. S. Chotinskij, in: *Syn otečestva* 3: Nauki i chudožestva (1852), S. 1–23.

Entsprechende unselbständige Original-Veröffentlichung: «Über den Bau und die Wirkungsart der Vulkane in verschiedenen Erdstrichen», in: *Notizen aus dem Gebiete der Natur- und Heilkunde* 4:4/70 (März 1823), Spalten 49–54.

Entsprechende selbständige Original-Veröffentlichung: *Ansichten der Natur, mit wissenschaftlichen Erläuterungen*, Zweite verbesserte und vermehrte Ausgabe, 2 Bände, Stuttgart und Tübingen: J. G. Cotta 1826, Band 2, S. 126–186; Dritte verbesserte und vermehrte Ausgabe, 2 Bände, Stuttgart und Tübingen: J. G. Cotta 1849, Band 2, S. 249–296.

«Нынѣшнее состояніе Республики Центро-Американской или Гватемальской», in: *Sĕvernyj archiv* 33–34:7 (1828), S. 110–131; 33–34:8 (1828), S. 253–275.

Entsprechende unselbständige Original-Veröffentlichung: «Ueber den neuesten Zustand des Freistaats von Centro-Amerika oder Guatemala», in: *Hertha* 6:2 (1826), S. 131–161.

«Письмо Барона А. Гумбольдта къ Члену Парижской Академіи Наукъ, Г-ну Арраго», übersetzt von Ju., in: *Syn otečestva i Sěvernyj archiv* 7:43:4 (1829), S. 177–186.

Entsprechende unselbständige Original-Veröffentlichung: «Lettre de M. de Humboldt à M. Arrago», in: *Bulletin de la société de géographie* 12:78 (Oktober 1829), S. 176–181.

[Brief an die Royal Society; eingeleitet mit: «Изъ письма Г-на *Гумбольдта* къ Лондонской академіи: *Journal des Débats* сообщаетъ слѣдующее [...]»], in: anonym, «Raznyja izvěstija», in: *Sankt Peterburgskija vědomosti* 126 (21. Oktober 1829), S. 743.

[Brief an die Royal Society; eingeleitet mit: «Изъ письма Г-на Гумбольдта къ Лондонской академіи Journal des Débats сообщаетъ слѣдующее [...]»], in: anonym, «Raznyja izvěstija», in: *Moskovskija vědomosti* 87 (1829), S. 4074. [Die Übersetzung entspricht der des Erstdrucks in den *Sankt Peterburgskija vědomosti*.]

«Новая тяжба о буквѣ ъ», [übersetzt wahrscheinlich von Aleksej Alekseevič Perovskij], in: *Literaturnaja gazeta* 1:22 (1830), S. 172–177.

«Новая тяжба о буквѣ ъ», [übersetzt wahrscheinlich von Aleksej Alekseevič Perovskij], in: *Sočinenija Antonija Pogorel'skago*, St. Petersburg 2 (1853), S. 317–345.

«О горныхъ кряжахъ и вулканахъ внутренней Азіи, и о новомъ вулканиическомъ изверженіи в Андахъ. А. ф. Гумбольдта. (Перев. Д. Соколова.)», übersetzt von D. Sokolov, in: *Gornyj žurnal* 3:9 (September 1830), S. 301–382.

«О горныхъ системахъ Средней Азіи. (Изъ новѣйшаго сочиненія Г-на Гумбольдта.)», in: *Sankt Peterburgskija vědomosti* 295 (16. Dezember 1831), S. 1242; 296 (17. Dezember 1831), S. 1246; 297 (18. Dezember 1831), S. 1249–1250; 298 (19. Dezember 1831), S. 1254. [Die Übersetzung entspricht nicht der des Erstdrucks im *Gornyj žurnal*.]

«О горныхъ системахъ Средней Азіи. (Изъ новѣйшаго сочиненія Барона Гумбольдта)», in: *Moskovskija vědomosti* 103 (26. Dezember 1831), S. 4484–4486; 104 (30. Dezember 1831), S. 4536–4538; 1 (2. Januar 1832), S. 21–23; 2 (6. Januar 1832), S. 61–62. [Die Übersetzung entspricht jener in den *Sankt Peterburgskija vědomosti*.]

Entsprechende unselbständige Original-Veröffentlichung: «Ueber die Bergketten und Vulcane von Inner-Asien und über einen neuen vulcanischen Ausbruch in der Andes-Kette», in: *Annalen der Physik und Chemie* 18:1 [= 94:1] (1830), S. 1–18; 18:3 [= 94:3] (1830), S. 319–354, mit einer Karte.

«О количествѣ золота, добываемаго въ Россійской Имперіи; соч. Барона Гумбольдта», in: *Gornyj žurnal* 1:3 (März 1830), S. 412–417.

Entsprechende unselbständige Original-Veröffentlichung: «Ueber die Goldausbeute im russischen Reiche», in: *Annalen der Physik und Chemie* 18:2 [= 94:2] (1830), S. 273–276.

«Изслѣдованія о климатахъ Азіи, сдѣланныя Гумбольдтомъ, во время путешествія его по Сибири въ 1829 году», in: *Moskovskij telegraf* 46:13 (1832), S. 3–26; 46:14 (1832), S. 137–167.

«О температурѣ и влажности воздуха некоторыхъ мѣстъ Азіи», in: *Žurnal Ministerstva vnutrennich děl* 7:2 (1832), S. 49–68; 10:2 (1832), S. 23–47. [Die Übersetzung entspricht nicht der des Erstdrucks im *Moskovskij telegraf*.]

Entsprechende unselbständige Veröffentlichung: «Betrachtungen über die Temperatur und den hygrometrischen Zustand der Luft in einigen Theilen von Asien», in: *Annalen der Physik und Chemie* 23:1 [= 99:1] (1831), S. 74–109.

Entsprechende selbständige Original-Veröffentlichung: *Fragmens de géologie et de climatologie asiatiques*, 2 Bände, Paris: Gide 1831, Band 2, S. 309–395.

«О причинахъ измѣненій въ линеяхъ равной годичной теплоты», übersetzt von Al. Drašusov, in: *Učenyja zapiski Moskovskago Imperatorskago universiteta* 7:9 (März 1835), S. 411–439; 8:10 (April 1835), S. 47–72; 8:11 (Mai 1835), S. 223–253; 8:12 (Juni 1835), S. 403–433.

Entsprechende selbständige Original-Veröffentlichung: *Fragmens de géologie et de climatologie asiatiques*, 2 Bände, Paris: Gide 1831, Band 2, S. 397–439, 439–475, 476–520 und 520–564.

«Копія с письма *Барона Александра Гумбольта*» [Brief an Jakob Heinrich Friedrich Albert], in: F.[ranc Osipovič] Beljavskij, *Poězdka k ledovitomu morju*, Moskau: V Tipografii Lazarevych Instituta Vostočnych Jazykov 1833, S. 227–233.

«Наблюденія надъ температурою Балтійскаго моря. (Извлеченіе изъ письма Г. Гумбольта къ Г. Поггендорфу) *Сентябрь* 1834», in: *Žurnal Ministerstva vnutrennich děl* 16:4 (1835), S. 148–155.

«Наблюденія надъ температурою Балтійскаго моря. (Извлеченіе изъ письма Г. Гумбольдта къ Поггендорфу. Сентябрь, 1834)», in: *Gornyj žurnal* 3:9 (1835), S. 401–408. [Die Übersetzung entspricht der des Erstdrucks im *Žurnal Ministerstva vnutrennich děl*.]

Entsprechende unselbständige Original-Veröffentlichung: «Bemerkungen über die Temperatur der Ostsee», in: *Annalen der Physik und Chemie* 33:14 [= 109:14] (1834), S. 223–227.

«Восхожденіе Александра Гумбольдта на Чимборасо», in: *Žurnal ministerstva narodnago prosvěščenija* 25:7 (1840), S. 12–20.

Entsprechende unselbständige Original-Veröffentlichung: «Ueber zwei Versuche den Chimborazo zu besteigen», in: *Jahrbuch für 1837* (1837), S. 176–206.

«Каксамарка и Южное море съ высоты Андовъ. (Новая глава изъ послѣдняго изданія гумбольдтовыхъ ‹Картинъ Природы›)», [übersetzt von M. S. Chotinskij], in: *Sovremennik* 31:1:2 (1852), S. 51–78.

Entsprechende unselbständige Original-Veröffentlichung: «Das Hochland von Caxamarca, der alten Residenzstadt des Inca Atahuallpa», in: *Morgenblatt für gebildete Leser* 237 (3. Oktober 1849), S. 945–946; 238 (4. Oktober 1849), S. 950–951; 239 (5. Oktober 1849), S. 953–954; 240 (6. Oktober 1849), S. 958–959; 241 (8. Oktober 1849), S. 961–962; 242 (9. Oktober 1849), S. 966–967; 243 (10. Oktober 1849), S. 970–971.

Entsprechende selbständige Original-Veröffentlichung: *Ansichten der Natur, mit wissenschaftlichen Erläuterungen*, Dritte verbesserte und vermehrte Ausgabe, 2 Bände, Stuttgart und Tübingen: J. G. Cotta 1849, Band 2, S. 315–394.

«Письмо Александра Гумбольдта к А. П. Болотову», in: *Otečestvennyja zapiski* 76:6:8 (1851), S. 145–146.

[Brief an Jakov Vladimirovič Chanykov; eingeleitet mit: «Я долженъ казаться вамъ весьма неблагодарнымъ, что столько мѣсяцевъ медлилъ выразить [...]»], in: anonym, «Zasědanie 15-go dekabrja», in: *Věstnik Imperatorskago russkago geografičeskago obščestva* 4:1:7 (1852), S. 17–18.

«Новая попытка измѣрить глубину моря», in: *Věstnik estestvennych nauk* 52 (1854), Spalten 785–788.

Entsprechende unselbständige Original-Veröffentlichung: [Ein neuer Versuch über die grösste Tiefe des Meeres], in: *Bericht über die zur Bekanntmachung geeigneten Verhandlungen der Königl. Preuss. Akademie der Wissenschaften zu Berlin* 18 (1853), S. 140–142.

[Autobiographischer Abriss; eingeleitet mit: «На десятомъ году Гумбольдтъ лишился отца, который [...]»], in: anonym, «Novosti nauk, iskusstv, promyšlennosti i literatury», in: *Otečestvennyja zapiski* 103:11:6 (1855), S. 1–26, hier: S. 15–22.

Entsprechende unselbständige Original-Veröffentlichung: «Alexander von Humboldt», in: *Die Gegenwart. Eine encyklopädische Darstellung der neuesten Zeitgeschichte für alle Stände*, 12 Bände, Leipzig: Brockhaus 1848–1856, Band 8 (1853), S. 749–762.

«Письмо барона А. Гумбольдта къ русскому моряку А. И. Бутакову», in: anonym, «Pis'mo Barona A. Gumbol'dta k russkomu morjaku A. I. Butakovu», in: *Sankt Peterburgskija vědomosti* 102 (9. Mai 1854), S. 3.

[Brief an Aleksei Ivanovič Butakov; eingeleitet mit: «Милостивый Государь. Я глубоко тронутъ изъявленіями [...]»], in: anonym, «Pis'mo Barona A. Gumbol'dta k russkomu morjaku A. I. Butakovu», in: *Žurnal ministerstva narodnago prosvěščenija* 82:7 (1854), S. 53–58, hier: S. 55–58. [Die Übersetzung entspricht der des Erstdrucks in den *Sankt Peterburgskija vědomosti*.]

[Brief an Aleksei Ivanovič Butakov; eingeleitet mit: «Милостивый Государь. Я глубоко тронутъ изъявленіями [...]»], in: anonym, «Pis'mo Barona A. Gumbol'dta k Kapitan-Lejtenantu A. I. Butakovu», in: *Morskoj sbornik* 12:7 Směs' (1854), S. 313–318, hier: S. 315–318. [Die Übersetzung entspricht der des Erstdrucks in den *Sankt Peterburgskija vědomosti*.]

Entsprechende unselbständige Veröffentlichung: «Bref från baron A. von Humboldt till ryske kaptenlöjtnanten A. J. Butakoff», in: *Finlands Allmänna Tidning* 209 (9. September 1854), S. 853; 210 (11. September 1854), S. 857.

[Brief an Chajim Selig Slonimski; eingeleitet mit: «Многоуважаемый господинъ Слонимскій. Я очень виноватъ передъ вами, [...]»], in: anonym, «Biografija Gumbol'dta na evrejskom jazykě», in: *Žurnal ministerstva narodnago prosvěščenija* 99:7 (1858), S.163–165, hier: S. 164–165.

Entsprechende unselbständige Original-Veröffentlichung: [Brief an Chajim Selig Slonimski], in: Selig Slonimski, *Alexander von Humboldt. Eine biographische Skizze. Dem Nestor des Wissens gewidmet zu seinem acht und achtzigsten Geburtstage*, Berlin: Veit & Comp. 1858, [o. S.].

«О составѣ волканическихъ породъ. Изъ четвертаго тома Гумбольдтова Космоса, переводъ Горнаго Инженеръ-Штабсъ-Капитана *Барботъ де Марни*», übersetzt von Nikolai Barbot de Marny, in: *Gornyj žurnal* 1:1 (1859), S. 69–94.

Entsprechende selbständige Original-Veröffentlichung: *Kosmos. Entwurf einer physischen Weltbeschreibung*, 5 Bände, Stuttgart/Tübingen: J. G. Cotta 1845–1862, Band 4 (1858), S. 465–486.

Weitere unselbständig publizierte Auszüge aus Humboldts Buchwerken

«Космосъ. Опытъ физическаго мироописанія», in: *Otečestvennyja zapiski* 42:10:2 (1845), S. 87–106; 43:11:2 (1845), S. 29–49; 44:10:2 (1846), S. 41–56; 45:3:2 (1846), S. 29–42; 46:5:2 (1846), S. 36–52.

Entsprechende selbständige Original-Veröffentlichung: *Kosmos. Entwurf einer physischen Weltbeschreibung*, 5 Bände, Stuttgart/Tübingen: J. G. Cotta 1845–1862, Band 1 (1845), S. 3–40, 49–223, 225–297, 301–385.

«Kosmos. (Мірозданіе.) Барона Александра Гумбольдта», in: *Biblioteka dlja čtenija* 74:3 (1846), S. 43–138; 75:3 (1846), S. 21–113; 76:3 (1846), S. 1–70; 77:3 (1846), S. 1–16; 77:3 (1846), S. 25–42; 78:3 (1846), S. 1–20; 78:3 (1846), S. 43–74.

Entsprechende selbständige Original-Veröffentlichung: *Kosmos. Entwurf einer physischen Weltbeschreibung*, 5 Bände, Stuttgart/Tübingen: J. G. Cotta 1845–1862, Band 1 (1845), S. 3–24, 49–72, 79–386.

Chronologie aller russischen Drucke (nach Publikationsdatum)

Verzeichnet werden Humboldts zu Lebzeiten auf Russisch erschienene Schriften nach der Chronologie ihrer Veröffentlichung. Publikationen gleichen Datums werden alphabetisch bzw. nach Reihenfolge innerhalb einer Zeitschriftenausgabe sortiert. Mit aufgenommen werden auch die beiden umfangreichen Auszüge aus dem *Kosmos*, die in der vorliegenden Ausgabe nicht abgedruckt sind.

«Выписка изъ письма Гумбольда къ Г-ну Фуркруа. Изъ Куманы отъ 16 го Октября 1800 го года», übersetzt von A. Sevast'janov, in: *Beilage zu Sanktpeterburgskija vědomostij* 41 (22. Mai 1803), S. 41–43.

«Выписка изъ письма Гумбольда къ Г-ну Фуркруа. Изъ Куманы отъ 16 Октября 1800 года», übersetzt von A. S.[evast'janov], in: *Beilage zu Technologičeskij žurnal* 1 (1806), S. 84–92.

«О ловлѣ Електрическихъ угрей. Изъ путешествія Барона А. Гумбольда», übersetzt von A. Sevast'janov, in: *Technologičeskij žurnal* 4:4 (1807), S. 98–112.

«Отрывокъ изъ Обозрѣнія степей, соч. славнаго Путешественника Гумбольдта», übersetzt von Lohtin, in: *Věstnik Evropy* 97:1:2 (1818), S. 29–37.

«О водопадахъ рѣки Ориноко», übersetzt von G......., in: *Sorevnovatel' prosvěščenija i blagotvorenija. Trudy vysočajše utverždennago vol'nago obščestva ljubitelej Rossijskoj slovesnosti* 3 (1818), S. 180–203, 288–309.

«Странствованіе Гумбольдта по степямъ и пустынямъ Новаго свѣта», übersetzt von I. Garižskij, in: *Sorevnovatel' prosvěščenija i blagotvorenija. Trudy vysočajše utverždennago vol'nago obščestva ljubitelej rossijskoj slovesnosti* 1 (1818), S. 25–38, 170–190, 330–341.

«Нынѣшнее состояніе Республики Центро-Американской или Гватемальской», in: *Sĕvernyj archiv* 33–34:7 (1828), S. 110–131; 33–34:8 (1828), S. 253–275.

«Жизненная сила, или геній родосскій. (Сочиненіе Б. Александра Гумбольдта)», in: *Moskovskij telegraf* 30:24 (1829), S. 423–431.

«О степяхъ», in: *Moskovskij telegraf* 29:18 (1829), S. 151–180.

«Письмо Барона А. Гумбольдта къ Члену Парижской Академіи Наукъ, Г-ну Аррагo», übersetzt von Ju., in: *Syn otečestva i Sĕvernyj archiv* 7:43:4 (1829), S. 177–186.

[Brief an die Royal Society; eingeleitet mit: «Изъ письма Г-на *Гумбольдта* къ Лондонской академіи: *Journal des Débats* сообщаетъ слѣдующее [...]»], in: anonym, «Raznyja izvĕstija», in: *Sankt Peterburgskija vĕdomosti* 126 (21. Oktober 1829), S. 743.

[Brief an die Royal Society; eingeleitet mit: «Изъ письма Г-на Гумбольдта къ Лондонской академіи Journal des Débats сообщаетъ слѣдующее [...]»], in: anonym, «Raznyja izvĕstija», in: *Moskovskija vĕdomosti* 87 (1829), S. 4074.

«Новая тяжба о буквѣ ъ», [übersetzt wahrscheinlich von Aleksej Alekseevič Perovskij], in: *Literaturnaja gazeta* 1:22 (1830), S. 172–177.

«О количествѣ золота, добываемаго въ Россійской Имперіи; соч. Барона Гумбольдта», in: *Gornyj žurnal* 1:3 (März 1830), S. 412–417.

«О горныхъ кряжахъ и вулканахъ внутренней Азіи, и о новомъ вулканическомъ изверженіи в Андахъ. А. ф. Гумбольдта. (Перев. Д. Соколова)», übersetzt von D. Sokolov, in: *Gornyj žurnal* 3:9 (September 1830), S. 301–382.

«О горныхъ системахъ Средней Азіи. (Изъ новѣйшаго сочиненія Г-на Гумбольдта.)», in: *Sankt Peterburgskija vědomosti* 295 (16. Dezember 1831), S. 1242; 296 (17. Dezember 1831), S. 1246; 297 (18. Dezember 1831), S. 1249–1250; 298 (19. Dezember 1831), S. 1254.

«О горныхъ системахъ Средней Азіи. (Изъ новѣйшаго сочиненія Барона Гумбольдта)», in: *Moskovskija vědomosti* 103 (26. Dezember 1831), S. 4484–4486; 104 (30. Dezember 1831), S. 4536–4538; 1 (2. Januar 1832), S. 21–23; 2 (6. Januar 1832), S. 61–62.

«Изслѣдованія о климатахъ Азіи, сдѣланныя Гумбольдтомъ, во время путешествія его по Сибири въ 1829 году», in: *Moskovskij telegraf* 46:13 (1832), S. 3–26; 46:14 (1832), S. 137–167.

«О волканическихъ областяхъ», übersetzt von Gur'ev, in: *Gornyj žurnal* 1:4 (1832), S. 1–25.

«О температурѣ и влажности воздуха некоторыхъ мѣстъ Азіи», in: *Žurnal Ministerstva vnutrennich děl* 7:2 (1832), S. 49–68; 10:2 (1832), S. 23–47.

«Копія с письма *Барона Александра Гумбольта*», in: F.[ranc Osipovič] Beljavskij, *Poězdka k ledovitomu morju*, Moskau: V Tipografii Lazarevych Instituta Vostočnych Jazykov 1833, S. 227–233.

«Озеро Такаригва», in: *Syn otečestva i Sěvernyj archiv* 41:8 (1834), S. 542–548.

«Оринокскіе водопады», in: *Syn otečestva i Sěvernyj archiv* 41:8 (1834), S. 548–558.

«Америка выступила изъ нѣдръ хаоса не позже другихъ частей свѣта», in: *Syn otečestva i Sěvernyj archiv* 41:8 (1834), S. 558–561.

«О первоначальномъ введеніи посѣва пшеницы в Америкѣ», in: *Syn otečestva i Sěvernyj archiv* 41:8 (1834), S. 561–563.

«О теченіи рѣки Ориноко», in: *Syn otečestva i Sěvernyj archiv* 44:30 (1834), S. 227–234.

«Въ Южномъ полушаріи холоднѣе и сырѣе, нежели в Сѣверномъ», in: *Syn otečestva i Sěvernyj archiv* 44:30 (1834), S. 234–235.

«О внезапномъ прекращеніи пассатнаго восточнаго вѣтра», in: *Syn otečestva i Sěvernyj archiv* 44:30 (1834), S. 235–237.

«Объ Атласѣ», in: *Syn otečestva i Sěvernyj archiv* 44:30 (1834), S. 237–240.

«О ловлѣ гимнотовъ», in: *Syn otečestva i Sěvernyj archiv* 44:30 (1834), S. 241–244.

«О растеніяхъ», in: *Syn otečestva i Sěvernyj archiv* 45:35 (1834), S. 83–92.

«Отомаки, питающіеся землею и камедью», in: *Syn otečestva i Sěvernyj archiv* 45:35 (1834), S. 92–98.

«О хребтахъ Внутренней Азіи», in: *Syn otečestva i Sěvernyj archiv* 45:35 (1834), S. 98–102.

«О происхожденіи народонаселенія Америки», in: *Syn otečestva i Sěvernyj archiv* 45:35 (1834), S. 103–104.

«О повсемѣстномъ разлитіи жизни», in: *Syn otečestva i Sěvernyj archiv* 45:35 (1834), S. 105–108.

«Наблюденія надъ температурою Балтійскаго моря. (Извлеченіе изъ письма Г. Гумбольта къ Г. Поггендорфу) *Сентябрь* 1834», in: *Žurnal Ministerstva vnutrennich děl* 16:4 (1835), S. 148–155.

«Наблюденія надъ температурою Балтійскаго моря. (Извлеченіе изъ письма Г. Гумбольдта къ Поггендорфу. Сентябрь, 1834)», in: *Gornyj žurnal* 3:9 (1835), S. 401–408.

«О причинахъ измѣненій въ линеяхъ равной годичной теплоты», übersetzt von Al. Drašusov, in: *Učenyja zapiski Moskovskago Imperatorskago universiteta* 7:9 (März 1835), S. 411–439; 8:10 (April 1835), S. 47–72; 8:11 (Mai 1835), S. 223–253; 8:12 (Juni 1835), S. 403–433.

«Восхожденіе Александра Гумбольдта на Чимборасо», in: *Žurnal ministerstva narodnago prosvěščenija* 25:7 (1840), S. 12–20.

«Степи и пустыни», übersetzt von A. Efremov, in: *Biblioteka dlja vospitanija* 2:1:4 (1845), S. 201–249.

«Космосъ. Опытъ физическаго мирописанія», in: *Otečestvennyja zapiski* 42:10:2 (1845), S. 87–106; 43:11:2 (1845), S. 29–49; 44:10:2 (1846), S. 41–56; 45:3:2 (1846), S. 29–42; 46:5:2 (1846), S. 36–52.

«Kosmos. (Мірозданіе.) Барона Александра Гумбольдта», in: *Biblioteka dlja čtenija* 74:3 (1846), S. 43–138; 75:3 (1846), S. 21–113; 76:3 (1846), S. 1–70; 77:3 (1846), S. 1–16; 77:3 (1846), S. 25–42; 78:3 (1846), S. 1–20; 78:3 (1846), S. 43–74.

«Письмо Александра Гумбольдта к А. П. Болотову», in: *Otečestvennyja zapiski* 76:6:8 (1851), S. 145–146.

«Каксамарка и Южное море съ высоты Андовъ. (Новая глава изъ послѣдняго изданія гумбольдтовыхъ ‹Картинъ Природы›)», [übersetzt von M. S. Chotinskij], in: *Sovremennik* 31:1:2 (1852), S. 51–78.

«Пустыни и степи. (Изъ послѣдняго изданія гумбольдтовыхъ ‹Картинъ Природы›)», übersetzt von M. S. Chotinskij, in: *Sovremennik* 31:1:2 (1852), S. 123–140.

«Устройство и дѣятельность вулканов. (Изъ новаго изданія ‹Гумбольдтовыхъ картинъ природы›)», übersetzt von M. S. Chotinskij, in: *Syn otečestva* 3: Nauki i chudožestva (1852), S. 1–23.

[Brief an Jakov Vladimirovič Chanykov; eingeleitet mit: «Я долженъ казаться вамъ весьма неблагодарнымъ, что столько мѣсяцевъ медлилъ выразить [...]»], in: anonym, «Zasědanie 15-go dekabrja», in: *Věstnik Imperatorskago russkago geografičeskago obščestva* 4:1:7 (1852), S. 17–18.

«Новая тяжба о буквѣ ъ», [übersetzt wahrscheinlich von Aleksej Alekseevič Perovskij], in: *Sočinenija Antonija Pogorel'skago, St. Petersburg* 2 (1853), S. 317–345.

«Новая попытка измѣрить глубину моря», in: *Věstnik estestvennych nauk* 52 (1854), Spalten 785–788.

«Письмо барона А. Гумбольдта къ русскому моряку А. И. Бутакову», in: anonym, «Pis'mo Barona A. Gumbol'dta k russkomu morjaku A. I. Butakovu», in: *Sankt Peterburgskija vědomosti* 102 (9. Mai 1854), S. 3.

[Brief an Aleksei Ivanovič Butakov; eingeleitet mit: «Милостивый Государь. Я глубоко тронутъ изъявленіями [...]»], in: anonym, «Pis'mo Barona A. Gumbol'dta k russkomu morjaku A. I. Butakovu», in: *Žurnal ministerstva narodnago prosvěščenija* 82:7 (1854), S. 53–58, hier: S. 55–58.

[Brief an Aleksei Ivanovič Butakov; eingeleitet mit: «Милостивый Государь. Я глубоко тронутъ изъявленіями [...]»], in: anonym, «Pis'mo Barona A. Gumbol'dta k Kapitan-Lejtenantu A. I. Butakovu», in: *Morskoj sbornik* 12:7 Směs' (1854), S. 313–318, hier: S. 315–318.

[Autobiographischer Abriss; eingeleitet mit: «На десятомъ году Гумбольдтъ лишился отца, который [...]»], in: anonym, «Novosti nauk, iskusstv, promyšlennosti i literatury», in: *Otečestvennyja zapiski* 103:11:6 (1855), S. 1–26, hier: S. 15–22.

«Жизненная сила или родосскiй генiй. (Статья Ал. Гумбольдта)», in: *Věstnik estestvennych nauk* 3:1 (1856), Spalten 5–10.

[Brief an Chajim Selig Slonimski; eingeleitet mit: «Многоуважаемый господинъ Слонимскiй. Я очень виноватъ передъ вами, [...]»], in: anonym, «Biografija Gumbol'dta na evrejskom jazykě», in: *Žurnal ministerstva narodnago prosvěščenija* 99:7 (1858), S.163–165, hier: S. 164–165.

«О составѣ волканическихъ породъ. Изъ четвертаго тома Гумбольдтова Космоса, переводъ Горнаго Инженеръ-Штабсъ-Капитана *Барботъ де Марни*», übersetzt von Nikolai Barbot de Marny, in: *Gornyj žurnal* 1:1 (1859), S. 69–94.

[Brief vom 7. Januar 1812 an Carl Jakob Alexander von Rennenkampff; eingeleitet mit: «Я не могу достаточно выразить, какъ лестна для меня [...]»], in: anonym, «Aleksandr fon-Gumbol'dt», in: *Russkoe slovo* 3 (Juli 1859), S. 1–33, hier: S. 11–14.

Diese Bibliographie wurde bearbeitet von Sarah Bärtschi, Elias Bounatirou, Oliver Lubrich und Thomas Nehrlich für das Forschungs- und Editionsprojekt *Alexander von Humboldt, Sämtliche Schriften: Aufsätze, Artikel Essays (Berner Ausgabe)*, unter anderem auf der Grundlage der Bibliographie von Natal'ja Georgievna Suchova, „Alexander von Humboldt in der russischen Literatur. Eine annotierte Bibliografie", in: *Alexander von Humboldt und Russland. Eine Spurensuche*, herausgegeben von Kerstin Aranda, Andreas Förster und Christian Suckow, Berlin: Akademie 2014, S. 411–503.

Zeittafel und Itinerar

Die Chronologie der russischen Forschungsreise folgt der deutschen Ausgabe von *Zentral-Asien*, Frankfurt: S. Fischer 2009, S. 886–889. Daten werden nach dem gregorianischen Kalender angegeben.

I. Vor der Reise nach Amerika

1769	Geburt in Berlin am 14. September
1777–1787	Ausbildung durch Privatlehrer in Tegel
1779	Tod des Vaters, Alexander Georg von Humboldt
1787–1792	Studium
	– Universität Frankfurt an der Oder
	– Universität Göttingen
	– Handelsakademie Hamburg
	– Bergakademie Freiberg
1789	Studienreise mit Steven Jan van Geuns in Deutschland
	– Resultat: das erste Buch, *Mineralogische Beobachtungen über einige Basalte am Rhein*
1790	Reise mit Georg Forster nach Holland, England und ins revolutionäre Paris
1792–1796	Beamtenlaufbahn im preußischen Bergbaudepartement
1792–1793	Besichtigungsreisen zu Gruben in Bayern, Franken, Österreich, Mähren, Schlesien
1794	Bekanntschaft mit Goethe in Jena
1795	Reise nach Norditalien und in die Schweiz
1796	Tod der Mutter, Marie Elisabeth von Humboldt, geborene Colomb

1798	Bekanntschaft mit Aimé Bonpland in Paris
	Gescheiterter Versuch einer Orientreise

II. Die Reise nach Amerika und ihre Auswertung

1799	Audienz beim spanischen König: Passierschein für Amerika
1799–1804	Expedition
	– Abreise aus La Coruña am 5. Juni 1799
	– Teneriffa
	– Venezuela
	– Kuba
	– Kolumbien
	– Ecuador
	– Peru
	– Mexiko
	– Kuba
	– USA (Besuch bei Präsident Thomas Jefferson)
	– Rückkehr nach Frankreich am 3. August 1804
1804	Bekanntschaft mit Simón Bolívar in Paris
1805	Reise nach Italien, Aufstieg auf den Vesuv
1807–1827	Wohnsitz in Paris, auch während der Befreiungskriege gegen Napoleon 1813–1815
1822	Erwägungen zur Auswanderung nach Mexiko
1827	Übersiedelung nach Berlin
1827–1828	Vorlesungen und Vorträge zum Kosmos-Projekt

III. Die Reise nach Asien und ihre Auswertung

1827–1829	Korrespondenz mit dem russischen Finanzminister, Georg von Cancrin, Einladung und Verabredung einer russisch-sibirischen Forschungsreise
1829	Expedition

    BERLIN, 12. April, Aufbruch um 23 Uhr

    Dirschau, 14. April

    Marienburg, 14. April

    KÖNIGSBERG, 15.–18. April

    Memel, 22. April

    Polangen (russische Grenze), 22. April

    Mitau, 23. April

    RIGA, 24.–25. April

    DORPAT, 27.–28. April

    NARWA, 29.–30. April

    Jamburg, 30. April

    Strelna, 1. Mai

    SANKT PETERSBURG, 1.–20. Mai

    – Aufnahme in die Akademie, 11. Mai

    Zarskoje Selo (Katharinenpalast), 20. Mai

    Nowgorod, 21. Mai

    Waldai, 21.–22. Mai

    Popowa Gora, 22. Mai

    Twer, 23. Mai

Petrowski-Palast, 24. Mai

MOSKAU, 24.–28. Mai

Wladimir, 29. Mai

Murom, 30. Mai

NISCHNI-NOWGOROD, 31. Mai – 1. Juni

Fahrt auf der Wolga, 1.–4. Juni

KASAN, 4.–9. Juni

– Ausflug nach BULGHAR, 5.–7. Juni

– Rückreise nach Kasan, 6.–7. Juni

Malmysch, 9. Juni

Selty, 10. Juni

Debesy, 11. Juni

Übergang über die Kama, 11. Juni

Werchne-Mulinsk, 12. Juni

Perm, 13. Juni

Kungur, 14. Juni

Atschitskaja, 14. Juni

KATHARINENBURG, 15.–25. Juni

– Steinschleiferei, 16. Juni

– Goldseifen, Eisenhütte, 17. Juni

– Goldgrube von Beresowsk, 18. Juni

– Marmorbrüche, 21. Juni

– Kupfergrube, 22.–24. Juni

GROßE EXKURSION IM URAL, 25. Juni – 11. Juli

– Newjansk, 26.–27. Juni

– Nischne-Tagilsk, 27.–30. Juni

– Laja, 30. Juni

– Kuschwinsk, 30. Juni – 1. Juli

– Besteigung des Blagodat, 1. Juli

– Nischne-Turinsk, 2. Juli

– Bogoslowsk, 3.–6. Juli

Rückreise südwärt, 6.–11. Juli

– Werchoture, 7. Juli

– Alapajewsk, 8. Juli

– Reschewsk, 9. Juli

– Mursinsk, 10. Juli

– Schaitansk, 11. Juli

KATHARINENBURG, 11.–18. Juli

Kamyschlow, 18. Juli

Tjumen, 19. Juli

TOBOLSK, 20.–24. Juli

Kloster Abalak, 24. Juli

Fluß Ischim, 25. Juli

Wikulowo, 25. Juli

Tara, 27. Juli

Barabinskische Steppe, 29.– 30. Juli

Kainsk, 30. Juli

Kotkowa, 31. Juli

Berdsk, 1. August

BARNAUL, 2.–4. August

Kolywan-See, 5. August

Smeïnogorsk (Schlangenberg), 6.–9. August

– Steinschleiferei Kolywanskoi Sawod, 7. August

Riddersk, 10.–12. August

Ust-Kamenogorsk, 13.–14. August

EXKURSION ZUR CHINESISCHEN GRENZE, 14.–19.August

–Alexandrowsk, 15. August

– Buchtarminsk, 15. August

– Syrjanowsk, 16. August

– Krasnojarsk, 17. August

– BATY (Khonimailakhu), 17. August

– Buchtarminsk, 18.–19. August

– Flussfahrt auf dem IRTYSCH, 19. August

Ust-Kamenogorsk, 19.–20. August

Schulbinskoi, 21. August

Semipalatinsk, 21.–22. August

Semijarsk, 23. August

Omsk, 25.–28. August

Petropawlowsk, 29.–31. August

Troizk, 2. September

MIASK, 3.–16. September

– Slatoust, 7.–10. September

– Exkursion zum Taganai, 8. September

– Kyschtymsk, 11.–12. September

Werchne-Uralsk, 17. September

Orsk, 19. September

Ilinsk, 20. September

ORENBURG, 21.–26. September

– Exkursion zum Steinsalzwerk Ilezkaja Saschtschita, 22.–25. September

– Kirgisen-Spiele, 25. September

Uralsk, 27.–28. September

Busuluk, 29. September

Samara, 30. September

Sysran, 1. Oktober

Wolsk, 2. Oktober

DEUTSCHES SIEDLUNGSGEBIET, 3. Oktober

Saratow, 4.–5. Oktober

Talowka, 5. Oktober

Beloglinskaja, 6. Oktober

Dubowka, 7.–9. Oktober

–Ausflug zum Elton-See, 8. Oktober

Zarizyn, 9. Oktober

Sarepta, 9.–10. Oktober

Jenotajewsk, 11. Oktober

ASTRACHAN, 12.–21. Oktober

– Dampferfahrt, 14.–18. Oktober

– Ausfahrt aufs Kaspische Meer, 15.–16. Oktober

Semjanowskaja, 21. Oktober

TJUMENEWKA (Schloß des Kalmücken-Fürsten), 22. Oktober

Sarepta, 24. Oktober

Woronesch, 28. Oktober

Tula, 1.–2. November

MOSKAU, 3.–9. November

– Empfang an der Universität, 7. November

SANKT PETERSBURG, 13. November – 15. Dezember

– Rede in der Akademie, 28. November

Königsberg, 24. Dezember

BERLIN, 28. Dezember

1830	Reise nach Warschau
1831	Veröffentlichung der *Fragmens de géologie et de climatologie asiatiques* in zwei Bänden
1837	Russische Übersetzung der *Fragmens de géologie et de climatologie asiatiques* in Sankt Petersburg
1837–1842	Veröffentlichung von Gustav Roses *Reise nach dem Ural, dem Altai und dem Kaspischen Meere* in zwei Bänden

1843	Veröffentlichung von *Asie centrale. Recherches sur les chaînes de montagnes et la climatologie comparée* in drei Bänden

IV. Spätwerk und letzte Lebensjahre in Berlin

1830–1848	Diplomatische Missionen in Paris
1845–1862	Veröffentlichung des *Kosmos* in fünf Bänden
1848	Teilnahme am Trauerzug für die getöteten März-Revolutionäre
1848–1863	Russische Übersetzung des *Kosmos* in vier Bänden
1855	Russische Übersetzung der *Ansichten der Natur*
1859	Tod in Berlin am 6. Mai

Werkübersicht

Alexander von Humboldts Gesamtwerk ist nicht nur sehr umfangreich, sondern auch überaus heterogen. Es entstand in acht Jahrzehnten, von den 1780er bis zu den 1850er Jahren. Es erschien international, vor allem in Europa und den Amerikas. Humboldt schrieb seine Beiträge in deutscher, französischer und lateinischer Sprache, und sie wurden in zahlreiche weitere Sprachen übersetzt. Sie berühren zahlreiche Wissensgebiete.

Systematisch lassen sich vier Werkgruppen unterscheiden, die in den vergangenen Jahrzehnten unterschiedlich erschlossen wurden: Tagebücher und Briefe als Manuskripte, selbständige und unselbständige Schriften als gedruckte Veröffentlichungen. Hinzu kommen Bilder (Zeichnungen, Graphiken) und Sammlungsobjekte.

I. Tagebücher

Auf seinen außereuropäischen Forschungsreisen (1799–1804 durch Amerika, 1829 durch Asien) führte Alexander von Humboldt Tagebücher. Seine Aufzeichnungen dienten ihm als Material für seine Veröffentlichungen. Ausgaben der amerikanischen Journale erschienen in vier Bänden im Akademie Verlag (1982–2000). Die Originale befinden sich in der Staatsbibliothek zu Berlin.

II. Briefe

Alexander von Humboldt war ein ‹großer Kommunikator›. Er schrieb und empfing Tausende von Briefen. Die Briefwechsel mit einer Reihe von Personen wurden sukzessive herausgegeben von der Alexander von Humboldt Forschungsstelle der Berlin-Brandenburgischen Akademie der Wissenschaften. Zu den Korrespondenzpartnern zählen der Bruder Wilhelm, die Freunde Bonpland, Arago und Varnhagen von Ense, der Verleger Cotta, der Künstler Rauch, die Wissenschaftler Darwin und Gauß sowie der Präsident der USA, Thomas Jefferson.

III. Unselbständige Veröffentlichungen

Alexander von Humboldt veröffentlichte 750 Aufsätze, Artikel und Essays in Zeitschriften, Zeitungen und als Beiträge zu den Büchern anderer Autoren. Zusammen mit ihren Nachdrucken und Übersetzungen wurden sie zu Lebzeiten mehr als 3600 Mal publiziert. Zu diesen Publikationen zählen etwa 50 Drucke in russischer Sprache. Humboldts unselbständige Veröffentlichungen wurden erstmals gesammelt ediert als ‹Berner Ausgabe› seiner *Sämtlichen Schriften* (dtv 2019).

IV. Selbständige Veröffentlichungen

Je nach Zählung verfasste Alexander von Humboldt 23 bis 27 Buchwerke in 49 bis 52 Bänden (je nachdem, ob man die drei Atlanten den entsprechenden Textbänden zurechnet, ob man den Kuba-Essay mitzählt, der dem Reisebericht entnommen wurde, und welche Ausgabe der *Ansichten der Natur* man berücksichtigt). Diese ‹selbständigen› Werke lassen sich in vier Gruppen unterscheiden: das Frühwerk (vor der Amerika-Reise), das Amerika-Werk (vor allem die 29-bändige *Voyage*), das Russland-Werk und das Spätwerk. (Abgesehen wird in der folgenden Übersicht der Veröffentlichungen zu Lebzeiten von den zahlreichen Nachdrucken und Neuausgaben sowie den späteren Auszügen und Bearbeitungen. Russische Übersetzungen werden gesondert genannt.)

1. Frühwerk

- *Mineralogische Beobachtungen über einige Basalte am Rhein. Mit vorangeschickten, zerstreuten Bemerkungen über den Basalt der Ältern und neuern Schriftsteller*, Braunschweig: Schulbuchhandlung *1790*.

- *Florae Fribergensis specimen plantas cryptogamicas praesertim subterraneas exhibens. Edidit Fredericus Alexander ab Humboldt. Accedunt aphorismi ex doctrina physiologiae chemicae plantarum. Cum tabulis aeneis*, Berlin: Heinrich August Rottmann *1793*.

- *Versuche über die gereizte Muskel- und Nervenfaser nebst Vermuthungen über den chemischen Process des Lebens in der Thier- und Pflanzenwelt*, 2 Bände, Erster Band mit Kupfertafeln, Posen: Decker und Compagnie / Berlin: Heinrich August Rottmann *1797*.

- *Ueber die unterirdischen Gasarten und die Mittel ihren Nachtheil zu vermindern. Ein Beytrag zur Physik der praktischen Bergbaukunde*, Braunschweig: Friedrich Vieweg 1799.
- *Versuche über die chemische Zerlegung des Luftkreises und über einige andere Gegenstände der Naturlehre. Mit zwei Kupfern*, Braunschweig: Friedrich Vieweg 1799.

2. Amerika-Werk

Voyage:

Bände 1-3: Reisebericht

- *Relation historique du Voyage aux régions équinoxiales du Nouveau Continent*, 3 Bände, Paris: F. Schoell 1814 [-1817], N. Maze 1819 [-1821], J. Smith / Gide fils 1825 [-1831].

Band 4: Anthropologie

- *Vues des Cordillères et monumens des peuples indigènes de l'Amérique*, Paris: F. Schoell 1810 [-1813].

Band 5: Atlas

- *Atlas géographique et physique des régions équinoxiales du Nouveau Continent, fondé sur des observations astronomiques, des mesures trigonométriques et des nivellemens barométriques*, Paris: F. Schoell 1814 [-1838].

Band 6: Geschichte der Geographie

- *Examen critique de l'histoire de la géographie du Noveau Continent, et des progrès de l'astronomie nautique aux quinzième et seizième siècles*, Paris: F. Schoell 1834 [-1838].

Bände 7-8: Zoologie

- *Recueil d'observations de zoologie et d'anatomie comparée, faites dans l'Océan Atlantique, dans l'intérieur du Nouveau Continent et dans la Mer du Sud pendant les années 1799, 1800, 1801, 1802 et 1803*, 2 Bände, Paris: F. Schoell / G.^{el} Dufour 1811 [1812], J. Smith / Gide [1813-] 1833.

Bände 9-11: Mexiko

- *Essai politique sur le royaume de la Nouvelle-Espagne. Avec un atlas physique et géographique, fondé sur des observations astronomiques, des mesures trigonométriques et des nivellemens barométriques*, 2 Bände, Paris: F. Schoell [1808-]1811.

- *Atlas géographique et physique du royaume de la Nouvelle-Espagne, fondé sur des observations astronomiques, des mesures trigonométriques et des nivellemens barométriques*, Paris: F. Schoell [1808–] 1811.

Bände 12–13: Geographie/Astronomie

- *Recueil d'observations astronomiques, d'opérations trigonométriques, et de mesures barométriques, faites pendant le cours d'un voyage aux régions équinoxiales du Nouveau Continent, depuis 1799 jusqu'en 1803, par Alexandre de Humboldt; Rédigées et calculées, d'après les Tables les plus exactes, par Jabbo Oltmanns. Ouvrage auquel on a joint des recherches historiques sur la position de plusieurs points importans pour les navigateurs et pour les géographes*, 2 Bände, Paris: F. Schoell 1810 [1808–1811], [1809–] 1810.

Band 14: Pflanzengeographie

- *Essai sur la géographie des plantes, accompagné d'un tableau physique des régions équinoxiales, Fondé sur des mesures exécutées, depuis le dixième degré de latitude boréale jusqu'au dixième degré de latitude australe, pendant les années 1799, 1800, 1801, 1802 et 1803. Avec une planche*, Paris: Fr. Schoell / Tübingen: J. G. Cotta 1807.

Bände 15–29: Botanik

- *Plantes équinoxiales, recueillies au Mexique, dans l'île de Cuba, dans les provinces de Caracas, de Cumana et de Barcelone; aux Andes de la Nouvelle-Grenade, de Quito et du Pérou, et sur les bords du Rio-Negro, de l'Orénoque et de la rivière des Amazones*, 2 Bände, Paris: F. Schoell / Tübingen: J. G. Cotta [1805–] 1808, Paris: F. Schoell 1809 [1808–1817].

- *Monographie des Melastomacées, comprenant Toutes les Plantes de cet ordre recueillies jusqu'à ce jour, et notamment au Mexique, dans l'île de Cuba, dans les provinces de Caracas, de Cumana et de Barcelone, aux Andes de la Nouvelle-Grenade, de Quito et du Pérou, et sur les bords du Rio-Negro, de l'Orénoque et de la rivière des Amazones*, 2 Bände, Band 1: *Melastomes*, Band 2: *Rhexies*, Paris: Librairie grecque-latine-allemande [1806–] 1816, Gide fils [1806–] 1823.

- *Nova genera et species plantarum quas in peregrinatione orbis novi collegerunt, descripserunt, partim adumbraverunt Amat. Bonpland et Alex. de Humboldt. Ex schedis autographis Amati Bonplandi in ordinem digessit Carol. Sigismund. Kunth. Accedunt tabulæ æri incisæ, et Alexandri de Humboldt notationes ad geographiam plantarum spectantes*, 7 Bände, Paris: Librairie grecque-latine-allemande 1815 [1816], 1817 [–1818], 1818 [–1820], N. Maze 1820, 1821 [–1823], Gide fils 1823 [–1824], 1825 [1824–1826] (In Band 7 veränderter Titel: [...] *in peregrinatione ad plagam aequinoctialem orbis novis* [...]).

- daraus: *De distributione geographica plantarum secundum coeli temperiem et altitudinem montium, prolegomena*, Paris: Librairie grecque-latine-allemande 1817.

- *Mimoses et autres plantes légumineuses du Nouveau Continent, recueillies par MM. de Humboldt et Bonpland, décrites et publiées par Charles-Sigismond Kunth. Avec figures coloriées*, Paris: Librairie grecque-latine-allemande 1819 [–1824].

- *Révision des Graminées publiées dans les Nova genera et species plantarum de Humboldt et Bonpland; précedée d'un travail général sur la famille des Graminées; par Charles-Sigismond Kunth. Dédié au Roi*, 3 Bände, Band 1: *Ouvrage accompagné de cent planches coloriées d'après les dessins de Madame Eulalie Delile*, Paris: Gide Fils 1829 [–1830]; Band 2: *Supplément accompagné de cent planches coloriées d'après les dessins de Madame Eulalie Delile*, Paris: Gide fils 1829 [1830–1832]; Band 3: *Troisième et dernière partie, accompagné de vingt planches coloriées d'après les dessins de Madame Eulalie Delile*, Paris: Gide 1829 [1834].

Außerdem:

- *Essai politique sur l'île de Cuba. Avec une carte et un supplément qui renferme des considérations sur la population, la richesse territoriale et le commerce de l'archipel des Antilles et de Colombia*, 2 Bände, Paris: Gide fils 1826.

- *Ansichten der Natur mit wissenschaftlichen Erläuterungen*, Tübingen: J. G. Cotta 1808.

- *Ansichten der Natur mit wissenschaftlichen Erläuterungen*. Zweite verbesserte und vermehrte Ausgabe, 2 Bände, Stuttgart und Tübingen: J. G. Cotta 1826.

- *Ansichten der Natur mit wissenschaftlichen Erläuterungen*. Dritte verbesserte und vermehrte Ausgabe, 2 Bände, Stuttgart und Tübingen: J. G. Cotta 1849. (Russisch: Moskau 1855.)

3. Das Russland-Werk

- *Fragmens de géologie et de climatologie asiatiques*, 2 Bände, Paris: Gide / A. Pihan Delaforest / Delaunay 1831. (Russisch: Sankt Petersburg 1837.)

- *Asie centrale. Recherches sur les chaînes de montagnes et la climatologie comparée*, 3 Bände, Paris: Gide 1843. (Russisch, nur Band 1: Moskau 1915.)

4. Spätwerk

- *Essai géognostique sur le gisement des roches dans les deux hémisphères*, Paris: F. G. Levrault 1823.
- *Kleinere Schriften. Geognostische und physikalische Erinnerungen*, Stuttgart und Tübingen: J. G. Cotta 1853.
- – dazu: *Umrisse von Vulkanen aus den Cordilleren von Quito und Mexico. Ein Beitrag zur Physiognomik der Natur*, Stuttgart und Tübingen: J. G. Cotta 1853.
- *Kosmos. Entwurf einer physischen Weltbeschreibung*, 5 Bände, Stuttgart und Tübingen: J. G. Cotta 1845–1862. (Russisch: St. Petersburg und Moskau 1848–1863.)

Abbildungsverzeichnis

1. Alexander von Humboldt, „36 signes Russes", Staatsbibliothek zu Berlin. Handschriftenabteilung; Nachl. Alexander von Humboldt, Signatur: Nachl. Alexander von Humboldt, gr. Kasten 1, Mappe 8, Nr. 37.

2. Alexander von Humboldts russische Reise, 1829. Karte des Reiseverlaufs in der politischen Geographie von 1829. Kartographie von Peter Palm. (In: Alexander von Humboldt, *Zentral-Asien*, herausgegeben von Oliver Lubrich, Frankfurt: S. Fischer 2009.).

3. Alexander von Humboldts russische Reise, 1829. Karte des Reiseverlaufs in der politischen Geographie von 2009. Kartographie von Peter Palm. (In: Alexander von Humboldt, *Zentral-Asien*, herausgegeben von Oliver Lubrich, Frankfurt: S. Fischer 2009.).

4. Alexander von Humboldt, Chaînes de montagnes et volcans de l'Asie centrale selon les observations astronomiques et les mesures hypsométriques les plus récentes par A. de Humboldt. 1843. Dessiné par A. de Humboldt à Berlin en 1839 et 1840, terminé par C. Petermann à Potsdam 1841. Gravé à Paris par Pierre Tardieu. Ecrit par Aubert Junior. [Eigentlich: A. Petermann.] In: *Asie centrale. Recherches sur les chaînes de montagnes et la climatologie comparée*, 3 Bände, Paris: Gide 1843. (Faltkarte zum dritten Band, schwarzweiß, Blattgröße: 37,5 x 57 cm.).